普通高等教育“十二五”规划教材
电子信息科学与工程类专业规划教材

电子线路 CAD 与优化设计

——基于 Cadence/PSpice

贾新章　游海龙　高海霞　张岩龙　编著

黄胜利　审校

電子工業出版社

Publishing House of Electronics Industry

北京 • BEIJING

内 容 简 介

本书在阐述电子线路 CAD 和优化设计技术基本概念的基础上，结合目前在电子设计领域广泛使用的 Cadence/PSpice 软件的最新版本 16.6，介绍 CAD 和优化设计的基本原理及相关软件工具的使用方法，包括电路图设计模块 Capture、电路基本特性模拟软件 PSpice AD、电路高级分析工具 PSpice AA，以及与 MATLAB/Simulink 相结合进行行为级和电路级协同模拟仿真的模块 SLPS。

本书在介绍 Cadence/PSpice 16.6 软件的功能和使用方法时，不但结合具体实例，而且对于初学者难以理解的概念和容易发生的问题，特别给予详细的说明。为了方便读者上机练习，本书还提供下载 PSpice 16.6 的演示版软件及本书电路实例的网页地址。

本书可作为高等学校电子线路 CAD 和优化设计课程的教材，对于使用 Cadence/PSpice 16.6 软件的电路和系统设计人员也是一本实用的参考书。

图书在版编目（CIP）数据

电子线路 CAD 与优化设计：基于 Cadence/PSpice/贾新章等编著. —北京：电子工业出版社，2014.4
电子信息科学与工程类专业规划教材
ISBN 978-7-121-22620-5

Ⅰ.①电… Ⅱ.①贾… Ⅲ.①电子电路-计算机辅助设计-高等学校-教材 Ⅳ.①TN702

中国版本图书馆 CIP 数据核字（2014）第 044342 号

策划编辑：陈晓莉
责任编辑：陈晓莉
印　　刷：北京盛通数码印刷有限公司
装　　订：北京盛通数码印刷有限公司
出版发行：电子工业出版社
　　　　　北京市海淀区万寿路 173 信箱　邮编：100036
开　　本：787×1 092　1/16　印张：21.00　字数：598 千字
版　　次：2014 年 4 月第 1 版
印　　次：2025 年 1 月第 11 次印刷
定　　价：46.00 元

凡所购买电子工业出版社图书有缺损问题，请向购买书店调换。若书店售缺，请与本社发行部联系，联系及邮购电话：（010）88254888，88258888。

质量投诉请发邮件至 zlts@phei.com.cn，盗版侵权举报请发邮件至 dbqq@phei.com.cn。

本书咨询联系方式：（010）88254113，wangxq@phei.com.cn。

前　言

随着计算机技术的迅速发展，计算机辅助设计（Computer Aided Design，CAD）技术已渗透到电子线路设计的方方面面。微型计算机的迅速普及，以及可用于微机系统的电子 CAD 软件的推出和不断完善，为 CAD 技术的推广应用创造了无比良好的条件。为保证电子线路和系统设计的速度和质量，CAD 软件已经成为不可缺少的重要工具。电路和系统的相当一部分设计任务是采用在微机系统上运行的 CAD 软件完成的。离开 CAD 技术，很难圆满完成一个电路和系统的设计任务。

针对这一情况，我们于 1992 年出版了《电子电路 CAD 技术》、1994 年出版了《电子线路 CAD 技术与应用软件》、1999 年出版了《PSpice 9 实用教程》。它们都是结合当时最新版本的 Cadence/PSpice 软件，来介绍 CAD 技术的。

在过去的十几年中，电子 CAD 技术又取得了很大的发展。Cadence/PSpice 软件除了在模型和模型库、算法和计算精度、收敛性等方面有所改善外，2003 年推出的 Cadence/PSpice 10 版本增加了高级分析（Advanced Analysis）模块，简称 PSpice AA，拓宽了电路的灵敏度分析、优化设计、可制造性设计、可靠性设计等方面的功能，使得 PSpice 软件真正具有一部分 EDA（Electronic Design Automation）的功能。Cadence/PSpice 10.5 版本中又增加了 SLPS（SL 代表 SimuLink、PS 代表 PSpice）模块，可以同时调用 MATLAB/Simulink 和 PSpice 对电路系统进行联合模拟仿真，使得模拟仿真精度接近单独调用 PSpice 进行电路级模拟的水平，而运行时间仅略大于单独调用 Simulink 进行行为级仿真所需要的时间。

针对上述情况，本书结合最新的 Cadence/PSpice 16.6 版本，详细介绍如何对电路进行模拟仿真验证，以及进一步进行优化设计。

本书共分 8 章。

第 1 章在简要介绍电子 CAD 技术的基本概念和 OrCAD 软件系统的结构组成与功能特点的基础上，对 Cadence/PSpice 软件的功能和发展情况做了比较全面的分析。

第 2 章以简单的单页式电路图为例，简要介绍如何调用 Capture 软件的主要命令生成电路图，为 PSpice 电路模拟做好准备。

第 3 章结合 Cadence/PSpice 软件的基本电路特性分析功能，介绍直流分析、交流小信号频率响应分析、瞬态特性分析、直流灵敏度分析、噪声计算、傅里叶分析、逻辑模拟和数/模混合模拟等技术的概念与模拟分析方法。

第 4 章介绍温度特性分析、参数扫描技术、蒙特卡罗分析（成品率计算）和最坏情况分析等统计模拟技术的原理与方法。

第 5 章介绍 Cadence/PSpice 软件中波形显示模块 Probe 的功能和使用方法，包括模拟结果波形的显示和分析处理、电路特性参数的提取、电路设计的性能分析与直方图绘制等。

第 6 章结合电路实例，介绍灵敏度分析、优化设计、可制造性设计、降额设计与热电应力分析的概念和基本原理，以及如何调用 Cadence/PSpice 软件的高级分析功能，完成这些分析和优化设计。

第 7 章涉及的是 Cadence/PSpice 软件的深入应用问题，包括相关中间文件和结果文件的格式与数据的调用、提取电路特性参数的 Measurement 函数编写、自定义降额因子文件的编写、改善收敛性的策略、电路模拟仿真过程中常见问题的分析与解决方法等内容。

第 8 章结合实例，介绍应用 SLPS 模块对电路系统进行 MATLAB/Simulink 和 PSpice 协同仿真的策略与实现方法，以及 MATLAB 和 PSpice 的数据交互问题。

本书在内容的组织和编写风格上具有下述 5 个特点：

1. 本书在介绍电子线路 CAD 技术的基础上，进一步介绍了电路优化设计的概念、原理以及电路优化设计的实用技术，在国内同类教材和著作中这方面内容尚不多见。

2. 本书结合目前在电子设计领域广泛使用的 Cadence/PSpice 软件的最新版本 16.6，介绍 CAD 和优化设计的基本原理与实现方法，具有很大的实用性。本书并不是软件电子文档的简单翻译，而是可以同时起到教材和用户指南的双重作用。

3. 本书在介绍 Cadence/PSpice 16.6 软件的使用方法时，从基本概念入手，根据电路设计任务分类介绍相关命令的使用，并结合具体实例说明主要命令的使用步骤和注意事项，而不像一般的用户手册那样只是孤立地介绍一条条命令。

4. 根据前三本书的经验，本书采用教材的编写风格，结合实例，深入浅出介绍基本概念和实用技术，还以“说明”、“提示”及“注意”的形式，强调说明容易出现的问题和解决方法。

5. 为了方便读者上机练习，使用本书的读者可从下述网址下载 PSpice 16.6 的演示版软件及本书采用的电路实例：

http://www.bjdihao.com.cn/cn/download/orcad-166-lite-download.html

本书由贾新章主编。编写得到 Cadence/PSpice 软件中国代理北京迪浩公司的大力支持，公司总经理黄胜利任审校，并参与编写了第 2 章。参加编写的还有游海龙（编写第 3 章、第 4 章）、高海霞（编写第 8 章）、张岩龙（参与编写了 3.5 节、4.3 节、5.3.4 节、第 5 章附录、6.6 节，协助整理了前 7 章的图表以及前 7 章的实例运行验证）。贾新章编写其余章节并对全书进行统稿。

由于 Cadence/PSpice 16.6 版本推出的时间不长，扩展的功能多，涉及面广，实用性强，加之编者时间仓促，水平有限，书中难免有不妥甚至错误之处，欢迎读者提出宝贵意见。

编　者

于西安电子科技大学微电子学院

目　录

第1章 概 论

本章在简要介绍计算机辅助设计（Computer Aided Design，CAD）和电子设计自动化（Electronic Design Automation，EDA）基本概念的基础上，介绍 Cadence/PSpice 软件的组成和功能特点，并具体说明调用 PSpice 软件进行电路模拟和优化设计的流程、基本步骤以及需要注意的问题。

1.1 EDA 技术和 PSpice 软件

1.1.1 CAD 和 EDA

电子线路设计，就是根据给定的功能和特性指标要求，通过各种方法，确定采用的线路拓扑结构以及各个元器件的参数值。有时还需进一步将设计好的线路转换为印制电路板版图设计。要完成上述设计任务，一般需经过设计方案提出、验证、修改（若需要的话）三个阶段，有时甚至要经历几个反复，才能使设计的电路较好地满足设计要求。

按照上述三个阶段中完成任务的手段不同，可将电子线路的设计方式分为人工设计、计算机辅助设计、电子设计自动化三种不同类型。

1. 人工设计

如果方案的提出、验证和修改都是人工完成的，则称之为人工设计。这是一种传统的设计方法，其中设计方案的验证一般都采用搭试验电路进行多参数测试的方式进行。

人工设计方法花费高、效率低。从 20 世纪 70 年代开始，随着电子线路设计要求的提高以及计算机的广泛应用，电子线路设计也发生了根本性的变革，出现了 CAD 和 EDA。

2. 计算机辅助设计（CAD）

顾名思义，计算机辅助设计是在电子线路设计过程中，借助于计算机帮助设计人员快速、高效地完成设计任务。具体地说，就是由设计者根据要求进行总体设计并提出具体的电路设计方案，包括电路的拓扑结构以及电路中每个元器件的取值，然后利用计算机存储量大、运算速度快的特点，对设计方案进行人工难以完成的模拟评价、设计检验和数据处理等工作。发现有错误或方案不理想时，再重复上述过程。这就是说，CAD 这一工作模式的特点是由人和计算机共同完成电子线路的设计任务。

3. 电子设计自动化（EDA）

CAD 技术本身是一种通用技术，在机械、建筑甚至服装等各种行业中均已得到广泛应用。在电子行业中，CAD 技术不但应用面广，而且发展很快，在实现设计自动化（Design Automation，DA）方面取得了突破性的进展。目前在电子设计领域，设计技术正处于从 CAD 向 DA 过渡的进程中，一般统称为电子设计自动化（EDA）。

1.1.2 CAD/EDA 技术的优点

采用 CAD/EDA 技术具有下述优点：

（1）缩短设计周期。采用 CAD/EDA 技术，用计算机模拟代替搭试验电路的方法，可以减轻设计方案验证阶段的工作量。一些自动化设计软件的出现，更极大地加速了设计进程。另外，在设计印制电路板时，目前也有不少具有自动布局布线和后处理功能的印制电路板设计软件可供采用，将人们从烦琐的纯手工布线中解放出来，进一步缩短了设计周期。

（2）节省设计费用。搭试验电路费用高、效率低。采用计算机进行模拟验证就可以节省研制费用。特别要指出的是，伴随着计算机的迅速发展和普及，微机级 CAD/EDA 软件水平的不断提高，这就可以在计算机硬件投资要求不大、CAD/EDA 软件费用也不太高的前提下，促进 CAD/EDA 技术的推广使用。

（3）提高设计质量。传统的手工设计方法只能采用简化的元器件模型进行电路特性的估算。通过搭试验电路板的方式进行验证，很难进行多种方案的比较，更难以进行灵敏度分析、容差分析、成品率模拟、最坏情况分析和优化设计等。采用 CAD/EDA 技术则可以采用较精确的模型来计算电路特性，而且很容易实现上述各种分析。这就可以在节省设计费用的同时提高设计质量。

（4）共享设计资源。在 CAD/EDA 系统中，成熟的单元设计及各种模型和模型参数均存放在数据库文件中，用户可直接分享这些设计资源。特别是对数据库内容进行修改或增添新内容后，用户可及时利用这些最新的结果。

（5）很强的数据处理能力。由于计算机具有存储量大、数据处理能力强的特点，在完成电路设计任务后，可以很方便地生成各种需要的数据文件和报表文件。

随着电子技术的发展，需设计的电路越来越复杂，规模也越来越大，在这种情况下，离开 CAD/EDA 技术几乎无法完成现代的电子线路设计任务。

1.1.3 Cadence/PSpice 软件

在微机级 CAD/EDA 软件系统中，PSpice 是对电路进行模拟仿真和优化设计的一款著名的软件系统。

迄今为止，该软件的发展经历了下述几个主要阶段。

（1）SPICE 软件：PSpice 软件的前身是 SPICE，其全称为 Simulation Program with Integrated Circuit Emphasis，即重点用于集成电路的模拟程序。最早的 SPICE 软件的推出背景是在 20 世纪 70 年代初，集成电路规模发展到以 1K 存储器为代表的大规模集成电路，这时继续采用人工设计这种传统方法已经很难较好地完成设计任务。在这种情况下，为适应集成电路 CAD 的需要，美国加州大学伯克利分校于 1972 年推出了 SPICE 软件，其基本功能是采用计算机仿真的方法模拟、验证由设计人员设计的电路，看其是否满足对电路功能和特性参数等方面提出的设计要求。1975 年推出的 SPICE 2G 版达到实用化程度，得到广泛推广。

（2）PSpice 1 软件：SPICE 软件的运行环境至少为小型计算机。1983 年，随着微型的个人计算机（PC）的出现和发展，美国的 Microsim 公司推出了可在 PC 上运行的 PSpice 1 软件，其名称中的第一个字母 P 就代表这是在 PC 上运行的 SPICE 版本。

（3）OrCAD/PSpice：1998 年 Microsim 公司并入 OrCAD 公司，推出 OrCAD/PSpice 8。

（4）Cadence/OrCAD/PSpice：2000 年 OrCAD 公司并入 Cadence 公司，软件名称仍然称为 Cadence/OrCAD/PSpice，版本号已发展到 PSpice 9.2，其基本功能是对模拟电路（Analog）和数字电路（Digital）的功能特性进行模拟验证，因此 PSpice 软件又称为 PSpice AD。本书第 3 章、第 4 章和第 5 章将详细介绍 PSpice AD 软件的功能和使用方法。

（5）PSpice AA：2003 年推出的 Cadence/PSpice 10 版本增加了 Advanced Analysis（高级分析）功能，简称为 PSpice AA。本书第 6 章将详细介绍 PSpice AA 软件的功能和使用方法。

（6）SLPS：PSpice软件的功能特点是在“电路级”进行电路的模拟仿真，具有精度高的特点，但是也存在仿真过程耗时长的缺点。而MATLAB/Simulink软件的功能特点是在系统级层次进行“行为级”的模拟，因此仿真速度很快，但主要是功能验证，电路层次的特性参数信息较少。基于上述特点，Cadence/PSpice 10.5版本推出了SLPS模块，其中SL代表SimuLink，PS代表PSpice。SLPS模块的功能特点是对电路系统同时调用Simulink和PSpice进行协同模拟仿真，使得模拟仿真精度接近单独调用PSpice进行电路级仿真的水平，而模拟仿真需要的时间仅略大于单独调用Simulink进行“行为级”仿真所需要的时间。本书第8章将详细介绍SLPS模块的功能和使用方法。

（7）PSpice 16.6：目前PSpice软件的最新版本是2012年10月推出的版本PSpice 16.6，重点在模型、算法、收敛性方面做了很大改进。

经过近30年的发展和应用，Cadence/PSpice实际上已成为微机级电路模拟的“标准软件”。

本书将结合最新的Cadence/PSpice 16.6[1][2][3][4][6]，详细介绍该软件的各种主要功能和使用方法，同时结合实例说明使用技巧以及在使用过程中需要注意的问题，以保证软件的正确使用并发挥更大的作用。

提示：PSpice软件是基于英文操作系统推出的电路模拟和优化设计软件。在中文Windows操作系统下运行时，有时会出现对话框中部分项目参数的英文名称显示不完整的现象，但是对模拟仿真结果没有任何影响。

1.2 PSpice软件的功能特点

本节从PSpice软件的组成、主要模块的功能、配套软件、支持的元器件种类和信号源类型等方面说明Cadence/PSpice软件的功能特点。

1.2.1 PSpice软件的主要构成

PSpice软件包括的主要模块如图1-1所示。

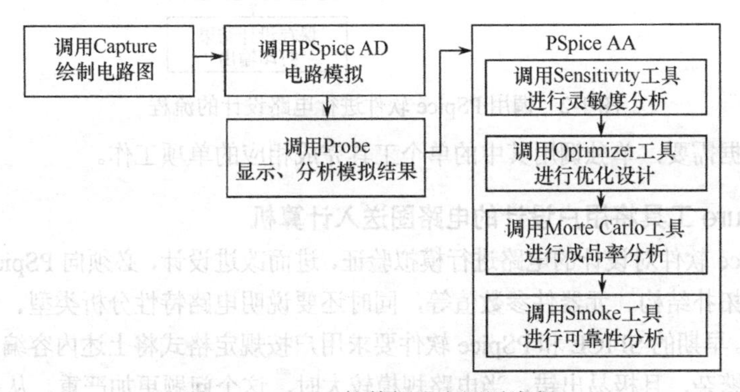

图1-1 PSpice软件组成和调用流程

由图可见，调用PSpice软件完成电路模拟和优化设计要涉及4个软件模块：

（1）Capture：绘制电路图；

（2）PSpice AD：对电路进行模拟仿真；

（3）Probe：查看、分析模拟结果；

（4）PSpice AA：对通过了模拟验证的电路进一步进行灵敏度分析、优化设计，以及可制造性和可靠性分析验证。

1.2.2 调用 PSpice 进行电路设计的工作流程

一般情况下，在设计电子线路过程中参照图 1-2 所示的工作流程，按照本节介绍的顺序，就可以比较好地完成电路设计任务。

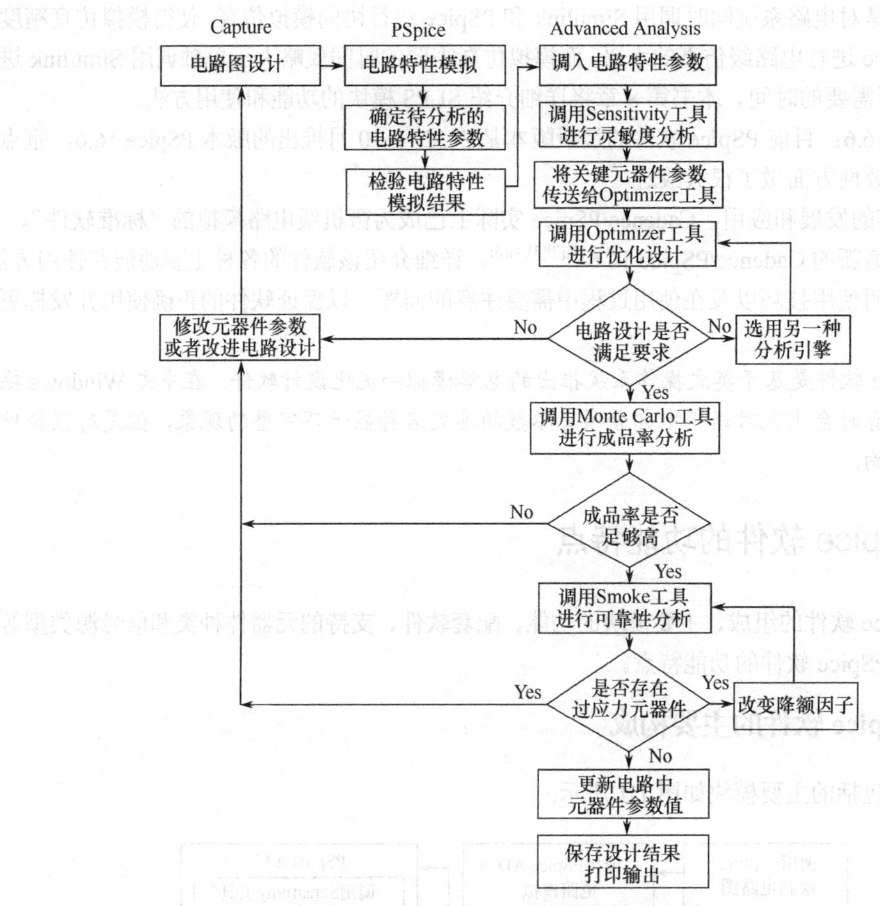

图 1-2 调用 PSpice 软件进行电路设计的流程

用户也可以根据需要，单独调用其中的单个工具完成相应的单项工作。

1. 调用 Capture 工具将用户设计的电路图送入计算机

为了调用 PSpice 软件对设计的电路进行模拟验证，进而改进设计，必须向 PSpice 提供待分析电路的全部信息，如拓扑结构、元器件参数值等，同时还要说明电路特性分析类型、设置分析参数并提出结果输出要求。早期的 SPICE 和 PSpice 软件要求用户按规定格式将上述内容编制成一份输入文件。这一工作不但繁杂，且极易出错，当电路规模较大时，这个问题更加严重。从 PSpice 5 开始，增添了电路图绘制软件 Capture。采用 Capture 后，用户就可以采用人机交互图形编辑方式，在屏幕上绘制好电路原理图，设置好分析参数，然后在 Capture 环境下调用 PSpice 继续完成电路模拟。

为了方便读者使用 PSpice 软件，本书第 2 章介绍调用 Capture 生成 PSpice 需要的电路图的方法。

2. 调用 PSpice AD 对设计的电路进行模拟验证

PSpice AD 中的 AD 代表 Analog and Digital，表示采用 PSpice AD 可以对模拟信号电路、数字电路，以及数模混合信号电路进行模拟分析。PSpice AD 可分析的电路特性有 6 类 14 种，如表 1-1 所示。第3章和第4章将详细介绍PSpice AD的模拟分析功能。

表1-1 PSpice AD分析的电路特性

类 别	电 路 特 性	参考章节
直流特性	（1）直流工作点（Bias Point Detail）	3.2.1节
	（2）直流灵敏度（DC Sensitivity）	3.2.2节
	（3）直流传输特性（TF: Transfer Function）	3.2.3节
	（4）直流特性扫描（DC Sweep）	3.3节
交流特性	（1）交流小信号频率特性（AC Sweep）	3.4.1节
	（2）噪声特性（Noise）	3.4.2节
瞬态特性	（1）瞬态响应（Transient Analysis）	3.5节
	（2）傅里叶分析（Fourier Analysis）	3.6节
参数扫描	（1）温度特性（Temperature Analysis）	4.1节
	（2）参数扫描（Parametric Analysis）	4.2节
统计分析	（1）蒙特卡罗分析（MC: Monte Carlo）	4.3节
	（2）最坏情况分析（WC: Worst Case）	4.4节
逻辑模拟	（1）逻辑模拟（Digital Simulation）	3.8节
	（2）数/模混合模拟（Mixed A/D Simulation）	3.9节

3. 调用Probe模块分析电路模拟结果

PSpice模拟分析的直接结果是节点电压和支路电流，结合利用Probe模块可以从下述4个方面显示、分析模拟仿真的结果，验证电路设计是否满足设计要求。

（1）可以像示波器那样直接显示电压和电流波形，以及对波形进行数学计算处理。具体使用方法将在5.1～5.3节详细介绍。

（2）电路特性参数的提取：调用Probe提供的多种Measurement函数，可以从波形中提取出表征电路特性的参数，例如增益、带宽、中心频率、上升时间等。用户还可以根据需要，遵循规定的格式，自行编写可以提取特定参数的Measurement函数，添加到Probe模块中。5.4节将详细介绍Probe提供的多种Measurement函数的功能特点，以及用户自行编写Measurement函数的方法。

（3）电路性能分析：Probe模块具有Performance Analysis功能，其作用是定量分析电路特性随元器件参数的变化关系，有利于改进电路设计。这是一种面向设计的功能。5.5节将详细介绍Performance Analysis的功能特点，以及在使用中需要注意的问题。

（4）电路特性参数分布的直方图统计：根据设计好的电路进行实际生产时，由于采用的元器件参数具有分散性，必然引起产品电特性的分散。在Probe中可以用直方图显示产品性能的分布。这是一种面向生产的设计，又称为成品率分析、可制造性设计。5.6节将详细介绍如何生成直方图，以及进行成品率分析过程中需要注意的问题。

4. 调用PSpice AA/Sensitivity模块进行灵敏度分析

在电路设计已满足基本要求的情况下，为了进一步完善电路设计，首先运行PSpice AA高级分析工具中的Sensitivity工具进行灵敏度分析（参见6.2节），鉴别出电路设计中哪些元器件的参数对电路电特性指标起关键作用。在电路设计和生产过程中，以及采用其他几种高级分析工具时，就可以重点对这些“灵敏”元器件，有针对性地采取有效措施。

Sensitivity 工具还同时计算极端情况下的电路特性，包括最坏情况下的电路特性及最好情况下的电路特性。

5. 调用 PSpice AA/Optimizer 模块进行优化设计

完成灵敏度分析后，就可以针对灵敏度高的几个关键元器件参数，调用 Optimizer 工具（参见 6.3 节），对电路进行优化设计，优化确定电路中关键元器件的参数值，以满足对电路各种性能目标的要求。作为电路性能目标的要求，可以是增益、带宽、延迟时间等表征电路特性的参数值，还可以采用特性曲线（如频率响应曲线）作为优化目标。

6. 调用 PSpice AA/MC 模块进行可制造性设计

通过优化设计，可以改善电路的特性参数。在提交生产之前，还应该调用 Monte Carlo 工具预测生产成品率，进行可制造性设计（参见 6.4 节）。

说明：高级分析中的 Monte Carlo 分析工具的作用与 PSpice AD 中 MC 分析（参见 4.3 节）的功能相同，但是在结果数据分析和显示方面进行了明显的改进，而且解决了 PSpice AD 中 MC 分析过程中存在的元器件参数分布标准偏差与元器件容差之间不匹配的问题。

7. 调用 PSpice AA/Smoke 模块进行可靠性分析

通过 MC 分析，使得电路设计满足批量生产的要求后，还应该调用 Smoke 工具，分析电路中是否存在有可能受到过应力作用的元器件参数（参见 6.5 节）。电路工作时，如果有些元器件承受过大的热电应力作用，将影响元器件的可靠性，甚至会导致元器件烧毁“冒烟”（Smoke）。为了预防这种情况的发生，PSpice AA 工具中 Smoke 模块的作用就是对电路中的元器件进行热电应力分析，检验元器件是否由于功耗、结温的升高、二次击穿或者电压/电流超出最大允许范围而存在影响电路工作可靠性的应力问题，并及时发出警告。如果在电路设计中采用了“降额设计”技术，调用 Smoke 工具可以检验电路中的关键元器件是否满足规定的“降额”要求。

如果全部通过了上述 4 种高级工具的分析，则说明电路设计不但具有优越的电路特性，而且适合于批量生产，具有较高的生产成品率和使用可靠性。

1.2.3 PSpice 的配套功能软件模块

OrCAD 软件包中进行电路模拟分析的核心软件是 PSpice。为使模拟工作做得更快、更好，OrCAD 软件包中还提供了配套软件（模块）。它们之间的相互关系如图 1-3 所示。

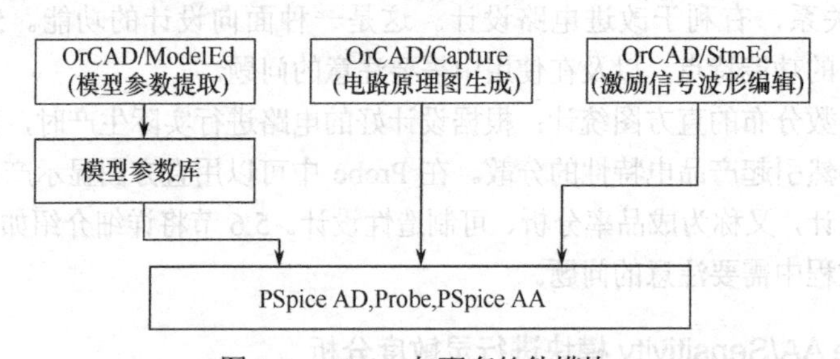

图 1-3 PSpice 与配套软件模块

1. 激励信号波形编辑软件模块(StmEd: Stimulus Editor)

在对电路特性进行分析时，瞬态分析和逻辑模拟分析需要的输入激励信号波形各不相同。StmEd 软件就是一个激励信号波形编辑器，可以交互方式生成电路模拟中需要的激励信号波形。包括：

（1）瞬态分析中需要的脉冲、分段线性、调幅正弦、调频和指数信号等 5 种信号波形；

（2）逻辑模拟中需要的时钟信号、各种形状脉冲信号以及总线信号。

2. 模型参数库与模型参数提取软件模块（ModelEd: Model Editor）

PSpice 包括了 3 万多种商品化的元器件模型参数，存放在近 100 个模型参数库文件中，基本能满足一般用户模拟分析电路特性的需要。

如果用户采用了未包括在模型参数库中的元器件，PSpice 提供有 4 种建立模型和提取模型参数的方法，供用户选用。

（1）对于晶体管一类器件，可以调用 PSpice/Model Editor 模块[5]以及高级分析中的 Optimizer 模块，提取模型参数。

（2）对于变压器等磁性元件，可以调用 PSpice/Magnetic Parts Editor[7]，建立模型，提取模型参数。

（3）对于集成电路（如 PWM），可以调用 Model Editor 模块建立宏模型，描述该集成电路功能。

（4）对于特殊器件（如光耦器件），可以调用 ABM（Analog Behavioral Modeling）[2]，建立描述该器件功能的“黑匣子”模型，满足电路模拟仿真的要求。

1.2.4 PSpice 支持的元器件类型

1. PSpice 支持的 6 类元器件

PSpice 可模拟下述 6 类最常用的电路元器件：

（1）基本无源元件，如电阻、电容、电感、互感、传输线等。

（2）常用的半导体器件，如二极管、双极晶体管、结型场效应晶体管、MOS 场效应晶体管、GaAs 场效应晶体管、绝缘栅双极晶体管（IGBT）等。

（3）独立电压源和独立电流源。可产生用于直流（DC）、交流（AC）、瞬态（TRAN）分析和逻辑模拟所需的各种激励信号波形。

（4）各种受控电压源、受控电流源和受控开关。

（5）基本数字电路单元，包括常用的门电路、传输门、延迟线、触发器、可编程逻辑阵列、RAM、ROM 等。

（6）常用的单元电路。常用的单元电路，特别是像运算放大器一类的集成电路，可将其作为一个单元电路整体出现在电路中，而不必考虑该单元电路的内部电路结构。

2. PSpice 规定的元器件编号字母代号

PSpice 为不同类别的元器件赋予了不同的字母代号，如表 1-2 所示。在电路图中，不同元器件编号的第一个字母必须符合表中规定。

表 1-2 PSpice 支持的元器件类别及其字母代号（按字母顺序）

字母代号	元器件类别	字母代号	元器件类别
B	GaAs 场效应晶体管	N	数字输入
C	电容	O	数字输出
D	二极管	Q	双极晶体管
E	受电压控制的电压源	R	电阻
F	受电流控制的电流源	S	电压控制开关
G	受电压控制的电流源	T	传输线
H	受电流控制的电压源	U	数字电路单元

（续表）

字母代号	元器件类别	字母代号	元器件类别
I	独立电流源	U STIM	数字电路激励信号源
J	结型场效应晶体管（JFET）	V	独立电压源
K	互感（磁心），传输线耦合	W	电流控制开关
L	电感	X	单元子电路调用
M	MOS 场效应晶体管（MOSFET）	Z	绝缘栅双极晶体管（IGBT）

1.2.5 PSpice 支持的信号源类型

对电路进行模拟分析时输入端可以施加的激励信号源包括下述几种。

1. 模拟信号电路仿真中可以使用的信号源

（1）直流电流/电压源。

（2）用于交流小信号分析的标准交流电流/电压信号源。

（3）用于瞬态分析用的电流/电压信号源只能是脉冲源、分段线性源、正弦调幅信号、正弦调频信号、指数信号共 5 种。3.5.4 节将详细介绍这些信号波形的设置方法。

说明：有些特殊信号也可以转化为 PSpice 所支持的波形格式。例如，采用 MATLAB 生成的噪声信号，就可以采用分段线性信号描述格式转化为供 PSpice 瞬态分析时的输入信号。

2. 数字电路仿真中可以使用的信号源

（1）时钟信号。

（2）一般脉冲信号源，包括高电平信号和低电平信号。

（3）总线信号，包括 2 位、4 位、8 位、16 位和 32 位共 5 种总线信号。

1.2.6 电路模拟的基本过程

采用 OrCAD EDA 软件系统 PSpice 对电路设计方案进行电路模拟的基本过程共分 6 个阶段（见图 1-4）。本书依据这一流程安排各章的内容。

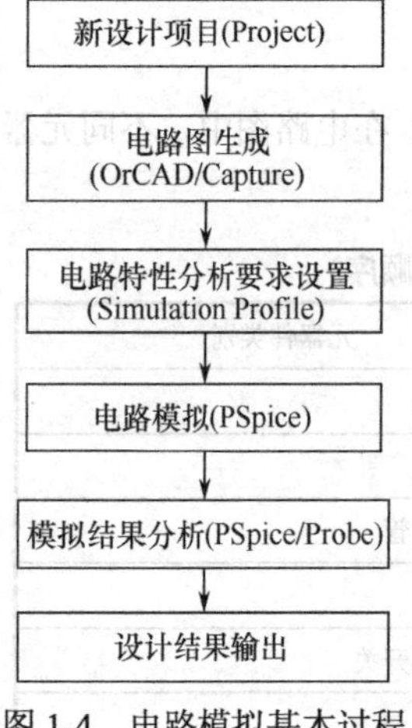

图 1-4 电路模拟基本过程

1. 新建设计项目(Project)

OrCAD 软件包对电路设计任务按项目（Project）实施管理。开始一个新的项目设计时，首先要调用 OrCAD/Capture 软件中的项目管理模块建立相应的项目名称，并确定有关的设置。本书 2.1.1 节和 2.1.4 节将介绍项目管理的基本概念与管理方法。

2. 电路图生成

项目名确定后，就应该在电路图绘制软件 OrCAD/Capture 环境下，以人机交互方式将用户确定的电路设计方案以电路原理图形式送入计算机。绘制电路图的具体方法将在第 2 章中介绍。

3. 电路特性分析类型和分析参数设置

生成电路图以后，需根据电路设计任务确定要分析的电路特性类型并设置与分析有关的参数。PSpice 采用了模拟类型分组

（Simulation Profile）的概念。3.1.2 节将介绍这一概念的含义、作用和设置步骤。本书第 3 章和第 4 章将详细介绍与各种特性分析相关的 Simulation Profile 设置方法。

4. 运行 PSpice 程序

完成上述 3 项工作后，即可调用 PSpice AD 程序对电路进行模拟分析（参见第 3 章和第 4 章）。还可以进一步调用 PSpice AA（参见第 6 章）对通过了模拟验证的电路进行灵敏度分析、优化设计，以及可制造性和可靠性分析验证，提升电路设计水平。

5. 模拟结果的显示和分析

完成电路模拟分析后，PSpice 按照电路特性分析的类型分别将计算结果存入扩展名为 OUT 的 ASCII 码输出文件以及扩展名为 DAT 的二进制文件中。分析这两个文件的内容，可以确定电路设计是否满足预定要求。本书第 5 章将详细介绍调用 PSpice/Probe 模块显示和分析模拟结果信号波形的方法。

6. 设计结果输出

经过上述几个阶段，得到符合要求的电路设计后，就可以调用 OrCAD/Capture 输出全套电路图纸，包括各种统计报表（如元器件清单，电路图纸层次结构表等）。也可以将电路模拟分析过程中产生的中间结果数据和最终结果数据存放在多种格式的输出文件中，供用户采用其他软件工具对结果数据做进一步分析处理（详见第 7 章）。此外，还可以根据需要将电路设计图数据传送给 OrCAD/Layout 或 Allegro，继续进行印制电路板设计。

1.3　运行 PSpice 的有关规定

1.3.1　PSpice 采用的数字

在 PSpice 中，数字采用通常的科学表示方式，即可以使用整数、小数和以 10 为倍数的指数。采用指数表示时，字母 E 代表作为倍数的 10。对于比较大或比较小的数字，还可以采用 10 种比例因子，如表 1-3 所示。

表 1-3　PSpice 中采用的比例因子

符　号	比例因子	名　称
F	10^{-15}	飞（femto-）
P	10^{-12}	皮（pico-）
N	10^{-9}	纳（nano-）
U	10^{-6}	微（micro-）
MIL	25.4×10^{-6}	密耳（mil）
M	10^{-3}	毫（milli-）
K	10^{+3}	千（kilo-）
MEG	10^{+6}	兆（mega-）
G	10^{+9}	吉（giga-）
T	10^{+12}	太（tera-）

例如，1.23K、1.23E3 和 1230 均表示同一个数。

提示：PSpice 软件不区分大小写字母，因此 PSpice 软件规定，若用单个字母 M，不管大、小写，都代表 10^{-3}。要表示 10^{6} 必须用 MEG 共三个字母，这与常规习惯有些不同，在使用中稍有不慎，将会出现错误。例如在交流小信号分析中，要指定100兆赫兹的频率，必须用100MEG，若按平时习惯表示为100M，则PSpice将其理解为100毫赫兹。

1.3.2 PSpice采用的单位

PSpice中采用的是实用工程单位制，即时间单位为秒（s），电流单位为安培（A），电压单位为伏（V），频率单位为赫兹（Hz）……在运行过程中，PSpice会根据具体对象，自动确定其单位。因此在实际应用中，代表单位的字母可以省去。例如，表示470千欧姆的电阻时，用470K，4.7E5，470KOhm等均可。对于几个量的运算结果，PSpice也会自动确定其单位。例如，若出现电压与电流相乘的情况，PSpice将自动给运算结果确定单位为描述功率的单位“瓦特”（W）。

1.3.3 PSpice中的运算表达式和函数

在使用PSpice过程中，往往要使用很多表达式。PSpice中的表达式由运算符、数字、参数和变量构成。

在构成表达式时，可采用的运算符如表1-4所示。

表1-4 PSpice中采用的运算符

算术运算符	含 义	逻辑运算符	含 义	关系符（在IF()函数中）	含 义
+	加（或字符相连）	~	非（NOT）	==	等于
−	减	|	布尔“或”（OR）	!=	不等于
*	乘	^	布尔“异或”（XOR）	>	大于
/	除	&	布尔“与”（AND）	>=	大于或等于
**	指数运算			<	小于
				<=	小于或等于

在运行PSpice的过程中，可引用的函数式如表1-5所示。

表1-5 PSpice支持的函数(按字母顺序)

函 数	含 义	说 明
ABS(x)	x的绝对值$\|x\|$	
ACOS(x)	x的反余弦函数arccos(x)	$-1.0\leq x\leq +1.0$
ARCTAN(x)	x的反正切函数arctan(x)	结果的单位为弧度
ASIN(x)	x的反正弦函数arcsin(x)	$-1.0\leq x\leq +1.0$
ATAN(x)	与ARCTAN(x)相同	
ATAN2(y,x)	(y/x)的反正切函数arctan(y/x)	
COS(x)	余弦函数cos(x)	x的单位为弧度
COSH(x)	双曲余弦函数cosh(x)	x的单位为弧度
DDT(x)	x对时间的导数	仅适用于瞬态特性分析
EXP(x)	以e为底的指数函数e^x	
IMG(x)	x的虚部	若x为实数，则IMG(x)为0

（续表）

函　数	含　义	说　明
LIMIT(x,min,max)	结果为 min(若 x<min)或 max(若 x>max)或 x (其他情况)	
LOG(x)	自然对数 ln$x$	
LOG10(x)	常用对数 log$x$	
M(x)	x 的幅值	结果与 ABS(x)相同
MAX(x,y)	x 与 y 中的最大值	
MIN(x,y)	x 与 y 中的最小值	
P(x)	x 的相位	若 x 为实数，则 P(x)为 0
PWR(x,y)	x 绝对值的 y 次方$\|x\|^y$	等同于$\|x^{**}y\|$
PWRS(x,y)	结果为 $+\|x\|^y$(若 x>0)或 $-\|x\|^y$(若 x<0)	
R(x)	x 的实部	
SDT(x)	将 x 对时间积分	仅适用于瞬态特性分析
SGN(x)	结果为 +1(若 x>0)或 −1(若 x<0)或 0 (若 x=)	正负号函数
SIN(x)	正弦函数 sin(x)	x 单位为弧度
SINH(x)	双曲正弦函数 sh(x)	x 单位为弧度
STP(x)	结果为 1(若 x>0)或 0(若 x<0)	
SQRT(x)	x 的平方根	
TAN(x)	正切函数 tan(x)	x 单位为弧度
TANH(x)	双曲正切函数 tanh(x)	
TABLE($x,x_1,y_1,\cdots,x_n,y_n$)	见注 1	

注 1：TABLE 函数的功能是将所有点(x_i, y_i) (i=1, 2, …, n) 连成一条折线，函数值是折线上与 x 对应的 y 值 (当 MIN(x_i)≤x≤MAX(x_i)，i = 1, 2, …, n)；如果 x 大于 MAX(x_i) (i = 1, 2, …, n)，则函数值是折线上与 MAX(x_i)对应的 y 值；如果 x 小于 MIN(x_i) (i = 1, 2, …, n)，则函数值是折线上与 MIN(x_i)对应的 y 值。

注 2：表中的函数适用于电路模拟。在显示和分析模拟结果信号波形时，可采用的函数式与此不完全相同。

1.3.4　电路图中的节点编号

在电路模拟分析过程中，元器件的连接关系是通过节点号表示的，指定输出结果电压时，也要采用两个节点编号表示这两个节点之间的电压。如果要表示某个节点与参考点地之间的电压，则代表接地点的参考点编号 0 可以省略。

PSpice 接受的节点号可以采用下面 4 种形式：

（1）由用户设置的节点名称（见 2.2.8 节）。

（2）绘制电路过程中采用 Place→Power 绘制的电源符号名（见 2.2.3 节）、采用 Place→Off-Page Connector 绘制端口符号确定的名称（见 2.2.4 节）。

（3）用元器件的引出端作为节点号名称。其一般形式为

元器件编号:引出端名

其中，元器件编号是该元器件在电路图中的编号，其第一个字母必须是代表该元器件类型的关键字

符（见表 1-2），如 R5，CLOAD，Q2 等。

对二端元器件，用 1 和 2 作为两个引出端名称。

对独立电流源和电压源，用＋和－作为两个引出端名称。

对多端器件，双极晶体管的基极、集电极、发射极和衬底 4 个引出端名称分别采用字母 B、C、E 和 S。例如 V(Q2:C)代表电路图中编号为 Q2 的双极晶体管的集电极与地之间的电压。

场效应晶体管中，源极、漏极和栅极名称分别采用字母 S、D 和 G。若有衬底引出端，则采用字母 B。

对于按层次关系设计的电路图（Hierarchical Design）（见 2.1 节），在上述节点名称和元器件编号的前面还必须给出其在层次电路图中的层次名称，层次名称之间用小数点符号隔开。单页式电路图或多层次电路图中位于最上层（根层次）电路的节点名称和元器件编号的前面无须加电路层次说明。

（4）用数字编排的节点序号。在生成电路连接网表文件时，PSpice 将给每个节点编排一个数字编号，并将节点数字编号与上述几种节点名的对应关系存放在以 ALS 为扩展名的文件中。

1.3.5 输出变量的基本表示格式

PSpice 完成电路特性分析以后，代表分析结果的输出变量基本分为电压名（包括两个节点之间的电压或者节点与参考点地之间的电压、元器件引出端与参考点地之间的电压或两个引出端之间的电压）以及电流名（包括流过两端元件的电流或流过多端器件某一引出端的电流）两类。

1. 电压变量的基本格式

如果输出变量是一个电压，则电压名的基本格式为

V(节点号 1[，节点号 2])

其中 V 是关键字符。在其后括号内指定两个节点号，表示输出变量是节点号 1 与节点号 2 之间的电压。若输出变量是某一节点与地之间的电压，则节点号 2 可省去。

上述格式中，节点号可以采用 1.3.4 节所述的 4 种形式。

2. 电流变量的基本格式

如果输出变量是一个电流，则电流名的基本格式为

I(元器件编号[：引出端名])

对于两端元器件，不需要给出引出端名。

需要指出的是：电路模拟分析结果中，电流计算值的正负与元器件引出端编号顺序有直接的对应关系。按 PSpice 规定，对无源两端元件，电流定义方向是从 1 号端流进，2 号端流出；对于独立源，从正端流进，负端流出；对于多端有源器件，电流正方向定义为从引出端流入器件。

3. 功率变量的基本格式

如果输出变量是一个功率，则功率名的基本格式为

W(元器件编号)

新版本的 PSpice 增加了对元器件功率的仿真，因而可以直接选择功率变量。通过元器件两端的电压与流过这个元器件的电流相乘也可以得到功率。

提示：如前所述，PSpice 计算的电流和电压对应有规定的参考方向，因此在利用电压与电流相乘的方法计算功率时，要保证电压和电流极性的正确选取，即采用的电流是从电压高处流向电压低处，否则会导致功率的计算结果出现负值。

1.3.6 输出变量的别名表示（Alias）

用元器件编号及其引出端名表示的输出变量以及交流小信号（AC）分析中的所有输出变量，除可以采用上述基本表示格式外，还具有“别名”（Alias）表示形式。

1. 交流小信号（AC）分析中的输出变量名

对AC分析，输出变量格式可变化为

V[AC标示符]（节点号1[, 节点号2]）

I[AC标示符]（元器件编号[: 引出端名]）

即在基本格式中的关键词V和I后面，可以加一个表示AC分析输出量类型的标示符字母。表1-6给示了可采用的5种AC标示符及其含义。如果AC分析的输出变量关键词仍采用V或I而未加AC标示符，那么其含义与采用AC标示符M的作用相同，即表示输出变量的振幅（或称为模值）。

表1-6 AC分析中变量名标示符

AC标示符	含 义	示 例
M	输出变量的振幅	VM(CAP1:1)：电容CAP1的1号引出端上交流电压振幅
		IM(CAP1)：流过电容CAP1的交流电流振幅
DB	输出变量振幅分贝数	VDB(R1)：电阻R1两端交流电压振幅分贝数
		IDB(R1)：流过电阻R1的交流电流振幅分贝数
P	输出变量的相位	VP(R1)：电阻R1两端交流电压相位
		IP(R1)：流过电阻R1的交流电流相位
R	输出变量的实部	VR(Q1:C)：晶体管Q1集电极交流电压实部
		IR(Q1:C)：流过晶体管Q1集电极的交流电流实部
I	输出变量的虚部	VI(M2:D)：晶体管M2漏极交流电压虚部
		II(M2:D)：流过晶体管M2漏极的交流电流虚部

2. 用元器件引出端名表示的输出变量

如果输出变量中的节点号采用元器件编号及引出端名表示，可将括号中的引线名称放在关键词V和I后面，在括号内只保留元器件编号名。具体情况为：

（1）表示两端或多端元器件某一引出端上的电压时，可将该引出端名称放于关键词V的后面，在括号中只保留元器件编号名。

例如，V(R1:1)可表示为 V1(R1)；V(Q2:C)可表示为 VC(Q2)。

（2）表示两端器件两端的电压变量时，可以省去两个引出端号，直接在括号中给出元器件名。

例如，V(R1)表示电阻R1两端的电压。

（3）表示多端元器件中某两个引出端之间的电压时，可将两个引出端名称放在关键词V的后面，在括号中只保留多端器件编号名。

例如，VBC(Q2)表示双极晶体管Q2的基极和集电极之间的电压。

（4）表示流过多端元器件某一引出端的电流时，可将该引出端名放在关键词I后面，在括号中只保留多端器件编号名。

例如，I(Q2:C)和IC(Q2)均表示流过双极晶体管Q2集电极的电流。

对于交流小信号（AC）分析，经上述变化的关键词后面还可以加表1-6所示的各种AC标示符。

第 2 章　电路图绘制软件 Capture

在调用 PSpice 软件对电路进行模拟仿真和优化设计之前，需要采用 Capture 软件生成电路图。Capture 软件不但可以绘制各种类型的电路图（包括模拟电路、数字电路以及数/模混合电路），而且可以对电路设计图进行各种后处理，包括进行电学规则检查、生成多种格式要求的电连接网表和多种报表。本章主要针对 PSpice 模拟仿真的需要，介绍生成电路图过程中与电路模拟相关的问题，包括设计项目的建立和管理、电路图的绘制和元器件属性参数的编辑修改、软件运行环境参数的设置等内容。

2.1　电路图绘制软件 Capture 介绍

本节简要介绍 Capture 软件的结构、功能特点、调用方法以及电路图的绘制步骤和相关的命令系统等。

2.1.1　OrCAD/Capture 软件的构成

OrCAD 中电路图绘制软件分 Capture 和 Capture CIS 两个系列。两者的差别只是后者包括 CIS 模块。按功能划分，Capture CIS 软件的构成如图 2-1 所示。图中还表示了该软件与外部的联系关系。

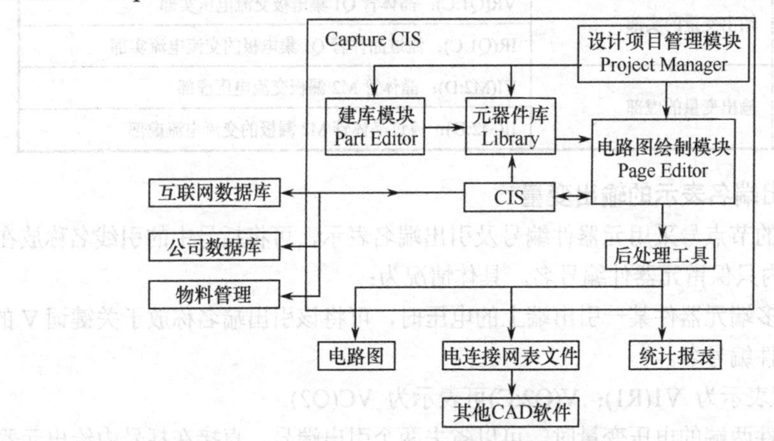

图 2-1　Capture CIS 软件的构成

图 2-1 中元器件库（Library）是一个库文件，提供绘制电路图过程中需要的各种元器件符号。下面简要介绍图 2-1 所示 Capture CIS 软件中 5 个模块的功能。

1．元器件信息管理模块（CIS）

CIS 是 Component Information System 的缩写，表示元器件信息管理系统。CIS 模块不但有助于元器件的使用和库存实施高效管理，而且还具有互联网元器件助理 ICA（Internet Component Assistant）功能，可以在设计电路图过程中，通过 Internet 到指定网点提供的元器件数据库中查阅元器件，从而可以将需要的元器件应用到电路设计中，或添加到 OrCAD 符号库中。本书主要介绍 Capture 软件的相关应用。关于 CIS 所特有的功能参见参考资料[8]和[11]。

2. 设计项目管理模块（Project Manager）

在OrCAD软件包中，将一项设计任务当做一个项目（Project），由项目管理器（Project Manager）对该项目涉及的电路图、模拟要求、相关的图形符号库和模型参数库、有关输出结果等实施组织管理。同时还处理电路图与OrCAD中其他软件之间的接口和数据交换，管理各种设计资源和文件。在2.1.4节将介绍Project Manager窗口的结构和功能。

3. 电路图绘制模块（Page Editor）

Capture的基本功能是生成各种类型的电路设计原理图，这一任务是由绘图模块Page Editor完成的。本章后面几节将详细介绍电路图的绘制和编辑修改方法。

4. 电路设计的后处理工具（Processing Tools）

对设计好的电路图，Capture CIS软件中还提供有一系列后处理工具，对电路图中的元器件进行自动编号、电学设计规则检查、生成各种统计报告以及生成供几十种其他CAD软件调用的电连接网表文件。绘制好电路图后，为了生成满足PSpice仿真要求的电连接网表文件，相关的后处理工作由PSpice软件自动完成，无须用户干预。如果在处理过程中发现电路图绘制中存在问题，软件将显示出错信息。因此，就绘制供PSpice模拟需要的电路图而言，用户无须调用后处理工具。Capture软件中后处理工具的使用方法可参见参考资料[1]和[11]。

5. 元器件符号编辑和建库模块（Part Editor）

Capture CIS软件提供的元器件符号库中包括有3万多种常用的元器件符号，供绘制电路图调用。同时软件中还包括有元器件符号编辑模块Part Editor，可以对符号库中元器件符号图形进行编辑修改，或者添加新的元器件图形符号。本教材主要介绍电路模拟软件PSpice的使用，调用Part Editor编辑修改元器件符号图形的方法可参见参考资料[1]和[11]。

2.1.2　OrCAD/Capture软件的功能特点

OrCAD/Capture CIS软件的基本功能是进行电路原理图设计，并生成供其他CAD软件调用的电连接网表文件。在完成这些功能方面，该软件具有下述主要特点：

① 电路图绘制软件Capture与电路模拟软件PSpice集成在一个软件包中。完成电路设计后，即可以在同一个运行环境下直接调用Cadence/PSpice软件，对电路进行模拟分析。

② Capture软件的运行环境是典型的Windows图形界面，直观形象，使用方便。在屏幕上可以同时打开多个窗口，显示同一个项目中不同部分的内容。

由于Capture和PSpice都是在Windows环境下运行的，其界面结构等也与Windows的界面类似，因此除要求使用PSpice的用户应具有一定的电子线路知识外，还要求用户熟悉并掌握Windows的使用方法，包括在Windows下调用应用程序，了解Windows中的文件管理，会操作鼠标，能使用图标、命令菜单、对话框、帮助文件等。对这些基本操作，本书将不做具体解释。

③ OrCAD软件包对电路设计采用项目管理的模式，不但引导电路图的绘制，而且还延伸管理对电路图的模拟仿真和印制电路板（PCB）设计。与同一个电路设计相关的电路原理图、模拟仿真和印制电路板设计中采用的参数设置、设计资源、生成的各种文件、分析结果等相关内容均以设计项目（Project）的形式统一保存，这有助于对设计的有效管理。

④ 调用Capture绘制的各种电路图可以采用单页式（One Page）、拼接式（Flat Design）和分层式（Hierarchical Design）这三种电路结构形式，符合当前电路和系统设计的潮流。

⑤ 在绘制电路图时，具有各种方便灵活的绘图和编辑功能，其中包括：对选中的一个或一组电

路元素进行删除、复制、移动、旋转、镜像等处理，并在移动时保持电连接关系不变；用不同倍率显示电路图，可以采用多种方式查找电路元素；对绘图操作具有撤销（Undo）、恢复（Redo）和重复执行（Repeat）等功能。

⑥ 在电路图中可以绘制起说明作用的多种几何图形、添加文字字符、插入 Bitmap 格式图形（包括公司标志图形）。

⑦ 可以采用多种方法修改元器件的属性参数及其显示方式，包括以对话框方式修改单项属性参数，在属性参数编辑器窗口中以交互方式按类型逐类修改属性参数等。用户还可以为元器件添加由用户自定义的属性参数。

⑧ OrCAD/Capture 软件的元器件库文件中包括有 3 万多种常用的元器件符号，同时还包括有元器件的特性参数模型和封装信息。采用软件中提供的 Part Editor 模块，可以修改库文件中的图形符号或添加新的元器件。

⑨ 可以对绘好的电路图进行各种后处理，包括对电路中的元器件自动编号或修改编号、设计规则检查、元器件属性参数批处理、元器件统计信息报表输出，以及电连接网表文件生成等，供多种 CAD 软件调用。对于与 PSpice 模拟相关的后处理，则由 Capture 自动进行，无须用户干预。

⑩ 绘好电路图后，可以生成 DXF 格式文件，供 AutoCAD 软件调用。也可以用 EDIF200 格式与其他软件交换设计结果。

⑪ 用户可以按语法规定，将经常采用的多步绘图操作编成“宏”（Macro），加速绘图进程。用户可以对宏进行新建、复制、修改、创建快捷方式等多种处理。

⑫ 为了保证软件的广泛适用性，软件提供了对不同习惯或标准的支持。例如，尺寸单位可以选用公制（毫米）或英制（英寸），相应图纸幅面等级也采用两种不同单位制下的规定。

2.1.3 基本名词术语

绘制电路图时将涉及许多英文名词术语。如果不明确这些术语的确切含义，将难以顺利完成电路图的绘制。在这些英文名词中，有些名词含义很清楚，例如 Wire（互连线）、Bus（总线）、Power（电源）、Part（元器件）、Part Pin（元器件引线）等，无须解释说明。但仍有相当一部分名词术语，其含义不很直观。其中有些英文术语尚无公认的中文名词。为了叙述方便起见，本书根据这些术语的基本含义，赋予了相应的中文名称。下面简要介绍部分常用名词术语的含义。每个名词后面括号中的英文术语是在命令菜单或对话框中出现的相应英文名称。有些专业性很强或者使用范围并不大的名词术语，将在以后各章节相应部分作出解释。

1. 与电路设计项目有关的名词术语

① 设计项目（Project）：与电路设计有关的所有内容组成一个独立的设计项目。设计项目中包括有电路图设计、配置的元器件库、采用的设计资源、生成的各种结果文件等。存放设计项目的文件以 opj 为扩展名。

② 电路图设计（Schematic Design）：指设计项目中的电路图部分。根据所绘电路图的规模和复杂程度的不同，Capture 绘图软件支持单页电路图、拼接式电路图和分层式电路图这三种结构。整个电路图设计存放在以 dsn 为扩展名的文件中。

③ 单页电路图设计（One-page designs）：若所绘电路图规模不大，可将整个电路图绘制在同一张图纸中，这种电路图称为单页图纸结构。

④ 拼接式电路图设计（Flat designs）：如果电路图规模较大，可以将整个电路图分为几个部分，每个部分用一张图纸绘制，各张图纸之间的电连接关系用端口连接器（Off-page connector）表示。

不同电路图纸上具有相同名称的端口连接器之间在电学上是相连的。

⑤ 分层式电路图设计（Hierarchical designs）：对较大规模电路的另一种处理方法是采用分层结构，对应于设计一个复杂系统时通常采用的自上而下的设计方法。采用这种方法时，首先用框图形式设计出总体结构，存放总体结构图文件的子目录称为根图纸目录（root schematic folder）；然后分别设计每一个框图代表的电路结构。每一个框图的设计图纸中可能还包括下一层框图……按分层关系将子电路框图逐级细分，直到最底一层完全为某一个子电路的具体电路图。

按调用关系的不同，分层电路图结构又细分如下。

- 简单分层式电路设计（Simple hierarchical designs）：不同层次子电路框图内部包含的各种子电路框图或具体子电路都不相同，即每一个子电路框图或子电路只被调用一次。
- 复合分层式电路设计（Complex hierarchies）：某些层次框图中含有相同的子框图或子电路。这些相同的部分用一个子电路框图表示，该子电路框图在多处被调用。

说明：由于本书重点介绍 PSpice 的应用，因此本章只结合单页图纸结构介绍电路图的生成方法。关于拼接式和分层式设计的电路图生成方法，可参阅参考资料[1]和[10]。

⑥ 一幅电路图页（Schematic Page）：绘制电路图的一页图纸。

⑦ 一个层次电路图（Schematic Folder）：指分层式电路图结构中同一个层次上的所有电路图。一个层次电路图可以包括一幅或多幅电路图页。

⑧ 电路设计专用元器件符号库（Design Cache）：电路设计中，主要从 Capture 符号库（Library）调用元器件符号。完成电路设计后，将自动生成一个由该设计中采用的各种元器件符号组成的只适用于该电路设计的符号库，称为 Design Cache。该符号库与相应的电路设计一起保存。

2. 关于电路图组成元素的名词术语

① 电路图基本组成元素（Object）：指绘制电路图过程中通过绘图命令绘制的电路图中的最基本组成部分，如元器件符号、一段互连线、结点等。

② 结点（Junction）：在电路图中，如果要求相互交叉的两条互连线在交叉点处电学上连通，则应在交叉位置绘一个粗圆点，该点称为结点。

③ 元器件编号（Part Reference）：为了区分电路图上同一类元器件中的不同个体而分别给其编的序号。例如，不同的电阻编号为 R1、R2 等。

④ 元器件值（Part Value）：指表征元器件特性的具体数值（如 100Ω）或器件型号（如 7400、2N2222、μA741）。对每个器件型号，都有一个模型描述其功能和电特性。

⑤ 端口连接器（Off-page Connector）：指一种表示连接关系的符号。同一层次电路的不同页面电路图之间以及同一页电路图内部，名称相同的端口连接器在电学上是相连的。

⑥ 节点别名（Net Alias）：电路中电学上相连的互连线、元器件引出端等构成一个节点（Net），或者称为网络。用户为节点确定的名称就称为该节点的 Net Alias。

⑦ 图纸标题栏（Title Block）：描述电路图相关信息的“表格”。

⑧ 电路元素的属性参数（Property）：指描述电路元素各种信息的参数。其中直接由 OrCAD 软件赋给的属性参数称为固有参数（Inherent Property），例如元器件值、封装类型等。由用户添加的属性参数称为用户定义参数（User-defined Property），例如在电路模拟过程中由用户设置的参数。

⑨ 图幅分区（Grid Reference）：为了便于确定电路元素在电路图中的位置，可以在图纸的 X 和 Y 方向划分几个区，分别用字母和数字作为每个区的代号。图纸中各个位置可以用其所在的字母数字分区编号表示。

说明：用通常的 X、Y 坐标值虽然可以比较精确地表示图纸中的位置，但是由于坐标值划分太细，有时使用起来并不如采用图幅分区方便。

⑩ 标签（Bookmark）：用于代表电路图中某个特定位置而在该位置设置的标签代号。代表标签代号的字符并不显示在电路图上。

2.1.4 电路图生成的基本步骤

调用 Capture 软件生成电路图包括下述 8 个步骤。

1. 调用 Capture 软件

OrCAD 是一个应用软件包，Capture 是其中的一个软件。因此可以采用 Windows 中应用软件的调用方法启动 Capture 软件。图 2-2 为 Capture 启动后的窗口。

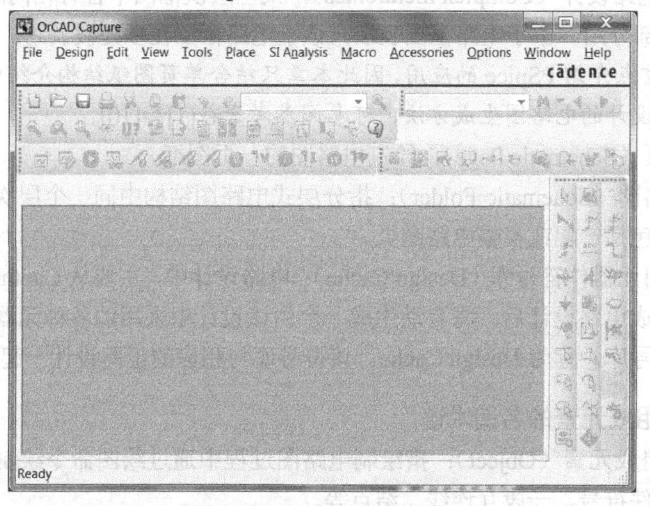

图 2-2 Capture 启动窗口

2. 新建设计项目（Project）

在启动窗口（见图 2-2）中选择执行 File→New→Project 子命令，屏幕上将弹出如图 2-3 所示的 New Project 对话框，在此需进行三项设置。

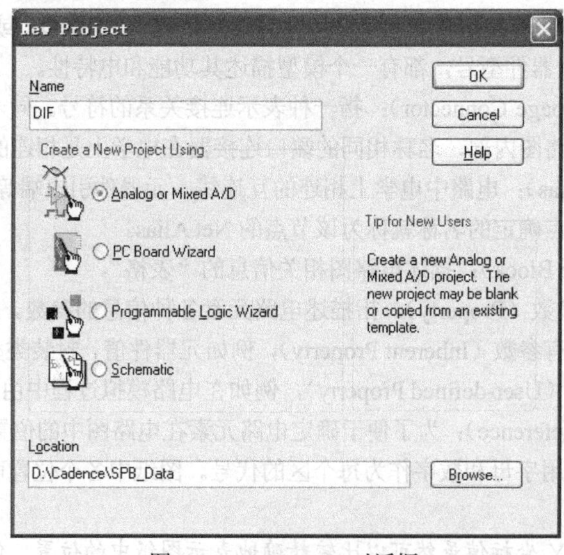

图 2-3 New Project 对话框

① 设定设计项目名称：在 Name 下方的对话框中键入新建的设计项目名称。

② 选定设计项目类型：图 2-3 中有 4 个选项用于选定该设计项目的类型。本书只介绍对绘制的电路图如何进行 PSpice 电路模拟，因此应选中 Analog or Mixed A/D。若电路图要用于印制电路板设计，则应选择 PC Board Wizard。Programmable Logic Wizard 表示电路图将用于 CPLD 或 FPGA 设计。如果只是绘制一般的电路图，并不专门用于上述几种电路设计，则应选中 Schematic。

提示：有些情况下在屏幕上出现的 New Project 对话框中默认设置是 Schematic 自动处于选中状态。如果用户未改选为 Analog or Mixed A/D，则在完成电路图绘制后，命令菜单栏将不会出现 PSpice 命令，用户就无法对电路进行 PSpice 模拟仿真，因为软件认为用户要绘制的只是一般的电路图，没有进行模拟仿真的要求。

③ 设置设计项目路径名：图 2-3 的 Location 项用于设置新建设计项目所在的子目录。与常用的应用软件一样，采用 Browse 按钮可帮助用户尽快确定路径名。

3. 创建 PSpice 项目方式的选定

在图 2-3 中完成新建项目参数设置后，单击 OK 按钮，屏幕上即出现如图 2-4 所示的 Create PSpice Project 对话框，供用户选择创建项目的方式。

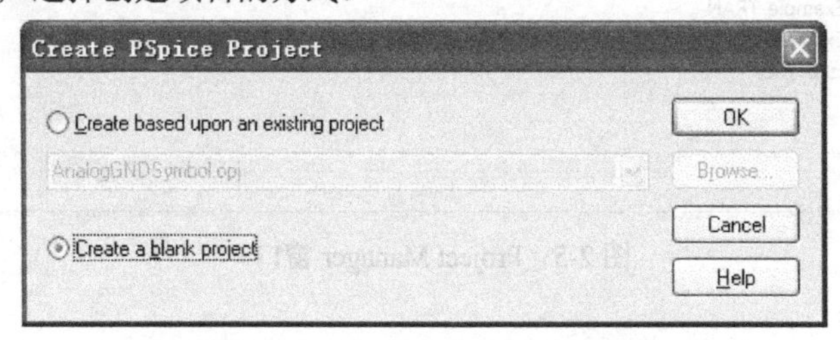

图 2-4　Create PSpice Project 对话框

若选中 Create based upon an existing project，再单击其下方选择框右侧的下拉按钮，可以从显示的下拉列表中选择一个已建项目名称，在该项目基础上创建新的项目，则新建项目就具有选择项目中的全部内容。

若选中 Create a blank project，则创建一个空的、全新的项目。

4. 进入设计项目管理窗口

完成图 2-4 所示设置后，单击 OK 按钮，屏幕上出现对新建设计项目实施管理的窗口。

说明：如果要处理一个已有的设计项目，应在图 2-2 所示的 Capture 启动窗口中，选择执行 File→Open→Project，从弹出的 Open Project 对话框中，选择欲打开的设计项目文件名（以 opj 为扩展名），这时，屏幕上也会出现设计项目管理窗口。图 2-5 就是打开一个 example.opj 设计项目后的设计项目管理窗口。标题栏中显示的是该项目的名称及其所在的路径。

图 2-5 中显示的是 File 标签页的内容。若单击图中的 Hierarchy 标签，相应标签页中将列出电路图中的分层结构关系。

说明：图 2-5 中列出的设计项目是一个差分对电路，这也是 PSpice 软件本身随带的一个范例。如果软件安装在 C 盘，则该差分对电路设计项目名称和所在的路径为：

C:\Cadence\SPB_16.6\tools\pspice\capture_samples\anasim\example.opj

本章从 2.2 节开始将以该差分对电路图为例，介绍绘制电路图的具体方法。本书第 3 章和第 4 章也将结合该电路，介绍各种电路特性的分析方法。

Project Manager 窗口中包含了从绘制电路图直到 PSpice 模拟仿真过程中需要在设计项目管理窗口处理的相关文件。由图 2-5 可见，项目管理器中包含有三类文件。

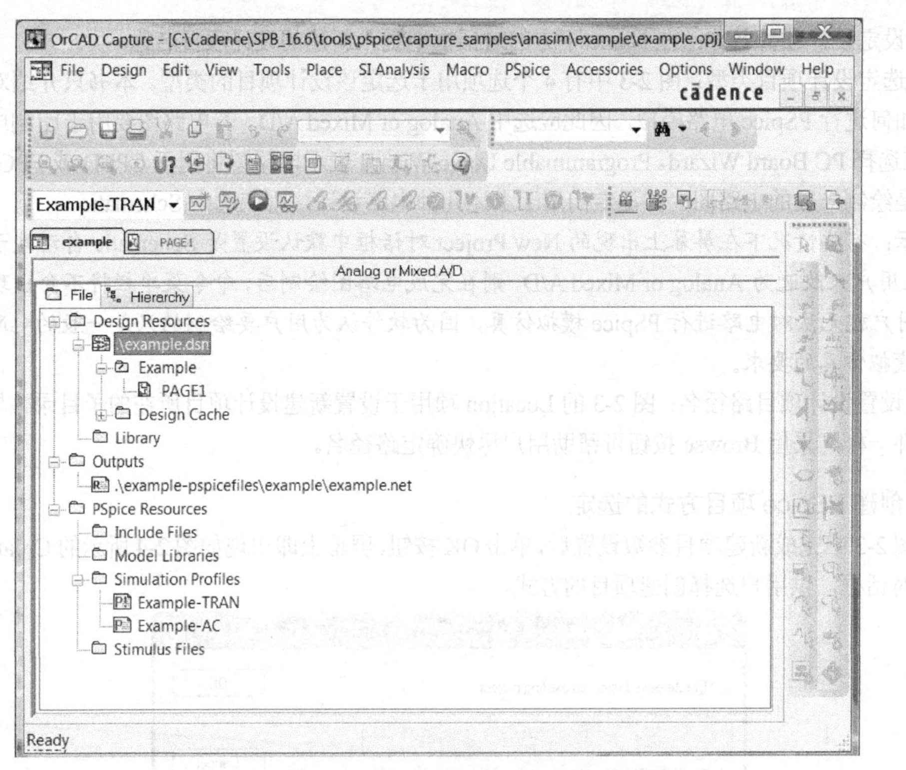

图 2-5　Project Manager 窗口

（1）电路设计文件

项目管理器中 Design Resources 部分包括有与电路图有关的下述三种文件。

① 电路图文件：生成的电路图存放在以 dsn 为扩展名的文件中。每一张电路图内容对应一页（PAGE）。Example 电路为单页式电路图，因此只有 PAGE1 一页图纸。双击 PAGE1 图标，可显示该图纸中电路图的具体结构。

说明：PAGE1 是软件给电路图纸确定的默认名称，如果有多张图纸，则以 PAGE 后面的数字编号相区分。用户也可以采用 Windows 系统中修改文件名的方法修改图纸名称。

② 电路图专用符号库：在绘制电路图的过程中，Capture 软件自动将该电路图中采用的各种元器件图形符号提取出来，形成该电路图专用的符号库，这就是图 2-5 的 Design Cache 中存放的内容。

③ 当前配置的图形符号库：Capture 中提供的 3 万多种元器件图形符号存放在 100 多个不同的图形符号库文件中（以 OLB 为扩展名）。用户进行一个新的设计项目时，需根据电路设计的需求，确定将要从哪些库中调用元器件符号并预先为该电路设计配置所需的符号库（参见 2.2 节）。图 2-5 的 Library 中存放的就是该电路设计中已配置的符号库文件名及其路径。

（2）中间结果输出文件

完成电路图设计以后，可以对电路图进行多种后处理，包括检查电路图中是否存在违反常规连接关系规则的情况（例如是否在电源和地之间出现了短接，是否有浮置的节点等）、生成电路连接网表文件等。后处理结果生成的文件存放在图 2-5 中 Outputs 的下方。其中连接网表文件以 net 为扩展名。如果进行了元器件统计报表生成等其他后处理，生成的输出文件也会在 Outputs 下方列出。

（3）与 PSpice 运行有关的文件

图 2-5 中 PSpice Resources 下方是下述与 PSpice 电路模拟有关的几项内容。

① Include Files：在早期的 PSpice 版本中采用编写 PSpice 输入文件的方式进行电路特性分析。

PSpice 输入文件中包括电路连接网表描述和对分析要求的指定。在后期的版本中，电路图输入代替了连接网表，Profile 代替了基本的分析要求指定。为了与早期版本兼容，用户也可以按照 PSpice 规定的格式描述连接网表和/或分析要求，并将这些要求放在一个以 INC 为扩展名的文件中。Include Files 下方列出的是用户为相应电路设计生成的 INC 文件名称。

② Model Libraries：显示的是针对当前设计项目由用户配置的模型参数库文件名。

③ Simulation Profiles：PSpice 模拟过程中涉及的一个称为 Simulation Profile 的概念非常重要，其作用是描述 PSpice 进行电路模拟时要进行的电路特性分析要求和相关参数设置，也就是说，对于电路进行的每种基本特性分析需要设置一项 Profile。关于 Profile 的概念、功能、设置方法将在 3.1 节详细介绍。用户在模拟过程中设置的几项 Profile 就出现在图 2-5 中 Simulation Profiles 的下方。PSpice 运行时就是根据这些参数设置的要求分析模拟相应的电路特性。第 3 章和第 4 章将详细介绍每种电路特性分析的作用，以及如何采用 Simulation Profile 设置相应的分析要求和相关参数。

④ Stimulus Files：电路模拟时施加在输入端的激励信号波形可以采用两种方法，即调用激励信号源符号设置波形参数，或者采用激励信号编辑模块 StmEd 产生的激励信号波形。若由 StmEd 模块产生，则激励信号波形存放在以 stl 为扩展名的文件中，这些文件的文件名存放于 Stimulus Files 文件夹中。

5. 启动电路图编辑模块

在设计项目管理窗口中，按内定设置，电路图纸页面的名称是在 PAGE 一词后带有不同数字编号，单页式图纸则只有 PAGE1 一张图纸，如图 2-5 所示。双击图纸页面名或该名称左侧的图标，均可调用图纸编辑器（Page Editor）并打开该图纸。

双击图 2-5 中 PAGE1 名称，显示有相应差分对电路的 Page Editor 窗口，如图 2-6 所示。

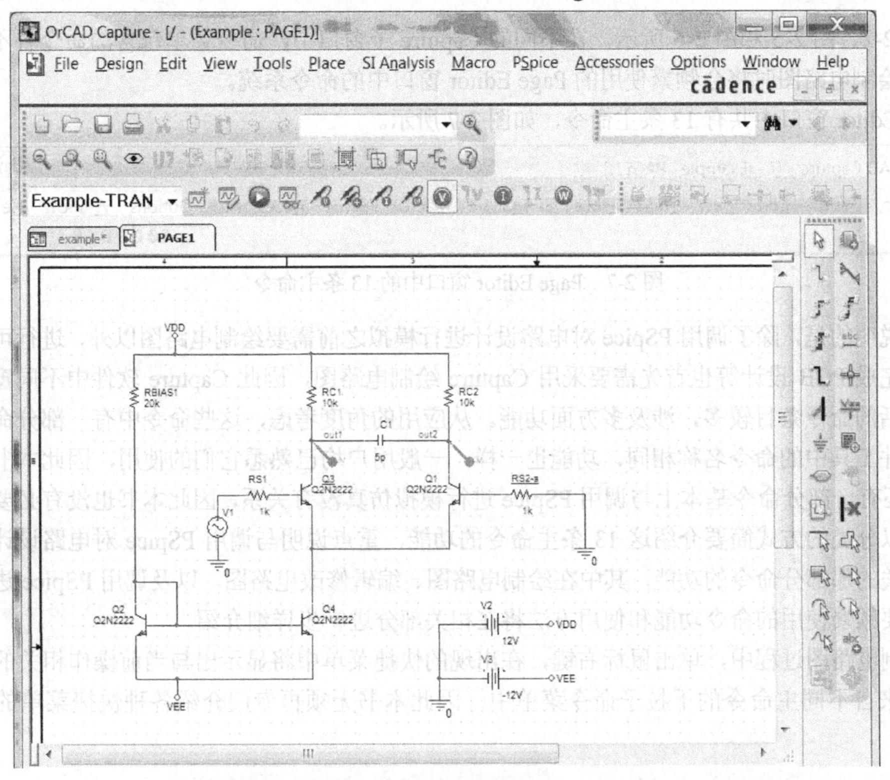

图 2-6　绘制有差分对电路的 Page Editor 窗口

由图 2-6 可见，Page Editor 窗口是一个典型的 Windows 窗口，包括标题栏、主命令菜单区、工具栏、工作区、滚动条和状态栏。

2.1.5 节将介绍 Page Editor 窗口命令系统的功能。

6. 绘制/编辑修改电路图

绘制新电路图或者编辑修改已绘制的电路图都是在 Page Editor 窗口中进行的，这也是 Capture 软件中使用最频繁的一个软件模块。本章 2.2 节、2.3 节和 2.4 节将分别介绍在 Page Editor 窗口中绘制电路图、修改电路图，以及编辑修改元器件属性参数的具体方法。

7. 电路图的后处理

绘制好电路图后，在图 2-5 所示项目管理窗口中选择执行 Tools 命令菜单中的有关命令，可对电路图进行各种后处理，包括元器件自动编号、设计规则检查、统计报表输出和电连接网表生成等。

由于模拟仿真软件 PSpice 与电路图绘制工具 Page Editor 集成在统一的 Captue 环境下，因此绘制好电路图后，为了生成满足 PSpice 仿真要求的电连接网表文件等后处理工作由 PSpice 软件自动完成，无须用户干预。如果在处理过程中发现电路图绘制中存在问题，将给出描述问题的出错信息。因此，就绘制供 PSpice 模拟需要的电路图而言，用户无须调用后处理工具。

8. 电路图保存和打印输出

完成电路图绘制后，选择执行 File 命令中的相关子命令，可以打印输出电路图，也可以将设计结果保存在文件中。

2.1.5 Page Editor 窗口结构和 13 条主命令

如图 2-2、图 2-5 和图 2-6 所示，在不同的 Capture 子窗口中，命令菜单包含的命令各不相同。本节介绍绘制电路图时将会频繁使用的 Page Editor 窗口中的命令系统。

Page Editor 窗口中共有 13 条主命令，如图 2-7 所示。

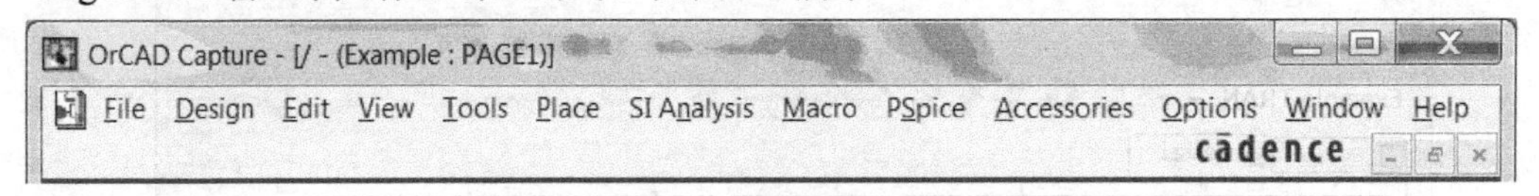

图 2-7　Page Editor 窗口中的 13 条主命令

需要说明的是，除了调用 PSpice 对电路设计进行模拟之前需要绘制电路图以外，进行可编程器件分析、完成 PCB 设计等也首先需要采用 Capture 绘制电路图，因此 Capture 软件中不同窗口的命令菜单包括的命令条目较多，涉及多方面功能。从应用的角度考虑，这些命令中有一部分命令与其他常用软件工具中的命令名称相同，功能也一样，一般用户均已熟悉它们的使用，因此本书不再重复介绍。还有一部分命令基本上与调用 PSpice 进行模拟仿真没有关系，因此本书也没有必要展开分析。本节以分类的方式简要介绍这 13 条主命令的功能，重点说明与调用 PSpice 对电路设计进行模拟仿真有关的那部分命令的功能，其中在绘制电路图、编辑修改电路图，以及调用 PSpice 进行模拟仿真中将要频繁使用的命令功能和使用方法将在相关部分进一步详细介绍。

在绘制电路图过程中，单击鼠标右键，在出现的快捷菜单中将显示出与当前操作相关的命令，这些命令来自不同主命令的下拉子命令菜单中，因此本书无须再专门介绍各种快捷菜单的内容和使用。

1. 与常用软件工具中名称相同的 6 条命令

Page Editor 窗口的 13 条主命令中有 6 条命令是一般常用的软件工具中都具有的命令，因此其名称完全相同，功能和使用方法也基本一样。但是 Page Editor 窗口中的这 6 条命令还具有一些特殊的功能。

（1）File 主命令菜单

Page Editor 窗口中的 File 下拉式子命令菜单如图 2-8 所示。其中新建、打开、关闭、打印等功能与常用软件工具中的相同。需要说明的是下面 4 条子命令。

① 与电路图中单元存取有关的两条子命令：为提高绘图效率，可以将电路图中的某一单元（又称为 Block）存入用户建立的符号库。在随后的电路图绘制过程中，可将其调入以减少绘制工作量。图 2-8 中第三组的两条子命令用于单元电路的存取。

Import Selection：从存放单元电路的文件中调入需要的单元。

Export Selection：将电路中选中的单元存入库文件。

2.3.4 节将详细介绍这两条子命令的使用方法。

② 与电路图数据格式转换有关的两条子命令：为了与其他电路图绘制软件交换数据，有时需要转换电路图的数据格式，图 2-8 中第四组内的两条子命令用于电路图数据格式的转换。

Import Design：将采用 EDIF 和 PDIF 格式的电路图以及 Schematic 绘制的电路图（在版本 8 以前 PSpice 软件包中采用）转换为 OrCAD/Capture 接受的数据格式。

Export Design：将 OrCAD/Capture 中绘制的电路图转化为通用的 EDIF 格式，或 AutoCAD 软件接受的 DXF 格式。

（2）Edit 主命令菜单

Page Editor 窗口中的 Edit 下拉式子命令菜单中包含有多达 33 条子命令，在屏幕上都不能同时全部显示，因此下拉菜单的顶部和底部分别有一个箭头，供用户翻滚查找，如图 2-9 所示。其中复制、剪切、粘贴、删除、全选、查找、替换、撤销等功能与常用软件工具中的相同。下面需要说明的是几条与模拟仿真过程密切相关的子命令。

① Label State：为电路图绘制过程中不同阶段设置标志，从而可以随时按照设置的标志转向某个阶段的绘制状态。

② Properties：在电路图中选中一个或多个元器件并执行本条子命令，即调出元器件属性参数编辑器，可以编辑修改选中元器件的属性参数（详见 2.4 节），这是绘制电路图过程中将会频繁使用的一条命令。

③ Part：选中电路图内的一个元器件符号，再选择执行 Part 子命令，即可调出 Part Editor 窗口，供用户编辑修改该元器件符号以及相关参数[1][11]。一般情况下，如果绘制电路图和模拟仿真过程中都采用 PSpice 软件提供的元器件库，无须调用 Part Editor。

④ PSpice Model：在电路图中选中一个元器件后执行本条子命令，将调用 PSpice 软件包中的模型参数编辑模块 Model Editor，对该元器件的模型参数进行编辑处理[3][5]。第 4 章介绍的蒙特卡罗分析中将涉及 Model Editor 的调用（参见 4.3 节）。

⑤ PSpice Stimulus：绘制电路图时，如果信号源符号是从 SOURCSTM 库中调出的，则选中该信号符号后再执行 PSpice Stimulus 子命令，将调出 PSpice 软件中的 StmEd 模块[9][10]，供用户以人机交互方式设置输入激励信号的波形。

⑥ Mirror 和 Rotate 两条子命令分别用于对选中元器件符号作“镜向”和“旋转”处理（参见 2.2.2 节）。Lock 和 UnLock 两条子命令用于对电路图中元器件符号的选中状态进行锁定处理（参见 2.3.1 节）。

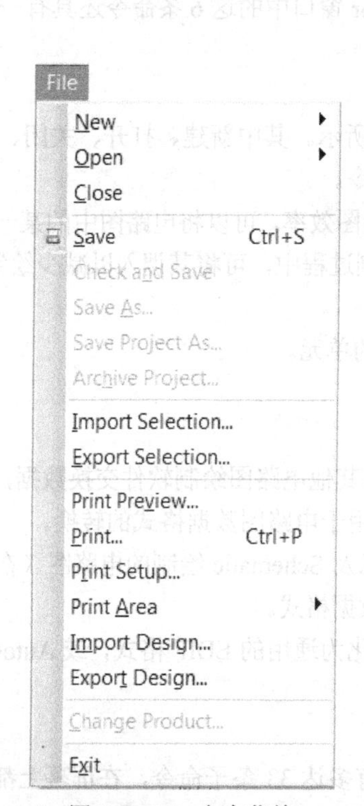

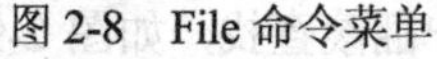

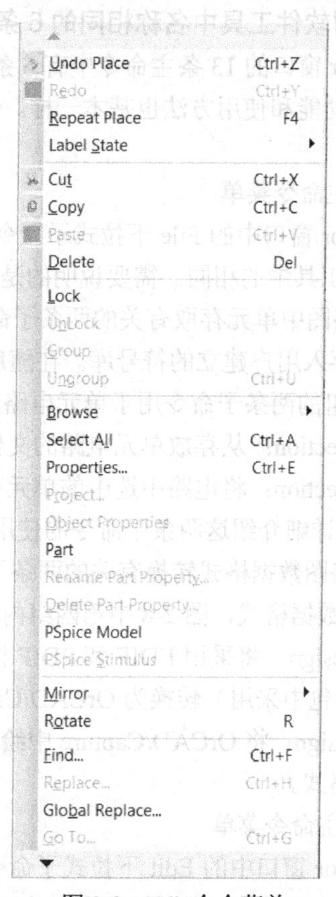

图 2-8 File 命令菜单　　　图 2-9 Edit 命令菜单

（3）View 主命令菜单

Page Editor 窗口中 View 主命令的下拉式菜单中共有 23 条子命令，其中除了一部分子命令的功能与常用软件工具中的相同外，还有一部分适用于元器件符号的编辑修改。下面简要说明与绘制电路图相关的几条命令。

① 对于分层式电路设计中包含的多个层次电路图，View 下拉菜单中下述两条子命令用于显示不同层次电路图。

Ascend Hierarchy：显示上一层次的电路图。

Descend Hierarchy：显示下一层次的电路图。

② Grid 和 Grid References 两条子命令的作用是分别决定在电路图绘制窗口中是否显示坐标网格点和图幅分区。

③ Selection Filter 子命令的作用是有选择地确定元器件的选中状态。2.3.1 节将详细介绍这条子命令及其应用。

④ 在绘制电路图的过程中可能涉及多页电路图页面，View 下拉菜单中下述两条子命令可以灵活地在不同页之间切换。

Previous Page：切换到当前电路页的前一页。

Next Page：切换到当前电路页的下一页。

（4）Tools 主命令菜单

在 Page Editor 窗口中，Tools 命令下拉菜单中主要包括对电路图进行后处理的多条命令，与绘制电路图相关的子命令是 Customize，其功能是供用户设置工具按钮的配置与显示方式。2.1.6 节将具体介绍该命令的使用方法。

（5）Window 主命令

Page Editor 窗口中的 Window 主命令包含的子命令与通常 Windows 应用程序中的 Window 命令菜单基本相同，用于对窗口实施管理。

（6）Help 主命令菜单

绘制电路图中，Page Editor 的 Help 主命令与通常应用软件中的 Help 命令基本相同，提供多方面帮助信息。

（7）Options 主命令菜单

OrCAD/Capture 运行过程中有关参数配置是由 Options 主命令菜单中的 4 条子命令完成的。用不同子命令设置的参数，其影响的范围互不相同。2.6 节将具体介绍这些参数的设置方法。

2. 在绘制电路图及模拟仿真中频繁使用的两条命令

（1）Place 主命令菜单

在 Page Editor 窗口中，电路图的绘制是通过执行 Place 主命令菜单中的各种子命令完成的，因此这也是在绘制电路图过程中使用最频繁的一条命令。按其功能的不同，Place 主命令菜单（参见图 2-10）中的 32 条子命令可分为三组。由于子命令太多，在屏幕上不能同时全部显示，因此 Place 下拉菜单的顶部和底部分别有一个箭头，供用户翻滚查找。下面简要介绍这些子命令的功能。从 2.2 节开始，将详细介绍调用其中使用最频繁的几条子命令绘制、编辑和修改电路图的方法。

① 图 2-10 中的前 19 条子命令中的 Pin、Pin Array、IEEE Symbol 用于元器件符号的修改，在绘制电路图的过程中基本不会使用。

② 图 2-10 中前 19 条子命令中的其他 16 条分别用于绘制电路图中的各种不同元素，包括调用符号库中的图形绘制元器件（Part）、调用参数化元器件（Parameterized Part）、绘制互连线（Wire）、自动绘制互连线（Auto Wire）、绘制总线（Bus）、放置互连线电连接结点（Junction）、绘制总线引入线（Bus Entry）、为节点命名（Net Alias）、绘制电源符号（Power）和地线（Ground）、绘制端口连接符（Off-Page Connector）、绘制分层电路图中的框图单元（Hierarchical Block）、绘制分层式电路框图中的端口连接符（Hierarchical Port）、绘制分层式电路框图中的内部连接符（Hierarchical Pin）、放置浮置引线标志（No Connect）。其中大部分子命令的左侧都显示有代表这些子命令的工具按钮。

提示：对于初次使用 Capture 的用户，只要掌握 Part、Wire、Junction、Net Alias、Power 和 Ground 这 6 条子命令的使用，就可以绘制基本电路图。

③ 第二组包括 Title Block 和 Bookmark 两条子命令，分别用于绘制图纸标题框和在图纸中设置书签标志。

④ 第三组的前 9 条子命令用于在电路图中绘制标示符号，包括添加说明字符串（Text），以及绘制直线段（Line）、矩形（Rectangle）、椭圆（Ellipse）、圆弧（Arc）、椭圆弧段（Elliptical Arc）、多弯曲线（Bezier Curve）、折线（Polyline），调用 bmp 文件中存放的图片（Picture）。

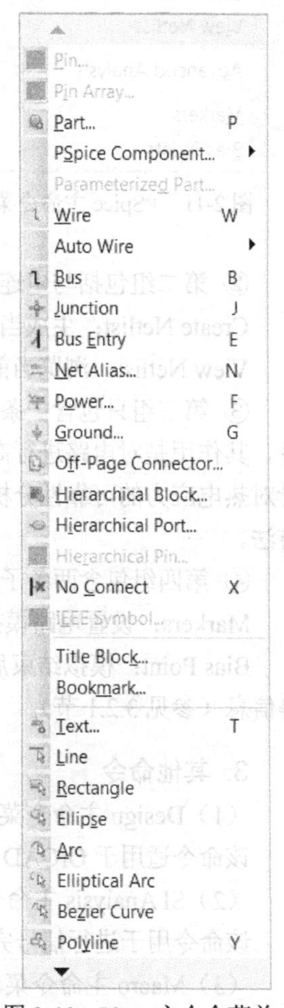

图 2-10　Place 主命令菜单

⑤ Place 下拉菜单中第 31 条子命令 OleObject 的作用是插入来自其他软件的对象。

⑥ Place 下拉菜单中第 32 条子命令 NetGroup 的作用是设置节点组。

（2）PSpice 主命令菜单

绘制电路图的目的之一是进行电路模拟。PSpice 主命令的作用就是在 Page Editor 中绘制好电路图后直接调用 PSpice AD 以及 PSpice AA 软件对绘制的电路图进行模拟分析，并显示和分析得到的结果。按作用的不同，图 2-11 所示 PSpice 主命令菜单中的 10 条子命令可分为 4 组。以下简要介绍这些命令，本书第 3 章、第 4 章和第 6 章将详细介绍如何使用这些子命令进行电路的模拟分析和优化设计。

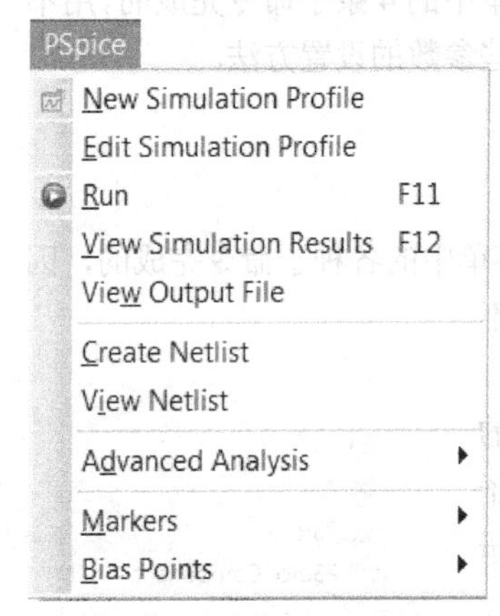

图 2-11 PSpice 主命令菜单

① 第一组包含 5 条子命令，用于电路特性分析。

New Simulation Profile：新建一个模拟剖面，指定电路特性分析类型并设置分析参数。

Edit Simulation Profile：修改已有的模拟剖面，包括修改电路特性分析要求和参数设置。

说明：Simulation Profile 是调用 PSpice 进行电路模拟过程中的一个非常重要的概念，将影响模拟过程能否顺利进行并取得良好的效果。相关概念和注意事项将在 3.1.2 节详细介绍。

Run：调用 PSpice AD 软件，进行电路模拟。

View Simulation Results：调用 PSpice 中的 Probe 模块，以交互方式在 Probe 图形窗口中显示分析电路模拟的结果（见第 5 章）。

View Output File：浏览存放在 ASCII 码文本文件中的模拟结果（见第 5 章）。

② 第二组包括与电连接网表有关的两条子命令。

Create Netlist：生成当前电路图的电连接网表文件。

View Netlist：浏览当前电路图的电连接网表。

③ 第三组只包含一条子命令 Advanced Analysis，但是其下层子命令菜单中还包含有 7 条子命令，其作用是对电路进行高级分析，包括灵敏度分析和极端情况分析、蒙特卡罗分析、优化设计、针对热电应力的可靠性分析、多重参数扫描等功能。第 6 章将详细介绍各种高级分析的功能和使用方法。

④ 第四组包含两条子命令。

Markers：设置电路模拟中的数据采集点。第 5 章将详细介绍其使用方法。

Bias Point：模拟结束后直接在电路图中直观显示描述直流工作点的节点电压、支路电流、功耗等信息（参见 3.2.1 节）。

3. 其他命令

（1）Design 主命令菜单

该命令适用于 OrCAD 软件包中各个软件模块，用于新建一个对象。

（2）SI Analysis 主命令菜单

该命令用于进行信号完整性（SI, Signal Integrity）分析。

（3）Macro 主命令菜单

为了提高绘图效率，OrCAD/Capture 中提供了“宏”（Macro）功能。Macro 主命令菜单包括 3 条子命令，用于对宏的新建、配置以及运行实施管理。

如果用户已为当前绘图过程配置了可调用的宏命令，则这些已配置的宏命令也会以子命令的形式出现在 Macro 命令菜单中。

对于初学者来说，开始阶段暂时不需要应用该命令。

（4）Accessories 主命令

在 OrCAD 软件系统发展的过程中，还开发了一些扩展 Capture 功能的配套软件，如生成特定格式电连接网表的软件等。如果用户配置了这些软件，它们就将以子命令形式出现在 Accessories 主命令菜单中。

2.1.6　Page Editor 工具按钮

为了方便用户，Capture 软件也配置有多个工具按钮。其中大部分工具按钮都对应于一条常用的子命令，也有少数工具按钮不是直接对应子命令，而是对应一种参数设置或者操作。将光标移至一个工具按钮图形上，屏幕上该按钮位置处将出现描述该按钮功能的一串字符。在图 2-6 所示 Page Editor 窗口中，与电路图绘制及模拟仿真有关的工具按钮可以分为三组。通过 Tools→Customize 子命令可以快速查看每组工具按钮的组成，以及每个工具按钮的功能描述，并且还可以由用户自定义适用于自己习惯和应用特点的工具栏组成。

1. 与 Capture 软件操作有关的工具按钮

在 Page Editor 窗口中与 Capture 操作有关的工具按钮一共有 26 个，如图 2-12 所示。

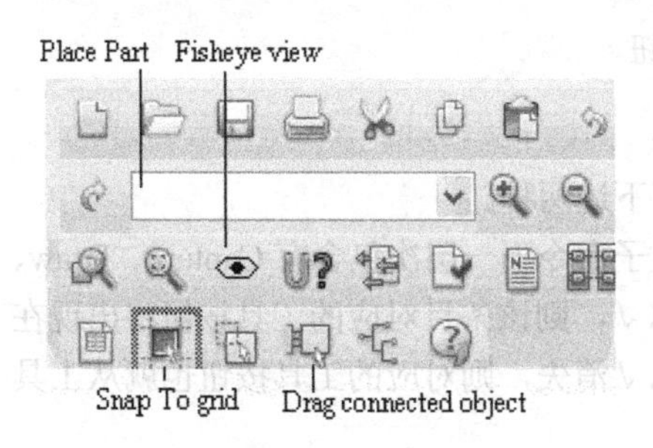

图 2-12　最基本的 26 个按钮

图中大部分工具按钮是一般应用程序中都有的按钮，还有一部分工具按钮的作用是对设计项目实施后处理。就调用 PSpice 进行模拟而言，需要对电路图实施的后处理由软件自动进行，无须用户执行相关命令。下面仅简要说明其中几个与 PSpice 模拟过程有关的工具按钮的作用。

① Place Part：第 10 个工具按钮用于元器件绘制，显示为下拉列表框形式，称为“最近采用的元器件符号”列表框。其中列出了最近采用过的元器件符号名称。绘制电路图时可以直接选用该列表中的元器件符号。

② 第 15 个工具按钮的名称是 Fisheye view，其作用是局部放大电路图中选定的元器件，未选定的元器件仍然显示为原来的大小，相当于屏幕上电路图采用不同倍率显示。

③ 第 22 个工具按钮的名称是 Snap To grid，其作用是强制使光标只能在坐标网格点上移动。

④ 第 24 个工具按钮的的名称是 Drag connected object，其作用是拖动连接的对象。

2. 与绘制电路图操作有关的工具按钮

图 2-13 显示的是与电路图绘制（Draw）有关的 22 个工具按钮。其中大部分按钮分别对应于图 2-10 所示 Place 主命令菜单中的子命令。但是第一个按钮名称是 Select，没有对应的子命令。在执行 Place 主命令菜单中的任何一条子命令绘制电路图中元素时，只要单击该按钮，立即终止绘制电路元素状态，光标恢复为选择功能状态。

3. 与 PSpice 模拟仿真有关的工具按钮

图 2-14 显示的是与 PSpice 运行有关的 15 个工具按钮。其中大部分按钮分别对应于图 2-11 所示 PSpice 主命令菜单中的子命令。第一个工具按钮的名称是 Active Profile，用于确定当前已设置的仿

真剖面中哪一个被选为激活状态。详细功能和使用方法将在第3章介绍。

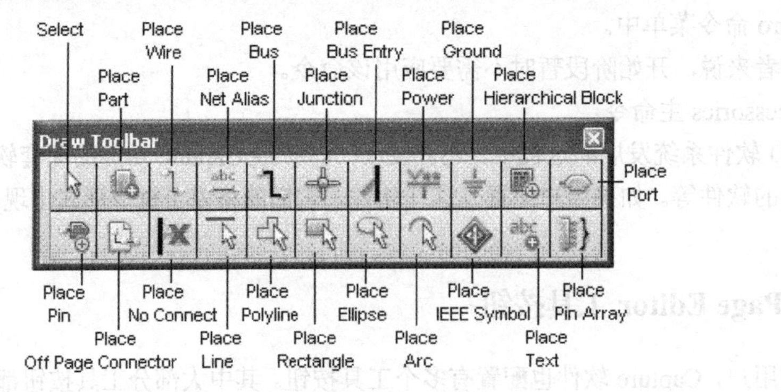

图2-13　电路图绘制工具按钮

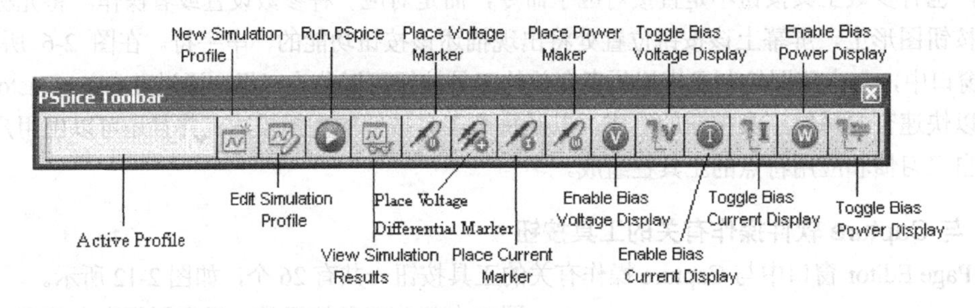

图2-14　PSpice工具按钮

4. 工具栏显示方式的设置

确定在窗口工具栏中是否显示某一组工具按钮的方法有下述两种。

① 采用View命令：View下拉子命令菜单中的Toolbar子命令下一层次包含有Capture、Draw、PSpice等条目，选择其中一条，使得该条目前出现选中标志√，则该条目对应的工具按钮将出现在工具栏中。若再次选择该条目，使得该条目前面的选中标志√消失，则对应的工具按钮也就从工具栏中消失。

② 采用Customize对话框：在Page Editor窗口中选择执行Tools→Customize子命令，将出现Customize对话框，如图2-15所示。图中的Toolbars标签页显示有Capture、Draw、PSpice等条目列表。通过单击方式，使得一个条目前面出现选中标志√，则该条目对应的工具按钮将出现在工具栏中。若再次单击，使得选中标志√消失，则对应的工具按钮也就从工具栏中消失。

5. 工具栏组成的定制

图2-15显示的是Commands标签页，描述了工具按钮的分组组成。选择Categories下方列表框中的一项，右侧Buttons一栏将列出该组的工具按钮组成。单击一个按钮，图中Description下方即显示出该按钮功能的简要描述。

图2-12到图2-14显示的是软件内部对每组工具按钮的配置，仅这三组工具按钮就多达近70个。实际上有些按钮很少使用，例如就调用PSpice进行模拟而言，需要对电路图实施的后处理由软件自动进行，无须用户执行相关命令。为了保持工具栏的简洁实用，用户也可以根据自己的使用习惯，采用下述方法，定制工具按钮的配置，在工具栏中只包括最常用的工具按钮。

首先按照前面说明的方法使得工具栏中不显示整个一组的工具按钮。然后执行Tools→Customize子命令，在出现的Customize对话框中选择Commands标签页，如图2-15所示。在图中Categories下方选择要定制的工具按钮类型（图中选择的是Capture），再在其右侧显示的工具按钮图标列表中依次选择需要的工具按钮，并将其拖拉到 Page Editor 窗口的工具栏中，就完成了工具栏按钮组成的定制。

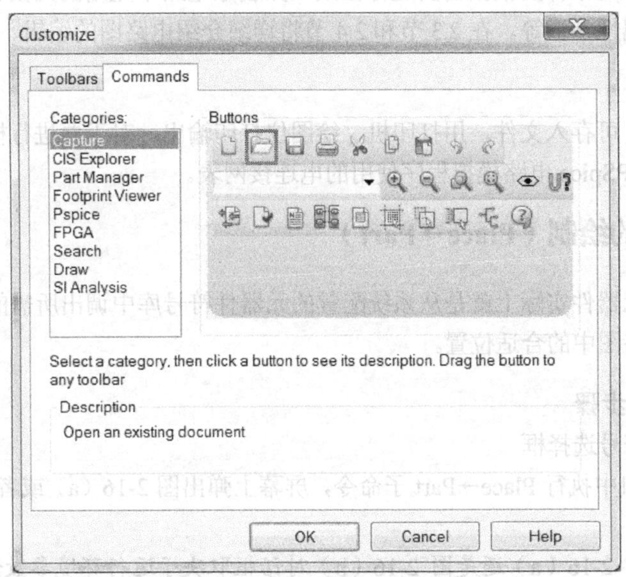

图 2-15　定制工具栏的组成内容

2.2　电路图的绘制

电路图是通过选择执行 Place 命令菜单（见图 2-10）中的有关子命令绘制的。本节在说明绘制电路图基本步骤的基础上，结合图 2-6 所示差分对电路实例，介绍几种常用电路元素的绘制方法，以及需要注意的问题。

2.2.1　绘制电路图的基本步骤

新建设计项目（见 2.1.4 节）后，要生成一个满足 PSpice 电路模拟要求的电路图通常包括下述 4 步。

1. 调用 Page Editor

要生成电路图，首先应在建立电路设计项目后调用 Page Editor（见 2.1.4 节中的图 2-6）。

2. 绘制电路图

在 Page Editor 窗口中绘制一个完整的电路图，通常需要绘制以下三部分内容。

① 绘制元器件符号：实际上是从 OrCAD/Capture 符号库中调用合适的元器件符号，如电阻、电容、晶体管、电源和接地符号等，并将它们放置在电路图的适当位置。对分层式电路设计，还需绘制各层次框图。

② 绘制元器件间的电连接：包括互连线、总线、电连接标识符、节点符号及节点名等。对分层式电路设计，还需绘制框图端口符。

③ 绘制电路图中的辅助元素：对于一个完整的电路图，除上述表示电路拓扑结构的元器件及其连接关系外，有时还需绘制图纸标题栏、在电路图中添加“书签”、绘制特殊符号（如矩形、椭圆等）以及注释性文字说明。

本节后面几个小节将具体介绍电路图中几种常用元素的绘制方法。

3. 修改电路图

对绘好的电路图，通常都要根据需要进行修改，如删除电路中无用的元素、改变元器件的放置位置、修改元器件的属性参数等。在 2.3 节和 2.4 节将详细介绍电路图的编辑、修改方法。

4. 结果输出

绘制好的电路图，可存入文件，用打印机、绘图仪打印输出。对于要进行模拟仿真的电路图，Capture 将自动生成供 PSpice 电路模拟程序使用的电连接网表。

2.2.2 元器件的绘制（Place→Part）

在电路图中绘制元器件实际上就是从系统配置的元器件符号库中调出所需的元器件符号，并按一定的方位放置在电路图中的合适位置。

1. 绘制元器件的步骤

（1）调出元器件符号选择框

在 Page Editor 窗口中执行 Place→Part 子命令，屏幕上弹出图 2-16（a）或者图 2-16（b）所示元器件符号选择框。

说明：出现的是图 2-16（a）还是图 2-16（b）对话框取决于运行环境参数设置（见图 2-42）。按照默认设置，出现的是图 2-16（a）。

（2）按下述步骤选取所需的元器件符号

① 选取元器件符号所在的符号库名称。图 2-16 中 Libraries 下方的列表框里显示的是在该设计项目中已配备的符号库名称清单。单击某一库名称后，该库中的元器件符号将按字母顺序列在其上方的 Part List（元器件符号列表）框中。

② 在 Part List 列表框中单击需要调用的元器件符号名称，则该元器件符号名称将出现在图 2-16 上部分的 Part 文本框中，同时在图中的预览框内显示出被选的元器件符号图形。

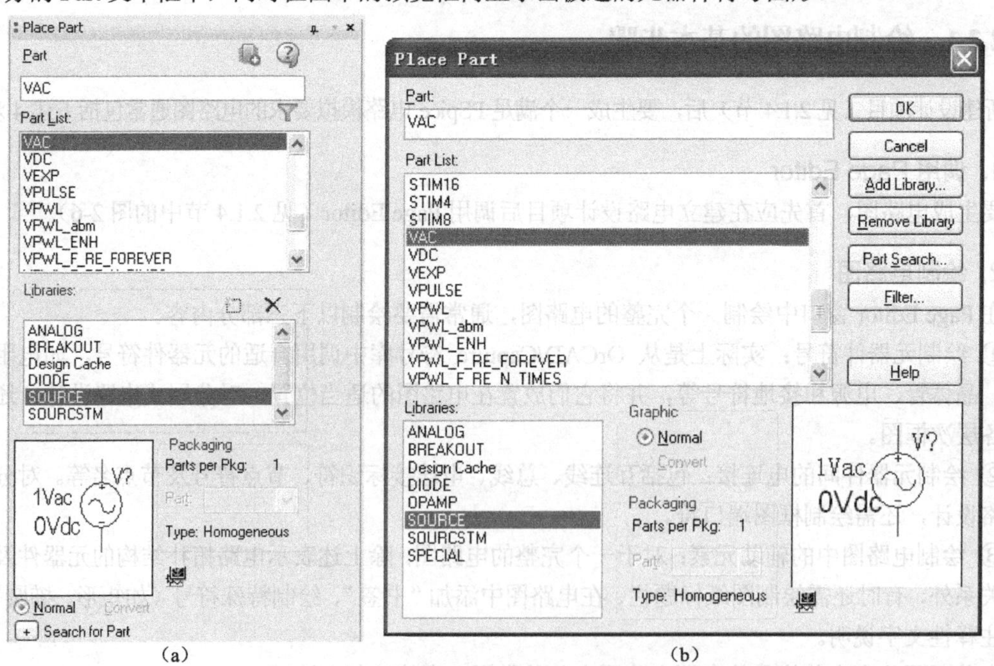

图 2-16　Place Part 选择框

图 2-16 是选取交流小信号电压源 VAC 的情况。

③ 若所选符号正是要求的元器件符号，单击位于图 2-16 中上方的 (Place Part（Enter））按钮，该符号即被调至电路图中，并且附着在光标上，随着光标的移动而移动。

（3）按照下述方式放置元器件符号

用光标控制元器件符号的移动，到合适位置时单击鼠标左键，即在该位置放置一个元器件符号。这时继续移动光标，还可在电路图的其他位置继续放置该元器件符号。

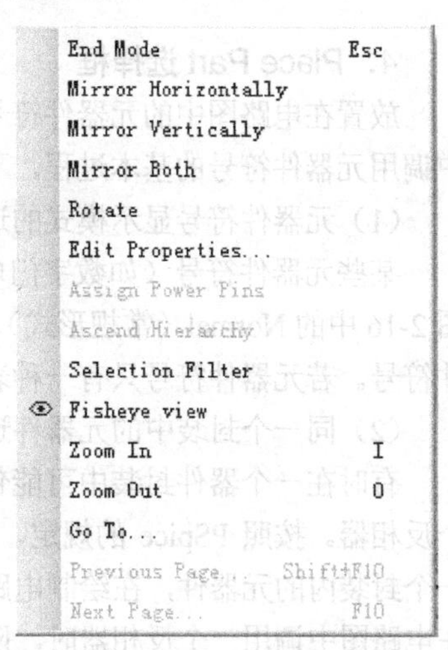

图 2-17　绘制元器件的快捷菜单

说明：在放置元器件符号的过程中，还可以执行快捷菜单（见图 2-17）中的相关子命令，改变元器件符号的放置方位。

（4）结束元器件的放置

可以采用下述三种方法之一结束绘制元器件状态。

方法 1：单击鼠标右键，屏幕上将弹出快捷菜单（见图 2-17）。选择执行其中的 End Mode 命令即可结束绘制元器件状态。

方法 2：按 Esc 键。

方法 3：在绘制元器件符号的过程中，单击 Place 工具按钮中的 Select 按钮，也可结束元器件的绘制状态。同时，光标恢复为箭头状，进入选择状态。

在绘制本节介绍的其他电路元素的过程中，都可以采用上述三种方法结束电路元素的绘制。在相应部分介绍绘制步骤时，不再全部罗列这三种方法。

2. 绘制元器件的快捷菜单

在上述绘制元器件的步骤（3）中，单击鼠标右键，则出现图 2-17 所示快捷菜单。其中前 5 条是与绘制元器件密切相关的几条子命令。在放置元器件符号之前，用户可以选择执行这几条子命令，调整元器件符号的放置方位。

① End Mode：结束绘制元器件状态。

② Mirror Horizontally：将元器件符号水平翻转，即对 Y 轴作镜向翻转处理。

③ Mirror Vertically：将元器件符号垂直翻转，即对 X 轴作镜向翻转处理。

④ Mirror Both：将元器件符号同时对 X 轴和 Y 轴作镜向翻转处理。

⑤ Rotate：将元器件符号逆时针转 90°，直接按键盘上的 R 键也起同样作用。

3. 元器件编号

PSpice 对电路进行模拟分析时，要求电路图中的每一个元器件均有一个与其类别有关的编号，称为 Part Reference。按 PSpice 的规定，同类元器件的编号都以同一个关键字母开头。如电路中所有的电阻编号均以 R 开头，后面可以跟不同的数字字母组合（如 R1、R2、Rbias……），这样就可以区分出电路中的每一个电阻；二极管的编号为 D1、D2……双极晶体管的编号为 Q1、Q2，等等。按照 PSpice 的规定，代表不同类型元器件的关键字母如第 1 章中的表 1-2 所示。

提示：PSpice 中代表不同类型元器件的关键字母与我国相关标准的规定不完全相同。例如，国家标准规定，对于所有的有源器件（包括二极管、双极晶体管、MOS 场效应晶体管等），都采用关键字符 V 表示，而所有的信号源应该采用关键字符 G，等等。如果需要绘制符合国家标准规定的电路图，可以调用 Capture 软件包中的 Part Editor 软件[1][11]，修改描述元器件类型的关键字符。

提示：在绘制电路图时，如果希望绘制的每个元器件符号均按绘制次序自动进行编号，应使图 2-42 中的 Automatically reference placed parts 选项处于选中状态，这也是系统的默认设置。否则，

在电路图中绘制的每个元器件编号均为其关键字母后面加问号“？”。例如，所有的电阻编号均为“R？”。在此情况下，进行 PSpice 模拟之前就需要采用 2.4 节介绍的修改元器件属性参数的方法修改元器件编号，这样做非常烦琐。

4．Place Part 选择框

放置在电路图中的元器件符号都是通过图 2-16 所示 Place Part 选择框选定的。前面已介绍了从中调用元器件符号的基本过程，下面进一步介绍图中涉及的其他几项功能。

（1）元器件符号显示模式的选择

某些元器件符号（如数字门电路）有常规表示形式，也可以用其 De Morgan 等效形式表示。图 2-16 中的 Normal（常规形式）和 Convert（等效形式）选项用于确定以什么形式显示选中的元器件符号。若元器件符号只有一种表示形式，则 Convert 项呈灰色显示，不可能被选中。

（2）同一个封装中的元器件选择

有时在一个器件封装中可能包含有几个元器件，例如一个数字集成电路 7406 封装内包括有 6 个反相器。按照 PSpice 的规定，为了便于以后进行 PCB 设计时明确哪几个元器件符号实际上是同一个封装内的元器件，在绘制电路图阶段，同一个封装内的元器件采用相同的 Part Reference，这样在电路图中调用一个反相器时，除了 Part Reference 外，还采用称为 Designator（在封装中的编号）的属性参数指定调用的是器件封装中的第几个反相器（用 A、B、C……加以区分）。因此对于这类元器件，电路中采用 Part Reference 和 Designator 共同描述该元器件符号在电路中的编号。

（3）调入元器件符号库

PSpice 软件包含有 100 多个元器件符号库文件。但是在绘制电路图时用户只能采用已列在图 2-16 的 Libraries 列表中的那些库文件中的元器件。如果需要选用的元器件符号所在的符号库尚未列在图 2-16 符号库列表中，可单击图 2-16 中 Add Library 按钮，屏幕上将弹出通常的文件打开对话框。其中列出了 OrCAD/Capture 中提供的符号库文件清单（以 OLB 为扩展名），如图 2-18 所示。从中选取需要的库名称，单击“打开”按钮，即将选中的符号库文件添加至图 2-16 的符号库列表中。

图 2-18　添加符号库文件选择框

（4）删除库文件

在图 2-16 的符号库名称列表中选择一个符号库后，单击 Remove Library 按钮✕，即将该库文件从符号库列表中删去。

（5）搜寻元器件符号

如果用户不能确定需调用的元器件符号位于哪个符号库文件中，可单击图 2-16(a)中的⊞Search for Part 按钮或图 2-16（b）中的 part Search 按钮，即出现图 2-19 所示对话。在 Search For 文本框内键入欲调用的元器件符号名（图中以搜寻双极晶体管 Q2N2222 为例），在 Path 文本框中键入符号库文件所在的路径名，再单击其右侧的 Part Search 按钮，系统即在 Path 右侧显示的路径下查找该元器件符号所在的库文件并将结果显示在图 2-19 的 Libraries 列表框中。其中，元器件符号名后面用斜杠将元器件符号与其所在的库文件名分开。选中库文件名后再单击 Add 按钮，即将该库文件添加至图 2-16 的符号库列表框中。

图 2-19　Search for Part 对话框

图 2-19 的 Path 文本框中指定了搜寻的目录路径，用户可借用其右侧 Browse 按钮选定合适的路径名。如果绘制的电路图将用于 PSpice 模拟，OrCAD 软件中存放元器件符号库文件的默认路径为：

Cadence\SPB_16.6\Tools\Capture\Library\PSpice

提示： 只有 Cadence\SPB_16.6\Tools\Capture\Library\PSpice 路径下符号库文件中的所有元器件符号才配置有模型参数描述，采用这些元器件绘制的电路图才能用 PSpice 软件进行模拟。在 Cadence\SPB_16.6\Tools\Capture\Library\路径下还存放有多种元器件符号库文件，但是那些符号库文件中的元器件未配备有模型参数库，因此对于采用那些库文件中元器件符号绘制的电路图，PSpice 软件无法进行模拟。

提示： 表征一个元器件是否配置有模型参数描述的标志是，在图 2-16 所示 Place Part 选择框的元器件符号旁边是否存在图形符号。

5. 关于元器件符号库

OrCAD/Capture 中提供了几万个元器件符号，分别存放在 100 多个符号库文件中。为了正确地选用所需的元器件符号，应对符号库文件的下述构成特点有所了解。

（1）商品化的元器件符号库名称特点

库中绝大部分符号都是已商品化的不同型号半导体器件和集成电路。这类元器件符号库文件的名称有两类。

第一类是以元器件的类型为库文件名，反映该文件中存放的元器件类型。例如，以 74 开头的库文件中是各种 TTL 74 系列数字电路；CD4000 库文件中是各种 CMOS4000 系列电路；OPAMP 库文件中是各种运算放大器，等等。

提示： bipolar 库文件中是美国生产的各种型号的双极晶体管；ebipolar 库文件中是欧盟生产的各种型号的双极晶体管；jbipolar 库文件中是日本生产的各种型号的双极晶体管。

第二类是在库文件名中包含有公司的名称。例如，以 phil 开头的库文件中是飞利浦公司生产的半导体器件，库文件名以 MOTOR 开头的则是摩托罗拉公司生产的半导体器件等。

对商品化的元器件只需按元器件的型号名就可以调用相应的符号。PSpice 模型参数库中同时提供有这些元器件的模型参数。

（2）常用的非商品化元器件符号库

如果绘制的电路图要进行 PSpice 模拟，经常要从下述几种符号库中选用非商品化的元器件符号。

① ANALOG 库：模拟电路中的各种无源元件，如电阻、电容、电感等，需从 ANALOG 库中选用合适的元器件符号。

② BREAKOUT 库：在 PSpice 进行统计模拟分析时，要求电路中某些元器件（包括 R、C 等无源元件，以及各种半导体器件）参数按一定的规律变化。这些元器件符号应从 BREAKOUT 库中调用（参见 4.3 节介绍）。

③ SOURCE 库：无论是模拟电路还是数字电路，调用 PSpice 进行模拟分析时，总要有电压偏置并要在输入端加激励信号。SOURCE 库中包括的就是各种电压源和电流源符号（见第 3 章介绍）。

④ SOURCSTM 库：若激励信号源的信号波形是采用 StmEd 模块设置的，则信号源符号应从 SOURCSTM 库中调用。

⑤ SPECIAL 库：顾名思义，SPECIAL 库中包括的是一些特殊的符号，在进行某些类型电路特性分析以及在电路分析中进行某些特殊处理时将要采用这些符号。SPECIAL 库中符号的含义及使用方法将在相应章节中介绍。

（3）Design Cache 库

Design Cache 库（见图 2-5）不是 OrCAD/Capture 系统预先提供的符号库，而是在绘制电路图的过程中自动形成的。该库中存放的是在当前电路图绘制中采用的各种元器件符号，包括曾经用过但已从电路图上删除的那些符号。

通过 Design Cache 库，可以同时替换电路中多个同种类型的元器件。具体方法在 2.3.6 节介绍。

（4）CAPSYM 库

在选择执行 Place 主命令菜单的有关命令绘制电源符号（Power）、接地符号（Ground）、电连接标识符（Off-Page Connector）、分层电路设计中的框图端口（Hierarchical Port）和图纸标题栏（Title Block）时，都涉及一个名叫 CAPSYM 的符号库。

6. 差分对电路绘制实例

图 2-20 是一个差分对电路实例。第 3 章和第 4 章将结合该电路介绍电路特性的模拟分析和统计分析方法。

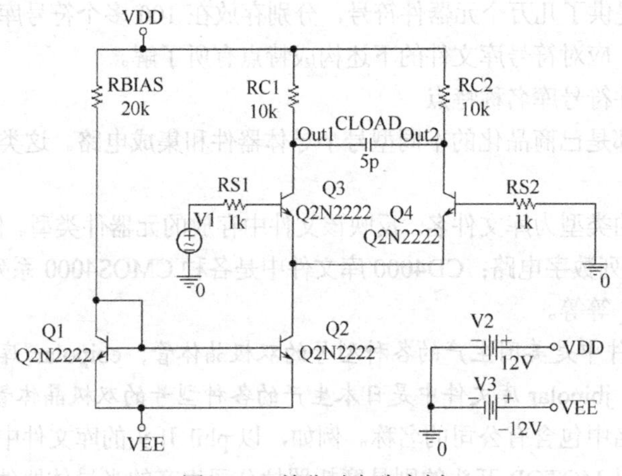

图 2-20　差分对电路实例

图中双极晶体管 Q1、Q2、Q3 和 Q4 是选择执行 Place→Part 子命令，从 BIPOLAR 符号库中调用的；电容 CLOAD 和电阻 RBIAS、RC1、RC2、RS1、RS2 是从 ANALOG 库中调用符号 C 和符号

R 绘制的。刚绘制时，电容 C 的编号为 C1，电容为内定值 1n；5 个电阻的编号分别为 R1、R2、…、R5，其阻值均为 1k。采用 2.4 节介绍的方法可将它们改为图 2-20 中所示的元器件编号名。图 2-20 的中 V1 是调用 SOURCE 库中 VSIN 符号绘制的；V2 和 V3 是调用 SOURCE 库中 VDC 符号绘制的。刚绘制时信号源的电压默认值均为 0V，也需要采用 2.4 节介绍的方法进行修改。

2.2.3　电源与接地符号的绘制（Place→Power 和 Place→Ground）

1. 两种类型"电源"和"接地"符号

OrCAD/Capture 符号库中有两类电源符号。一类是 CAPSYM 库中提供的 4 种电源符号，它仅仅是一种符号，在电路图中只表示该处要连接的是一种电源，本身不具备任何电压值。在电路中具有相同名称的几个电源符号在电学上是相连的，即使相互之间未采用互连线连接。其所在的节点也以电源符号名称作为节点名。图 2-20 中 VDD、VEE 都是这种类型的电源符号。

另一类电源符号是由 SOURCE 库中提供的。这些符号真正代表一种激励电源，通过设置可以给它们赋予一定的电平值。图 2-20 中 V1、V2 和 V3 均为这类电源符号。按通常习惯，电路中两个直流电源 VDD 和 VEE 按图 2-20 中所示形式绘制。但如上所述这两个符号仅仅是一种"符号"，不具有任何电平值。因此，在图 2-20 右下角还需绘制一个附加小电路，表示 VDD 实际连至 V2（+12V），VEE 连至 V3（−12V）。

提示：对电路进行 PSpice 模拟仿真时，起激励作用的输入信号源必须是从 Source 库中调用的信号源。执行 Place→Power 模拟绘制的只是一种表示连接关系的符号，不具有任何电压值。

"接地"符号的情况同样如此。CAPSYM 库中提供有多种接地符号，其中只有名称为"0"的接地符号（见图 2-20）才代表电位为 0 的"地"。

2. "电源"和"接地"符号的选用原则

① 模拟电路中的直流电压源（或电流源）、交流和瞬态信号源以及数字电路中的输入激励信号源均应执行 Place→Part 子命令，从 SOURCE 库（或 SOURCSTM 库）中选用。

② 加于数字电路输入端的高电平信号和低电平信号应执行 Place→Power 子命令，从 SOURCE 库中选用$D_HI 和$D_LO 两种符号。

③ 调用 PSpice 对模拟电路进行模拟分析时，电路中一定要有一个电位为零的接地点。这种零电位接地符号必须通过执行 Place→Ground 子命令从 SOURCE 库中选用名称为 0 的符号。图 2-20 中采用了三个这种符号。在电路中这三个"地"符号是电学相连的。

提示：对电路进行 PSpice 模拟仿真时，电路中必须有名称为 0 的接地符号，作为电位为 0 的参考点。否则，即使电路图中绘制有接地符号，但是由于是名称不为 0 的接地符号，将导致电路中节点呈现悬浮状态，PSpice 将无法进行模拟，而是显示出每个节点均为 Floating 的出错信息。

3. 电源和接地符号的绘制步骤

电源和接地符号的绘制步骤与元器件的绘制步骤相同，只是在选择执行 Place→Power 或 Place→Ground 子命令后，屏幕上出现的电源或接地符号选择框如图 2-21 所示。

图 2-21 中显示的是选择名称为 VCC-CIRCLE 的电源符号情况。其中 Symbol 文本框中为该电源符号的名称；Name 文本框中是用户为该符号起的名字。图 2-21 中其他项目与 Place Part 选择框类似。将选中的电源或接地符号放置在电路图中的方法也与放置元器件符号的方法相同，包括快捷菜单也一样。

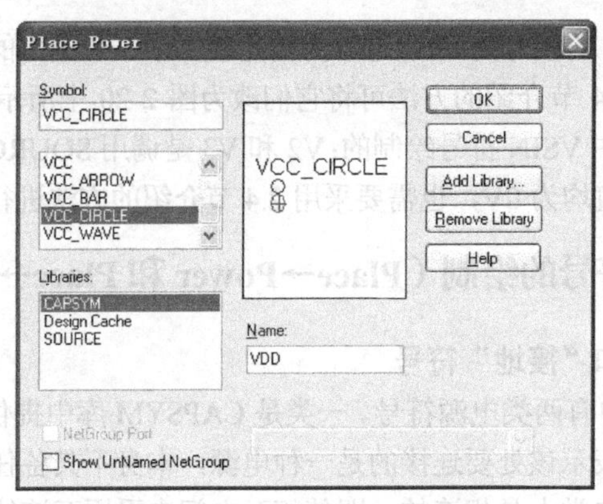

图 2-21 Place Power 选择框

2.2.4 端口连接符号的绘制（Place→Off-Page Connector）

1. Off-Page Connector 的作用

① 基本作用：规模较大的电路，可采用拼接式电路图设计方案，即用几张图纸绘制该电路，各图纸之间的连接关系用 Off-Page Connector（端口连接符）表示。不同电路图纸上具有相同名称的端口连接符之间在电学上是相连的，这也是这类符号名称的含义。

② 电连接标识符：在单页式电路图内部，即使未用互连线连接，具有相同名称的 Off-Page Connector 在电学上也是相连的，因此可将其作为电连接标识符使用。例如，在图 2-20 中，两个 VDD 电源符号也可以用两个名称均为 VDD 的电连接标识符代替。

③ 端口标识符：对单页式数字电路，可在输入端和输出端处加上 Off-Page Connector，这样就可以在 PSpice 进行数字模拟过程中以显示、分析这些端口处的信号变化情况。因此，可将其作为端口标识符使用。

2. 端口连接符号的种类

存放在 CAPSYM.OLB 库中的端口连接符号有两种，其符号名分别为 OFFPAGELEFT-L 和 OFFPAGELEFT-R，如图 2-22 所示。放置到电路图中后，符号名可由用户修改。

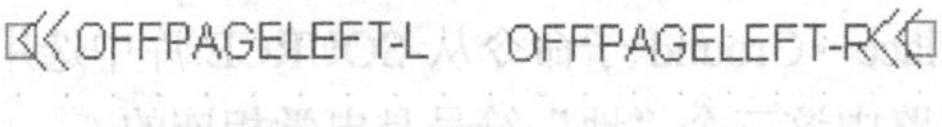

OFFPAGELEFT-L　　OFFPAGELEFT-R

图 2-22 两种 OFF-Page Connector 符号

3. 端口连接符号的绘制步骤

执行 Place→Off-Page Connector 子命令绘制端口连接符号的步骤与绘制电源和接地符号的步骤相同。实际上，它们的符号选择框结构、快捷菜单、在电路图中的放置方法等都一样。

2.2.5 互连线的绘制（Place→Wire）

在电路图中绘制好各种元器件符号后，就需要绘制互连线，实现不同元器件之间的电连接。下面介绍绘制互连线的步骤以及需要注意的几个问题。

1. 绘制互连线的基本步骤

① 执行 Place→Wire 子命令，进入绘制互连线状态。这时光标形状由箭头变为十字形。

② 将光标移至待绘制互连线的起始位置处，单击鼠标左键，从该位置开始绘制一段互连线。

③ 用鼠标控制光标移动，随着光标的移动，互连线随之出现。

④ 结束绘制某一段互连线的方法有如下三种。

方法 1：若该段互连线只是某条互连线中的一段，接下来要从光标当前位置转 90° 绘制另一段互连线，则只需单击鼠标左键，结束当前这段互连线的绘制，同时表示该点为新一段互连线的起点，然后转向上述第③步。

方法 2：若该段互连线正好与另一段互连线或元器件的一条引出端相连，单击鼠标左键就结束该互连线的绘制。这时仍然处于绘制互连线的状态，转向上述第②步，就可以在电路图的其他位置绘制另一条互连线。

方法 3：若互连线绘制到某一位置后，并没有与另一段互连线或元器件的一条引出端相连，但是用户要在电路图中另一个位置开始绘制另一条互连线，则需要连击鼠标左键或从快捷菜单中选择执行 End Wire 子命令，结束当前这段互连线的绘制。然后转向上述第②步。

提示：这一步虽然执行了 End Wire 子命令，但只是结束当前这段互连线的绘制，系统仍然处于绘制互连线的状态，光标仍然为十字形。采用下述步骤⑤才完全结束互连线绘制状态。

⑤ 采用下述三种方法可结束绘制互连线的状态并使光标恢复为箭头形状。

方法 1：在绘制互连线过程中，按下 Esc 键即可结束互连线的绘制状态。

方法 2：在绘制互连线过程中，单击 Place 工具按钮中的 Selection 按钮也可结束互连线绘制状态并使光标恢复为箭头状，进入选择状态。

方法 3：在结束了某条互连线的绘制后（即在上述第④步中的方法 2 和方法 3 两种情况下），再次从快捷菜单中选择执行 End Wire 子命令，即可结束互连线绘制状态。

说明：在上述第④步的方法 3 中，也包括选择执行快捷菜单中的 End Wire 子命令，但其作用是结束一条互连线的绘制。应注意这两种情况下执行 End Wire 子命令的区别。

2. 任意角度走向互连线的绘制

按前面介绍的步骤绘制的互连线只能 90° 转弯。如果在上述绘制步骤③中，先按下 Shift 键，再用鼠标控制光标的移动，即可绘制任意角度走向的互连线。

3. 互连线与元器件连接关系的判断

绘制互连线时，只有互连线端头与元器件引线的端头准确对接，系统才认为它们在电学上连接在一起。从 OrCAD/Capture 符号库中将元器件符号调至电路图中时，每个引线端头都有个空心方形的连接区，如图 2-23 所示。绘制的每段互连线在处于选中状态时，其两端则有实心的方形连接区（见图 2-24 电阻左边交叉的两条互连线）。只有这两个连接区重合时，才表示元器件和互连线在电学上相连，此时元器件端头的空心方形连接区消失。例如图 2-24 中，电阻右边端头与互连线正好对接，而左边端头与互连线交迭而不是对接，因此此处在电学上未相连，空心方形连接区仍存在。根据电路图上元器件引出端处是否出现空心方形连接区，可以判断其电学的连接性。两个元器件的引出端直接相连时，情况与此相同。

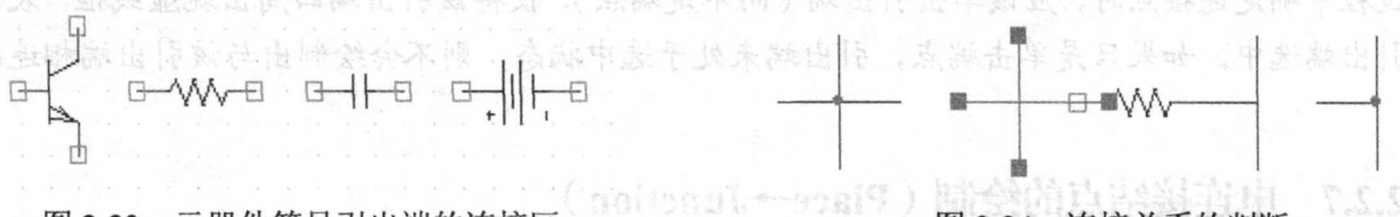

图 2-23　元器件符号引出端的连接区　　　　图 2-24　连接关系的判断

提示：绘制互连线时，为了保证互连线端头与元器件引线的端头准确对接，应该在 Options→Preference 对话框的 Grid Display 参数设置标签页中，将 Connectivity Elements 及 Drawing Elements

两项设置为 Master，使 Pointer snap to grid 选项处于勾选状态（见图 2-44）。

说明：如果 Pointer snap to grid 选项未处于勾选状态，则工具栏中的按钮将显示为红色，起警示作用。单击该按钮可以使红色消失，相当于使 Pointer snap to grid 选项处于选中状态。

4. 两条互连线之间连接关系的判断

两条互连线十字交叉或者丁字形相接时，只有在交点处出现实心圆形的连接结点，才表示这两条互连线在电学上是相连的。图 2-24 中位于左右两侧的交叉互连线和丁字形互连线就是这种情况，图 2-24 中间的交叉互连线以及丁字互连线上没有连接结点，表示相应两条互连线在电学上不相连。

形成连接结点的方法有两种：在绘制互连线的过程中，使十字交叉点或丁字形相接点成为一段互连线的端头，该位置就会自动出现连接结点；或者按照 2.2.7 节介绍的方法，人为放置电连接结点 Junction。

2.2.6 互连线的自动绘制（Place→Auto Wire）

电路图中一般都包含有非常多的互连线，采用上述方法逐条绘制每一条互连线将是一项非常烦琐的工作。为此 Capture 软件提供有自动绘制互连线的功能，可以在指定点（元器件引出端和/或互连线）之间自动绘制互连线。按照被连接的是两点还是多点，绘制方法也不一样。

1. 两点间互连线的自动绘制步骤

① 选择执行 Place→Auto Wire→Two Points 子命令，进入两点间自动绘制互连线的状态，这时光标呈现“×”形状；

② 单击需要连接的第一个元器件引出端和/或互连线，作为自动绘制互连线的起点；

③ 移动光标，在光标与起点之间就出现一条连线。将光标移动至作为互连线的终点（元器件引出端和/或互连线），则在起点和终点之间就自动绘制好一条互连线，这时光标仍然呈现“×”形状，表示还处于在两点间自动绘制互连线的状态；

④ 如果还需要自动绘制另一条互连线，则转向上述第②步。如果不需要继续自动绘制另一条互连线，单击选择按钮，退出自动绘制互连线状态。

2. 多点间互连线的自动绘制

① 选择执行 Place→Auto Wire→Multiple Points 子命令，进入多点间自动绘制互连线的状态，这时光标呈现“×”形状；

② 单击需要连接的第一个元器件引出端和/或互连线，作为自动绘制互连线的起点；

③ 移动光标，单击需要与上述第一点相连的第二点、第三点……

④ 在电路图的空白处，单击鼠标右键，在出现的快捷菜单中选择执行 Connect 子命令，则自动绘制出互连线，将选中的几点连接在一起，同时退出自动绘制互连线状态。

提示：在 2.2.5 节介绍的手工绘制互连线过程中，需要单击的是引出端的端点。而在自动绘制互连线过程中确定连接点时，应该单击引出端（而不是端点），使得该引出端四周出现虚线框，表示已将该引出端选中。如果只是单击端点，引出端未处于选中状态，则不会绘制出与该引出端相连的互连线。

2.2.7 电连接结点的绘制（Place→Junction）

为了表示相互交叉或呈丁字形连接的两条互连线是电连接的，可以在绘制好互连线以后按下述步骤在交叉点处绘制电连接结点。

① 执行 Place→Junction 子命令，光标处出现实心圆点。

② 移动光标至放置电连接结点处。

③ 单击鼠标左键，在该处放置一个电连接结点。这时系统仍处于绘制电连接结点状态，转向上述第②步可以继续在电路的其他位置放置电连接结点。

在绘制电连接结点的状态下，如果将带有实心圆点的光标移至一个电连接结点处并单击鼠标左键，则该位置原有的电连接结点将被删除。这实际上提供了一种删除电连接结点的方法。

说明：采用 2.6 节介绍的运行环境参数设置方法（参见图 2-42），可以设置电连接结点的大小，即 Small、Medium、Large 或 Very Large。

2.2.8　节点名的设置（Place→Net Alias）

1. 节点名

电路中电学上相连的互连线、总线、元器件引出端等构成一个节点。OrCAD/Capture 自动为每个节点确定一个节点名。其默认格式是以字母 N 开头，后面紧跟数字编号，形式为 N××…×。如果与一个节点相连的符号中有电源（Power）或接地（Ground）符号，或者有端口连接符号（Off-Page Connector），则以这些符号的名称作为该节点的名称。

在 OrCAD/Capture 中节点名有下述作用：

① 通过节点名描述电路中各个元器件之间的连接关系，生成电连接网表文件。

② 电路中不同位置的节点，即使未用互连线连接，只要它们的节点名相同就表示在电学上是相连的。

③ PSpice 电路模拟结束后，采用节点名表示电路特性分析的结果（见第 5 章）。

2. 节点名的设置

上面介绍了节点名的几种描述形式。如果有某种需要，可自行设置接点名。下面以图 2-20 所示差分对电路为例说明设置方法。图 2-20 中 Q4 管的集电极为输出端之一，若要将其节点名取为 Out2，可按下述步骤进行：

① 执行 Place→Net Alias 子命令，屏幕上将出现图 2-25 所示设置框。

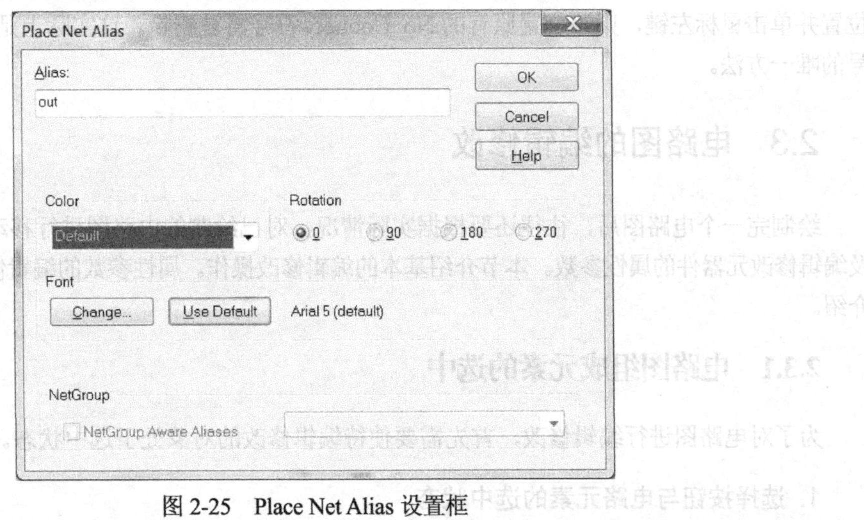

图 2-25　Place Net Alias 设置框

② 在 Alias 文本框中键入节点名（本例中为 Out）。图 2-25 中另外三栏分别设置节点名采用的颜色（Color）、字体（Font）和放置方位（Rotation）。

为了醒目起见，键入的节点名可采用首字母大写的形式。接点名按照键入时的形式显示，但在实际应用中 PSpice 软件不考虑大小写字母的区别。

NetGroup 用于设置网络节点分组组合。

③ 完成图 2-25 中各项设置后，按 OK 按钮，则电路图中光标箭头处附着一个代表节点名的小矩形框。

④ 将光标移动至放置节点名的位置，单击鼠标左键，即可将新的节点名设置于该位置。设置完成后，新的节点名代替了系统自动形成的 N×…×形式节点名。

提示： 在电路模拟过程中，对于关心其仿真结果的节点，例如输出端节点，采用本节介绍的方法设置一个节点别名，在调用 Probe 模块查看该节点的信号波形时将非常方便。

提示： 放置节点名时，光标箭头一定要指在欲设置节点名的互连线上，否则将放置不上节点名。

⑤ 按 Esc 键或者执行快捷菜单中的 End Mode 按钮，结束节点名设置。

2.2.9 引出端开路符号的绘制（Place→No Connect）

1. No Connect 符号的作用

绘好电路图进行 PSpice 模拟仿真之前，软件内部将自动进行设计规则检查。若发现电路图上存在元器件引出端为浮置的情况，即某个引出端未与电路中其他元器件相连，系统将发出警告信息，提醒用户注意，同时中断软件运行，也就是说，PSpice 将不会继续进行模拟仿真过程。但有时根据电路设计需要，某些引出端确实应该处于浮置状态。在这种情况下，只要在该引出端处放置一个 No Connect 符号，对电路进行设计规则检查时，即认为该引出端的浮置为正常情况，不再发出警告信息。

2. 绘制 No Connect 符号的步骤

① 选择执行 Place→No Connect 命令，光标处出现代表引出端开路符号的交叉线图形。

② 移动光标至欲放置开路符号的引出端处。

③ 单击鼠标左键，在该处放置一个引出端开路符号。这时系统仍处于绘制 No Connect 符号状态，转向上述第②步可以继续在电路的其他位置放置 No Connect 符号。

在绘制 No Connect 的状态下，如果将带有交叉线的光标移至一个已放置有 No Connect 符号的位置并单击鼠标左键，则该位置原有的 No Connect 符号将被删除。这实际上是删除 No Connect 符号的唯一方法。

2.3 电路图的编辑修改

绘制完一个电路图后，往往还要根据实际情况，对已绘制的电路图进行移动、删除、复制，以及编辑修改元器件的属性参数。本节介绍基本的编辑修改操作。属性参数的编辑修改方法将在 2.4 节介绍。

2.3.1 电路图组成元素的选中

为了对电路图进行编辑修改，首先需要使待编辑修改的对象处于选中状态。

1. 选择按钮与电路元素的选中状态

按照 2.2 节介绍的方法绘制的元器件、互连线、接地符号等统称为电路图中的基本组成元素，简称为元素（Object）。编辑修改电路图，实际上就对电路元素进行编辑修改。

在 Page Editor 窗口中，光标起着绘制电路元素和选择电路元素两种作用。如果单击工具按钮栏中的 Selection 按钮，则光标成为箭头状态，表示光标在起着选择电路元素的作用。在正常结束一个电路元素的绘制时，光标也会自动转为箭头形状，表示处于选择状态。在绘制电路元素过程中，只要单击 Select 按钮，光标就立即呈现箭头状态，表示已中断并退出绘制电路元素状态。

被选中的电路元素将以特定的颜色显示，以区别于未被选中的元素。系统的默认设置颜色为粉红色。

2. 选中单个电路元素

用鼠标左键单击某个电路组成元素，就使其处于选中状态。将光标移至某个电路组成元素处，按空格键，也可以使该元素处于选中状态。

如果一条互连线中包括有几段，每次单击只选中其中的一段。对于包括有几个组成部分的电路元素，可以用单击的方法选中其中一个部分。例如，对一个双极晶体管，可以选中整个晶体管符号（在该符号范围内单击），也可以只选中该晶体管的器件编号、器件型号、发射极引线、基极引线或集电极引线这 5 个组成部分中的某个（单击相应部分）。

如果几个电路元素重叠在一起，例如带有电连接结点的两条交叉互连线，结点位置同时是与之相连的 4 段互连线的一个端点。这时，只需按下 Tab 键，再用鼠标左键单击电连接结点，将依次使这 4 段互连线处于选中状态。

3. 选中多个电路元素

按下 Ctrl 键后再依次单击需要选中的电路元素，就可以使多个元素均处于选中状态。

4. 通过搜寻选中电路组成元素

在一个规模较大、电路组成比较复杂的电路中，用户可以选择执行 Edit→Find 命令，通过指定电路元素属性参数的方式，查找设计项目中或者一页电路图中具有指定属性参数的一个或多个电路元素，并使被查找到的元素同时处于选中状态。在指定属性参数名时，可以使用通配符“*”和“?”。

5. 选中与一个节点相连的全部互连线

选中一段互连线后，再从快捷菜单中选择执行 Select Entire Net，则在电学上与该节点相连的所有互连线均被选中。

6. 选中一个区域内的所有元素

将光标移至某一位置后按下鼠标左键，然后在保持鼠标左键按下的同时拖动光标，就会出现一个以按下鼠标左键时的位置为起始顶点、光标当前位置为对角顶点的矩形。当矩形大小符合要求时，松开鼠标，则位于矩形框线内的所有电路元素均处于选中状态。

Capture 运行环境配置中 Select 标签页的设置可确定只有完全处于矩形框线内的电路元素才被选中或者是与框线相交的电路元素也同时被选中（参见图 2-46）。

选中一个区域的元素后，按下 Ctrl 键，再按上述方法选取其他区域，可使多个区域内的电路元素同时处于选中状态。

当然，采用本方法也可以选中一个电路元素。对包含多个组成部分的电路元素，例如前面提到的双极晶体管，采用拖动鼠标的方法可以很方便地选中整个电路元素。

7. 选中一页电路图纸中的全部元素

选择执行 Edit→Select All 子命令，可使当前页电路图中的所有组成元素均被选中。

需要注意的是，执行此命令后，电路图中的标题栏也被选中。如果对选中的电路元素进行处理时（如旋转、复制），标题栏也同样要受到处理，这可能是不希望的。

8. 选择中的 Selection Filter

采用上述第 6 条和第 7 条介绍的方法选择一个范围内的电路元素时，可以采用下述方法，设置 Selection Filter 参数，使得该范围内部分类型电路元素被选中。

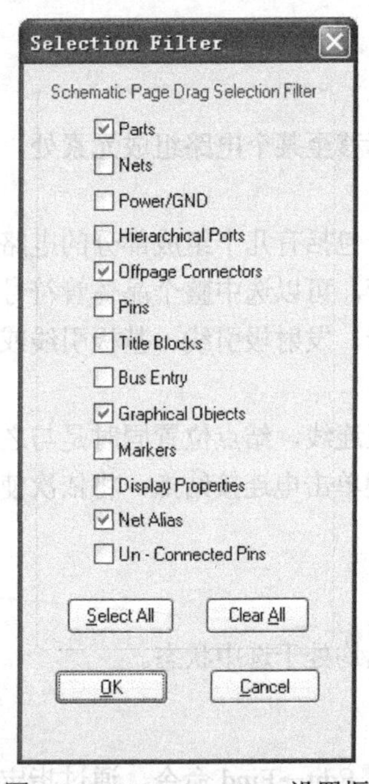

图 2-26　Selection Filter 设置框

① 选择执行 View→Selection Filter 子命令，屏幕上将出现图 2-26 所示 Selection Filter 设置框。

② 按照需要，使相关条目左侧勾选框内出现选中标志√，则在选择一个区域范围内的元素时，该区域范围内未出现选中标志√的那些条目对应的元素将不会被选中。

9. 特殊的选中状态——锁定（Lock）

① 锁定元素的特点：Capture 软件提供了一种对电路图元素进行锁定的功能。对于锁定的元素，锁定的只是与该元素图形显示有关的特性。例如，若锁定一个元器件符号，则不能对该符号进行与图形显示有关的删除、移动等操作。但是可以进行复制操作，也可以修改其属性参数。

② 锁定电路元素的方法：选中一个或者多个电路元素后，选择执行 Edit→Lock 子命令，或者执行快捷中的 Lock 命令，则被选中的电路元素即处于锁定状态。

为了区分电路元素是否处于锁定状态，被锁定的电路元素被选中后，显示选中状态的虚线框采用的颜色与未被锁定的电路元素不同。

选中一个或多个被锁定的电路元素后，选择执行 Edit→Unlock 子命令，或者执行快捷中的 Unlock 命令，则被锁定的电路元素将脱离锁定状态。

2.3.2　电路元素选中状态的去除

如果需要，也可以使处于选中状态的电路元素脱离选中状态。

1. 全部选中状态的去除

用鼠标左键单击电路图上未绘制电路元素的空白位置，将使电路图中所有被选中的电路元素脱离选中状态。

2. 从一组选中的电路元素中去除个别元素的选中状态

若电路图中已有一组元素处于选中状态，按下 Ctrl 键再单击其中某一个元素，将使该元素脱离选中状态。

2.3.3　电路元素的移动（Moving Objects）

在电路图中可以采用下述几种方法移动被选中的电路元素。

1. 电路元素的拖动——保持连接关系不变

可用鼠标左键拖动的方法，将选中的一个或多个电路元素拖动到新的位置。采用这种拖动方法时，移动的电路元素与电路中其他部分相连的互连线和总线会随之伸长或压缩，以保证电路的连接关系保持不变，这又称之为“橡皮筋”功能。

如果一个电路元素包括几个组成部分，可以用上述方法移动该元素中某个组成部分。例如，可以采用本方法分别改变电路图中一个双极晶体管的元器件编号和器件型号这两项内容的放置位置。

2. 按照一定角度拖动互连线——保持连接关系不变

按照上述方法拖动一段互连线时，只能使其沿着水平或者垂直的方向移动。如果选中一段互连线后，在按下 Shift 键的同时，用鼠标拖动该互连线段的一个端头，则可以沿任意方向拖动互连线。

3. 电路元素的单独移动

如果先按下 Alt 键，再采用拖动的方法，移动的只是被选中的电路元素本身，电路中原先与该元素相连的互连线不随之发生任何变化。显然这时电路的连接关系将发生变化。

4. 通过剪贴板移动电路元素

Edit 子命令菜单中 Cut、Copy、Paste 等子命令的功能与通常 Windows 应用程序中的同名命令一样，可用于元素的剪切、复制和粘贴处理。

采用这几条命令也可以将被选中的电路元素移至其他电路设计图，甚至其他的 Windows 应用程序中。

5. 电路元素放置方位的改变

改变电路图中电路元素的放置方位是一种特殊的移动操作。选中电路元素后，执行快捷菜单中的 Mirror Horizontally、Mirror Vertically 或 Rotate 子命令，可以使选中的电路元素符号对 Y 轴作镜向翻转、对 X 轴作镜向翻转，或者是逆时针转 90°（直接 R 键也可进行此旋转）。Edit 主命令菜单中的 Rotate 和 Mirror（及其下一层次的三条子命令 Horizontally、Vertically、Both）也起同样的旋转和镜向翻转作用。

有些电路元素或其中的组成部分不能进行上述改变方位的操作。例如元器件符号中的器件编号或器件值只能进行旋转，不允许进行镜向翻转（否则字符就被“反”过来了）。图纸标题栏不得进行旋转和翻转。在这种情况下快捷菜单中将不出现相应的子命令。Edit 命令菜单中的相应子命令亦呈灰色显示，不能执行。

2.3.4　电路元素的复制（Copying Objects）

在电路图的绘制过程中，可以采用复制已绘电路元素的方法加快绘制速度。

1. 使用鼠标进行复制

选中一个或多个电路元素后，按下 Ctrl 键，再用鼠标左键将选中的电路元素拖动到希望的位置，此时松开 Ctrl 键和鼠标左键，即将选中的电路元素复制在当前光标位置。如果不按下 Ctrl 键，则拖动的结果是移动电路元素，且保持连接关系不变。

2. 通过剪贴板复制电路元素

这一方法与 2.3.3 节中介绍的通过剪贴板移动电路元素的步骤基本一样，唯一区别是应在选中电路元素后，执行 Edit→Copy 子命令，将被选中的电路元素复制到剪贴板上。而移动操作时，则是执行 Edit→Cut 子命令，将被选中电路元素移至剪贴板上。

说明：执行 Edit→Copy 子命令，将被选中的电路元素复制到剪贴板上以后，也可以将其粘贴到其他 Windows 应用程序中（如 Word 中）。

3. 通过外部文件复制一个电路单元

如果电路中某一部分是一个基本电路单元，以后可能多次复制使用，可以首先将这部分电路作为元器件符号存入为以 OLB 为扩展名的库文件，在需要的时候（包括绘制其他电路图时），再调用已存放在库文件中的电路单元。

（1）将电路单元存入库文件的步骤

① 选中需要存放的电路单元，执行 File→Export Selection 子命令，屏幕上将弹出如图 2-27 所示设置框。

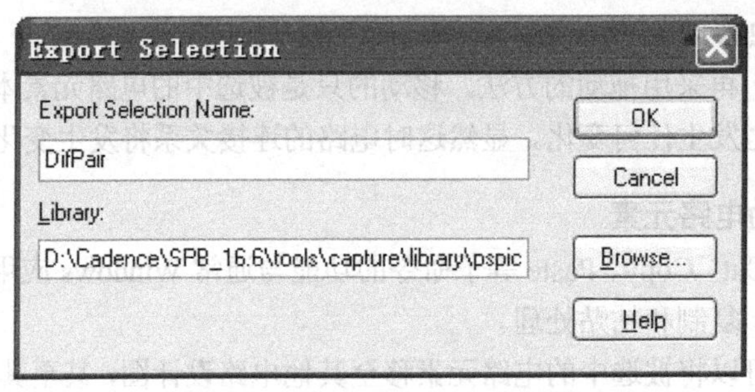

图 2-27　Export Selection 设置框

② 在 Export Selection Name 文本框中键入为该电路单元设置的名称。图中取为 DifPair，表示这是一个差分对单元。

③ 在 Library 文本框中键入存放上述单元电路的库文件名称，包括完整路径。用户可按 Browse 按钮，借助屏幕上弹出的 Browse File 对话框确定库文件名及其路径。

④ 完成上述设置后按 OK 按钮，选中的电路单元即以指定的名称存入指定的库文件中。

（2）调用存入库文件中电路单元的步骤

选择执行 File→Import Selection 子命令，屏幕上即出现图 2-28 所示的 Import Selection 选择框。

显然，图 2-28 与 Place Power 选择框（见图 2-21）基本相同，从中选定所需符号并放于电路图上的步骤也一样（见 2.2.3 节介绍）。

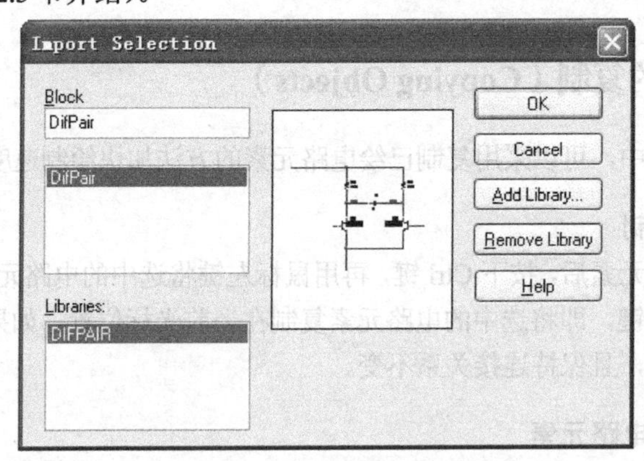

图 2-28　Import Selection 选择框

2.3.5　电路元素的删除

删除电路元素的操作比较简单。选中待删除的一个或多个电路元素后，采用下面几种方法均可将选中的电路元素删除：按 Delete 的键；按 Backspace 键；从快捷菜单中执行 Delete 命令；执行 Edit

→Delete 子命令。

2.3.6　电路中元器件的替换和更新（Replace Cache 和 Update Cache）

1. 替换电路设计中元器件的方法

如果需要将电路中的部分元器件用另外的元器件来替换，可以采用上面 2.3.5 节介绍的方法，先删除原来的元器件，然后再按照 2.2.2 节介绍的方法放置用来替换的元器件。显然这是一项烦琐的工作，特别是在电路中采用的多个同一种类型的元器件都需要替换的情况下，工作量很大。针对这一问题，采用 Replace Cache 命令可以通过很简单的操作，就可以用一种新器件替换电路中原来采用的同一种类型的所有元器件。

2. 同时替换电路设计中所有同一型号元器件的步骤

① 图 2-5 所示 Project Manager 窗口中，展开 Design Cache，从中选中需要被替换的元器件。如选中需要被替换的是 Q2N2222。

② 在 Design 下拉子命令菜单中，选择执行 Replace Cache 命令，屏幕上出现图 2-29 所示设置框。在 Existing Part Name 后面显示的是被选中需要被替换的器件名称 Q2N2222。

③ 在 New Part Name 文本框中键入用来替换的器件名称。本例中设置为 Q2N2219。

在 Part Library 文本框中键入用来替换的器件所在的符号库文件名称和所在路径。

说明：如果不能确切地填写上述两栏内容，可以先单击 Browse 按钮，在出现的对话框中查找、选中用来替换的器件所在的符号库文件名称和所在路径。然后单击 New Part Name 文本框右侧下拉按钮，从列表中显示的库文件元器件清单中选中用来替换的器件名称。

④ 如果要完全替换元器件符号及其属性参数（参见 2.4 节），则勾选 Replace schematic part properties；如果要保存绘制电路图过程中已经为不同元器件编辑修改的属性参数，则采用默认选项 Preserve schematic part properties。

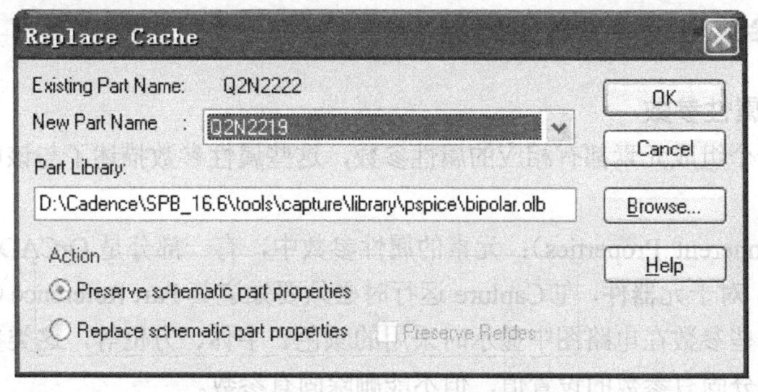

图 2-29　Replace Cache 设置框

⑤ 单击 OK 按钮，完成元器件的替换。按照图 2-29 设置，电路中所有 Q2N2222 晶体管都被替换为 Q2N2219。

3. 同时更新电路设计中所有同一型号元器件的步骤

如果电路中原来采用的元器件型号后来通过 Part Editor 软件模块进行了修改，元器件型号名称未发生变化，采用下述步骤就可以用修改后的元器件符号更新电路设计中所有同一型号元器件。

① 在图 2-5 所示 Project Manager 窗口中，展开 Design Cache，从中选中需要被替换的元器件。

② 在 Design 下拉子命令菜单中，选择执行 Update Cache 命令，再确认屏幕上出现的提示信息。

2.3.7 “操作”的撤销、恢复和重复执行（Undo、Redo 和 Repeat）

Capture 中不但可以对绘制的电路图进行编辑修改处理，而且可以实现对绘图“操作”的撤销、恢复和重复执行。

1.“操作”的撤销（Undo）

选择执行 Edit→Undo 子命令，可以撤销刚执行的一次操作，恢复操作前的状态。Undo 子命令的全称与刚执行过的操作有关。例如，若刚进行了 Rotate（旋转）操作，则子命令成为 Undo Rotate。

2.“操作”的恢复（Redo）

如果在执行 Edit→Undo 子命令撤销了刚执行的操作后，用户又改变了主意，认为还是应该执行被撤销的操作，只需选择执行 Edit→Redo 子命令，即可恢复进行刚被撤销的操作。与 Undo 情况一样，Redo 命令的全称与可恢复的操作类型有关。例如，若刚执行了 Undo Rotate 子命令，则 Redo 子命令的全称就是 Redo Rotate。

3.“操作”的重复执行（Repeat）

选择该子命令将重复执行对选中元素刚刚进行的操作。与前两条命令一样，Repeat 子命令的全称与可重复执行的操作类型有关。

2.4 电路元素属性参数的编辑修改

电路元素的属性参数对随后的 PSpice 电路模拟能否顺利进行有很大的影响，在各个电路元素的编辑修改操作中，属性参数的修改也相对复杂一些。本节在介绍属性参数概念的基础上重点介绍几种基本电路元素属性参数的编辑修改方法。

2.4.1 属性参数与属性参数编辑器

1. 电路元素的属性参数

电路图中的每一个组成元素都有相应的属性参数，这些属性参数描述了与该电路元素有关的各种信息。

① 固有参数（Inherent Properties）：元素的属性参数中，有一部分是 OrCAD/Capture 运行时必须要有的参数。例如，对于元器件，在 Capture 运行时必须要知道其 Part Reference（器件编号）、Value（元器件值），以及这些参数在电路图中显示时采用的颜色、字体、方位等，这类参数称之为固有参数。用户可以修改部分固有参数的设置值，但不能删除固有参数。

② 用户定义参数（User-defined Properties）：在调用其他软件或模块对绘制好的电路图进行处理时，往往需要给电路元素添加一部分参数。例如，在调用 PSpice 对电路进行参数扫描分析时（见 4.2 节），对 PARAM 元素符号要添加用户定义参数。

③ 参数名和参数值：不同电路元素具有的属性参数类别各不相同，但每项属性参数均用参数名（Name）及参数设置值（Value）来表示。这里，参数设置值（Value）具有广义的概念，不一定是具体的数值。例如，对于一个电阻，其元器件编号的参数名为 Reference，该参数的值是电阻在电路中的编号，可能为 RS1；而电阻值的参数名为 Value，其值为该电阻的阻值，可能为 10k。对于有具体型号的商品化元器件，例如图 2-20 所示差分对电路中的 Q2N2222 晶体管，其元器件值即为该产品型号本身。当然，数据库中还有一组相应的模型参数描述该器件的特性。

说明：*从 PSpice 9 版本开始，属性参数名称采用的字符不再区分大小写。*

由于 OrCAD 软件包中的 CPLD/FPGA、PCB 和 PSpice 这几种不同的 CAD 软件都采用 Capture 生成电路图，因此 Capture 为每个电路元素设置有多种属性参数，不同参数适应于 OrCAD 软件包中的不同软件。本节只介绍其中与 PSpice 电路模拟有关的属性参数及其编辑修改方法。

另外，在设计项目管理窗口、元器件符号编辑窗口以及电路图编辑窗口（Page Editor）中均可以修改电路元素的属性参数。本节只介绍其中最基本的一种方法，即在 Page Editor 中修改属性参数。

2. 属性参数编辑器的启动

对于元器件、节点、元器件引线和图纸标题栏这 4 类电路元素，其属性参数的编辑、修改工作是在属性参数编辑器下进行的。调用属性参数编辑器的方法有下述三种。

方法 1：选中一个或多个电路元素后，从快捷菜单中选择执行 Edit Properties 子命令；

方法 2：选中一个或多个元素后，选择执行 Edit→Properties 子命令；

方法 3：双击待修改其参数的电路元素。

有些电路元素在编辑修改其属性参数时，不是采用属性参数编辑器，而是通过一个对话框（见图 2-34），但打开这些对话框的方法也同样是上述三种。

3. 属性参数编辑器的基本结构

启动属性参数编辑器（Property Editor）后，出现的界面如图 2-30 所示。

由图 2-30 可见，属性参数编辑器由编辑命令按钮、参数过滤器（Filter）、电路元素类型选择标签和属性参数编辑工作区 4 部分组成。

（1）编辑命令按钮

位于编辑器左上方的编辑命令按钮有 4 个，其功能如下。

New Property：单击此按钮打开新增属性参数对话框，用于为选中的元素新增一个用户定义参数。4.2 节将结合 PSpice 参数扫描实例，介绍新增自定义属性参数的方法。

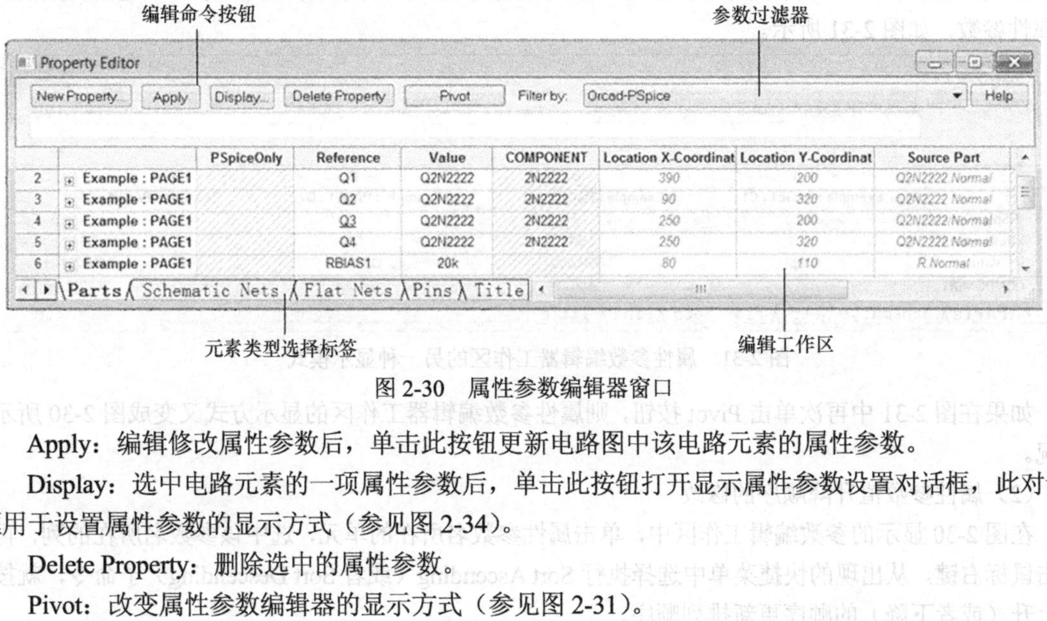

编辑命令按钮　参数过滤器

元素类型选择标签　编辑工作区

图 2-30　属性参数编辑器窗口

Apply：编辑修改属性参数后，单击此按钮更新电路图中该电路元素的属性参数。

Display：选中电路元素的一项属性参数后，单击此按钮打开显示属性参数设置对话框，此对话框用于设置属性参数的显示方式（参见图 2-34）。

Delete Property：删除选中的属性参数。

Pivot：改变属性参数编辑器的显示方式（参见图 2-31）。

（2）参数过滤器（Filter）

由于 Capture 绘制的电路图要同时考虑到多种软件的需要，因此为每一种电路元素设置的属性参数很多。为了针对不同软件的需要有选择地显示的参数，图 2-30 中提供了参数过滤器（Filter）。从 Filter 文本框右侧下拉式列表中选择某一类型后，参数编辑器中将只显示出电路元素中与之相关的参数。若选择 Current Properties，则显示电路中所有元素所涉及的全部属性参数。对 PSpice 电路模拟而言，一般选择 Orcad-PSpice，如图 2-30 所示。

（3）电路元素类型选择标签

属性参数编辑器用于编辑修改元器件（Parts）、节点（Schematic Nets、Flat Nets）、元器件引线（Pins）、图纸标题栏（Title Blocks）、全局参数（Globals）、端口（Ports）、节点别名（Aliases）等几类电路元素的属性参数。调用属性参数编辑器之前选中的电路元素可以包括有多种类型。进行属性参数的编辑修改时可使用这些标签来选定当前要编辑修改的是哪一类电路元素的属性参数。修改好一类电路元素参数后，按 Apply 按钮更新电路图中的参数。然后按另一个元素类别标签，继续修改参数。按 Apply 按钮，只是更新已修改的参数并不关闭参数编辑器窗口。完成需要修改的各类元素参数后，按窗口右上方“关闭”按钮，参数编辑器窗口才被关闭。

（4）属性参数编辑工作区

图 2-30 中以表格形式显示的是参数编辑区。其中最上面一行为参数名（Name）标题行。该标题行中显示的参数名个数与电路元素类型有关，也与 Filter 选项有关。参数编辑区的每一行对应一个电路元素，最左边一格是该电路元素的编号名称及其所在的电路设计名和电路图纸名。其右边各个单元格内分别是该电路元素不同属性参数的参数值（Value）。用户可根据需要修改这些参数值。不允许用户修改的参数值以斜体表示。

4. 属性参数编辑器显示方式的改变

（1）属性参数编辑工作区显示方式的改变

图 2-30 显示的参数编辑工作区中，每一行描述一个电路元素的多个属性参数。如果属性参数个数较多，需要采用滚动条查看不同的属性参数，使用不太方便。如果在属性参数编辑器中单击 Pivot 按钮，则参数编辑工作区将改变显示方式，第一列为属性参数名称，每一列显示一个电路元素的所有属性参数，如图 2-31 所示。

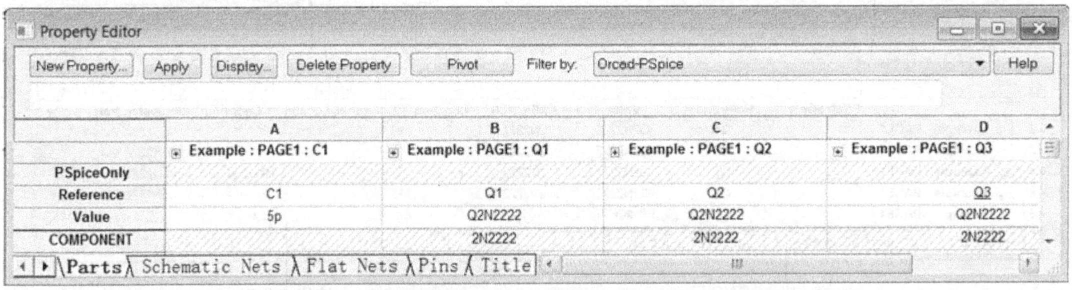

图 2-31 属性参数编辑器工作区的另一种显示模式

如果在图 2-31 中再次单击 Pivot 按钮，则属性参数编辑器工作区的显示方式又变成图 2-30 所示情况。

（2）属性参数值升降顺序的修改

在图 2-30 显示的参数编辑工作区中，单击属性参数名所在的单元，选中该参数名所在的列，再单击鼠标右键，从出现的快捷菜单中选择执行 Sort Ascending（或者 Sort Descending）子命令，就按照上升（或者下降）的顺序更新排列顺序。

说明：双击属性参数名所在的单元也能改变上升（或者下降）的排列顺序。

2.4.2　修改参数值的途径之一：文本编辑方法

在参数编辑器中修改属性参数值的操作方法有三种。其中使用最多的是文本编辑方法。

注意：以斜体字符表示的参数值是不可修改的。

1．文本编辑方法

对元器件的 Value 和 Reference 这类参数，采用通常的文本编辑方法即可修改其参数值。修改时，首先用光标选中该参数值所在的单元格，用 Delete 键或 Backspace 键删去不要的字符，键入新参数值后按回车键即可。

选中单元格后，图 2-30 中位于编辑命令按钮下方的文本框中就显示有该单元格中显示的内容，供用户修改。

2．同时修改多个电路元素的同一种属性参数值的步骤

① 在图 2-30 显示的参数编辑工作区中，按下 Ctrl 键，再用左键单击第一列相关单元格，选中相应的元素。

② 单击右键，从快捷菜单中选择 Edit，将出现图 2-32 所示对话框。

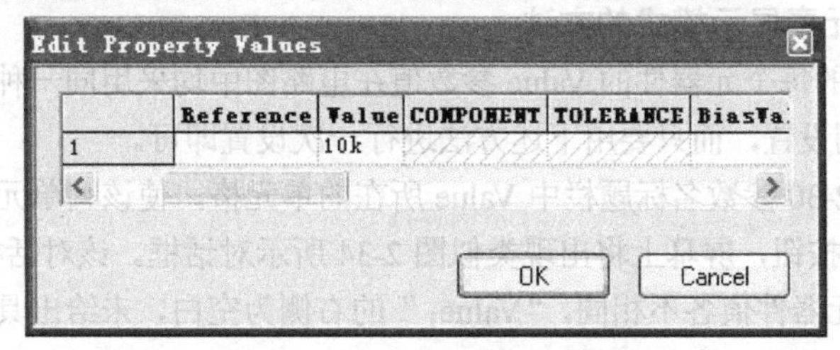

图 2-32　同时修改多个元素的同一种属性参数

在相关的属性参数名下方的单元格中进入数值。如果选中的是几个电阻，并且需要将这几个电阻的阻值均修改为 10k，则在 Value 下方单元格键入 10k，如图 2-32 所示。

③ 单击 OK 按钮，则选中的几个电阻的阻值就全部修改为 10k。

2.4.3　修改参数值的途径之二：从下拉式列表中选取

简单数字电路的一个器件封装中包括有多个单元电路。以 7400 与非门电路为例，一个器件封装中包括 4 个 7400 门电路。因此 7400 电路有一个名称为 Designator 的参数（参见图 2-33），其作用是指定选中的这个 7400 电路是器件封装中的第几个门。在用光标选中该参数值的单元格后，该格右方出现下拉式按钮，在相应的下拉式列表中列出了 7400 封装中的 4 个门电路编号 A、B、C、D，用户直接从中选择需要的编号即可。

		Part Reference	Reference	Designator	Value	Implementation Type	Implementation
1	+ Example : PAGE1 : U1	*U1A*	U1	A	7400	PSpice Model	7400
2	+ Example : PAGE1 : U1	*U1B*	U1	B	7400	PSpice Model	7400

图 2-33　与数字门电路有关的属性参数

2.4.4　修改参数值的途径之三：打开新的对话框

1．打开新对话框的方法

如果要确定某一个属性参数在电路图中的显示模式，例如要修改电容 CLOAD 的 Value 在电路

中的显示情况。在选中该属性参数值 5p 所在单元格后，按图 2-30 中 Display 按钮，屏幕上即出现图 2-34 所示对话框。该对话框用于设置在电路图中属性参数的显示格式（Display Format）、采用的字体（Font）、颜色（Color）和放置方位（Rotation）。这种类型的对话框在多种情况下都会出现。

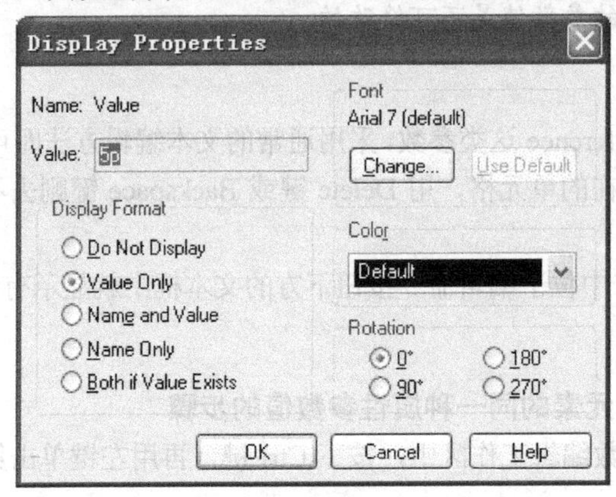

图 2-34 Display Properties 对话框

2. 同时修改多个元素显示模式的方法

如果图 2-30 中列出的每个元器件的 Value 参数值在电路图中均采用同一种显示模式，就无须对每个元器件的 Value 分别设置，而只要用下述方法进行一次设置即可。

用鼠标左键单击图 2-30 参数名标题栏中 Value 所在的单元格，使该列单元格全部被选中并呈反白显示。按图中 Display 按钮，屏幕上将出现类似图 2-34 所示对话框。该对话框与图 2-34 的唯一区别是当前被选中的多个元器件值各不相同，“Value:”的右侧为空白，未给出具体数值。该对话框中的设置结果适用于被选中的每一个元器件。

说明：如果要修改只是电路图中元器件的编号或者元器件值等单项参数，只要在电路图中用鼠标双击该参数后，屏幕上也将出现与图 3-34 类似的对话框，供用户修改相应参数值以及其显示方式。

2.5 电路图在屏幕上的显示

在绘制和修改电路图的过程中，往往需要改变屏幕上电路图的显示情况，包括：放大或缩小显示、显示特定区域、将光标移至特定位置，以及确定是否同时显示坐标网格点和图幅分区等。

2.5.1 电路图显示倍率的调整（Zooming）

在 Capture 中，可以按多种不同要求调整电路图的显示倍率。选择 View→Zoom 子命令，屏幕上将出现图 2-35 所示子命令菜单，供用户确定如何选用倍率在屏幕上显示电路图。

1. 按内定的倍率放大或缩小显示电路图

选择执行图 2-35 中 In 子命令，将按固定的倍率放大显示电路图。若选择执行图 2-35 中 Out 子命令，则效果相反，表示以固定的倍率缩小显示电路图。

在 Capture 运行环境配置中，Pan and Zoom 标签页中 Zoom Factor（参见图 2-45）的设置值决定了上述放大/缩小显示时采用的倍率。内定设置值为 2。

2. 按用户确定的倍率显示电路图

在图 2-35 中选择执行 Scale 子命令，屏幕上将弹出图 2-36 所示放大倍率设置框。除可以从图中提供的 25%，…，400%共 6 种倍率中选用一种外，也可以在选中 Custom 后，在其右侧文本框中键入用户希望采用的倍率。

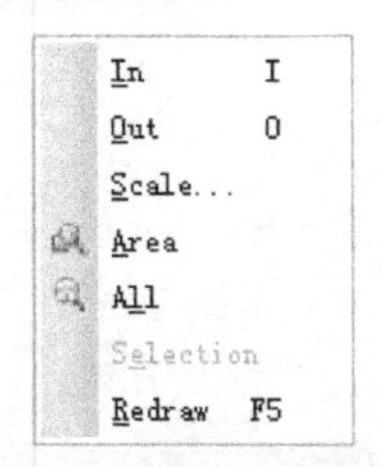

图 2-35　View→Zoom 子命令菜单

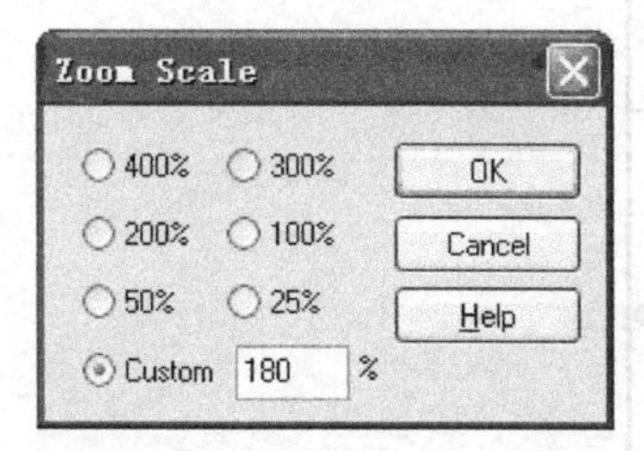

图 2-36　Zoom Scale 设置框

3. 显示特定范围的电路图

如果要显示观察电路图中局部范围的细节，可按下述方法将该范围电路图放大显示。

选择执行图 2-35 中 Area 子命令，光标将变成一个中间带十字符号的放大镜。将光标移至待放大显示区域的某处，按下鼠标左键并拖动，屏幕上就会出现一个以按下鼠标左键时的位置为起始顶点和光标当前位置为对角顶点的矩形框线。松开鼠标左键，系统将自动调节放大倍率，在全屏范围内显示出矩形框线内的那部分电路图。这时光标仍为放大镜形状，表示用户还可以继续选择放大某一范围内的电路图。按 Esc 键或执行快捷菜单中的 End Mode 命令，将结束 Area 子命令，光标恢复为常规箭头形状。

4. 显示全部电路图

若在图 2-35 中选择执行 All 子命令，系统将自动调整缩放倍率，使整页电路图在全屏范围内显示。

5. 显示选中的电路元素

在电路图中选中部分电路元素后，再选择执行图 2-35 中 Selection 子命令，就可以在不改变显示倍率的情况下，使被选中的电路元素显示在屏幕中央。如果在当前倍率下，被选中的元素中有一部分超出了屏幕范围，系统就会自动调整缩放倍率，使选中的电路元素全部显示出来。

6. 屏幕显示的刷新

多次执行图 2-35 中各条子命令改变屏幕显示倍率后，屏幕上可能出现局部位置电路图显示混乱的问题。选择执行图 2-35 中 Redraw 子命令刷新屏幕显示，可使混乱现象消失。

2.5.2　坐标网格点和图幅分区的控制

1. 坐标网格点（Grid）和图幅分区（Grid Reference）

图 2-37 是屏幕上电路图绘制区示意图。

由图可见，为了便于确定电路组成元素在图纸上的位置，Capture 中提供了两种方法。

① 坐标网格点：相当于常规的 X-Y 坐标系统，对应于坐标网格点的间距。光标所在位置的坐标值显示在窗口底部状态栏的右侧部分。

② 图幅分区：有时使用坐标刻度显得划分过细。为了表示在图纸上的大概位置范围，可将图纸的 X 和 Y 方向分别分为几个区间，用数字和/或字母进行编号，称之为图幅分区。图 2-37 中将 X 和 Y 方向分为 4 个区间，X 方向用数字表示分区编号，而 Y 方向则用字母表示分区编号。

坐标网格点的坐标原点位于图纸的左上角位置，而图幅分区编号的起点则可由用户控制。图 2-37 中图幅分区编号起点选在图纸的右下角。

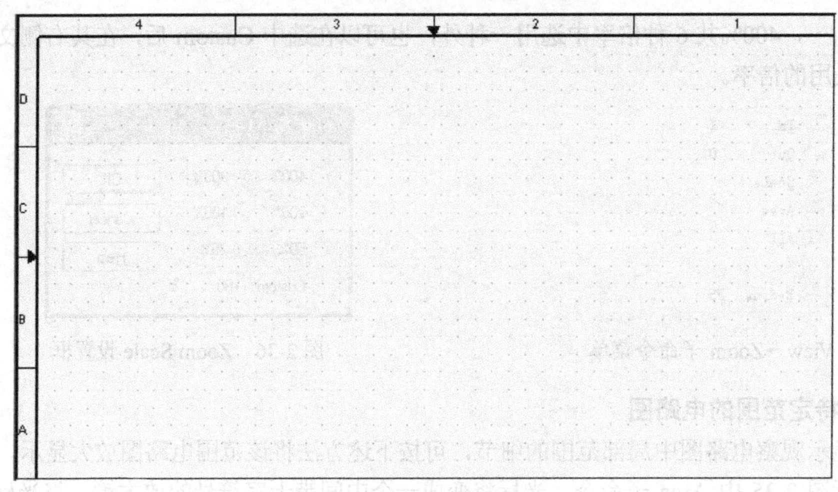

图 2-37　坐标网格点和图幅分区

2. 坐标网格点的控制

用户可以从下述 4 个方面控制网格点的使用。

① 网格点的显示控制：选择执行 View→Grid 子命令，可以使坐标网格点在显示与不显示之间变化。

② 网格点形状的控制：进行 Capture 运行环境设置时，Grid Display 标签页（见图 2-44）中 Grid Style 栏的设置决定了网格点是用网点（选用 Dots）还是用线条（选用 Lines）表示。

③ 绘图过程中光标运动模式的控制：若在图 2-44 中使 Pointer snap to grid 处于选中状态，则光标在电路图中选定的位置以及绘制的互连线、元器件端线等均只能终止在坐标网格点上，这样可以保证元器件与互连线之间真正实现电连接。

④ 坐标单位的选用：进行 Schematic Page 属性设置时，Page Size 标签页（见图 2-47）中选用的尺寸单位也同时作为坐标的单位。无论采用英寸或毫米为单位，网格点之间的间距总是 0.1 英寸（2.54mm）。

3. 图幅分区的控制

图幅分区的控制取决于 Options→Design Template 运行环境设置对话框中 Grid Reference 标签页的参数设置，详细内容将在 2.6 节介绍（参见图 2-48）。

2.5.3　电路图特定位置的显示

如果电路图幅面较大，在屏幕上只能显示其中一部分，可选择执行 View→Go To 子命令，指定将哪一部分电路图显示在屏幕上。

1. 显示指定坐标位置的电路图

选择执行 View→Go To 子命令后，屏幕上将出现图 2-38 所示的 Go To 对话框，图中显示的是 Location 标签页。

在 X 和 Y 文本框中分别键入坐标值。若选中 Absolute 选项，光标将移到 X、Y 设置值所确定的位置并将该处显示在屏幕窗口中央；若选中 Relative 选项，则以当前光标所在位置为参考点，光标移动由 X、Y 设置值规定的距离并将该处显示在屏幕窗口中央。光标所在位置的坐标值显示在屏幕底部状态栏右侧。

2. 显示由图幅分区指定的电路图

Go To 对话框中 Grid Reference 标签的标签页如图 2-39 所示。

根据当前电路图中图幅分区的情况，图 2-39 中 Horizontal 和 Vertical 右侧下拉式列表中分别列有水平和垂直方向图幅分区编号。从中选定需要的编号后，按 OK 按钮，光标即指向选定的图幅分区范围的中央位置并将该分区显示于屏幕窗口中央。

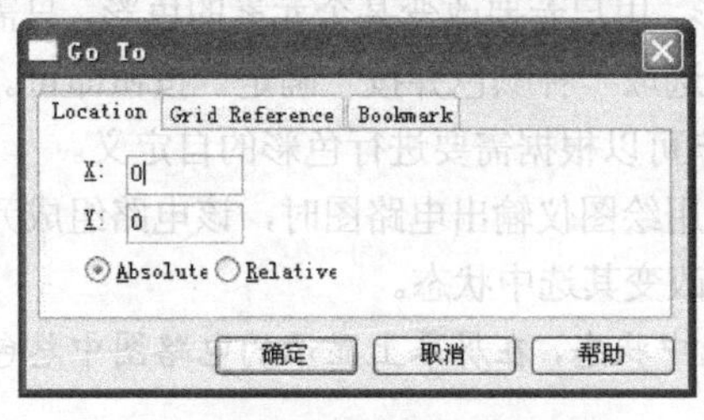

图 2-38　Go To 对话框（Location）

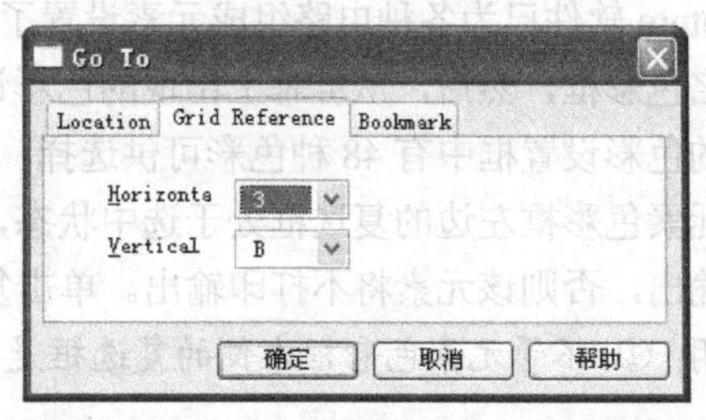

图 2-39　Go To 对话框（Grid Reference）

3. 显示指定书签位置的电路图

单击 Go To 对话框中的 Bookmark 标签，相应的标签页如图 2-40 所示。

图中 Name 右侧下拉式列表中列出了当前电路图中已放置的所有书签名。从中选定需要的书签名后按 OK 按钮，光标即指向电路图中该书签所在的位置，并使该书签显示在屏幕窗口的中心。

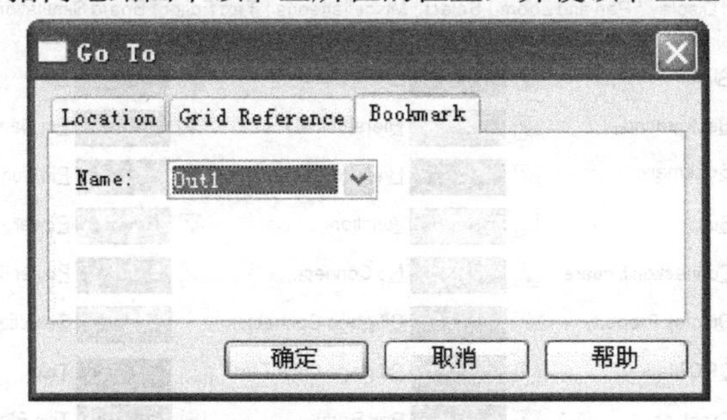

图 2-40　Go To 对话框（Bookmark）

2.6　Page Editor 运行环境配置

与其他应用软件类似，为了适应不同应用需求，OrCAD/Capture 软件提供有运行环境配置功能。按照其作用范围的不同，OrCAD/Capture 软件中的运行环境配置分为三个层次。第一层次是 Capture 软件运行环境的配置，配置结果对 Capture 软件中各个模块均起作用；第二层次是 Design（电路设计）的环境配置，只对新开始的电路设计起作用；第三层次是对 Page 的环境配置，其配置的参数只影响当前绘制的这一页电路图。这三个层次的设置是通过 Page Editor 窗口中 Options 主命令菜单的不同子命令来完成的。本节在简要介绍环境参数含义的基础上，重点说明其中与电路模拟仿真密切相关的环境参数含义及配置方法。

为了满足一般用户的需求，每个环境参数都有默认设置。对于开始应用 Capture 的用户，采用默认设置就能够满足其绘制电路图的基本要求。如果设置不当，可能对模拟仿真的顺利进行产生不良影响。

2.6.1　Capture 运行环境配置

在 Page Editor 窗口选择执行 Options→Preferences 子命令，屏幕上将出现 Capture 运行环境配置对话框，包含有 7 个标签页，用于设置不同类型的运行环境参数。

1. Colors/Print 设置

图 2-41 显示的是 Colors/Print 标签页内容。该标签页用于设置电路图中 38 种不同电路组成元素在屏幕上显示的色彩，以及在输出打印时是否要打印在电路图纸上。

Capture 软件已为各种电路组成元素设置了默认色彩。用户若要改变某个元素的色彩，只需单击该元素名色彩框，然后，从屏幕上出现的色彩设置框中选取一种颜色并按“确定”按钮即可。屏幕上出现的色彩设置框中有 48 种色彩可供选择，而且用户可以根据需要进行色彩的自定义。

若元素色彩框左边的复选框处于选中状态，打印或用绘图仪输出电路图时，该电路组成元素将被打印输出，否则该元素将不打印输出。单击复选框可改变其选中状态。

说明：① 不管元素色彩框左侧的复选框是否处于选中状态，在屏幕上显示的电路图中总包括该元素。

② 图纸的边框线以及图幅分区（Grid References）采用图 2-41 中为 Title Block（图纸标题栏框线）设置的色彩。

③ 修改了一些参数的设置后，若改变想法，可按右下角的 Use Defaults 键，恢复使用默认设置。

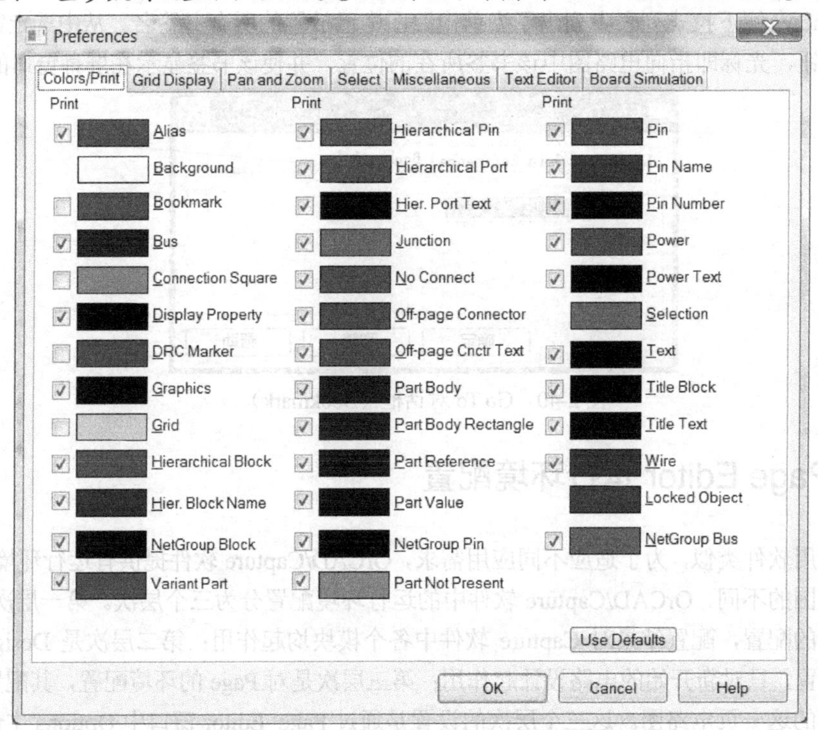

图 2-41 Capture 运行环境配置 1（Colors/Print）

2. Miscellaneous 设置

Miscellaneous 标签页如图 2-42 所示，该标签页中分 11 栏用于设置不同类型参数。

① Schematic Page Editor：本栏中有 5 项参数。

前四项参数分别用于设置在电路图绘制窗口中采用 Place 主命令菜单的有关命令绘制直线、椭圆、矩形、多边形等符号时相关的填充方式（Fill Style）、线条的式样（Line Style）、线条的宽窄（Line Width）以及采用的颜色（Color）。

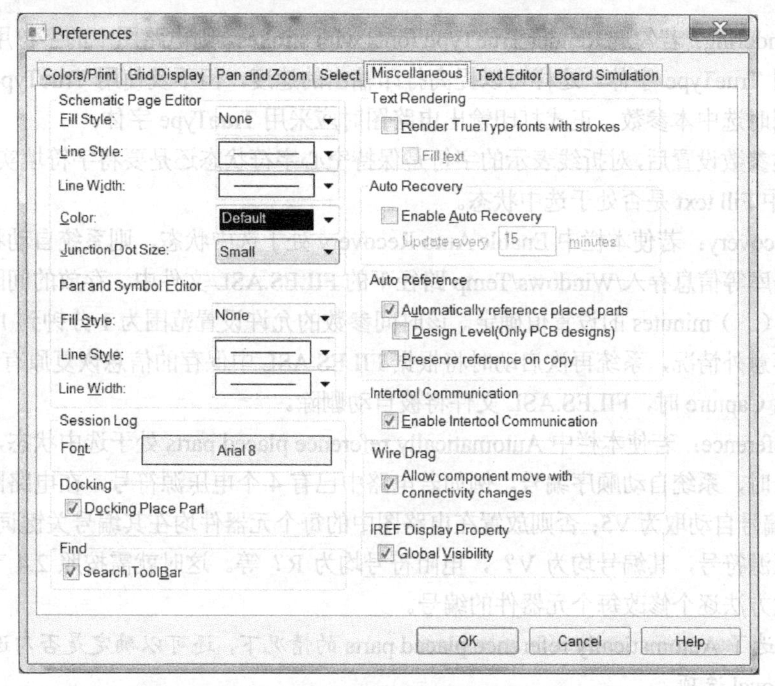

图 2-42　Capture 运行环境设置 2（Miscellaneous）

第五个参数 Junction Dot Size 用于确定执行 Place→Junction 子命令绘制交叉节点符号时 Junction 符号的大小，包括有 Small、Medium、Large、Very Large 共 4 个选项供选用。

② Part and Symbol Editor：本栏中三个参数只对 Part Editor 元器件符号编辑窗口中绘制的直线、矩形、椭圆等起作用。三个参数的含义与上述①中的同名参数相同。

③ Session Log：本项参数设置了 Session Log 窗口中显示的内容采用什么字体。本项参数设置与电路图的绘制无关。

④ Docking：若勾选 Docking Place Part 复选框，则在绘制电路图过程中执行 Place Part 命令绘制元器件时，屏幕上将弹出图 2-16（a）所示 Place Part 对话框，否则将显示出图 2-16（b）所示 Place Part 对话框。

说明：修改本项选中状态后需要重新启动 Capture 才能使设置生效。

⑤ Find：若勾选 Search Toolbar 复选框，则在执行 Edit→Find 命令时，屏幕上工具栏中将弹出对应的工具按钮，如图 2-43（a）所示，否则显示出如图 2-43（b）所示对话框。

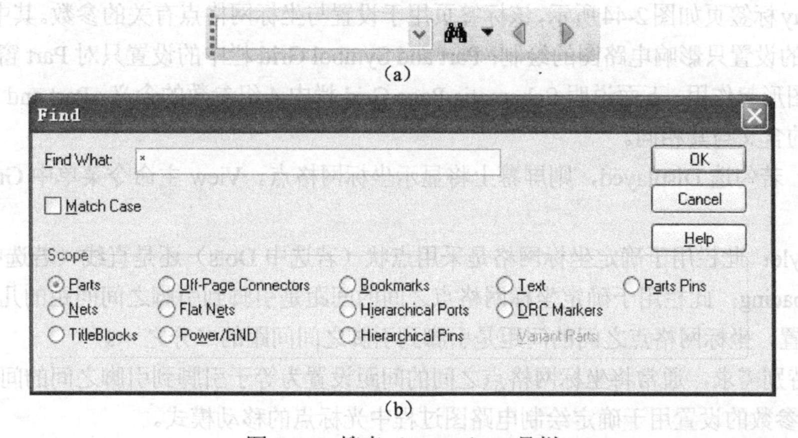

图 2-43　搜索（Search）工具栏

⑥ Text Rendering：若勾选 Render TrueType fonts with strokes，则电路图中的字符用笔划（折线）表示，而不采用 TrueType 字体。这样可以提高打印输出的速度，但不及使用 TrueType 字体美观。一般在打印草图时选中本参数。正式打印输出电路图时应采用 TrueType 字体。

在选中上述参数设置后，对折线表示的字符是保持空心字符状态还是要将字符填实，取决于 Text Rendering 一栏中 Fill text 是否处于选中状态。

⑦ Auto Recovery：若使本栏中 Enable Auto Recovery 处于选中状态，则系统自动将当前设计涉及的文件、数据库等信息存入/Windows/Temp 路径下的 FILES.ASL 文件中。存放的间隔时间由本栏中 Update every（　）minutes 的设置值确定。该时间参数的允许设置范围为 1 分钟到 12 小时。若使用中出现断电等意外情况，系统再次启动时将根据 FILES.ASL 中保存的信息恢复原有的设计。

在正常退出 Capture 时，FILES.ASL 文件将被自动删除。

⑧ Auto Reference：若使本栏中 Automatically reference placed parts 处于选中状态，则在电路中放置元器件符号时，系统自动顺序编号。例如若电路中已有 4 个电压源符号，在电路图中再放置一个 VCD 时，其编号自动取为 V5；否则放置在电路图中的每个元器件均在其编号关键词后加个问号，例如放置的电压源符号，其编号均为 V？，电阻符号均为 R？等。这时就需按照 2.4 节介绍的元器件属性参数修改方法逐个修改每个元器件的编号。

说明：在勾选了 Automatically reference placed parts 的情况下，还可以确定是否勾选适用于 PCB 设计的 Design Level 选项。

若使 Preserve reference on copy 处于勾选状态，则 copy（复制）一个元器件时，新复制生成的元器件的编号将与被复制的元器件相同。

说明：本栏包括的两项设置最多只能有一项被勾选。

提示：如果要对绘制的电路图进行模拟仿真，为了保证电路图中不会出现元器件编号相同的情况，应该勾选 Automatically reference placed parts。

⑨ Intertool Communication：若勾选 Enable Intertool Communication，则绘制的电路图可以与 OrCAD 其他软件模块（如 PCB）之间交流数据。

⑩ Wire Drag：若勾选 Allow component move with connectivity changes，则允许无条件的移动元器件或者互连线，即使移动的结果会导致连接关系的改变。

⑪ IREF Display Property：若勾选 Global Visibility，则显示 IREF（intersheet references：不同图纸之间连接符）。

3. Grid Display 设置

Grid Display 标签页如图 2-44 所示，该标签页用于设置与坐标网格点有关的参数。其中，Schematic Page Grid 栏中的设置只影响电路图的绘制；Part and Symbol Grid 栏中的设置只对 Part 窗口中编辑的电路元素符号图形起作用。下面说明 Schematic Page Grid 栏中 4 组参数的含义。Part and Symbol Grid 栏中三组参数的含义与其相同。

① Visible: 若勾选 Displayed，则屏幕上将显示坐标网格点。View 主命令菜单中 Grid 子命令的作用与此相同。

② Grid Style：此栏用于确定坐标网格是采用点状（若选中 Dots）还是直线（若选中 Lines）。

③ Grid spacing：此栏用于确定坐标网格点之间的间距是引脚到引脚之间间距的几分之一。按照图 2-44 的设置，坐标网格点之间的间距是引脚到引脚之间间距的二分之一。

如果没有特别需求，通常将坐标网格点之间的间距设置为等于引脚到引脚之间的间距。

④ 第四组参数的设置用于确定绘制电路图过程中光标点的移动模式。

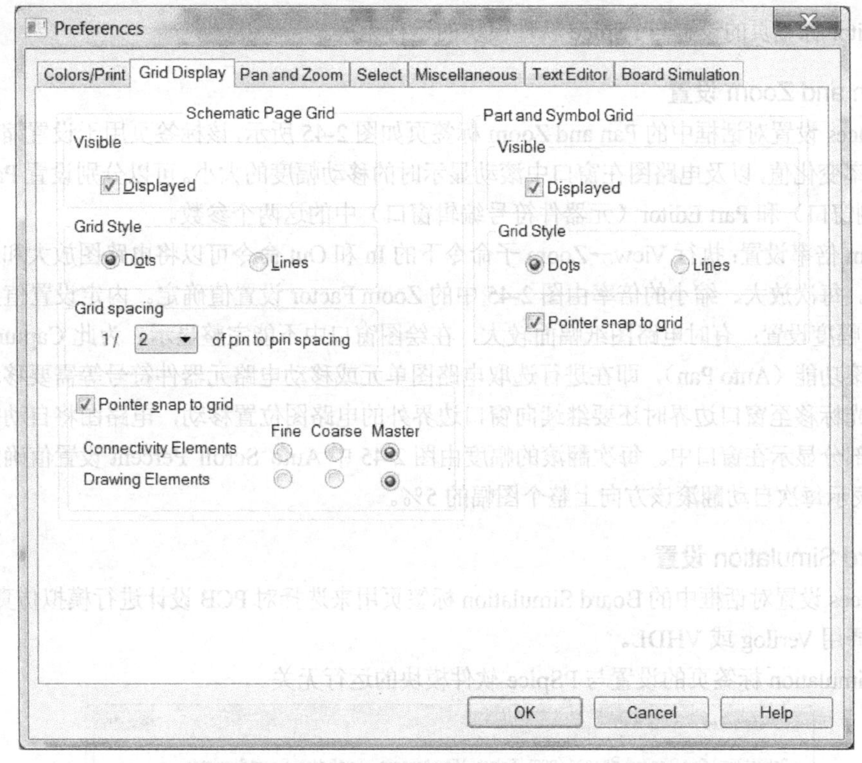

图 2-44　Capture 运行环境配置 3（Grid Display）

其中 Connectivity Elements 的设置只影响互连线的绘制，Drawing Elements 的设置只影响电路元器件等电路元素的绘制。如果设置为 Coarse，则不管 Pointer snap to grid 是否被选择，光标只能在坐标网格点上移动。同样，如果设置为 Fine，则不管 Pointer snap to grid 是否被选择，光标均可以在坐标网格点之间移动。

只有在 Connectivity Elements 和/或 Drawing Elements 设置为 Master 的情况下，Pointer snap to grid 是否处于选中状态才会影响到光标的移动模式。若 Pointer snap to grid 处于选中状态，则光标只能在坐标网格点上移动，放置在电路图中的元器件引出端将只能终止在坐标网格点上。否则光标就可以在坐标网格点之间移动。

说明：如果 Pointer snap to grid 选项未处于勾选状态，则工具栏中的按钮将显示为红色，起警示作用。单击该按钮可以使红色消失，相当于使 Pointer snap to grid 选项处于选中状态。

提示：为了适应不同情况的需求，建议将 Connectivity Elements 以及 Drawing Elements 两项设置为 Master，使 Pointer snap to grid 选项处于勾选状态。

按照上述设置，在绘制互连线时，就可以保证互连线端头与元器件引线的端头准确对接，真正实现电连接。

在编辑修改电路图时，如果需要微调元器件编号、元器件值等元素在电路图中的位置，可以单击工具栏中的按钮，使得其呈现为红色，相当于取消 Pointer snap to grid 选项的选中状态，就允许光标点可以在网格点之间移动，实现位置的微调。

4. Text Editor 设置

Preferences 设置对话框中的 Text Editor 标签页用于设置以 VHDL 文件作为电路图输入描述时的有关参数设置。

Text Editor 标签页的设置与 PSpice 软件模块的运行无关。

5. Pan and Zoom 设置

Preferences 设置对话框中的 Pan and Zoom 标签页如图 2-45 所示，该标签页用于设置缩放显示电路图时的倍率变化值，以及电路图在窗口中滚动显示时的移动幅度的大小。可以分别设置 Page Editor（电路图绘制窗口）和 Part Editor（元器件符号编辑窗口）中的这两个参数。

① Zoom 倍率设置：执行 View→Zoom 子命令下的 In 和 Out 命令可以将电路图放大和缩小处理后重新显示。每次放大、缩小的倍率由图 2-45 中的 Zoom Factor 设置值确定。内定设置值为 2 倍。

② Pan 幅度设置：有时电路图纸幅面较大，在绘图窗口中不能完整显示。为此 Capture 软件提供了自动翻滚功能（Auto Pan），即在进行选取电路图单元或移动电路元器件符号等需要移动光标的操作时，若光标移至窗口边界时还要继续向窗口边界外的电路图位置移动，电路图将自动翻滚，使窗口以外的部分显示在窗口中。每次翻滚的幅度由图 2-45 中 Auto Scroll Percent 设置值确定。内定设置为 5，表示每次自动翻滚该方向上整个图幅的 5%。

6. Board Simulation 设置

Preferences 设置对话框中的 Board Simulation 标签页用来选择对 PCB 设计进行模拟仿真的工具，用户可以选择用 Verilog 或 VHDL。

Board Simulation 标签页的设置与 PSpice 软件模块的运行无关。

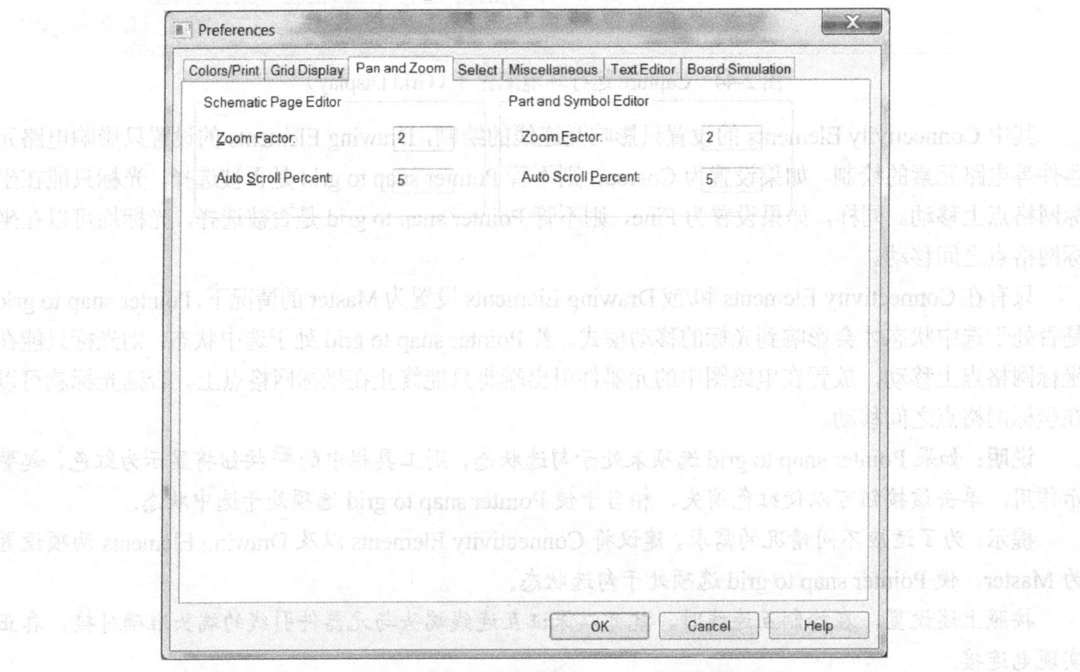

图 2-45　Capture 运行环境配置 5（Pan and Zoom）

7. Select 设置

Preferences 设置对话框中的 Select 标签页如图 2-46 所示，该标签页用于设置 Page Editor（电路图绘制窗口）和 Part Editor（元器件符号编辑窗口）中的两个参数。

① 选中判据的设置：在绘制电路图过程中，经常需要用一个矩形框线选取电路图的一部分组成元素。图 2-46 中 Area Select 栏的两个参数用于确定电路组成元素被选中的判据。若选择 Intersecting，表明在框线包围之内或与框线相交的元素均算选中；若选择 Fully Enclosed 则表明必须是全部包围在

框线之内的元素才算被选中。

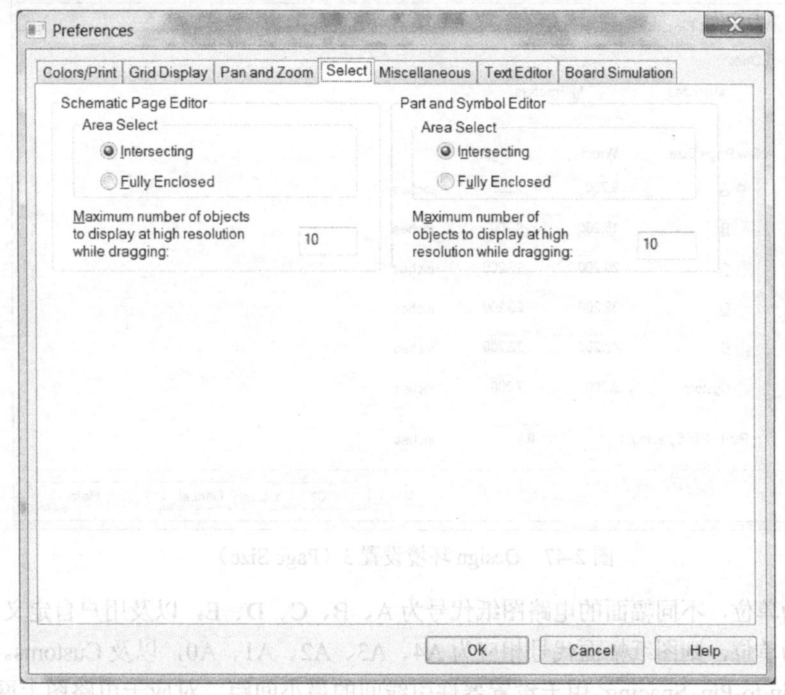

图 2-46　Capture 运行环境配置 7　（Select）

② 移动过程中是否显示元器件符号外形：一般情况下，在移动电路组成元素的同时动态显示这些元素的外形。如果同时移动多个元素，则动态显示多个元素外形将涉及处理大量数据并会影响运行速度。图 2-46 中 Maximum number of objects to display at high resolution while dragging 一项用于设置在移动过程中最多显示多少个元素外形。若同时移动的元素数超过这一设置值，则不动态显示移动元素的外形。

2.6.2　新设计项目的 Design 环境设置

在 Options 命令菜单中选择执行 Design Template 后，屏幕上即出现 Design 环境设置框，其中，共有 6 个标签页设置 Design 的环境参数。设置结果将影响新建设计项目的整个设计过程。

1. Fonts 设置

Design Template 设置框中的 Fonts 标签页，用于设置与电路图中不同元素相关的字符采用的字体、字体样式、字号大小等参数。

2. Title Block 设置

Design Template 设置框中的 Title Block 标签用于设置电路设计中采用的图纸标题栏图形，以及在标题栏中需填写的内容。

3. Page Size 设置

Design Template 设置框中的 Page Size 标签如图 2-47 所示，其包含三组参数设置。

① Units：用于选定尺寸的单位是英寸还是毫米。

② New Page Size：设置 6 种不同幅面的电路图图纸的长宽尺寸。

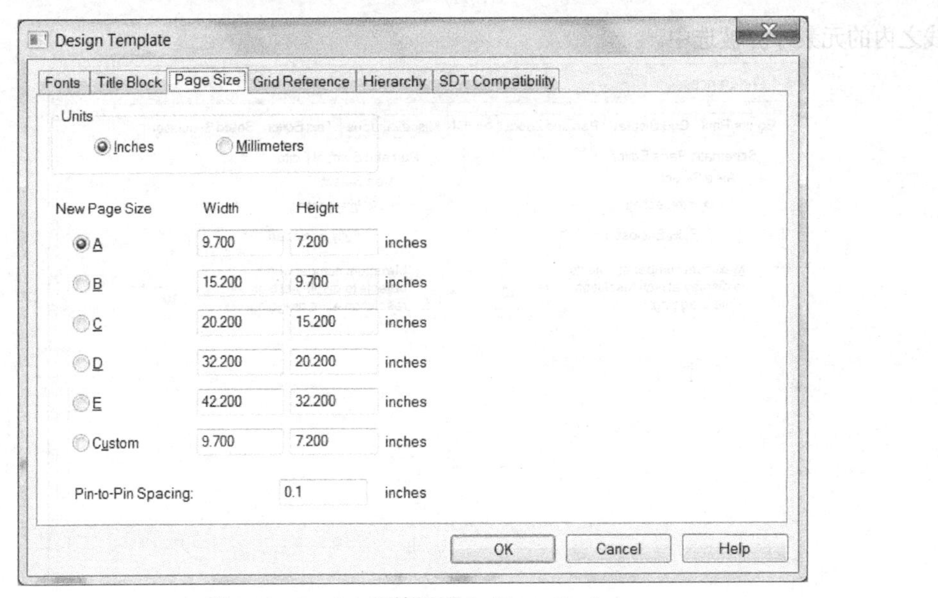

图 2-47　Design 环境设置 3（Page Size）

若以英寸为单位，不同幅面的电路图纸代号为 A、B、C、D、E，以及用户自定义（Customs）；若以毫米为单位，则图纸幅面代号相应为 A4、A3、A2、A1、A0，以及 Customs。

③ 图中 Pin-to-Pin Spacing 用于设置器件引线间的最小间距，对应于电路图上网格点之间的间距。

4. Grid Reference 设置

Grid Reference 的含义是图幅分区，指在图纸的 X 和 Y 方向划分几个区，分别用字母和数字作为每个区的代号。图纸中各个位置可以用其所在的字母数字分区号表示，有助于确定电路元素在电路图中的位置。

Design Template 设置框中的 Grid Reference 标签页（见图 2-48）用于确定与图幅分区有关的参数，包括有 6 组参数设置。

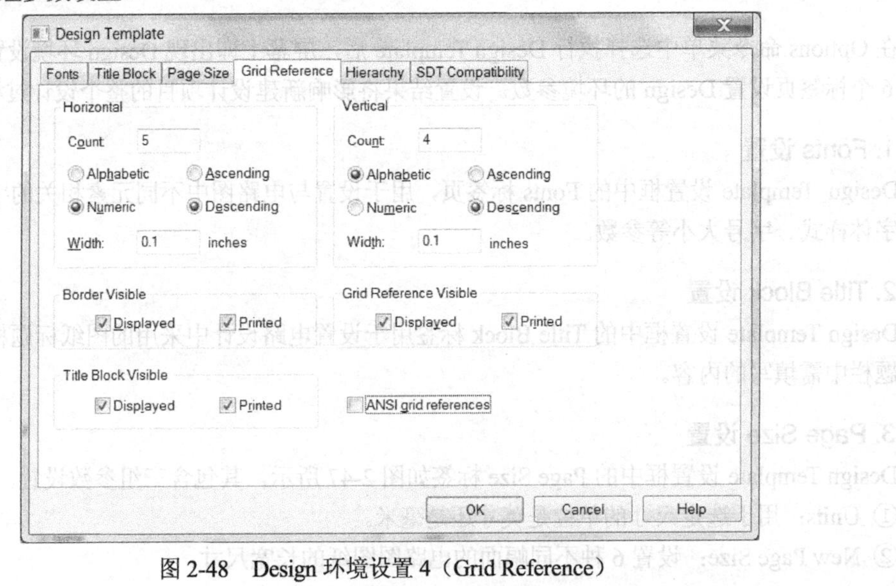

图 2-48　Design 环境设置 4（Grid Reference）

① Horizontal：该栏内包括 4 项参数选项，用来设置水平方向图幅分区的划分方式。

Count：设置水平方向的分区数。

Alphabetic（字母）和 Numeric（数字）两个选项中只能有一项处于选中状态，用于确定分区编号采用字母还是数字。

Ascending（增大）和 Descending（减小）两个选项中只能有一项处于选中状态，用于确定从图纸左上角起向右，分区的编号是增大还是减小。

Width：设置分区编号框线的宽度。

② Vertical：该栏内的 4 项参数选项，用来设置垂直方向图幅分区的划分方式，每项参数的含义和设置要求与 Horizontal 中相同，只是其分区编号增大或减小的方向是从图纸左上角起向下。

③ Border（图纸边框线）Visible、Title Block（标题栏）Visible 和 Grid Reference（图幅分区）Visible 这三栏分别用于确定图纸边框线、标题栏和图幅分区这三项内容是否在屏幕上显示（Displayed），以及是否打印在输出的电路图上（Printed）。

④ ANSI grid references：确定是否采用美国标准化协会关于图幅分区的划分规定。

5. Hierarchy 设置和 SDT Compatibility 设置

在 Design Template 设置框中，Hierarchy 标签页中的参数是针对分层式电路设计的设置。SDT Compatibility 标签页中的参数则涉及与老版本电路设计之间的参数兼容性设置。

2.6.3　当前 Design 环境设置的修改

按 2.6.2 节方法设置的 Design 环境参数只对新的设计起作用。对一个已有的设计项目，要修改其中部分环境参数设置的方法之一，是在设计管理窗口中选中一个设计文件名再执行 Options→Design Properties 命令，屏幕上出现图 2-49 所示设置框，其中包含 4 个标签页。

提示：在设计管理窗口中选中一个设计文件名后，用户才能够在 Options 下拉菜单中选择执行 Design Properties 子命令，用于修改处于选中状态的设计的运行环境状态参数。

在图 2-49 所示设置框中 Fonts、Hierarchy 和 SDT Compatibility 这三个标签页的形式、设置内容与 2.6.2 节中相应的标签页相同。修改后的环境参数对当前电路设计均起作用。

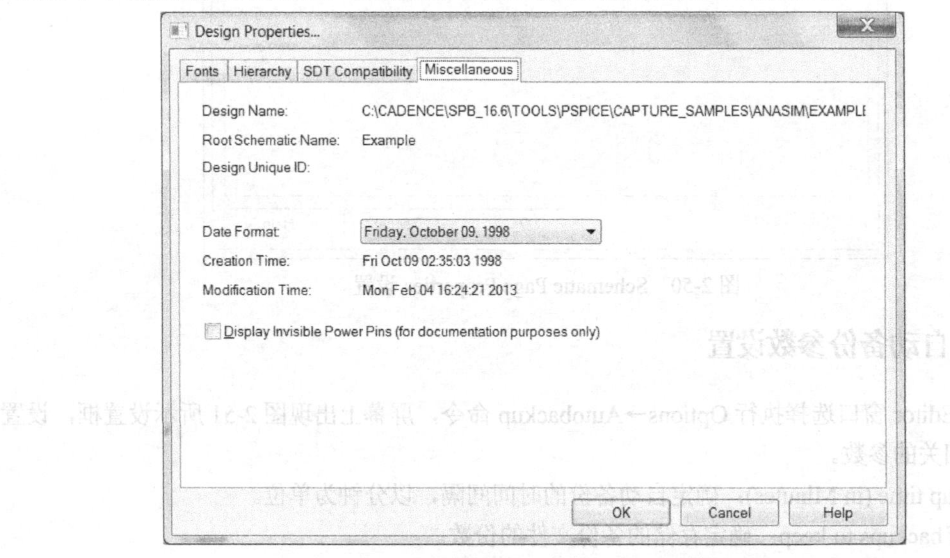

图 2-49　设计管理窗口中的 Design 环境设置

图 2-49 中 Miscellaneous 标签页列出了当前电路设计的有关信息，包括设计项目的名称、路径名、设计项目的建立时间和最近一次修改时间。若勾选 Display Invisible Power Pins（for documentation purposes only），则在电路图中将显示出接电源的引出端。

2.6.4 当前 Page Editor 环境设置的修改

在电路设计中新增一页电路图纸时，新增的图纸自动采用原来的 Design 环境设置结果。对于一页已有的电路图，修改其中部分环境参数设置的方法是在电路图绘制窗口中执行 Options→Schematic Page Properties 命令，然后在屏幕上出现的电路图纸属性设置框（见图 2-50）中修改设置。修改的结果对当前这一页电路图起作用。

提示：在 Page Editor 窗口处于选中状态时，用户才能够在 Options 下拉菜单中选择执行 Schematic Page Properties 子命令，用于修改当前 Page Editor 窗口中绘制的电路图页面的运行环境状态参数。

图 2-50 中的 Page Size 标签页和 Grid Reference 标签页与 2.6.2 节介绍的 Design 环境设置中两个同名标签页（见图 2-47 和图 2-48）基本相同，其中各项参数的含义与设置方法也一样。它们之间的区别只在于适用对象不同。图 2-47 和图 2-48 中的设置只对一个新建的设计起作用。而图 2-50 中这两个标签页的设置只影响当前已有的电路图纸页面上的内容。

图 2-50 中 Miscellaneous 标签页列出了当前图纸页的有关信息，包括该页图纸在整个电路设计中的编号以及该页电路图的绘制时间和最近一次修改时间。

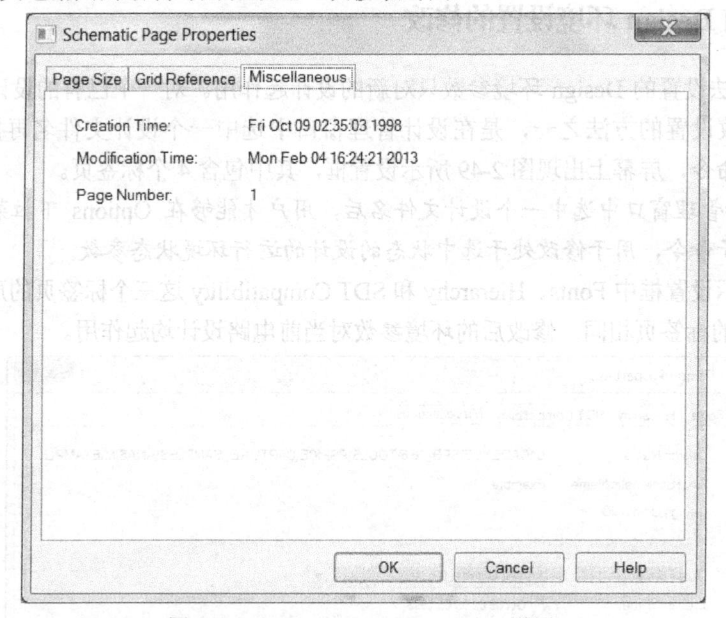

图 2-50 Schematic Page Properties 设置

2.6.5 自动备份参数设置

在 Page Editor 窗口选择执行 Options→Autobackup 命令，屏幕上出现图 2-51 所示设置框，设置与文件备份相关的参数。

① Backup time (in Minutes)：确定自动备份的时间间隔，以分钟为单位。

② No of backups to keep：确定存储的备份文件的份数。

③ Directory for backups：指定存放备份文件的目录名称。

Multi-level Backup settings

Backup time (in Minutes) 10　　No of backups to keep 3

Directory for backups D:\Cadence\SPB_16.6\tools\pspice\　　Browse...

OK　　Cancel　　Help

图 2-51　自动备份参数设置

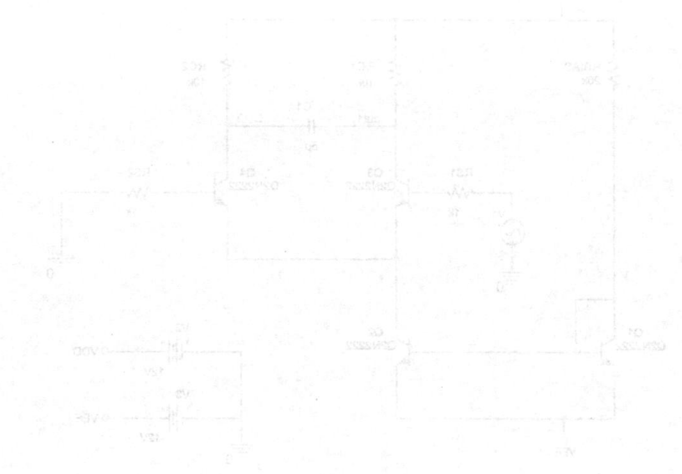

第3章　基本电路特性分析

本章介绍 PSpice AD 中针对模拟电路和数字电路的几种基本电路特性分析功能和操作方法。与模拟电路相关的 4 组特性分析包括 Bias Points（直流工作点分析）、DC Sweep（直流扫描）、AC Sweep/Noise（交流小信号频率特性/噪声分析），以及 Time Domain（瞬态特性分析）。与数字电路相关的特性分析包括逻辑模拟和数/模混合模拟。PSpice AD 中的其他几种特性分析功能将在第 4 章介绍。

本章首先概要介绍 PSpice 软件包对模拟电路进行模拟分析的基本过程，然后以一个简单差分对电路为例（见图 3-1）重点介绍这 4 组基本电路特性分析的操作方法，重点是如何设置基本电路特性分析的参数，以保证特性分析的顺利进行。本章还同时介绍模拟仿真中需要施加的激励信号波形设置方法。

3.1　模拟电路分析计算的基本过程

PSpice 是一种在 Windows 环境下运行的应用程序，可以采用多种方法启动 PSpice 进行电路特性分析。本节介绍其中最基本的一种方法，即在电路图绘制模块 Capture 中直接启动 PSpice 进行模拟分析。

本节介绍模拟分析包括的基本过程，即绘制电路图、特性分析类型确定和参数设置、模拟分析计算和电路模拟结果分析等 4 个阶段。

3.1.1　绘制电路图

对电路进行模拟分析的第一步是采用第 2 章介绍的方法，调用 Capture 模块，将设计的电路图送入计算机，作为模拟分析的输入。图 3-1 是绘制好的差分对电路实例。

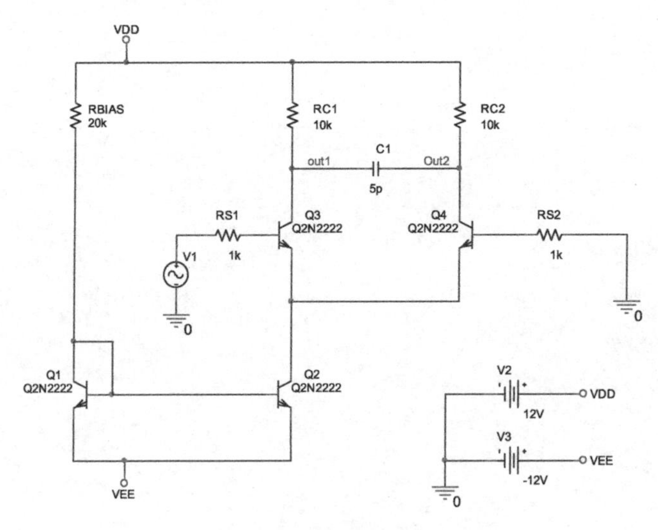

图 3-1　差分对电路实例

有些类型的电路特性分析，在绘制电路图时需采用特殊的图形符号，相关内容在相应的特性分析方法部分介绍。

3.1.2　特性分析类型确定和参数设置

为了便于设计管理，PSpice 软件采用了一种称为 Simulation Profile（模拟类型分组）的重要概念，确定分析类型和设置分析参数。

提示：理解 Simulation Profile 的内涵是用好 PSpice 软件的关键。

1．Simulation Profile 的内涵

在表 1-1 所示的 PSpice AD 模拟仿真功能中，Bias Points、DC Sweep、AC Sweep/Noise 以及 Time Domain 属于 4 种基本的分析类型，这就是说它们是可以单独进行的 4 种模拟分析功能。而温度特性分析、参数扫描、蒙特卡罗分析/最坏情况分析和直流工作点的存取等则为选项分析，即这几种分析功能不能单独进行，必须与前述 4 种基本分析功能中的一种结合在一起。因此，PSpice AD 中的模拟分析功能分为基本分析功能和选项分析功能两类。为了方便对模拟过程的管理，PSpice 规定，进行模拟分析时，一次只能对电路进行一种类型的基本功能分析，同时可以包括相应的选项分析。为此，PSpice 软件采用了称为模拟类型分组的"Simulation Profile"的概念。该概念的主要含义包括：

① PSpice 通过 Simulation Profile 来确定分析类型和设置分析参数。一个 Simulation Profile 的设置包括名称、欲进行模拟分析的类型，以及表示分析具体要求的参数设置。

② 一个模拟类型分组中只能包括上述 4 种基本分析类型中的一种，但可以同时包括选项分析。

③ 对同一个电路，可以建立多个 Simulation Profile。而且不同 Simulation Profile 中的分析类型可以相同。

④ 对电路进行模拟分析时，一次只能针对一个 Simulation Profile 的要求进行。每个 Simulation Profile 的设置以及模拟分析结果单独存放。

⑤ 同一个电路的多个 Simulation Profile 由项目管理器管理。

2．Simulation Profile 的设置步骤

调用 PSpice 对电路进行模拟分析的关键是在绘制好电路图后，按照下述步骤，根据用户的分析要求，设置好 Simulation Profile 参数。

（1）新建 Simulation Profile

以人机交互方式进行电路模拟分析，主要是通过执行电路图绘制程序 Capture 主命令菜单中的 PSpice 命令完成的。在 Capture 主命令菜单中执行 PSpice 命令，屏幕上将出现 PSpice 命令菜单，如图 3-2 所示。在电路模拟分析过程中，主要是选择执行图 3-2 中的不同子命令。

在图 3-2 中选择执行 New Simulation Profile 子命令后，屏幕上将弹出如图 3-3 所示的 New Simulation 对话框。

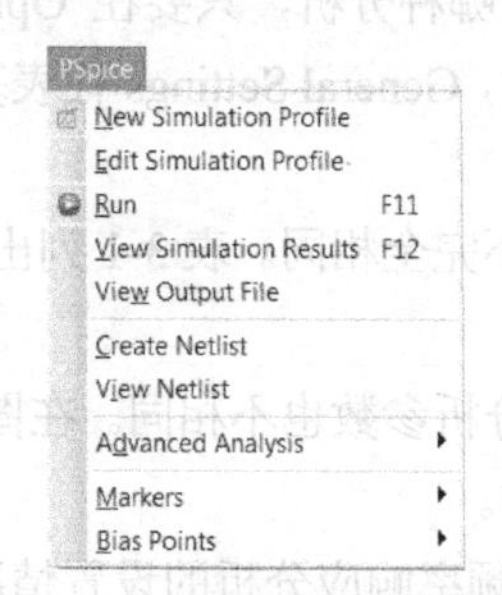

图 3-2　PSpice 命令菜单

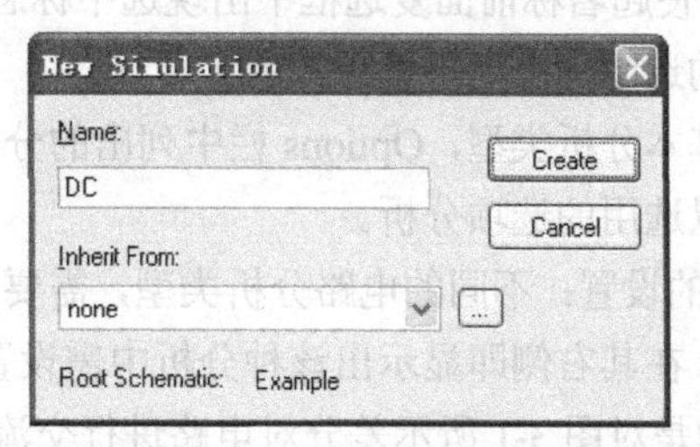

图 3-3　New Simulation 对话框

在 Name 栏键入模拟类型组的名称。

在 Inherit From 栏右侧的下拉式列表中是当前电路中已建立的模拟类型分组。如果在某个已有模拟类型分组设置内容的基础上稍加修改即可得到新的设置，就可以从下拉列表中选取该模拟类型组的名称。如果新建模拟类型分组中的参数需要重新设置，应从下拉式列表中选取 none。

（2）设置模拟类型和参数

完成图 3-3 的设置后，单击图中 Create 按钮，屏幕上弹出图 3-4 所示的模拟类型和参数设置框，该设置框用于多种类型的参数设置。

图 3-4 显示的是单击设置框中的 Analysis 标签后的情况，该标签页用于电路模拟分析类型和参数设置。图 3-4 中的其他标签页用于选项设置、电路模拟中有关文件的设置，以及波形显示和分析模块 Probe 的参数设置，这部分内容将在相应章节介绍。

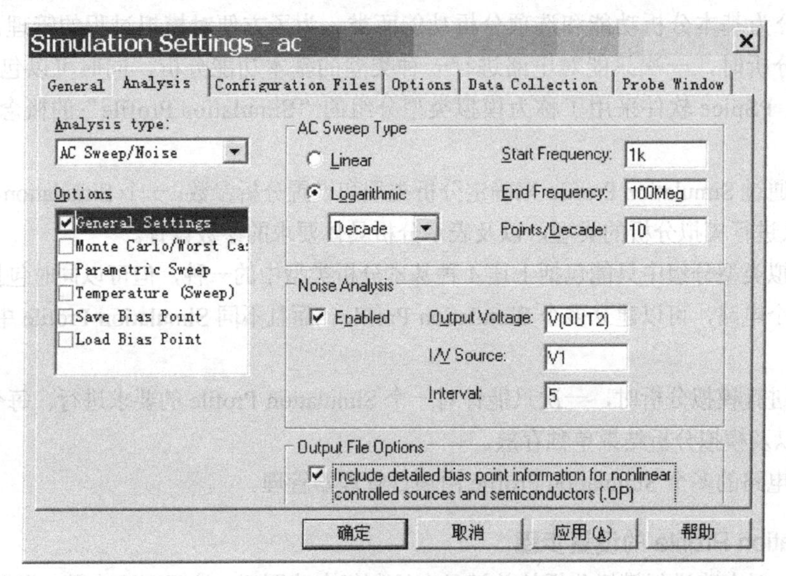

图 3-4　模拟类型和参数设置框

Analysis 标签页中需设置三方面内容。

① 基本分析类型的选定：PSpice 中每一个模拟类型组只能包括一种基本电路分析类型。Analysis type 栏右侧的下拉式列表中列出的就是这 4 种基本分析类型的名称：Time Domain（Transient）、DC Sweep、AC Sweep/Noise 和 Bias Point，供用户选定其中的一种。

图 3-4 中选定的是 AC Sweep/Noise，表示欲进行交流小信号频率特性分析和噪声特性分析。

② 模拟类型组中选项分析类型的选定：确定基本分析类型后，可以在其下方的 Options 栏选定该模拟类型组中还需要同时进行哪一种电路特性分析。要进行哪种分析，只要在 Options 栏中勾选该种分析类型名，使起名称前面复选框中出现选中标志√。其中，General Settings 代表基本分析类型，其左侧复选框里的选中标志是不可更改的。

对应不同的基本分析类型，Options 栏中列出的分析类型不完全相同。表 3-1 列出了对不同类型基本特性分析可以选用的选项分析。

③ 分析参数的设置：不同的电路分析类型，需要设置的分析参数也不相同。在图 3-4 中单击某种分析类型名后，在其右侧即显示出该种分析中需设置的参数。

图 3-4 显示的是对图 3-1 所示差分对电路进行交流小信号频率响应分析的设置情况（详见 3.4 节的介绍）。

表 3-1 基本特性分析与相应的选项分析

	Bias Point（3.2 节）	DC Sweep（3.3 节）	AC Sweep/Noise（3.4 节）	Time Domain（Transient）（3.5 节）
Temperature（Sweep）（4.1 节）	√	√	√	√
Parametric Sweep（4.2 节）		√	√	√
Monte Carlo（4.3 节）/Worst Case（4.4 节）		√	√	√
Save Bias Point	√	√	√	√
Load Bias Point	√	√	√	√
Save Check Points（3.5 节）				√
Restart Simulation（3.5 节）				√

表 3-1 中同时给出了可以查看每种类型电路特性分析的作用章节序号，以及分析中需要设置的参数名称、含义及设置方法。

完成上述三类参数设置后，单击“确定”按钮。

说明：如果要修改一个已经建立的分析类型组，应在图 3-2 中选择执行 Edit Simulation Profile 子命令，此时屏幕上弹出的也是如图 3-4 所示设置框。框中显示的是已经进行的设置，用户可根据需要进行修改。

3．Simulation Profile 的管理

如前所述，对同一个电路，可以建立多个 Simulation Profile，其名称排列于项目管理器窗口中 Simulation Profiles 的下方，如图 3-5 所示。但是对电路进行模拟分析时，一次只能针对一个 Simulation Profile 的设置要求进行，该 Simulation Profile 称为处于激活状态，其特征是其 Simulation Profile 名称前面的图标为红色显示，而且图标中字母 P 后面出现一个惊叹号。对图 3-5 所示实例，已建立有三个 Simulation Profile，其中处于激活状态的是 Example-AC。

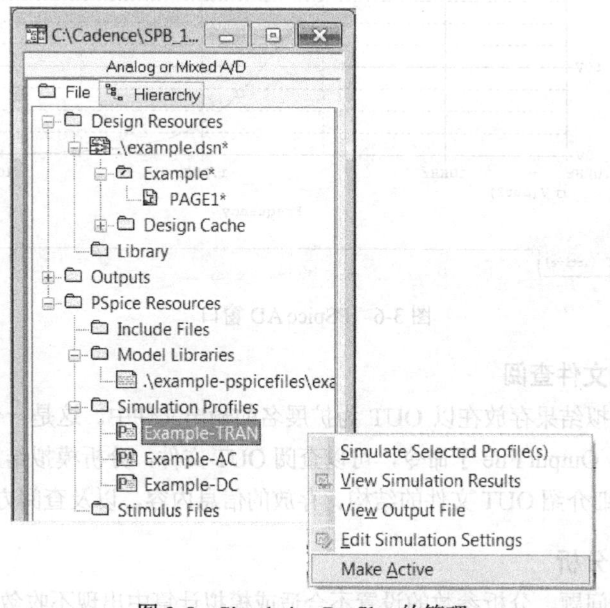

图 3-5 Simulation Profiles 的管理

按照 PSpice 的规定，新建的 Simulation Profile 自动处于激活状态。如果用户需要按照另一个已建立的 Simulation Profile 设置（例如 Example-TRAN）进行模拟，只要单击该 Example-TRAN 名称使其处于选中状态，再单击鼠标右键，从出现的快捷菜单（见图 3-5）中选择执行 Make Active，则选中的 Simulation Profile 名称 Example-TRAN 就会处于激活状态。

3.1.3 模拟分析计算

设置好电路特性分析类型和分析参数后，在图 3-2 所示 PSpice 命令菜单中选择执行 Run 子命令，或者单击相应的工具按钮，即调用 PSpice 进行电路特性分析。模拟结束后分别生成以 DAT 和 OUT 为扩展名的两种结果数据文件。

3.1.4 电路模拟结果分析

电路模拟结束后，应根据不同情况，采用不同的方式分析模拟结果。

1. 模拟结果信号波形分析

如果模拟分析过程正常结束，即可调用波形显示和分析模块 Probe，采用人机交互方式，查看、分析存放在以 DAT 为扩展名的数据文件中的电路特性分析结果。

调用 Probe 模块分析模拟结果波形的具体方法将在第 5 章做详细介绍。图 3-6 中显示的是差分对电路交流小信号频率特性分析结果的波形。

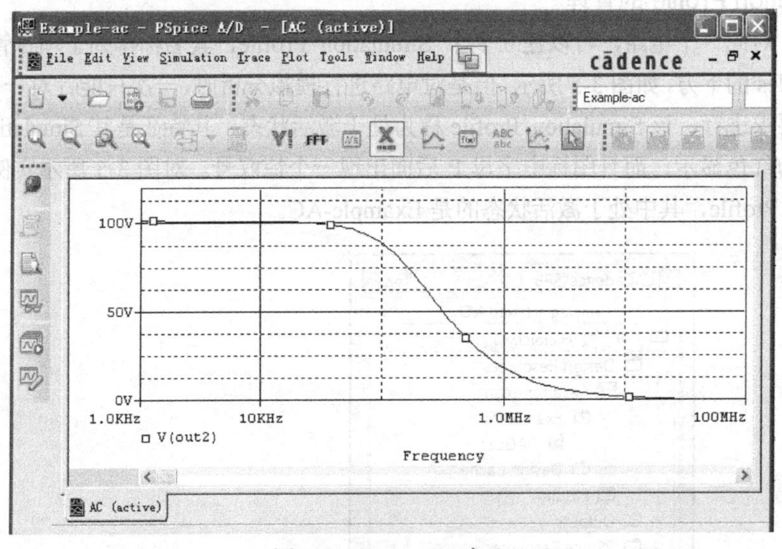

图 3-6 PSpice AD 窗口

2. 模拟结果输出文件查阅

有些电路特性的模拟结果存放在以 OUT 为扩展名的输出文件中。这是一个 ASCII 码文件。选择执行图 3-2 中的 View Output File 子命令，可以查阅 OUT 文件，分析模拟结果。

我们将在 7.3 节详细介绍 OUT 文件的结构、存放的信息内容，以及查阅方法。

3. 出错信息显示分析

如果电路图中存在问题、分析参数的设置不合适或模拟计算中出现不收敛问题，都将影响模拟过程的顺利进行，这时屏幕上将显示出错信息。用户应根据对出错信息的分析，确定是否修改电路图、改变分析参数设置或采取措施解决不收敛问题。然后，重新进行电路模拟分析。

3.2 Bias Point 分析

PSpice AD 中对模拟电路进行的第一类基本分析 Bias Point 实际上包括三项分析功能，对应 Simulation Profile 对话框中的三部分设置。

3.2.1 直流工作点分析

1．功能与 Simulation Profile 参数设置

在图 3-4 所示设置框的 Analysis type 栏中选择“Bias Point”，则设置框显示内容如图 3-7 所示。

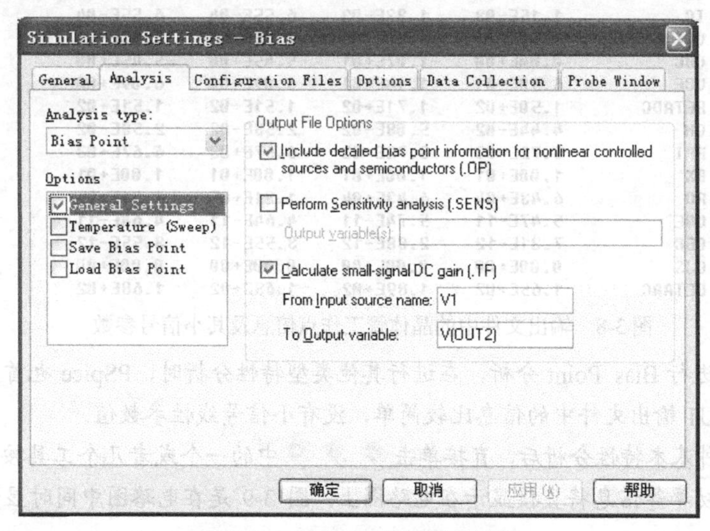

图 3-7 Bias Point 分析要求设置

在图 3-7 右侧的 Output File Options 栏选中 Include detailed bias point information for nonlinear controlled sources and semiconductors，再单击“确定”按钮，就完成直流工作点分析设置。

设置好分析参数后，选择执行 Run 子命令，PSpice 就按照下述方法自动进行直流工作点分析：将电路中的电容开路，电感短路，对各个信号源取其直流电平值，然后用迭代的方法计算电路的直流偏置状态。

说明： 早期的 PSpice 版本不具有电路图绘制，以及采用对话框方式设置分析参数的功能，而是通过连接网表文件描述电路图拓扑连接关系以及每个元器件的参数值，采用分析命令行描述分析要求和相关参数。图 3-7 中 Include detailed bias point information for nonlinear controlled sources and semiconductors 后面括号中的“.OP”就是早期版本中要求进行直流工作点分析的命令行表示。“OP”代表 Operating Points。

2．分析结果输出

完成直流工作点分析后，PSpice 将结果自动存入 OUT 输出文件中。存入 OUT 输出文件中的直流工作点分析结果包括：各个节点电压、流过各个电压源的电流、总功耗，以及所有非线性受控源和半导体器件的小信号（线性化）参数（详见 7.3 节介绍）。

图 3-8 显示的是对图 3-1 所示差分对电路进行直流工作点分析后，OUT 输出文件中关于电路中

4 个晶体管的工作点信息及其小信号参数。

```
**********************************************************

**** OPERATING POINT INFORMATION      TEMPERATURE = 27DEG C

**********************************************************

**** BIPOLAR JUNCTION TRANSISTORS
```

NAME	Q_Q1	Q_Q2	Q_Q3	Q_Q4
MODEL	Q2N2222	Q2N2222	Q2N2222	Q2N2222
IB	7.69E-06	7.69E-06	4.34E-06	4.34E-06
IC	1.15E-03	1.32E-03	6.55E-04	6.55E-04
VBE	6.50E-01	6.50E-01	6.33E-01	6.33E-01
VBC	0.00E+00	-1.07E+01	-5.45E+00	-5.45E+00
VCE	6.50E-01	1.14E+01	6.09E+00	6.09E+00
BETADC	1.50E+02	1.71E+02	1.51E+02	1.51E+02
GM	4.44E-02	5.08E-02	2.53E-02	2.53E-02
RPI	3.72E+03	3.72E+03	6.67E+03	6.67E+03
RX	1.00E+01	1.00E+01	1.00E+01	1.00E+01
RO	6.43E+04	6.43E+04	1.21E+05	1.21E+05
CBE	5.47E-11	5.74E-11	4.64E-11	4.64E-11
CBC	7.31E-12	2.88E-12	3.55E-12	3.55E-12
CJS	0.00E+00	0.00E+00	0.00E+00	0.00E+00
BETAAC	1.65E+02	1.89E+02	1.68E+02	1.68E+02

图 3-8　输出文件中的晶体管工作点信息及其小信号参数

提示：即使未进行 Bias Point 分析，在进行其他类型特性分析时，PSpice 也首先要计算直流工作点，但是存入 OUT 输出文件中的信息比较简单，没有小信号线性参数值。

提示：无论哪种基本特性分析后，直接单击中的一个或者几个工具按钮，相应的节点电压、支路电流、功率等信息将直接显示在电路图上。图 3-9 是在电路图中同时显示有节点电压和支路电流的情况。

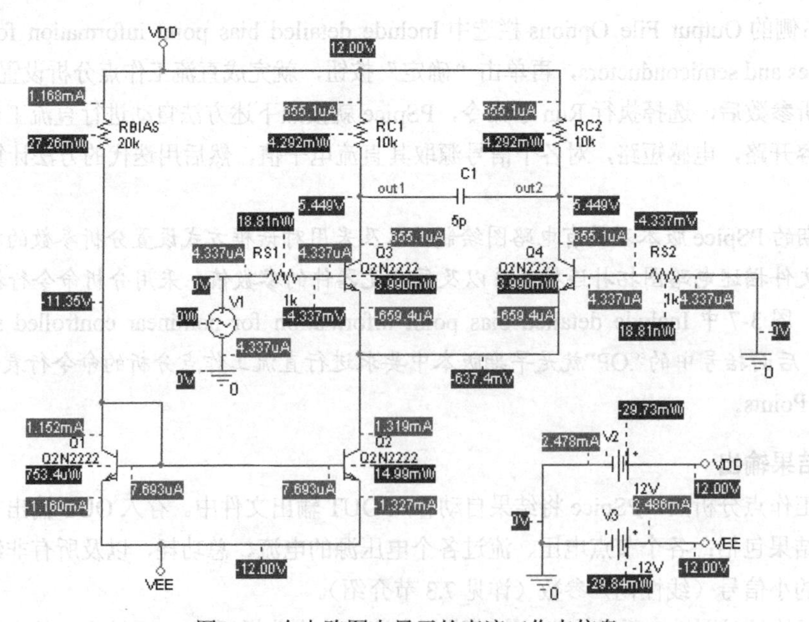

图 3-9　在电路图上显示的直流工作点信息

3.2.2 直流灵敏度（Sensitivity）分析

1．功能与 Simulation Profile 参数设置

虽然电路特性完全取决于电路中的元器件取值，但是对电路中不同的元器件，即使元器件值变化的幅度（或变化比例）相同，引起电路特性的变化也不会完全相同。灵敏度分析就是定量分析、比较电路特性对每个电路元器件参数的敏感程度。

在图 3-7 所示电路特性分析类型设置框中，选中 Perform Sensitivity analysis 并在其下方的 Output variable(s)栏键入节点电压参数名，即完成直流灵敏度分析设置。

2．分析结果输出

完成灵敏度分析后，PSpice 将结果自动存入 OUT 输出文件中。存入 OUT 输出文件中的灵敏度分析结果包括：指定的节点电压对电路中电阻、独立电压源和独立电流源、电压控制开关和电流控制开关、二极管、双极晶体管共 5 类元器件参数的敏感度。

说明：从 PSpice 10 版本开始新增的 Advanced Analysis（高级分析）中将灵敏度分析从只考虑直流灵敏度扩展到了对其他几种基本分析都可以进行灵敏度分析。关于灵敏度分析的概念、作用及分析方法将在 6.2 节详细介绍。

3.2.3 直流传输特性（Transfer Function）分析

1．功能与 Simulation Profile 参数设置

进行直流传输特性分析时，PSpice 程序首先计算电路直流工作点并在工作点处对电路元件进行线性化处理，然后计算出线性化电路的小信号直流增益、输入电阻和输出电阻并将结果自动存入 OUT 文件中。本项分析又简称为 TF 分析。

直流传输特性分析只涉及输入信号源和输出变量两个参数。要进行直流传输特性分析，应在图 3-7 所示 Bias Point 电路特性分析类型设置框中，选中 Calculate small-signal DC gain(.TF)并在 From Input source name 栏填入输入信号源名；在 To Output variable 栏填入输出变量名。

注意：输出变量名称一定要符合 1.3 节介绍的输出变量描述格式。

2．分析结果输出

完成上述设置并调用 PSpice 完成 TF 分析后，计算结果自动存入 OUT 文件。

针对图 3-1 所示差分对电路实例，图 3-7 中 From Input source name 栏填入的是输入端信号源名称 V1，To Output variable 栏设置的是代表输出端节点 OUT2 处的输出电压名 V(OUT2)，因此直流传输特性分析后，自动存入 OUT 文件的是 V1 两端的输入电阻、V(OUT2)两端的输出电阻，以及增益 V(OUT2)/V1 的计算结果，如图 3-10 所示。

```
****          SMALL-SIGNAL CHARACTERISTICS

V(OUT2)/V_V1=1.013E+02

INPUT RESISTANCE AT V_V1=1.534E+04

OUTPUT RESISTANCE AT V(OUT2)=9.617E+03
```

图 3-10 差分对电路（见图 3-1）TF 分析结果

3.3 DC Sweep 分析

3.3.1 功能

PSpice AD 中第二类基本分析“DC Sweep”的作用是：当电路中某一参数（称为自变量）在一定范围内变化时，对自变量的每一个取值，计算电路的直流偏置特性（称为输出变量）。在分析过程中，将电容开路，电感短路，各个信号源取其直流电平值。若电路中还包括有逻辑单元，则将每个逻辑器件的延时取为 0，逻辑信号激励源取其 $t = 0$ 时的值。

在进行直流特性扫描分析时，还可指定一个参变量并确定其变化范围。对参变量的每一个取值，均使自变量在其变化范围内，按每一个设定值，计算输出变量的变化情况。例如，对双极晶体管，将集电极和发射极之间的外加电压 V_{ce} 作为自变量，加在基极上的恒流源 I_b 作为参变量，流过集电极的电流 I_c 作为输出变量，调用 PSpice 进行直流特性扫描分析，就可以得到该晶体管的一组直流输出特性。直流特性扫描分析在分析放大器的转移特性、逻辑门的高低逻辑阈值等方面均有很大作用。本项分析又简称为 DC 分析。

3.3.2 DC 分析的参数设置

要进行 DC 分析，必须指定自变量和参变量并设置其变化情况。在图 3-4 所示电路特性分析类型设置框的 Analysis type 栏中，选择“DC Sweep”，屏幕上将出现直流特性扫描分析参数设置框，如图 3-11 所示。其中 Options 框内 Primary Sweep 自动处于选中状态，图中右侧即为 DC 扫描分析中需设置的自变量参数。

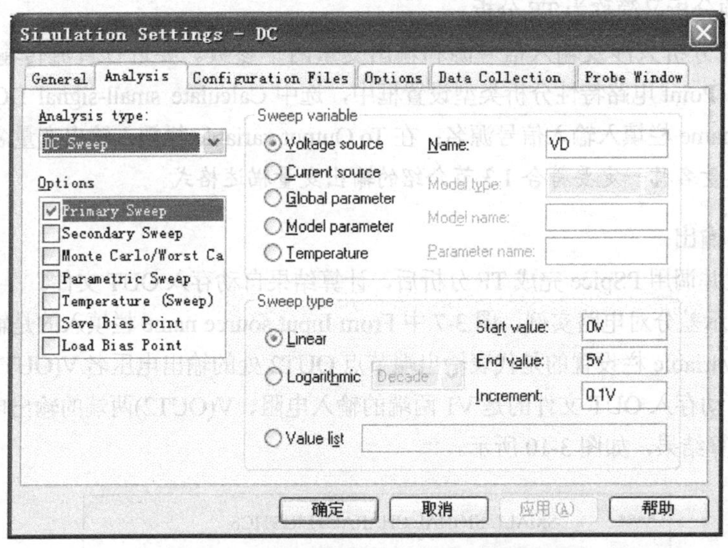

图 3-11 DC Sweep 分析中自变量参数设置实例

1．自变量的设置

（1）自变量类型的选定

图 3-11 中“Sweep variable”栏内左边的 5 项用于选定起自变量作用的参数类型。直流特性分析中可选作为自变量的参数有 5 类，即 Voltage source（独立电压源）、Current source（独立电流源）、Global parameter（全局参数）、Model parameter（模型参数）和 Temperature（温度）。图 3-11 实例中

选定的是独立电压源。

说明：Global parameter 参数的含义将在 4.2 节结合参数扫描分析介绍。

（2）自变量名的设置

在 Sweep variable 栏内右侧部分的 4 项用于设置起自变量作用的参数名称。若选定的自变量类型为 Voltage source 或 Current source，则需在 Name 项键入电路图中作为自变量的独立电压源或电流源的名称；若自变量类型为模型参数，则需从 Model type 栏的下拉式列表中选择模型类型并在其下方的 Model name 栏键入模型名称，在 Parameter name 栏设置模型参数名称。对全局参数，只需在 Parameter name 栏填入全局参数名。若自变量类型为温度，则无须进一步指定自变量名。

图 3-11 中选定的自变量类型为独立电压源。因此只有 Name 一项需用户确定，其余三项为灰色显示，不起作用。

（3）自变量参数扫描变化方式和取值的设置

图 3-11 中 Sweep type 栏左侧的三个选项供用户选定自变量参数扫描变化的方式，右侧的三项用于进一步设置相应取值。

① 若选中 Linear，表示自变量按线性方式均匀变化，这时需在其右侧 Star value、End value 和 Increment 三项中分别键入自变量变化的起始值、终点值和变化的步长。

对图 3-11 所示的设置，作为自变量的独立电压源是 VD，其变化范围从 0V 开始，以 0.1 V 为步长均匀变化，直到 5V。

需要指出的是，由于图 3-11 中选定 VD 为自变量，因此该电路中一定要有一个具有 DC 属性而且编号为 VD 的独立电压源。在 DC 分析过程中，VD 按图 3-11 的设置取值，电路图中对独立电压源 VD 设定的电压值在 DC 扫描分析时不起作用。

② 若在图 3-11 中选择 Logarithmic，表示自变量按对数关系变化。这时还需进一步从其右侧下拉式列表中的 Octave 和 Decade 两项中选择一项。

Decade 选项表示自变量按数量级关系变化，对应自变量坐标轴是以 10 为底的对数坐标轴。这时其右侧第一项 Start value 和第二项 End value 的名称不变，第三项变为 Points/Decade，即要求用户确定自变量变化范围的起点值、终点值以及每一个数量级变化中的取点数。

若在下拉式列表中选择 Octave 选项，表示自变量按成倍关系变化，对应自变量坐标轴是以 2 为底的对数坐标轴。这时其右侧的第一项和第二项仍旧为 Start value 和 End value，用于设置自变量变化范围的起点值和终点值。但第三项 Increment 变为 Points/Octave，用于确定每一倍变化中的取值点数。

提示：若自变量按 Octave 或 Decade 方式变化，Start value 一项取值必须大于 0。

提示：虽然英文生词 Octave 具有“8…”的含义，但是不要将此处参数设置中 Octave 误解为自变量按 8 倍关系变化，对应自变量坐标轴是以 8 为底的对数坐标轴。实际上，此处 Octave 表示音调的“8 度”，而音调的 8 度差别对应频率为倍频的关系，因此，此处 Octave 表示自变量按成倍关系变化，对应自变量坐标轴是以 2 为底的对数坐标轴。

③ 若在图 3-11 中选择 Value list，则需要在其右侧直接键入自变量变化的所有取值。

2．参变量的设置

若 DC 分析中只需设置自变量参数，完成上述设置后按“确定”按钮即可。对 3.3.4 节的实例，为了分析晶体管输出特性还需设置参变量。为此，应在图 3-11 的 Options 一栏选择 Secondary Sweep，这时屏幕上出现参变量参数设置项，需要设置的参变量参数内容与图 3-11 所示自变量参数设置情况完全相同，各项含义和设置方法也与之完全一样。

为了分析 3.3.4 节的实例中晶体管的输出特性，在参变量参数设置中，勾选 Sweep variable 栏中的 Voltage source，在 Name 项键入 VG，并在 Sweep type 栏选中 Linear，其右侧的 Start value、End value 和 Increment 三项中分别键入 0V、2V 和 0.5V。

提示：一定要使 Options 栏中 Secondary Sweep 左侧的复选框中出现勾选符号√，使其处于选中状态，才能保证参变量参数的设置在 DC 分析中能起作用。否则即使按要求设置好参数，但是在模拟分析过程中也不起作用。

对所有的选项分析参数设置，都需要注意这一要求。

3.3.3 分析结果的输出

设置好上述参数，继续按 3.1 节介绍的步骤完成 DC 分析，其分析结果全部自动存入以 DAT 为扩展名的 PROBE 数据文件。这时只要按第 5 章介绍的方法调用 Probe 模块，就可以观察不同输出量的波形情况。

如果用户需要，也可以按照第 7 章介绍的方法将结果存入 OUT 输出文件。

3.3.4 实例

例 1：MOS 晶体管输出特性分析

图 3-12 为分析 MOS 晶体管输出特性的电路图。分析时选择电压源 VD 为自变量，VG 为参变量，其参数设置值要求如表 3-2 所示。按照表 3-2 所示参数设置值要求，完成 DC 分析后，用 Probe 显示的分析结果如图 3-13 所示。

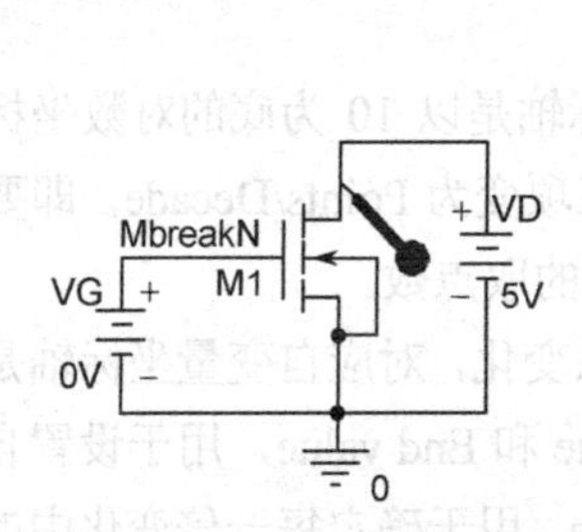

图 3-12 MOS 晶体管电路

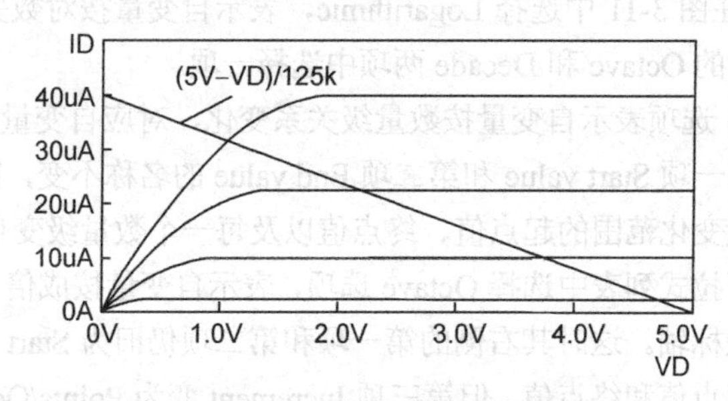

图 3-13 输出特性和负载线

表 3-2 MOS 晶体管 DC 扫描分析参数设置

待设置的参数	自变量设置	参变量设置
Swept variable	Voltage source	Voltage source
Sweep type	Linear	Linear
Name	VD	VG
Start	0	0
End	5	2
Increment	0.1	0.5

图 3-13 中除显示有输出特性曲线簇以外，还叠加有一条负载为 125kΩ的负载线。该负载线对应于在 Probe 中增加显示由下述表达式确定的直线：(5V－VD)/125k。

例 2：差分对电路的直流输出特性

对图 3-1 所示差分对电路，采用 DC Sweep 模拟分析其直流输出特性时不涉及参变量，只需设置自变量参数，设置值如表 3-3 所示。

表 3-3 差分对电路 DC 扫描分析参数设置

待设置的参数	自变量设置
Swept Variable	Voltage Source
Sweep Type	Linear
Name	V1
Start	-0.3V
End	0.3V
Increment	0.005

按照表 3-3 所示参数设置值要求，完成 DC 分析后，用 Probe 显示的分析结果如图 3-14 所示。图中显示的是输出端节点 out1 和 out2 处直流电压随输入端电压源 V1 的变化关系。

提示：差分对仿真实例反映了模拟仿真过程中参数设置对仿真效果的决定性作用。

如图 3-14 所示，输入电压在正负 60mV 范围内，输出与输入电压之间呈现很好的线性关系。如果输入电压超出正负 100mV 范围以外，两个输出端中一个处于饱和，而另一个则处于截止状态，显示了差分对电路输出端电压随输入电压的变化情况。实际上，能否得到这种模拟仿真效果，仿真参数的设置是否合适起着关键作用。

由于显示的输出结果曲线是将模拟分析数据点连接在一起的结果，由图 3-14 可见，输入电压在正负 100mV 范围内，输出电压变化幅度较大，为了得到能反映实际情况的光滑曲线，模拟时将参数 Increment 设置为 0.005。如果这一参数设置较大，如为 0.01，甚至更大，则结果曲线将不会光滑，而是呈现折线形状。另外，考虑到模拟分析的数据点越多，则运行时间越长，存储的数据也越多。而如图所示，如果输入电压在正负 300mV 范围以外，则输出结果基本不再变化，因此 Start 和 End 两个参数分别设置为-0.3V 和 0.3V 就足够了。如果设置范围更窄，模拟结果将不能全面反映实际情况。如果设置范围过宽，模拟结果并不会给出更多的信息。

总之，模拟仿真过程中参数设置是否合适对模拟仿真效果起着关键作用。一方面取决于用户对电路原理以及设置参数含义的理解程度，另外也需要在模拟仿真过程中针对仿真结果即时修改参数设置。

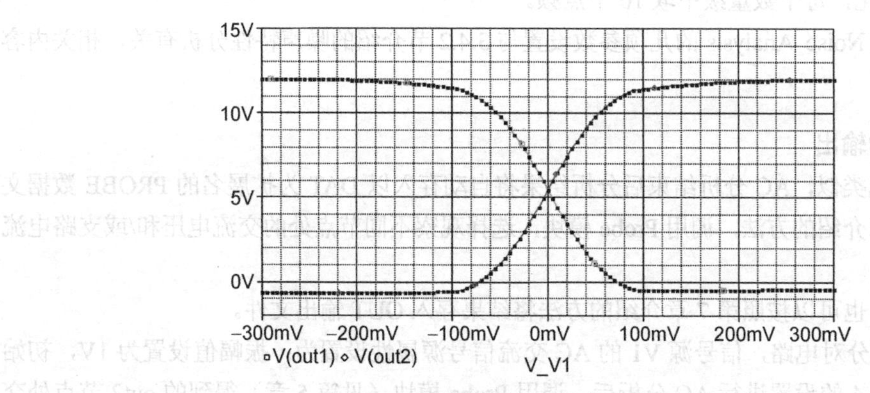

图 3-14 差分对电路的直流输出特性

3.4 AC Sweep/Noise 分析

PSpice AD 中的第三类基本分析 AC Sweep/Noise 实际上包括交流小信号频率响应分析和噪声分

析两种功能，在 Simulation Profile 对话框中相应有两部分设置。

3.4.1 AC Sweep 分析

1. AC Sweep 分析的功能

顾名思义，AC Sweep 分析的作用是计算电路的交流小信号频率响应特性。分析时首先计算电路的直流工作点，并在工作点处对电路中各个非线性元件作线性化处理，得到线性化的交流小信号等效电路。然后使电路中交流信号源的频率在一定范围内变化，并用线性化的交流小信号等效电路计算电路输出交流信号，分析电路的交流小信号放大特性随频率的变化关系。本项分析又简称为 AC 分析。

2. 频率参数设置

在图 3-4 所示电路特性分析类型设置框的 Analysis type 栏中，选择 AC Sweep/Noise，屏幕上将出现交流特性扫描分析参数设置框，如图 3-4 所示。其中 Options 框内 General Settings 自动处于选中状态，图中右侧上半部分即为 AC 扫描分析中需设置的参数。实际上图 3-4 显示的就是 AC 分析参数设置框。

AC Sweep Type 一栏的 Linear 和 Logarithmic 两项用于确定 AC 分析中交流信号源的频率变化方式。若选择 Logarithmic，还需从其下方的下拉式列表中的 Octave 和 Decade 选定频率按照哪一种对数关系变化。该栏中另三项用于确定频率变化范围的起点（Start Frequency）、终点（End Frequency）和频率点的个数（Points/Octave 或 Points/Decade）。与图 3-11 对比可见，上述几项设置参数的含义与 DC 分析中描述自变量变化的参数设置情况类似，这里不再重复。但如 3.3 节所述，在 DC 分析时还需要在图 3-11 所示设置窗口中指定起自变量作用的参数名称，而在 AC 分析中并不需要再指定交流信号源名，但是电路中一定包含有属性为 AC 的信号源，分析时电路图中所有属性为 AC 的交流信号源的频率均同时按图 3-4 中设置的规律变化，并计算在这些交流信号源的共同作用下，电路交流频率响应特性的变化。

按照图 3-4 中 AC Sweep Type 的设置，交流小信号分析的频率范围是从 1kHz 分析到 100MegHz，频率按照 10 进制变化，每个数量级中取 10 个点频。

图 3-4 中标题为 Noise Analysis 的几项参数设置与 3.4.2 节介绍的噪声特性分析有关，相关内容将在下节介绍。

3. 分析结果的输出

与 DC 分析情况类似，AC 分析结束后分析结果将自动存入以 DAT 为扩展名的 PROBE 数据文件。这时可按第 5 章介绍的方法，调用 Probe 模块，选择观察不同节点处的交流电压和/或支路电流的交流频率响应。

如果用户需要，也可以按照第 7 章介绍的方法将结果存入 OUT 输出文件。

对图 3-1 所示差分对电路，信号源 V1 的 AC 交流信号源属性设置为：振幅值设置为 1V，初始相位为 0 度。按图 3-4 的设置进行 AC 分析后，调用 Probe 模块（见第 5 章）得到的 out2 节点处交流特性分析结果如图 3-15 所示。

提示： AC Sweep 是交流小信号频率响应分析，重点关注的是电路对输入交流小信号的放大倍数随频率的关系。需要指出的是，目前有一种误解，认为“小信号”的条件是交流信号振幅值远小于直流工作点电压，这是不正确的。

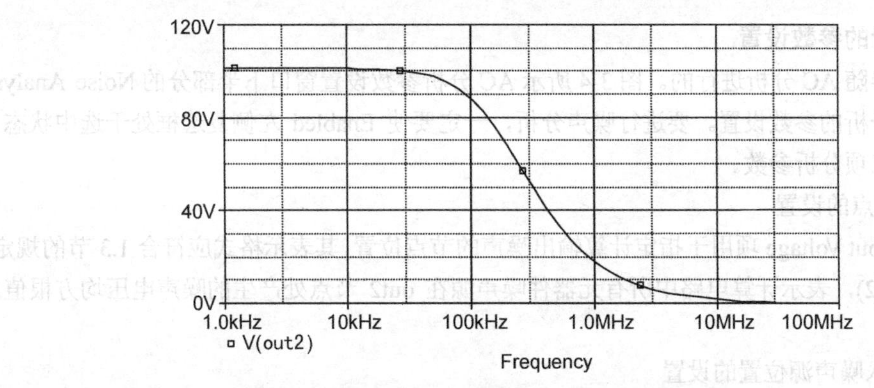

图 3-15　差分对电路（见图 3-1）的交流小信号频率响应

按照半导体器件物理的理论，交流小信号的条件是指交流信号的振幅值远小于（kT/q），其中 k 是玻尔兹曼常数，T 是采用热力学温标下的温度值，q 是电子电荷。在室温下，（kT/q）= 25.9mV。这就是说，在室温下，振幅值远小于 26mV（显然振幅值至少应小于 5mV）的交流信号才能视为小信号，与直流偏置电压的大小没有关系。如果交流信号幅度为 20mV 显然不能视为小信号。但是如果直流工作点电压为 5V，按照误解，则会将 20mV 的交流信号误认为是交流小信号了。

提示： 上面说明了交流小信号的条件。但是在图 3-15 所示的分析结果中，输入交流信号的幅度却设置为 1V，这种处理方法并不与上述提示的内容相冲突，而且还是一种进行 AC Sweep 分析的技巧。

交流小信号分析时，我们希望从模拟分析结果中得到的是电路"放大特性"随频率的变化关系，并不是实际输出信号的大小。而在进行 AC Sweep 分析时，PSpice 将首先计算直流工作点，然后在直流工作点处对器件进行线性化处理，得到的是一个线性等效电路。由于线性电路的输出与输入是线性关系，而且这种线性关系不受输入信号幅度大小的影响，即使将输入交流信号幅度设置为 1V，也不会影响线性等效电路的放大特性。但是由于输入交流信号幅度为 1，则输出电压是多少，电路的放大倍数就是多大。因此建议 AC Sweep 分析时，将输入交流信号源的振幅值设置为 1，将输出电压值直接解读为放大倍数，这样做就减少了计算电路放大倍数的麻烦。

3.4.2　噪声分析

1．噪声分析的功能

电路中每个电阻和半导体器件在工作时都要产生噪声。为了定量表征电路中的噪声大小，PSpice 采用了一种等效计算的方法，具体计算步骤如下。

① 选定一个节点作为输出节点，将每个电阻和半导体器件噪声源在该节点处产生的噪声电压均方根（RMS）值叠加。

② 选定一个独立电压源或独立电流源，计算电路中从该独立电压源（电流源）到上述输出节点处的增益，再将第①步计算得到的输出节点处总噪声除以该增益就得到在该独立电压源（或电流源）处的等效噪声。

由此可见，等效噪声相当于是将电路中所有的噪声源都集中到选定的独立电压源（或电流源处）。其作用大小相当于是在输入独立源处加上大小等于等效噪声的噪声源，则在节点处产生的输出噪声大小正好等于实际电路中所有噪声源在输出节点处产生的噪声。

2．噪声分析的参数设置

噪声分析是伴随 AC 分析进行的。图 3-4 所示 AC 分析参数设置窗口下半部分的 Noise Analysis 栏就是用于噪声分析的参数设置。要进行噪声分析，一定要使 Enabled 左侧复选框处于选中状态，然后再设置下述三项分析参数。

（1） 输出节点的设置

图 3-4 中 Output Voltage 项用于指定计算输出噪声的节点位置，其表示格式应符合 1.3 节的规定。图中设置为 V(out2)，表示计算电路中所有元器件噪声源在 out2 节点处产生的噪声电压均方根值之和。

（2）等效输入噪声源位置的设置

图 3-4 中 I/V Sourse 一项用于设置计算等效输入噪声源的输入端位置。图中设置为 V1，表示选择电路中的独立电压源 V1 为计算等效输入噪声的位置。也就是说，将 out2 处的等效输出噪声除以从 V1 到 V(out2)的增益就得到在 V1 处的等效输入噪声。显然，V1 只是计算输入等效噪声源的位置，V1 本身并不是噪声源。

（3）输出结果间隔的设置

在噪声分析中，对 AC 分析时指定的每一个点频，PSpice 都要进行噪声分析以得到噪声谱。但并非每一个点频处的噪声分析结果都会输出。噪声分析结果的输出方式由图 3-4 中 Interval 项的设置决定。图 3-4 中该项设置为 5，表示每隔 5 个点频详细输出电路中每一个噪声源在输出节点处产生的噪声分量大小，同时给出输出节点处的总噪声均方根值以及输入等效噪声的大小。噪声分析的结果只存入 OUT 输出文件。噪声分析中不涉及 PROBE 数据文件。

图 3-16 是 OUT 输出文件中存放的 1kHz 处噪声分析结果。

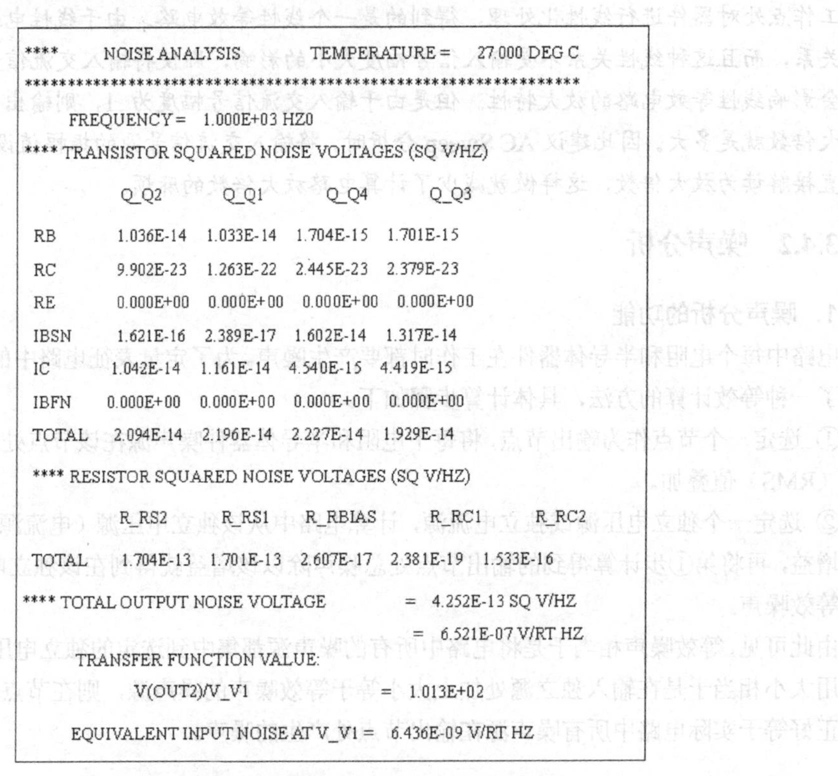

```
****     NOISE ANALYSIS          TEMPERATURE =    27.000 DEG C
******************************************************************

    FREQUENCY =   1.000E+03 HZ0

**** TRANSISTOR SQUARED NOISE VOLTAGES (SQ V/HZ)

           Q_Q2        Q_Q1        Q_Q4        Q_Q3

 RB        1.036E-14   1.033E-14   1.704E-15   1.701E-15

 RC        9.902E-23   1.263E-22   2.445E-23   2.379E-23

 RE        0.000E+00   0.000E+00   0.000E+00   0.000E+00

 IBSN      1.621E-16   2.389E-17   1.602E-14   1.317E-14

 IC        1.042E-14   1.161E-14   4.540E-15   4.419E-15

 IBFN      0.000E+00   0.000E+00   0.000E+00   0.000E+00

 TOTAL     2.094E-14   2.196E-14   2.227E-14   1.929E-14

 **** RESISTOR SQUARED NOISE VOLTAGES (SQ V/HZ)

           R_RS2       R_RS1       R_RBIAS     R_RC1       R_RC2

 TOTAL     1.704E-13   1.701E-13   2.607E-17   2.381E-19   1.533E-16

**** TOTAL OUTPUT NOISE VOLTAGE          =  4.252E-13 SQ V/HZ

                                         =  6.521E-07 V/RT HZ

    TRANSFER FUNCTION VALUE:

      V(OUT2)/V_V1                       =  1.013E+02

    EQUIVALENT INPUT NOISE AT V_V1 =  6.436E-09 V/RT HZ
```

图 3-16　输出文件中存放的 1kHz 处噪声分析结果

3.5　瞬态分析

PSpice AD 中的第 4 类基本分析“Time Domain”实际上包括瞬态分析和傅里叶分析两种功能，在 Simulation Profile 对话框中相应有两部分设置。

3.5.1　瞬态分析的功能

瞬态特性分析的功能是在给定输入激励信号作用下，计算电路输出端的瞬态响应。进行瞬态分析时，首先计算 $t=0$ 时的电路中各个元器件的初始状态，然后从 $t=0$ 到某一给定的时间范围内选取一定的时间步长，计算输出端在不同时刻的输出电平。瞬态分析结果自动存入以 DAT 为扩展名的数据文件中，可以用 Probe 模块分析显示结果信号波形（见第 5 章）。

如果用户需要，也可以按照第 7 章介绍的方法将结果存入 OUT 输出文件。

在 PSpice 瞬态分析中，输入激励信号的波形可以采用脉冲信号、分段线性信号、正弦调幅信号、调频信号和指数信号等 5 种不同形式的波形。瞬态特性分析又称为 TRAN 分析。

提示： PSpice 进行瞬态分析时，只接受上述 5 种类型激励信号波形。每种波形格式以及需要设置的参数将在 3.5.4 节介绍。

3.5.2　瞬态分析参数设置

瞬态分析首先需要设置有关的时间值。

在图 3-4 所示电路特性分析类型设置框的 Analysis type 栏中，选择“Time Domain（Transient）”，屏幕上将出现瞬态分析参数设置框，其中 Options 框内 General Settings 选项自动处于选中状态，如图 3-17 所示。图中右侧即为瞬态分析中需设置的参数。

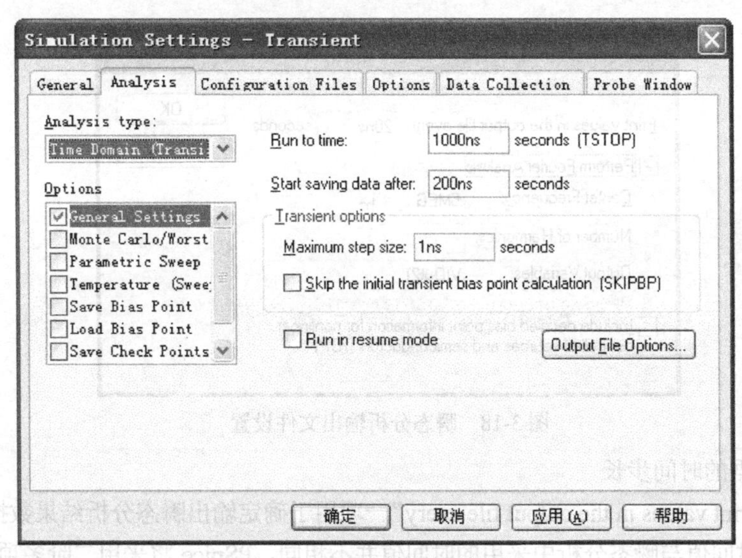

图 3-17　瞬态分析参数设置

1．瞬态分析基本参数设置

（1）终止时间设置

瞬态分析总是从 $t=0$ 开始进行，图 3-17 中的 Run to time 一项用于设置终止分析的时间。该时间值也同时是输出数据的终止时间。对图 3-17 中的设置，瞬态分析终止时间为 $t = 1000$ns。

（2）开始输出时间设置

如果用户不需要从 $t = 0$ 开始以后一段时间的数据，可以在图 3-17 中 Start saving data after 项设置需要输出数据的起始时间。数据输出的终止时间与分析终止时间相同。对图 3-17 中的设置，瞬态分析后只输出从 $t = 200$ns 到 $t = 1000$ns 之间的分析结果。

2．瞬态分析选项参数设置

图 3-17 中 Transient options 一栏包括瞬态分析中两个选项参数设置。

（1）分析时间步长设置

根据用户设置的终止时间，PSpice 具有自动确定默认分析时间步长的功能，以兼顾分析精度和需要的计算时间。如果用户对分析时间步长有一定要求，可以在图 3-17 中 Maximum step size 项设置用户允许采用的最大步长。在瞬态分析时，PSpice 首先比较该项设置值和默认步长两者的大小，整个瞬态分析全过程中的时间步长采用这两个量中的小者。因此，该项参数设置称为 Maximum step size。

如果用户未设置该项参数，软件将采用内定的默认步长。

（2）初始状态的设置

如果为了解决不收敛的问题，用户采用 Special 符号库中的 IC 符号或者 NODESET 符号为电路中某些节点设置有初始值，并选中图 3-17 中“Skip the initial transient bias point calculation”选项，则瞬态分析时将跳过初始偏置点的计算，这时偏置条件完全由设置的初始条件值确定。

3．控制输出文件内容的参数设置

在图 3-17 中单击 Output File Options 按钮，屏幕上出现图 3-18 所示设置框，用于设置输出到 OUT 文件中的数据内容。

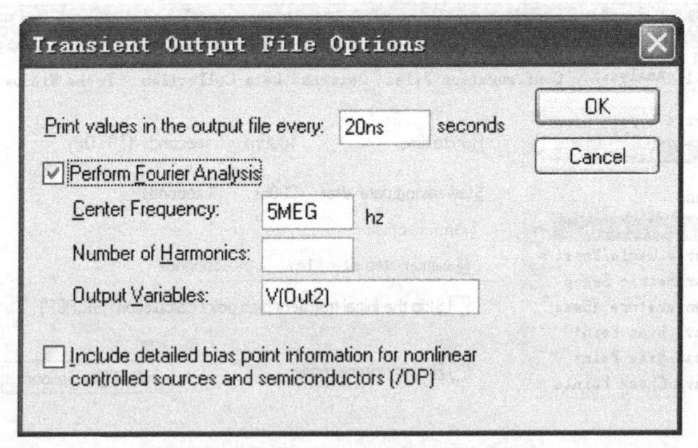

图 3-18　瞬态分析输出文件设置

（1）输出数据的时间步长

图 3-18 中“Print values in the output file every”一项用于确定输出瞬态分析结果数据的时间步长。如果输出数据的时间值与瞬态分析中采用的时间值并不相同，PSpice 将采用二阶多项式插值的方法从瞬态分析结果计算需输出数据的各个时刻输出电平值。

（2）偏置点信息的输出控制

图 3-18 中最底部的一项“Include detailed bias point information for nonlinear controlled sources and semiconductors(/OP)”用于控制偏置信息的输出。若选中该项，则与偏置点有关的信息全部输出到

OUT 输出文件中，包括所有非线性受控源和半导体器件的偏置点参数，否则只输出与瞬态分析有关的参数，即各节点的电位。

图 3-18 中其余 4 个参数与傅里叶分析有关，相关内容将在 3.6 节介绍。

3.5.3　Check Points 工作模式与相关参数设置

瞬态分析过程中，可以将用户指定的不同时刻瞬态分析状态作为“Check Points”存储起来，以后就可以从该时刻开始进行新一轮瞬态分析，而不需要从 $t = 0$ 重新进行，从而可以节省大量运行时间。

1. 指定 Check Points

为了在随后的瞬态分析中调用 Check Points 信息，在完成图 3-17 所示瞬态特性分析参数设置后，还需要在图 3-17 所示对话框的 Options 一栏选择 Save Check Points，在出现的 Save Check Points 参数设置对话框（见图 3-19）中进一步完成下述参数设置。

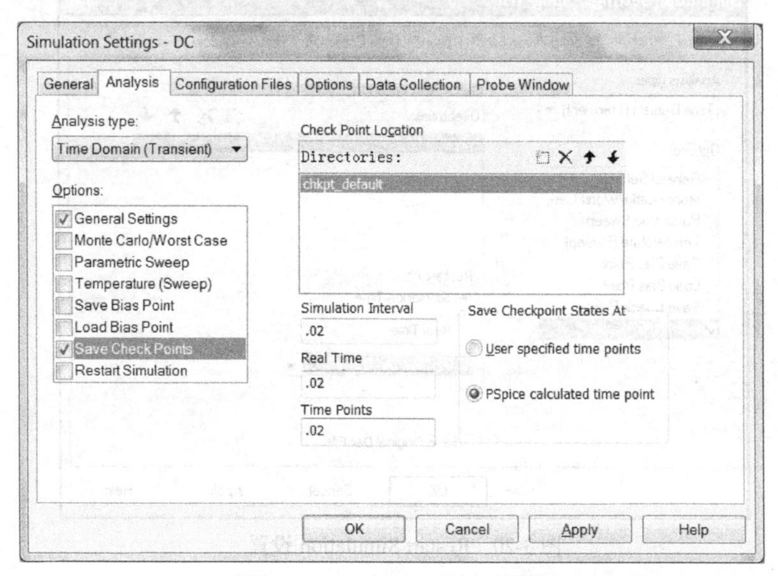

图 3-19　Save Check Points 设置

① 在 Check Point Location 一栏指定一个或者多个存放 Check Point 数据的路径，用户可以利用该栏右侧 4 个按钮，新添或者删除路径名、调整不同路径名的排列顺序。模拟结束后产生的 Check Point 数据将存放到排在最前面的文件中。

默认设置是 chkpt_default，指存放瞬态分析 simulation profile 信息的路径。

② 在 Simulation Interval 一栏的设置值将确定在模拟时间范围内两个 Check Points 之间的时间间隔。

③ 在 Real Time 一栏的设置值将确定在实际运行时间范围内，两个 Check Points 之间的时间间隔。

④ 在 Time Points 一栏的设置值将确定在指定的模拟时间范围内，存放哪几个时刻的瞬态分析状态数据。

说明：不同时间点之间必须用空格或者逗号分隔。

⑤ 由于用户设置的时间点不一定就是模拟计算过程中采用的时间点，因此 Save Checkpoint

States At 一栏的作用是：若选中 User specified time points，则严格按照用户设置的时间点存放瞬态分析状态数据，如果设置的时间值与瞬态分析中采用的时间值并不相同，PSpice 将采用插值的方法从瞬态分析结果推算设置时刻的瞬态分析状态数据；若选中 PSpice calculated time point，则采用与用户设置的时间点最靠近的模拟计算过程中采用的时间点。

注意：*对数字电路进行逻辑模拟时，如果在指定的时间点前后未发生逻辑状态的变化，则在该点不生成 Check Point 信息。*

2. 调用 Check Points 启动新一轮瞬态分析

为了在瞬态分析中调用业已存储的 Check Points 信息，在完成图 3-17 所示瞬态特性分析参数设置后，还需要在图 3-17 所示对话框的 Options 一栏选择 Restart Simulation，在出现的参数设置对话框（见图 3-20）中进一步完成下述参数设置，选择基于哪个 Check Points 信息重新进行瞬态分析。

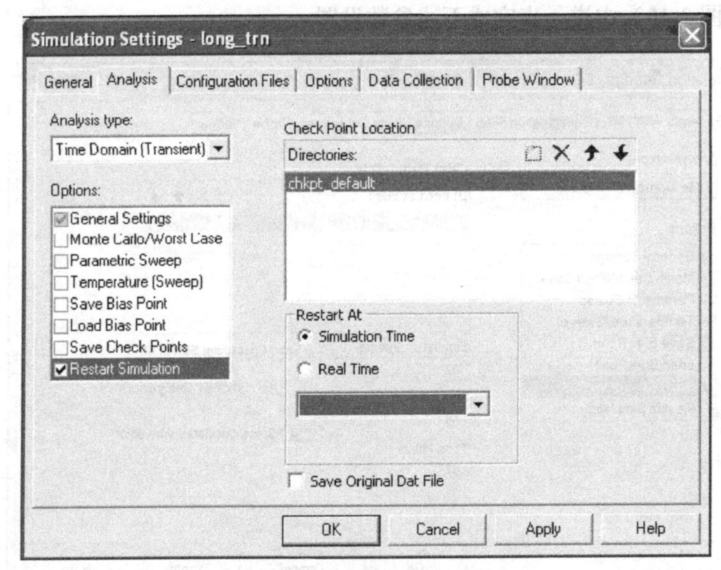

图 3-20 Restart Simulation 设置

① 在 Directories 栏选择存放 Check Points 信息的路径。

② Restart At 一栏用于确定如何选用保存的瞬态分析数据进行新一轮瞬态分析。

若选中 Simulation Time，将按照原先设置的模拟时间值选用 Check Points 信息；

若选中 Real Time，将按照原先设置的实际运行时间值选用 Check Points 信息。

在 Restart At 一栏的下拉列表中选择采用的时间值，将基于存储的 Check Points 文件中该时刻的瞬态分析数据进行新一轮瞬态分析。

③ 若需要保留原来的数据文件，应选中“Save Original Dat File”复选框，否则原来的数据文件将被重新模拟分析产生的数据覆盖。

说明：*存放 CheckPoints 信息后，在重新进行瞬态分析之前，可以修改电路图中的元件值、参数值以及数据存储选项设置，但是不能增减元器件、改变元器件名称、改变输出文件中的信息顺序、多重分析（如温度分析、参数扫描、Monte Carlo 分析）的参数设置以及数字和数模混合电路的拓扑结构。*

3.5.4　用于瞬态分析的 5 种激励信号

PSpice 软件为瞬态分析提供有 5 种激励信号波形。下面将介绍这 5 种信号的波形特点和描述该信号波形时涉及到的参数。其中电平参数针对的是独立电压源；对独立电流源，只需将字母 V 改为 I，其单位由伏特变为安培。在绘制电路图和进行电路模拟的过程中设置这些信号波形的方法将在 3.7.2 节介绍。

1．脉冲信号（Pulse）

脉冲信号是在瞬态分析中用得较频繁的一种激励信号。描述脉冲信号波形涉及到 7 个参数。表 3-4 列出了这些参数的含义、单位及内定值。表 3-5 给出了不同时刻脉冲信号值与这些参数之间的关系。图 3-21 为一具体实例。图中给出了该波形对应的参数。

表 3-4　描述脉冲信号波形的参数

参　数	名　称	单　位	内　定　值
V1	起始电压	伏特	无内定值
V2	脉冲电压	伏特	无内定值
Per	脉冲周期	秒	TSTOP
Pw	脉冲宽度	秒	TSTOP
td	延迟时间	秒	0
tf	下降时间	秒	TSTEP
tr	上升时间	秒	TSTEP

注：表中 TSTOP 是瞬态分析中分析结束时间参数的设置值（见图 3-17）；TSTEP 是结果数据输出时间步长参数的设置值（见图 3-18）。

表 3-5　脉冲信号电平值与参数的关系

时　间	脉冲电平
0	V1
td	V1
td+tr	V2
td+tr+Pw	V2
td+tr+Pw+tf	V1
td+Per	V1
td+Per+tr	V2
…	…

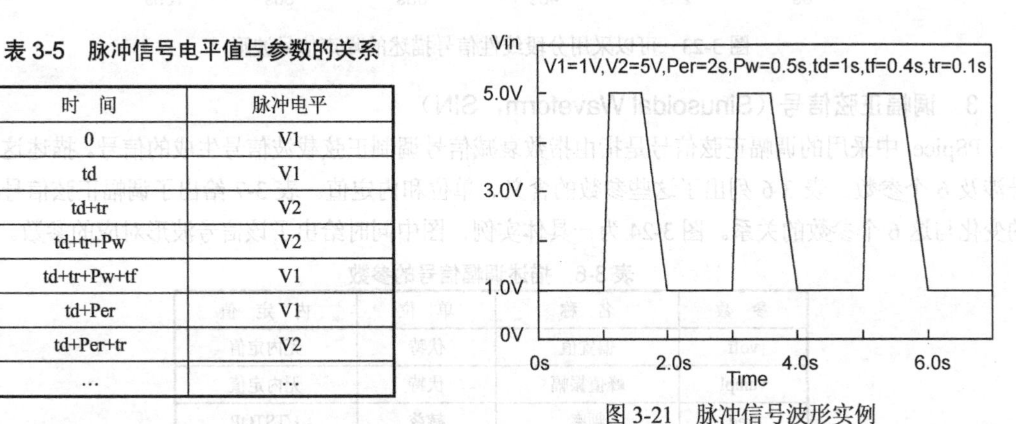

图 3-21　脉冲信号波形实例

2．分段线性信号（Piece-Wise Linear，PWL）

分段线性信号的波形由几条线段组成。为了描述这种信号，只需给出线段转折点的坐标数据即可。图 3-22 是一个分段线性信号波形实例，图中同时给出了描述该波形的数据。

说明： 图中描述的最后一个转折点的坐标是（3,1）。按照 PSpice 的规定，t 大于 3s 以后的信号值将保持为 $t=3$s 时的信号值 1V，如图 3-22 所示。

提示： 一般情况下瞬态分析中采用较多的是前面说明的脉冲信号。实际上如果瞬态分析时需要的输入信号是阶跃信号、单脉冲信号等，采用分段线性信号生成方法就很方便。

特别是有些特殊信号也可以用分段线性信号生成。例如，采用 MATLAB 生成的噪声信号，就可以采用分段线性信号描述格式转化为供 PSpice 瞬态分析时的输入信号。图 3-23 是一个可以采用

PWL 描述的高斯噪声信号波形实例，数据描述方法在第 8 章介绍。

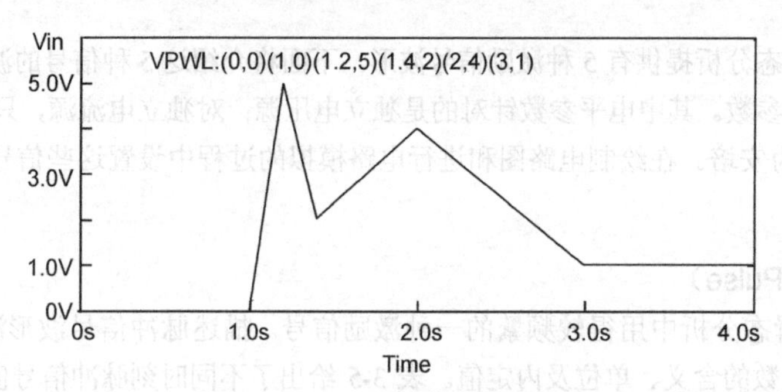

图 3-22　分段线性信号波形实例

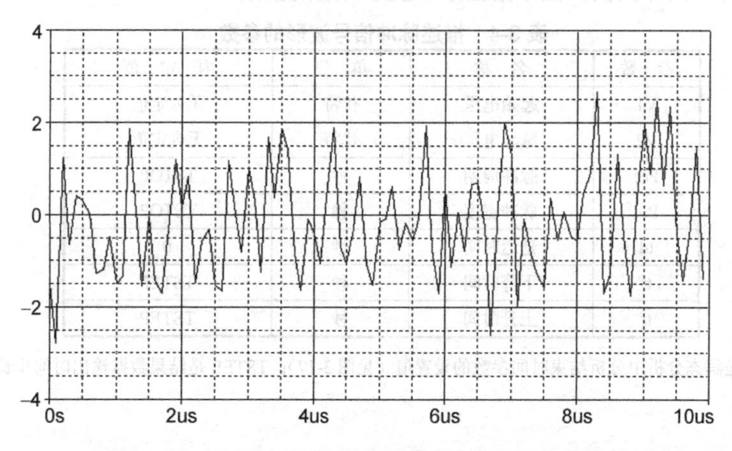

图 3-23　可以采用分段线性信号描述的噪声信号波形

3．调幅正弦信号（Sinusoidal Waveform，SIN）

PSpice 中采用的调幅正弦信号是指由指数衰减信号调制正弦载波信号生成的信号。描述这种信号涉及 6 个参数。表 3-6 列出了这些参数的含义、单位和内定值。表 3-7 给出了调幅正弦信号波形的变化与这 6 个参数的关系。图 3-24 为一具体实例，图中同时给出了该信号波形对应的参数。

表 3-6　描述调幅信号的参数

参　数	名　称	单　位	内　定　值
voff	偏置值	伏特	无内定值
vampl	峰值振幅	伏特	无内定值
freq	频率	赫兹	1/TSTOP
phase	相位	度	0
df	阻尼因子	1/秒	0
td	延迟时间	秒	0

表 3-7　调幅信号波形与参数的关系

时间范围	调幅信号波形
0～td	voff+vampl×sin(2π×phase/360)
td～TSTOP	voff+vampl×sin(2π×(freq×(TIME−td)+phase/360))×exp(−(TIME−td)×df)

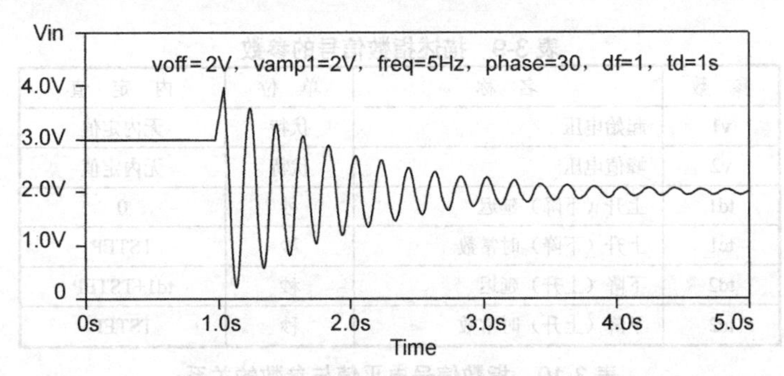

图 3-24 调幅正弦信号波形实例

提示： 此处描述的调幅正弦信号只用于瞬态分析。若偏置值、延迟时间、阻尼因子、相位均取为 0，则调幅信号就成为标准的正弦信号，但是该信号也只能用于瞬态分析，在进行 3.4 节介绍的 AC 分析时，本信号并不起作用。

4．调频信号（Single-Frequency Frequency-Modulated，SFFM）

描述调频信号需要 5 个参数，表 3-8 列出了这些参数的含义、单位和内定值。

表 3-8 描述调频信号的参数

参 数	含 义	单 位	内 定 值
voff	偏置电压	伏特	无内定值
vampl	峰值振幅	伏特	无内定值
fc	载频	赫兹	1/TSTOP
fm	调制频率	赫兹	1/TSTOP
mod	调制因子		0

调频信号与这些参数之间的关系为

$$voff+vampl\times\sin(2\pi\times fc\times TIME+mod\times\sin(2\pi\times fm\times TIME))$$

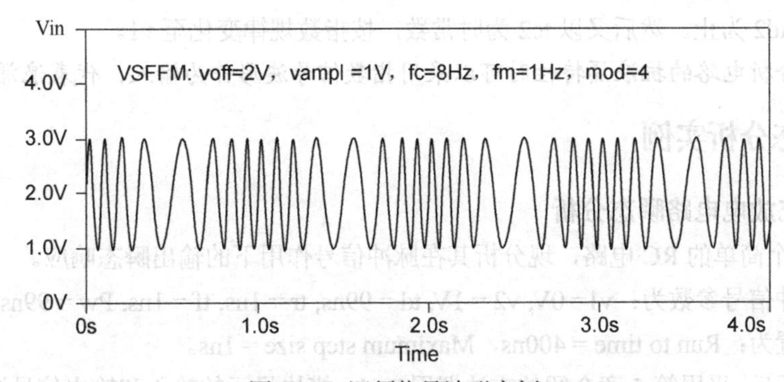

图 3-25 调频信号波形实例

图 3-25 为一个调频信号波形实例。图中同时给出了描述该波形的参数数据。

5．指数信号（Exponential Waveform，EXP）

指数信号波形是由指数上升和指数下降的曲线组成的信号波形。图 3-26 给出了一个指数信号波形实例。描述该信号要有 6 个参数，如表 3-9 所示。表 3-10 列出了不同时刻指数信号电平值与这 6 个参数的关系。图 3-26 中同时列出了该波形实例对应的参数。

表 3-9　描述指数信号的参数

参　数	名　称	单　位	内　定　值
v1	起始电压	伏特	无内定值
v2	峰值电压	伏特	无内定值
td1	上升（下降）延迟	秒	0
tc1	上升（下降）时常数	秒	TSTEP
td2	下降（上升）延迟	秒	td1+TSTEP
tc2	下降（上升）时常数	秒	TSTEP

表 3-10　指数信号电平值与参数的关系

时间范围	电　平　值
0～td1	v1
td1～td2	v1+(v2–v1)(1–exp(–(TIME–td1)/tc1)
td2～TSTOP	v1+(v2–v1)((1–exp(–(TIME–td1)/tc1)(1–exp(–(TIME–td2)/tc2))

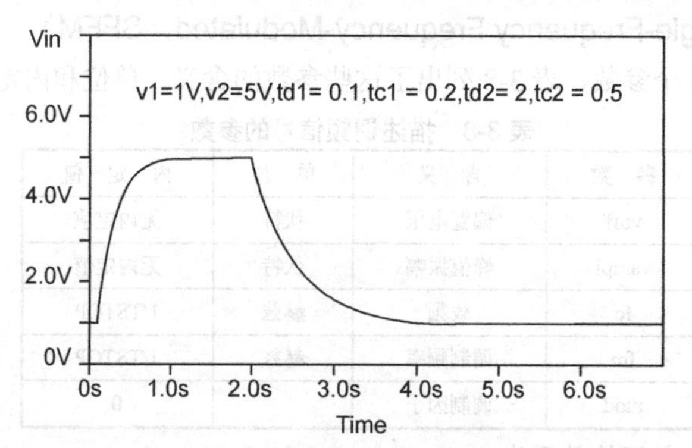

图 3-26　指数信号波形实例

由图可见，在时间 0～td1 这段时间内，信号电平为 v1，接着以 tc1 为时常数，从 v1 指数变化至 v2，直到时刻 td2 为止。然后又以 tc2 为时常数，按指数规律变化至 v1。

提示：模拟分析电路的抗浪涌特性时可以采用指数信号波形作为输入，代表浪涌信号作用。

3.5.5　瞬态分析实例

例 1：RC 充放电电路瞬态分析

图 3-27 是一个简单的 RC 电路，现分析其在脉冲信号作用下的输出瞬态响应。

已知输入脉冲信号参数为：v1= 0V, v2 = 1V, td = 99ns, tr = 1ns, tf = 1ns, Pw = 99ns, Per = 200ns。瞬态分析参数设置为：Run to time = 400ns，Maximum step size = 1ns。

完成瞬态分析后，采用第 5 章介绍的方法调用 Probe 模块显示的输入和输出信号波形，如图 3-28 所示。

例 2：图 3-1 所示差分对电路的瞬态分析

已知输入采用调幅正弦信号，信号参数为：VAMP =150mV, FREQ =100kHz，其他参数均设置为 0，因此输入信号实际上就是一个振幅为 150mV、频率为 100kHz 的正弦信号。

瞬态分析参数设置为：Run to time = 36μs，Maximum step size = 0.01μs。

完成瞬态分析后，用第 5 章介绍的 Probe 模块显示的输出信号波形如图 3-29 所示。

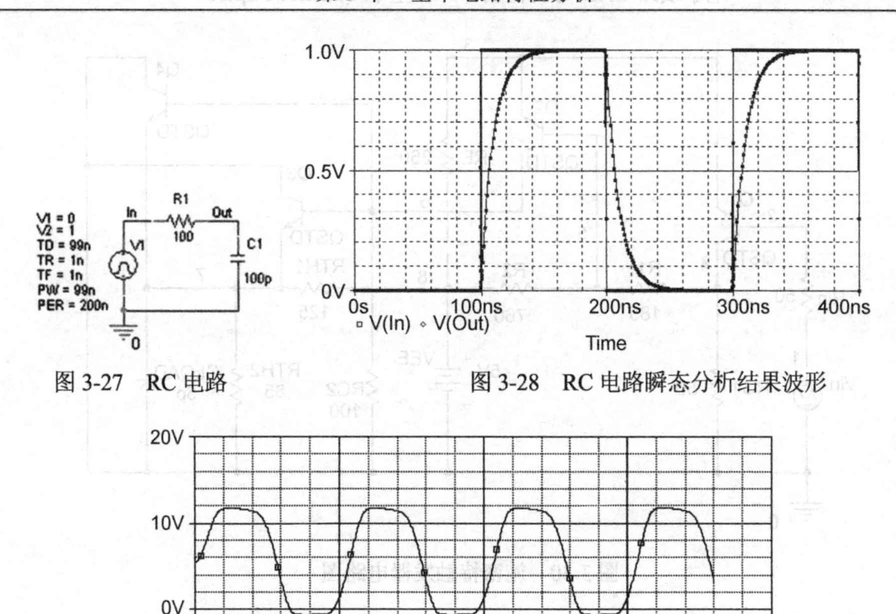

图 3-27 RC 电路　　图 3-28 RC 电路瞬态分析结果波形

图 3-29 差分对电路（见图 3-1）瞬态分析结果波形

提示：3.4.1 节介绍的 AC Sweep 分析是从分析电路对交流小信号的放大倍数随频率变化的角度反映电路的线性放大特性，上述例 2 则表明，瞬态分析是分析电路在输入信号波形作用下输出端信号的实际波形。对比瞬态分析给出的输出和输入波形，不但可以计算信号频率下电路的放大倍数，而且可以分析输出信号波形的失真情况。对上述实例，输入是一个振幅为 150mV、频率为 100kHz 的正弦信号，由于信号振幅明显大于 26mV，不满足小信号条件，放大中必然会产生非线性失真。从图示的仿真结果输出信号波形确实反映出明显的非线性失真。结合 3.6 节介绍的傅里叶分析可以进一步计算基波和各次谐波的幅度大小，定量反映失真程度。因此 AC 分析和 TRAN 分析是从两个不同的角度描述了电路的放大特性。

例 3：施密特触发器磁滞回线的瞬态分析

施密特触发器是一种具有磁滞回线特性的电路，本例介绍如何使用瞬态特性分析功能模拟分析电路的磁滞回线特性。图 3-30 所示为一施密特触发器电路。

图中，晶体管 Q1～Q4 采用的是 breakout 库中的 QbreakN 晶体管，描述其模型参数的模型 QSTD 的参数定义如下：

```
.MODEL QSTD NPN（is=1e-16 bf=50 br=0.1 rb=50 rc=10 tf=.12ns tr=5ns
+ cje=.4pF pe=.8 me=.4 cjc=.5pF pc=.8 mc=.333 ccs=1pF va=50）
```

输入端信号源 Vin 采用的是分段线性信号源 VPWL，信号参数为：T1= 0、V1= −1.8V；T2 = 1ms、V2 = −1V；T3 = 2ms、V3 = −1.8V。

对该电路进行瞬态仿真的设置为：Run to time = 2ms，Maximum step size = 0.01ms。

完成瞬态分析后，用第 5 章介绍的 Probe 模块可以显示出图 3-31 所示的磁滞回线。

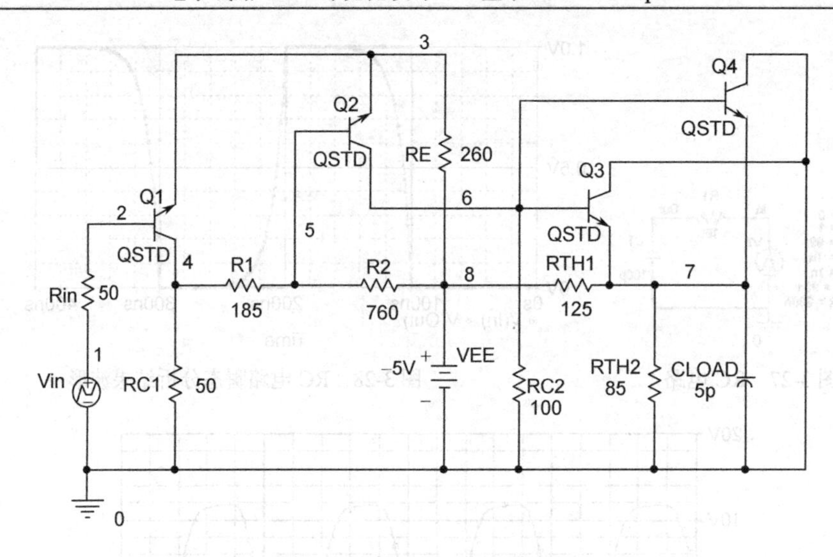

图 3-30　施密特触发器电路图

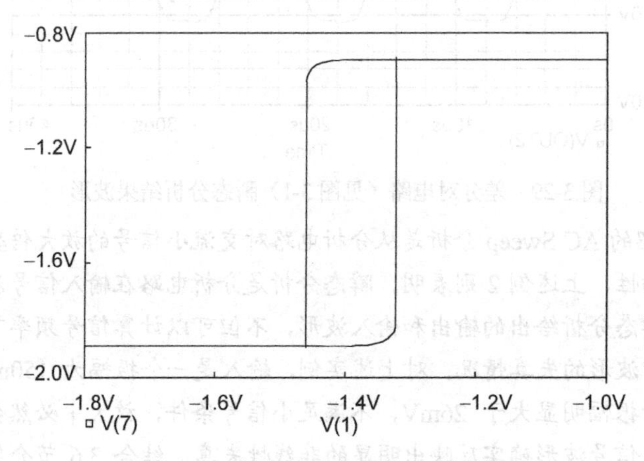

图 3-31　施密特触发器的磁滞回线

3.6　傅里叶分析（Fourier Analysis）

3.6.1　傅里叶分析的功能

傅里叶分析的作用是在瞬态分析完成后，通过傅里叶积分，计算瞬态分析输出结果波形的直流、基波和各次谐波分量。因此，只有在瞬态分析以后才可能进行傅里叶分析。

一般情况下傅里叶分析采样的时间间隔与瞬态分析中的打印时间步长相同。如果该时间步长大于瞬态分析终止时间的 1%，则取后者为傅里叶分析时的采样时间间隔，并采用二阶插值的方法，确定每一采样点的信号电平值。

3.6.2　傅里叶分析的参数设置

进行瞬态分析时，只有在图 3-18 中选中“Perform Fourier Analysis”选项，才能确保瞬态分析以后接着进行傅里叶分析。

要进行傅里叶分析，需要设置图 3-18 中下列三项参数。

① Center Frequency：指定傅里叶分析中采用的基波频率，其倒数即为基波周期。在傅里叶分析中，并非对指定输出变量的全部瞬态分析结果均进行分析。实际采用的只是瞬态分析结束前由上述基波周期确定的时间范围的瞬态分析输出信号。由此可见，为了进行傅里叶分析，瞬态分析结束时间不能小于傅里叶分析确定的基波周期。

② Number of Harmonics：确定傅里叶分析时要计算到多少次谐波。PSpice 的内定值是计算直流分量和从基波一直到 9 次谐波。

③ Output Variables：确定进行傅里叶分析的输出变量名，该设置的格式应符合 1.3 节的规定。

3.6.3　傅里叶分析结果输出

傅里叶分析的结果将自动直接存入 OUT 输出文件，分析中不涉及 PROBE 数据文件。对于图 3-1 所示的差分对电路，按图 3-18 的设置，瞬态分析以后进行的傅里叶分析结果如图 3-32 所示。

```
FOURIER COMPONENTS OF TRANSIENT RESPONSE V(OUT2)

 DC COMPONENT =   5.565406E+00

 HARMONIC   FREQUENCY    FOURIER     NORMALIZED     PHASE       NORMALIZED
    NO        (HZ)      COMPONENT    COMPONENT      (DEG)      PHASE (DEG)

    1      5.000E+06    3.485E-01    1.000E+00   -9.861E+01    0.000E+00
    2      1.000E+07    8.226E-03    2.360E-02    3.416E+01    1.328E+02
    3      1.500E+07    2.922E-03    8.384E-03    2.106E+00    1.007E+02
    4      2.000E+07    2.331E-03    6.689E-03    8.071E+00    1.067E+02
    5      2.500E+07    1.872E-03    5.371E-03    9.155E+00    1.078E+02
    6      3.000E+07    1.561E-03    4.478E-03    1.093E+01    1.095E+02
    7      3.500E+07    1.342E-03    3.851E-03    1.245E+01    1.111E+02
    8      4.000E+07    1.180E-03    3.385E-03    1.435E+01    1.130E+02
    9      4.500E+07    1.049E-03    3.011E-03    1.615E+01    1.148E+02

    TOTAL HARMONIC DISTORTION =    2.750387E+00 PERCENT
```

图 3-32　差分对电路（见图 3-1）的傅里叶分析结果

3.7　输入激励信号波形的设置

PSpice 对电路进行特性分析时，必须在输入端加激励信号波形。本节介绍对模拟电路进行 DC、AC、TRAN 等特性分析时输入激励信号波形的设置方法。

3.7.1　模拟信号激励源图形符号

PSpice 中提供参数设置和调用信号波形编辑器 StmEd 两种方法来设置激励信号源的波形，相应的图形符号也有两类，分别存放在两个符号库中。

1. SOURCE.OLB 符号库

PSpice 中，无论是模拟信号源还是数字信号源，采用参数设置方式确定波形的激励信号源符号均存放在 SOURCE.OLB 库中。表 3-11 列出了常用的模拟信号电压源图形的符号名称及其作用，相应的图形符号如图 3-33 所示。其中 VAC、VSIN 和 VSFFM 这三个符号的图形形式相同，但其作用并不相同（见表 3-11）。电流源图形的情况类似，只是其名称以 I 开头，而不像电压源那样以 V 开头。表 3-11 中每种信号源波形设置方法将在 3.7.2 节介绍。

表 3-11　模拟信号电压源图形符号

符号名称	在电路特性分析中的作用		
	DC 分析	AC 分析	TRAN 分析
VDC	设置直流电压		
VAC	设置直流电压	设置交流信号振幅	
VPULSE	设置直流电压	设置交流信号振幅	设置脉冲信号波形（参见图 3-21）
VPWL	设置直流电压	设置交流信号振幅	设置分段线性信号波形（参见图 3-22）
VSIN	设置直流电压	设置交流信号振幅	设置调幅信号波形（参见图 3-24）
VSFFM	设置直流电压	设置交流信号振幅	设置调频信号波形（参见图 3-25）
VEXP	设置直流电压	设置交流信号振幅	设置指数信号波形（参见图 3-26）

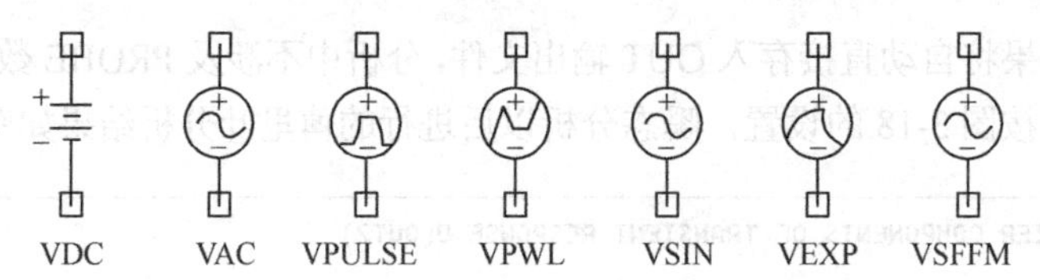

图 3-33　SOURCE.OLB 库中的常用电压源符号

提示：由表 3-11 可见，对同一个信号源符号，例如脉冲信号源 VPULSE，最多可以同时设置 DC、AC 和 VPULSE 这三类信号波形。这样做不但在模拟仿真过程中不会引起混乱，而且可以简化用户针对不同类型特性分析时频繁更改输入激励信号源的麻烦。因为 PSpice 采用 Simulation Profile 管理方式（见 3.1.2 节），对电路每次只进行一种基本特性分析，分析时只采用电路中相应类型的输入信号波形，也就是说，即使某个信号源同时设置有三类信号波形，但是其中只有一类信号波形在进行相应类型电路特性分析时起作用，其他类型信号波形不起任何作用。例如，如果 VPULSE 脉冲信号源同时设置有 DC、AC 和脉冲三类信号波形，则瞬态分析时只有其中脉冲信号波形起作用，而该信号源同时设置的直流电压和 AC 振幅、相位值，均不起作用。同样，计算直流工作点时，只有信号源中设置的直流电压起作用。在 AC Sweep 分析中只有设置的 AC 振幅、相位值起作用。显然，这样做不但不会引起混乱，而且对同一个电路进行不同类型特性的模拟仿真时，免去了频繁更换信号源、修改波形设置的麻烦。

2. SOURCSTM.OLB 符号库

在 PSpice 中，无论是模拟信号源还是数字信号源，凡是通过信号波形编辑器 StmEd 确定信号波形的信号源的符号均存放在 SOURCSTM.OLB 符号库中。其中用于模拟信号源的有电压源 VSTIM 和电流源 ISTIM，如图 3-34 所示。

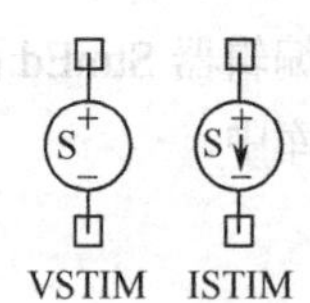

图 3-34　SOURCSTM.OLB 库中的模拟信号源符号

3.7.2　信号源波形的参数设置方法

图 3-33 所示信号源的波形是通过参数设置，其中 VDC 符号只需设置直流电压值一个参数。对 VAC，需设置交流信号振幅（ACMAG）和相位（ACPHASE）两个参数。如果需要，还可同时设置该 VAC 信号源的 DC 值。对表 3-11 中其余 5 个信号源，用于瞬态分析的波形形状以及需设置的参

数在 3.5.4 节已有详细介绍。用户只需对照表 3-4～表 3-10 列出的参数，采用本节介绍的方法设置这些参数值即可。

1．波形参数设置的方法

下面以 VPULSE 信号源为例，介绍波形设置的基本方法。其他信号源的设置方法与此相同，只是需设置的参数不同。

在电路图中双击 VPULSE 符号或选中 VPULSE 符号后再选择执行 Capture 的 Edit→Properties 命令，屏幕上即出现元器件属性参数编辑器（参见 2.4 节），其中需设置的波形参数与信号源的类别有关。

图 3-35 是 VPULSE 属性参数编辑器中与波形设置有关的参数。其中 PER、PW、TF、TR、TD、V2 和 V1 正是表 3-4 中列出的描述脉冲信号源波形的 7 个参数。用户只需根据分析需要，设置好每一个参数值即可。实际上，图 3-35 中设置的参数值所描述的正是图 3-21 中的脉冲信号波形。

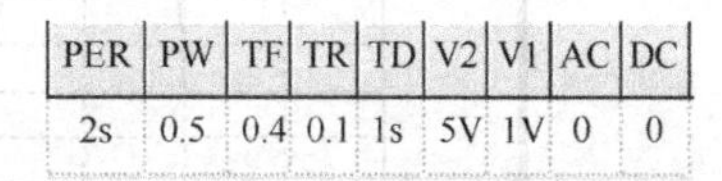

PER	PW	TF	TR	TD	V2	V1	AC	DC
2s	0.5	0.4	0.1	1s	5V	1V	0	0

图 3-35　VPULSE 信号源波形设置

说明： 参数设置对话框中参数名的排列是按照参数名称首字母的顺序排列的。为了清晰起见，图 3-35 中已对参数排列顺序重新做了调整，而且只显示与信号波形描述相关的几个参数。

如果该 VPULSE 信号源还要作为 DC、AC 分析中的输入信号源，则应将图 3-35 中的 DC 和 AC 两项参数设置为相应的数值。如果这两项参数未设置具体数值，而是采用其默认值 0，或直接将参数值设置为 0，则在 DC 和 AC 分析中将不起作用。

2．VPWL 信号源的波形设置

描述 VPWL 信号波形时需设置波形中每个转折点的坐标。随着 VPWL 波形的不同，需设置的参数个数也就不同。在电路图中双击图 3-33 中所示 VPWL 符号，屏幕上出现的属性参数编辑器中与 VPWL 波形设置有关的部分，如图 3-36 所示。图中设置了 6 个转折点的坐标值，描述的是图 3-22 中的分段线性信号波形。

DC	AC	T1	V1	T2	V2	T3	V3	T4	V4	T5	V5	T6	V6	T7	V7	T8	V8	T9	V9	T10	V10
		0	0	1	0	1.2	5	1.4	2	2	4	3	1								

图 3-36　VPWL 信号源波形参数设置

图 3-33 中 VPWL 符号是基本的VPWL 符号。如果用户要设置比较复杂的 VPWL 波形，可选用 SOURCE.OLB 库中的 VPWL_abm、VPWL_ENH、VPWL_F_RE_FOREVER、VPWL_F_RE_N_TIMES、VPWL_FILE、VPWL_RE_FOREVER、VPWL_RE_N_TIMES 等 7 种不同的 VPWL 类型符号，通过循环或/和重复或/和文件等方式描述信号波形。

提示： 虽然许多复杂的信号（如图 3-23 所示噪声信号波形）都可以采用分段线性信号源描述，但是由于转折数据点太多，采用图 3-36 所示参数设置方式描述这种信号波形将非常烦琐。为此可以开发专用的波形数据转换软件模块，直接将 MATLAB 生成的复杂波形转换为供 PSpice 瞬态分析采用的分段线性格式信号波形（参见第 8 章）。

3．激励信号波形编辑模块 StmEd

如果电路图中输入激励信号的电源符号是从 SOURCSTM 符号库中调用的，其激励信号波形需调用 StmEd 模块设置。

在电路图中选中从 SOURCSTM 符号库中调用的电源符号，并选择执行 Edit→PSpice Stimulus

子命令后，屏幕上即出现激励信号波形编辑模块 StmEd 的窗口（见图 3-37），用于生成所需的激励信号波形。

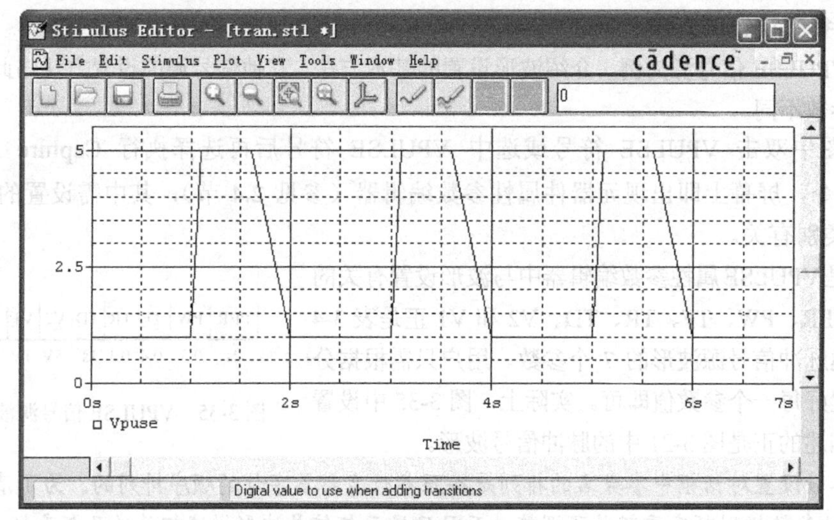

图 3-37 StmEd 窗口

一般情况下，采用前面介绍的参数设置方法就可以满足激励信号波形的设置要求。如果用户需要调用 StmEd 模块设置激励信号波形，请参阅参考资料[9]。

3.8 数字电路的逻辑模拟

前面几节介绍了 PSpice 对模拟电路进行模拟分析的方法。本节在简要介绍逻辑模拟基本概念的基础上，具体介绍如何调用 PSpice 对数字电路进行逻辑模拟。

3.8.1 逻辑模拟的基本概念

1. 逻辑模拟及其作用

逻辑模拟的基本含义是：根据给定的数字电路拓扑关系以及电路内部数字器件的功能和延迟特性，由计算机软件分析计算整个数字电路的功能和特性。

PSpice 软件包中逻辑模拟模块的功能包括：

① 模拟分析数字电路输出与输入之间的逻辑关系。

② 模拟分析数字电路的延迟特性。

③ 对同时包括有模拟元器件和数字单元的电路进行数模混合模拟，可同时显示出电路内部的模拟信号和数字信号波形分析结果（见 3.9 节）。

④ 最坏情况逻辑模拟。对实际的 IC 产品，每个数字单元的延迟时间均有一定的范围。逻辑模拟时，每个数字单元的延迟特性均取其标称值。在同时考虑每个数字单元延迟时间的最大/最小极限值的组合时，将构成最坏情况。针对这种情况进行的逻辑模拟，称之为最坏情况逻辑模拟。

⑤ 检查数字电路中是否存在时序异常和冒险竞争现象。

2. 逻辑状态（States）

PSpice 支持的数字信号可包括 6 类逻辑状态，如表 3-12 所示。

表3-12 逻辑状态

逻辑状态	含 义
0	Low（低电平），false（假），no（否），off（断）
1	High（高电平），true（真），yes（是），on（通）
R	Rising（逻辑状态从0到1的变换过程）
F	Falling（逻辑状态从1到0的变换过程）
X	不确定（可能为高电平、低电平、中间状态或不稳定态）
Z	高阻（可能为高电平、低电平、中间状态或不稳定态）

对模拟电路，PSpice模拟计算各个节点电压信号波形。对数字电路，PSpice模拟计算每一个节点的逻辑状态随时间的变化。用Probe程序显示分析逻辑模拟结果时，不同逻辑状态的显示方式如图3-38所示。

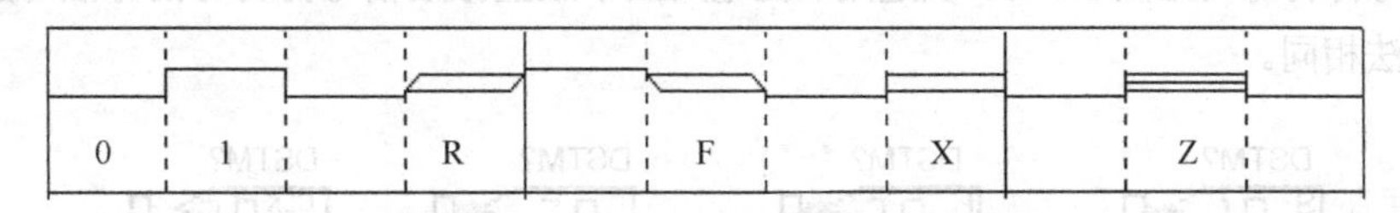

图3-38 Probe中显示的逻辑状态

逻辑状态并非必然对应于某一个特定的或稳定的电压值。例如逻辑状态1和0分别表示节点电压处于由特定数字器件决定的高电平和低电平电压范围内。逻辑状态R和F只表示节点电压处于由特定数字器件决定的低电平阈值电压和高电平阈值电压之间，并不分别说明该节点电压正以某一特定斜率上升和下降。

3．逻辑强度（Strength）

在逻辑模拟过程中，除要考虑数字信号的逻辑状态外，对每一种逻辑状态还要考虑其“强度”。当不同强度的数字信号作用于同一个节点时，该节点的逻辑状态由强度最强的那个数字信号决定。如果作用于某一节点的几个数字信号逻辑状态不同，但强度相同，则该节点逻辑状态为X，即不确定。

PSpice内部将数字信号的强度按从弱到强顺序分为0，1，…，63共64级。最强的是由外加激励信号提供的激励信号电平。最弱的是Z（高阻）。处于禁止（disabled）状态的三态门或输出端为集电极开路结构的器件的输出强度即为Z。

例如，在数字电路中使用很广泛的总线（Bus），通常与多个三态门驱动电路的输出相连。在正常工作时，这些三态门中只有一个处于驱动状态，其余的均为高阻输出。总线上的逻辑电平将由处于驱动状态的三态门的输出电平决定。

4．传输延迟（Propagation Delay）

除逻辑功能外，传输延迟是一个逻辑单元的重要特性参数。对不同的逻辑单元，描述其传输延迟特性的延迟时间参数名称和个数不完全相同。但从逻辑模拟角度考虑，为了使模拟结果更符合实际情况，在数字电路特性数据库中，对每一个延迟时间参数均给出最小延迟时间、典型延迟时间和最大延迟时间这三个数据。

在逻辑模拟过程中，系统采用的默认值是典型延迟。用户可根据需要，通过修改选项参数的方法选用不同的延迟时间数值。

3.8.2 逻辑模拟中的激励信号源

1．逻辑模拟中采用的激励信号（Stimulus）

就模拟过程而言，逻辑模拟与模拟电路瞬态分析的过程完全相同，主要差别是模拟电路瞬态分析中只能采用 3.5.4 节介绍的 5 种激励信号波形，而逻辑模拟过程中采用的激励信号为下述三类。

① 时钟信号（Clock Stimulus）：这是一种规则的 1 位周期信号，因此产生方法最简单。

② 一般激励信号（Digital Signal Stimulus）：这也是 1 位信号，但其波形变化不像时钟信号那样简单。

③ 总线激励信号（Digital Bus Stimulus）：又分 2 位、4 位、8 位、16 位和 32 位，共 5 种。

2．激励信号源符号

针对逻辑模拟中需要采用的信号波形类别和设置方法的不同，元器件符号库中有 4 类 17 种用于逻辑激励的信号源符号（见图 3-39），供选用。在电路图中放置激励信号源符号的方法与放置一般元器件符号的方法相同。

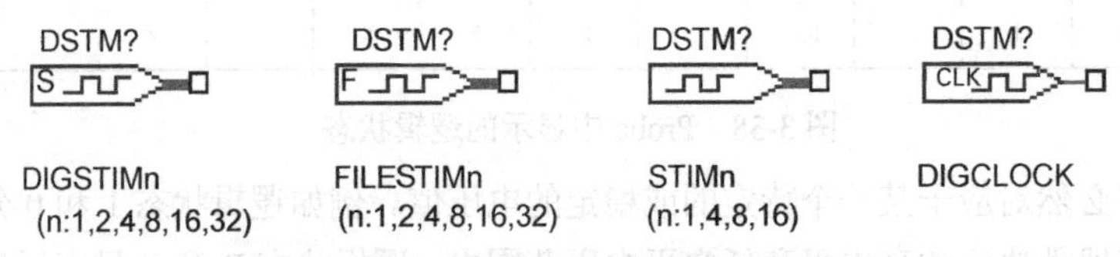

图 3-39　数字电路中的 4 类激励信号源符号

图 3-39 所示的激励信号源符号有下述 4 个特点。

① 元器件编号名采用 DSTM。对同一个电路中的不同信号源，通过 DSTM 后的不同数字序号相区分。

② 4 类信号源中，除 DigClock 只用于产生时钟信号外，其他三类均可产生总线激励信号。不同位数的总线激励信号源是在其名称的最后一个字符采用不同的数字。例如 STIMn 信号源中 STIM1 用于产生一般激励信号，包括时钟信号。STIM4、STIM8 和 STIM16 则分别用于产生 4 位、8 位和 16 位总线信号。

③ 对产生 1 位信号的信号源，图 3-39 中信号源符号引出线为细线状的“互连线”。对总线激励信号源，信号源符号引出线为粗线状的“总线”。

④ 就波形设置方法而言，DIGSTIMn 类信号源的波形是通过调用 StmEd 软件以人机交互图形编辑方法产生的。FILESTIMn 的波形由一个波形描述文件中的数据描述。其他两类信号波形都采用修改元器件参数设置框中的有关参数值确定。

表 3-13 是这 4 类 17 种数字信号源符号的功能对比。

表 3-13　4 类数字信号源符号的功能对比

	DIGCLOCK 类	STIMn 类	FILESTIMn 类	DIGSTIMn 类
时钟信号	DigClock	STIM1	FileStim1	DigStim1
一般信号		STIM1	FileStim1	DigStim1
2 位总线信号			FileStim2	DigStim2
4 位总线信号		STIM4	FileStim4	DigStim4
8 位总线信号		STIM8	FileStim8	DigStim8
16 位总线信号		STIM16	FileStim16	DigStim16
32 位总线信号			FileStim32	DigStim32
波形设置方法	均采用元器件参数设置对话框方式修改参数设置（包括设置波形描述文件名），确定激励信号波形			调用 StmEd 模块，以交互式图形编辑方法确定波形

3．时钟信号源 DIGCLOCK 波形设置

图 3-39 所示的 DIGCLOCK 符号只能用于产生时钟信号，这是逻辑模拟中使用最频繁的信号，也是波形最简单的一种脉冲信号。下面介绍时钟信号波形的设置方法。其他类型信号波形设置方法可参见参考资料[10]。

在电路图中双击 DigClock 符号，屏幕上即出现常规的元器件属性参数编辑器（见 2.4 节图 2-30）。DigClock 符号需要设置的主要参数如图 3-40 所示。

		PSpiceOnly	IO_LEVEL	IO_MODEL	OPPVAL	STARTVAL	OFFTIME	ONTIME	DELAY	ID
1	+ Osc : PAGE1 : DSTM5	TRUE	0	IO_STM	1	0	5ns	5ns		

图 3-40　DigClock 符号参数设置

（1）波形设置

图 3-40 中，下述 5 个参数用于确定时钟信号波形。

OPPVAL：指时钟高电平，其默认值为 1。

STARTVAL：表示初值，指 $t=0$ 时的时钟信号初值，对应时钟低电平，默认值为 0。

OFFTIME：表示低电平时间，即在一个时钟周期中，低电平状态的持续时间。

ONTIME：表示高电平时间，即在一个时钟周期中，高电平状态的持续时间。

DELAY： 表示延迟时间。在延迟时间范围内，信号值由初值决定。t 等于延迟时间时，信号值发生变化。

用户只需按 2.4 节介绍的方法，设置好这 5 个参数的数值，就完成了时钟信号波形设置。

说明：作为一种替代，高电平时间和低电平时间也可以用频率和占空比两个参数代替。占空比指一个时钟周期中高电平持续时间与时钟周期之比。

（2）驱动能力强度设置

图 3-40 中 IO_MODEL 项的作用是通过指定 digio.lib 模型库中的一个 I/O 模型名，设置激励信号的驱动强度。对激励信号源，其内定设置为采用 IO_STM 模型名，表示强度为最高。

由上分析可见，时钟信号设置框中，一般只有 OFFTIME 和 ONTIME 两项需要设置。其他参数均可用内定值。

按图 3-40 中所示参数设置，相应的时钟信号波形如图 3-41 所示。

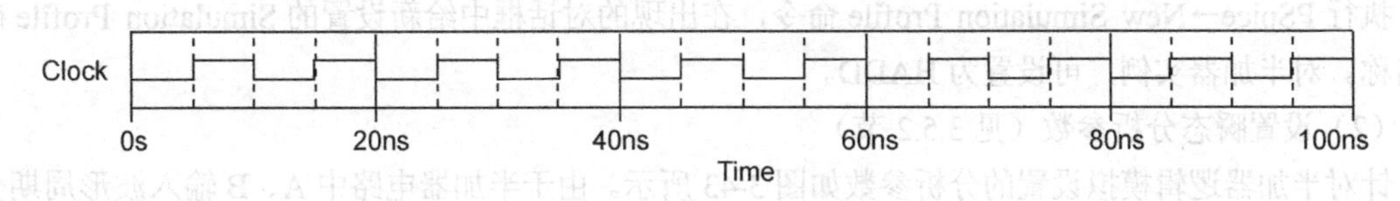

图 3-41　时钟信号波形实例

3.8.3　逻辑模拟的基本步骤

调用 PSpice A/D 进行逻辑模拟与对模拟电路进行瞬态分析的过程基本相同。下面结合半加器电路的逻辑模拟为例，说明逻辑模拟的基本步骤。涉及总线信号的逻辑模拟实例可参见参考资料[10]

1．绘制逻辑电路图

逻辑模拟的第一步是新建设计项目、绘制逻辑电路原理图并设置输入激励信号波形。

按此步骤绘制的半加器电路，如图 3-42 所示。

在生成半加器电路图过程中应注意下述几个问题。

① 从相应的元器件库中选用需要的逻辑单元。图 3-42 中采用的逻辑门符号是从名称为 7400 的符号库中调用的。

② 端口符号的使用：为了在查看模拟结果时方便地确定输入、输出节点信息，可以为相应节点标示一个节点名。方法之一是像图 3-42 那样，采用 Place→Off-Page Connector 子命令在输出端口处绘制 2 个端口符号，并将其名称分别设置为 SUM（表示“和”输出端）和 CARRY（表示“进位”输出端），在输入端，采用 Place→Net Alias 子命令，办两个节点设置名称为 A 和 B，从名称上可反映出该端口的作用。

③ 激励信号波形设置：激励信号采用什么波形，对逻辑模拟能否顺利进行并取得满意的模拟验证效果非常重要。为了全面验证半加器的逻辑功能，图 3-42 电路图中输入端两个激励信号均选用时钟信号源。其中作为信号 A 的时钟信号脉宽为 50ns，周期为 100ns。信号 B 的时钟信号脉宽为 100ns，周期为 200ns。这样就可以保证输入端覆盖了验证半加器功能的输入端 4 种不同逻辑组合“0+0”、“0+1”、“1+0”和“1+1”。

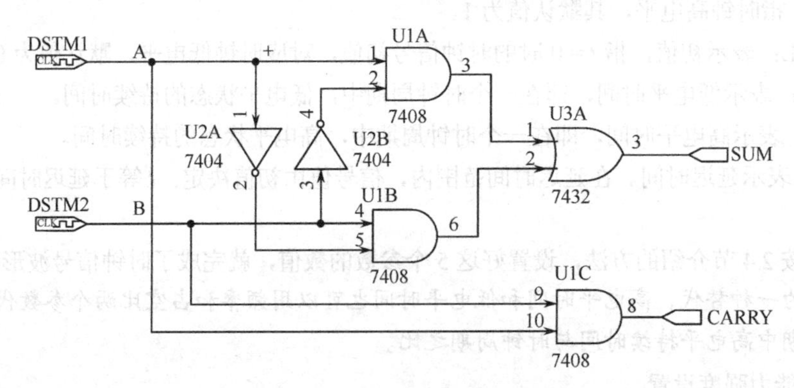

图 3-42 半加器电路原理图

2. 逻辑模拟参数设置

对数字电路进行逻辑模拟需要的参数设置与对模拟电路进行瞬态分析的参数设置完全相同，包括下面三个步骤。

（1）新建 Simulation Profile

执行 PSpice→New Simulation Profile 命令，在出现的对话框中给新设置的 Simulation Profile 确定名称。对半加器实例，可设置为 HADD。

（2）设置瞬态分析参数（见 3.5.2 节）

针对半加器逻辑模拟设置的分析参数如图 3-43 所示。由于半加器电路中 A、B 输入波形周期分别为 100ns 和 200ns，模拟时间范围取为 400ns，是 B 信号周期的双倍，可以进行两次“半加”功能的全面模拟检验

3. 启动逻辑模拟进程

完成参数设置后，执行 PSpice→Run 命令或者单击“运行”工具按钮，即启动逻辑模拟。

4. 逻辑模拟结果分析

完成逻辑模拟后，就可以按照第 5 章介绍的方法，在 Probe 窗口中查看、分析逻辑模拟结果。

对半加器电路，为了验证逻辑功能并分析延迟参数，应同时显示两个输入端 A、B 信号波形和两个输出端 SUM（和）和 CARRY（进位）信号波形。显示结果如图 3-44 所示。

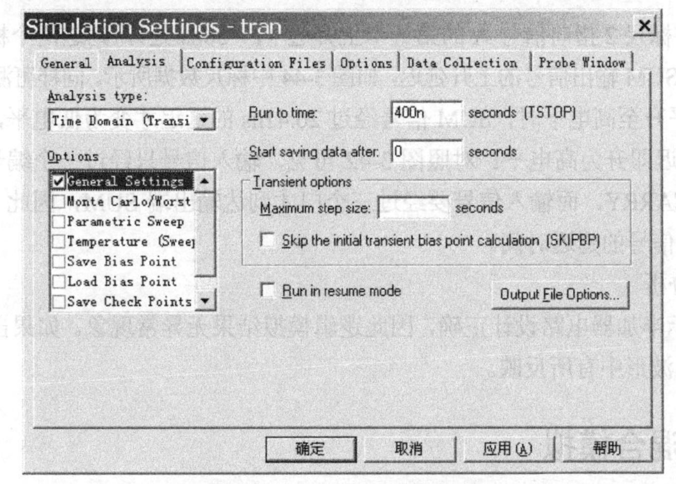

图 3-43　分析类型和参数设置

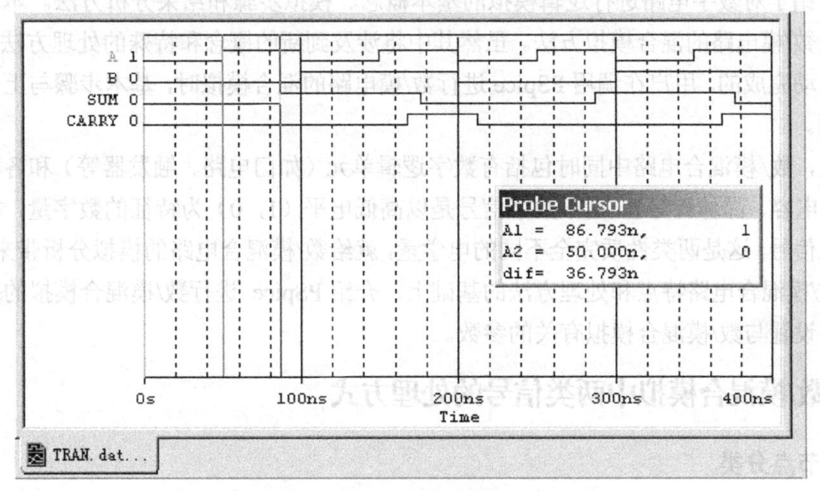

图 3-44　半加器电路模拟结果

在 Probe 窗口中显示出逻辑模拟结果的波形后，应从逻辑功能、延迟特性、异常情况检查等三个方面对模拟结果进行分析。

（1）半加器逻辑功能检验

由图 3-44 显示的波形可见，在不同时间范围内，4 个信号的电平值如表 3-14 所示。

表 3-14　半加器电路逻辑功能模拟结果

时间范围	B	A	进位（CARRY）	和（SUM）
（0~50）ns	0	0	0	0
（50~100）ns	0	1	0	升至 1
（100~150）ns	1	0	0	1
（150~200）ns	1	1	升至 1	降为 0

由表 3-14 可见，输出信号 CARRY（进位）、SUM（和）与两个输入信号 A、B 之间的关系满足半加器真值表要求。表中“升至”、“降为”表示电路有一定的延迟时间。

（2）延迟特性分析

由图 3-44 可见，当输入信号变化时，要经过一段延迟时间，输出才发生变化。采用 Probe 窗口中的“标尺”（Cursor）（见 5.3.4 节），可以测得这些延迟时间的大小。例如，若用标尺 1 指向 SUM

的第一个上升边，将标尺 2 指向信号 A 的第一个上升边（$t=50$ns 处），则这两个标尺对应的时间刻度差值 36.79ns 即为 SUM 输出信号的上升延迟，如图 3-44 中标尺数据所示。同样可测得，当 $t=150$ns，输入信号 A 从低电平升至高电平时，SUM 信号经过 26.41ns 的延迟才变为低电平，而 CARRY 信号只经过 17.92ns 的延迟即升为高电平。对照图 3-42 可见，输入信号只经过一个编号为 U1C 的 7408 与门就到达输出端 CARRY，而输入信号要经过三个门才到达输出端 SUM，因此 SUM 信号的延迟时间要大于 CARRY 信号的延迟时间。

（3）异常情况分析

由于图 3-44 所示半加器电路设计正确，因此逻辑模拟结果无异常现象。如果出现冒险竞争等异常情况，将在显示的波形中有所反映。

3.9 数/模混合模拟

上一节介绍了对数字电路进行逻辑模拟的基本概念、模拟步骤和结果分析方法。本节在此基础上进一步讨论数/模电路的混合模拟方法。虽然其中将涉及到新的概念和特殊的处理方法，但模拟过程是由系统自动完成的。用户在调用 PSpice 进行数/模电路的混合模拟时，基本步骤与上一节介绍的逻辑模拟相同。

顾名思义，数/模混合电路中同时包括有数字逻辑单元（如门电路、触发器等）和各种模拟元器件（如电阻、电容、晶体管等）。由于数字信号是以高低电平（1，0）为特征的数字量，模拟信号是连续变化的电信号，这是两类性质完全不同的电学量，就给数/模混合电路的模拟分析带来新的问题。本节在介绍数/模混合电路特点和处理方法的基础上，介绍 PSpice 进行数/模混合模拟的基本步骤，重点说明如何设置与数/模混合模拟有关的参数。

3.9.1 数/模混合模拟中两类信号的处理方式

1. 电路节点分类

PSpice 软件对电路进行模拟分析时，根据与节点相连元器件类型的不同，将电路内部节点分为三类。

① 模拟型节点：如果与节点相连的元器件均为模拟器件，则该节点为模拟型节点。模拟电路内部的所有节点都是模拟型节点。

② 数字型节点：与该节点相连的都是数字器件，则该节点为数字型节点。上一节介绍的逻辑模拟所分析的数字电路内部只包括数字型节点。

③ 接口型节点：如果与节点相连的元器件中既有模拟器件，又有数字器件，则这类节点称为接口型节点。在本节介绍的数/模混合模拟中，将涉及到接口型节点。

PSpice 在分析数/模混合电路时，在这类节点处插入一个数/模或模/数接口转换电路，实现数字-模拟信号之间的相互转换，同时也就以这些接口转换电路为“隔离墙”，将整个数/模混合电路分成了若干部分，每一部分将只是单纯的数字电路或模拟电路。

2. 接口等效电路

PSpice AD 处理接口型节点的基本方法是对数字逻辑单元库中的每一个基本逻辑单元都同时配备 AtoD 和 DtoA 两类接口型等效子电路。其中 AtoD 子电路的作用是将模拟信号转化数字信号，DtoA 子电路则用于将数字信号转化为模拟信号。如果一个逻辑单元输入端与接口型节点相连，进行数/

模混合模拟时，系统将在该输入端自动插入一个 AtoD 子电路。将接口型节点处的模拟信号转化为数字信号，送至逻辑单元的输入端。同样，如果逻辑单元的输出端与接口型节点相连，则系统将在该输出端自动插入一个 DtoA 子电路，将该输出端的数字信号转化为模拟信号送至接口型节点。这样根据实际情况，在接口型节点处自动插入接口型等效子电路，就将数字和模拟两类元器件隔开，同时又实现了数字和模拟两类信号之间的转换。图 3-45 是一个接口等效电路的实例。

图 3-45（a）是数/模混合电路中的一部分，其中节点 1 和节点 2 为接口型节点。进行数/模混合模拟时，系统自动在 U1 和 U2 的输入端各插入一个 AtoD 子电路，在 U1 输出端插入一个 DtoA 子电路，如图 3-45（b）所示。

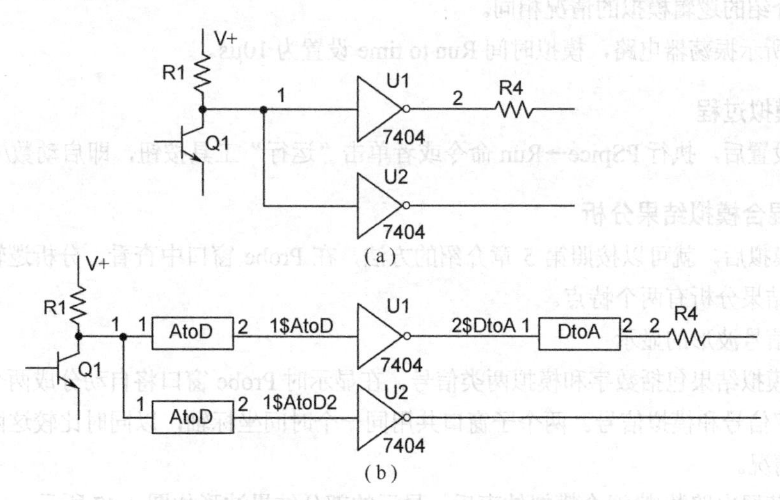

图 3-45　数/模混合电路中的接口型等效子电路

3.9.2　数/模混合模拟步骤

如上所述，PSpice 进行数/模混合模拟的基本方法是在接口型节点处插入接口型等效电路，将数/模混合电路分成若干个部分。每一部分只包括数字或模拟元器件。由于接口等效子电路是由系统自动插入的，不需要用户操作。数/模混合模拟的步骤与数字电路的逻辑模拟步骤相同，只是在显示模拟结果波形时，要采用两个子窗口分别显示数字和模拟两类信号。下面结合一个振荡器电路实例，介绍数/模混合模拟的具体步骤。

1．绘制电路原理图

用 Capture 绘制的振荡器电路原理图，如图 3-46 所示。

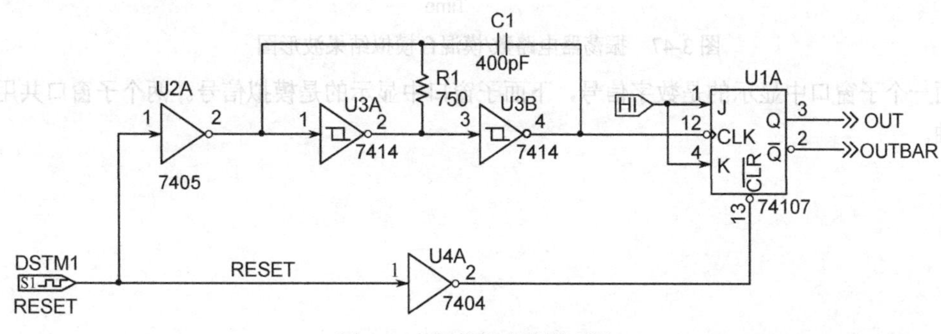

图 3-46　振荡器电路原理图

数/模混合电路中，电路图的绘制，包括激励信号源的信号波形设置与第 2 章介绍的一般电路绘制方法相同，只需从不同的元器件符号库中选用合适的元器件。

图 3-46 中，为了保证 J-K 触发器正常工作，将 RESET 激励信号源设置为：

0s	1
100ns	0

2．设置模拟参数

数/模混合模拟与逻辑模拟一样，实际上是瞬态分析。因此，其模拟参数设置和模拟过程的启动方法与上一节介绍的逻辑模拟的情况相同。

对图 3-46 所示振荡器电路，模拟时间 Run to time 设置为 10μs。

3．启动模拟过程

完成参数设置后，执行 PSpice→Run 命令或者单击“运行”工具按钮，即启动数/模混合模拟。

4．数/模混合模拟结果分析

完成逻辑模拟后，就可以按照第 5 章介绍的方法，在 Probe 窗口中查看、分析逻辑模拟结果。数/模混合模拟结果分析有两个特点。

（1）两类信号波形的显示

数/模混合模拟结果包括数字和模拟两类信号，在显示时 Probe 窗口将自动分成两个子窗口，分别用于显示数字信号和模拟信号。两个子窗口共用同一个时间坐标轴，以同时比较这两类信号波形随时间的变化情况。

图 3-46 振荡器电路数/模混合模拟结束后，显示的部分结果波形如图 3-47 所示。

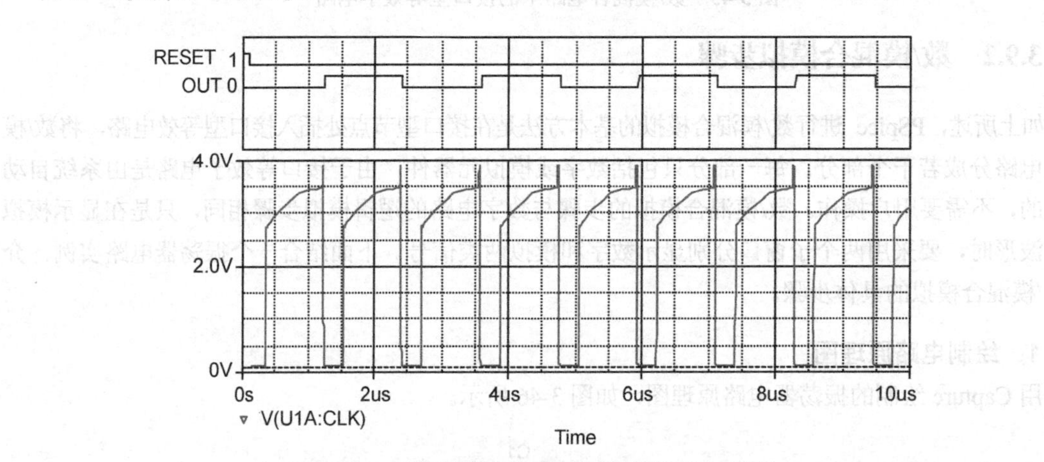

图 3-47　振荡器电路数/模混合模拟结果波形图

上面一个子窗口中显示的是数字信号，下面子窗口中显示的是模拟信号。两个子窗口共用同一个时间轴。

第4章　参数扫描分析和统计分析

第3章介绍了PSpice AD的基本电路特性分析功能，即模拟分析电路中元器件取设计值（又称为标称值）时电路的各种特性参数。本章将介绍PSpice AD的另一类分析功能，即分析计算模拟电路中元器件参数值的变化对电路特性的影响，包括温度的影响（4.1节）、参数变化的影响（4.2节），以及考虑参数统计变化对电路特性影响的两种统计分析技术，即蒙特卡罗分析（4.3节）和最坏情况分析（4.4节）。这4种分析的一个共同特点是，为了完成每种分析，元器件参数往往要发生多次变化，因此一般都涉及多次进行DC分析、AC分析或TRAN分析。

4.1　温度分析（Temperature Analysis）

4.1.1　功能

众所周知，电阻等元件的参数值以及晶体管的许多模型参数值与温度的关系非常密切。如果改变温度，则必然通过这些元器件参数值的变化导致电路特性的变化。PSpice中的各个元器件模型都考虑了模型参数与温度的关系。进行电路特性分析时，PSpice的默认温度为室温27℃。如果要分析在其他温度下电路特性的变化，则可以采用本节介绍的温度分析方法。

PSpice程序分析不同温度下电路特性变化的过程是：首先按照元器件值以及模型参数值与温度的关系，计算不同温度下的元器件值以及模型参数值，然后采用新的参数值进行模拟分析，就得到不同温度下的电路特性。因此要求分析几个温度下的电路特性，就要进行几次模拟分析。

提示：显然，不同温度下电路特性模拟分析结果是否符合实际情况，主要取决于元器件模型中是否描述了元器件值以及模型参数值与温度的关系，以及描述是否符合实际情况。

4.1.2　参数设置

下面结合图3-1所示差分对电路实例，说明温度特性分析的基本方法。

若要在3.4.1节介绍的交流小信号频率特性分析基础上，分析图3-1所示差分对电路在0℃、25℃、50℃、75℃和100℃时的频率特性，可以按下述步骤进行。

（1）绘制电路图并设置基本特性分析参数：按第2章方法绘制好图3-1所示差分对电路以后，按3.4.1节介绍的方法，设置好交流小信号特性分析参数，如图3-4所示。

（2）设置温度特性分析参数：在图3-4所示参数设置框中，选择Temperature（Sweep），相应的温度分析参数设置框如图4-1所示。

在图4-1中选中Repeat the simulation for each of the temperatures，并在其下方输入“0 25 50 75 100”，不同温度值之间用空格隔开。若只要分析某一个温度下的电路特性，则应选中Run the simulation at temperature，并在其右侧输入温度值。

（3）进行温度特性分析：在图3-2所示PSpice命令菜单中选择执行Run子命令，则在每一个温度下，PSpice首先按元器件模型计算该温度下电路中的元器件参数值，然后按图4-1中Analysis type一栏的设置（本例中为AC Sweep/Noise）进行指定的电路特性分析。设置有几个温度值，就要在每个温度下分析电路特性。若在图 4-1 中未输入温度值，则按系统默认温度值（27℃）进行电路分析。

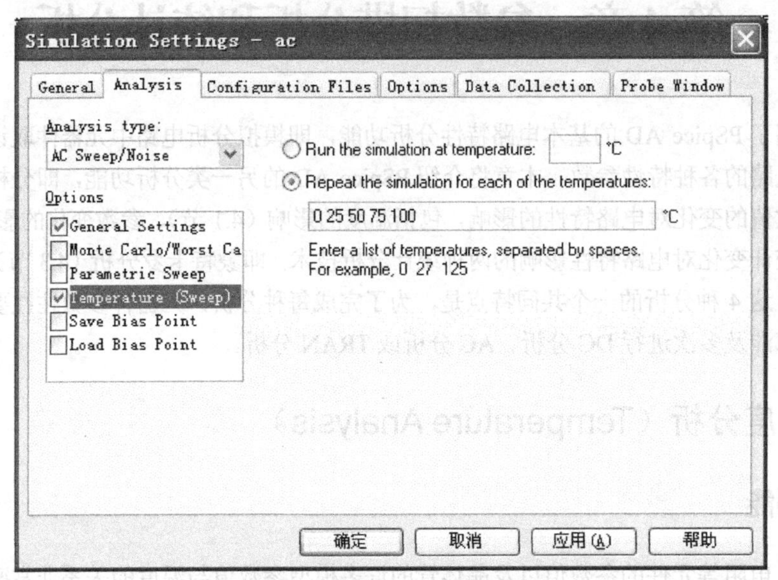

图 4-1　温度分析的参数设置

（4）多批模拟结果数据的选择：模拟分析结束后，屏幕上出现图 4-2 所示的多批模拟结果数据选择框，依次列出了温度分析的批次，供用户选用。其中 All 和 None 按钮的作用分别是选用全部批次和一批也不选用。屏幕上刚出现图 4-2 所示选择框时，全部批次均处于选中状态。若要选择部分批次，可先单击 None 按钮，然后用按 Ctrl 键+单击的方法，选择一批或多批数据，最后单击 OK 按钮。

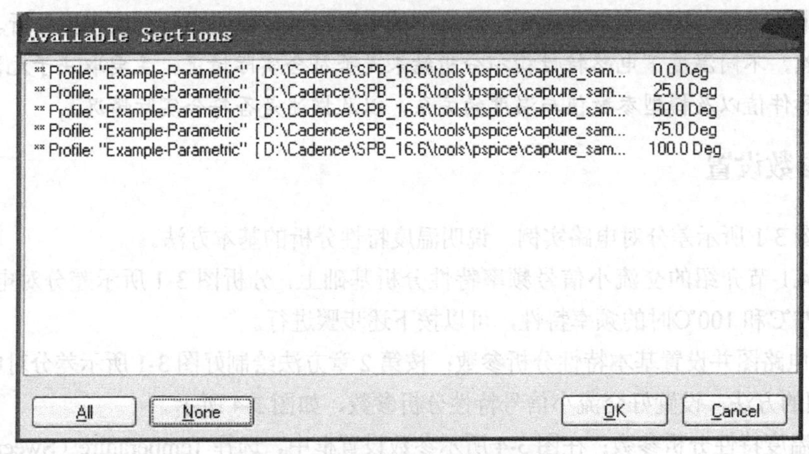

图 4-2　多批模拟结果数据选择框

（5）模拟结果显示和分析：选择了待显示和分析其结果的批次后，即可按第 5 章介绍的方法，采用 Probe 模块显示和分析模拟结果。图 4-3 为上述 5 个温度下的交流小信号特性分析结果。图中左下方代表不同曲线上的标识符的排列顺序对应图 4-1 中温度设置值的顺序。按照图 4-3 的标识，带有方块符号的曲线代表 0℃时的频率响应曲线，带有菱形符号的曲线代表 25℃时的频率响应曲线……由图可见，在分析的温度范围内，差分对电路的放大倍数随着温度的升高而下降。

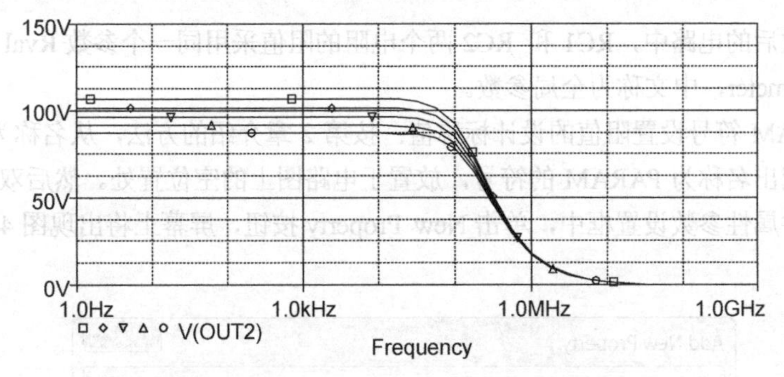

图 4-3　差分对电路的交流小信号温度特性

4.2　参数扫描分析（Parametric Analysis）

4.2.1　功能

4.1 节介绍的温度分析是在不同温度下分析电路特性的变化。具体地说是在用户指定的每个温度下均进行一次指定的电路基本特性分析。本节介绍的参数扫描分析的作用与此类似，由用户指定一个参数的变化范围和变化方式，PSpice 软件对指定的每个参数变化值，均执行一次指定的电路分析。但是在参数扫描分析中，可变化的参数从温度一种扩展为独立电压源、独立电流源、温度、模型参数和全局参数共 5 种，并且还可以设置参数的变化方式，而不像温度分析那样只能指定几个具体温度值。显然，温度分析的任务也可以通过参数扫描分析来完成。

参数扫描分析在改进电路设计、提升电路设计质量方面有重要的作用，将其与波形显示处理模块 Probe 的电路设计性能分析（Performance Analysis）功能（见 5.5 节）结合在一起，可用于优化确定元器件参数设计值。

4.2.2　参数扫描分析的步骤

进行参数扫描，不但要进行相关分析参数的设置，而且还需要在电路图中修改相关元器件的参数设置。下面仍以图 3-1 差分对电路为例，介绍如何采用参数扫描分析方法，计算电阻 RC1 和 RC2 同时变化时，对小信号 AC 分析输出结果 V(out2)的影响

1. 电路图的修改

3.4 节曾对差分对电路进行过交流小信号 AC 分析。为了采用参数扫描分析计算电阻 RC1 和 RC2 同时变化时对小信号 AC 分析输出结果 V(out2)的影响，需对图 3-1 所示差分对电路做两项修改。

（1）将电阻 RC1 和 RC2 阻值设置为参数：由于参数扫描分析时，要求 RC1 和 RC2 同时变化，因此应按下述步骤将这两个电阻的阻值设置为“变化参数”。

按照第 2 章介绍的元器件参数修改方法，在图 3-1 中用鼠标左键双击电阻 RC1 的阻值 10k，在屏幕上出现的“Display Properties”设置框中，将其值 10k 改为{Rval}。（注意：其中大括号不可少，括号中的参数名可由用户设置）。然后单击 OK 按钮，则电路图中 RC1 符号的阻值即改为此设置值，如图 4-4（a）所示。

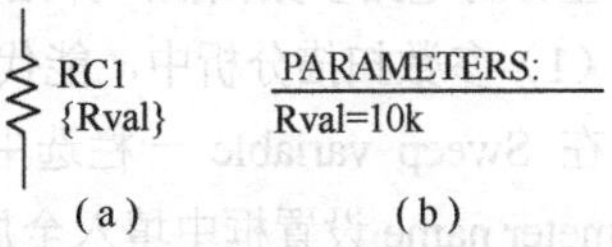

RC1　{Rval}　　　PARAMETERS: Rval=10k

（a）　　　（b）

图 4-4　电阻参数设置和参数符号

对电阻 RC2 做同样处理。

这样，在修改后的电路中，RC1 和 RC2 两个电阻的阻值采用同一个参数 Rval 表示，这种参数就称为 Globe parameter，中文称为全局参数。

（2）用 PARAM 符号设置阻值的设计标称值：按第 2 章介绍的方法，从名称为 Special 的元器件图形符号库中调出名称为 PARAM 的符号，放置于电路图上的空位置处。然后双击该符号，在屏幕上出现的元器件属性参数设置框中，单击 New Property 按钮，屏幕上将出现图 4-5 所示新增属性参数对话框。

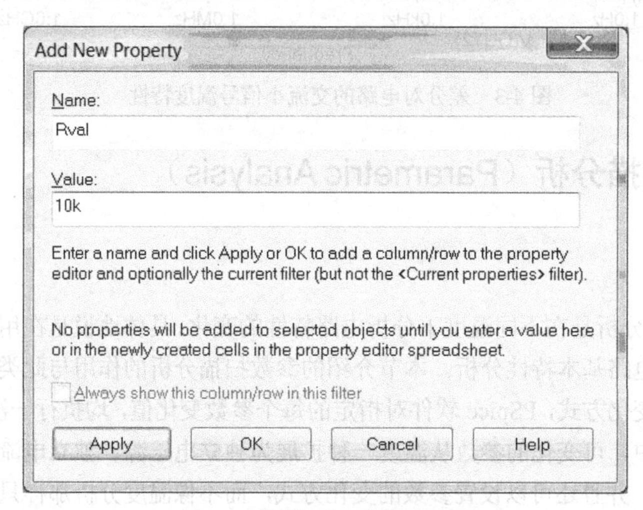

图 4-5　新增属性参数对话框

在 Name 栏输入 Rval，即为上面设置的电阻 RC1 和 RC2 阻值参数名（注意，此处不要加大括号），在 Value 栏输入这两个电阻原来的设计值 10k，单击 OK 按钮，元器件属性参数设置框中将新增一项 Rval，如图 4-6 所示。此处将 Rval 的值设置为 10k，是为了对该电路进行其他特性分析时使得该阻值取为原来电路中的设计值 10k。如果将图 4-6 中参数 Rval 的显示属性设置为“Name and Value”，则电路图中 PARAM 符号下方将显示出新设置的参数名和参数值，如图 4-4（b）所示。

		Source Package	Power Pins Visible	PSpiceOnly	ID	Rval
1	⊞ Example : PAGE1	PARAM	□	TRUE		10k

图 4-6　新增属性参数的设置

2. 参数扫描分析的参数设置

为了计算电阻 RC1 和 RC2 同时变化对小信号 AC 分析输出结果 V(out2)的影响，按照 3.4.1 节的方法设置好 AC Sweep 分析参数（参见图 3-4）后，再选中 Options 一栏中的 Parametric Sweep 选项，屏幕上将出现图 4-7 所示设置对话框，用于设置变化参数的类型、名称、变化方式及变化范围。与图 3-10 比较可见，图 4-7 中要设置的项目内容与图 3-11 基本相同，具体设置方法参见 3.3 节，本节结合差分对电路参数扫描，介绍 Globe parameter 参数的含义及参数设置方法。

（1）参数扫描分析中，能代表多个元器件值的参数称为 Globe parameter（全局参数）。

在 Sweep variable 一栏选中 Globe parameter，表示用于扫描的参数是一种全局参数。同时在 Parameter name 设置框中填入全局参数的名称，即描述电阻 RC1 和 RC2 同时变化的参数 Rval。

（2）在 Sweep type 一栏设置扫描参数的变化方式。各项参数的含义及设置方法与图 3-11 相同，这里不再重复。

按照图 4-7 所示设置实例，参数扫描分析中，全局参数 Rval 将从 10k 变至 22k，步长为 2k。

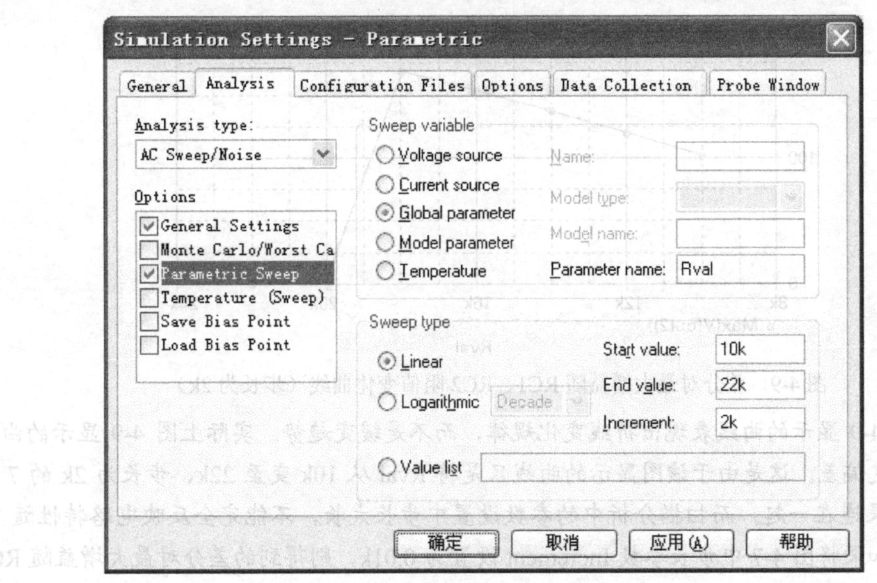

图 4-7　差分对电路参数扫描分析参数设置

提示：如图 4-7 所示，参数扫描分析中可设置的扫描参数只有一个，因此，这是一种只有一个层次的参数扫描。在 PSpice AA 中推出的 Parametric Plotter 将参数扫描扩展为多层次扫描，使用方法将在 6.6 节介绍。

3. 参数扫描分析结果显示

完成分析参数设置后，选择执行图 PSpice 命令菜单中的 Run 子命令，就启动 PSpice 程序完成参数扫描分析。分析结束后，采用 Probe 模块显示的分析结果如图 4-8 所示。

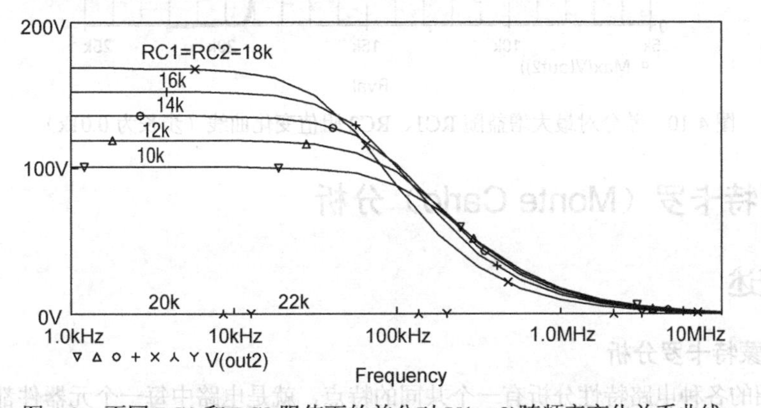

图 4-8　不同 RC1 和 RC2 阻值下的差分对 V(out2)随频率变化关系曲线

说明：为了清晰起见，我们在图中添加了不同曲线对应的 RC1 和 RC2 值。

由于电阻值从 10k 变至 22k，步长为 2k，因此对 RC1 和 RC2 的不同取值，一共进行 7 次 AC 分析，所以在 Probe 窗口显示有 7 条 V(out2)随频率变化关系曲线。

由图 4-8 可见，参数扫描分析结果表明，对图 3-1 差分对电路，电路放大倍数首先随着 RC1 和 RC2 的增加而增加，但当电阻增大至 20k 以后，电路放大倍数急剧下降到趋于 0。

如果进一步调用 Probe 的电路设计性能分析功能（见 5.5 节），则可得到最大增益随 RC1 和 RC2 阻值的变化曲线，如图 4-9 所示。

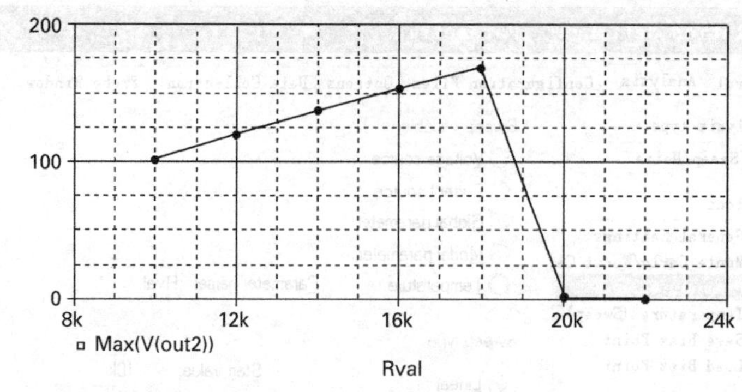

图 4-9　差分对最大增益随 RC1、RC2 阻值变化曲线（步长为 2k）

提示：图 4-9 显示的曲线表现出折线变化规律，而不是缓变趋势。实际上图 4-9 显示的曲线与实际情况有一定偏差。这是由于该图显示的曲线只是将 Rval 从 10k 变至 22k、步长为 2k 的 7 个取值点的分析结果连在一起。而扫描分析中的参数设置中步长太长，不能完全反映电路特性随 Rval 的缓变情况。如果将图 4-7 中步长参数 Increment 设置为 0.01k，则得到的差分对最大增益随 RC1、RC2 阻值变化曲线如图 4-10 所示。图中同时显示了代表模拟结果的数据点。由此可见，模拟仿真过程中分析参数的设置是否合适，对模拟分析的效果好坏起着关键作用。

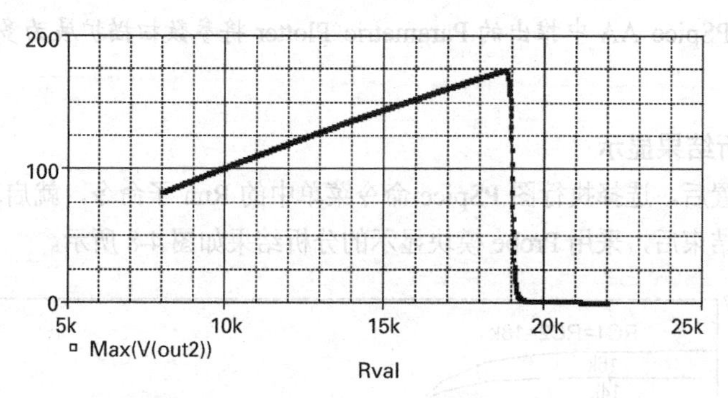

图 4-10　差分对最大增益随 RC1、RC2 阻值变化曲线（步长为 0.01k）

4.3　蒙特卡罗（Monte Carlo）分析

4.3.1　概述

1. 什么是蒙特卡罗分析

第 3 章介绍的各种电路特性分析有一个共同的特点，就是电路中每一个元器件都有确定的值，通常称为设计值或标称值，因此，这些电路特性分析又称为标称值分析。但如果按设计好的电路图进行生产，组装若干块（如 400 块）电路时，对设计图上的每一个元器件，同时提出容差等级的要求。例如，图 3-1 所示差分对电路中设计值为 10kΩ的两个集电极负载电阻，在采购一批 10kΩ电阻时还要同时提出容差等级要求，假如采购的是容差为 5%的 10kΩ电阻，这样，用于生产的一批 10kΩ电阻的阻值就不可能都等于 10kΩ。一般情况下，这批电阻阻值的分散情况服从正态分布。因此，组装的 400 块电路的电特性就不可能与标称值模拟的结果完全相同，而要呈现一定的分散性。如果分散性较大，将导致一部分产品的电特性参数超出合格范围，成为不合格品。显然，在元器件存在容差的情况下，按照电路设计生产的一批产品中应该要求有足够高的成品率。作为一个优秀的电路设计，不但要求电路具有良好的功能和特性，而且要求该电路设计适合于批量生产。为此，PSpice 软件提供有 Monte Carlo（蒙特卡罗分析，简记为 MC）分析功能，对电路设计是否适合于批量生产作出定量评价。采用 Monte Carlo 分析，还可以进一步改进电路设计，使其满足“可制造性”的要求。

2. 蒙特卡罗分析过程

下面以图 3-1 所示差分对电路为例，说明 PSpice 是如何通过进行蒙特卡罗分析来模拟仿真实际生产过程中由于两个集电极负载电阻 RC1 和 RC2 采用的元器件值具有一定的容差（如 5%容差）而导致电路交流小信号放大倍数的分散情况。

（1）首先根据电阻值标称值 10kΩ和容差 5%产生一组正态分布随机数，每个随机数的值代表实际采购的一批电阻中不同电阻的阻值。

（2）对差分对电路“重复”进行 AC Sweep 分析，但是每次分析时从产生的随机数中随机抽取两个数，分别赋给差分对的集电极负载电阻 RC1 和 RC2，模仿生产中每一块差分对电路板上采用的这两个电阻是从采购的标称值为 10kΩ、容差等级为 5%的一批电阻中随机抽取的，代表了实际生产中不同差分对电路之间集电极负载电阻的变化情况。

（3）对每次 AC Sweep 分析结果计算其最大放大倍数，完成了多次电路特性分析后，对各次分析结果进行综合统计分析，就可以得到电路特性的分散变化规律。

3. 统计分析

与其他领域一样，这种通过随机抽样进行统计分析的方法一般统称为蒙特卡罗分析（取名于赌城 Monte Carlo），简称为 MC 分析。由于 MC 分析和下节要介绍的最坏情况分析都具有统计特性，因此又称为统计分析。

4. 成品率分析与可制造性分析

完成 MC 分析后，可以进一步采用第 5 章介绍的 Probe 模块用直方图表示电路特性的分散情况（见第 5 章 5.6 节），再与规范值相比较，就可以得到满足规范要求的电路所占的比例，这也就是成品率。因此 MC 分析又称为成品率分析。

如果成品率不够高，则说明标称值模拟结果虽然表明设计的电路性能指标满足要求，但是考虑到生产中采用的元器件必然存在容差，将导致实际生产的一批产品中相当一部分不满足要求，这种设计就不能用于生产。因此 MC 分析又称为可制造性分析。

4.3.2 进行 MC 分析需要解决的问题

下面讲述为了进行 MC 分析需要解决的几个问题。

1. 可以设置容差参数的元器件与 BREAKOUT 元器件库

如第 2 章所述，在绘制电路图时，都要同时设置每个元器件的属性，包括元器件值和模型参数名。相应模型参数库文件中的内容都是针对不同类型的元器件，有确定的值，即前面所说的标称值。而进行 MC 分析时需要设置元器件值的容差。在 PSpice AD 中，无论是阻容元件还是半导体器件，容差参数都是作为一种模型参数。为了适应统计分析中为元器件参数设置变化容差的要求，PSpice AD 中专门提供了统计分析用的元器件符号库，其名称为 BREAKOUT。库中每种无源元器件符号名为关键字母后加 BREAK，如电阻、电容和电感符号的名称分别为 RBREAK、CBREAK 和 LBREAK。对半导体有源器件，为了进一步区分其不同类别，在 BREAK 后还再加一些字符。例如，双极晶体管符号名又分为代表 NPN 晶体管的 QBREAKN，代表 PNP 管的 QBREAKP，代表横向 PNP（LPNP）的 QBREAKL 等。

进行统计分析时，要考虑其参数存在容差的所有电阻、电容等无源元件都需要改用 BREAKOUT 库中的元件符号。要考虑其参数存在容差的半导体器件最好改用 BREAKOUT 库中的器件符号，也可以直接在该器件的模型参数描述中为相应的模型参数设置容差参数。

2. 元器件参数变化容差的设置

设置容差参数包括确定参数变化模式，以及指定容差大小两项内容。

（1）参数变化模式的描述。对不同情况下生产的元器件，元器件值的分散情况可能有两种不同的模式。

DEV 模式：又称为独立变化模式。如果生产的一批电路产品中，对应电路设计中同一个元器件的值相互独立，存在分散性，则称为独立变化模式。PSpice 中用关键词 DEV 代表这种变化模式。

LOT 描述：又称为同步变化模式，适用于描述集成电路生产过程。PSpice 中用关键词 LOT 代表这种变化模式。

如何设置模型参数的变化模式应根据实际情况确定。如果设计的电路要用印制电路板（PCB）装配，则不同 PCB 中针对电路设计中同一个元器件采用的元器件参数将独立随机变化，就只需要选用 DEV。但是如果设计的电路用于集成电路生产，由于工艺条件的变化，同一晶片上不同管心之间的同一个元器件参数存在随机起伏，这就需要用 DEV 表示。但是集成电路生产中，不同批次之间的元器件参数还存在起伏波动，就还应该用 LOT 表示。这就是说，对用于集成电路生产的电路设计进行 MC 分析时，对要考虑其变化的参数，应同时采用 LOT 和 DEV 两种变化模式。

（2）参数变化容差的设置。在描述参数变化规律的关键词 DEV 和/或 LOT 后面，应给出表示容差范围的数字。若数字后跟有百分号“%”，则代表相对变化百分数，否则仅表示变化容差的大小。

元器件参数变化模式及变化容差的设置需要调用模型参数编辑模块 Model Editor 来完成。设置方法将在 4.3.3 节结合差分对实例具体介绍。

3. MC 分析参数设置

除了元器件容差参数以外，MC 分析中其他需要设置的参数都是在分析参数设置对话框中完成的。在图 3-4 所示电路特性分析对话框的 Options 一栏选择“Monte Carlo/Worst Case”，屏幕上出现图 4-11 所示设置窗口。

下面介绍图 4-11 中与 MC 分析有关的设置。

（1）电路特性基本分析类型的设置。在图 4-11 的“Analysis type”一栏，选定要进行 MC 分析的电路基本特性分析类型。图中选择的是 AC Sweep/Noise。

（2）选定 MC 分析。在图 4-11 的 Options 一栏选择“Monte Carlo/Worst Case”，然后在其右侧选中“Monte Carlo”项。

（3）输出变量名的设置。在“Output variable”对话框中填入电路输出特性变量名。该名应符合 1.3 节的规定。

（4）分析次数的设置。在 Monte Carlo options 下方的 Number of runs 对话框中填入要重复进行分析的次数，代表实际生产多少套电路。分析中第一次为标称值分析，然后采用随机抽样方式改变电路中元器件模型参数值，重复进行分析。显然，分析次数越多，统计分析的效果越好，但是运行时间也就越长。因此，应在综合运行效果和运行时间的基础上选定合适的运行次数。

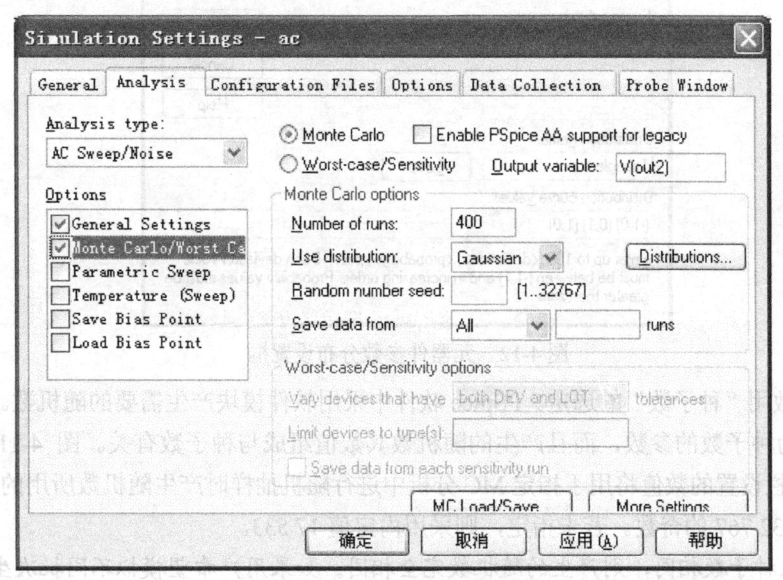

图 4-11　MC 分析参数设置

（5）参数分布规律的设置。为了反映实际生产中元器件参数的分布变化情况，PSpice AD 中提供了下述三种分布供用户选用。

Gaussian：正态分布，又称高斯分布。这时 PSpice 采用元器件标称值为均值、DEV 容差值为标准偏差，产生一组随机数代表元器件值的分散情况。

Uniform：均匀分布。

GaussUser：也是随机分布，但是如果选用此项分布，还需从其右侧下拉列表中选择一个数值，表示元器件值分散范围对应几倍 DEV 的容差设置值。

用户可以根据需要在 Use distribution 右侧下拉列表中选用一种分布。默认的参数分布为均匀分布。

此外，PSpice 还提供有用户设置自定义分布规律的功能，供用户设置更符合实际情况的参数变化分布规律。

下面是自定义分布函数的设置步骤。

① 在图 4-11 所示 MC 分析设置框中，单击“Distributions...”按钮，屏幕上出现如图 4-12 所示元器件参数统计分布设置框。若用户已自定义有参数分布，图中 Existing distributions 一栏将列出其名称。

② 在 Distribution name 下方文本框中输入欲定义的参数分布名称，然后单击其右侧 Save 按钮，将该参数分布与分析类型分组设置一起存放。

③ 在 Distribution curve values 下方文本框中输入描述参数分布曲线的数据点。每一点的格式为（<偏离值>,<概率值>），描述概率分布曲线的转折点。概率分布曲线即为由这些点相连构成的折线。最多允许设置 100 个点，要求按偏离值从小到大顺序排列。其中“偏离值”必须在（–1,1）之间。概率值必须大于 0，代表不同偏离值出现的相对概率。图 4-12 描述的概率分布曲线呈三角形。

④ 完成设置后，单击图 4-12 中 OK 按钮，返回图 4-11 所示 MC 分析设置框。

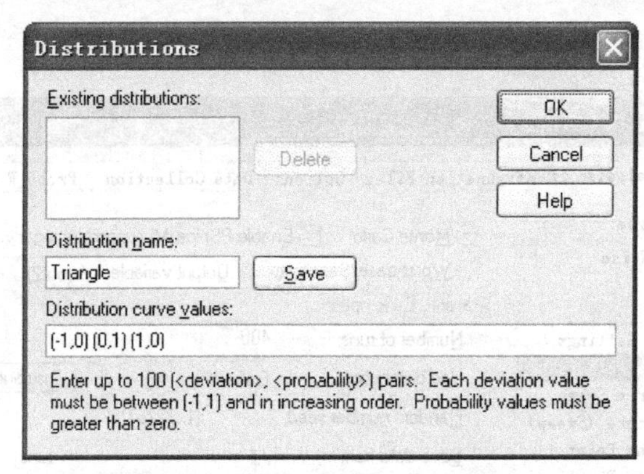

图 4-12　元器件参数分布设置框

（6）随机数用“种子数”的选定。PSpice 软件中采用软件模块产生需要的随机数。产生随机数需要一个被称为种子数的参数，而且产生的随机数其数值组成与种子数有关。图 4-11 中 Random number seed 一栏设置的数值将用于指定 MC 分析中进行随机抽样时产生随机数所用的“种子数”。其值必须是 1～32 767 的奇数。若未指定，则采用内定值 17 533。

提示：如果种子数相同，则产生的随机数完全相同。如果用户希望模拟不同批次生产的电子产品参数分散情况，则应该在每次 MC 分析时，采用不同的种子数。

（7）MC 分析结果数据保存要求的设置。图 4-11 中 Save data from 一栏的设置用于指定将哪几次分析结果存入 OUT 输出文件和 PROBE 数据文件。其下拉式列表中提供有下面 5 个选项。

<None>：只保存标称值分析结果，其他批次分析结果均不保存。

All：MC 分析中的每次结果均保存。

First：若选中此项，还应同时在右侧 runs 前面指定一个具体数值 *n*。表示 MC 分析中只保存开始 *n* 次的分析结果。

Every：若选中此项，还应同时在右侧 runs 前面指定一个具体数值 *n*。表示 MC 分析中每隔 *n* 次保存一次分析结果。

Runs（list）：若选中此项，还需要用户在右侧 runs 前面指定的一系列数值，最多可达 25 个。表示 MC 分析中只保存由这些取值确定的分析次数的分析结果。

完成 MC 分析后，用户就可以打开 OUT 输出文件，或者在 PROBE 窗口中查看保存的结果数据。OUT 文件中将按照从小到大的顺序输出，同时给出每一结果对应的批次。

（8）每次分析结果统计方式的设置。MC 分析中按设置的次数重复多次进行电路特性分析，每次分析结果都包括大量数据。为了明确显示分析结果的差异，PSpice 中对每次分析结果提供了 5 种统计方法。通过对每次结果的比较分析，抽取出一个特征量表征该次分析的结果。下面是确定统计方式的步骤。

首先在图 4-11 中单击 More Settings 按钮，屏幕上出现图 4-13 所示设置框。

然后确定每批分析结果的统计处理方法。图 4-13 中 Find 一栏的设置用于指定按什么统计方法对每次结果进行比较分析，抽取出一个特征量表征该次分析的结果。该栏右侧下拉式列表中提供有下面 5 个选项。

① the greatest difference from the nominal run（YMAX）：若选中本项，则将每次分析结果波形与标称值分析结果比较，给出 Y 方向最大的差值。

② the maximum value（MAX）：给出每次分析输出波形的最大值。

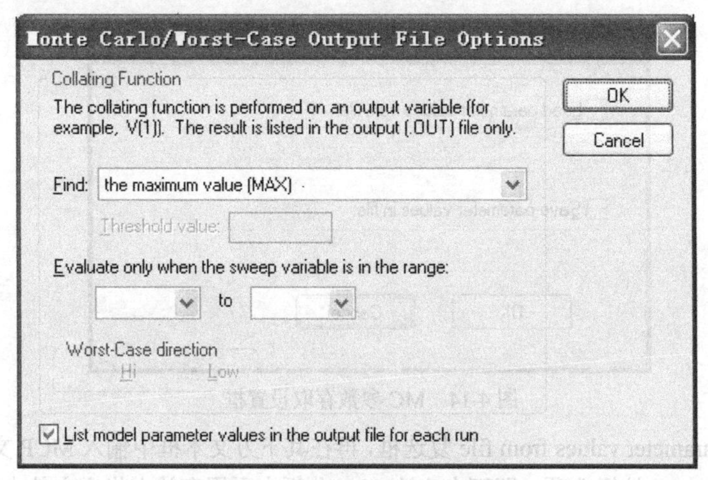

图 4-13　分析结果统计方式设置框

③ the minimum value（MIN）：给出每次分析输出波形的最小值。

④ the first rising threshold crossing（RISE_EDGE）：给出每次分析输出波形上升达到给定阈值时的 X 坐标值（例如 DC 分析中的自变量值、AC 分析中的频率值、TRAN 分析中的时间值）。

⑤ the first falling threshold crossing（FALL_EDGE）：给出每次分析输出波形下降达到给定阈值时的 X 坐标值。

若选中上述 RISE_EDGE 或 FALL_EDGE，还需在随文出现的“Threshold value”一栏指定阈值的大小。

说明：图 4-13 中“Evaluate only when the sweep variable is in the range（　）to（　）”一栏的两个空格用于指定在 X 坐标的什么范围比较输出波形。若未指定，则在整个 X 坐标扫描范围内进行比较。

（9）元器件参数实际值输出要求的确定。若在图 4-13 中使“List model parameter values in the output file for each run”处于选中状态，则将 MC 分析中每一次分析采用的元器件参数实际值均存入 OUT 输出文件。

（10）元器件容差参数向 PSpice AA 高级分析的传递。从 PSpice 版本 10 开始推出的高级分析中，需要采用满足高级分析格式要求的参数设置（参见第 6 章），其格式与 PSpice AD 分析中采用的格式不完全相同，也就是说，如果电路中元器件没有设置适用于高级分析的参数，则这种电路将无法进行高级分析。为了使原先只用于 PSpice AD 分析的电路也能用于高级分析，解决途径之一是在图 4-11 所示对话框中选中“Enable PSpice AA support for legacy”复选框，PSpice 就会将 PSpice AD 进行 Monte Carlo 分析中设置的容差参数自动转化为 PSpice AA 要求的格式，相关内容将在第 6 章介绍。

（11）MC 分析中分散性参数的存取。MC 分析中需要通过产生随机数代表元器件参数的分散性。为了方便起见，用户可以将 MC 分析中实际采用的随机数存入文件，供以后 MC 分析时采用。也可以在进行 MC 分析时直接调用业已存储有随机数的文件。

在图 4-11 对话框中，单击 MC Load/Save 按钮，将出现图 4-14 所示对话框。

若选中 Save parameter values in file 复选框，再在其下方文本框中输入存放 MC 参数的文件名及其路径（也可借助右侧 Browse 按钮），即可将本次 MC 分析中采用的随机数数据存入以 MCP 为扩展名的文件中。

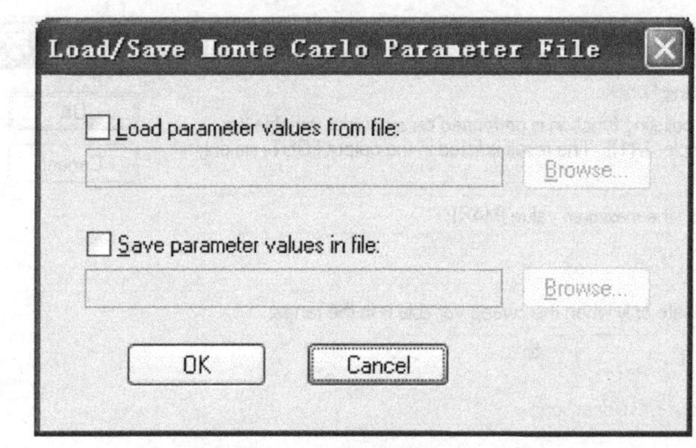

图 4-14 MC 参数存取设置框

若选中 Load parameter values from file 复选框，再在其下方文本框中输入 MCP 文件名及其路径，或者借助其右侧 Browse 按钮选项，即可在本次 MC 分析中采用存放在指定文件中的方法保存随机数数据。

关于 MCP 文件的格式、使用时的注意事项等问题将在第 7 章介绍。

4.3.3 MC 分析步骤

下面以图 3-1 差分对电路为例，介绍 MC 分析的步骤。

按照设计要求，图 3-1 所示差分对电路中集电极负载电阻 RC1 和 RC2 是完全对称的两个 10kΩ 电阻。但是在生产中如果实际采用的是容差为 5%的 10kΩ电阻，采用 MC 分析可以模拟仿真生产的一批差分对电路产品中，由于 RC1 和 RC2 阻值的分散性而导致的电路最大放大倍数参数的分散性。

1. 电路图的修改

进行 MC 分析时，首先按下述方法将考虑其参数值存在容差的元器件 RC1 和 RC2 改换为设置有容差参数的元器件符号。

（1）将 RC1 和 RC2 符号更换为 BREAKOUT 库中的 Rbreak 符号：实现需要删除电路图中 RC1 和 RC2 电阻符号，再调用 BREAKOUT 库中的 Rbreak 符号放置到原先 RC1 和 RC2 电阻符号的位置。

从 BREAKOUT 库中调用的 Rbreak 符号如图 4-15 所示。其中编号 R8 是系统根据电路中已有的电阻个数自动赋予 Rbreak 符号的。符号下方的 Rbreak 为该电阻的模型名，1k 是库中该电阻的默认值。

（2）按照第 2 章介绍的方法，将放置在电路中的两个 Rbreak 符号的元器件编号分别改换为原来电路中采用的编号名 RC1、RC2，阻值改换为原来的 10k。

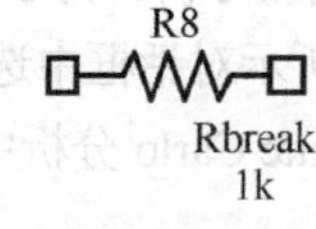

图 4-15 Rbreak 电阻符号

（3）如果需要，则修改其默认的模型名称 Rbreak（参见图 4-16 及相关说明）。

2. 设置电阻 RC1 和 RC2 的容差

容差参数是描述元器件模型的参数之一。进行 MC 分析的关键是按照下述步骤调用模型参数编辑模块 Model Editor，设置电阻 RC1 和 RC2 的容差参数。

（1）选中刚替换的电阻 RC1 或者 RC2 符号，再选择执行快捷菜单中的 Edit PSpice Model 子命令，屏幕上出现如图 4-16 所示模型参数编辑框。其中列出了系统提供的 Rbreak 模型参数描述，供用户在此基础上编辑修改，形成需要的模型参数描述。

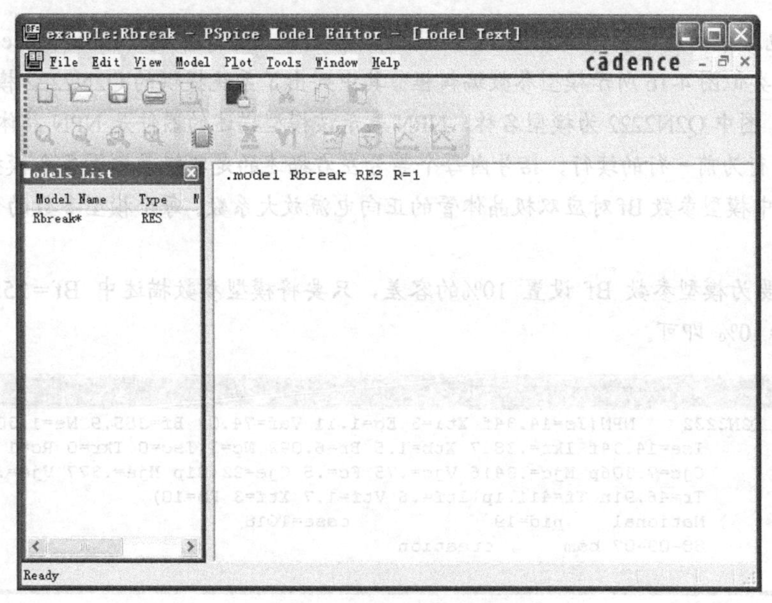

图 4-16　模型参数编辑框

下面是模型描述语句各项的含义。

① .model 是关键词，表示其后面的内容是模型描述。

② Rbreak 是模型名称，表示该模型参数描述语句描述的是一个模型名称为 Rbreak 的元器件的模型参数值，该模型名称应该与图 4-15 所示元器件符号采用的模型名称一致。用户可根据需要改变其名称。

③ RES 为关键词，表示该句描述的元器件的类型。不同元器件用不同的关键词，用户不得修改。句中 RES 代表电阻。代表电容的关键词是 CAP，代表 NPN 双极晶体管的关键词是 NPN，……。

④ R=1 中 R 是电阻的一个模型参数名，1 是为该模型参数的赋值。

提示：不要将模型参数 R 误认为是阻值。R 的实际含义是阻值倍增因子，即将电路中相应的电阻阻值扩大多少倍。对 PCB 中采用的电阻，直接采用模型参数 R 的默认值 1。对于集成电路中的电阻，通常将 R 值设置为生产中的方块电阻值，而电路中的电阻参数 Value 设置为相应电阻版图尺寸的长宽比。

提示：PSpice 中不同元器件模型参数的个数及含义互不相同，详细内容可参见“PSpice A/D Reference Guide”。理解元器件模型以及模型参数并正确灵活地设置好模型参数值需要具有一定的器件物理基础。

（2）设置模型名：刚调入 Rbreak 符号时，其模型名自动取为 Rbreak。用户可以修改模型名，也可以直接使用原来名称。

（3）设置模型参数容差：在对差分对实例电路的 MC 分析中，考虑电阻 RC1 和 RC2 的容差为 5%，就应该在 R=1 的后面添加 DEV=5%，即将图 4-16 中的模型描述改为

.model　Rbreak　RES　R=1　DEV=5%

（4）执行 File→Save 命令。

（5）如果在第（2）步修改了模型名称，则需要将电路图中的电阻 RC1 和 RC2 的模型名 Rbreak 也做相应修改。

提示：PSpice AD 中为半导体器件模型参数设置容差参数的方法与电阻情况类似。例如按照下述步骤可以为差分对电路中 Q2N2222 晶体管的模型参数设置容差参数：

（1）选中电路中的晶体管 Q2N2222 符号，再选择执行快捷菜单中的“Edit PSpice Model”子命令，屏幕上出现类似图 4-16 所示模型参数编辑框。其中列出了系统提供的 Q2N2222 模型参数描述，如图 4-17 所示。图中 Q2N2222 为模型名称，NPN 表示该模型描述的器件是 NPN 晶体管，由符号+引导的行表示该行为前一行的续行。括号内每个等号左右描述的是双极晶体管各个模型参数的名称及其设置值，其中模型参数 Bf 对应双极晶体管的正向电流放大系数。每个模型参数的含义可参见参考资料[3]。

（2）如果要为模型参数 Bf 设置 10%的容差，只要将模型参数描述中 Bf = 255.9 一项改为 Bf = 255.9 Dev = 10% 即可。

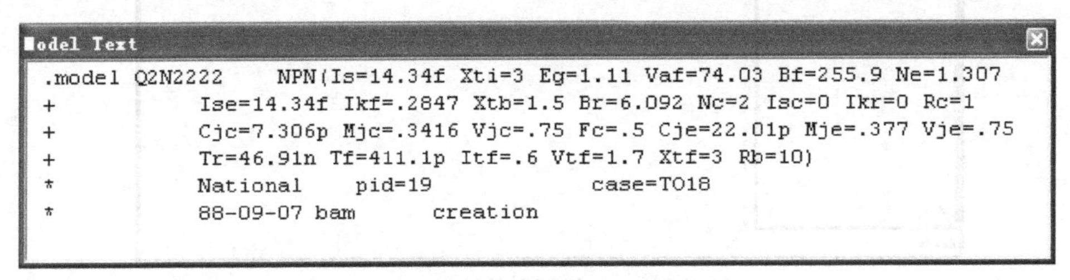

Model Text

```
.model Q2N2222    NPN(Is=14.34f Xti=3 Eg=1.11 Vaf=74.03 Bf=255.9 Ne=1.307
+         Ise=14.34f Ikf=.2847 Xtb=1.5 Br=6.092 Nc=2 Isc=0 Ikr=0 Rc=1
+         Cjc=7.306p Mjc=.3416 Vjc=.75 Fc=.5 Cje=22.01p Mje=.377 Vje=.75
+         Tr=46.91n Tf=411.1p Itf=.6 Vtf=1.7 Xtf=3 Rb=10)
*         National    pid=19          case=TO18
*         88-09-07 bam      creation
```

图 4-17　Q2N2222 晶体管的模型参数描述

3．MC 分析参数设置

（1）在图 4-11 中，Analysis type 一栏选择进行基本特性分析的类型并设置分析参数。对差分对实例，选择 AC Sweep/Noise，分析参数设置情况如图 3-4 所示。

（2）在图 3-4 所示对话框 Options 一栏选择“Monte Carlo/Worst Case”，并设置 MC 分析参数。对差分对实例，设置结果如图 4-11 和图 4-13 所示。

4．进行 MC 分析

完成分析参数设置后，选择执行 PSpice→Run 命令，即启动 PSpice 软件自动完成蒙特卡罗分析。

5．MC 分析结果显示

完成 MC 分析后，可以从下述几方面显示分析结果。

（1）结果波形显示：本例中，图 4-11 的 Output 选项框选择了 All，表示所有分析结果均保存。可以按 5.2.6 节介绍的方法调用 Probe 显示 MC 分析结果，即 400 次 AC 分析的 V(out2)～f 变化关系，如图 4-18 所示。

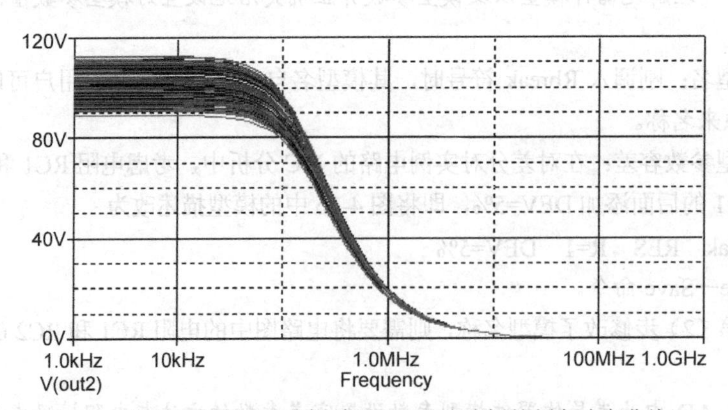

图 4-18　差分对电路 MC 分析结果（400 次分析的频率响应曲线）

（2）MC 分析结果统计：图 4-13 中，Function 任选部分选择了“MAX”，因此将每次分析的 V(out2)最大值按照从大到小顺序排列，存入 OUT 输出文件中。图 4-19 显示的是 OUT 文件中的部分内容。

```
****     SORTED DEVIATIONS OF V(OUT2)        TEMPERATURE =     27.000 DEG C

                              MONTE CARLO SUMMARY

******************************************************************************

RUN                           MAXIMUM VALUE

Pass   100                    112.69 at F =       1.0000E+03
                              ( 111.23% of Nominal)

Pass   102                    112.69 at F =       1.0000E+03
                              ( 111.23% of Nominal)

Pass   302                    112.29 at F =       1.0000E+03
                              ( 110.83% of Nominal)

Pass     2                    111.25 at F =       1.0000E+03
                              ( 109.8 % of Nominal)

Pass   228                    111.1   at F =      1.0000E+03
                              ( 109.66% of Nominal)

Pass    50                    111.03 at F =       1.0000E+03
                              ( 109.59% of Nominal)
```

图 4-19　差分对电路 MC 分析结果（400 次分析的输出电压最大值部分结果）

（3）各次分析中实际采用的参数查寻：图 4-13 中，选择了“List model parameter values in the output file for each run”选项，每次分析时实际采用的元器件参数值均存入 OUT 文件。图 4-20 显示的是 OUT 文件中存放的第二次分析中模型参数 R 的取值内容。

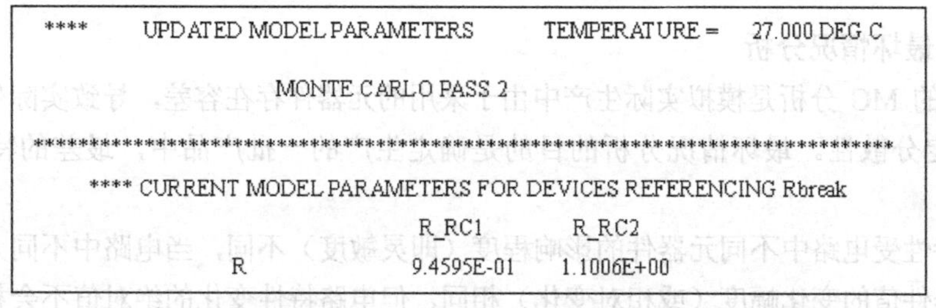

```
****     UPDATED MODEL PARAMETERS         TEMPERATURE =     27.000 DEG C

                          MONTE CARLO PASS 2

******************************************************************************

    **** CURRENT MODEL PARAMETERS FOR DEVICES REFERENCING Rbreak

                              R_RC1           R_RC2
         R                    9.4595E-01      1.1006E+00
```

图 4-20　差分对电路 MC 分析中第二次分析采用的电阻参数值

（4）电路特性参数数据分散情况的直方图描述：调用 Probe 模块提供的 Performance Analysis（电路性能分析）功能，就可以采用直方图表示 400 次模拟中得到的交流小信号最大放大倍数 Max(V(out2))的分散情况（直方图的生成方式参见 5.6 节介绍），结果如图 4-21 所示。直方图的下方给出了 400 次分析数据的统计结果，包括平均值（mean）为 101.562，标准偏差（sigma）为 4.729 69，最小值和最大值分别为 88.857 2 和 112.688，中位数（median）即 50%分位数为 102.064，10%分位数（10th %ile）和 90%分位数（90th %ile）分别为 95.343 和 107.409。

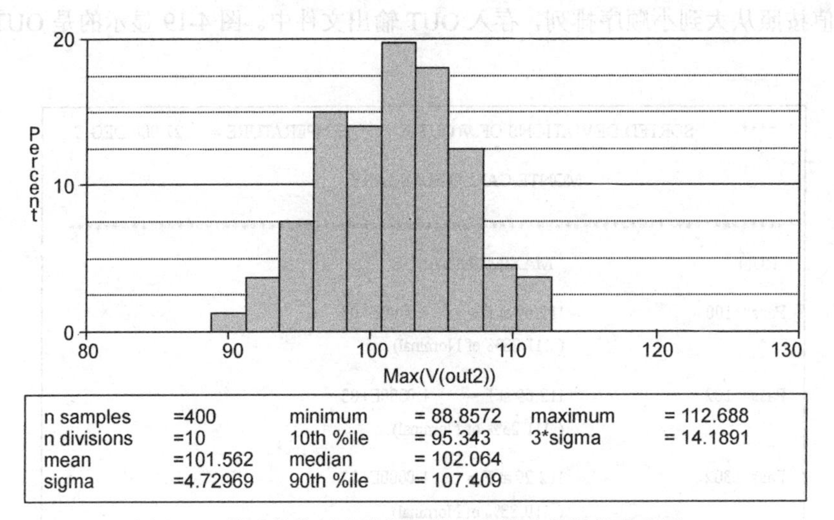

n samples	=400	minimum	= 88.8572	maximum	= 112.688
n divisions	=10	10th %ile	= 95.343	3*sigma	= 14.1891
mean	=101.562	median	= 102.064		
sigma	=4.72969	90th %ile	= 107.409		

图 4-21　描述差分对电路最大放大倍数分散性的直方图

说明：PSpice AA 中也包括有 Monte Carlo 分析，其原理和分析方法与本节介绍的内容相同，但是 MC 分析结果的显示和分析比本节介绍的 PSpice AD 中 MC 分析功能强得多，而且还解决了 PSpice AD 进行 Monte Carlo 分析时存在的一个 Bug。详细信息见 6.4 节。

提示：上面结合差分对电路介绍了 Monte Carlo 分析的详细步骤。但是其中在电阻 RC1 和 RC2 的容差参数设置中存在一个 Bug。该 Bug 到底是什么问题以及应该如何解决这一问题的方法将在 4.4.3 节介绍对差分对电路进行最坏情况分析后再以提示的方式进行对比分析。

4.4　最坏情况分析（Worst-Case Analysis）

4.4.1　最坏情况分析的概念和功能

1．什么是最坏情况分析

4.3 节介绍的 MC 分析是模拟实际生产中由于采用的元器件存在容差，导致实际生产的一批产品特性呈现一定分散性。最坏情况分析的目的是确定生产的一批产品中，最差的特性将会是什么情况。

由于电路特性受电路中不同元器件的影响程度（即灵敏度）不同，当电路中不同元器件分别变化时，即使元器件值的变化幅度（或相对变化）相同，但电路特性变化的绝对值不会相同，而且其变化的方向也可能不同。当电路中多个元器件同时随机变化时，他们对电路特性的影响会起相互“抵消”的作用。进行最坏情况分析时，首先按照引起电路特性变差的要求，确定每个元器件的（增、减）变化方向，即最坏方向，然后再使这些元器件同时在相应的最坏方向，按其可能的最大范围（即设置的容差）变化，进行一次电路模拟分析。显然，这种情况下进行的电路分析就是最坏情况分析（Worst-Case Analysis），简称 WCase 分析，或 WC 分析。

提示：显然，与最坏情况分析相对应，还存在“最好情况”分析。在 PSpice AD 中只要修改相应参数设置，也可以进行“最好情况”分析。PSpice AA 中的 Sensitivity 模块就同时包括有最坏情况和最好情况两种分析功能，统称为极端情况分析，详细内容参见 6.2 节介绍。

2．最坏情况分析的过程

下面结合对图 3-1 所示差分对电路进行的最坏情况分析，说明 PSpice 内部进行最坏情况分析的过程。

（1）首先进行一次标称值分析。对差分对电路，标称值分析结果是交流小信号最大放大倍数 Max(V(out2))= 101.313。

（2）对要考虑其模型参数值发生变化的元器件分别进行一次灵敏度分析，确定该元器件值变化时引起电路特性变化的大小和方向。PSpice 进行灵敏度分析时，实际上是将该元器件参数值扩大千分之一后进行一次电路分析。

对差分对电路，将 RC1 阻值增加千分之一，其他元器件值维持标称值不变，电路模拟的结果是 Max(V(out2))等于 101.308，小于标称值分析结果，说明 RC1 阻值增大将导致输出减小。因此，交流小信号最大放大倍数 Max(V(out2))对电阻 RC1 的灵敏度为负值。

对 RC2 进行同样分析，得到的结果是 Max(V(out2))等于 101.410，大于标称值分析结果，表示交流小信号最大放大倍数 Max(V(out2))对电阻 RC2 的灵敏度为正值。

（3）按照电路特性变坏的方向，确定每一个元器件值的变化方向。

对差分对电路而言，输出电压减小为变坏分析。结合上述灵敏度分析结果可见，RC1 增大将导致 Max(V(out2))减小，因此 RC1 的最坏变化方向是增大。而 RC2 增大将导致 Max(V(out2))增大，因此 RC2 的最坏变化方向是减小。

（4）使每个元器件均向“最坏方向”按其最大可能范围（即设置的容差值）变化，进行一次电路分析，得到最坏情况分析结果。

以差分对电路为例，RC1 的最坏变化方向是增大，RC2 的最坏变化方向是减小，这两个电阻的容差值为 5%，因此，只要将 RC1 增大 5%，将 RC2 减小 5%，就组成了最坏情况。此时的模拟结果是 Max(V(out2))等于 96.249，这就是在考虑电阻 RC1 和 RC2 阻值存在 5%容差的情况下，差分对电路的最坏情况输出电压。

表 4-1 汇总了上述分析过程及分析结果。

表 4-1　差分对电路 WC 分析过程与结果

分析过程	模型参数 R 取值		V(out2)
	RC1	RC2	
1．标称值分析	1	1	101.313
2．RC1 灵敏度分析	1.001	1	101.308
3．RC2 灵敏度分析	1	1.001	101.410
4．最坏情况分析	1.05	0.95	96.249

由上述分析过程可见，完成最坏情况分析需要进行的模拟仿真次数等于需要考虑其容差影响的元器件参数个数加 2。对差分对电路，考虑其容差影响的元器件参数有两个，即电阻 RC1 和 RC2 的阻值，因此 WC 分析全过程共包括 4 次 AC 模拟分析。第一次为标称值分析。第二、第三次分别对 RC1 和 RC2 进行灵敏度分析。最后一次为最坏情况分析。

3．电路设计的“鲁棒性”

如上所述，最坏情况是一种极端情况，在实际中出现的概率极低。但最坏情况的分析结果从一个方面反映了电路设计质量的好坏。显然，如果最坏情况的分析结果都能满足电子产品的规范要求，或与规范要求差距不大，那么将这种电路设计用于生产时，成品率一定很高，这就表明，电路设计对元器件参数变化的适应性很强，国际上将这种电路称为一种 Robust 电路，或者说电路设计具有很高的 Robustness。中文则称之为具有很高的“鲁棒性”。

4.4.2 最坏情况分析参数设置

最坏情况分析需要确定电路中相关元器件的容差、设置 WC 分析参数。其中要考虑其参数容差的那些元器件符号的更换，以及容差参数的设置方法与 MC 分析中介绍的相同，下面主要介绍 WC 分析参数的设置方法。

最坏情况分析与 MC 分析共用同一个参数设置标签页。在图 4-11 所示电路特性分析设置标签页中选中“Worst-case /Sensitivity”，屏幕上显示的设置窗口如图 4-22 所示。

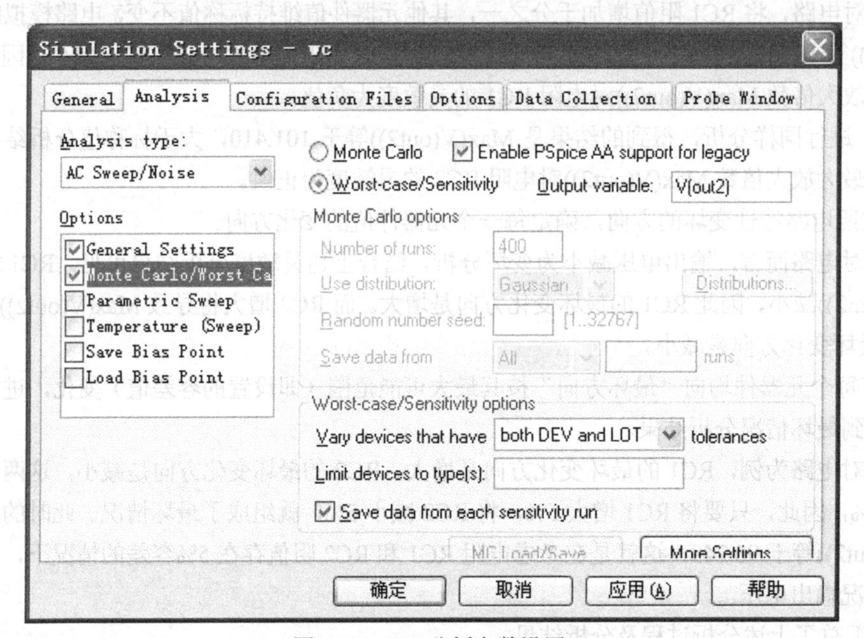

图 4-22 WC 分析参数设置

在图 4-22 中需要设置下述三项参数。

1．输出变量的确定

在 Output variable 右侧的对话框中输入最坏情况分析中的输出变量名 V(out2)。

2．WC 分析选项设置

根据需要，设置图 4-22 中“Worst-case/Sensitivity options”子框内的三个选项。

（1）Vary devices that have（ ）tolerances：其括号中的内容应从其下拉式列表中的三个选项选用一项。若选用“both DEV and LOT”，则表示凡是用 DEV 或 LOT 描述其变化规律的所有模型参数，在最坏情况分析中均应考虑。若选用“only DEV”，则表示在最坏情况分析中只考虑用 DEV 描述的模型参数的变化影响。若选用“only LOT”选项的含义与此类似。

需要指出的是，若选中“both DEV and LOT”，对于同时用 DEV 和 LOT 描述的模型参数，在灵敏度分析时只考虑 LOT 描述的变化情况来确定最坏情况的方向。在最后一次最坏情况综合分析时，则同时考虑 DEV 和 LOT 两部分的作用，确定该参数的最大可能变化范围。

（2）Limit devices to type(s)：根据第（1）项的设置，所有用 DEV 和/或 LOT 描述其参数变化的元器件在最坏情况分析中均应考虑。若用户在最坏情况分析中只要求考虑某几类元器件的参数变化，可在本项对话框中填入这几种元器件的关键字母代号，中间不得有空格。例如，若只考虑电阻和双极晶体管的参数变化，则此处应填入 RQ。若本项未予设置，则采用内定值，即考虑所有元器件的参数变化。

（3）Save data from each sensitivity run：若选中本项，则将每次灵敏度分析的结果均存入输出文件（OUT）。

3．More Settings

在图 4-22 中单击 More Settings 按钮，屏幕上出现图 4-23 所示设置框。该图与 MC 分析中的图 4-13 相同。其中 Worst-Case direction 用于设置最坏情况的方向。若选中 Hi，则相对标称值分析而言，最坏情况方向是指增大方向。若选中 Low 则指减小方向。对差分对电路实例，输出减小是最坏方向，因此应该选择 Low。

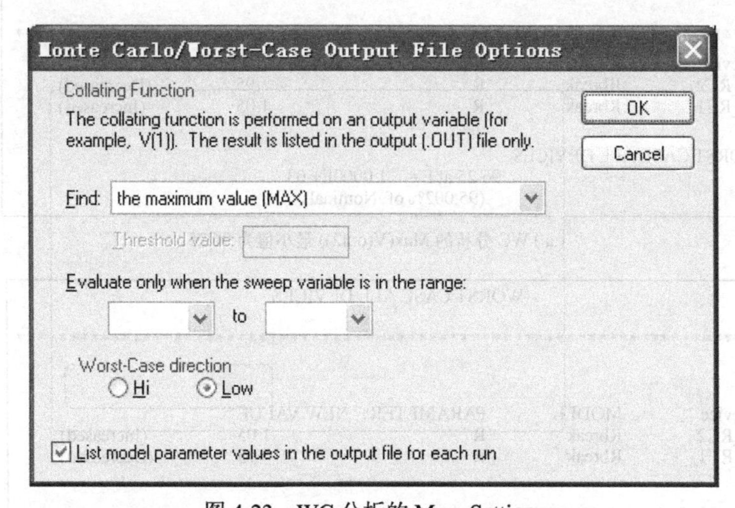

图 4-23　WC 分析的 More Settings

图 4-23 中其他几项在图 4-13 中已做过介绍，这里不再重复。

4.4.3　WC 分析实例（差分对电路）

下面结合图 3-1 差分对电路实例，若电阻 RC1 和 RC2 按 5%的误差独立随机变化，则按照下述步骤就可以分析最坏情况下，交流小信号 AC 放大倍数最大值 Max(V(out2))的值。

1．电路图修改

WC 分析是一种统计分析，因此首先应像 4.3.3 节的 MC 分析实例那样，将图 3-1 差分对电路中电阻 RC1 和 RC2 符号换为 Rbreak（见图 4-15），然后再将其模型参数 R＝1（见图 4-16）设置为 R＝1 DEV＝5%。

2．WC 分析参数设置

WC 分析参数设置方法如前所述。针对图 3-1 差分对电路最坏情况分析的参数设置，如图 4-22 和图 4-23 所示。按图中设置，以 AC 分析的 V(out2)为输出变量，以 V(out2)～f 特性曲线上最大值 Max(V(out2))变小为最坏方向。所有分析数据均存至 OUT 文件。

3．分析结果

分析结果列于表 4-1 中，在灵敏度分析时是假设 RC1 和 RC2 分别增大千分之一（0.1%）进行

AC 分析。因 Max(V(out2))结果分别小于和大于标称值分析的 Max(V(out2))，因此按照最大值变小为最坏方向的设置，确定出最坏情况对应于 RC1 增大和 RC2 减小。由于 RC1 和 RC2 最大误差均为 5%，因此，最坏情况分析中，RC1 和 RC2 的模型参数分别取为 R＝1.05 和 0.95。在 OUT 文件中存放的最坏情况分析最终结果如图 4-24（a）所示，即最坏情况的电路放大倍数不会小于 96.25。

如果将图 4-23 中 Worst-Case direction 一项的设置从 Low 改为 Hi，就可以计算极端情况下 Max(V(out2))的最大值。分析过程与上述 Worst-Case direction 一项设置为 Low 的情况类似，但是这时最坏情况对应于 RC1 减小和 RC2 增大，RC1 和 RC2 的模型参数分别取为 R 等于 0.95 和 1.05，相应 Max(V(out2))的最大值为 106.37，即极端情况下的电路放大倍数不会大于 106.37，如图 4-24（b）所示。

```
                         WORST CASE ALL DEVICES

*****************************************************************************
 Device        MODEL         PARAMETER   NEW VALUE
 R_RC2         Rbreak        R                 .95          (Decreased)
 R_RC1         Rbreak        R                1.05          (Increased)

WORST CASE ALL DEVICES
                           96.25 at F =    1.0000E+ 03
                             (95.002% of  Nominal)
```

(a) WC 分析的 Max(V(out2)) 最小值为 96.25

```
                         WORST CASE ALL DEVICES

*****************************************************************************

 Device        MODEL         PARAMETER   NEW VALUE
 R_RC2         Rbreak        R                1.05          (Increased)
 R_RC1         Rbreak        R                 .95          (Decreased)

WORST CASE ALL DEVICES
                           106.37  at F =    1.0000E+03
                             (104.99% of Nominal)
```

(b) WC 分析的 Max(V(out2)) 最大值为 106.37

图 4-24　差分对电路 WC 分析结果

提示：由 WC 分析结果可知，对图 3-1 所示差分对电路，如果只考虑集电极负载电阻 RC1 和 RC2 存在 5%容差的影响，则生产的一批电路产品的放大倍数虽然存在分散性，但是其分散范围不会超出 96.25～106.37。然而，图 4-21 所示的 Monte Carlo 分析结果则表明，考虑到 RC1 和 RC2 存在 5%的容差，导致实际生产的一批电路产品的放大倍数具有分散性，放大倍数最小值为 88.857，最大值为 112.69，竟然明显超出 WC 分析给出的分散范围，显然这是一种不合理的结论。

导致上述问题的原因是因为 PSpice AD 中的 Monte Carlo 分析选用 Gaussian 分布时存在下述 Bug：

实际生产中描述元器件容差 DEV 的值是指采购的一批合格元器件中每个元器件的值与标称值的偏差不会超出容差确定的范围。例如，图 3-1 所示差分对电路中集电极负载电阻 RC1 和 RC2 设计标称值为 10k，容差 DEV 为 5%，表示生产中使用的这批电阻的阻值分散范围为 9.5～10.5k。Monte Carlo 分析中通过产生一组服从一定概率分布函数的随机数来描述阻值的分散情况，通常采用正态分布。根据正态分布函数的特性，其均值加减 3 倍标准偏差的范围对应容差范围，因此，作为描述元器件值分散性的正态分布函数，均值取为标称值，标准偏差应该取为容差的 1/3。

而 PSpice AD 进行 Monte Carlo 分析时，产生正态分布随机数时将标准偏差取成了 DEV 容差值，这样描述元器件数值分散性的范围实际为 DEV 设置值的 3 倍，远大于容差范围，导致 Monte Carlo 分析结果给出的 Max(V(out2))分散范围竟然明显超出 WC 分析给出的分散范围。

如果希望采用 PSpice AD 进行 Monte Carlo 分析能够给出正确的结果，则可以采用下述两种方法：

（1）在图 4-11 所示参数设置对话框中，在 Use distribution 多选框中选择 GaussUser 选项，并在其右侧下拉列表中选择 1，表示 MC 分析中元器件值分散范围对应 DEV 的 1 倍，这样的 MC 分析将会给出正确的结果，如图 4-25 所示，放大倍数最小值为 97.18，最大值为 105.12，确实在 WC 分析给出的分散范围之内。

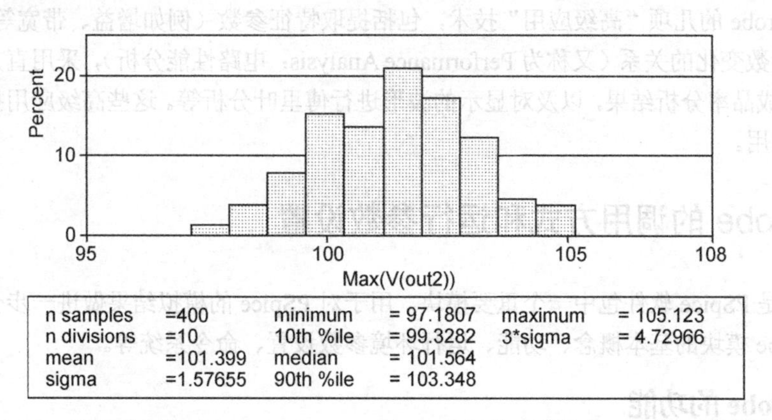

图 4-25　差分对电路（RC1=RC2=10k，DEV=5%）的正确的 Monte Carlo 分析结果

（2）Use distribution 多选框中仍然选择 Gaussian 项，但是需要将图 4-16 模型参数编辑框中描述电阻参数 R 的容差 DEV 从 5%改为 1.66667%，即容差值的 1/3。这样，采用修改后的 DEV 设置值进行 Monte Carlo 分析就能得出如图 4-25 所示的正确结果。但是在进行 WC 分析时，还必须将描述容差的参数 DEV 设置值恢复为实际容差值。

综合考虑，采用第（1）种处理方法更加方便一些。

说明：在 PSpice AA 高级分析中进行的 Monte Carlo 分析已经解决了上述问题。

4.4.4　保证 WC 分析结果可信度的条件

由前面介绍可见，PSpice AD 软件在进行 WC 分析的过程中，对具有容差参数的元器件，取 0.1%增量进行灵敏度分析，确定该元器件参数变化的“最坏”方向。在最后一次所有参数同时变化的最坏情况分析中，每个参数均沿“最坏”方向，按容差值变化。

电路中采用的元器件的容差通常远大于计算灵敏度时采用的 0.1%，显然，只有在以标称值为中心的正、负容差范围内，才能保证 WC 分析结果是正确的，否则将可能导致错误的结果。

如果基于电路工作原理分析尚不能得到确切的结论，则可以采用 4.2 节介绍的参数扫描方法进行定量验证。

第 5 章　波形显示和分析模块（Probe）

PSpice 完成电路模拟分析以后，可以将模拟计算结果以 ASCII 码形式存入 OUT 文件，供用户以文本方式查阅、分析结果。同时 PSpice 软件包中还提供有 Probe 后处理模块，供用户以人机交互方式分析节点电压和支路电流的波形曲线。本章首先介绍 Probe“显示波形”的基本功能和使用方法，同时重点介绍 Probe 的几项“高级应用”技术，包括提取特征参数（例如增益、带宽等）、分析电路特性随元器件参数变化的关系（又称为 Performance Analysis：电路性能分析），采用直方图的方式表示 Monte Carlo 成品率分析结果，以及对显示的波形进行傅里叶分析等。这些高级应用技术对改进电路设计有很大作用。

5.1　Probe 的调用方式和运行参数设置

Probe 模块是 PSpice 软件包中一个重要模块，用于对 PSpice 的模拟结果做进一步分析处理。本节简要介绍 Probe 模块的基本概念、功能、运行环境参数设置、命令系统等。

5.1.1　Probe 的功能

为了进一步分析 PSpice 的模拟结果，Probe 后处理模块具有下述 5 项功能。

1. 基本功能——“示波器”作用

PSpice 对电路特性进行模拟分析以后，用户可以调用 Probe 模块以交互方式直接在屏幕上显示不同节点电压和支路电流的波形曲线，就像用一台示波器显示观察实际电路中不同位置的波形。Probe 还可以在屏幕上打开多个窗口，在每个窗口中可同时显示多个信号波形，并且可以在每个信号波形上加注释用符号和字符。此外还可以采用标尺（Cursor），在波形上测量数据点的坐标值，对信号波形进行多种运算处理。

5.2 节和 5.3 节将详细介绍 Probe 软件模块的“示波器”作用。

对数/模混合模拟，可以在同一个时间坐标轴下采用两个窗口分别显示模拟信号波形和数字信号波形（参见 3.9 节）。

2. 电路特性参数的提取（Measurement）

Probe 除了可以在屏幕上直接显示节点电压和支路电流的信号波形外，还可以采用 5.4 节介绍的方法调用 Measurement 函数，从显示的波形提取出表征电路特性的多种参数（如增益和带宽等），对信号进行多种运算处理，包括傅里叶变换（参见 5.7 节），并能显示运算处理后的结果波形，从而可直接得到多种参数的计算结果（如功率）。

3. 关于电路设计的性能分析

在电路设计的过程中，调用 PSpice 模拟分析电路特性以后，利用 Probe 的 Performance Analysis（电路性能分析）功能，可以得到电路基本特性（如运放的带宽和增益）与电路中某些元器件参数取值之间的关系（见 5.5 节），这样就可以根据电路特性的要求，确定元器件参数的最佳设计值，有助于改善电路设计水平。

4. 绘制直方图

通过蒙特卡罗（MC）分析，可模拟计算在实际生产中电路特性参数的分散情况。在MC分析以后调用Probe，可以用直方图显示电路特性参数的具体分布（见5.6节）。

5. 信号波形数据文件的生成

在用Probe显示和分析信号波形的过程中，可以根据需要，将窗口中显示的波形曲线转换为数据存入文件，供用户进一步分析、使用（见第7章）。

5.1.2　Probe调用和运行模式

Probe的调用方法有自动调用和手工调用等多种不同的模式，可以由用户设置确定。

在Capture窗口中选择执行PSpice→Edit Simulation Profile子命令，再从屏幕上出现的Simulation Settings设置对话框中选择Probe Window标签，屏幕上将出现图5-1所示标签页。用户可以根据需要，设置相关选项，确定Probe调用方法以及对应的运行模式。

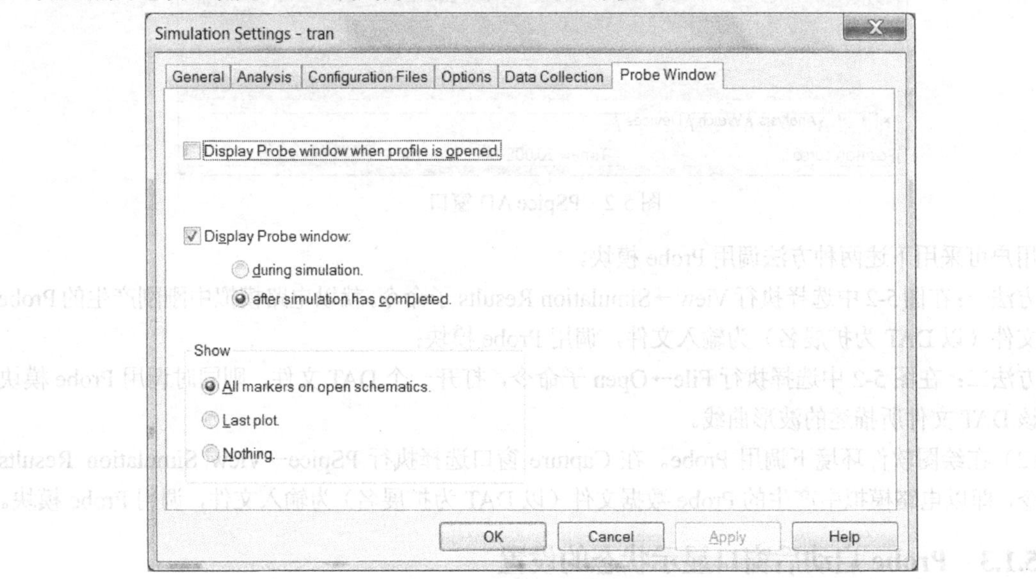

图5-1　Probe Window 标签页

1. Probe 的自动调用

最基本的Probe调用方法是在PSpice完成模拟以后自动调用Probe。

① 若在图5-1中选中“Display Probe window”，并选中其下方的“during simulation”选项，则在启动PSpice进行电路特性模拟分析的同时，自动调用Probe模块，并在Probe窗口中及时显示模拟分析数据波形的变化，起到监测模拟进程的作用（见5.8节）。

② 若在图5-1中选中“Display Probe window”，并选中其下方的“after simulation has completed”选项，则在PSpice完成了电路特性模拟分析后，将以模拟分析时产生的Probe数据文件为输入文件，自动调用Probe模块，这是使用得最多的一种调用方法。

2. Probe 的直接调用

如果在图5-1的设置中未选中“Display Probe window”，则完成电路模拟分析以后，不会自动调用Probe，用户可以采用下面几种方法打开模拟生成的DAT文件，调用Probe模块，然后按照5.2节介绍的方法显示该DAT文件描述的信号波形。

（1）在 PSpice AD 窗口中调用 Probe。如果在图 5-1 的设置中选中“Display Probe window when profile is opened”，则电路模拟结束后，屏幕上并不会自动出现 Probe 窗口，而是显示出如图 5-2 所示的 PSpice AD 窗口。

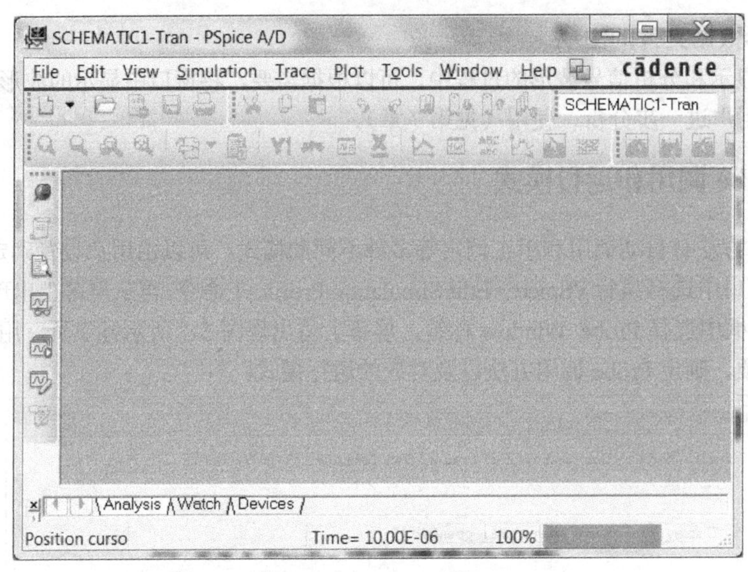

图 5-2　PSpice AD 窗口

用户可采用下述两种方法调用 Probe 模块。

方法一：在图 5-2 中选择执行 View→Simulation Results 子命令，就以电路模拟中刚刚产生的 Probe 数据文件（以 DAT 为扩展名）为输入文件，调用 Probe 模块；

方法二：在图 5-2 中选择执行 File→Open 子命令，打开一个 DAT 文件，则同时调用 Probe 模块显示该 DAT 文件所描述的波形曲线。

（2）在绘图软件环境下调用 Probe。在 Capture 窗口选择执行 PSpice→View Simulation Results 子命令，即以电路模拟中产生的 Probe 数据文件（以 DAT 为扩展名）为输入文件，调用 Probe 模块。

5.1.3　Probe 启动后窗口显示状态的设置

Probe 启动后，在 Probe 波形显示窗口中同时自动显示哪些内容，由图 5-1 中 Show 一栏的三项设置确定。

说明：如果在图 5-1 的设置中既未选中 Display Probe window，也未选中 Display Probe window when profile is opened，则 Show 一栏的三项设置均为灰色显示，不起作用。

① All markers on open schematics：若选中本任选项，则启动 Probe 后，波形显示窗口中将同时自动显示电路图中所有由 Marker（波形显示标示符）符号指定的波形。关于 Markers 的介绍见 5.2.7 节。

② Last plot：若选中本项，将显示上一次退出 Probe 之前波形显示窗口中显示的内容。

③ Nothing：若选中本项，启动 Probe 后，波形显示窗口中不显示任何波形，然后由用户调用相关命令显示指定的信号波形（参见 5.2 节）。

提示：一般情况下，应该按照图 5.1 所示的设置调用 Probe 模块，这样在完成 PSpice 模拟分析后，将自动调用 Probe 模块，并在 Probe 窗口中自动显示电路图中所有由 Marker 符号指定的波形。

5.1.4　Probe 数据文件存放内容和格式的设置

若选择图 5-1 上方的“Data Collection”标签，屏幕上显示出图 5-3 所示标签页。用于确定在电路模拟分析过程中将哪些数据存入 Porbe 数据文件，并可设置存放数据的格式。

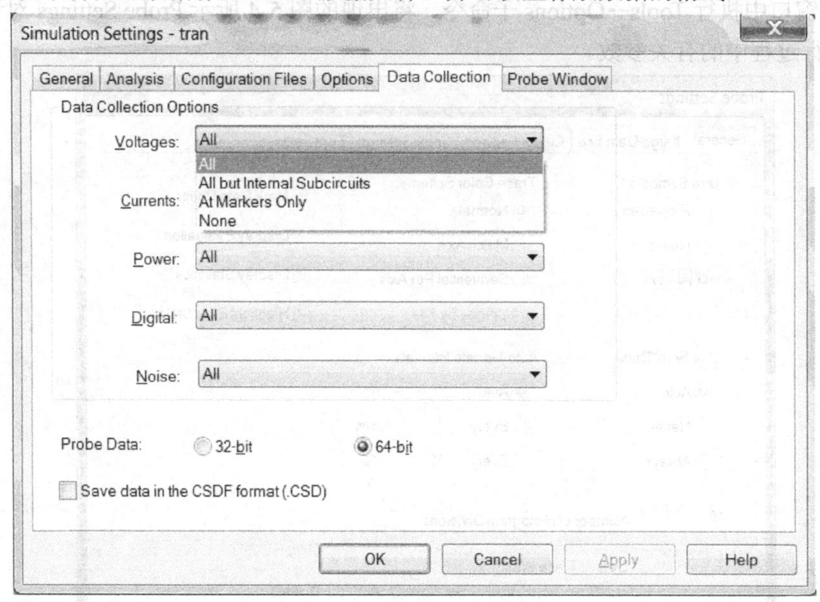

图 5-3　Data Collection 标签页

1．Probe 数据文件存放内容的设置

图 5-3 中 Data Collection Options 部分用于设置在数据文件中存放哪些内容。

如图所示，可以存放模拟仿真产生的 Voltages、Currents、Power、Digital，以及 Noise 等 5 类数据。在类型名右侧的下拉式列表中有 4 项可以选择，用于确定存放那些数据。

图 5.3 中同时显示有 Voltages 右侧的下拉列表。

① All：保存所有节点处电压波形数据。

② All but Internal Subcircuits：保存除内部子电路以外所有节点处电压波形数据。

③ At Markers Only：只保存有由 Marker 符号确定的波形数据。

④ None：所有波形数据均不保存。

提示：如果电路规模不大，为了方便对模拟结果的分析，则可以选择 All。但是如果电路规模很大，电路模拟过程中，特别是对于瞬态分析将产生大量数据，用户应该只存放所关心的那些数据（关于特大数据文件的显示参见 5.2.8 节介绍）。

2. 存放数据精度的设置

在图 5.3 中 Probe Data 一栏供用户设置采用 32 位还是 64 位存放数据。从版本 16.6 开始，PSpice 中的数据采用 64 位描述。与 32 位的数据相比，这一升级使得数据精度得到提高，明显改善了波形显示效果。

3. Probe 数据文件格式的设置

一般情况下，Probe 数据文件只供 Probe 模块调用。为了不使文件过大，以节省存储空间，Probe 数据文件是二进制码文件。如果要考虑 Probe 数据文件的通用性，可选中图 5-3 中的“Save data in the CSDF format（.CSD）”选项，则模拟结果以 ASCII 码通用模拟数据格式（Common Simulation Data

Format，CSDF）存放。

5.1.5 Probe 运行过程中的任选项设置

在 Probe 窗口中执行 Tools→Options 子命令，将出现的图 5-4 所示 Probe Settings 对话框，用于设置 Probe 运行过程中的有关参数。

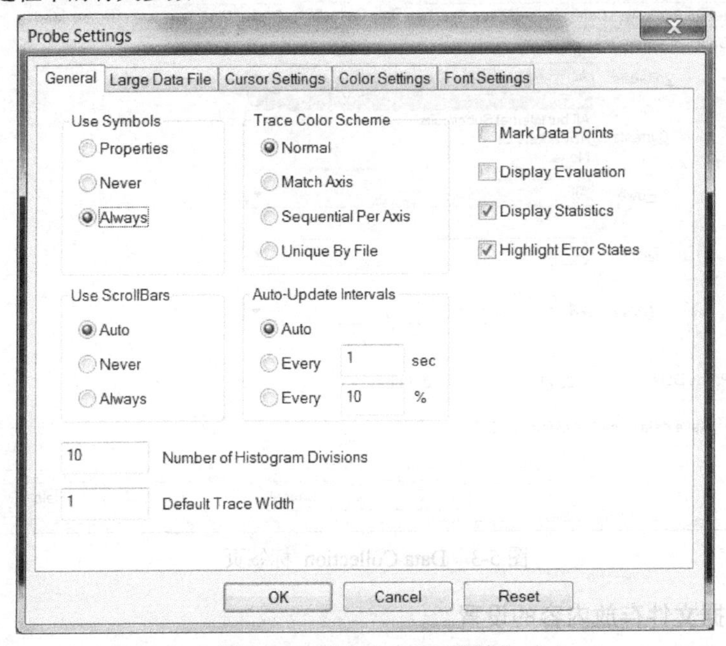

图 5-4 Probe Settings 对话框

下面简要说明每个标签页的作用，关于各项参数的具体含义和使用方法将在相关各节介绍。

General 标签页：用于设置与信号波形显示有关的基本参数（参见 5.2.2 节）。

Large Data File 标签页：用于设置显示特大数据文件信号波形时的处置方法（参见 5.2.8 节）。

Cursor Settings 标签页：用于设置与标尺（Cursor）相关的参数（参见 5.3.4 节）。

Color Settings 标签页：用于设置显示信号波形时采用的颜色（参见 5.2.2 节）。

Font Settings 标签页：用于设置显示信号波形时采用的字符。

5.1.6 Probe 模块的命令系统

无论采用哪种调用方法，屏幕上显示的 Probe 窗口基本形式都如图 5-5 所示，在命令栏中包含 9 条主命令。这些主命令及其下拉子命令菜单中的一部分子命令名称与常用软件工具中的相同，其功能和使用方法也一样，这里就不再重复。其中 File、Trace、Plot 这三条命令下拉菜单中的一些特有子命令，是在调用 Probe 模块显示分析信号波形过程中需要经常使用的。下面简要说明这几条常用命令的功能。细节问题及使用方法将在相关部分详细介绍。

1. File 命令菜单

在图 5-5 中选择 File 主命令，屏幕上出现的下拉式 File 命令菜单如图 5-6 所示，其中共包括 21 条子命令。除了常用软件工具中已包含的命令外，下面是 Probe 模块中所特有的几条主要子命令。

① Export：调用这条子命令可以将模拟仿真结果分别以 Probe 文件、Excel 文件和文本文件等多种形式输出（参见第 7 章）。

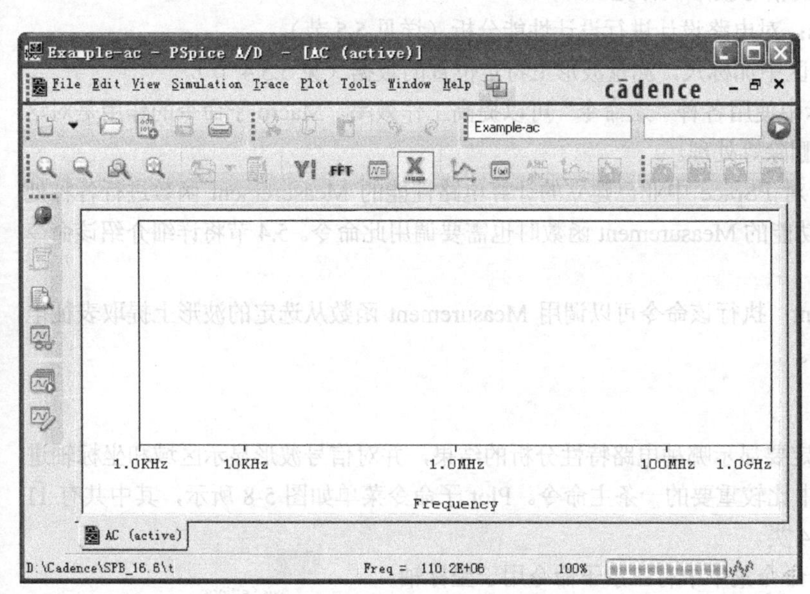

图 5-5　Probe 模块的窗口结构

File
New
Open... Ctrl+O
Append Waveform (.DAT)...
Close
Open Simulation...
Close Simulation
Save Ctrl+S
Save As...
Export
Import
Open File Location
Page Setup...
Printer Setup...
Print Preview
Print... Ctrl+P
Log Commands...
Run Commands...
Recent Simulations
Recent Files
Change Product
Exit

图 5-6　Probe 窗口的 File 命令菜单

② Import：将 Export 命令存放的 Excel 文件和文本文件等格式的模拟结果文件调入 Probe（参见第 7 章）。

③ Open File Location：转向存放 Cursor（标尺）显示窗口中信号波形上相关数据的 Excel 文件的路径（参见第 7 章）。

④ Log Commands：在 Probe 运行时，用户显示和处理信号波形过程中使用的各种命令可以存入以 CMD 为扩展名的记录文件。以后运行 Probe 模块时，可以用 CMD 文件作为输入命令文件，指导 Probe 的运行过程。本条子命令的作用就是设置在本次 Probe 运行过程中存放各种用于显示和处理信号波形的命令的文件名。

⑤ Run Commands：用于指定一个以前运行 Probe 时用上述 Log Commands 命令生成的以 CMD 为扩展名的命令文件。本次 Probe 模块将自动按该文件存放的命令运行，直到命令文件结束。

2. Trace 命令菜单

Trace 主命令用于控制信号波形的显示，以及对信号波形进行各种分析处理，是 Probe 中用得最频繁而且涉及的概念也最多的一条主命令。Trace 的下拉式 Trace 命令菜单如图 5-7 所示，共包括 9 条子命令。

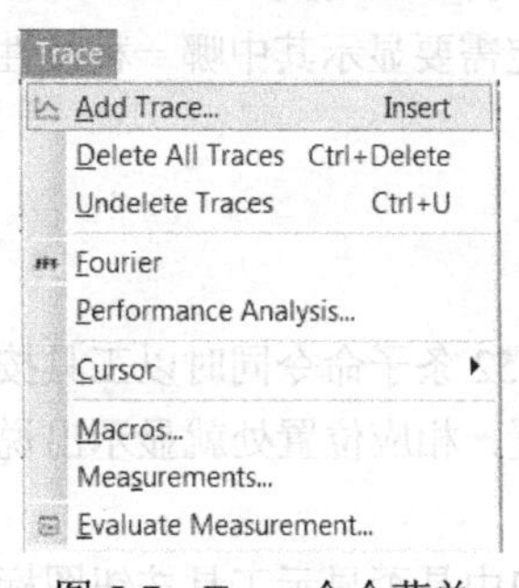

图 5-7　Trace 命令菜单

① Add Trace：用于在波形显示窗口中增加显示一条或多条信号波形曲线（详见 5.2.1 节）。

② Delete All Traces：删除窗口中显示的所有波形（详见 5.2.3 节）。

③ Undelete Traces：恢复刚被删除的波形。

④ Fourier：对显示的波形进行傅里叶变换。当执行本条子命令后，图 5-7 所示命令菜单中的 Fourier 命令前面的图标上将出现一个方框，即变为FFT。再次选择执行此命令可结束傅里叶

变换，使屏幕恢复显示原来的信号波形（详见 5.7 节）。

⑤ Performance Analysis：对电路设计进行设计性能分析（详见 5.5 节）。

⑥ Cursor：在波形显示区中加标尺，测量波形上特定位置的数据（见 5.3.4 节）。

⑦ Macros：在波形显示中使用各种“宏命令”可以提高工作效率。Macro 子命令的作用是对这些“宏”进行新建、修改、删除等处理。

⑧ Measurements：用于对 PSpice 中业已建立的计算电路性能的 Measurement 函数进行各种处理。用户需要自建具有特殊功能的 Measurement 函数时也需要调用此命令。5.4 节将详细介绍该命令的使用方法。

⑨ Evaluate Measurement：执行该命令可以调用 Measurement 函数从选定的波形上提取表征电路特性的数值（参见 5.4 节）。

3. Plot 命令菜单

Plot 主命令的作用是选定要显示哪种电路特性分析的结果，并对信号波形显示区域和坐标轴进行各种处理。这也是 Probe 中比较重要的一条主命令。Plot 子命令菜单如图 5-8 所示，其中共有 11 条子命令，按其作用可分为 4 类。

① 坐标轴的设置：Plot 命令菜单中有三条子命令用于坐标轴的设置。

Axis Settings：用于设置 X 和 Y 坐标轴的范围、刻度等属性（见 5.3.2 节）。

Add Y Axis 和 Delete Y Axis：在显示信号波形时，有时为了在同一个坐标系中同时显示具有不同特点的信号波形而需要用两个 Y 轴。为此，可以用这两条子命令增加/删除 Y 坐标轴（见 5.3.1 节）。

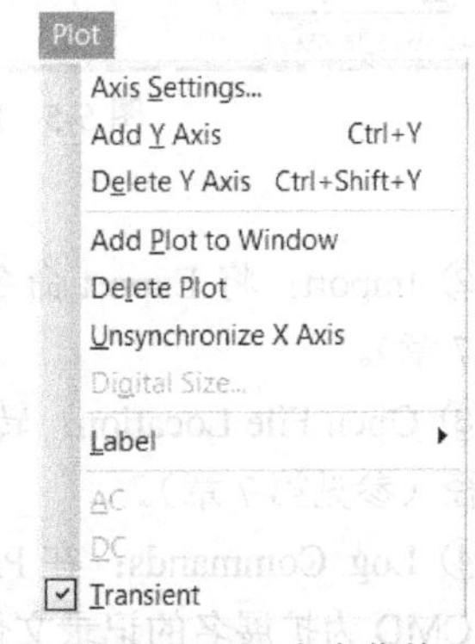

图 5-8 Plot 命令菜单

② 波形显示区的控制：涉及 4 条子命令。

Add Plot to Window：在 Probe 窗口中，同一个坐标系及其中的信号波形称为一个波形显示区。执行本条子命令可以在同一个 Probe 窗口中再增加一个波形显示区（见 5.3.7 节）。

Delete Plot：删除选中的波形显示区。

Unsynchronize X Axis：使新增的波形显示区自行采用单独的 X 轴刻度（见 5.3.7 节）。

Digital Size：用于调整数字信号显示窗口的大小。

③ Label：为窗口中显示的信号波形添加起标注作用的字符或符号（见 5.3.5 节）。

④ AC、DC、TRAN 分析类型的选择：Probe 主要用于显示 AC 分析、DC 分析和 TRAN 分析的结果波形。图 5.8 中 DC、AC、Transient 这三条子命令的作用是选定需要显示其中哪一种特性分析的结果。

5.1.7 Probe 窗口的工具按钮

为了便于用户的使用，Probe 将各层次 Probe 命令菜单中最常用的 52 条子命令同时以工具按钮图标的形式分排列在主命令行的下方。将光标移至某一个工具按钮位置，相应位置处就显示出说明该工具按钮作用的提示性字符。

选择执行 View→Toolbars 子命令，可确定在图 5-5 所示 Probe 窗口中是否显示工具按钮图标。选择执行 Tools→Customize 子命令，可以增减工具按钮，实现工具栏的定制。定制方法与 Page Editor

窗口中定制工具栏的方法相同（参见 2.1.6 节）。

5.1.8　Probe 中的数字和单位

1. Probe 中的数字表示

在 Probe 中表示数字的格式与 Capture 模拟分析中的基本相同，但在表示方式上存在以下 4 点区别。

① Probe 中用小写字母 m 表示 10^{-3}，而不像 Capture 中也可以用大写字母 M 表示。

② Probe 中用大写字母 M 表示 10^6，而不像 Capture 中必须用 MEG 表示 10^6。

③ Probe 中不支持 MIL 或 mil。

④ Probe 中除了用大小写字母 M 和 m 分别表示 10^6 和 10^{-3} 以外，其他情况下大小写字母没有区别。例如，V(5)和 v(5)都可用来表示 5 号节点的电压。

2. Probe 中的单位

与 Capture 模块相同，Probe 中采用的是工程单位制。

Probe 可根据运算关系式确定运算结果的单位。例如，若要显示 V(5)*ID(M13)的信号波形，则坐标轴上会自动采用 W（瓦特）作为单位。

5.2　信号波形的显示

本节结合 3.5.5 节 RC 电路瞬态分析实例（参见图 3-27），介绍调用 Probe 模块显示模拟分析结果信号波形的基本方法。对信号波形进行高级分析的功能将在后面 5.4～5.7 节介绍。

5.2.1　Probe 窗口中显示信号波形的基本步骤

下面是在 Probe 窗口中显示信号波形的 4 步基本步骤。

第一步：调用 Probe 模块

电路模拟结束后，采用 5.1 节介绍的方法调用并运行 Probe 模块，使屏幕上出现图 5-5 所示 Probe 窗口。同时调入 DAT 文件，供 Probe 模块使用。

第二步：执行 Trace→Add Trace 子命令

在 Probe 窗口中，选择执行 Trace→Add Trace 子命令，屏幕上即出现如图 5-9 所示的 Add Traces 对话框。

第三步：选择信号变量名

图 5-9 对话框左边部分是模拟分析结果输出变量列表。用光标依次点中要显示的变量名，被选中的变量名将依次出现在图 5-9 最下面的 Trace Expression 对话框中。图 5-9 显示的是选择了 V(In)和 V(Out)两个变量的情况。

选择变量名的另一种途径是，采用通常的文字编辑方法，直接在图 5-9 最下方的 Trace Expression 文本框中输入变量名 V(In)和 V(Out)。

第四步：显示信号波形

单击图中 OK 按钮，屏幕上将立即显示出所选变量的信号波形，如图 5-10 所示。

如果在图 5-9 中用鼠标左键双击某一变量名，则对应的信号波形也将显示在屏幕上。

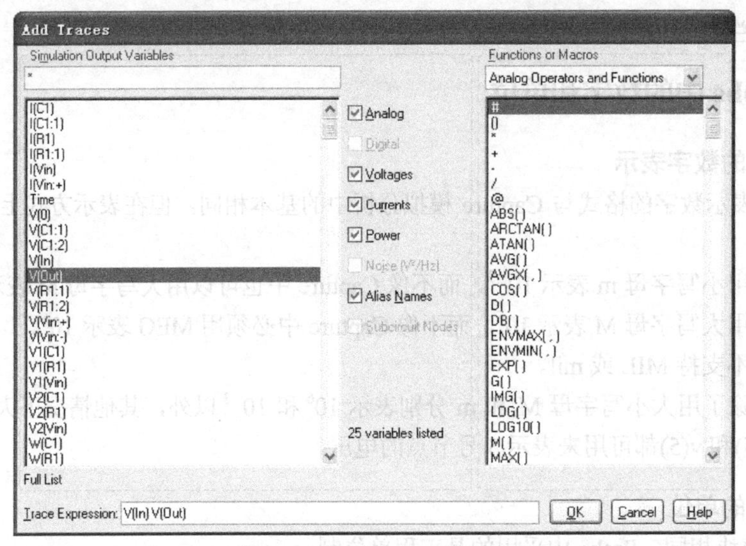

图 5-9 Add Traces 对话框

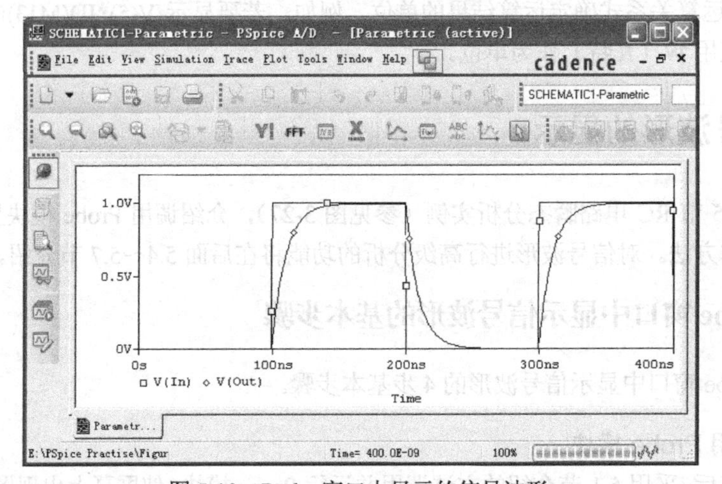

图 5-10 Probe 窗口中显示的信号波形

由图 5-10 可见，为了明确区分不同的波形，在每个波形上都采用了不同形状的符号，称之为波形符号（Symbol）。X 轴的左下方给出了不同符号对应的信号名，该区称为信号名列表区。在图 5-10 中，空心小正方形符号代表 V(In)波形，空心小菱形符号代表V(Out)信号波形。在屏幕上，不同信号波形还用不同的颜色加以区分。

图 5-10 显示的是瞬态分析中的两个电压信号波形，它们共用一个时间轴（X 轴），同时共用 Y 轴，且 Y 轴上列出了信号的单位伏特（V）。

5.2.2 与波形显示有关的 Probe 选项设置

屏幕上显示波形时按什么模式选用哪种色彩，波形曲线上是否出现波形符号以及波形曲线上是否显示实际数据点，取决于 Probe Settings 对话框（参见图 5-4）中的有关设置。

1. 波形显示选用色彩的设置

在图 5-4 所示 Probe Settings 对话框中，“Color Settings”标签页（见图 5-11）的参数设置决定了在 Probe 窗口中显示信号波形时采用的色彩。

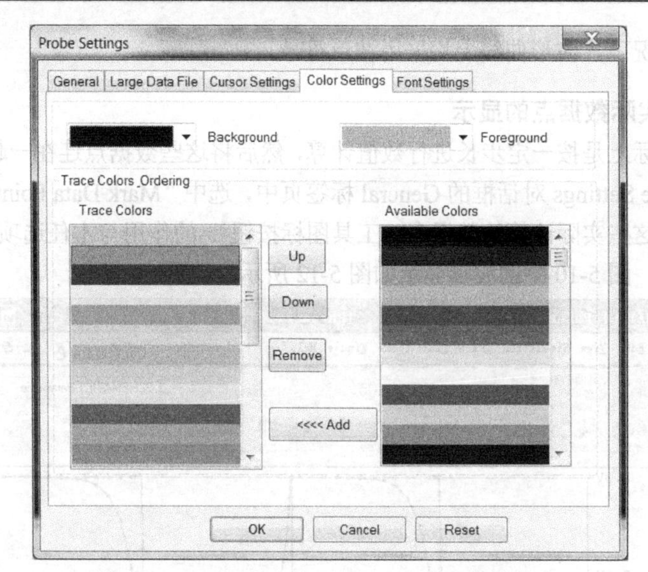

图 5-11　Probe 窗口中显示波形采用颜色的设置

“Background”确定背景色采用的色彩；

“Foreground”确定坐标线、坐标值、符号标识等“前台”元素采用的色彩。

“Trace Colors_Ordering”一栏确定在 Probe 窗口中采用什么颜色显示不同的波形曲线。从 Available Colors 下方选择一种颜色后单击 Add 按钮，就将选中的颜色添加到左边 Trace Colors 下方显示波形所用的色彩列表中。该色彩列表中从上向下的不同颜色依次用于显示 Probe 窗口中的第一个信号波形、第二个信号波形……在其中选择一种颜色，再次单击 Up 或者 Down 按钮，可以提升或者降低该色彩在列表中的排序。若单击 Remove 按钮，则将选中的颜色从列表中删去。

2. 显示波形时色彩选用模式的设置

在图 5-4 所示 Probe Settings 对话框的 General 标签页中，Trace Color Scheme 一栏的参数设置决定了在 Probe 窗口中显示信号波形时选用色彩的方式。

若选中 Normal（这是系统默认设置），则以区分不同波形为目的选用色彩。即在色彩数目允许的情况下，不同信号波形采用不同的色彩。系统中关于色彩的规定取决于上述 Color Settings 标签页中的设置。

Match Axis：对同一根 Y 轴中的所有信号波形采用同一种颜色。

Sequential Per Axis：对每一根 Y 轴，分别按 PSPICE.INI 中规定的色彩顺序显示各自 Y 轴中的信号波形。

Unique By File：对来自同一个数据文件中的所有信号波形，均采用相同的颜色（仅适用于模拟信号波形）。

3. 波形曲线上波形符号的选用

图 5-10 中显示的信号波形是否采用波形符号，取决于图 5-4 所示 Probe Settings 对话框 General 标签页中 Use Symbols 子框内三个选项的选中情况。

Properties：若选中本项（这是系统默认设置），系统根据实际情况决定在显示的波形曲线上是否采用波形符号。其目的是为了能清晰地区分不同的波形曲线。例如，若波形数大于可采用的色彩数时，系统将自动在波形曲线上添加波形符号。

Never：任何情况下，在波形曲线上均不采用波形符号。

Always：任何情况下，波形曲线上均采用波形符号。

4. 波形曲线上实际数据点的显示

电路模拟分析实际上是按一定步长进行数值计算，然后将这些数据点连在一起，形成波形曲线。若在图 5-4 所示 Probe Settings 对话框的 General 标签页中，选中“Mark Data Points”，则在显示的波形曲线上同时标示出这些实际计算的数据点。工具图标按钮的作用与本任选项作用相同。

若选中本任选项，图 5-10 中的波形显示如图 5-12 所示。

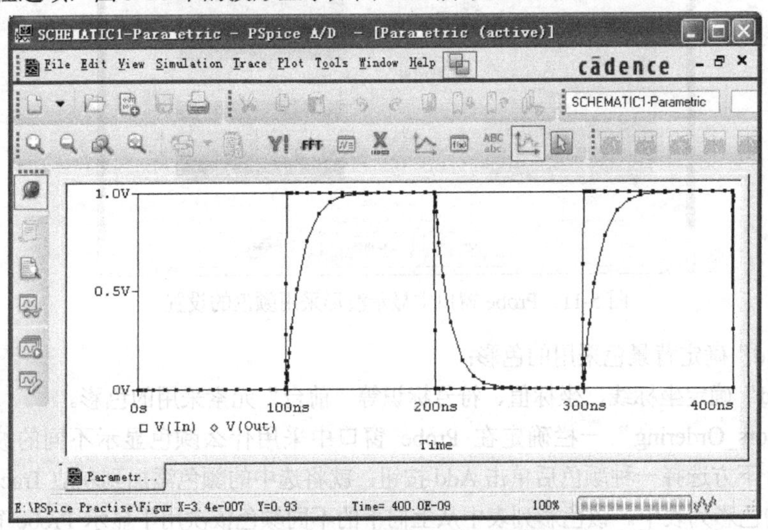

图 5-12　带有实际数据点标识的波形显示

5.2.3　Probe 窗口中显示波形的增减

调用 Probe 模块并在屏幕上显示出信号波形后，可以添加显示的信号波形，改变已显示的波形或将其删除。

1. 信号波形的添加

在已打开的 Probe 窗口中添加信号波形的步骤如下：

① 执行 Trace→Add Trace 子命令，打开图 5-9 所示 Add Traces 对话框。

② 在对话框中选择要显示波形的信号变量名。

③ 单击图 5-9 中的 OK 按钮，选定的信号波形将增添显示在屏幕上。

与 5.2.1 节比较可见，上述添加显示信号波形的方法与新打开 Probe 窗口显示信号波形的步骤基本相同，只是现在无须调用 Probe 模块这一步。

2. 信号波形的删除

① 信号波形的选中：要删除一部分已显示的信号波形，必须首先将其选中。

屏幕上显示波形的 X 坐标轴下面是信号名列表区，列出了每条波形曲线显示用的色彩、采用的波形符号，以及信号变量名（运算表达式或宏名称）。单击其中的变量名部分，即选中该信号波形。按 Probe 默认设置，被选中的信号变量名为红色显示。在选中一个信号变量名后，按 Shift 键（或者 Ctrl 键），可连续单击选中多个信号变量名。

② 删除选中的信号波形：选中信号变量名后，按 Delete 键，即将选中的信号波形删除。

③ 全部波形的删除：若要将波形显示区中的所有信号波形都删除掉，只需选择执行 Trace→

Delete All Traces 子命令即可。删除全部信号波形以后，若选择执行 Trace→Undelete Traces 子命令，可将已删除的信号波形恢复显示在屏幕上。

3．替换显示的信号波形

如果要将已显示的一个信号波形改换为另一个信号波形，则可以按前面介绍的方法，先将原来的信号波形删除，然后再添加需要显示的波形。这一过程也可以按下述步骤通过修改信号变量名的方法一次完成。

① 在信号名列表区中选中一个信号名，再选择执行 Edit→Modify Object 子命令或用鼠标左键双击信号变量名，屏幕上将出现图 5-9 所示 Add Traces 对话框，并在该框中 Trace Expression 文本框内显示出待修改的信号变量名。

② 采用通常的文本编辑修改方法将该信号变量名改为新的信号变量名。

③ 单击图中 OK 按钮，新改的信号变量名对应的波形将显示在屏幕上，替换原来的信号波形。

5.2.4　输出变量列表控制

由以上介绍可见，在 Probe 窗口中显示哪些波形取决于图 5-9 Add Traces 对话框中有关项的选用。图 5-9 对话框中的两个主要部分是 Simulation Output Variables（输出变量列表）和 Functions or Macros（函数或宏）。下面说明与输出变量列表有关的几个问题。

图 5-9 中输出变量列表框内显示的是在模拟分析中产生的节点电压、支路电流、功耗、噪声这几类信号变量名。这些变量代表的信号波形均可以在 Probe 窗口中显示。如果电路规模较大，则该列表中的变量名将很多。为了方便用户选定要显示的信号名，用户可以从位于图 5-9 中间部分的 Analog（模拟信号）、Digital（数字信号）、Voltages（电压信号）、Currents（电流信号）、Power（功率）、Noise（V^2/Hz）（噪声信号）、Alias Names（变量名的不同表示形式）、Subcircuit Nodes（子电路内部节点信号）这 8 项中，选择需在列表框中显示哪种类型的信号变量名。当然，如果该电路模拟分析中不存在某类信号，则该类信号名呈灰色显示，不可能被选中。选中信号类别后，还可以进一步在图 5-9 左上方文本框中输入适配符“*”和“？”，进一步限定变量名称。例如，I（R*）代表流过所有电阻的电流信号。这样，只有满足上述双重条件的变量名才会显示在输出变量列表框中，而且图 5-9 的中下部显示有符合条件的变量名个数。图 5-9 所示实例对应如图 3-27 所示 RC 电路，无数字信号，无噪声分析，也无子电路，因此这 3 类信号名呈灰色显示，其他所有可用的信号类别均被选中。在图 5-9 左上方文本框内为符号“*”，这就意味着所有的变量名均显示在列表框中。符合上述条件的变量名共有 25 个。

需要指出的是，可在该列表框中显示的变量名，除了 PSpice 模拟分析中可采用的变量名外，还有 AC 扫描分析中的自变量 FREQUENCY、TRAN 分析中的自变量 TIME、DC 扫描分析中采用的自变量、噪声分析中输入端的等效均方根电压 V(INOISE)和输出端的等效均方根电压 V(ONOISE)等。

5.2.5　模拟信号的运算处理

在 Probe 窗口中不但可以直接显示信号波形，而且可对信号波形进行运算处理并将结果波形显示出来。在图 5-9 右边部分，Functions or Macros 子框内列出了可供选用的运算符、函数或者“宏”（Macro）。该框中最上面为运算对象类别的选择，供用户从其下拉式列表中选择运算符和函数（Analog Operators and Functions）或宏（Macros）。若选择前者，则其下方列出可供选用的运算符和函数。用户可按常规的表达方式选用。例如，若要显示输入信号源的功率，应依次选择变量 I(Vin)、运算符“*”和变量 V(in)，则图 5-9 下方的 Trace Expression 文本框显示出 I(Vin)*V(in)，这时单击 OK 按钮，

Probe 窗口中将显示出输入信号源的功耗。

在调用函数时，还要根据函数类别确定作为函数自变量的信号变量名。例如，若要显示 I(R1) 信号波形的绝对值，首先选择 ABS()，则图 5-9 下方的 Trace Expression 文本框显示出 ABS(|)，即插入点光标自然位于括号内，等待用户确定自变量。这时用户再在左边变量列表框中选择 I(R1)，则 Trace Expression 的右侧显示出 ABS(I(R1))，即为电流 I(R1)的绝对值。这时单击图 5-9 中 OK 按钮，屏幕上就会显示出 I(R1)的绝对值的波形。

5.2.6 多批模拟分析结果波形的显示

在进行第 4 章介绍的几种模拟分析以后，将会产生多批数据。显示这些数据波形的步骤与 5.2.1 节中介绍的基本相同，但有两点区别。下面结合 RC 电路（见 3.5.5 节）参数扫描分析实例，说明这两个问题。

1. 确定调入 Probe 的数据批次

由于现在数据文件(RC.DAT)中包括有多批运行结果的数据，因此启动 Probe 程序后，屏幕上首先出现如图 5-13 所示的多批运行结果选择框，供用户选定待调入的数据批次。

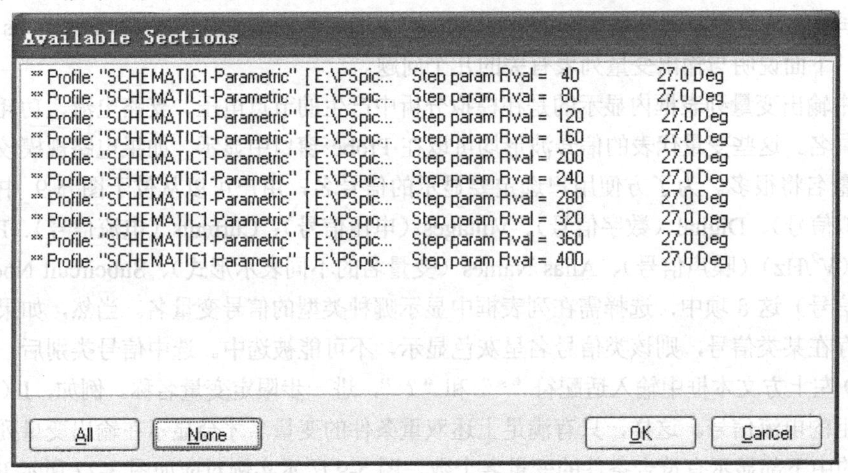

图 5-13 多批运行结果选择框

如图 5-13 所示，在对参数 Rval 进行扫描分析中，Rval 从 40Ω变化至 400Ω，共有 10 批数据。在屏幕上出现图 5-13 选择框时，这 10 批数据全部处于选中状态。若这 10 批数据均要采用，直接单击图中 OK 按钮即可。若用户只要采用其中几批数据，可先单击图中 None 按钮，使这 10 批数据先全部脱离选中状态，然后再用单击以及 Shift+单击的方法选中一批或多批数据，最后单击图中 OK 按钮。

2. 显示信号波形所属数据批次的确定

下面结合 RC 电路参数扫描分析结果输入/输出波形的显示为例，说明如何确定待显示信号波形所属的数据批次。

（1）输入信号波形。在图 5-5 中选择执行 Trace→Add Trace 子命令，屏幕上出现如图 5-9 所示 Add Traces 对话框。对 RC 电路进行参数扫描分析后，共产生 10 批模拟分析结果。每批分析中的输入脉冲相同，因此只需显示其中一批分析时采用的输入脉冲波形即可。具体方法是

在 Add Traces 对话框中依次在左边部分选择 V(In)，在右边部分选择@，再从键盘上输入 1，则底部 Trace Expression 文本框显示 V(In)@1，表示显示第一批次分析时输入信号 V(In)波形。

（2）输出结果波形。如果 10 批分析的输出信号波形均要显示，只需继续在 Add Traces 对话框左边部分选择 V(Out)，无须再在 V(Out)的右边通过@确定显示的批次。这时 Add Traces 对话框底部 Trace Expression 文本框显示从 V(In)@1 变为“V(In)@1　V(Out)”，表示要显示第一批分析时的输入信号波形和所有 10 批分析结果输出信号波形。

完成上述设置后，单击图 5-9 中的 OK 按钮，屏幕上即按设置要求显示出指定的信号波形，如图 5-14 所示。在图 5-14 底部信号名列表区中列出了不同信号的彩色波形和采用的波形符号。

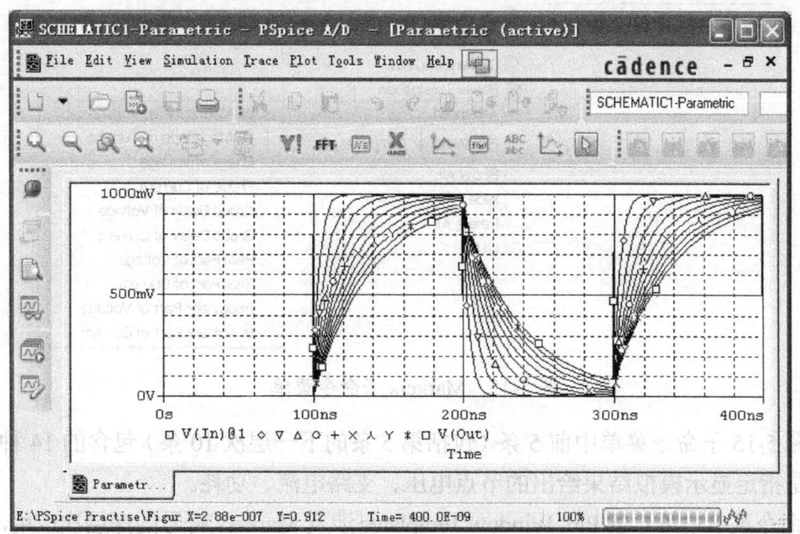

图 5-14　RC 电路参数扫描分析结果波形

5.2.7　波形显示标示符（Marker）与信号波形的自动显示

在显示模拟结果的信号波形时，采用波形显示标示符（Marker）将带来很大的方便。本节介绍 Marker 的作用和使用方法。

1. Marker 的基本作用

按 Probe 默认设置，PSpice 将所有模拟分析结果数据，包括每个节点的电位和流经每个元器件的电流都存入 PROBE 数据文件，供 Probe 调用。如果电路规模较大，分析步长又较小，则产生的 PROBE 数据文件将非常大。这不但占用了大量的硬盘存储空间，而且在 Probe 调用这些文件和显示信号波形时花费的计算机时间也较长，甚至不能正常显示。实际上，用户并非对电路中每一个节点电位和每一个支路电流都感兴趣。为此，PSpice 程序提供了波形显示标示符（Marker）的功能。

绘制电路图时，在需要保存数据的节点和支路位置放置 Marker，可起下述作用：

① 如果在图 5-3 所示数据保存对话框中，选中 At Markers Only 选项，则在结束 PSpice 模拟分析后，只将 Marker 所指节点和支路处的信号数据存入 PROBE 文件，从而可以大幅度减小文件字节数。

② 在图 5-1 所示 Probe Window 对话框中，选中 All markers on open schematics 选项，则 PSpice 电路模拟结束后，在 Probe 窗口中将自动显示出电路图中所有 Marker 符号所指节点和支路处的信号波形。

③ 如果在运行 Probe 模块的过程中再在电路图上加 Marker，则添加的 Marker 符号所指位置的信号波形将自动显示在 Probe 窗口中。这种在电路图上直接查看信号波形的功能可用来代替 5.2.1 节中介绍的通过选择信号变量名显示信号波形的方法，使 Probe 的作用更像一台示波器。

说明：Marker 符号在电路图上采用的颜色与该符号对应的信号波形在 Probe 窗口中显示时采用的色彩相同。

2. Marker 符号的种类和放置方法

要在电路中放置一个 Marker，应选择执行 Capture 窗口中 PSpice→Markers 子命令，屏幕上将出现如图 5-15 所示 Markers 子命令菜单，列有 PSpice 提供的多种 Marker 符号。

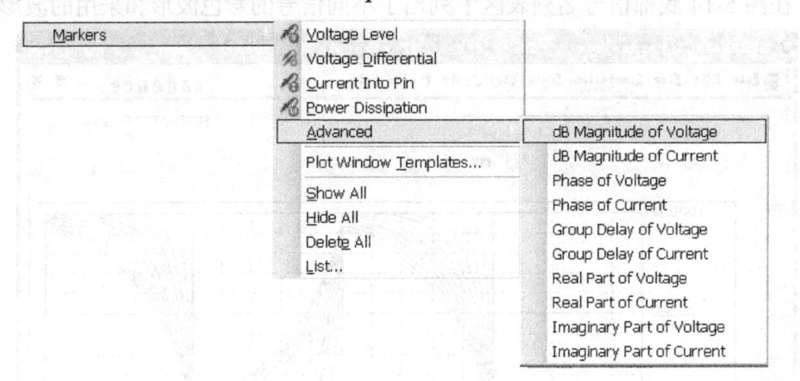

图 5-15　Markers 子命令菜单

第一类是图 5-15 子命令菜单中前 5 条（包括第 5 条的下一层次 10 条）包含的 14 种基本 Marker 符号，其作用是指定显示模拟结果给出的节点电压、支路电流、功耗。

图 5-15 子命令菜单中第 6 条 Plot Window Templates 涉及 Markers 符号的深层次应用，其作用是指定显示经过 Measurement、Performance Analyses 分析处理后的结果。具体使用方法将在第 7 章介绍。

在电路图中放置这些 Markers 符号的方法都一样：在图 5-15 子命令菜单中选择执行有关子命令，调出相应波形显示标示符后，按照第 2 章介绍的电路图中放置元器件符号的方法就可以放置这些符号。

3. 基本的 14 种 Marker 符号

下面介绍这 14 种基本 Markers 符号的作用。

① Voltage Level：其作用是在电路图中放置电压显示标示符。该符号旁有个字母 V 作标志，代表 Marker 符号所指节点与地之间的电压大小。图 5-16 中输出端节点处放置的就是电压显示标示符。

② Voltage Differential：其作用是在两个节点位置放置显示电位差的 Marker 标示符。这两个标示符上分别有“+”和“−”符号。图 5-16 中电阻 R1 两端放置有该标示符符号。

③ Current Into Pin：其作用是在元器件引出端位置放置电流显示标示符，代表流进该端头的电流。该符号旁有个字母 I 作标志。在图 5-16 中，电容 C1 的一个引出端处放置有电流显示标示符符号。

④ Power Dissipation：其作用是在元器件符号上放置功率显示标示符，该符号旁有个字母 W 作标志，代表符号所指的是元器件消耗功率的大小。在图 5-16 中，电阻 R1 处放置有功率显示标示符符号。

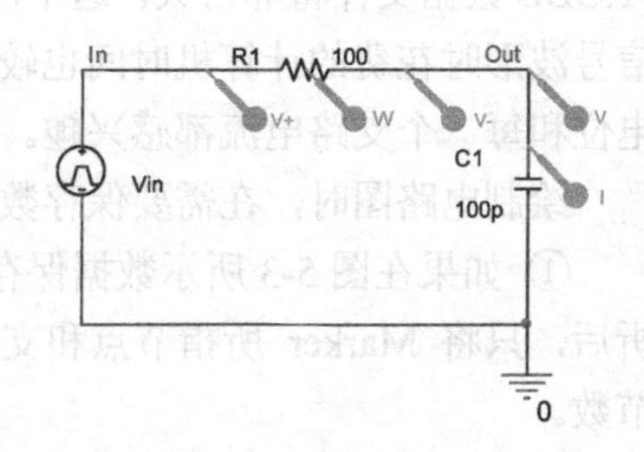

图 5-16　RC 电路上的几种 Markers 标示符

⑤ Advanced：其作用是放置与交流信号有关的多种标示符。如图 5-15 所示，其下层次子命令菜单中包括有 10 种不同的波形显示标示符供用户选用。

表 5-1 列出了这 10 种标示符代表的信号类型及符号名称。其中“符号名称”是指将该符号放置于电路图时，在该符号旁边出现的字母名称。

表 5-1　PSpice 中的交流信号波形显示标示符

子命令名称（见图 5-15）	信 号 类 型	符 号 名 称
dB Magnitude of Voltage	交流电压幅度（分贝）	VDB
dB Magnitude of Current	交流电流幅度（分贝）	IDB
Phase of Voltage	交流电压相位	VP
Phase of Current	交流电流相位	IP
Group Delay of Voltage	交流电压群延迟	VG
Group Delay of Current	交流电流群延迟	IG
Real Part of Voltage	交流电压实部	VR
Real Part of Current	交流电流实部	IR
Imaginary Part of Voltage	交流电压虚部	VI
Imaginary Part of Current	交流电流虚部	II

4. Markers 命令菜单中的控制子命令

图 5-15 所示 Markers 命令菜单中最后 4 条子命令用于对 Markers 符号起控制作用。

Hide All 和 Show All：Hide All 的作用是使电路中已放置的 Markers 符号暂时从电路图上消失。如果再选择执行 Show All 子命令，则将使它们重新显示出来。

Delete All：其作用是清除掉电路图中已放置的所有波形显示标示符符号。Probe 窗口中显示的相应波形也同时被删除。

如果只希望删除一部分 Markers 符号，只需用单击和“Ctrl+单击”方法，使这些符号处于选中状态，然后按 Delete 键即可。

List：其作用是将电路图中所有的显示符在 Markers 窗口中列表，还可以选择删除某个 Markers 符号或删除全部 Markers 符号。删除后就不能再恢复。

5.2.8　特大数据文件的显示处置

如果电路规模较大，同时电路模拟中分析范围较大而且步长又较小，则会导致结果数据文件中描述单个信号波形的数据点超过 100 万个，相应的数据文件规模会达到 2GB，PSpice 将这类结果数据文件称为特大数据文件。对于存放数据文件的硬盘来说，这不算什么问题，但是如果计算机内存资源不够大，则在读入数据文件时可能因为内存不够而出现计算机运行不正常，打不开数据文件。为此可以通过下述几种策略，处理这类特大数据文件的存储和读入显示问题。

1. 减小结果文件数据量的对策

可以采用下述三种方法减少结果文件中存放的数据量：

① 对于用户关心的那些节点电压和/或支路电流，在相应的节点和/或支路位置放置 Marker 符号（参见 5.2.7 节），再按照 5.1.4 节介绍的方法，在图 5-3 所示“Data Collection”标签页中选择“At Markers Only”选项设置，则模拟结束后，只保存放置有 Marker 符号的节点电压和/或支路电流波形数据。

② 如果电路中包含有采用子电路形式描述的集成电路器件或者采用 Include File 描述的电路，

而用户并不关心这些子电路内部的节点电压和支路电流，则只要按照 5.1.4 节介绍的方法，在图 5.3 所示的 Data Collection 标签页中选择 All but Internal Subcircuit 选项设置，则模拟结束后，子电路内部所有节点以及支路处的波形数据将不再存储。

③ 电路的几种模拟功能中瞬态分析产生的数据量最大。如果用户主要是查阅分析瞬态分析结束前一段时间范围内的模拟结果，并不关注开始一段时间范围内的模拟数据（如对振荡器电路，用户需要的是稳定状态下的振荡信号波形，并不关注起振阶段的情况），只要在图 3-17 所示的瞬态分析参数设置中，将 Start saving data after 项的默认设置 0 改成需要输出数据的起始时间。

2. 特大数据文件的显示模式

为了在 Probe 窗口中显示“特大数据文件”波形，PSpice 采用了两种显示模式。

模式一：从特大文件中系统选取部分数据显示整个信号波形。

模式二：系统首先将整个信号波形分为几段，然后用户就可以依次显示每段波形，组成整个信号波形。

例如，若文件中描述信号波形的数据点有 450 万个，而设置的特大数据文件阈值为 100 万个数据点，按照第一种模式，Probe 从特大数据文件中选用 100 万个数据点显示信号波形。按照第二种模式，Probe 首先将整个信号波形分为 5 段，其中前 4 段中每段均包括 100 万个数据点，第五段包括 50 万个数据点，整个信号波形的划分情况如图 5-17 所示。

显然，第一种模式的显示精度不如全部数据显示的波形，第二种模式显示过程烦琐，效果不如同时显示整个信号波形。

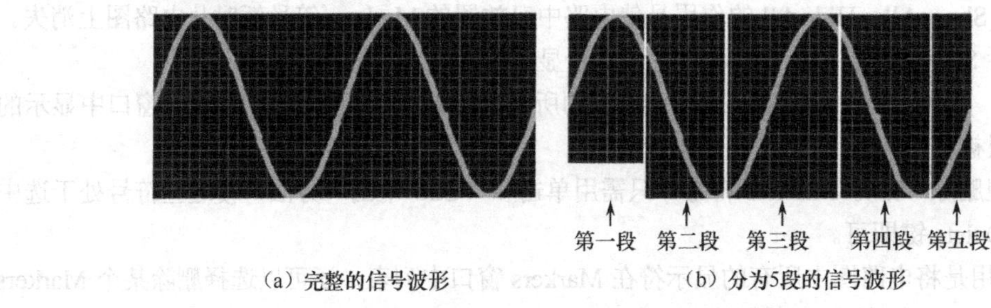

（a）完整的信号波形　　（b）分为5段的信号波形

图 5-17　特大数据文件信号波形的分段显示

3. 与特大数据文件显示相关的选项设置

在 Probe 窗口中执行 Tools→Options 子命令，屏幕上将出现 Probe Settings 设置对话框，其中 Large Data File 标签页如图 5-18 所示。

①“特大数据文件”判断阈值的设置。按照默认设置，如果单个信号波形的数据点超过 100 万个，系统就将相应的数据文件视为“特大数据文件”。为了保证能显示出数据文件描述的信号波形，又要尽量提高显示效果，用户可以根据其计算机内存资源与数据文件大小的相对情况，修改特大数据文件的判断阈值。修改方法很简单，只要在图 5-18 所示 Data points in one part 下方的文本框中直接输入新的判断阈值。

② Options 栏的参数设置。该类 4 项参数用于指定“特大数据文件”的显示模式。

若选中 Use fewer data points to display complete trace，则按照模式一显示波形曲线。

若选中 Use all data points to display trace in parts，则按照模式二显示波形曲线。在显示第一段波形后，选择执行 View→Load Next Part 子命令，则在第一段波形后面接着显示出第二段波形……采用这种方法可以显示整个信号波形。

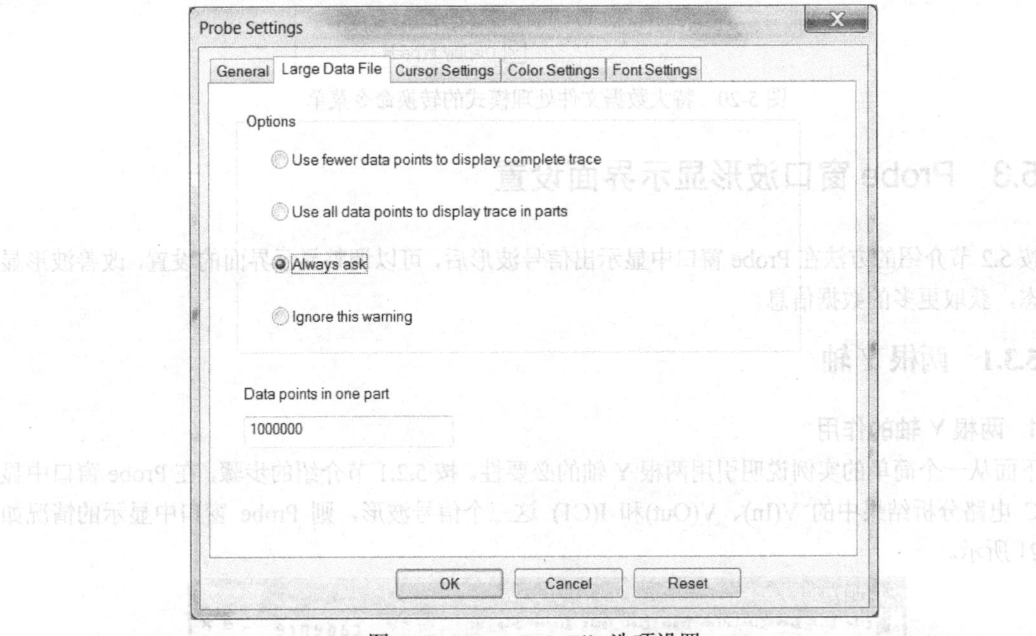

图 5-18　Large Data File 选项设置

若选中 Ignore this warning，则按照处理非特大数据文件的方式，一次读入整个数据文件，显示整个信号波形。显然，如果内存资源不足以支持读入如此大的数据文件，则会导致文件读入的失败。

若选中 Always ask，则在显示一个“特大数据文件”描述的信号波形时，将出现图 5-19 所示对话框，由用户确定采用什么方式处理这个“特大数据文件”。

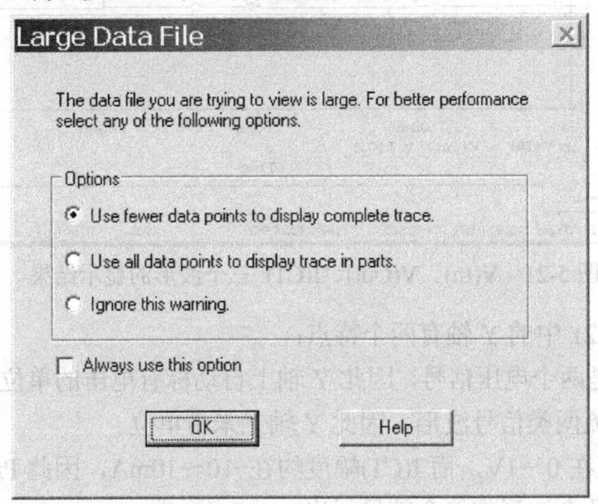

图 5-19　Large Data File 设置框

图中 Options 一栏选项的含义与图 5-18 中的相同。若勾选 Always use this option，就使得在 Options 一栏选择的处理模式成为处理特大文件的默认选择，则在以后读入特大文件时就直接采用已成为默认设置的处理模式，而不再出现图 5-19 所示的对话框。

4. 特大数据文件显示模式的转换

View→Large Data File Mode 下一层次的两条子命令（见图 5-20）对应特大数据文件的两种处理模式。在显示特大数据文件时，对应当前处理模式的子命令前面将出现勾选标志。如果勾选另一条子命令，就改变处理模式。

图 5-20　特大数据文件处理模式的转换命令菜单

5.3　Probe 窗口波形显示界面设置

按 5.2 节介绍的方法在 Probe 窗口中显示出信号波形后，可以调整显示界面的设置，改善波形显示状态，获取更多的数据信息。

5.3.1　两根 Y 轴

1. 两根 Y 轴的作用

下面从一个简单的实例说明引用两根 Y 轴的必要性。按 5.2.1 节介绍的步骤，在 Probe 窗口中显示 RC 电路分析结果中的 V(In)、V(Out)和 I(C1) 这三个信号波形，则 Probe 窗口中显示的情况如图 5-21 所示。

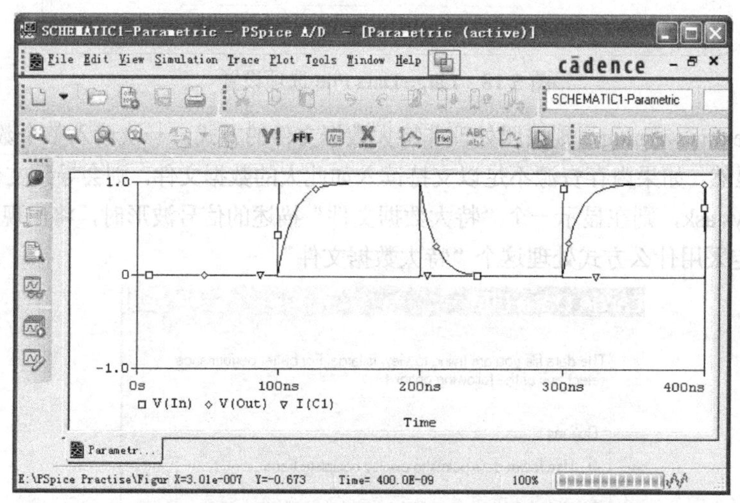

图 5-21　V(In)、V(Out)、I(C1) 三个波形的显示结果

与图 5-10 相比，图 5-21 中的 Y 轴有两个特点：

① 图 5-10 中显示的是两个电压信号，因此 Y 轴上自动标有电压的单位 V。而图 5-21 在同一个坐标系中显示了电压和电流两类信号波形，因此 Y 轴上未带单位。

② 由于电压信号幅度在 0～1V，而 I(C1)幅度约在-10～10mA，因此 Probe 将 Y 轴刻度范围自动取为-1.0～1.0，以保证几个波形都能全部显示出。

由此带来的问题是，与 Y 轴刻度范围相比，I(C1)幅度很小，因此，在图 5-21 中，I(C1)波形就像一条水平线，看不出波形的具体形状。

如果采用两根坐标轴，这一问题将迎刃而解。

2. 两根 Y 轴的使用步骤

采用两根 Y 轴显示上述两类信号波形的步骤如下：

① 按 5.2.1 节的步骤，在 Probe 窗口中显示 RC 电路分析结果中的 V(In)、V(Out)两个信号波形，屏幕显示情况如图 5-10 所示。

② 选择执行 Plot→Add Y Axis，屏幕上将出现标号为 2 的第二根 Y 轴坐标，并将原来的 Y 轴坐

标标为 1 号，如图 5-22 所示。

③ 采用 2 号 Y 轴添加显示 I(C1)信号波形，屏幕显示如图 5-22 所示。

与图 5-21 相比，图 5-22 具有下述特点：

① 两根 Y 坐标轴分别标有编号 1 和 2，以示区别。

② 在窗口底部信号名列表区中，用方框中数字 1 和 2 代表 Y 轴编号，在每个编号右侧列出了在该 Y 轴下显示的信号波形。对图 5-22 所示实例，V(In)和 V(Out)两个信号波形采用 1 号 Y 轴，I(C1)信号波形采用 2 号 Y 轴。

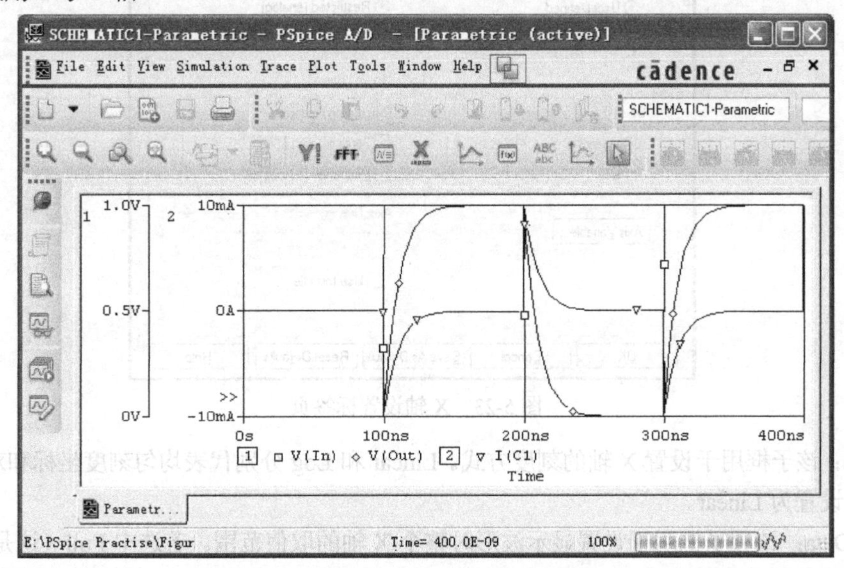

图 5-22　两根 Y 轴坐标系中的波形显示

③ 两根 Y 轴均按信号类别分别带有单位伏特（V）和安培（A），而且两根 Y 轴的刻度也互不相同，使两类信号波形均能清晰表示。

3. 两根 Y 轴的选中状态

在存在两根 Y 轴的情况下，新添加的信号波形将采用处于选中状态的 Y 轴。处于选中状态的 Y 轴的标志是，在该轴底部左侧有个“>>”符号。图 5-22 中 2 号 Y 轴处于选中状态。要使 1 号 Y 轴成为选中状态，只需在 1 号 Y 坐标轴线的左侧区域用鼠标单击任一位置即可。

4. Y 轴的删除

在采用了两根 Y 轴的情况下，若要将其中一根删除，首先需要按上述方法选中某根 Y 轴，然后选择执行 Plot→Delete Y Axis 子命令，被选中的 Y 轴以及采用此 Y 轴显示的信号波形就全部被删除。

5.3.2　坐标轴的设置

Probe 窗口中显示出信号波形后，用户可根据需要，改变坐标轴和坐标网格的设置。在 Probe 窗口中选择执行 Plot→Axis Settings 子命令，屏幕上出现图 5-23 所示对话框。在波形显示窗口中 X 坐标轴下方标注坐标值的区域内用鼠标左键连击，也可以调出该对话框。

1. X 轴的设置

图 5-23 显示的是选择图中“X Axis”标签的情况，用于设置 X 轴。

① Data Range：该项子框用于设置波形显示窗口中 X 轴的刻度范围。若选中 Auto Range（这是

Probe 的默认设置），则 Probe 根据波形数据情况自动调整 X 轴的刻度范围；若选中 User Defined，用户还需在其下方“to”的左右两边分别确定在屏幕上显示的 X 轴刻度的起始值和终止值。

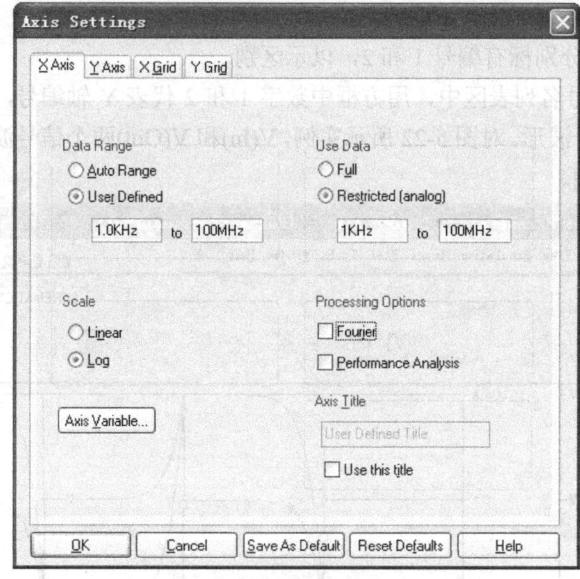

图 5-23　X 轴设置标签页

② Scale：该子框用于设置 X 轴的刻度方式。Linear 和 Log 分别代表均匀刻度坐标和对数坐标。Probe 的默认设置为 Linear。

③ Use Data：该项子框用于设置显示波形时整个 X 轴的取值范围。若选中 Full（这是 Probe 的默认设置），则根据模拟分析结果，显示全部波形。若选中 Restricted(analog)，则用户还需在其下方 to 的左右两侧分别确定显示波形的 X 轴范围（适用于模拟电路信号）。

若本项设置的范围大于上述①中确定的 X 轴刻度范围，则在波形显示窗口中的 X 轴刻度范围仍由上述①的设置确定，但这时 X 轴下方将出现水平滚动条，用户可借助滚动条查阅由本项设置确定的 X 轴范围内的波形。

④ Processing Options：该子框中的选项用于进行傅里叶分析（Fourier，见 5.7 节）和电路设计性能分析（Performance Analysis，见 5.5 节）。

⑤ Axis Title：若要给 X 轴加名称，只需在图 5-23 中勾选 Use this title，并在 Axis Title 子框内输入表示名称的字符即可。

⑥ Axis Variable：在一般情况下，显示波形时，Probe 会根据信号的类型自动确定选用 X 轴变量类型。对 DC Sweep，X 轴变量为自变量。对 AC Sweep，X 轴变量为频率。对 Time Domain 瞬态分析，X 轴变量为时间。例如，图 5-10 中，显示的是 RC 电路瞬态分析输入和输出端信号波形，因此 X 轴为 Time（时间）轴。

如果用户针对具体情况，则需要改变 X 轴的变量类型，只需在图 5-23 中单击 Axis Variable 按钮，屏幕出现 Add Traces 对话框，用户可从图中左侧变量列表框中选用合适的变量作为 X 轴变量。例如，3.5.5 节例 3 介绍的磁滞回线分析实例，采用的是瞬态分析，完成模拟后在 Probe 窗口中 X 轴变量自然为时间。为了显示磁滞回线，就需要采用在图 5-23 所示 X Axis 标签页中单击 Axis Variable 按钮，在屏幕上弹出的 Add Traces 对话框中选择 V(1)后，单击 OK 按钮，Probe 中波形显示窗口中的 X 轴变量标题就变为 V(1)，显示范围为-1.8～-1.0V。然后再执行 Trace→Add Trace 命令，选择 V(7)，即可得到如图 3-31 所示的结果。

完成上述设置后，若单击 Save As Default 按钮，将上述设置作为默认设置存储；若单击 Reset Defaults 按钮，则恢复原来的默认设置。

2. Y 坐标轴的设置

在图 5-23 中单击 Y Axis 标签，屏幕上出现如图 5-24 所示的 Y 轴设置标签页。

其中，除 Y Axis Number 和 Axis Position 两项外，其他设置项目的作用和设置方法与前面图 5-23 中的类似。

① Y Axis Number：对 Y 轴设置中包括给 Y 轴添加名称。如果显示窗口中有多根 Y 坐标轴，则首先应通过本项子框的设置，确定是对哪一根 Y 轴进行设置处理。

② Axis Position：选择 Y 轴位于显示窗口的左侧（Left）还是右侧（Right）。

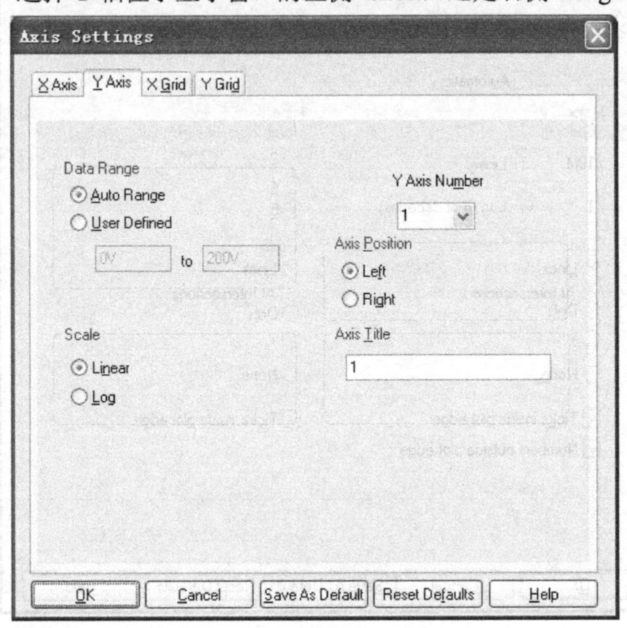

图 5-24　Y 轴设置标签页

5.3.3　坐标网格的设置

1. X 轴网格的设置

在图 5-23 中单击 X Grid 标签，屏幕上出现如图 5-25 所示 X 轴网格设置标签页。

Probe 窗口中的网格分为两种，即主网格线（Major）和将两根主网格线中间进一步细分为多个区间的细网格线（Minor）。若使图中 Automatic 处于选中状态，将由系统自动确定网格线的安排。否则，需由用户分别对主网格线和细网格线进行设置。

（1）主网格线的设置。如图 5-25 所示，放置主网格线需要确定图中 Major 子框中的 4 项设置。

Spacing：当 X 轴为线性刻度时，两条主网格线之间的距离由 Spacing 栏中 Linear 一项的设置值确定。当 X 轴为对数刻度时，两条主网格线之间代表几个数量级，由 Spacing 栏中 Log（# of decades）一项的设置值确定，该项设置值只能从其下拉式列表中的 10、5、4、3、2、1、0.5、0.2 和 0.1 选定。

Grids：本栏中的 4 个选项用于确定主网格线的表示形式是采用直线（Lines）、与其他网格线交叉处表示为点（Dots）或十字叉（+），还是不显示（None）。若选用点或十字叉，还可进一步确定只在与其他主网格线的交叉处（只选中 with other major）、只与其他细网格线的交叉处（只选中 with other minor)、与所有网格线的交叉处（同时选中 with other major 和 with other minor）用点或十字叉表示。

Ticks inside plot edge：在 X 坐标轴上用很短的竖线标画出主网格线的位置。

Numbers outside plot edge：在 X 坐标轴下方标示出主网格线的坐标值。

（2）细网格线的设置。如图 5-25 所示，对细网格线需确定图中 Minor 子框中的 3 项设置。其中 Grids 和 Ticks inside plot edge 两项与主网格线中的类似。

Intervals between Major 的作用是确定在两条主网格线之间用细网格线划分为几个区间。用户只能从 2、4、5 和 10 中选用一个。

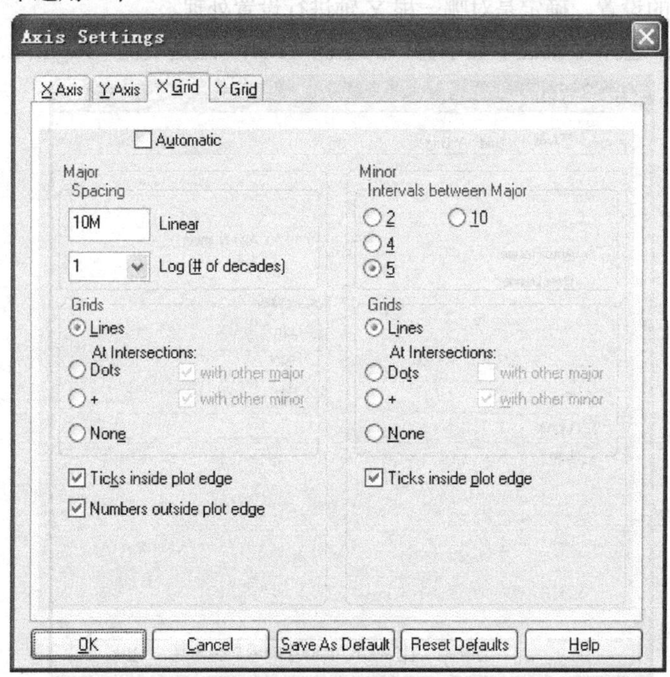

图 5-25　X 轴网格设置标签页

2. Y 轴网格的设置

在图 5-23 中单击 Y Grid 标签，屏幕上出现如图 5-26 所示 Y 轴网格设置标签页。

与图 5-25 对比可见，图 5-26 只是增加了 Y Axis Number 一项。在同一个波形显示窗口采用多条 Y 坐标轴的情况下，该项设置值决定了图 5-26 中的设置是针对哪一个编号的 Y 轴。图 5-26 中的其他参数与图 5-25 中一样，设置方法相同。

3. 坐标网格线显示属性的设置

在 Probe 窗口中，将光标指向 X 轴主网格线（或细网格线）后单击鼠标右键，屏幕上将弹出一个快捷命令菜单，包括有 Settings 和 Properties 两条命令。若选择 Settings，将调出图 5-25 所示 X 轴网格线设置对话框，供用户修改有关设置。若选择 Properties，屏幕上将出现如图 5-27 所示网格线显示属性设置框，供用户从 Color（有灰、绿、橙、蓝、黄等 13 种颜色）、Pattern（有 5 种线型）和 Width（有 9 种不同粗细的线型）3 个方面确定 X 轴网格线的显示方式。在设置 X 轴网格线显示属性的同时，选中对话框中 Also apply to Y Minor gride 选项，还可同时确定所做的设置是否也用于 Y 轴网格线。

对 Y 轴网格线可进行同样的设置。

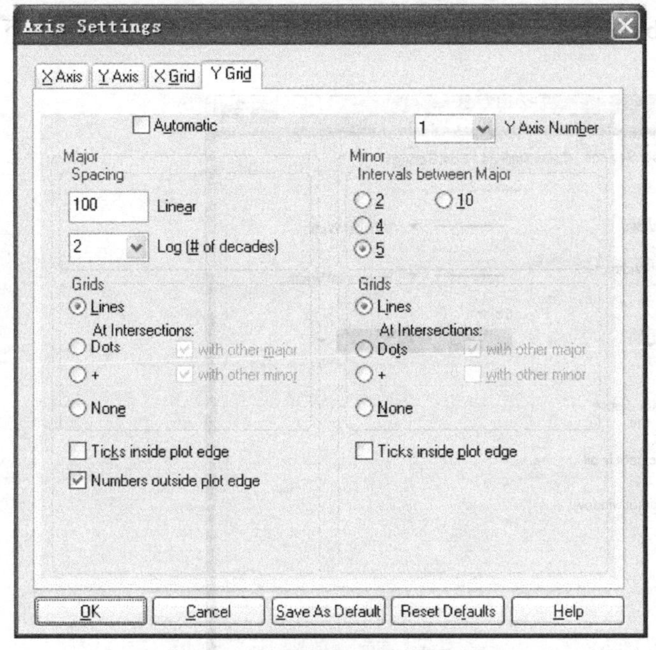

图 5-26　Y 轴网格设置标签页

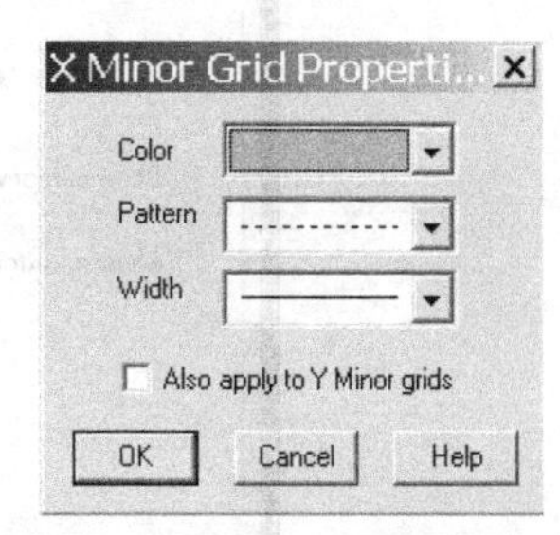

图 5-27　网格线显示属性设置框

4. 坐标轴框线显示属性的设置

在 Probe 窗口中，将光标指向坐标轴框线后，单击鼠标右键，屏幕上将弹出坐标轴框线显示属性（Plot Edge Properties）设置框，可以从颜色（Color）、线型（Pattern）和线宽（Width）三个方面确定坐标轴框线的显示方式。设置方法与坐标网格线显示属性的设置方法相同。

5.3.4　标尺（Cursor）

在 Probe 窗口中 Cursor 起到“标尺”的作用。PSpice 提供有两组标尺。使用 Cursor 可以从显示的信号波形中得到多种特征数据值。

1. 标尺的启用与撤销

在 Probe 窗口中，选择执行 Trace→Cursor 子命令，屏幕上出现图 5-28 所示子命令菜单。

选中图 5-28 的 Display，使该条子命令前面的符号处于选中状态，则 Probe 窗口中将出现两个十字形标尺。

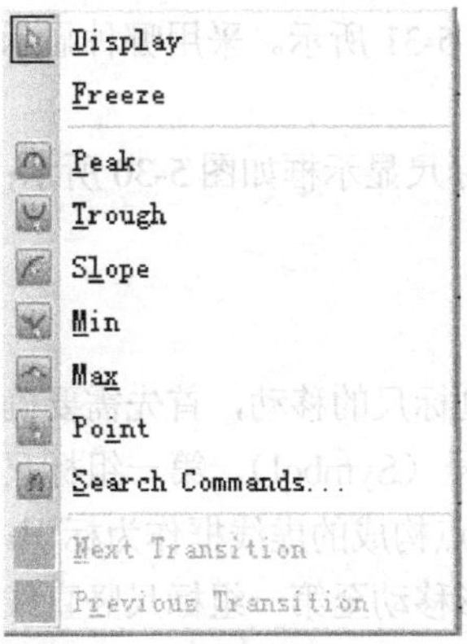

Display
Freeze
Peak
Trough
Slope
Min
Max
Point
Search Commands...
Next Transition
Previous Transition

图 5-28　Cursor 子命令菜单

在出现标尺后，若再次选择图 5-28 中 Display 子命令，使其图标上面表示选中的方框消失，将停止标尺的启用。

2. 标尺的设置

在 Probe 中执行 Tools→Options 子命令，将出现图 5-4 所示 Probe Settings 对话框，其中 Cursor Settings 标签页用于设置标尺，如图 5-29 所示。

Cursor Settings 选项卡包括两个设置子框和三个任选项。

①“Cursor1”和“Cursor2”两个子框中的设置：这两个子框中的设置项目相同。

其中“Vertical Width”和“Horizontal Width”两项分别用于设置

十字形标尺纵向和横向线条的宽度。Probe 中提供了 9 种可选的线条宽度，用户可以根据需要从其下拉菜单中选择。

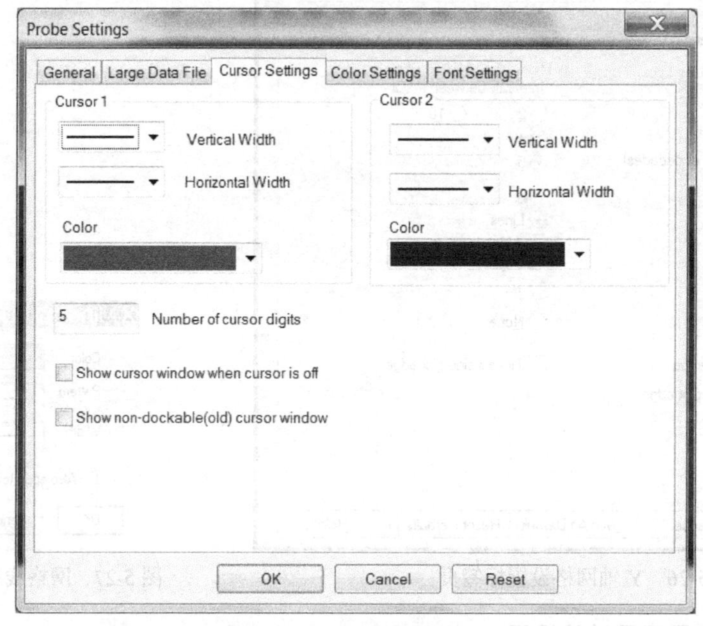

图 5-29　标尺设置对话框

“Color”用于设置标尺的颜色，Probe 中两个标尺颜色的默认设置为：标尺 1 为红色，标尺 2 为蓝色。用户可以从下拉菜单中选择需要的颜色。

提示：用户也可以将两个标尺设置成相同的颜色，如黑色。在这种情况下，可以将两个标尺的线条设置成不同的宽度，已示区分。

② Number of cursor digits：确定用标尺显示波形曲线上不同点的坐标值时，采用的有效数字位数。允许的设置范围为 2～18，默认值为 5。

说明：根据该项设置，显示的数据中小数点后实际采用的有效位数等于该设置值减 2。

③ Show cursor window when cursor is off：若该项处于选中状态，则停止使用标尺后标尺显示框保留不关闭；否则，停止使用标尺后标尺显示框也同时关闭。Probe 中默认设置是该项处于未选中状态。

④ Show non-dockable(old)cursor window：早期版本中标尺数据显示框只有一种形式。从 PSpice 16.5 开始，标尺数据显示框有两种不同的显示方式，分别如图 5-30 和图 5-31 所示。采用哪种显示方式取决于标尺设置对话框中本选项是否采用勾选状态。

系统的默认设置是不勾选 Show non-dockable（old）cursor window，标尺显示框如图 5-30 所示；若勾选本选项，标尺显示框如图 5-31 所示。

3. 两个标尺的控制

第一组标尺受鼠标左键控制，第二组标尺受鼠标右键控制。为了控制标尺的移动，首先需要确定每一组标尺用于哪一个信号波形。单击窗口左下方信号名前的波形符号（Symbol），第一组标尺就用于该信号波形，信号名列表区中相应的波形符号上同时显示有由较密点构成的虚线框作为标识。在 Probe 窗口中单击鼠标左键，第一组标尺的十字中心将沿着选定的波形移动至第一组标尺竖直线与波形相交的位置。若按下鼠标左键并拖动鼠标，第一组标尺的十字中心点将在选定的信号波形上随之移动。

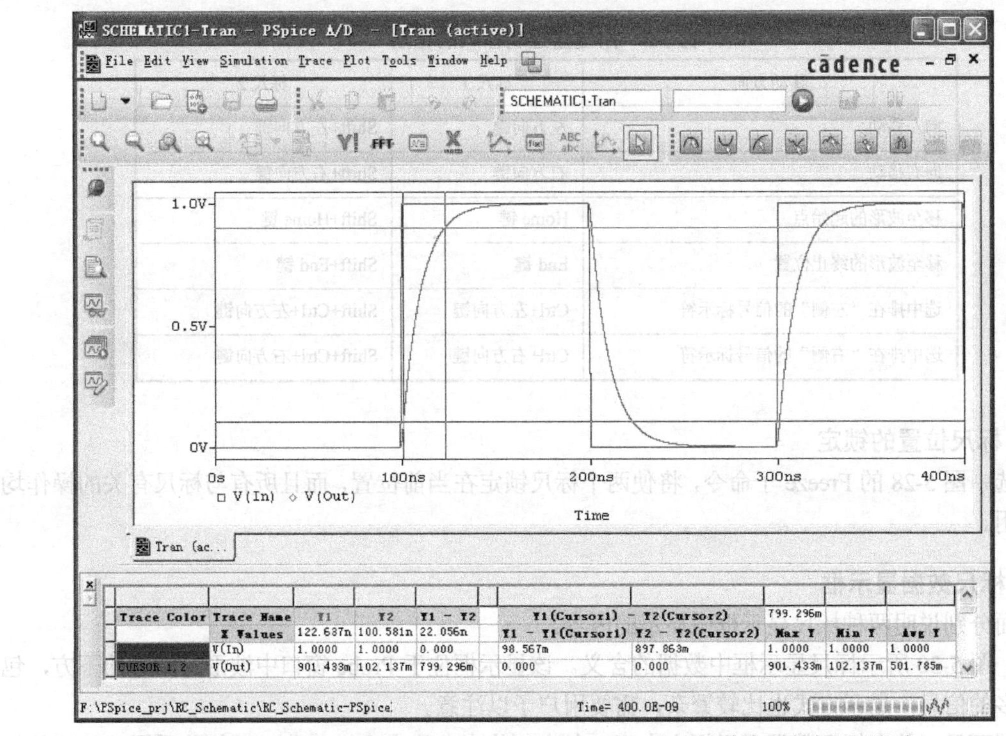

图 5-30　“Show non-dockable（old）cursor window”未被选中时的标尺显示框

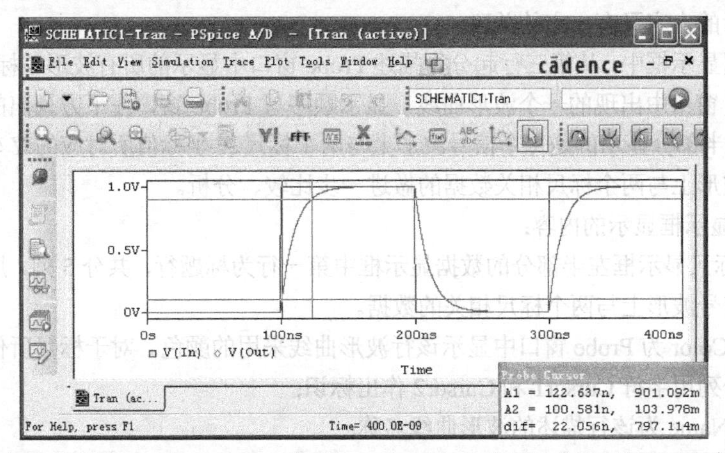

图 5-31　“Show non-dockable（old）cursor window”被选中时的标尺显示框

同样，用鼠标右键单击信号名列表区中某信号名前面的波形符号（Symbol），第二组标尺就用于该信号波形，信号名列表区中相应的波形符号上同时显示有较稀疏的虚线框作为标识。移动第二组标尺的方法与上述方法相同，只是采用的是鼠标右键。

刚显示 Cursor 时，两个标尺自动作用于信号名列表区中的第一个波形符号。两组标尺十字中心的 X 坐标值位于 X 坐标轴的起点位置。

用键盘也可以控制标尺的移动。表 5-2 列出了不同键/组合键对标尺移动的控制作用。

提示：在用键盘控制波形符号的选中过程中，Probe 认为信号名列表区中最右边的波形符号与最左边第一个波形符号之间是“左”“右”排列关系，即认为最右边的信号排在最左第一个信号的左侧。例如，在图 5-30 中，如果标尺 2 选中的是第一个信号 V(In)波形符号，若这时按 Shift+Ctrl+左方向键，选中排在其左侧的信号标示符，则实际上选中的是位于最右边的信号 V(Out)的波形符号。

表 5-2　用键盘控制标尺的移动

移动方向	标尺 1	标尺 2
向左移动	左方向键	Shift+左方向键
向右移动	右方向键	Shift+右方向键
移至波形的起始点	Home 键	Shift+Home 键
移至波形的终止位置	End 键	Shift+End 键
选中排在“左侧”的信号标示符	Ctrl+左方向键	Shift+Ctrl+左方向键
选中排在“右侧”的信号标示符	Ctrl+右方向键	Shift+Ctrl+右方向键

4. 标尺位置的锁定

若选中图 5-28 的 Freeze 子命令，将使两个标尺锁定在当前位置，而且所有与标尺有关的操作均不起作用。

5. 标尺数据显示框

下面分别说明两种标尺显示框中显示的内容。

（1）图 5-30 所示标尺显示框中数据的含义。该显示框位于 Probe 窗口中波形显示区的下方，包含有较多的信息，显示方式也比较繁杂，需要用户予以注意。

由图可见，整个标尺数据显示框由中间一条空列将表分为左右两部分。两部分采用了不同的显示模式，但是显示的内容又有一定的关联。

整个标尺数据显示框中，从第三行起分行描述 Probe 窗口中显示的所有波形与标尺相关的数据，每一行对应 Probe 窗口中出现的一个波形曲线，显示顺序与 Probe 窗口左下方列出的信号波形符号顺序相同。其中左半部分显示的是每个信号波形上与两个标尺 X 坐标值所对应的 Y 轴数据，右半部分是对同一信号波形上与两个标尺相关数据的做进一步比较、分析。

① 左半部分显示框显示的内容：

图 5-30 所示标尺显示框左半部分的数据显示框中第一行为标题行，共分 5 列，用于描述从第三行起每行描述的信号波形上与两个标尺相关的数据。

第 1 列 Trace Color 为 Probe 窗口中显示该行波形曲线采用的颜色。对于标尺所作用的波形，同时在相应行的第一列用字符 Cursor1 和 Cursor2 作出标识；

第 2 列 Trace Name 为该行描述的波形曲线名称；

第 3 列 Y1 为该行描述的波形曲线上与标尺 1 竖直线交点的 Y 坐标值，该列标题字符“Y1”的颜色与标尺 1 采用的颜色相同；

第 4 列 Y2 为该行描述的波形曲线上与标尺 2 竖直线交点的 Y 坐标值，该列标题字符“Y2”的颜色与标尺 2 采用的颜色相同；

第 5 列 Y2－Y1 为上述第 4 列 Y2 值与第 3 列 Y1 值之差。

注意：显示框的第二行比较特殊。该行第 2 列描述了第二行显示的内容名称是“X Value”，第 3 列为标尺 1 十字中心的 X 坐标值 X1，也就表示左半部分第 3 列显示的是各个信号波形上与该 X 值对应的 Y 值，这也是第一行第 3 列标题采用 Y1 的含义。第 4 列为标尺 2 的 X 坐标值 X2，也就表示左半部分第 4 列显示的是各个信号波形上与该 X 值对应的 Y 值，这也是第一行第 4 列标题采用 Y2 的含义。第 5 列显示的是上述 X2 值与 X1 值之差。

② 右半部分显示框显示的内容：

图 5-30 所示标尺显示框中，右半部分第一行 Y1(Cursor1)－Y2(Cursor2)描述的是两个标尺对应的 Y 坐标值之差。

第二行为标题行，共分 5 列。从第三行开始每行描述一个信号波形上与标尺相关数据的比较分析结果。每行信号波形名则由标尺数据显示框左半部分的第 1 列和第 2 列描述。也就是说，从第三行开始，标尺数据显示框左半部分和右半部分描述的是同一个信号波形的相关信息。

右半部分显示框显示的与每个信号波形相关的信息内容如第二行标题所示。

第 1 列 Y1－Y1(Cursor1)表示该行信号波形与标尺 1 竖直线交点 Y 坐标值与标尺 1 所作用的波形曲线上标尺 1 十字点位置的 Y 坐标值之差。例如，图 5-30 中 V(In)一行中，V(In)对应的 Y1 为 1.000，而此时标尺 1 选中的波形曲线为 V(Out)，Y1(Cursor1)为 0.901 433，因此 Y1－Y1(Cursor1)=1.000－0.901 433＝0.098 567，如图中第一行所示。若该行正是标尺 1 所作用的信号波形，则 Y1 也就是 Y1(Cursor1)，因此该行第 1 列的值就为 0，如图中第二行所示。

第 2 列 Y2－Y2(Cursor2)含义与第 1 列类似，表示该行信号波形与标尺 2 竖直线交点 Y 坐标值与标尺 2 所作用的波形曲线上标尺 2 十字点位置的 Y 坐标值之差。若该行正是标尺 2 所作用的信号波形，则 Y2 也就是 Y2(Cursor2)，因此该行第 2 列的值就为 0。

第 3 列 Max Y 表示第 1 列与第 2 列涉及的两个 Y 值中的较大者，即 Max(Y1,Y2)；

第 4 列 Min Y 表示第 1 列与第 2 列涉及的两个 Y 值中的较小者，即 Min(Y1,Y2)；

第 5 列 Avg Y 表示两个标尺在该行对应的波形曲线读出的 Y 坐标值的平均值，即(Y1+Y2)/2。

（2）图 5-31 所示标尺显示框中数据的含义。该数据显示框中显示的数据相对比较简洁直观，而且可以用鼠标拖动的方法将显示框放于屏幕的任意位置，这也是图 5-29 中“non-dockable（old）cursor window”的含义。显示框中有三行数据，第一行两个数据分别是标尺 1 光标十字中心的 X 和 Y 坐标值。第二行为标尺 2 光标十字中心的 X 和 Y 坐标值。第三行“dif”后面则分别为这两个标尺光标十字中心点 X 和 Y 坐标值之差。对于图 5-31 对应的 RC 电路瞬态仿真结果，通过控制两个标尺光标线的位置，可以很方便地得到输出脉冲的上升时间、下降时间、RC 电路的充放电时常数等参数。实际上，图 5-31 中数据显示框中显示的两个 X 坐标值分别是 RC 电路输出脉冲为 0.1V 和 0.9V 对应的时间，第三行“dif＝22.056n”显示的是这两个 X 坐标值之差，即为输出脉冲从 0.1V 上升到 0.9V 所需的时间，也就是上升时间。

提示：图 5-30 所示的新版本标尺数据显示框中除了可以查看到图 5-31 所示老版本标尺数据显示框中显示的所有信息外，还同时显示有 Probe 窗口中所有信号波形上与两个标尺中心点 X 坐标值对应的 Y 值以及对比分析结果。

6. 波形特征值的提取

标尺除可用于精确显示波形上任一点的坐标数据外，还能按用户的需要，选择执行图 5-28 中从第 3 条子命令开始的 7 条子命令，从模拟信号波形上查找特殊位置，提取特征值。Probe 为这些子命令同时提供有工具图标按钮，方便用户选用。

图 5-28 中最后两条子命令适用于数字信号。

需要指出的是，选择执行特征值提取子命令时，只对在这之前最近一次标尺操作中涉及的那一组标尺起作用。例如，在对标尺 2 进行移动操作后，执行这些子命令将使标尺 2 在其作用的信号波形上按子命令的要求动作，并将标尺十字中心点移至波形上符合子命令要求的位置。在标尺数据显示框中同时显示出相应的数据。下面介绍这 7 条子命令在提取特征值方面的功能。

① Peak：使标尺沿波形曲线移至下一个极大值位置。

② Trough：使标尺移至波形曲线下一个极小值位置。

③ Slope：使标尺沿波形曲线移至下一个斜率极大值位置。

④ Min：使标尺移至波形曲线的最小值位置。

⑤ Max：使标尺移至波形曲线的最大值位置。

⑥ Point：PSpice 完成 DC、AC、TRAN 等电路模拟后，Probe 窗口中显示的信号波形实际上是对模拟中产生的数据点进行平滑处理得到的连续波形曲线。用户除了采用“Mark Data Points”工具按钮在波形上显示实际数据点（见图 5-12）外，还可以选择执行 Cursor 子命令菜单中的 Point 子命令，使标尺从当前位置沿波形曲线移至“下一个”实际数据点。

注意：移至“下一个”数据点的移动方向取决于执行 Point 子命令前对标尺作移动操作时，该组标尺向左还是向右进行了移动。这一移动方向也就决定了 Point 子命令是向左还是向右查寻“下一个”实际数据点。

⑦ Search Commands：上述 6 条子命令都有明确的特征值提取功能。若用户还需要提取其他类型的特征值，可以按 Probe 规定的语句格式，自行编制搜寻命令。有关“搜寻命令”的语句格式内容将在第 7 章详细介绍。

7. 标尺相关数据的导出

标尺除可用于显示波形上相关坐标数据外，还能按用户的需要，将标尺显示框中的数据复制出来。

（1）标尺数据显示框中全部数据的输出。在图 5-30 所示标尺显示框中，单击右键，在出现的快捷菜单中选择执行 Dump To CSV File，就将标尺显示框中的全部数据存放到以 CSV 为扩展名的 Excel 文件中，文件主名是当前的 Simulation Profile 名称后面加_cursor。例如，若当前 Simulation Profile 名称为 AC1028，则存放数据的文件名为 AC1028_cursor.csv。

在 Probe 窗口中，执行 File→Open File Location 命令，就进入刚刚存放 CSV 文件的路径，用户双击 CSV 文件，即在 Excel 环境中打开该文件。

（2）标尺数据显示框中选中数据的输出。在图 5-30 所示标尺显示框中，用鼠标选择欲复制的数据，单击右键，在出现的快捷菜单中选择执行 Copy。这时打开一个文本文件，就可以将业已存放在剪贴板上的数据粘贴在打开的文件中。

5.3.5 标注符（Label）

为了进一步区分和识别信号波形，Probe 可以给不同的波形添加多种形式的标注符，包括标示出波形曲线上数据点的坐标值，添加说明字符以及与之配合的直线、折线、方框、圆、椭圆等，使说明字符更加清晰、直观。

1. 标注符的添加

在 Probe 窗口中选择执行 Plot→Label 子命令，屏幕上出现如图 5-32 所示下拉式子命令菜单。其中共有 8 条子命令，按其作用可分为三类。

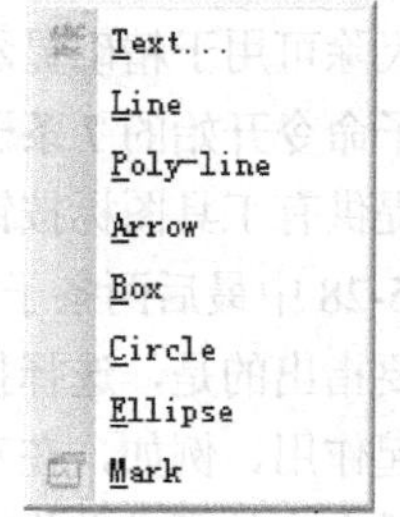

图 5-32 Plot→Label 子命令菜单

① 在波形曲线上添加说明字符：图 5-32 中 Text 子命令用于在 Probe 窗口中添加说明用字符。

② 图形标示符：为了使说明字符更加直观，可以选用图 5-32 Plot→Label 子命令菜单中的其余 6 条子命令，在 Probe 窗口中添加直线段、折线、箭头、矩形框、圆或椭圆。

③ 在波形曲线上标示坐标数据：将标尺移至波形曲线某一位置后，选择执行图 5-32 中 Mark 子命令，则波形曲线上标尺十字中心点所在位置的坐标数据立即标示于该点附近，这些数据一直保留，不会因标尺的移动而变化或消失。

2. 标注符的选中

各种标注符均可根据需要进行编辑修改。在对某个标注符进行编辑修改之前必须首先使其处于选中状态。

单击标注符的轮廓线，即可使该标注符处于选中状态。选中一个后，按住 Shift 键，可用单击的方法继续选中多个标注符。

要使被选中的标志符脱离选中状态，只要在与其轮廓线距离较大的任一位置单击鼠标左键。

3. 标注符的移动

选中某个标注符后，即可用拖拉的方法将该标注符移至其他位置。

4. 标注符的删除

选中某个标注符后，执行 Edit→Delete 子命令或按“Delete”键，即可将该标注符删除。

5.3.6　波形的缩放

为了方便用户对波形全貌和细节的分析，在 Probe 窗口中选择执行 View→Zoom 子命令后，屏幕上出现下拉式命令菜单（如图 5-33 所示），其中共有 7 条子命令，用于对窗口中显示的波形进行缩放处理。其功能以及使用方法与第 2 章介绍的 Page Editor 中同名命令类似。

图 5-33　View→Zoom 子命令菜单

5.3.7　波形显示区的控制

在同一个坐标系下显示两类信号或数值相差太大的几个信号波形时，将会出现部分波形曲线形状显示不明显的问题。5.3.1 节介绍了这一问题的解决办法之一，即采用两根 Y 轴。Probe 模块对这一问题还有另一个解决办法，这就是采用不同的波形显示区。

1. 添加波形显示区

在 Probe 窗口中，同一个坐标系及其中的信号波形统称为一个波形显示区。若显示的是模拟信号，波形显示区以虚线框划定其边界。显示数字信号的波形显示区则以实线框划定边界。

选择执行 Plot→Add Plot to Window 子命令，即在当前屏幕上添加一个空白的波形显示区。在一个窗口中可以添加多个波形显示区。

2. 选中波形显示区显示波形

在存在多个波形显示区的情况下，只有一个波形显示区处于“选中”状态，其标志是在该显示区的虚线框左下边界外有个“SEL>>”符号。对信号波形的各种处理只对处于选中状态的波形显示区中的信号波形起作用。

在某一个波形显示区范围内任一位置单击鼠标左键，就使其成为“选中”的波形显示区。执行 Plot→Add Plot to Window 子命令增添的波形显示区自动加于屏幕上处于选中状态的波形显示区的上方，同时新添加的波形显示区自动成为选中状态。

下面结合 5.3.1 节中列举的实例，介绍用多个波形显示区显示不同类型信号波形的基本步骤。

① 按 5.2.1 节介绍的方法在屏幕上显示出 V(In)和 V(Out)两个信号波形，如图 5-10 所示。

② 选择执行 Plot→Add Plot to Window 子命令，则在屏幕上半部分出现新的空白波形显示区。该区左侧有“SEL>>”标志，表示其处于选中状态。

③ 选择执行 Trace→Add Trace 子命令，就在新添加的波形显示区中显示出 I(C1)波形，这时屏幕显示状态如图 5-34 所示。由图可见，两个波形显示区分别显示两类信号波形，不但几个波形曲线都清晰可辨，而且在它们的 Y 轴上除显示坐标刻度数据外，还都带有单位。

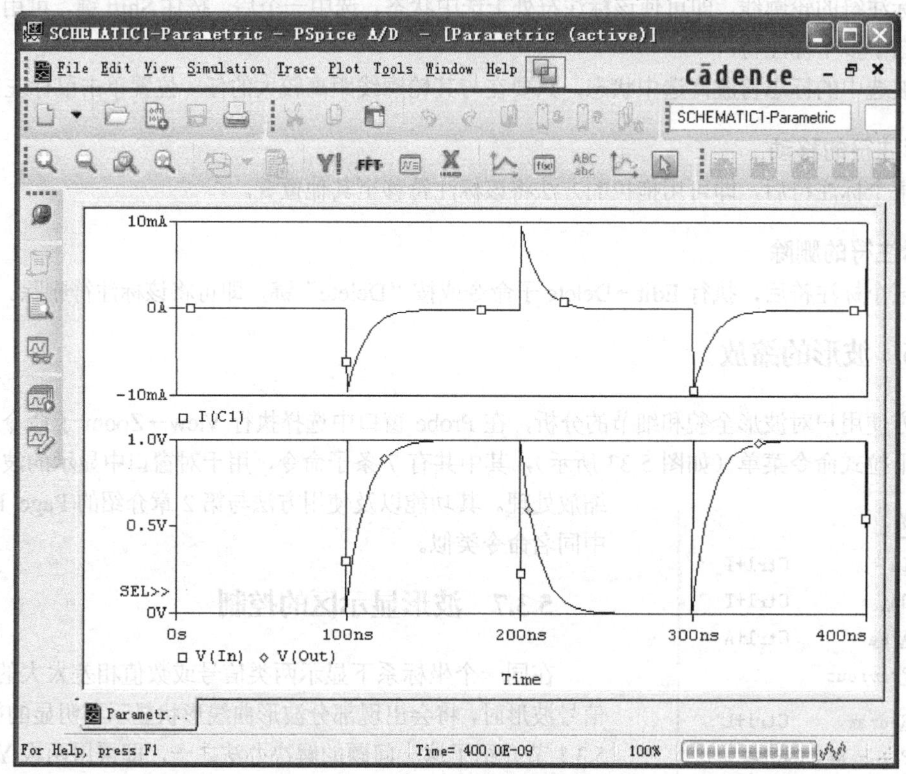

图 5-34　两个波形显示区中的波形

3. 删除波形显示区

要删除某个波形显示区，应首先将其选中，使其处于“选中”状态。然后执行 Plot→Delete Plot 子命令，被选中的波形显示区及其中显示的所有波形将同时被删除。

4. 不同波形显示区 X 坐标轴的控制

用 Plot→Add Plot to Window 子命令增加一个波形显示区后，新增波形显示区将加于原先处于选中状态的波形显示区的上方，而且这两个波形显示区共用同一个 X 轴刻度。选择执行 Plot→Unsynchronize X Plot 子命令，可使新增的波形显示区自行采用单独的 X 轴刻度。

5.3.8　波形显示窗口的控制

1. 波形显示窗口的添加

在一个窗口中可以建立几个波形显示区。Probe 还允许在屏幕上打开多个波形显示窗口。波形显示窗口的特征是在每个窗口的最上面一行为标题栏，标题栏中有该窗口的名称。采用下述两种方法均可以在屏幕上新打开一个窗口。

① 在Probe窗口中选择执行File→Open子命令，打开一个PROBE数据文件（以DAT为扩展名），就同时自动打开一个波形显示窗口，并以该数据文件主名作为该窗口的名称。

② 在Probe窗口中选择执行Window→New Window命令，就在屏幕上新打开一个波形显示窗口。

2. 活动窗口

在存在多个波形显示窗口的情况下，只有一个窗口处于选中状态，称之为活动窗口。活动窗口的窗口标题栏呈高亮显示。屏幕上所有波形显示窗口共用一个主命令菜单和工具栏（见图5-35实例）。

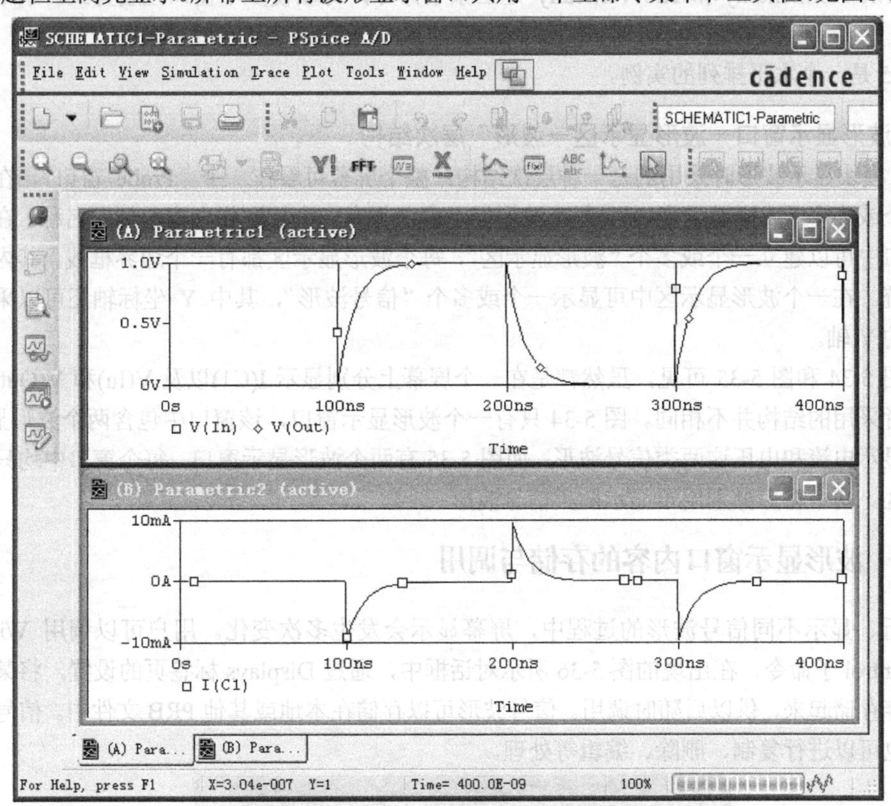

图5-35 两个波形显示窗口中的波形

对命令菜单的选择执行、键盘或光标操作等均只对活动窗口起作用。新打开一个窗口时，新打开的窗口自动成为活动窗口。而采用下述两种方法均可以使任一个窗口成为活动窗口。

① 单击某一个波形显示窗口内的任一位置，就使该窗口成为活动窗口。

② 在Probe窗口的Window子命令菜单中列有屏幕上现有波形显示窗口名称列表。每一行开始的数字为窗口的顺序编号，后面是该窗口的名称。处于选中状态的活动窗口名的前面有选中标志“√”。在窗口名称列表中单击一个窗口名称就使该窗口处于选中状态。

3. 窗口标题名的改变

要改变某个窗口的标题名称，首先应使该窗口成为活动窗口，然后执行Window→Title子命令，在屏幕上弹出的修改标题名对话框中用户修改原来的标题名后单击OK按钮，活动窗口的标题名就变为修改后的新名称。

4. 窗口的关闭

要关闭某个窗口，首先应使该窗口成为活动窗口，然后选择执行 Window→Close 子命令，就将该活动窗口关闭。当存在多个窗口的情况下，选择执行 Window→Close All 子命令，将关闭所有窗口。

5. 多窗口的排列

与常用软件工具中控制多个窗口排列模式的方法一样，选择执行 Window 子命令菜单中的 Cascade、Tile Horizontally 和 Tile Vertically 这三条子命令，可以使多个窗口呈层叠式、水平式或并列式排列。

图 5-35 是一个水平排列的实例。

6. “波形显示窗口－波形显示区－波形”层次结构

Probe 模块显示波形时采用的是一种层次结构。整个屏幕可看作一个“Probe 窗口”。在其中可以打开一个或多个“波形显示窗口”，每个波形显示窗口都有一个标题栏和窗口标题名称。在一个波形显示窗口中可以建立一个或多个“波形显示区”，每个波形显示区都有一个边界框线，其内部是一个坐标系统。在一个波形显示区中可显示一个或多个“信号波形”，其中 Y 坐标轴还可以采用两种不同刻度的 Y 轴。

对比图 5-34 和图 5-35 可见，虽然都是在一个屏幕上分别显示 I(C1)以及 V(In)和 V(Out)信号波形，但两者采用的结构并不相同。图 5-34 只有一个波形显示窗口，该窗口中包含两个波形显示区，分别用于显示电流和电压这两类信号波形。而图 5-35 有两个波形显示窗口，每个窗口中均只有一个波形显示区。两个窗口分别用于显示两类信号波形。

5.3.9 波形显示窗口内容的存储与调用

在分析、显示不同信号波形的过程中，屏幕显示会发生多次变化。用户可以调用 Window→Display Control 子命令，在出现的图 5-36 所示对话框中，通过 Displays 标签页的设置，将某些屏幕显示的内容存储起来，供以后随时调用。信号波形可以存储在本地或其他 PRB 文件中。信号波形存储以后，也可以进行复制、删除、编辑等处理。

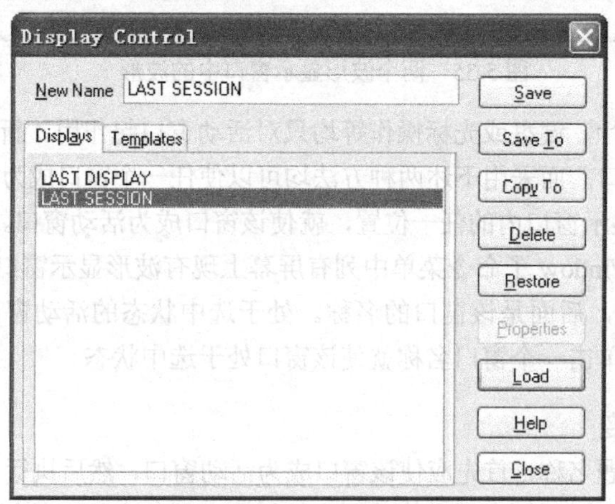

图 5-36 Display Control 对话框

说明：图 5-36 所示对话框中 Templates 标签页的作用是为图 5-15 子命令菜单中 Plot Window Templates 子命令设置可供选用的 Markers 模板，其设置方法将在第 7 章介绍。

选择执行 Window→Display Control 子命令后，在弹出的 Display Control 对话框的 Displays 标签页中将列出已存放的屏幕显示内容名称列表。

1. 屏幕显示内容的存储

① 在 Probe 的波形显示窗口中显示出需要保存的信号波形显示区和信号波形，包括设置好坐标轴和添加标注符。

② 选择执行 Window→Display Control 子命令，在图 5-36 所示 New Name 子框中输入给屏幕上波形显示窗口中已显示信号波形所起的名称。

③ 单击 Save 按钮，则屏幕上显示的内容将以设置的名称存入本地（Local）PRB 文件，并在图 5-36 屏幕显示名列表中增加该名称。

④ 若要将屏幕上显示的内容存入另一个电路设计的 PRB 文件，应单击 Save To 按钮，在屏幕上弹出 Save To File 对话框后，按常规方法确定文件名和路径，就可以将屏幕显示内容以指定的名称存入该 PRB 文件。

2. 屏幕显示存储文件的复制

采用下述步骤可以将屏幕显示内容复制到另一个文件中：

① 在图 5-36 所示屏幕显示内容名列表中，选中待复制的屏幕显示内容名称。

② 单击图 5-36 中 Copy To 按钮。

③ 在屏幕上弹出的 Probe File for Save Display 对话框中，按常规方法确定路径名和文件名，就可以将上述选中的屏幕显示内容复制到该文件中。

3. 屏幕显示存储内容的调用

① 本地 PRB 文件中存储内容的调用：在图 5-36 屏幕显示内容名列表区选中要调用的内容名称，然后单击 Restore 按钮，该名称代表的信号波形将立即显示在屏幕上。

② 其他 PRB 文件中存储内容的调用：如果要调用的内容不属于本地 PRB 文件，但只要在当前文件中也有与该信号变量名相同的变量名称，则该名称代表的屏幕显示内容也可被调用显示。调用时首先应单击图 5-36 中的 Load 按钮，在屏幕上弹出的 Load Displays 对话框中按通常方法选中待调用的存储文件名，将选中文件包含的屏幕显示内容名增添在图 5-36 的列表区中。从列表区中选中要显示其内容的屏幕显示内容名，并单击 Restore 按钮，该名称代表的信号波形将显示在屏幕上。

4. 列表区中屏幕显示存储内容的删除

在图 5-36 屏幕显示内容名列表区，选中待删除的屏幕显示内容名，然后单击 Delete 按钮，即将选中的屏幕显示内容删除。

5. 屏幕显示内容的自动存储

在分析、显示信号波形的过程中，屏幕显示内容经常变化。为了记录发生变化前的内容，Probe 模块自动将两种屏幕显示内容存储在本地 PRB 文件中。

① LAST DISPLAY：在 Probe 运行过程中，每次改变屏幕显示内容的同时，Probe 将以 LAST DISPLAY 为名称（见图 5-36 中列表区），将屏幕显示改变前的屏幕显示内容存储起来。若该名称已存在，就用屏幕显示改变前的屏幕显示内容替换该名称中已有的内容。显然，该名称中的内容经常变换。

② LAST SESSION：该名称也是由 Probe 模块自动产生的（见图 5-36 中列表区），用于存放退出 Probe 模块时屏幕上显示的内容，供下次运行 Probe 模块时调用。

5.4 电路特性值的计算（Measurement 函数）

在 Probe 窗口中调用 Measurement（电路特性值函数）可以从显示的波形中提取出表征电路特性参数的值（如增益、带宽等）。同时 Measurement 也是进行 Performance Analysis（电路性能分析）的核心。本节主要介绍如何调用 Measurement 计算电路特性参数值。关于 Measurement 函数的定义格式和编辑处理方法，特别是如何根据应用需要，自行编写新的 Measurement 函数等深层次的内容将在第 7 章介绍。

5.4.1 Probe 提供的 Measurement 函数

在 Probe 窗口中选择执行 Trace→Measurements 子命令，屏幕上将出现对电路特性值函数进行各种处理的 Measurements 对话框，如图 5-37 所示。

① 对话框中列出了 Probe 提供的 54 个 Measurement 函数，供用户从显示的波形中提取出表征电路特性参数的值（如增益、带宽等）。本章附录列出了这 54 个 Measurement 函数的名称和功能，供用户查阅选用。

② Eval 按钮的作用是运行一个选中的 Measurement 函数，从指定的波形中计算电路特性参数的值。运行过程参见 5.4.2 节“电路特性值的计算方法一”介绍。

③ 其他按钮的作用是对 Measurement 函数进行查看、修改、新建、调入等各种处理，包括指导用户新建 Measurement 函数。具体方法在第 7 章将详细介绍。

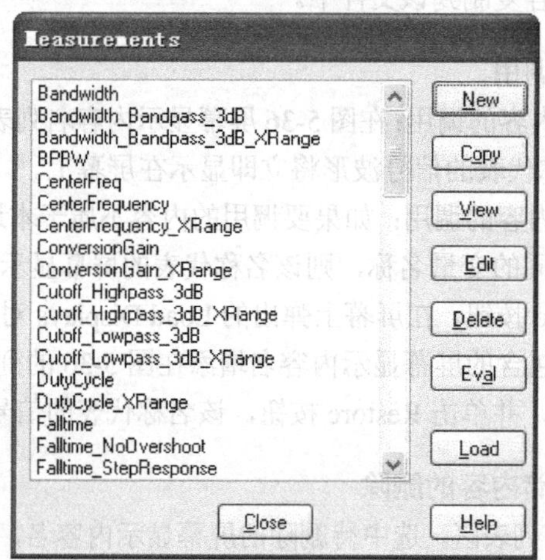

图 5-37　Measurements 对话框

5.4.2 电路特性值的计算方法一

下面结合实例，介绍如何通过 Measurements 对话框中的 Eval 按钮计算图 3-28 中 V(Out)信号波形在 $t = 50n$ 到 $t = 250n$ 范围内的最大值。

① 在 Probe 窗口显示有图 3-27 所示 RC 电路模拟结果的信号波形时，选择执行 Trace→Measurements 子命令，屏幕上将出现如图 5-37 所示的电路特性值函数对话框。

② 电路特性值函数 Max_XRange 的作用就是在指定的 X 轴范围内查找信号波形的最大值，因此，能够实现上述计算要求。在图 5-37 所示对话框中选中函数 Max_XRange，然后单击 Eval 按钮，屏幕上出现计算 Max_XRange 电路特性值函数对话框，如图 5-38 所示。由于计算 Max_XRange 函数

需指定一个信号名和两个替换变量，因此，图 5-38 所示对话框中共有三项设置，图中同时标明了每一项设置的内容。显然，由于不同电路特性值函数涉及的信号个数和替换变量个数互不相同，因此图 5-38 的具体形态与调用的电路特性值函数密切相关。

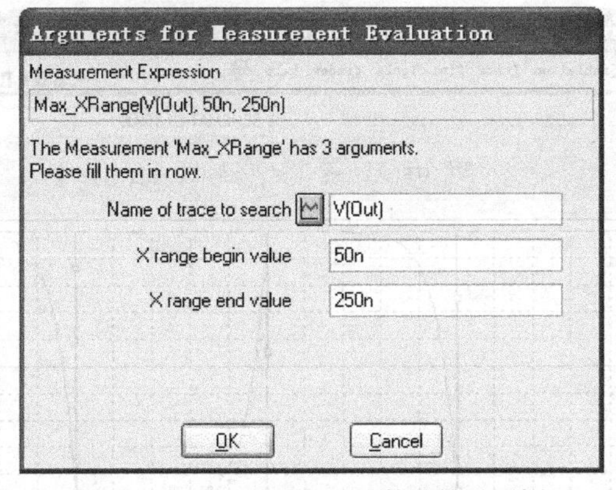

图 5-38　Max_XRange 函数计算对话框

③ 在图 5-38 中 Name of trace to search 的右侧文本框内输入作为计算对象的信号名 V(Out)。

如果用户不能记得作为计算对象的确切信号名。也可以单击 Name of trace to search 右侧的图标按钮，屏幕上将出现图 5-9 所示的 Add Traces 对话框，从对话框左侧列表框中选择作为计算对象的信号名 V(Out)，再单击对话框中 OK 按钮，则选中的信号名 V(Out)将自动出现在图 5-38 中“Name of trace to search”右侧的文本框内。

④ 在图 5-38 中 Name of trace to search 的右侧输入作为计算对象的信号名 V(Out)，在 X range begin value 的右侧输入 X 轴范围起点 50n，在 X range end value 的右侧输入 X 轴范围终点 250n。

⑤ 完成图 5-38 要求的设置后，单击 OK 按钮，则屏幕显示如图 5-39 所示。图中显示了 V(Out) 的波形，在波形上标出了特征点 P1 的位置，并列出了电路特性值函数计算表达式和最终结果：

Max_XRange(V(Out),50n,250n)= 999.95261m

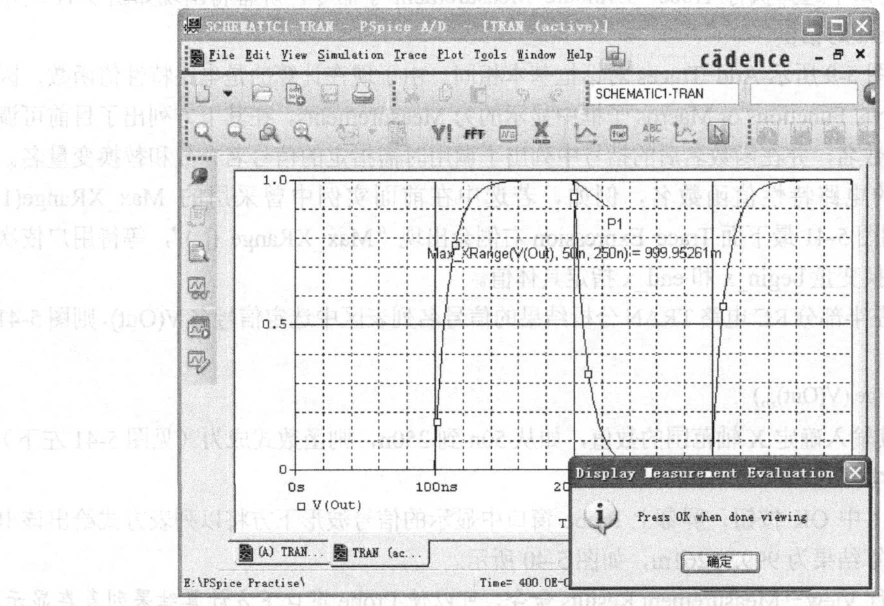

图 5-39　Max_XRange 计算结果显示

⑥ 按照图 5-39 中提示框的提示，单击框中“确定”按钮，屏幕显示恢复原来状态。

说明：完成上述计算过程后，选择执行 View→Measurement Results 命令，在屏幕的 Probe 窗口下方将以列表形式显示出计算结果，如图 5-40 所示。

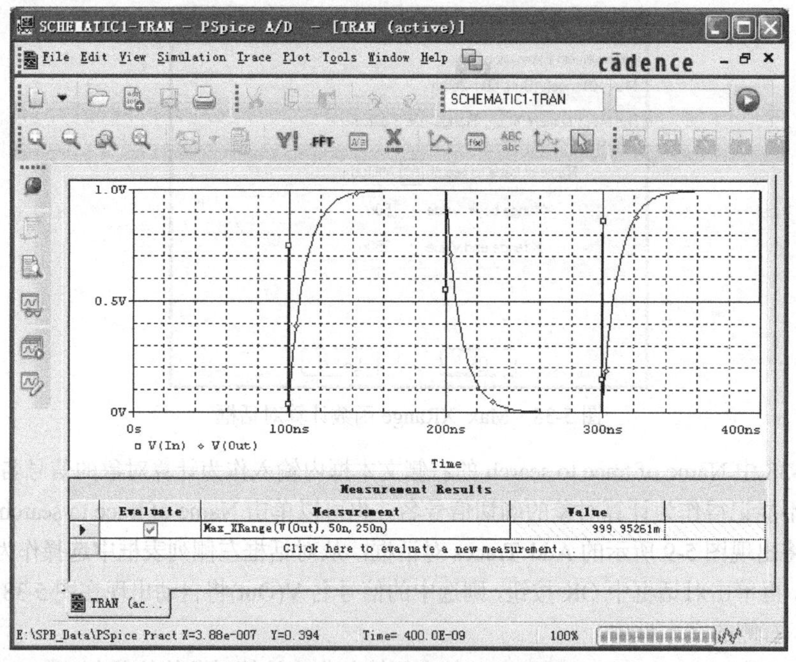

图 5-40 Max_XRanger 函数计算结果

5.4.3 电路特性值的计算方法二

下面针对同一个实例，介绍电路特性值的第二种计算方法。

① 在 Probe 窗口中选择执行 Trace→Evaluate Measurement 子命令，屏幕将出现如图 5-41 所示 Evaluate Measurement 对话框。

② 图 5-41 与图 5-9 所示 Add Traces 对话框基本相同。由于现在计算的是电路特性值函数，因此图 5-41 右半部分的 Functions or Macros 子框中显示的为 Measurements，在其下方列出了目前可调用的电路特性值函数名，并在函数名后的括号中列出了调用时需指定的信号名个数和替换变量名。用光标选中所需的电路特性值函数名，例如，若选中在前面实例中曾采用的 Max_XRange(1, begin_x,end_x)，则图 5-41 最下面 Trace Expression 右侧会出现“Max_XRange (|,,)”，等待用户依次确定信号名、给替换变量 begin_x 和 end_x 指定具体值。

③ 从图 5-41 左半部分 RC 电路 TRAN 分析结果的信号名列表区中选定信号名 V(Out)，则图 5-41 底部函数式变成

Max_XRange (V(Out),|,)

④ 用户再继续输入确定 X 轴范围的数值，如从 50n 到 250n，则函数式成为（见图 5-41 左下）

Max_XRange(V(Out),50n,250n)

⑤ 单击图 5-41 中 OK 按钮，屏幕上 Probe 窗口中显示的信号波形下方将以列表方式给出该电路特性值函数的计算结果为 999.95261m，如图 5-40 所示。

说明：通过执行 View→Measurement Results 命令，可以使 Probe 窗口下方计算结果列表在显示/消失两种状态之间变化。

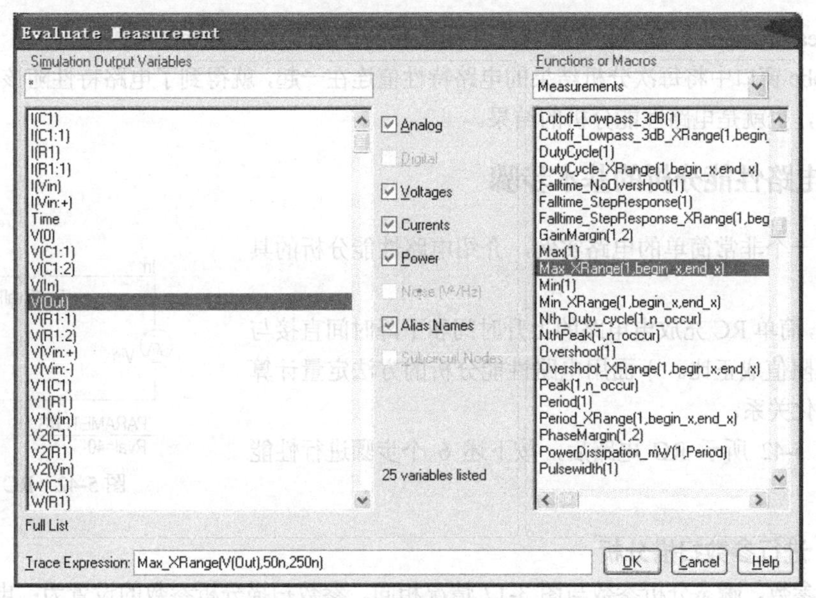

图 5-41　电路特性值函数计算对话框

5.5　电路性能分析（Performance Analysis）

电路性能分析的作用是定量分析电路特性随某一元器件参数的变化关系，在优化电路设计方面有很大的作用。本节结合几个实例，详细介绍电路性能分析的具体方法。

5.5.1　电路性能分析的基本过程

1. Performance Analysis（电路性能分析）

在 Probe 中，Performance Analysis 的作用是定量分析电路特性随元器件参数的变化关系，并在窗口中显示出变化关系曲线。这种分析又称为“电路性能”分析，以区别于“电路特性”分析。

例如，为了分析一个滤波器电路的带宽与电路中某一元器件（如电阻 R1）参数的关系，可以按第 4 章介绍的参数扫描分析方法，使该电阻 R1 的阻值在一定范围内变化。对每一个 R1 取值，均进行一次 AC 频率响应分析。对每一次 AC 分析得到的输出电压与频率关系曲线，都可以调用 5.4 节介绍的 Measurement 函数，并得到该 R1 取值下的带宽。将不同 R1 值下得到的带宽结果在 Probe 窗口中显示出来并连成曲线，即得到带宽随电阻 R1 的变化关系，这就是 Performance Analysis 的分析功能。

显然，得到带宽随电阻 R1 的变化关系曲线后，就可以根据带宽的设计要求，选取比较佳的 R1 元件值。

由上例可见，进行 Performance Analysis 分析时，需要对电路进行多次模拟分析。

2. Performance Analysis 的基本过程

在 Probe 中，电路性能分析是按下述几步进行的。

① 确定元器件参数的变化范围、变化方式和步长；对每一个变化值，进行一次电路特性模拟分析。因此，电路性能分析必然伴随有多次电路模拟分析。4.2 节介绍的参数扫描分析就起到这方面的作用。

② 对多次电路模拟分析中的每一次模拟结果，根据电路性能分析的需要，调用一个或多个电路

特性函数（Measurement），从分析结果波形中提取出一个或多个电路特性参数值。

③ 在 Probe 窗口中将每次分析结果的电路特性值连在一起，就得到了电路特性随该元器件参数值的变化关系，也就是电路性能分析的结果。

5.5.2　电路性能分析的基本步骤

下面结合一个非常简单的电路实例，介绍电路性能分析的具体步骤。

众所周知，简单 RC 充放电电路的上升时间和下降时间直接与电路中的电阻阻值成正比。下面用电路性能分析的方法定量计算它们之间的变化关系。

绘好如图 5-42 所示 RC 电路后，按下述 6 个步骤进行性能分析。

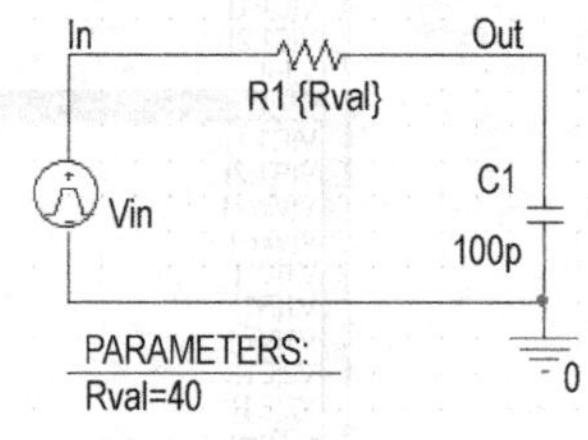

图 5-42　RC 电路

第一步：进行参数扫描分析

首先设置参数。瞬态分析参数与图 3-17 情况相同。参数扫描分析参数的设置为：电阻 Rval 从 40Ω变至 400Ω，步长为 40Ω。参数设置完后对电路进行电路模拟计算。

第二步：在 Probe 窗口显示参数扫描结果

参数扫描分析后，采用 5.2 节介绍的方法，在 Probe 窗口显示参数扫描结果。

第三步：启动电路性能分析过程

在 Probe 窗口选择执行 Trace→Performance Analysis 子命令，屏幕上出现如图 5-43 所示 Performance Analysis 框。

图 5-43 中的内容可分为三部分。

① 说明注释部分：图中上半部分是介绍 Performance Analysis 概念的文字性注释内容。

② 参数说明部分：图 5-43 中间部分列出了与本次性能分析有关的下述信息。

当前选中的数据批次。图中为“10 of 10”，表示 10 批数据全被选用。

不同批次模拟分析中变化参数的名称。图中为“Rval”，这就是前面进行 RC 电路参数扫描分析中的变量参数名。

参数的变化范围。图中为“40 to 400 ohms”，即为参数扫描分析中设定的 Rval 变化范围。

坐标轴变量名。图中为 The X axis will be Rval 和 The Y axis will depend on the Measurement you use，即显示电路性能分析结果时，X 轴为变量参数 Rval，Y 轴取决于将要选用的电路特性值 Measurement 函数。

③ 功能按钮及作用说明部分：图 5-43 下半部分是 5 个功能按钮。在按钮的上方用注释方式说明如何继续完成电路性能分析。

如果用户需要，则可以单击“Select Sections”按钮，从已调入 Probe 的多批数据中选用几批参与电路性能分析。单击该按钮后，屏幕上将弹出与图 5-13 类似的多批数据选择框，选择数据批次的具体方法也与图 5-13 的情况相同。

如果单击 OK 按钮，将开始由用户直接进行性能分析的具体进程。这时需由用户通过执行 Probe 窗口中的 Trace→Add Trace 子命令，选用电路特性值函数或由电路特性值函数组成的运算式，产生电路性能分析结果曲线（见 5.5.4 节）。

如果单击 Wizard 按钮，用户可以按屏幕提示，分步完成电路特性分析功能（见 5.5.3 节）。

这就是说，从此步以后，可以采用两种方式继续进行电路性能分析。下面将分别介绍这两种不同的方式。

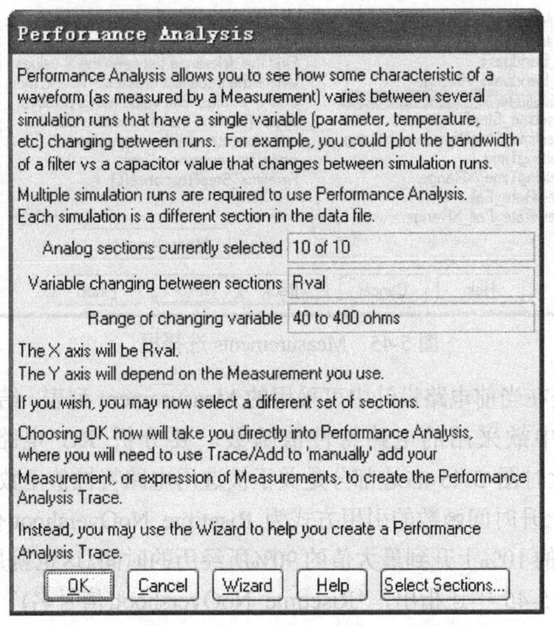

图 5-43　Performance Analysis 框

5.5.3　继续进行电路性能分析的方法之一：屏幕引导方式

在图 5-43 中单击 Wizard 按钮后，屏幕上分 4 步引导用户完成分析任务。

1. 第一步：Wizard 引导作用的说明

在图 5-43 中单击 Wizard 按钮，屏幕上出现如图 5-44 所示引导说明框。

图 5-44 中给出了由 Wizard 引导电路性能分析过程的简单介绍以及各个按钮的作用说明。

若在图 5-44 中单击 Finish 按钮，则终止 Wizard 引导方式，转向执行电路性能分析的第二种方法（见 5.5.4 节）。其他按钮由其名称直接表明了按钮的作用。

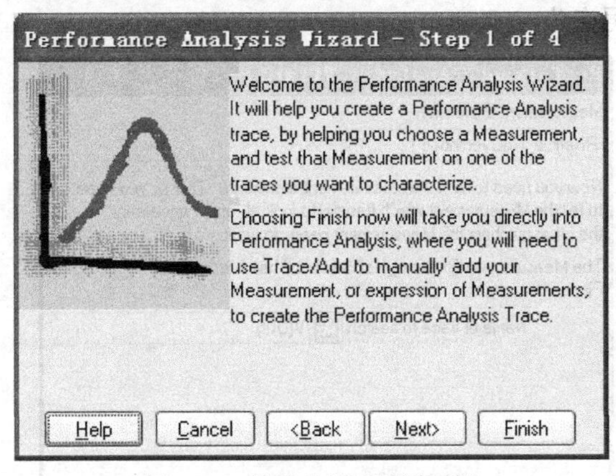

图 5-44　性能分析引导说明框

2. 第二步：电路特性值函数的选用

在图 5-44 中单击 Next 按钮，屏幕上显示出如图 5-45 所示的电路特性值函数选择框。

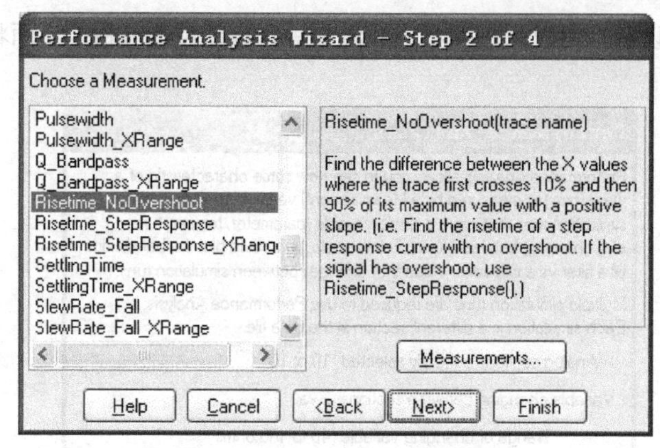

图 5-45　Measurements 选择框

图 5-45 中左边部分是在当前电路设计中可采用的 Measurement 列表。结合使用列表区右侧的滚动条，可以从列表区选中欲采用的电路特性值函数。要分析 RC 电路的上升时间，可选用 Risetime_NoOvershoot。此时图 5-45 右边部分是关于被选用电路特性值函数的引用形式及函数作用说明。如图 5-45 所示，上升时间函数的引用方式为 Risetime_NoOvershoot(信号名)。该函数计算信号波形从波形幅度最大值的 10%上升到最大值的 90%所经历的时间。这也就是阶跃输入脉冲作用下，输出波形的上升时间。图 5-45 中还指出，“Risetime_NoOvershoot(信号名)”函数适用于输出波形没有过冲的情况。

图 5-45 中的其他几个按钮与图 5-44 中的一样，其功能也相同。

3. 第三步：确定电路特性值函数自变量

在图 5-45 中单击 Next 按钮，屏幕上弹出电路特性值函数自变量设置对话框（见图 5-46），用于设置电路特性值函数自变量，包括信号波形和替换变量参数值。

图 5-46 上部分给出了选用的电路特性值函数式 Risetime_NoOvershoot( )。接着是该函数的变量个数说明，并提示用户在 Name of trace to search 的右侧文本框填入待处理的信号变量名。对图 5-42 所示 RC 电路，输出信号名为 V(Out)。对 Risetime_NoOvershoot( )函数，没有替换变量。

用户也可以单击 Name of trace to search 右侧的图标按钮，屏幕上将出现输出变量选择框，用户可以从中选定需要的信号名为 V(Out)。

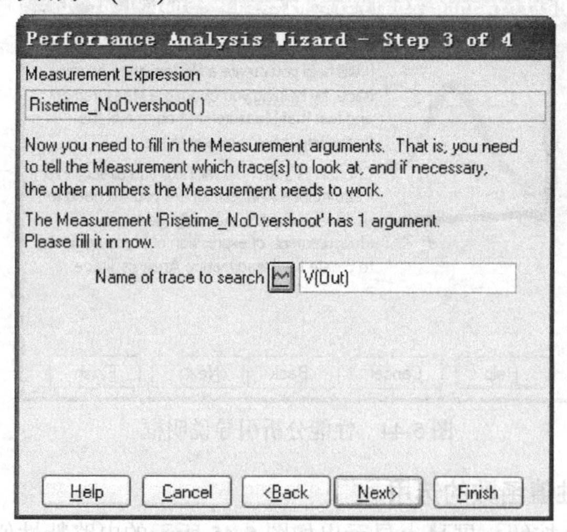

图 5-46　电路特性值函数的自变量设置对话框

4. 第四步：电路特性值函数计算结果检查

在图 5-46 中确定了自变量参数 V(Out)后，单击 Next 按钮，屏幕显示如图 5-47 所示。

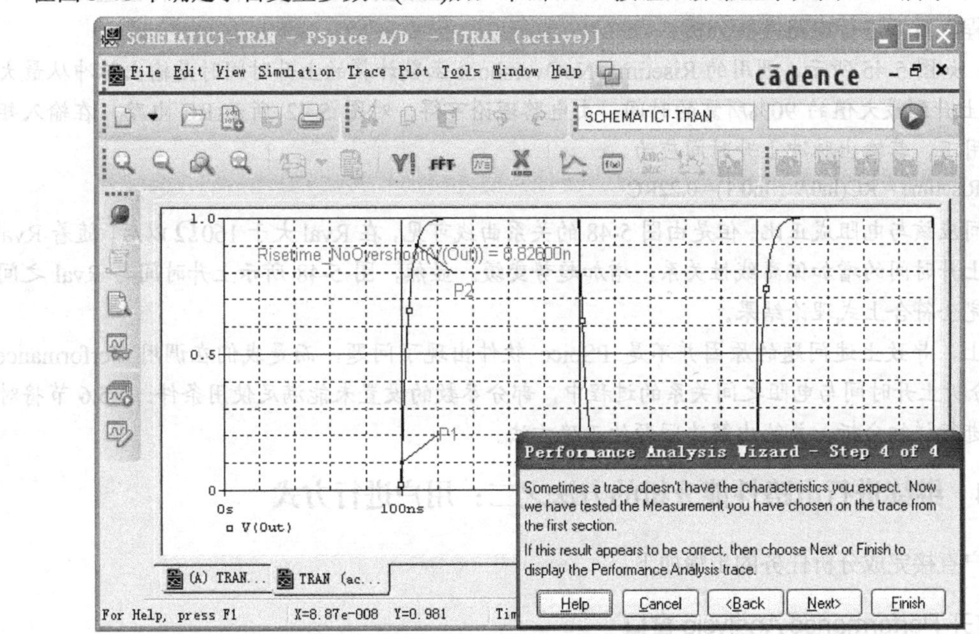

图 5-47　Rval = 40Ω时 Risetime_NoOvershoot (V(Out))计算结果

正如图 5-47 中提示信息框所述，图中显示的是针对第一批即 Rval = 40Ω情况的模拟结果 V(Out)波形，采用电路特性值函数 Risetime_NoOvershoot(V(Out))的计算结果。图中在 V(Out)波形上标示了 P1 点（波形最大值的 10%点）和 P2 点（波形最大值的 90%点）的位置，并给出了计算结果：

Risetime_NoOvershoot (V(Out)) = 8.82600n

即 Rval = 40Ω时，图 5-42 所示 RC 电路的上升时间为 8.8ns。

如果由该结果表明前面第二步和第三步选用的电路特性值函数和自变量是合适的，则应单击 Next 按钮，屏幕上即显示出 Performance Analysis 分析的最终结果，即上升时间和 Rval 电阻值之间的关系，如图 5-48 所示。

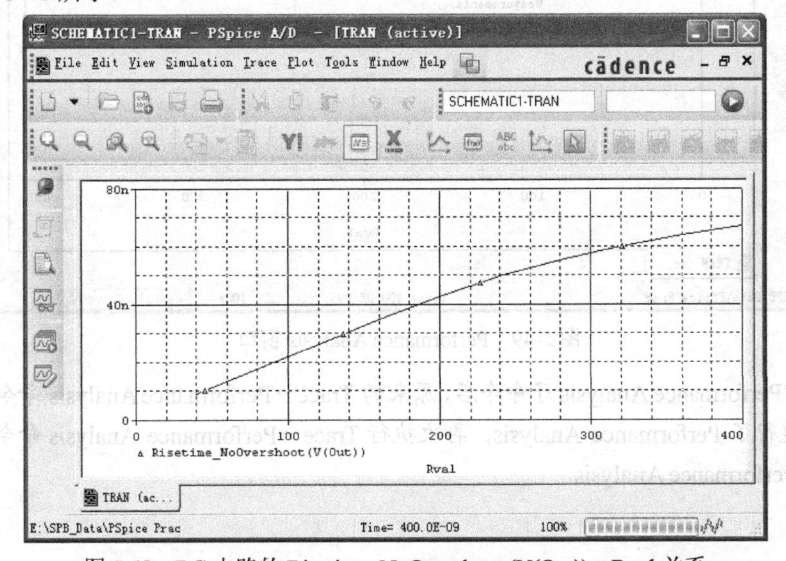

图 5-48　RC 电路的 Risetime_NoOvershoot (V(Out))～Rval 关系

如果由图 5-47 显示结果表明，前两步选定的自变量或/和电路特性值函数不合适，可单击图 5-47 和图 5-46 中的“Back”按钮，返回到图 5-46 或图 5-45，重新选择自变量或/和电路特性值函数，重复上述过程，重新进行电路性能分析。

提示：如图 5-45 所示，调用的 Risetime_NoOvershoot 函数计算的上升时间时是输出脉冲从最大值的 10%上升到最大值的 90%所需的时间。由电路理论可得，对图 5-42 所示 RC 电路，在输入矩形脉冲作用下，其输出脉冲上升时间应为

$$\text{Risetime} = RC(\ln 0.9 - \ln 0.1) = 0.22RC$$

即上升时间应该与电阻成正比。但是由图 5-48 的关系曲线可见，在 Rval 大于 160Ω 以后，随着 Rval 的增加，上升时间的增加偏离线性关系，增加趋势变缓。显然，图 5-48 所示上升时间与 Rval 之间的关系不完全符合上式理论结果。

实际上，导致上述问题的原因并不是 PSpice 软件出现了问题，而是我们在调用 Performance Analysis 分析上升时间与电阻之间关系的过程中，部分参数的设置未能满足使用条件。5.5.6 节将对问题原因进行详细分析，并给出解决问题的正确方法。

5.5.4 继续进行电路性能分析的方法之二：用户进行方式

由用户直接完成分析任务的步骤如下。

1. 打开 Performance Analysis 窗口

在图 5-43 中单击 OK 按钮，屏幕上出现电路性能分析窗口，如图 5-49 所示。该窗口与常规 Probe 波形显示窗口的区别只是 X 轴变量的不同（图 5-49 的 X 轴为 Rval）。

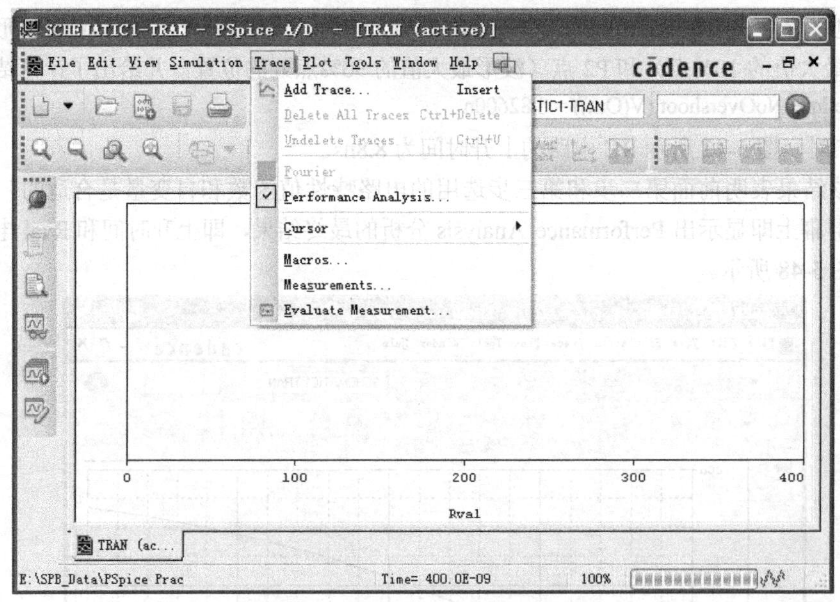

图 5-49　Performance Analysis 窗口

说明：执行 Performance Analysis 子命令后，原来的 Trace→Performance Analysis 命令前出现☑符号，表示已经进行了 Performance Analysis。再次执行 Trace→Performance Analysis 命令，☑消失，表示已经结束 Performance Analysis。

2. 打开 Add Traces 对话框

在 Probe 窗口中选择执行 Trace→Add Trace 子命令，屏幕上即弹出 Add Traces 对话框，如图 5-50 所示。

图 5-50 与显示信号波形时的图 5-9 所示 Add Trace 对话框基本相同。只是现在处于 Performance Analysis 状态，需要确定电路特性值函数及其变量参数，因此图 5-50 右边部分列出的是当前电路设计可采用的所有 Measurements 定义式列表，而不像图 5-9 那样右边部分是运算符和函数。

3. 选定电路特性值函数和自变量

与显示信号变量运算结果波形的方法类似，依次在图 5-50 右边部分选定电路特性值函数 Risetime_NoOvershoot(1)，在左边部分选中需对其进行处理的输出电压信号名 V(Out)。这时图 5-50 底部“Trace Expression”文本框显示 Risetime_NoOvershoot (V(Out))。

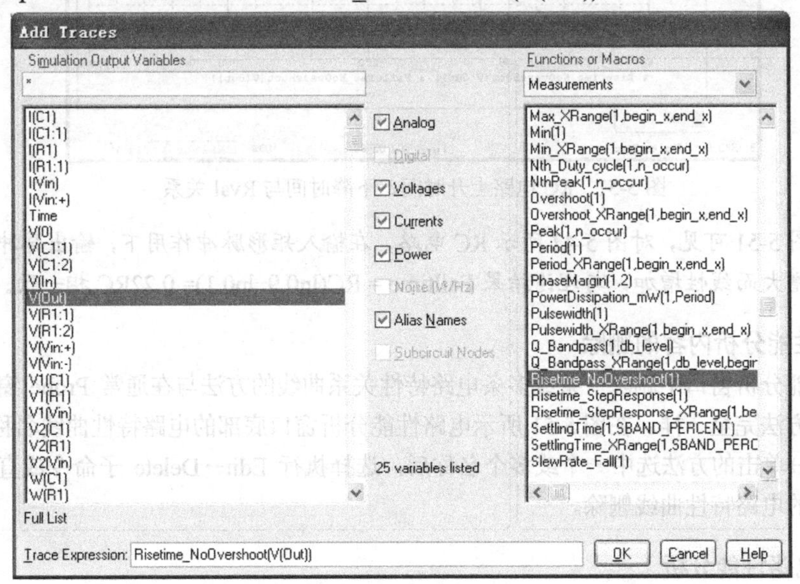

图 5-50　Performance Analysis 状态下的 Add Traces 对话框

4. Performance Analysis 分析结果显示

完成上述设置后，单击图 5-50 中的 OK 按钮，屏幕上便显示出 Risetime_NoOvershoot (V(Out))～Rval 关系的最终分析结果，与图 5-48 所示结果完全一样。

5.5.5　关于 Performance Analysis 的其他操作

1. 电路性能分析内容的添加

完成电路性能分析以后，屏幕上将给出电路特性随元器件参数变化的关系曲线（见图 5-48）。这时，根据分析的需要，还可以在如图 5-48 所示的电路性能分析窗口中再添加一项电路性能分析内容。

例：按照下述步骤，可以在图 5-48 中增加显示 RC 电路输出脉冲下降时间与电阻 Rval 的关系。

① 在图 5-48 中，选择执行 Trace→Add Trace 子命令，屏幕上弹出与图 5-50 相同的 Add Traces 对话框。

② 在图 5-50 中，依次在右边部分选定电路特性值函数 Falltime_NoOvershoot(1)，在左边部分选中需对其进行处理的输出电压信号名 V(Out)。这时图 5-50 底部“Trace Expression”对话框右侧将显示 Falltime_NoOvershoot (V(Out))。

③ 在图 5-50 中，单击 OK 按钮，图 5-48 中就新增了 Falltime_NoOvershoot (V(Out))～Rval 关系的分析结果，如图 5-51 所示。

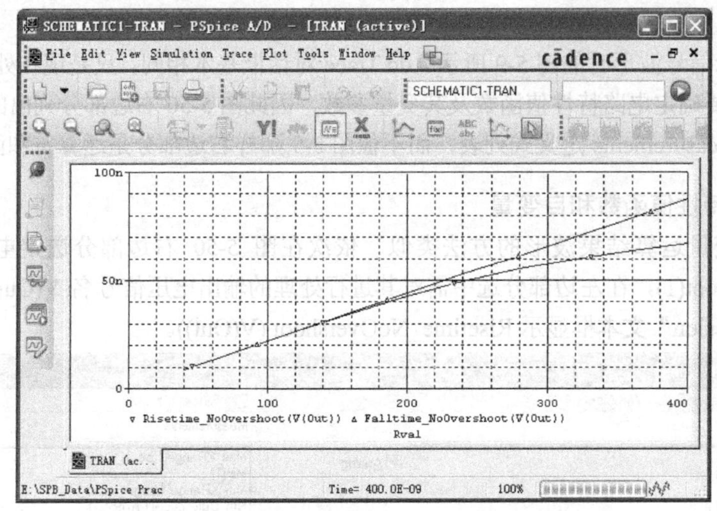

图 5-51 RC 电路上升时间、下降时间与 Rval 关系

提示：由图 5-51 可见，对图 5-42 所示 RC 电路，在输入矩形脉冲作用下，输出脉冲下降时间确实随着电阻的增大而线性增加，与理论结果 Falltime = RC(ln0.9−ln0.1)= 0.22RC 相一致。

2. 电路性能分析内容的删除

在电路性能分析窗口中删除一条或多条电路特性关系曲线的方法与在通常 Probe 窗口中删除信号波形曲线的方法完全一样。在图 5-51 所示电路性能分析窗口底部的电路特性曲线名称列表区中，用单击或 Shift+单击的方法选中一个或多个名称后，选择执行 Edit→Delete 子命令或直接按 Delete 键，即将选中的电路特性曲线删除。

3. 结束电路性能分析

启动电路性能分析以后，原来的 Trace→Performance Analysis 子命令前出现☑符号，表示已经进行了 Performance Analysis。因此，在电路性能分析中，选择执行 Performance Analysis 命令，可结束电路性能分析并使屏幕显示恢复通常的信号波形显示状态。

5.5.6 Performance Analysis 状态下的信号波形显示

电路性能分析完毕以后，为了进一步分析和理解 Performance Analysis 结果，有时需要同时显示一部分信号波形。

例如，由图 5-51 的关系曲线可见，在 Rval 大于 160Ω以后，上升时间和下降时间并不相等。随着 Rval 的增加，上升时间的增加偏离线性关系，增加趋势变缓。而由电路理论可得，对图 5-42 RC 电路，在输入矩形脉冲作用下，其输出脉冲上升时间和下降时间应该相同，都应为

Risetime = Falltime = RC(ln0.9−ln0.1) = 0.22RC

显然，图 5-51 所示上升时间与 Rval 之间的关系不完全符合上式理论结果。为了分析原因所在，应进一步分析不同 Rval 取值时的输入脉冲与输出脉冲信号波形之间的关系。对于图 5-51 所示电路性能分析显示窗口，X 轴是变化的元器件参数变量。在这种坐标系下无法显示信号波形。Probe 中提供了两种方法，用于同时显示电路特性分析结果和信号波形。

方法之一：新增信号波形显示窗口

下面结合图 5-42 所示 RC 电路参数扫描分析实例，介绍在电路性能分析状态下新增波形显示窗口同时显示多个信号波形的基本方法。

① 在电路性能分析窗口中（见图 5-51），选择执行 Window→New Window 子命令，打开一个新的波形显示窗口，屏幕显示出如图 5-5 所示的 Probe 信号波形显示窗口。

② 按照 5.2.6 节中显示多批次模拟分析结果波形的方法，在波形显示窗口中显示 RC 电路参数扫描分析的输出波形，如图 5-52 所示。在图 5-52 底部信号名列表区中列出了不同信号波形的色彩和符号。

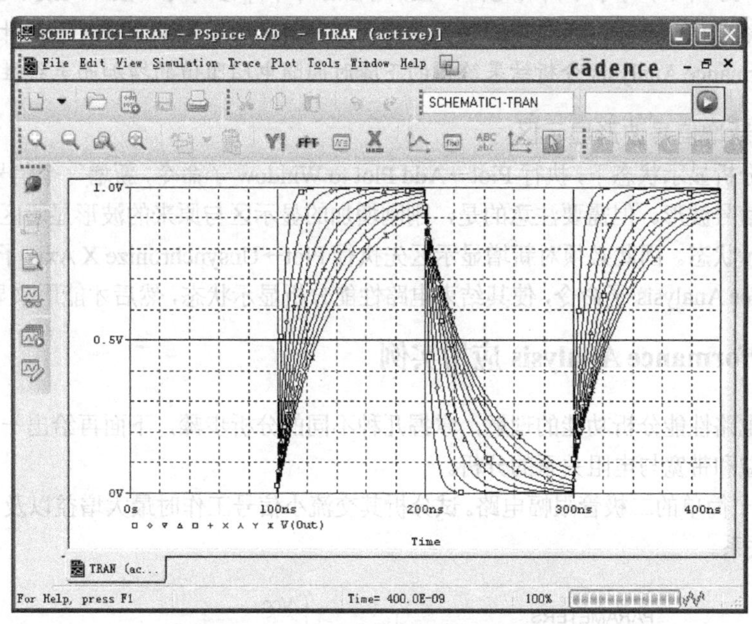

图 5-52　RC 电路参数扫描分析结果波形

③ 为了便于比较分析，可选择执行 Window→Tile Horizontally 子命令，使电路性能分析结果和参数扫描分析结果同时显示在屏幕上，如图 5-53 所示。

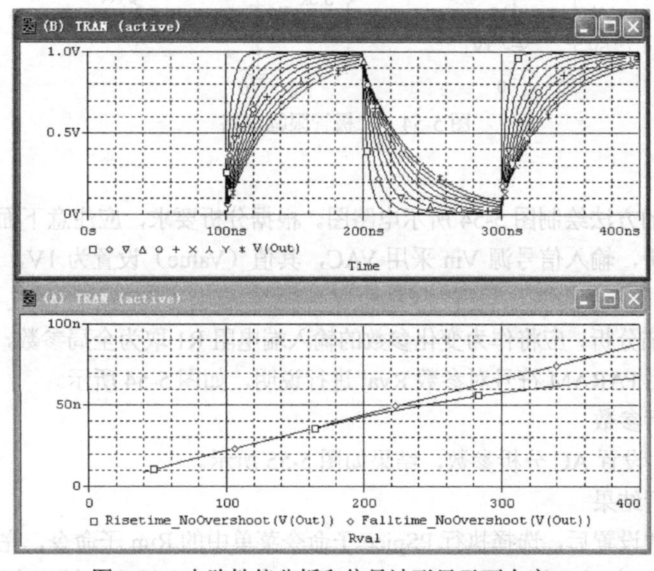

图 5-53　电路性能分析和信号波形显示两个窗口

从 RC 电路的充电过程可知，若输入矩形脉冲的幅度为 1V，则输出脉冲的稳定值幅度也应该达到 1V。但是由图 5-53 可见，Rval 大于 160Ω，对应于参数扫描分析中的第 5 批到第 10 批分析。由于输入脉宽的限制，Rval 越大，输出信号脉冲达到的最大值与稳定值之间差距越大。由于电阻阻值不同，输出脉冲达到的最大值不同，按输出脉冲从其最大值的 10%增加至 90%所需要的时间确定的上升时间，与前面理论分析结果的差距也越大。

提示：如果在模拟分析中，增加输入脉冲的脉宽，使得不同 Rval 取值情况下，输出信号脉冲均能充电到趋于稳定值，则上升时间计算结果将与理论分析结果一致。

提示：如图 5-53 所示，对于不同的电阻阻值，输出脉冲下降沿的起始值以及最小值也互不相同。读者可以基于电路充放电原理，通过理论计算获得，这种情况并不影响下降时间的计算结果。因此如图所示，Performance Analysis 分析结果给出的下降时间随电阻阻值的增加而呈线性增大。

方法之二：新增信号波形显示区

在电路性能分析显示状态下，执行 Plot→Add Plot to Window 子命令，新增一个信号波形显示区，也可以用来显示信号波形。但需要注意的是，刚刚增加的显示区与原来的波形显示区一样，仍处于电路性能分析显示状态。因此必须对新增显示区先执行 Plot→Unsynchronize X Axis 子命令，再执行 Trace→Performance Analysis 子命令，使其结束电路性能分析显示状态，然后才能用来显示信号波形。

5.5.7 Performance Analysis 应用实例

为了加深对电路性能分析功能的理解，掌握几种不同的分析步骤，下面再给出一个应用实例。

例：最大增益和带宽与电阻关系的分析。

图 5-54 是一个简单的二极管限幅电路。试分析其交流小信号工作时最大增益以及 3dB 带宽与输入端电阻 R1 的关系。

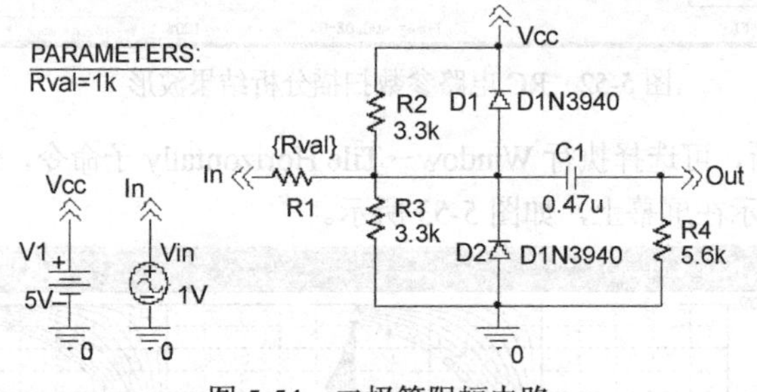

图 5-54　二极管限幅电路

（1）绘制电路图

按照第 2 章介绍的方法绘制图 5-54 所示电路图。根据分析要求，应注意下面两个问题：

为了进行 AC 分析，输入信号源 Vin 采用 VAC，其值（Value）设置为 1V，这样由输出电压幅度即得到电路的增益。

为了进行参数扫描分析，应将作为变化参数的输入端电阻 R1 取为全局参数，即将其值（Value）设置为{Rval}，并采用 PARAM 符号对参数 Rval 进行说明，如图 5-54 所示。

（2）设置 AC 分析参数

按 3.4 节的方法，设置 AC 分析参数，结果如图 5-55 所示。

（3）分析 AC 分析结果

完成 AC 分析参数设置后，选择执行 PSpice 子命令菜单中的 Run 子命令，完成 AC 分析。再按 5.2 节和 5.3 节介绍的方法，在 Probe 窗口用坐标轴 1 显示电容 C1 左端和右端两个电压信号幅度(dB)

随频率的变化关系，用坐标轴 2 显示输出信号相位随频率的变化关系，如图 5-56 所示。

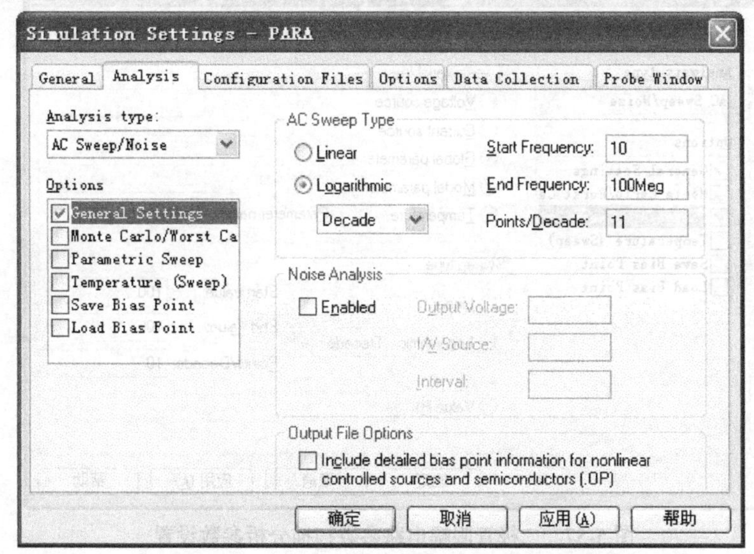

图 5-55　二极管限幅电路的 AC 分析参数设置

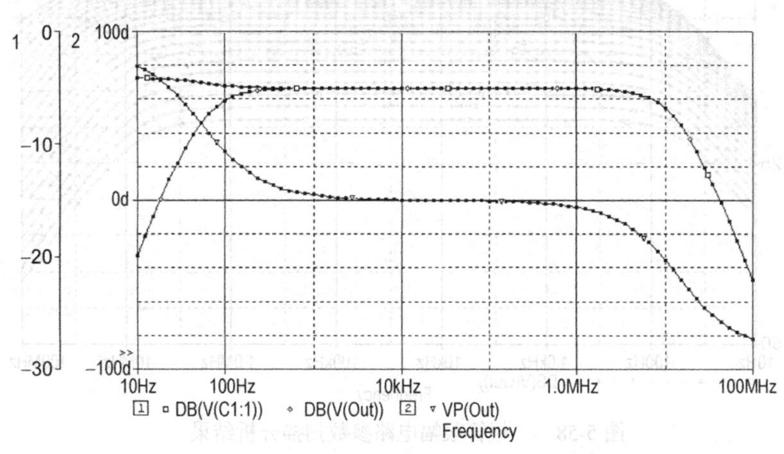

图 5-56　二极管限幅电路的 AC 分析结果

由图 5-56 可见，电压 V(Out)呈带通特点。这一结果与电路原理分析结果一致。

（4）设置参数扫描分析参数

通过上述（2）、（3）两步，表明电路和 AC 分析结果是合适的，可进一步进行参数扫描分析。按 4.2 节介绍的方法，设置用于参数扫描分析的参数结果如图 5-57 所示。

（5）显示参数扫描结果

完成参数设置后，选择执行 PSpice 子命令菜单中的 Run 子命令，完成参数扫描分析。按图 5-57 的设置，参数扫描分析一共进行了 21 批模拟计算。在 Probe 窗口中显示的 21 批 DB(V(Out))，如图 5-58 所示。

（6）最大增益和通频带带宽性能分析

① 按 5.5.2 节介绍的方法，采用屏幕引导方式显示通频带带宽与电阻 Rval 的关系。其中，Measurments 选择框中，选用电路特性值函数 Bandwidth。然后在电路特性值函数自变量设置对话框的“Name of trace to search”右侧键入 V(Out)，在“db level down for bandwidth calc”右侧键入 3，如图 5-59 所示。

Simulation Settings - PARA
General
Analysis
Configuration Files
Options
Data Collection
Probe Window
Analysis type:
AC Sweep/Noise
Options
General Settings
Monte Carlo/Worst Ca
Parametric Sweep
Temperature (Sweep)
Save Bias Point
Load Bias Point
Sweep variable
Voltage source
Current source
Global parameter
Model parameter
Temperature
Name:
Model type:
Model name:
Parameter name:
Rval
Sweep type
Linear
Logarithmic
Decade
Start value:
100
End value:
10k
Points/Decade:
10
Value list
确定
取消
应用(A)
帮助

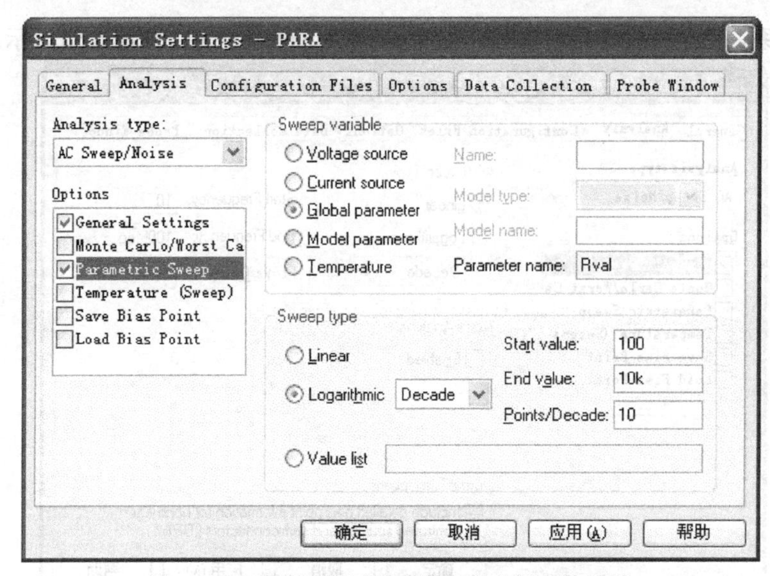

图 5-57　二极管限幅电路参数扫描分析参数设置

0
-25
-50
10Hz
100Hz
1.0kHz
10kHz
100kHz
1.0MHz
10MHz
100MHz
DB(V(Out))
Frequency

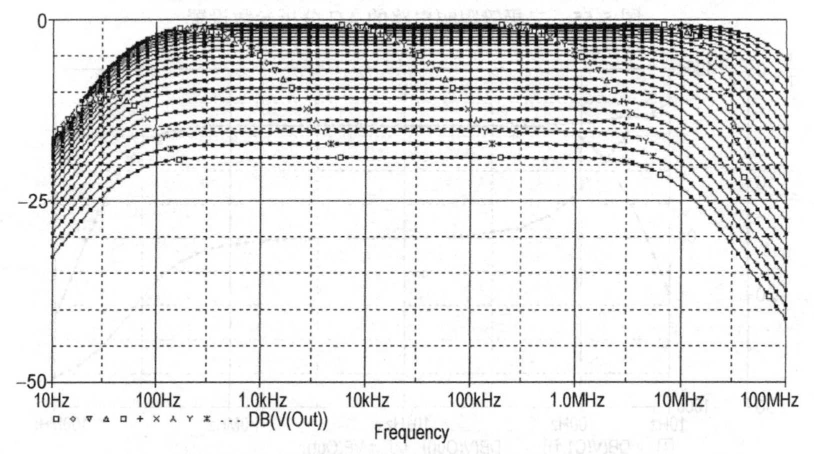

图 5-58　二极管限幅电路参数扫描分析结果

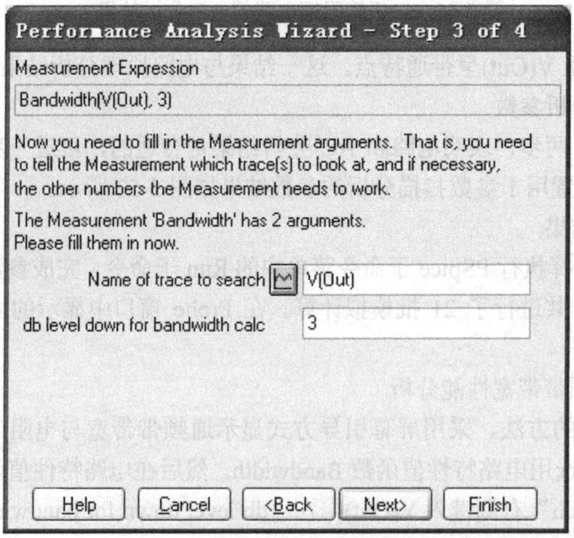

Performance Analysis Wizard - Step 3 of 4
Measurement Expression
Bandwidth(V(Out), 3)
Now you need to fill in the Measurement arguments. That is, you need to tell the Measurement which trace(s) to look at, and if necessary, the other numbers the Measurement needs to work.
The Measurement 'Bandwidth' has 2 arguments.
Please fill them in now.
Name of trace to search
V(Out)
db level down for bandwidth calc
3
Help
Cancel
<Back
Next>
Finish

图 5-59　带宽函数的自变量参数设置

完成 5.5.2 节介绍的步骤，Probe 窗口中将显示出 3dB 带宽与电阻 Rval 关系曲线。

② 选择 Plot→Axis Settings 子命令中 X Axis 选项卡（或双击 X 轴），在 X 轴设置对话框中将 X 轴设置为对数坐标轴。

③ 为了同时显示最大增益，选择执行 Plot→Add Y Axis 子命令，新增一根 Y 坐标轴。

④ 按 5.5.2 节介绍的“用户进行方式”，选择执行 Trace→Add Trace 子命令，从屏幕上出现的 Add Traces 对话框中依次在右边部分选择 Max()，在左边部分选择 V(Out)，并调用运算符 DB( )将对话框底部 Trace Expression 文本框中显示出的 Max(V(Out))改为 Max(DB(V(Out)))，然后单击图中 OK 按钮。屏幕上即同时显示出 3dB 带宽以及最大增益（dB）与输入端电阻 Rval 的关系，如图 5-60 所示。

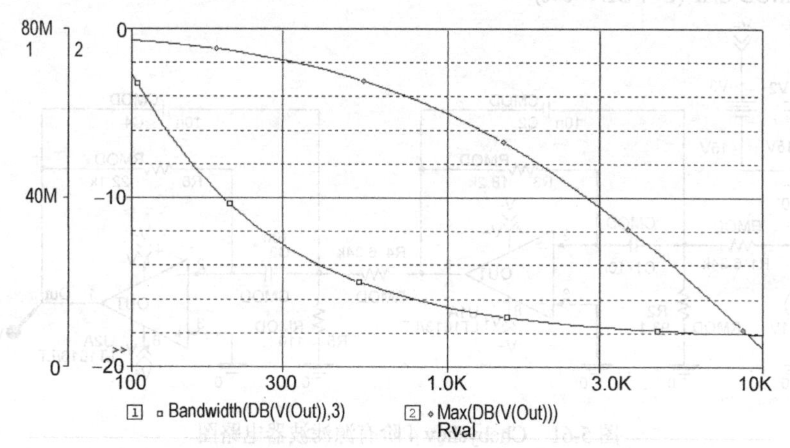

图 5-60　二极管限幅电路 3dB 带宽以及最大增益～Rval 关系曲线

5.6　直方图绘制

对电路特性进行蒙特卡罗（MC）分析以后，调用 Probe 绘制出描述电路特性分散情况的分布直方图，就可以预计该电路设计投入生产时的成品率。绘制直方图实际上也是 Performance Analysis 功能的一部分。

5.6.1　绘制直方图的基本过程

完成蒙托卡罗分析以后在 Probe 窗口中启动 Performance Analysis，Probe 窗口将转化为直方图绘制窗口，选用的电路特性值函数在显示窗口中成为 X 轴坐标变量，Y 轴坐标刻度为百分数。这就是说，只要在 MC 分析以后启动电路性能分析，就自动进入直方图绘制状态。因此绘制直方图包括 MC 分析和 Performance Analysis 两个分析过程。下面将结合实例，介绍绘制直方图的具体步骤。

5.6.2　直方图绘制实例：Chebyshev 滤波器分析

图 5-61 是一个 Chebyshev 4 阶有源滤波器电路图。图中元器件参数值是按照中心频率为 10kHz，带宽为 1.5kHz 的要求设计的。其中，V1 为 AC 分析输入激励信号源，独立电压源 V2 为直流+15V，V3 为直流－15V。如果投入生产时要组装 400 套滤波器，所有的电阻采用精度为 5%的电阻器，所有电容采用精度为 15%的电容器，试绘制 400 套滤波器的 1dB 带宽和中心频率分布直方图。

1. 直方图绘制

绘制直方图的步骤如下。

（1）绘制图 5-61 所示电路图

绘图过程中应注意下面几个问题：

将输入端的 AC 分析激励信号源 V3 设置为 AC=1。这样，输出信号的幅度即为电路的增益。

MC 分析中要考虑电阻和电容参数容差的影响。如 4.4 节所述，电路中的电阻和电容应分别采用 BREAKOUT 符号库中的 Rbreak 和 Cbreak 符号，并将它们的模型设置为：

.model RMOD RES (R=1 DEV=1.6667%)

.model CMOD CAP (C=1 DEV=5%)

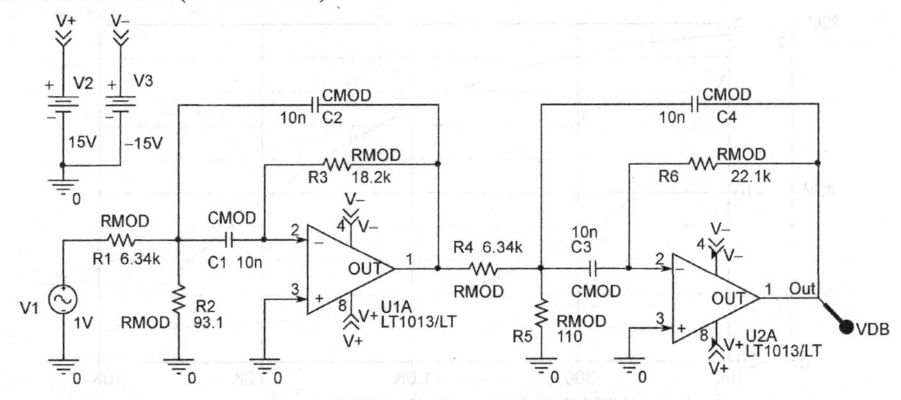

图 5-61　Chebyshev 4 阶有源滤波器电路图

（2）设置 AC 分析参数

考虑到滤波器的中心频率为 10kHz，带宽为 1.5kHz，因此 AC 交流小信号分析中的扫描频率范围设置为（参见 3.4 节）：

Start Frequency:　100Hz
End Frequency:　1MEGHz
Points/Decade:　50

频率扫描类型选为 Decade。

（3）设置 MC 分析参数

根据分析要求，MC 分析的参数设置如图 5-62 所示（见 4.3 节）。

（4）进行模拟分析

设置好 AC 和 MC 分析参数后，在 PSpice 子命令菜单中选择执行 Run 子命令，调用 PSpice 进行 MC 分析。

（5）选定分析结果数据

由于 MC 分析中包括有多批次 AC 分析，屏幕上将提示用户确定选用哪些批次的数据。为了采用所有批次的数据，选择“All”选项并单击 OK 按钮，则屏幕上出现的 Probe 窗口中将显示出 400 次 AC 分析结果的 V(Out)频率响应曲线。

（6）绘制带宽直方图

如前所述，绘制直方图实际上是 Performance Analysis 功能的一部分。因此绘制直方图的过程与电路性能分析过程基本相同。

① 在 Probe 窗口执行 Trace→Performance Analysis 子命令，屏幕上就新增一个显示窗口，并且

该新增窗口处于直方图绘制状态，Y 轴坐标刻度变为百分数，横坐标取决于下一步用户选定的特性函数 Measurement。

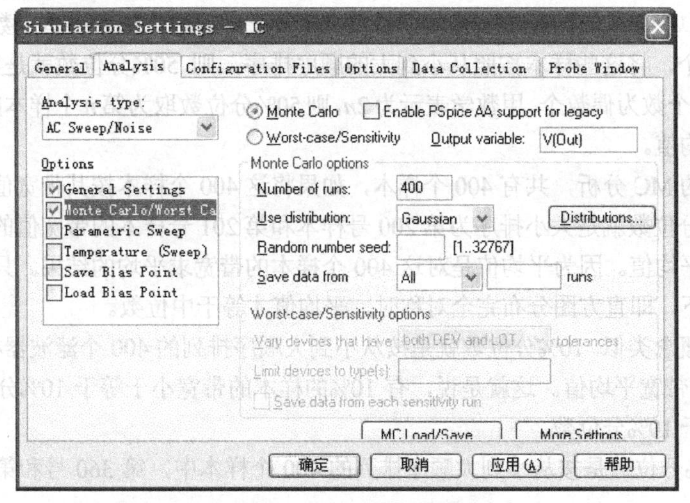

图 5-62　MC 分析的参数设置

② 按 5.5.2 节介绍的电路性能分析方法，选择执行 Trace→Add Trace 子命令，在屏幕上弹出的 Add Traces 对话框中，按 1dB 带宽的分析要求，首先在右侧 Measurements 列表中选择电路特性值函数 Bandwidth(1,db_level)，再在左侧 Simulation Output Variables 列表中选择作为自变量的信号变量名 V(Out)。此时，对话框底部的 Trace Expression 文本框中显示出 Bandwidth(V(Out),)。按 1dB 带宽的要求，还需要采用通常文字编辑方法，将其改为：

Bandwidth(DB(V(Out)),1)

完成上述电路特性值函数及自变量设置后，单击 OK 按钮，屏幕上即出现 1dB 带宽分布直方图，如图 5-63 所示。

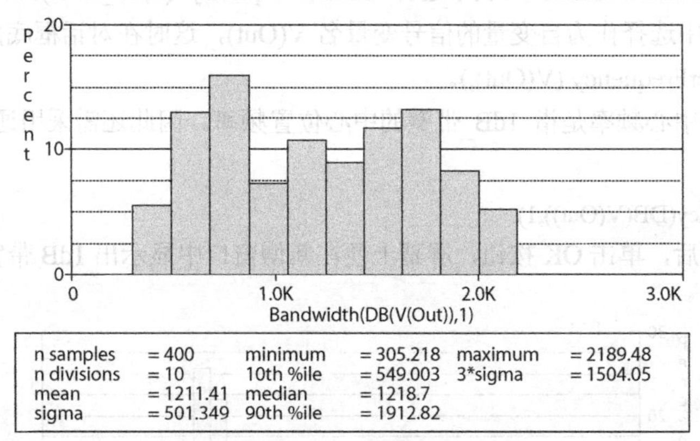

图 5-63　1dB 带宽分布直方图

2. 直方图信息分析

图 5-63 一方面以直方图的图形方式显示了带宽数值在不同范围内的滤波器所占的比例。同时在图的下方显示了直方图有关信息说明和统计分析结果。这些说明与结果共有 10 项，包括：MC 分析包括的批次（n samples）、直方图 X 坐标数据范围划分区间（n divisions）、平均值（mean）、标准偏差（sigma）、最小值（minimum）、10%分位数（10th %ile）、中位数（median）、90%分位数（90th %ile）、最大值（maximum）和 3 倍标准偏差（3*sigma）。

其中，“中位数”就是50%分位数。如果将所有样本的带宽按从小到大的顺序排列，50%分位数是指在顺序排列的样本中，正好位于中间位置的那个样本的带宽，也就是说，整个样本中有50%的样本带宽小于等于中位数，同样有50%样本的带宽大于等于中位数。如果样本个数是奇数个，用数学表示为（$2n$+1）个，将这些样本按照从小到大的顺序排序，则 50%分位数就是第（n+1）个样本的带宽值。如果样本个数为偶数个，用数学表示为$2n$，则50%分位数取为第n个样本的带宽和第（n+1）个样本的带宽的平均值。

对上述滤波器的 MC 分析，共有 400 个样本，如果将这 400 个样本按其带宽值从小到大的顺序重新排列，则 50%分位数就是大小排序为第 200 号样本和第 201 号样本的带宽值的平均值。显然，中位数不一定等于平均值。因为平均值是对这 400 个样本的带宽求平均的结果。只有在样本带宽分布完全对称的情况下，即直方图分布完全对称时，平均值才等于中位数。

与 50%分位数概念类似，10%分位数就是按从小到大顺序排列的 400 个滤波器样本中第 40 号样本和第 41 号样本的带宽平均值。这就是说，有 10%的样本的带宽小于等于 10%分位数，有 90%的样本的带宽大于等于 10%分位数。

同理可知，90%分位数是按从小到大顺序排列的 400 个样本中，第 360 号和第 361 号样本的带宽的平均值。

3. 直方图的添加

在直方图绘制状态下，添加有关直方图的过程与前面“绘制直方图”的过程一样。例如，按照下述步骤，可以在上述带宽直方图的基础上，增加绘制图 5-61 所示 Chebyshev 有源滤波器电路 MC 分析后中心频率分布直方图。

① 在目前显示有直方图的 Probe 窗口中选择执行 Plot→Add Plot to Window 子命令，屏幕上新增一个用于绘制直方图的子窗口。

② 执行 Trace→Add Trace 子命令，屏幕上出现 Add Traces 对话框。按绘制“中心频率”直方图的要求，首先在右侧 Measurements 列表中选择 CenterFrequency (1,db_level)，再在左侧 Simulation Output Variables 列表中选择作为自变量的信号变量名 V(Out)，这时在对话框底部 Trace Expression 文本框中显示出 CenterFrequency (V(Out),)。

③ 本例所要求的中心频率是指 1dB 带宽的中心位置频率。因此还需采用通常文字编辑方法，将上述表达式改为：

CenterFrequency(DB(V(Out)),1)

④ 完成上述设置后，单击 OK 按钮，屏幕上便在新增窗口中显示出 1dB 带宽中心频率直方图，如图 5-64 所示。

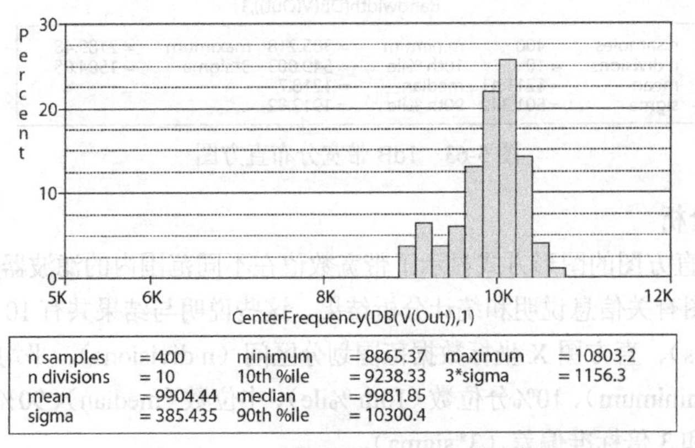

图 5-64　1dB 带宽的中心频率直方图

提示：如果未执行上述第①步，屏幕上只有显示带宽的直方图，则在执行上述第④步后生成的中心频率直方图将替换原来的 1dB 带宽直方图。

5.6.3　与直方图绘制有关的选项设置

直方图 X 轴数据范围划分的区间数以及直方图下方是否同时显示有关信息和统计分析结果，均可以由用户通过有关任选项设置确定。

在 Probe 窗口中执行 Tools→Options 子命令，屏幕上出现的图 5-4 所示 Probe Settings 对话框中有两项与直方图的绘制有关。

① Number of Histogram Divisions：本项的作用是确定绘制直方图时，在 X 坐标的整个数据范围内，一共划分多少个区间，用于统计在不同区间内样品数的多少。为了在直方图上较好地反映出参数的统计分布情况，一方面要求样本数不能太少，起码要大于 30，最好为 100～200。同时对区间的划分个数也有一定的要求。从绘制直方图的基本原理考虑，应根据样本数确定区间划分个数。一般来说，若样本不到 50 个，可分为 5～7 个区间。若有 50～100 个样本，可分为 6～10 个区间。若样本大于 100 个，可采用 Probe 的默认设置 10 个区间。

② Display Statistics：若选中本任选项（这是系统的默认设置），则在绘制的直方图下方同时显示出关于直方图的有关信息说明和统计分析结果（见图 5-63）。若使该任选项脱离选中状态，则在绘制的直方图下方将不给出任何其他信息。

5.7　傅里叶变换

傅里叶变换是 Probe 模块提供的又一种分析功能。其英文名称为 Fast Fourier Transform，简写为 FFT。本节在介绍 Probe 模块中如何进行傅里叶分析的同时，将其与 PSpice 中的傅里叶分析过程（见 3.6 节）进行了比较。

5.7.1　Probe 中的傅里叶分析

1. 在 Probe 中启动/结束傅里叶分析的方法

在 Probe 窗口中，选择执行 Trace→Fourier 子命令，就对屏幕上显示的模拟信号波形进行傅里叶变换，并将结果显示在屏幕上。

2. 傅里叶变换实例

对图 3-27 所示 RC 电路，瞬态分析后对输出波形 V(Out)进行傅里叶变换的结果如图 5-65 所示。图中包括两个信号波形显示区。上面一个显示区中显示的是瞬态分析后输出 V(Out)波形，包括有两个完整的信号周期。图中下方波形显示区显示的是对输出 V(Out)波形进行傅里叶变换的结果。

3. 说明

① 在 Probe 中进行傅里叶分析时，是对屏幕显示窗口中的所有模拟信号均进行傅里叶变换。变换结果的显示分辨率取决于原来信号波形的 X 轴数值范围大小。显示变换结果的 X 轴数值范围取决于原来信号波形的数据点个数。因此，如果要提高傅里叶变换结果的显示分辨率，应该增加电路瞬态分析的时间范围。

② 在 Probe 中不但可以对单个信号波形[如 V(4)]进行傅里叶变换，对几个节点电压的运算表达式[例如 V(4)×V(5)]也可以进行傅里叶变换，并在屏幕上显示变换结果曲线。

但是在 Probe 中不允许显示几个傅里叶变换结果的运算表达式。例如，不能显示 FFT(V(4))×FFT(V(5))。此外，在傅里叶分析中，不允许采用电路特性值函数。

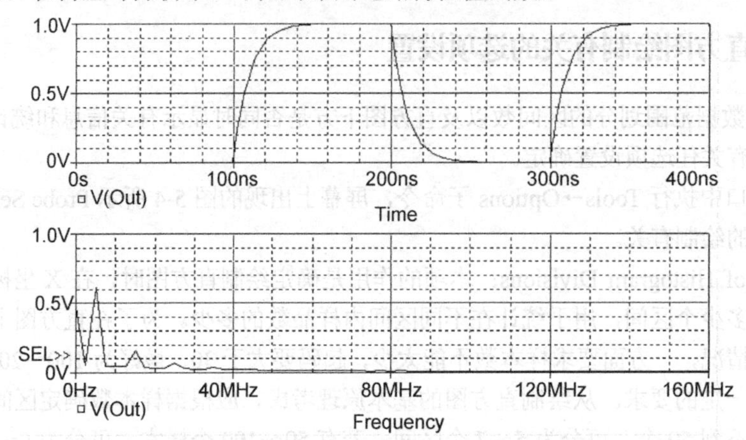

图 5-65　RC 电路的输出波形及其傅里叶变换结果

③ 为了保证变换后能正确地给出各次谐波信号分量，应使屏幕上的信号波形具有完整的周期数。如果是非整数个数周期，如 2.9 个周期信号波形，傅里叶变换给出的各次谐波信息将是不可靠的。

5.7.2　与 PSpice 中傅里叶分析的比较

第 3 章 3.6 节已经介绍了 PSpice AD 进行傅里叶分析的方法。与本节介绍的 Probe 中傅里叶分析相比，其作用相同，都是分析信号波形的各次谐波分量，但在作用对象和结果输出两方面有所区别。

1. 原始信号波形数据的采用

如 3.6 节所述，PSpice AD 中进行傅里叶分析时，是以瞬态分析结束前一个“周期”内的分析结果数据为基础进行的。这里的“周期”为傅里叶分析参数设置时由用户给 Center Frequency 设置的中心频率（即基波频率）的倒数。Probe 中的傅里叶变换则是以信号波形的全部数据为对象进行的。

2. 分析结果输出方式

Probe 进行傅里叶变换以后，立即将结果以曲线形式显示在屏幕上；而在 PSpice 中，傅里叶变换的结果以 ASCII 码形式存入 OUT 输出文件。

5.8　Probe 的监测运行模式

前面介绍的 Probe 模块的多种功能有一个共同特点，它们都是在 PSpice 模拟分析结束以后，才由用户确定调入的数据、指定如何对信号进行处理以及显示结果波形。Probe 的这种运行模式通常称之为 Manual Mode。本节介绍在 PSpice 模拟分析结束之前即运行 Probe 模块的 Monitor Mode。这种模式在查看 PSpice 模拟分析进程方面有很大作用。

5.8.1　Probe 的监测运行模式（Monitor Mode）

1. 监测运行模式下的波形显示

在图 5-1 所示 Probe Window 对话框中，若选中 Display Probe window when profile is opened 以及 during simulation 选项，则 Probe 将以监测模式运行，即在 PSpice 进行电路模拟分析的同时，自动启

动 Probe 模块。这时 Probe 窗口的显示内容有以下几种情况。

① 自动显示由 Marker 确定的信号波形：如果在电路模拟分析之前，已在电路图中放置有波形显示标示符，并且在上述与 Marker 符号有关的 Show 子框设置中已选中“All markers on open schematics”，则自动启动 Probe 模块的同时，由 Marker 确定的信号波形也同时显示在屏幕上。随着模拟过程的不断进展，屏幕上显示的信号波形也随之得到更新，这就可以随时监测模拟分析的进展情况。

② 按 5.2.1 节方法确定显示的波形：如果电路图中未放置 Marker 符号，则在开始模拟分析的同时启动 Probe 模块后，Probe 窗口中不会显示波形。必须采用 5.2.1 节介绍的方法，执行 Trace→Add Trace 子命令，确定欲显示其波形的信号变量名（也可返回电路图中添加 Marker 符号），屏幕上才会显示选定的信号波形，并且随着模拟分析的不断进展，即时更新显示的波形。

对比上述两种情况可见，在绘制电路图时采用 Marker 符号将给监测模式下运行 Probe 程序带来很大的方便。

③ 多批次运行情况下的波形显示：如果当前模拟分析涉及到多批次模拟，如温度分析、参数扫描分析和蒙特卡罗分析等，在监测模式下运行 Probe 时，屏幕上自动显示的只是在第一批运行中产生的信号波形。在第一批运行结束以后，Probe 又恢复常规的手动工作模式（Manual Mode）。如果要监测其他批次的运行进展情况，可按下述步骤进行：

首先在 Probe 窗口中执行 File→Close 子命令，关闭当前 Probe 显示窗口。

其次在 Probe 窗口中执行 File→Open 子命令，重新打开 PROBE 文件，按前面①、②中介绍的方法，确定要显示的信号变量，则当前正在运行批次中所选信号的波形将显示在屏幕上。

2. 屏幕显示波形的更新频次设定

在监测模式下运行的 Probe，其窗口中显示的波形随着模拟分析的进行而不断得到更新。更新的频次取决于图 5-4 所示 Probe Settings 对话框内 Auto-Update Intervals 子框中的选项设置。

① Auto：这是系统默认设置。由 Probe 根据模拟中产生的数据情况，确定更新的频次。

② Every [ ] sec：其中应在[ ]内设置具体数值，确定每隔多少秒更新一次屏幕波形显示。

③ Every [ ] %：其中应在[ ]内设置具体数值，确定每完成模拟分析任务的多少百分比，更新一次屏幕显示。

3. 说明

① 大多数 Probe 分析功能都可在监测模式下使用。但如果分析中涉及到变更 X 轴变量类型，将使 Probe 暂时离开监测模式，处于常规工作状态，直到 X 轴变量恢复原先监测模式下的变量类型时，Probe 也随之恢复为监测模式。涉及到变更 X 轴变量类型的分析功能包括：电路特性值函数计算、电路性能分析、傅里叶变换和 X 轴变量设置等。

② 一旦模拟分析结束后，Probe 将离开监测运行模式，恢复常规工作状态。

5.8.2　模拟过程中间结果的检查

前面介绍的监测模式都是在模拟分析进行的同时监测信号波形情况，直到模拟过程结束为止。若以检查模式运行 Probe，将在模拟分析进行过程中，暂时中断模拟进程，启动 Probe，检查模拟过程中断前已进行的分析结果，并根据检查结果确定是继续进行模拟还是中止模拟过程。对于一个很长的模拟过程，特别是对瞬态分析，利用这种中间检查功能可以尽早检查模拟过程是否在正常进行。

1. 以检查模式启动 Probe 的步骤

PSpice 开始模拟分析过程后，屏幕上将出现图 5-2 所示窗口。

（1）选择 Simulation→Pause 子命令，该子命令前边的图标符号外侧出现方框（见图 5-66），表示 Pause 命令处于选中状态，则暂时中止模拟分析进程。

（2）执行 View→Simulation Results 子命令，调入当前模拟分析业已生成的 Probe 数据文件。用户可以按 5.2.1 节介绍的方法，分析、检查已有的模拟结果信号波形。

如果在电路图中放置有 Markers 符号，则由这些符号指定的波形曲线将自动显示在 Probe 窗口中。

2. 恢复模拟进程

若 Probe 分析检查的结果表明模拟进程正常，则在图 5-66 所示 Simulation 子命令菜单中选择执行 Run 子命令，屏幕上出现图 5-67 所示对话框，由用户确定是从暂停的位置继续进行模拟（若点击 Resume 按钮）还是从头开始重新进行模拟（若单击 Restart 按钮）。

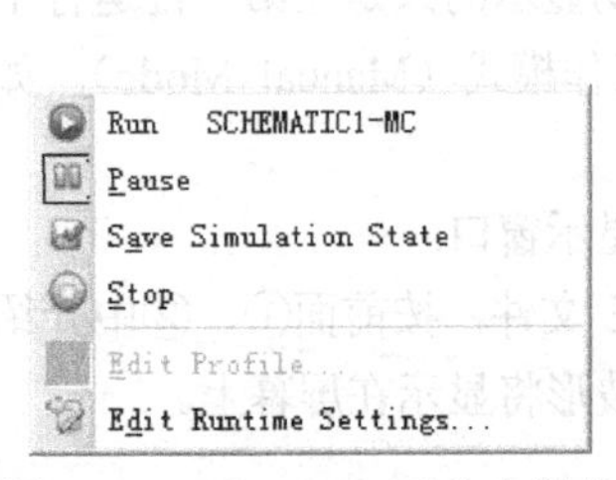

图 5-66 Simulation 子命令菜单

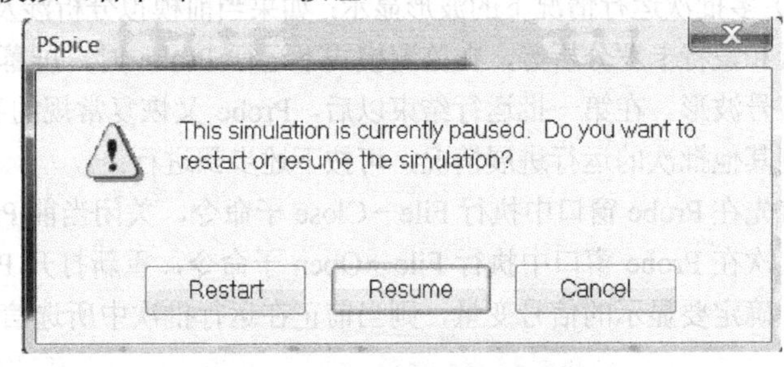

图 5-67 恢复模拟的模式选择

恢复模拟进程的另一种方法是再次点击 Pause，使 Pause 子命令前面的方框消失，符号脱离选中状态，模拟分析进程便可继续进行。

在选择执行 Run 子命令恢复模拟进程之前，也可以根据需要，执行图 5-66 所示菜单中的 Edit Runtime Settings 子命令，修改相关的 Options 参数。

3. 中止模拟分析进程的步骤

若 Probe 分析检查的结果表明模拟进程不正常，可在图 5-66 中选择执行 Stop 子命令中止模拟分析进程。

这时用户可以执行 Edit Profile，修改模拟参数设置，然后再选择执行 Run 子命令重新进行模拟。

5.8.3 电路特性分析监测符号（WATCH1）

PSpice 还提供有另一种监测模式，可以监测 DC、AC 或者 TRAN 分析过程中是否出现节点电压超出设置的数值范围。

1. 监测符号（WATCH1）参数设置

在电路图上放置图 5-68 所示 WATCH1 符号，可以在 PSpice 模拟过程中监测该符号所在位置的 DC、AC 和 TRAN 这三种电路特性分析过程中的节点电压数据是否超出用户预先设置的范围。WATCH1 图形符号存放在图形符号库 SPECIAL.OLB 中。在电路图上放置 WATCH1 符号与放置常规元器件符号的方法完全相同。

将 WATCH1 符号放于电路图上后，双击该标示符，屏幕上出现标示符参数设置框，如图 5-69 所示。

在图5-69中，将ANALYSIS设置为待监测的特性分析类型，如DC、AC或TRAN。将“LO”设置为低端阈值，“HI”项设置为高端阈值。按图5-69中的设置，将监测AC分析中WATCH1符号所指位置的分析结果是否有超出80～110范围的情况。

在同一个电路图中可以放置多个WATCH1标示符，每个标示符的参数均可单独设置。

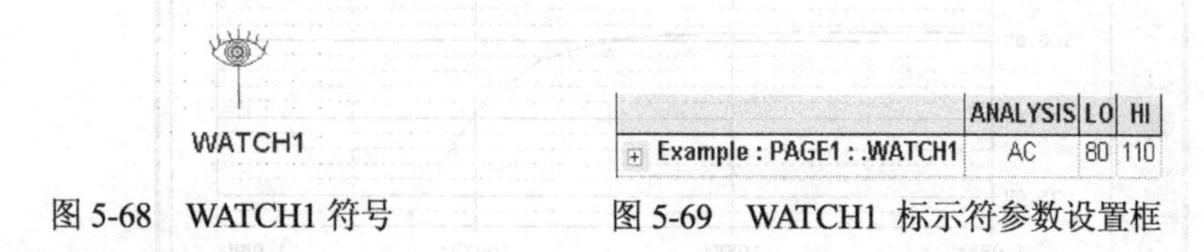

图5-68　WATCH1符号　　图5-69　WATCH1标示符参数设置框

2. 运行过程监测

完成图5-69设置后，按3.1节介绍的方法，调用PSpice程序。在PSpice运行过程中，若出现分析数据低于图5-69中LO的设置值或高于HI的设置值时，程序将暂停运行，等待用户处理。

例如，对图3-1所示差分对电路，若在Out1位置放置WATCH1符号，并按图5-69设置有关参数，则PSpice程序运行以后，暂停运行时的窗口显示情况如图5-70所示。

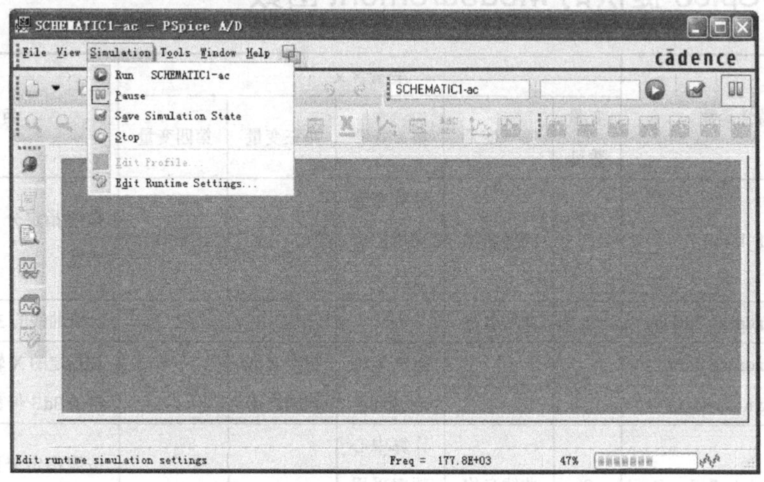

图5-70　WATCH1标示符的监测作用实例

图中最底部“Freq = 177.8E+03”表示AC分析中，在频率为177.8kHz时，WATCH1符号所指节点处的分析结果数据超出了设置的阈值范围，因此程序暂停运行。如图5-70所示，这时已完成了47%的模拟任务。

3. 程序暂停运行情况的处理

程序暂停运行后，图5-70窗口中Simulation主命令下的命令菜单如图中所示，其中Pause子命令前面的符号处于选中状态，带有一个边框，表示程序处暂停运行状态。这时可采取两种处理方式。

若单击Pause子命令，使其脱离选中状态，或选择执行Run子命令，则PSpice将继续运行，直至结束。

若选择执行图中Stop子命令，则中止PSpice程序的运行，图5-70窗口中将显示出已进行的模拟分析结果，如图5-71所示。图中显示了模拟分析数据点。由图可见，100kHz处的V(OUT1)大于87.5V，其下一个频率处的V(OUT1)小于设置的LOW值80V，因此程序暂停运行。

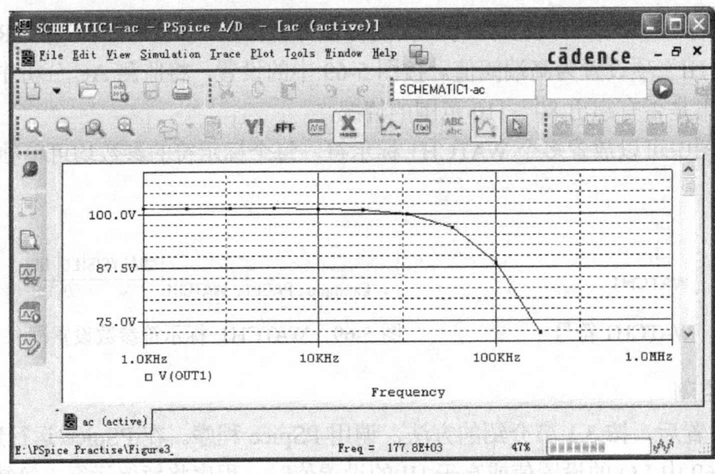

图 5-71 暂停分析前的模拟结果

附录：PSpice 提供的 Measurement 函数

序号	电路特性函数	变量含义					函数功能
		变量数目	第一变量	第二变量	第三变量	第四变量	
1	Bandwidth(1,db_level)	2	曲线名称	计算带宽采用的分贝数			按照指定分贝数计算曲线的带宽
2	Bandwidth_Bandpass_3dB (1)	1	曲线名称				计算曲线的 3dB 带宽
3	Bandwidth_Bandpass_3dB _XRange(1,begin_x,end_x)	3	曲线名称	指定 X 轴范围起点	指定 X 轴范围终点		在指定的 X 轴范围内，计算曲线的 3dB 带宽
4	CenterFrequency(1, db_level)	2	曲线名称	计算中心频率采用的分贝数			按照指定分贝数计算曲线的中心频率
5	CenterFrequency_Xrange (1, db_level, begin_x,end_x)	4	曲线名称	计算中心频率采用的分贝数	指定 X 轴范围起点	指定 X 轴范围终点	在指定的 X 轴范围内，按指定的分贝数计算曲线的中心频率
6	ConversionGain(1,2)	2	曲线 1 名称	曲线 2 名称			计算曲线 1 的最大值与曲线 2 的最大值之比
7	ConversionGain_Xrange (1,2,begin_x,end_x)	4	曲线 1 名称	曲线 2 名称	指定 X 轴范围起点	指定 X 轴范围终点	在指定的 X 轴范围内，计算曲线 1 的最大值与曲线 2 的最大值之比
8	Cutoff_Highpass_3dB(1)	1	曲线名称				计算高通曲线的 3dB 截止频率
9	Cutoff_Highpass_3dB_XRange (1, begin_x,end_x)	3	曲线名称	指定 X 轴范围起点	指定 X 轴范围终点		在指定的 X 轴范围内，计算高通曲线的 3dB 截止频率

（续表）

序号	电路特性函数	变量含义					函数功能
		变量数目	第一变量	第二变量	第三变量	第四变量	
10	Cutoff_Lowpass_3dB(1)	1	曲线名称				计算低通曲线的 3dB 截止频率
11	Cutoff_Lowpass_3dB_XRange (1, begin_x,end_x)	3	曲线名称	指定 X 轴范围起点	指定 X 轴范围终点		在指定的 X 轴范围内，计算低通曲线 3dB 截止频率
12	DutyCycle(1)	1	曲线名称				计算曲线的第一个脉冲/周期的占空比
13	DutyCycle_XRange (1,begin_x,end_x)	3	曲线名称	指定 X 轴范围起点	指定 X 轴范围终点		计算曲线在指定 X 轴范围内的第一个脉冲/周期的占空比
14	Falltime_NoOvershoot(1)	1	曲线名称				计算无过冲响应曲线的下降时间
15	Falltime_StepResponse(1)	1	曲线名称				计算阶跃响应曲线的下降时间(有过冲和无过冲的曲线均适用)
16	Falltime_StepResponse _XRange (1,begin_x,end_x)	3	曲线名称	指定 X 轴范围起点	指定 X 轴范围终点		在指定的 X 轴范围内，计算阶跃响应曲线下降时间(有过冲和无过冲的曲线均适用)
17	GainMargin(1,2)	2	曲线 1 名称(相位曲线)	曲线 2 名称(用 dB 表示的增益曲线)			计算响应曲线的增益裕度
18	Max (1)	1	曲线名称				计算曲线最大值
19	Max_XRange (1,begin_x,end_x)	3	曲线名称	指定 X 轴范围起点	指定 X 轴范围终点		计算曲线在指定 X 轴范围内的最大值
20	Min(1)	1	曲线名称				计算曲线的最小值
21	Min_XRange (1,begin_x,end_x)	3	曲线名称	指定 X 轴范围起点	指定 X 轴范围终点		计算曲线在指定 X 轴范围内的最小值
22	Nth_Duty_cycle(1, n_occur)	2	曲线名称	指定脉冲/周期的序数			计算曲线的第 *n* 个脉冲/周期的占空比(只适用于周期曲线)
23	NthPeak (1, n_occur)	2	曲线名称	指定波峰的序数			计算波形曲线的第 *n* 个波峰值(只适用于周期曲线)
24	Overshoot (1)	1	曲线名称				计算阶跃响应曲线的过冲比
25	Overshoot_XRange (1,begin_x,end_x)	3	曲线名称	指定 X 轴范围起点	指定 X 轴范围终点		在指定的 X 轴范围内，计算阶跃响应曲线的过冲比[过冲比是指(Y 的最大值与终值之差)与 Y 的终值之比]

(续表)

序号	电路特性函数	变量含义					函数功能
		变量数目	第一变量	第二变量	第三变量	第四变量	
26	Peak (1, n_occur)	2	曲线名称	指定波峰的序数			计算波形曲线的第 n 个波峰值(只适用于周期曲线)
27	Period (1)	1	曲线名称				计算时域信号的周期(只适用于周期曲线)
28	Period_XRange (1, begin_x,end_x)	3	曲线名称	指定 X 轴范围起点	指定 X 轴范围终点		在指定的 X 轴范围内，计算时域信号的周期(只适用于周期曲线)
29	PhaseMargin (1,2)	2	曲线 1 名称(dB 表示的增益曲线)	曲线 2 名称 (相位曲线)			计算响应曲线的相位裕度
30	PowerDissipation_mW (1, Period)	2	曲线名称	指定的周期时间			计算指定的最后一个周期内的功耗，以 mW 为单位(曲线应选取电压曲线和电流曲线乘积的积分，即 s(V(load)×I(load))
31	Pulsewidth(1)	1	曲线名称				计算曲线上第一个脉冲的宽度(只适用于周期曲线)
32	Pulsewidth_XRange (1,begin_x,end_x)	3	曲线名称	指定 X 轴范围起点	指定 X 轴范围终点		在指定的 X 轴范围内，计算曲线上第一个脉冲的宽度(只适用于周期曲线)
33	Q_Bandpass(1, db_level)	2	曲线名称	计算 Q 值时确定带宽采用的 dB 数			按照指定的带宽计算带通响应曲线的 Q 值
34	Q_Bandpass_XRange (1,db_level,begin_x,end_x)	4	曲线名称	计算 Q 值时确定带宽采用的 dB 数	指定 X 轴范围起点	指定 X 轴范围终点	在指定的 X 轴范围内，按照指定的带宽计算带通响应曲线的 Q 值
35	Risetime_NoOvershoot(1)	1	曲线名称				计算无过冲的阶跃响应曲线的上升时间
36	Risetime_StepResponse(1)	1	曲线名称				计算阶跃响应曲线的上升时间(有过冲和无过冲的曲线均适用)
37	Risetime_StepResponse _XRange (1,begin_x,end_x)	3	曲线名称	指定 X 轴范围起点	指定 X 轴范围终点		在指定的 X 轴范围内，计算阶跃响应曲线的上升时间

（续表）

序号	电路特性函数	变量含义					函数功能
		变量数目	第一变量	第二变量	第三变量	第四变量	
38	SettlingTime (1, SBAND_PERCENT)	2	曲线名称	初值与终值之差的指定百分比数(如取 90 表示 90%)			计算阶跃响应曲线的建立时间(建立时间是指从初值到终值与初值之差的指定百分比所经历的时间)
39	SettlingTime_XRange (1,SBAND_PERCENT, begin_x,end_x)	4	曲线名称	初值与终值之差的指定百分比数	指定 X 轴范围起点	指定 X 轴范围终点	在指定的 X 轴范围内，计算阶跃响应曲线的建立时间
40	SlewRate_Fall (1)	1	曲线名称				计算跃响应曲线的下降转换速率(转换速率是用 *Y* 的终值与初值范围的 75%与 25%之差与对应 *X* 值之差之比来表示的) (有过冲和无过冲的曲线均适用)
41	SlewRate_Fall_XRange (1,begin_x,end_x)	3	曲线名称	指定 X 轴范围起点	指定 X 轴范围终点		在指定的 X 轴范围内，计算跃响应曲线的下降转换速率
42	SlewRate_Rise (1)	1	曲线名称				计算跃响应曲线的上升转换速率
43	SlewRate_Rise_XRange (1,begin_x,end_x)	3	曲线名称	指定 X 轴范围起点	指定 X 轴范围终点		在指定的 X 轴范围内，计算跃响应曲线的上升转换速率
44	Swing_XRange (1,begin_x,end_x)	3	曲线名称	指定 X 轴范围起点	指定 X 轴范围终点		在指定的 X 轴范围内，计算曲线的摆幅(摆幅是指曲线最大值与最小值之差)
45	XatNthY(1,Y_value,n_occur)	3	曲线名称	指定 *Y* 值	指定的次数 *n*		计算曲线上第 *n* 次出现指定 *Y* 值处的 *X* 值
46	XatNthY_NegativeSlope (1,Y_value,n_occur)	3	曲线名称	指定 *Y* 值	指定的次数 *n*		计算在曲线下降沿上第 *n* 次出现指定 *Y* 值处的 *X* 值
47	XatNthY_PercentYRange (1,Y_pct,n_occur)	3	曲线名称	Y 轴范围的指定百分比(如取 90 表示 90%)	指定的次数 *n*		计算曲线上第 *n* 次出现 *Y* 轴范围的指定百分比数对应 *Y* 值时所对应的 *X* 值

（续表）

序号	电路特性函数	变量含义					函数功能
		变量数目	第一变量	第二变量	第三变量	第四变量	
48	XatNthY_PositiveSlope (1,Y_value,n_occur)	3	曲线名称	指定 *Y* 值	指定的次数 *n*		计算在曲线上升沿上第 *n* 次出现指定 *Y* 值处的 *X* 值
49	YatFirstX (1)	1	曲线名称				计算曲线 *X* 范围起点处的 *Y* 坐标值
50	YatLastX (1)	1	曲线名称				计算曲线 *X* 范围终点处的 *Y* 坐标值
51	YatX(1,X_value)	2	曲线名称	指定 *X* 值			计算曲线上与指定 *X* 值对应的 *Y* 值
52	YatX_PercentXRange (1,X_pct)	2	曲线名称	指定 X 轴范围的百分比（如取 90 表示 90%）			计算曲线上取 X 轴范围的指定百分比数对应 *X* 值时所对应的 *Y* 值
53	ZeroCrosss(1)	1	曲线名称				计算波形曲线上第一次与 X 坐标轴相交处的 *X* 坐标值
54	ZeroCross_XRange (1,begin_x,end_x)	3	曲线名称	指定 X 轴范围起点	指定 X 轴范围终点		在指定的 X 轴范围内，计算曲线上第一次与 X 坐标轴相交处的 *X* 坐标值

第 6 章　PSpice 高级分析

为了进一步发挥 PSpice 软件在电路设计中的作用，PSpice 软件从版本 10 开始增加了一套 Advanced Analysis（高级分析）工具，简称为 PSpice AA。该工具包括 Sensitivity（灵敏度）分析、Optimizer（优化）设计、Monte Carlo（成品率）分析、Smoke（应力）分析和 Parametric Plottor（多层次参数扫描）。采用这 5 种高级分析工具，可以改善电路性能、优化电路设计、提高电路的可靠性和生产成品率。

6.1　概述

6.1.1　PSpice 高级分析工具的功能

1. PSpice AA 高级分析工具的组成

PSpice AA 包括下述 5 种高级分析功能。

（1）Sensitivity 工具

对电路进行灵敏度分析，鉴别出电路设计中哪些元器件的参数对电路电特性指标起关键作用。在电路设计和生产过程中，以及采用其他几种高级分析工具时，就可以重点对这些“灵敏”元器件，有针对性地采取有效措施。

Sensitivity 工具还同时计算极端情况下的电路特性，包括最坏情况下的电路特性以及最好情况下的电路特性。

（2）Optimizer 工具

对电路进行优化设计，优化确定电路中关键元器件的参数值，以满足对电路各种性能目标的要求。

（3）Monte Carlo 工具

高级分析中的 Monte Carlo 分析工具的作用与第 4 章介绍的 PSpice AD 中的 MC 分析功能相同，但是在结果数据分析和显示方面进行了明显的改进，而且解决了 PSpice AD 中 MC 分析过程中存在的元器件参数分布标准偏差与元器件容差之间不匹配的问题。

（4）Smoke 工具（又称为 Stress 分析工具）

电路工作时，如果有些元器件承受过大的热电应力作用，将影响元器件的可靠性，甚至会导致元器件烧毁“冒烟”（Smoke）。为了预防这种情况的发生，PSpiceAA 工具中 Smoke 的模块的作用就是对电路中的元器件进行热电应力分析，检验元器件是否由于功耗、结温的升高、二次击穿或者电压/电流超出最大允许范围而存在影响电路工作可靠性的应力问题，并及时发出警告。如果在电路设计中采用了“降额设计”技术，调用 Smoke 工具可以检验电路中的关键元器件是否满足规定的“降额”要求。

（5）Parametric Plotter 工具

PSpice AD 中对直流、交流分析和瞬态分析进行的参数扫描分析（参见 4.2 节）只能对一种变量进行扫描，即只是单一层次的扫描分析。PSpiceAA 中提供的 Parametric Plotter 模块则可以进行多层次扫描分析，并且可以采用表格、曲线等多种方式查看并分析多层次参数扫描的结果。

如 1.2.2 节所述，在调用 PSpice 进行电路设计的工作流程中，使用 PSpiceAA 工具有助于提高电路的设计水平（包括电路特性参数）、成品率以及可靠性水平。

2. 进行 PSpice 高级分析对电路设计的要求

为了在电路设计中充分发挥高级分析工具的作用，对电路设计本身有下面几个要求：

① 电路中元器件的参数设置必须配备有高级分析要求的元器件参数。6.1.2 节将详细介绍高级分析要求的元器件参数和参数库的有关概念，以及如何为电路中的元器件设置用于高级分析的参数。

② 电路设计方案已通过 PSpice 模拟。而且模拟结果表明，电路特性参数值与设计要求之间的差距并不太大。

③ 高级分析中的每一项分析工具都是针对一个或者几个电路特性参数（例如增益、带宽、中心频率等）进行的，因此在 PSpice 中应该建立有计算相应电路特性的 Measurement 函数。

3. 高级分析的基本过程

对电路设计进行高级分析包括 4 方面的工作。

① 调用 Capture 绘制满足高级分析要求的电路图。与通常电路模拟相比，用于进行高级分析的电路中必须为相应元器件设置高级分析参数。

② 调用 PSpice，验证电路设计能通过 PSpice 模拟仿真，并检验用于计算电路特性的 Measurement 函数能正常运作。

③ 调用相应的高级分析工具，对电路进行分析。

④ 查看、分析高级分析工具的运行结果。

6.1.2 高级分析参数库

1. 用于高级分析的元器件参数

在电路设计过程中为了能够顺利调用相关的高级分析工具，要求电路中元器件具有表 6-1 所示的相应参数。

表 6-1 运行高级分析工具涉及的元器件参数

高级分析工具	涉及的元器件参数
灵敏度分析（Sensitivity）	容差参数（Tolerance parameters）
优化分析（Optimizer）	可优化的参数（Optimizable parameters）
蒙特卡罗分析（Monte Carlo）	容差参数（Tolerance parameters）
	分布参数（Distribution parameters）
应力分析（Smoke）	应力参数（Smoke parameters）

（1）容差参数

灵敏度分析和蒙特卡罗分析中涉及的电路元器件必须设置有容差参数，包括正容差（参数名称为 POSTOL）和负容差（参数名称为 NEGTOL）。

容差值可以用百分数表示相对偏差，也可以用偏离值表示绝对偏差。6.2.2 节将结合灵敏度分析过程介绍容差参数的设置方法。

（2）可优化的参数

可优化的参数指优化过程中能够对其进行调整、修改的元器件参数。优化设计中涉及的元器件必须具有可优化的参数。在优化过程中，Optimizer 工具将在用户定义的范围内自动调整优化参数的取值，使电路特性达到预期的要求，因此 PSpice 中可优化的参数又称为可调整的参数（Editable）。6.3.1 节将介绍可优化的参数的类型和设置方法。

（3）分布参数

分布参数（参数名称为 DIST）定义了分布函数的类型，用于描述元器件参数分散性所服从的分布规律。本节后面将介绍 PSpice 高级分析工具中支持的分布类型和设置方法。

（4）应力（Smoke）参数

Smoke 参数描述了元器件的最大工作额定值。进行 Smoke 分析时，需要为相应元器件定义 Smoke 参数。第 7 章节将介绍主要元器件（包括电阻、电容、电感等元件，以及二极管、双极晶体管、JFET、MOSFET、IGBT，还有运算放大器等有源器件）的 Smoke 参数含义与设置方法。

提示：完成 PSpice 软件安装后，采用 Capture 绘制电路图时，从位于下述路径下元器件符号库中调用的元器件都配置有高级分析参数：

Cadence\SPB_16.6\Tools\Capture\Library\PSpice\Advanls\

2. 具有高级分析参数的元器件符号

在 Capture 中绘制电路图时，选择执行 Place→Part 命令，选择一个元器件后，如果这时对话框右下角出现了标志图标（见图 6-1），即说明该元器件具有高级分析用的参数。

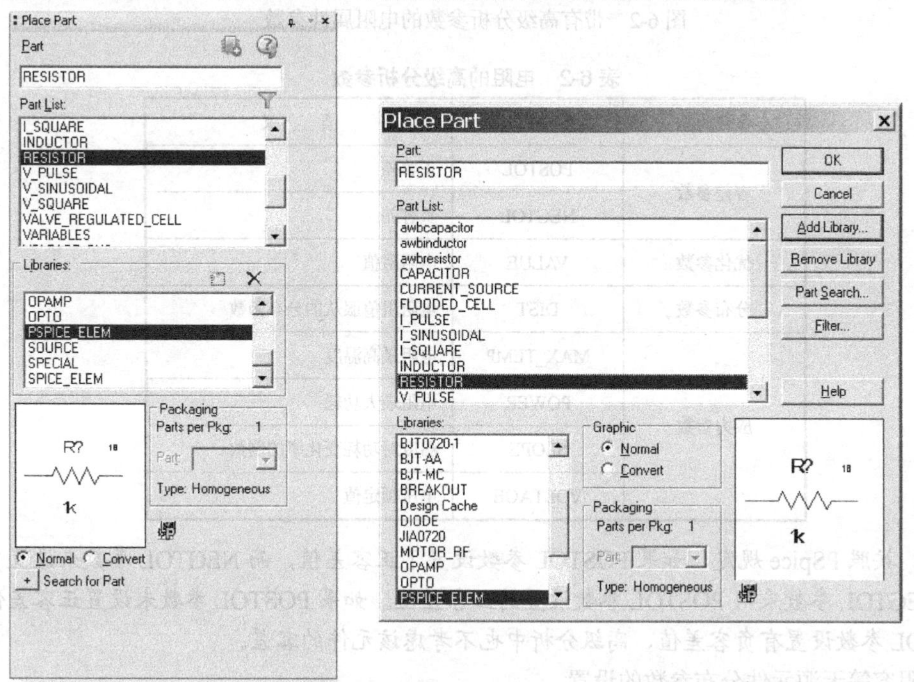

图 6-1　两种形式 Place Part 选择框中表示元器件具有高级分析参数的标识符

3. 配置有高级分析参数的“阻容等元件符号库”

绘制电路图过程中，为了保证采用的电阻、电容等无源元件具有高级分析参数，应该从 PSPICE_ELEM 符号库文件中调用相关的无源元件。

（1）设置阻容等无源元件高级分析参数的基本方法

下面以绘制具有高级分析参数的电阻元件为例，说明为阻容等元件的高级分析参数设置参数值的方法。

① 在电路图绘制软件 Capture 中，选择执行 Place→Part 命令，从 PSPICE_ELEM 库文件中选择

Resistor 电阻符号，放置在电路中。

② 对已放置在电路中的参数化电阻，双击电阻符号，将出现属性参数编辑器，如图 6-2 所示。

由图 6-2 可见，从 PSPICE_ELEM 库文件中调用的电阻符号已经带有高级分析参数。每种符号的含义如表 6-2 所示。可以采用第 2 章介绍的方法直接在属性参数编辑器分别设置这些高级分析参数值。

提示： 设置阻容等无源元件高级分析参数的一种高效简便方法是利用一种名称为 Variables 的符号，为电路设计中同一类元器件的高级分析参数同时设置参数值，这也是图 6-2 中许多属性参数的设置值不是具体数值，而是用字符表示的参数的原因。这些字符的含义及相应属性参数值的设置方法将在下面的“4.Variables 符号的作用”中介绍。

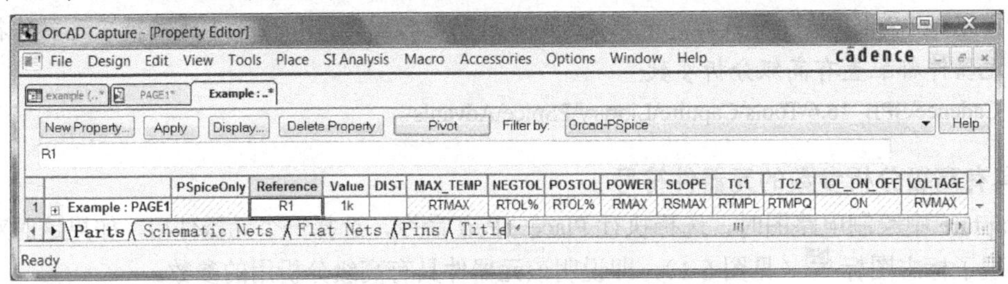

图 6-2　带有高级分析参数的电阻属性参数

表 6-2　电阻的高级分析参数

参数类型	参 数 名	含　义
容差参数	POSTOL	正容差
	NEGTOL	负容差
优化参数	VALUE	电阻阻值
分布参数	DIST	电阻阻值服从的分布函数
应力参数	MAX_TEMP	电阻最高温度
	POWER	电阻最大功耗
	SLOPE	温度对功耗变化率的倒数
	VOLTAGE	电压额定值

提示： 按照 PSpice 规定，如果 POSTOL 参数设置了正容差值，而 NEGTOL 参数未设置负容差值，则 NEGTOL 参数采用 POSTOL 参数设置的正容差值。如果 POSTOL 参数未设置正容差值，即使 NEGTOL 参数设置有负容差值，高级分析中也不考虑该元件的容差。

（2）阻容等无源元件分布参数的设置

PSpice 中 DIST 参数只允许采用下述 5 种设置。

FLAT：表示均匀分布，在容差范围内，每一个值出现的概率相等。这是默认的分布设置。

BSIMD：表示双峰分布，即在正负容差边界处出现的概率最大。

GAUSS：表示正态分布，对应正负容差相等的情况。正态分布的均值等于元件的标称值、标准偏差取为容差的三分之一。

SKEW：代表偏斜分布，即在正容差和负容差两个方向出现的概率不相等。

（3）为 analog 库中调用的阻容等无源元件设置高级分析参数

如果电阻 R 等元件是从 analog 库中调用的，它们将不带有高级分析的参数，可以采用在属性参数编辑器中“添加”参数名的方法为这些元器件添加需要的高级分析参数，并设置参数值。

需要注意的是，添加的参数名称必须符合规定。例如，PSpice 规定，对于电阻的容差参数，采用 Tolerance 代替 POSTOL 及 NEGTOL。其他高级分析参数名称必须采用表 6-2 中规定的名称。

4. Variables 符号的作用

（1）元件容差参数和 Smoke 参数的快速设置方法与 Variables 符号。

设计电路时一般都会采用较多的无源元件，特别是对电阻等常用元件，电路设计中包括的数目往往很大。如果按照通常的方法，采用属性参数编辑器分别设置每个电阻的高级分析参数值将是一件比较烦琐的工作。

实际上，元器件的属性参数值可以是个数字，也可以是个变量。当采用一个变量代表某个属性参数值时，只要采用某种方法修改变量的值，也就自动改变相应属性参数的数值。为此，PSpice 软件提供了一种 Variables 符号，可以同时编辑修改所有阻容等无源元件容差参数和应力参数这两类高级分析参数的设置值。

为了不致出现混乱，PSpice 对代表不同高级分析参数设置值的变量名做了统一规定。例如，对电阻，用于代表容差参数和应力参数设置值的变量名如表 6-3 所示。

图 6-2 中电阻的 Smoke 属性参数值就是采用这些变量名设置的。

用户只要按照本节介绍的方法在电路图中放置 Variables 符号，并为其中的变量名赋值，就可以改变电路中所有采用该变量名的高级分析参数设置值。

（2）在电路图中放置 Variables 符号。

在 Capture 中选择执行 Place→Part 命令，从 PSPICE_ELEM 库文件中调用名称为 Variables 的符号（见图 6-3）。由图可见，Variables 符号实际上包括的是一组起说明作用的字符串和设置变量名数值的表达式。

表 6-3　电阻的容差参数和 Smoke 参数名称及其对应的变量名

参数类型	参 数 名	对应的变量名
容差参数	POSTOL	RTOL
	NEGTOL	
Smoke 参数	MAX_TEMP	RTMAX
	POWER	RMAX
	SLOPE	RSMAX
	VOLTAGE	RVMAX

Advanced Analysis Properties

Tolerances:
RTOL = 0
CTOL = 0
LTOL = 0
VTOL = 0
ITOL = 0

Smoke Limits:
RMAX = 0.25　ESR = 0.001
RSMAX = 0.0125　CPMAX = 0.1
RTMAX = 200　CVN = 10
RVMAX = 100　LPMAX = 0.25
CMAX = 50　DC = 0.1
CBMAX = 125　RTH = 1
CSMAX = 0.005
CTMAX = 125
CIMAX = 1
LMAX = 5
DSMAX = 300
IMAX = 1
VMAX = 12

User Variables:

图 6-3　Variables 符号

图中 Tolerances 下方的 RTOL 是描述电阻容差参数的变量名。Smoke Limits 下方的前 4 个变量名是描述电阻 4 个 Smoke 参数设置值的变量名。其他变量名用于描述电容、电感、电源等无源元件的容差参数和应力参数。

由图 6-3 可见，按照 Variables 符号中对各个变量的设置值（Variables 符号中各个设置值的单位均为工程单位，已省略），电路中所有电阻的这 5 个高级分析参数的设置值分别为：

容差参数（包括正容差参数 POSTOL 和负容差参数 NEGTOL）设置值 RTOL%为 0；

最大功耗 POWER 参数值等于变量 RMAX 的设置值，即 0.25W；

最高温度 MAX_TEMP 参数值等于变量 RTMAX 的设置值，即 200℃；

最大电压 VOLTAGE 参数值等于变量 RVMAX 的设置值，即 100V；

功耗导致的温度变化率 SLOPE 参数值等于变量 RSMAX 的设置值，即 0.0125W/℃。

（3）为 Variables 符号中的变量名赋值。

图 6-3 中各个变量名的设置值是系统的默认值。用户也可以根据需要，按照第 2 章介绍的属性参数修改方法修改 Variables 符号中某个变量名的设置值。

提示：如果某个元件的高级分析参数不采用 Variables 符号中设置的值，可以在电路图中采用属性参数为该元器件的高级分析参数直接设置一个数值。

5. 配置有高级分析参数的“半导体器件库”

绘制电路图过程中，从 Cadence\SPB_16.6\Tools\Capture\Library\PSpice\Advanls\路径下器件符号库文件中调用的半导体器件都配置有高级分析参数。

针对高级分析的要求，目前 PSpice 软件中专门提供有 30 多个用于高级分析的元器件库，包括有 4300 多个元器件。

下面以半导体器件 2N1613 为例，说明如何为半导体器件配置高级分析参数。

① 在电路图绘制软件 Capture 中，选择执行 Place→Part 命令，从 BJN.OLB 符号库中选用 2N1613 器件，放置在电路图中。

② 选中 2N1613 器件，从快捷菜单中选择执行 Edit PSpice Model 命令，屏幕上将出现 Model Editor 窗口，同时采用 Simulation 和 Smoke 两个标签页分别显示有 2N1613 器件的高级分析参数描述。其中 Simulation 标签页如图 6-4 所示，在前 5 列分别显示了模型参数的名称（Property Name）、参数含义（Description）、模型参数值（Value）、默认值（Default）以及单位（Unit），后 4 列则分别用于设置容差参数、分布函数，以及可优化参数。

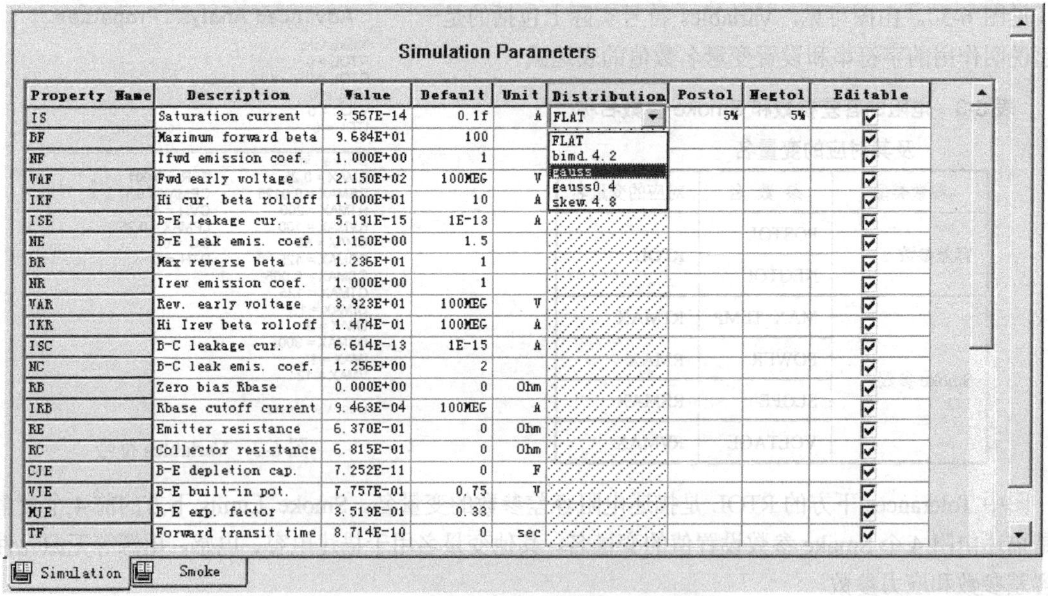

Simulation Parameters

Property Name	Description	Value	Default	Unit	Distribution	Postol	Negtol	Editable
IS	Saturation current	3.567E-14	0.1f	A	FLAT	5%	5%	☑
BF	Maximum forward beta	9.684E+01	100					☑
NF	Ifwd emission coef.	1.000E+00	1					☑
VAF	Fwd early voltage	2.150E+02	100MEG	V				☑
IKF	Hi cur. beta rolloff	1.000E+01	10	A				☑
ISE	B-E leakage cur.	5.191E-15	1E-13	A				☑
NE	B-E leak emis. coef.	1.160E+00	1.5					☑
BR	Max reverse beta	1.236E+01	1					☑
NR	Irev emission coef.	1.000E+00	1					☑
VAR	Rev. early voltage	3.923E+01	100MEG	V				☑
IKR	Hi Irev beta rolloff	1.474E-01	100MEG	A				☑
ISC	B-C leakage cur.	6.614E-13	1E-15	A				☑
NC	B-C leak emis. coef.	1.256E+00	2					☑
RB	Zero bias Rbase	0.000E+00	0	Ohm				☑
IRB	Rbase cutoff current	9.463E-04	100MEG	A				☑
RE	Emitter resistance	6.370E-01	0	Ohm				☑
RC	Collector resistance	6.815E-01	0	Ohm				☑
CJE	B-E depletion cap.	7.252E-11	0	F				☑
VJE	B-E built-in pot.	7.757E-01	0.75	V				☑
MJE	B-E exp. factor	3.519E-01	0.33					☑
TF	Forward transit time	8.714E-10	0	sec				☑

FLAT　bimd.4.2　gauss　gauss0.4　skew.4.8

Simulation　Smoke

图 6-4　半导体器件 2N1613 的高级分析参数

下面介绍这几个高级分析参数的设置方法。描述 Smoke 参数的 Smoke 标签页将在第 7 章介绍。

③ 设置模型参数的容差参数：根据需要，直接在模型参数所在行的 Postol 单元格键入该模型参数的正容差值，在 Negtol 单元格键入该模型参数的负容差值。图 6-4 中实例是将 IS 参数的正负容差都设置为 5%。

④ 设置模型参数值服从的分布函数：只要在模型参数的 Postol 单元格和/或 Negtol 单元格键入

有容差参数值，则该模型参数所在行的 Distribution 单元格就自动显示出默认的分布函数描述 FLAT。如果用鼠标单击该单元格，则单元格下方出现分布函数列表（见图 6-4），供用户选用需要的分布函数。

⑤ 设置供优化设计采用的可调整的模型参数：勾选图 6-4 中 Editable 列的单元格，则相应行描述的模型参数就可以在优化设计中进行调整。

提示：PSpice 中 Model Editor 模块提供有模板，可以为 Diode、BJT、JFET、MOSFET、IGBT、Operational Amplifier、Voltage Regulator、Magnetic Core 共 8 类元器件建立具有高级分析参数的器件模型。建模方法请参见参考资料[5]。

6.1.3　创建用于高级分析的电路设计

为了对电路设计进行高级分析，可以新建一个用于高级分析的电路，也可以修改已有电路设计，使其满足高级分析的要求。待进行高级分析的电路设计中可以同时使用通常的元器件和带有高级分析参数的元器件。但是高级分析只对具有高级分析参数的元器件起作用。因此，在创建用于高级分析的电路设计时，关键是为相关元器件设置高级分析参数。

1. 新建用于高级分析的电路图

为了新建一个用于高级分析的电路，应该从高级分析库中选用带有高级分析参数的元器件。

对于晶体管、集成电路等有源器件，应该从下述路径下符号库文件中调用元器件：

Cadence\SPB_16.6\Tools\Capture\Library\PSpice\Advanls\

对于阻容等无源元件，应该从上述路径下的 PSPICE_ELEM 符号库文件中选用，然后按照 6.1.2 节介绍的方法为这些元器件的高级分析参数设置参数值。

2. 按高级分析要求修改已有的电路设计

高级分析要求电路中的元器件具有高级分析参数。用户可以采用下述方法确保已有电路设计中的元器件参数设置符合高级分析的要求：

① 按照第 2 章介绍的编辑修改元器件属性参数的方法，在属性参数编辑器中为电阻 R、电容 C 等无源元件添加容差参数和 Smoke 应力参数并赋值。

② 从高级分析库中选用带有高级分析参数的有元器件替换电路图中原来采用的元器件。

6.1.4　高级分析工具窗口

我们将在 6.2～6.6 节分别介绍不同高级分析工具的具体使用方法和应用实例。本节首先介绍对每种分析工具均适用的共性内容，包括高级分析工具的调用方法和命令系统。

1. 高级分析工具的调用

如图 6-5 所示，在 Capture 模块中，执行 PSpice→Advanced Analysis，命令中包括的前 5 条子命令分别对应 5 种高级分析工具名称。后面两条命令用于为 Optimizer 模块设置、传递供优化调整用的半导体器件模型参数（见 6.3 节）。

在电路设计已满足高级分析要求的条件后，从图 6-5 所示命令菜单中选择执行一条子命令，即调用相应的高级分析工具，同时屏幕自动切换为高级分析窗口，如图 6-6 所示。

图 6-6 显示的是执行 PSpice→Advanced Analysis→Optimizer 子命令调用 Optimizer 模块后，屏幕上显示的 Optimizer 优化设计窗口。不同高级分析工具显示的窗口以及窗口中包括的内容不完全相同，但是主命令菜单相同。

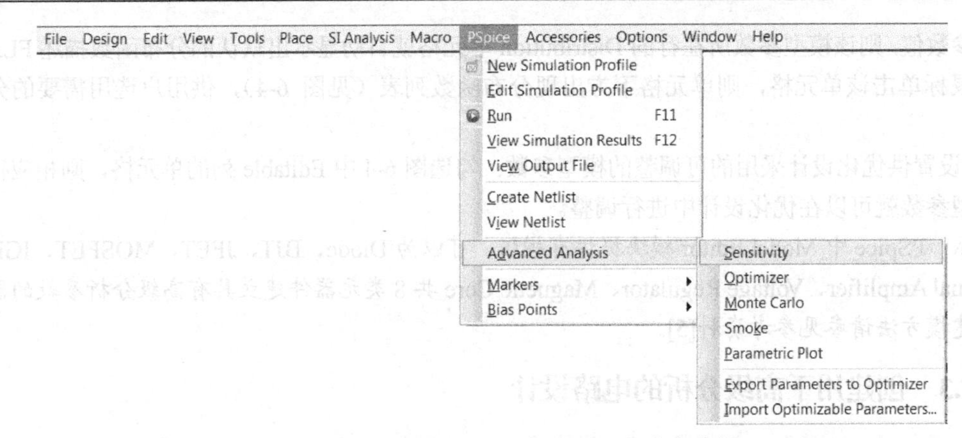

图6-5 执行PSpice→Advanced Analysis命令菜单

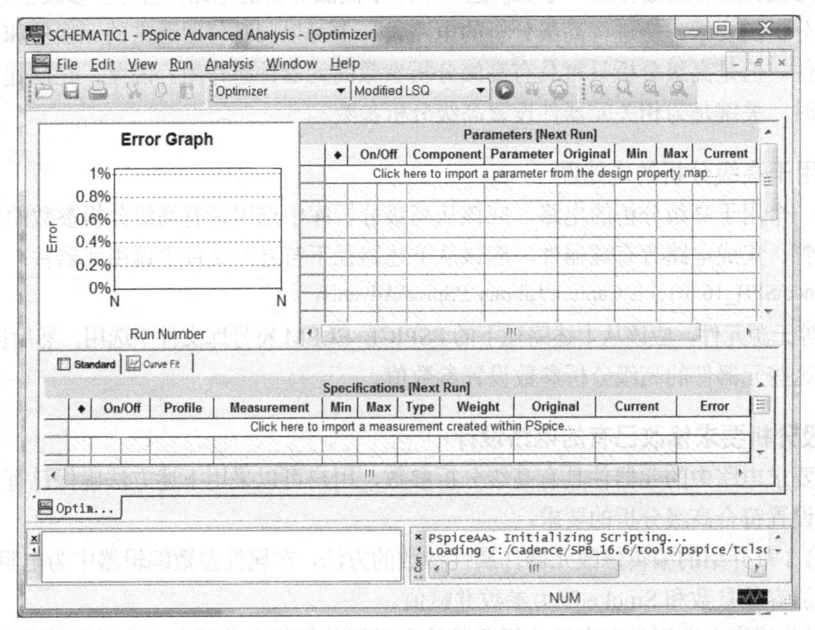

图6-6 Optimizer窗口

提示：如果在存在有暂停的模拟剖面的情况下调用高级分析工具，会出现运行过程崩溃的现象。为了避免这一现象的发生，在调用高级分析之前，应该采用下述方法，确保当前电路的PSpice模拟管理器中不存在暂停的模拟过程：在位于计算机屏幕右下方的Windows系统托盘中，双击PSpice模拟管理器图标（移动鼠标光标到黄色方块状的图标上，确认显示的图标名称）。在PSpice模拟管理器中，用鼠标右键点击暂停的模拟剖面名称，再执行快捷菜单中的Stop子命令。

2. 高级分析窗口结构

如图6-6所示，高级分析窗口由下述几部分组成。

① 标题栏：位于窗口最顶部的是高级分析窗口标题栏。

② 主命令菜单栏：窗口标题栏下方是主命令菜单栏，包括7条主命令。

③ 工具条（Tool Bars）：位于主命令菜单栏下方。

④ 分析结果显示区：工具条下方是高级分析结果显示区。不同高级分析窗口的主要区别就在于分析结果显示区显示的内容互不相同。图6-6是Optimier分析结果显示区。6.2～6.6节将详细说明不同高级分析工具分析结果显示区的结构，以及如何分析显示的信息并进一步提取各种有用的结果。

⑤ 运行状态信息窗口（Output Window）和状态条（Status Bar）。与其他软件工具一样，通过设置可以在分析结果显示区下方是显示运行状态信息的窗口和状态条。

6.1.5　高级分析窗口命令菜单

如图 6-6 所示 Optimier 窗口中的 7 条主命令也是高级分析中 5 种分析工具共有的命令栏中的主命令。其中 File、Windows 和 Help 主命令与一般应用程序中的同名命令基本相同。下面简要介绍其他 4 条主命令中与一般应用程序不相同的那些子命令的功能。

1．Edit→Profile Settings

Edit 主命令下一层次有 7 条子命令。其中前 6 条子命令的作用与通常 Edit 命令菜单中的同名子命令作用相同。第 7 条子命令 Profile Settings 的作用是设置与不同高级分析工具运行有关的参数设置。执行该命令后屏幕上将出现图 6-7 所示对话框。其中 Simulation 标签页则用于设置 Optimizer、Monte Carlo 和 Sensitivity 工具运行过程中数据存储的要求。用户可以从每一栏的下拉列表中（见图 6-7）选择 Save All Runs（即存储所有数据）或者 Save None。

注意：设置为 Save None 指只存储最后一次模拟产生的数据，并不是什么数据都不储存。

其他 5 个标签页的设置内容是针对不同的高级分析功能，6.2～6.6 节将分别介绍需要设置的参数内容和设置方法。

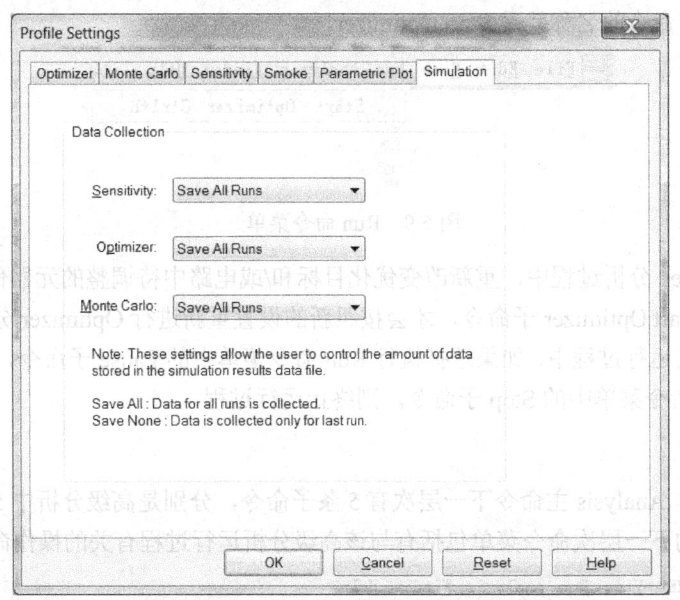

图 6-7　Profile Settings 中的 Simulation 标签页

2．View

如图 6-8 所示，View 主命令下一层次有 13 条子命令。按照其作用可分为 5 组。除了第二组和第三组一共 6 条子命令以外，其他 7 条子命令的作用与一般应用程序中的同名命令基本相同。

① 第二组 5 条子命令就是高级分析中 5 种分析工具的名称。选择执行其中一条子命令，高级分析窗口中即显示该分析工具的分析结果。

② 第三组 1 条子命令 Log File 下一层次还包括 5 条子命令，分别是高级分析中 5 种分析工具的名称。选择执行其中一条子命令，即生成与该分析有关的 Log 文件，详细记录与该工具运行过程有关的信息。

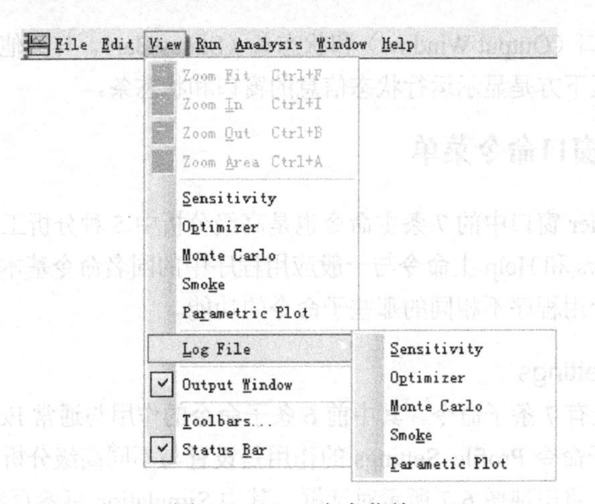

图 6-8　View 命令菜单

3．Run

如图 6-9 所示，Run 主命令下一层次有三条子命令。

需要指出的是，Run 子命令菜单中的第一条子命令的名称与屏幕上显示的高级分析窗口类型有关，其作用是重新启动该种类型的分析。对图 6-8 所示实例，显示的是 Optimizer 高级分析窗口，因此图 6-9 中第一条子命令的名称就是 Start Optimizer。

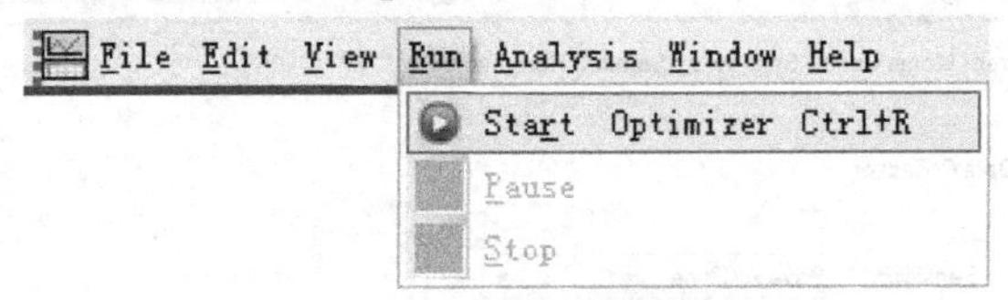

图 6-9　Run 命令菜单

如果在 Optimizer 分析过程中，重新改变优化目标和/或电路中待调整的元器件参数设置，就需要选择执行 Run→Start Optimizer 子命令，才会按照新的设置重新进行 Optimizer 分析（见 6.3 节）。

在高级分析工具运行过程中，如果选择执行 Run 命令菜单中的 Pause 子命令，则暂停运行过程。如果选择执行 Run 命令菜单中的 Stop 子命令，则终止运行过程。

4．Analysis

如图 6-10 所示，Analysis 主命令下一层次有 5 条子命令，分别是高级分析中 5 种分析工具的名称，每一条子命令的下一层次命令菜单包括有与该高级分析运行过程有关的操作命令。

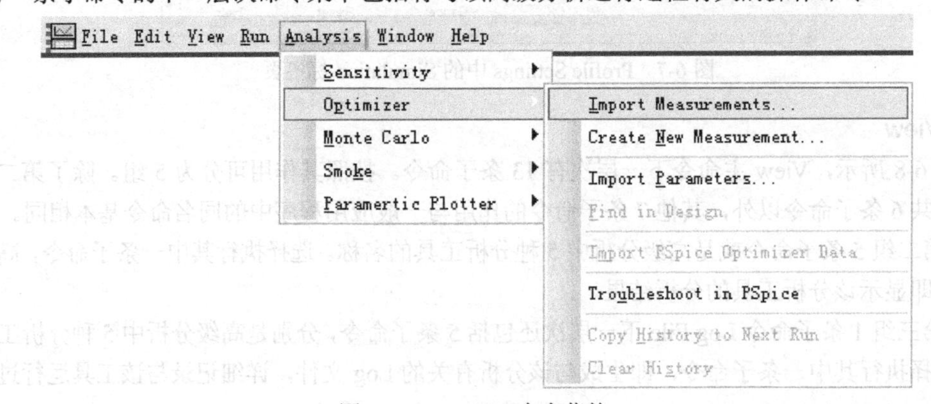

图 6-10　Analysis 命令菜单

由于 5 种高级分析工具的功能互不相同，与分析有关的操作也不会一样，因此它们下层次的子命令必然不会相同。6.2～6.6 节将分别介绍与不同高级分析工具对应的下层次子命令的功能和使用方法。

提示：上述子命令菜单中许多常用子命令也将出现在快捷菜单中。

6.2　Sensitivity 工具与灵敏度分析

在 PSpice 10 以前的版本中，灵敏度分析仅限于“直流”灵敏度。从 PSpice 10 开始，高级分析的 Sensitivity 工具对直流、交流和瞬态等多种电路特性均可以进行灵敏度分析。调用 Sensitivity 工具进行灵敏度分析，是高级分析工具中进行其他几种分析工具的基础。本节在介绍灵敏度分析基本概念的基础上重点介绍调用 Sensitivity 工具对电路进行灵敏度分析的具体方法。

6.2.1　灵敏度分析的相关概念

1. Sensitivity 工具的功能与灵敏度分析的作用

在电路设计过程中调用 Sensitivity 工具可以进行下述两种分析。

①“灵敏度分析”：分析电路中每个元器件参数对电路性能的影响程度，并比较不同元器件对电路特性影响程度的相对大小。因此，通过灵敏度分析，可以鉴别出电路中哪些元器件的哪些参数对电路特性起到关键作用。

②“极端情况分析”：由于灵敏度不同，当电路中不同元器件分别变化时，即使元器件值的变化幅度（或相对变化）相同，但电路特性变化的绝对值不会相同，而且其变化的方向也可能不同。当电路中多个元器件同时随机变化时，它们对电路特性的影响有可能会起相互“抵消”的作用。极端情况分析是按引起电路某个特性向同一方向变化的要求，确定每个元器件的（增、减）变化方向，然后再使这些元器件同时在相应方向按其容差确定的可能最大范围发生变化，模拟分析电路特性的变化情况。对电路特性来说，这就是一种极端情况。在这种极端情况下进行的电路分析就叫做极端情况分析。显然极端情况分析包括使电路特性增大，以及使电路特性减小两种情况。其中一种对应电路特性变差，又称为最坏情况分析（Worst-Case Analysis），简称 WCase 分析，或 WC 分析。PSpice 10 以前的版本中只进行最坏情况分析（见 4.4 节）。从 PSpice 10 开始增加的高级分析中的 Sensitivity 工具同时给出两种极端情况的分析结果。

2. 灵敏度分析的作用

在灵敏度分析的基础上，可以从下述三方面进一步改进电路设计。

① 在电路设计中，只需针对最灵敏的几个元器件，采用参数扫描等方法，精细调整其参数，就可以取得满意的效果。

② 在电路设计中标识出最灵敏的几个元器件，然后在优化设计过程中，只要对这些灵敏元器件的参数值进行优化，就可以加快优化设计的进程。

③ 通过灵敏度分析识别出哪些元器件对成品率影响最大，然后有针对性地减小灵敏元器件的容差范围，同时放宽灵敏度不高的元器件的容差值，就可以同时兼顾成本和成品率两方面的要求。

3. 绝对灵敏度和相对灵敏度

电路分析时可以采用绝对灵敏度和相对灵敏度两种方式表示灵敏度。下面针对一个简单的 RC 充放电电路时常数分析实例，说明这两个概念的基本含义和相互关系。

（1）绝对灵敏度 S

绝对灵敏度 S 指电路特性参数 T 对元器件值 X 变化的灵敏度。用数学式表示即为 T 对 X 的偏导数：

$$S(T,X) = \frac{\partial T}{\partial X} \tag{6-1}$$

例如，对图 6-11 所示的简单 RC 充放电电路，按照电路的基本原理，充放电时常数 $T=(R1)\times(C1)$。因此电路时常数 T 对电阻 $R1$ 和电容 $C1$ 的绝对灵敏度分别为

$$S(T,R1) = \frac{\partial T}{\partial(R1)} = C1 = 100\text{p} = 10^{-10} \tag{6-2a}$$

$$S(T,C1) = \frac{\partial T}{\partial(C1)} = R1 = 100 \tag{6-2b}$$

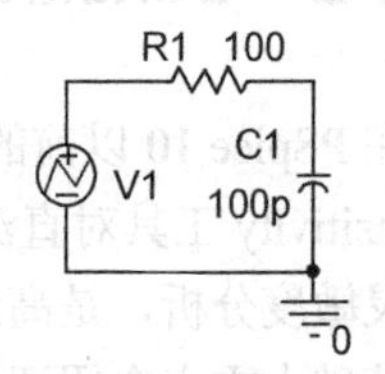

图 6-11　RC 充放电电路

提示：*按照 PSpice 规定，所有计算结果都是采用工程单位制，因此高级分析工具完成灵敏度分析以后只给出灵敏度计算结果的数值，并不给出相应的单位。如果考虑到单位，时常数 T 对电容 $C1$ 的绝对灵敏度计算结果为 $S(T,C1)=100\text{s/F}$，对电阻的绝对灵敏度为 $S(T,R1)=10^{-10}\ \text{s}/\Omega$。*

提示：*在上面的实例中，100Ω 电阻和 100pF 电容都是常用的元器件值，它们对时常数的影响是等同的。但是，时常数 T 对电容 $C1$ 的绝对灵敏度计算结果为 $S(T,C1)=100$，而对电阻的绝对灵敏度仅为 $S(T,R1)=10^{-10}$，两者的“数值”差别达 10^{12}，似乎该电路时常数对电阻和电容的灵敏度差别特别大。如果同时考虑到两个计算结果的单位，就可以理解造成这种误解的原因。由于绝对灵敏度是对应电路特性参数 T 对元器件值 X 的变化率，相当于元器件值变化一个“基本单位值”时，引起电路特性的变化。对上述 RC 充放电电路实例，$S(T,R1)=10^{-10}\ \text{s}/\Omega$，相当于 $R1$ 变化 1Ω 将使时常数 T 变化 10^{-10}s。而 $S(T,C1)=100\text{s/F}$，相当于电容 $C1$ 变化 1 法拉所导致的时常数 T 变化是 100s。而在实际使用中，电阻变化 1Ω 是非常可能的，而电容变化“一个法拉”简直是一个天文数字，根本不可能发生。因此采用工程单位制往往会导致不同类型元器件的绝对灵敏度结果数值相差巨大，容易引起误解。针对这一问题，采用下面定义的相对灵敏度 S_N 就能够客观地分析、比较不同类型元器件实际的灵敏度水平。*

（2）相对灵敏度 S_N

S_N 指元器件值 X 相对变化为 1%情况下（对应 $\Delta X=X/100$），引起的电路特性 T 的变化量(ΔT)。

由式（6-1）可得：

$$S_N=\Delta T=\left(\frac{\partial T}{\partial X}\right)\Delta X=S(T,X)\cdot X/100 \tag{6-3}$$

对图 6-11 所示 RC 充放电电路：

$$S_N(T,R1)=[S(T,R1)\cdot R1]/100=[10^{-10}\text{s}/\Omega\cdot 100\Omega]/100=100\text{ps} \tag{6-4a}$$

$$S_N(T,C1)=[S(T,C1)\cdot C1]/100=[100\ \text{s/F}\cdot 100\text{pF}]/100=100\text{ps} \tag{6-4b}$$

由上分析可见，对图 6-11 所示 RC 充放电电路实例，虽然时常数 T 对电阻、电容元件绝对灵敏度的“数值”差别很大，但对这两个元件的相对灵敏度 S_N 则一样，即电阻和电容值变化 1%，都导致时常数变化 100ps，比较好地反映了实际使用情况。

提示：*尽管 Sensitivity 模块同时提供绝对灵敏度和相对灵敏度的计算结果，考虑到绝对灵敏度结果存在的问题，在实际应用中应该采用相对灵敏度比较不同元器件灵敏度的高低。*

4. 进行灵敏度分析对电路设计的要求

为了保证 Sensitivity 工具的正常运作，电路设计除应该满足“已通过 PSpice 模拟仿真”这一基本要求外，还必须满足下面两个条件：

① 应该指定需要计算哪个或哪些电路特性参数的灵敏度。因此在 PSpice 中应该建立有计算相应电路特性的函数 Measurement。

② 应该指定需要考虑电路特性对电路中哪些元器件参数的灵敏度。PSpice 中通过指定元器件参数容差的方式起到这一作用。因此，Sensitivity 分析所涉及的电路元器件必须具有容差参数。

6.2.2 灵敏度分析的步骤

1. 灵敏度分析步骤一：电路准备

下面结合图 6-12 所示射频带通放大器电路实例，说明灵敏度分析对电路设计的要求。本章后面几节也将结合该电路介绍其他几种高级分析工具的功能。

提示： 图 6-12 所示电路是 PSpice 软件安装后下述目录下名称为 rfamp 的射频放大器电路范例：

…\Cadence\SPB_16.6\pspice\capture_sample\advanls\rfamp

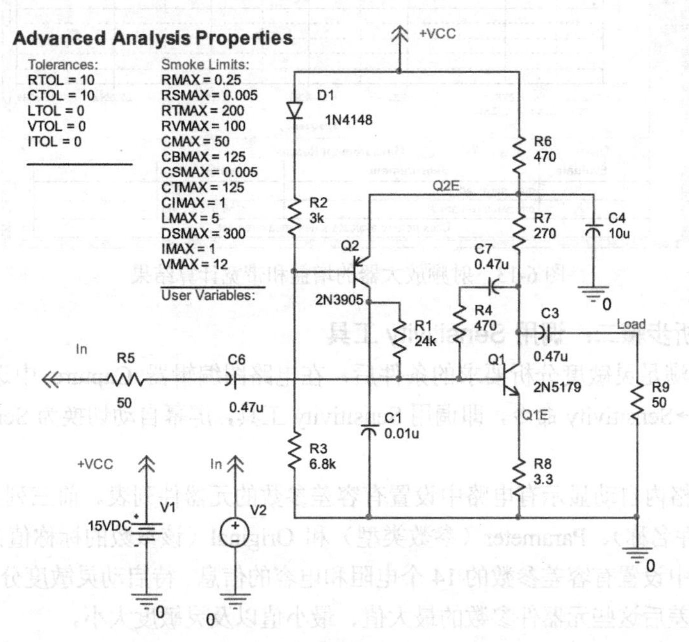

图 6-12 射频带通放大器（RF Amplifier）电路

如果要求分析该电路的增益和带宽对电路中电阻和电容的灵敏度，则应按下述步骤使电路设计满足灵敏度分析的要求。

（1）为电路图中的有关元器件配置容差参数

为了进行灵敏度分析，绘制电路图时关键问题是必须为电路中的相应元器件设置容差参数。图中所有的电阻和电容都按照 6.1.2 节介绍的方法采用 Variable 符号设置为有容差参数。

由图可见，对图 6-12 所示射频放大器电路，电阻和电容的容差均设置为 10%。

（2）检验电路是否已通过 PSpice 模拟仿真

绘制好电路图后，应采用通常的模拟方法检验电路设计是否满足要求。

对图 6-12 所示射频放大器实例，交流小信号分析后，以分贝表示的电路增益 DB(V(Load)/V(In))

与频率的关系如图 6-13 所示，具有带通特性。

（3）检验待分析其灵敏度的电路特性参数

本实例中要求分析电路的增益和带宽对电路中电阻和电容的灵敏度，因此应该保证 PSpice 中已建立有计算增益和带宽这两个电路特性参数的函数，并能正常运行。

采用第 5 章介绍的方法，选用 PSpice 中 Max 和 Bandwidth 两个 Measurement 函数计算的增益和带宽结果如图 6-13 中“Measurement Results”下方表格所示。增益值为 9.41807dB，带宽为 150.57877MHz，基本正常。

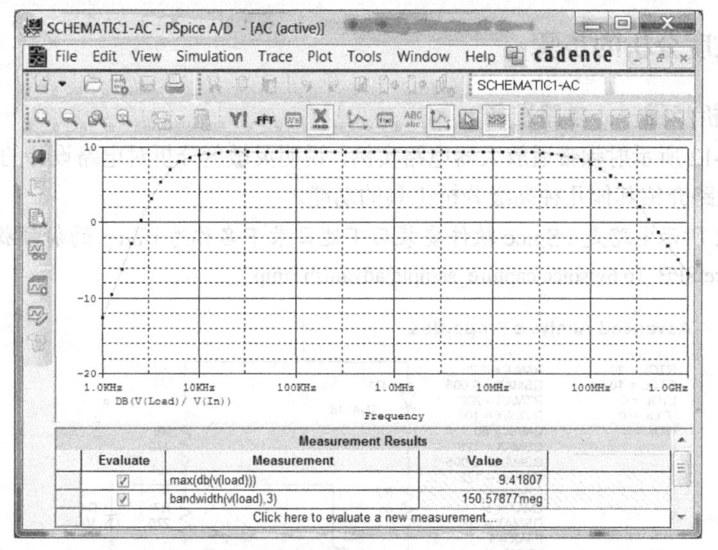

图 6-13　射频放大器的增益和带宽计算结果

2. 灵敏度分析步骤二：调用 Sensitivity 工具

在电路设计已满足灵敏度分析要求的条件后，在电路图编辑器 Capture 中选择执行 PSpice→Advanced Analysis→Sensitivity 命令，即调用 Sensitivity 工具，屏幕自动切换为 Sensitivity 工具窗口，如图 6-14 所示。

Parameters 表格内自动显示有电路中设置有容差参数的元器件列表。前三列显示的内容分别为 Component（元器件名称）、Parameter（参数类型）和 Original（该参数的标称值）。图 6-14 显示的是射频放大器电路中设置有容差参数的 14 个电阻和电容的信息。待启动灵敏度分析后，其他几列将分别显示出考虑容差后这些元器件参数的最大值、最小值以及灵敏度大小。

调用 Sensitivity 工具后，Specifications 表格为空表，用于设置灵敏度分析中需要分析的是哪些电路特性对元器件的灵敏度，分析结束后将同时显示极端情况分析结果。

3. 灵敏度分析步骤三：设置电路特性函数

调用 Sensitivity 工具后，在运行之前，需要设置电路特性函数。

（1）设置供 Sensitivity 分析调用的电路特性函数方法一

调用 Sensitivity 工具时将自动采用当前处于激活状态的剖面设置（Simulation Profile）进行灵敏度分析。但是要求分析哪些电路特性对元器件的灵敏度则需要在 Sensitivity 窗口中设置。

在图 6-14 所示 Sensitivity 窗口的 Specifications 表中，单击“Click here to import a measurement created within PSpice”所在的行，将弹出图 6-15 所示 Import Measurement(s)对话框。其中列出有对电路设计进行模拟分析时曾经调用过的电路特性函数。

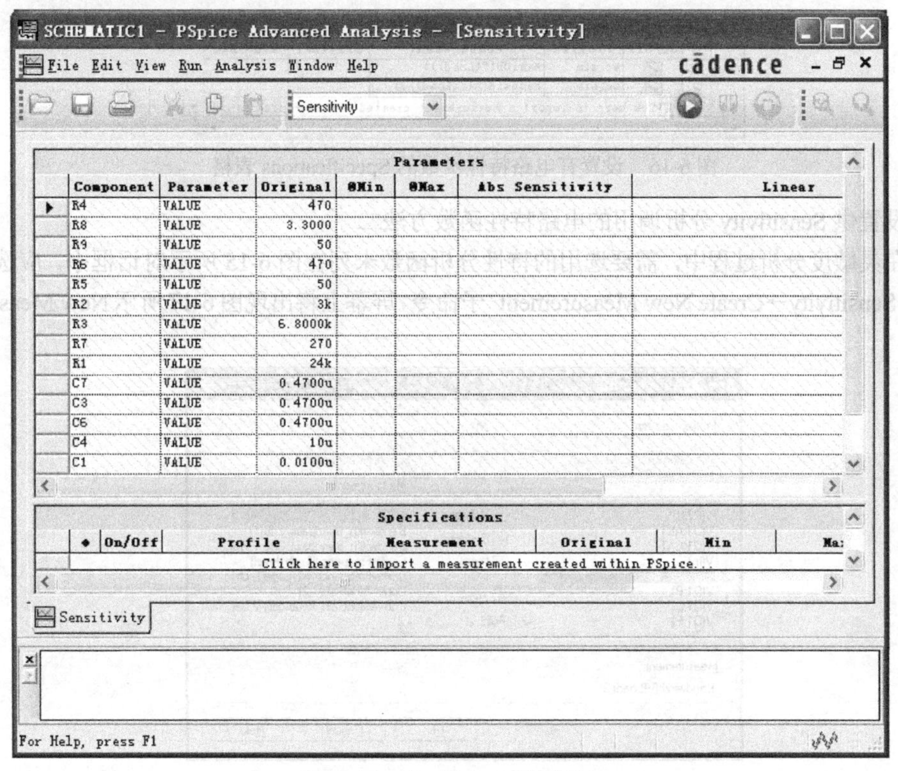

图 6-14　Sensitivity 工具窗口

对图 6-12 所示射频放大器电路，已进行过瞬态分析（tran.sim）和交流小信号分析（ac.sim），但是只在 AC 分析时调用了 Max 和 Bandwidth 两个电路特性函数计算放大器的增益和带宽（见图 6-13），因此图 6-15 对话框中只显示有这两个电路特性函数。而瞬态分析剖面设置为 No measurements found for this profile（没有电路特性函数）。

说明：选择执行 Analysis→Sensitivity→Import Measurements 子命令（见图 6-10）与上述单击 Click here to import a measurement created within PSpice 所在的行的作用相同。

Import Measurement(s)

Profile	Measurement
ac.sim	Max(DB(V(Load)))
ac.sim	Bandwidth(V(Load),3)
tran.sim	< No measurements found for this profile >

To select multiple items, hold down the CTRL key, then click each entry.
Hold down the SHIFT key to select or deselect adjacent items.

OK　Cancel　Help

图 6-15　Import Measurement(s)对话框

对图 6-12 所示射频放大器电路，要求分析增益和带宽两个电路特性对元器件的灵敏度，因此将图 6-15 中的两个电路特性函数全部选中，然后单击 OK 按钮，选中的这些电路特性函数将出现在 Specifications 表中，如图 6-16 所示，供灵敏度分析时选用。

Specifications

	◆	On/Off	Profile	Measurement	Original	Min	Max
▶	⚑	☑	ac.sim	Max(DB(V(Load)))			
	⚑	☑	ac.sim	Bandwidth(V(Load),3)			
	Click here to import a measurement created within PSpice...						

图 6-16　设置有电路特性函数的 Specifications 表格

（2）设置供 Sensitivity 分析调用的电路特性函数方法二

如果在灵敏度分析过程中，需要选用的特性分析函数未列在图 6-15 所示对话框中，应选择执行 Analysis→Sensitivity→Create New Measurement 子命令，屏幕上将出现图 6-17 所示 New Measurement 对话框。

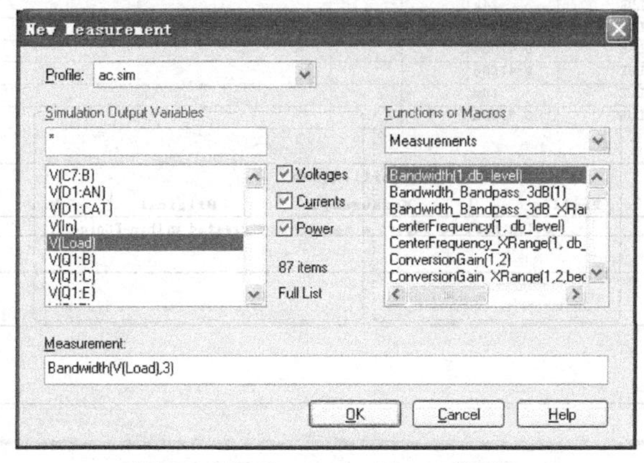

图 6-17　New Measurement 对话框

从 Functions or Macros 栏选择需要的电路特性函数，从 Simulation Output Variables 栏选择待分析的信号名，图中下方 Measurement 栏即显示出选择的结果。单击 OK 按钮，选择的电路特性函数即添加到图 6-16 所示的 Specifications 表格中，供灵敏度分析时选用。

4. 灵敏度分析步骤四：进行灵敏度分析

完成上述设置后，在 Sensitivity 窗口中选择执行 Run→Start Sensitivity 子命令即进行灵敏度分析。分析结束后，用户就可以在 Sensitivity 窗口中通过 Parameters 和 Specifications 两个表格显示分析结果。

5. Specifications 表格显示的结果数据分析

Sensitivity 分析后，屏幕上显示的分析结果如图 6-18 所示。

图 6-18 中的 Specifications 表格同时显示有对每个电路特性函数的极端情况分析结果。每一行描述一个电路特性函数，一共分 8 列描述极端情况分析结果。

① 灵敏度信息显示标志：在 Specifications 表格中单击第一列的一个单元格，使该单元格出现选中标志▶，则 Parameters 表格中立即显示出该行电路特性函数对电路中元器件的灵敏度。

② 出错状态标志：Sensitivity 工具运行结束后，Specifications 表格中第二列即出现“旗帜”形状的图标。若旗帜为绿色，表示分析正常。若旗帜为红色，则表示该行描述的电路特性函数的极端情况分析和灵敏度分析中出现问题，未能正常完成全部分析。如果将光标移至红色旗帜图标上，屏幕即在光标位置显示出错的信息。

③ 极端情况分析标志：Specifications 表格中第三列标题为“On/Off”，单击该栏一个单元格，使该单元格在“出现”和“去除”选中标志√这两种状态之间变换。只有该单元格有选中标志√，灵敏度分析中才会调用该单元格所在行描述的电路特性函数，并在该行其余几列显示出极端情况分析结果。

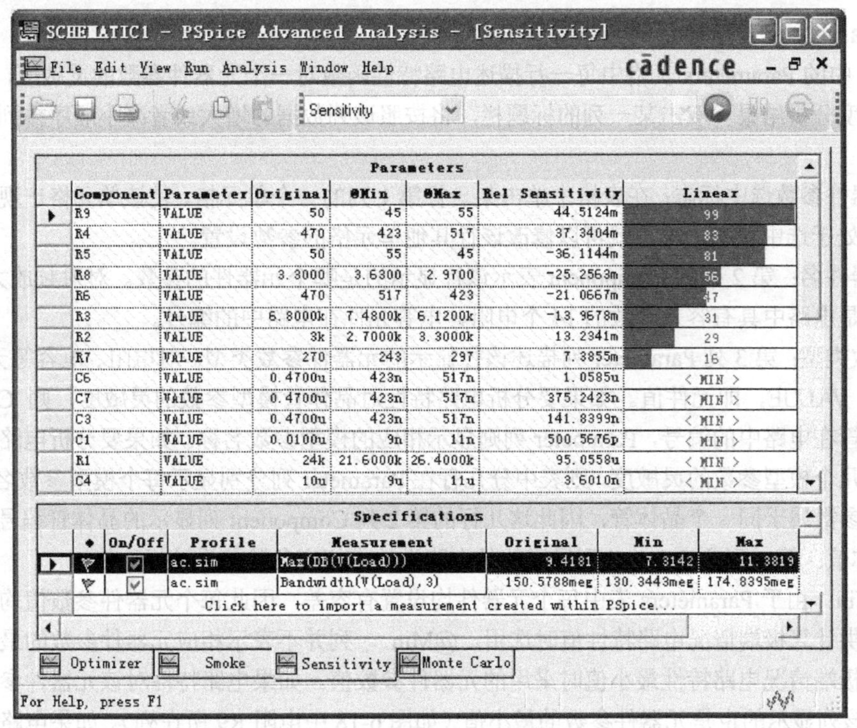

图 6-18　采用相对灵敏度表示的灵敏度分析结果

如果改变 Specifications 表格中该行的选中状态，必须再次执行 Run→Start Sensitivity 命令，按照新的设置，重新运行 Sensitivity 工具。

④ 仿真剖面名称：Specifications 表格中第 4 列标题为 Profile，描述该行电路特性函数属于电路模拟中的那个仿真剖面。图 6-18 中该列均为 ac.sim，说明表中增益和带宽两个电路特性函数均属于交流小信号仿真剖面 ac.sim。

⑤ 电路特性函数名称：Specifications 表格中第 5 列标题为 Measurement，描述电路特性函数的具体形式。图 6-18 中该列为 Max(DB(V(Load)))和 Bandwidth(V(Load),3)，分别是计算用分贝表示的电压 V(Load)的最大值，以及电压 V(Load)的 3dB 带宽。

⑥ 电路特性标称值：Specification 表格中第 6 列标题为 Original，显示的是电路中所有元器件参数均取标称值时，计算的电路特性值。如图 6-18 实例所示，Max(DB(V(Load)))标称值为 9.4181，Bandwidth(V(Load),3)标称值为 150.5788megHz。

⑦ 极端情况电路特性最小值：Specifications 表格中第 7 列标题为 Min，显示的是按照使电路特性向减小方向变化的要求，将电路中所有元器件参数均取为相应方向的极限值，计算得到的极端情况电路特性最小值。如图 6-18 实例所示，极端情况下，Max(DB(V(Load)))的最小值为 7.3142，Bandwidth(V(Load),3)的最小值为 130.3443 megHz。

⑧ 极端情况电路特性最大值：Specifications 表格中第 8 列标题为 Max，显示的是按照使电路特性向增大方向变化的要求，将电路中所有元器件参数均取为相应方向的极限值，计算得到的极端情况电路特性最大值。如图 6-18 实例所示，极端情况下，Max(DB(V(Load)))的最大值为 11.3819，Bandwidth(V(Load),3)的最大值为 174.8359megHz。

如需查阅灵敏度计算中使用的所有元器件参数值和相应的电路特性值，只需执行 View 菜单中的 Log File→Sensitivity 子命令。

6. Parameters 表格显示的结果数据分析

图 6-18 中的 Parameters 表格中每一行描述电路特性函数对一个元器件参数的灵敏度，一共分 8 列描述灵敏度分析结果。双击某一列的标题栏，将按照该列数据的增大或者减小顺序排列表中各行前后关系。

① 元器件参数选中标志：在表格中单击某一行第 1 列的一个单元格，使该单元格出现选中标志 ▶，该行处于选中状态，用户就可以修改该行其他单元格的参数设置。

② 元器件名：第 2 列的 Component 表示该行显示的是哪个元器件的参数。对射频放大器实例，该列显示的是电路中具有容差参数的 14 个电阻、电容元件在电路中的编号。

③ 参数类型：第 3 列 Parameter 列描述该行显示的元器件参数类型。对电阻、电容等无源元件，参数类型为 VALUE，即元件值。如果要分析电路特性对晶体管模型参数的灵敏度，则 Component 列显示晶体管在电路中的编号，Parameter 列则显示相应的模型参数名称。如果要分析电路特性对同一个晶体管几个模型参数的灵敏度，则表中分几行在 Parameter 列分别显示每个模型参数名称。由于这几个模型参数属于同一个晶体管，因此这几行的第 2 列 Component 列显示的晶体管编号将相同。

④ 标称值：第 4 列的 Original 列显示的是电路设计中相应参数的设计标称值。

⑤ @Min：由于 Parameters 表中每个元器件均设置有容差，因此每个元器件参数值均有最大值和最小值，供计算极端情况电路特性值时选用。@Min 一列并不表示相应元器件参数的最小值，而是显示计算极端情况电路特性最小值时采用的元器件参数值。如果电路特性对该元器件参数的灵敏度为正，则该列显示的也是元器件参数的最小值（如图 6-18 中电阻 R9 所在列）。如果电路特性对该元器件参数的灵敏度为负，则@Min 列显示的则是元器件参数的最大值（如图 6-18 中电阻 R5 所在的列）。

⑥ @Max：与@Min 一列情况相反，@Max 一列显示的是计算极端情况电路特性最大值时采用的元器件参数值。如果电路特性对该元器件参数的灵敏度为正，则该列显示的也是元器件参数的最大值。如果电路特性对该元器件参数的灵敏度为负，则@Max 列显示的却是元器件参数的最小值。

提示： 如果特性函数值对某一个元件不敏感，则对该元件的灵敏度取为 0，@Min 和@Max 两列的值均等于 Original 一列的值。

⑦ 灵敏度：图 6-18 所示 Parameter 表格中名称为 Rel Sensitivity 的第 7 列显示的是电路特性对每个元器件参数的相对灵敏度。用户也可以在该列查看绝对灵敏度。该列显示的是绝对灵敏度还是相对灵敏度取决于快捷菜单中是 Display→Absolute Sensitivity 还是 Display→Relative Sensitivity 子命令处于选中状态。

如果选中快捷菜单中的 Absolute Sensitivity 子命令，则显示的将是绝对灵敏度，该列标题自动变为 Abs Sensitivity。图 6-19 显示的就是对图 6-12 所示射频放大电路进行灵敏度分析后显示的绝对灵敏度分析结果。如图所示，由于元器件采用的是工程单位，导致绝对灵敏度最大的几个元件是电容。

⑧ 灵敏度大小比较：图 6-18 和图 6-19 所示 Parameter 表格中 Linear 一列是以条状图形表示不同元器件参数灵敏度的相对大小。双击该列标题栏将使条状图形显示顺序在“升序排列”和“降序排列”之间变换。

采用线性坐标还是对数坐标比较灵敏度的相对大小取决于快捷菜单中是 Bar Graph Style→Linear 还是 Bar Graph Style→Log 子命令处于选中状态。

该列标题名取决于采用的是哪种坐标刻度。图 6-18 和图 6-19 中采用的是线性坐标，因此该列标题为 Linear。如果选中快捷菜单中的 Bar Graph Style→Log 子命令，则采用对数坐标，该列标题自动变为 Log。

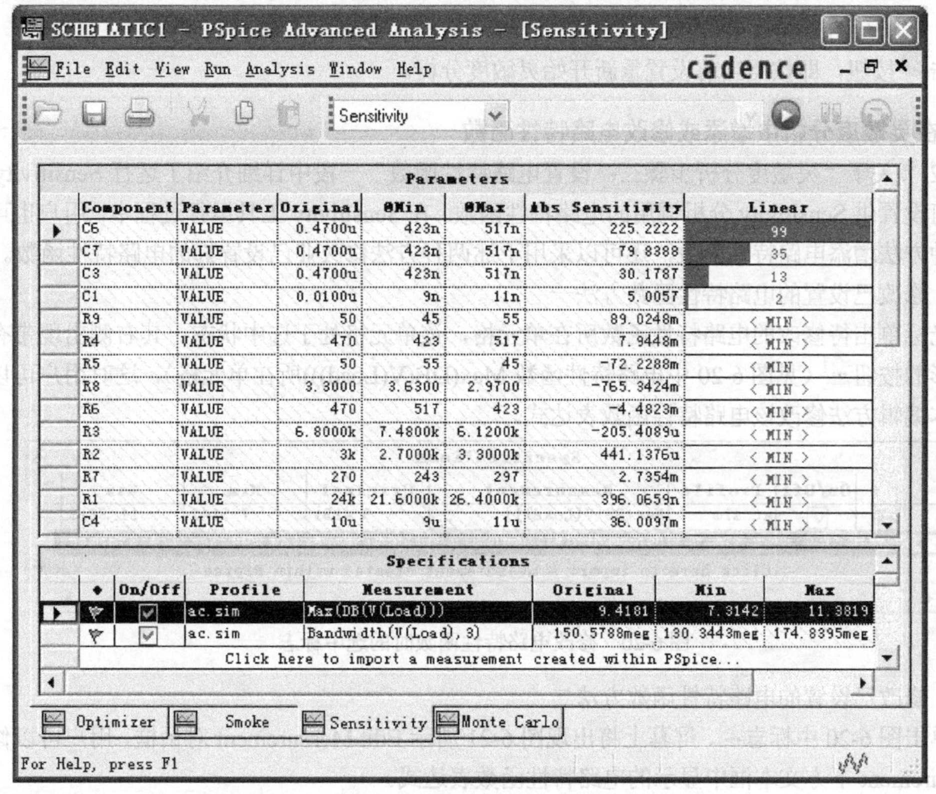

图 6-19　采用绝对灵敏度表示的灵敏度分析结果

提示：表示同一个灵敏度值时，对数坐标下的相对长度与线性坐标下的相对长度之间并不是对数关系。Sensitivity 内部有特定的计算方法。

当灵敏度值很小但不为零时，条状图中显示为<MIN>。

如果所选的电路特性对某个元器件参数不灵敏，将在绝对/相对灵敏度和条状图栏以零值显示。

7. 灵敏度分析结果的输出

灵敏度分析结束后，执行 File→Print 命令，将结果打印输出。如果执行 File→Save 命令，则将分析结果存入文件。

6.2.3　灵敏度分析过程控制

在使用 Sensitivity 工具时，用户可以采用多种方式控制运行过程。

1. 暂停、停止和重新进行灵敏度分析

（1）暂停与恢复

Sensitivity 工具运行过程中，采用下述方法可以暂停/恢复运行过程。

单击工具条中的按钮，即可暂停灵敏度分析，此时屏幕上显示已产生的数据，并且在输出窗口显示出暂停前刚进行的那次运行序号。

再次单击或者单击工具按钮，即恢复 Sensitivity 工具运行。

（2）终止

单击工具条中的按钮，将终止灵敏度分析。

一旦终止灵敏度分析，将不能恢复，而且不保存被终止的灵敏度分析数据。

（3）重新开始

单击按钮，即按照当前设置重新开始灵敏度分析。

2. 在灵敏度分析中增添或修改电路特性函数

6.2.2 节关于“灵敏度分析步骤三：设置电路特性函数”一段中详细介绍了运行 Sensitivity 工具之前如何设置供 Sensitivity 分析调用的电路特性函数。在 Sensitivity 工具运行过程中，用户也可以采用这两种方法增添电路特性函数，还可以采用下述两种方法修改业已设置好的电路特性函数。

（1）修改已设置的电路特性函数方法一

用光标单击待修改的电路特性函数所在单元格，该单元格处于选中状态，其右侧出现带有三个点状图形的按钮（见图 6-20 中电路特性函数 Max(DB(V(Load)))所在单元格），这时用户可以采用通常文本编辑方法修改该电路特性函数表达式。

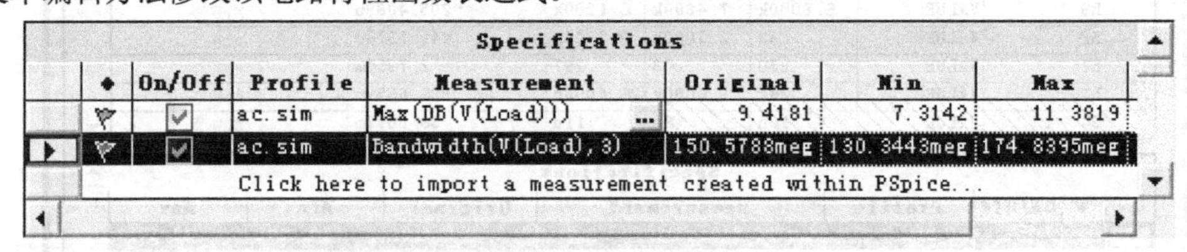
Specifications

	◆	On/Off	Profile	Measurement	Original	Min	Max
		☑	ac.sim	Max(DB(V(Load)))	9.4181	7.3142	11.3819
▶		☑	ac.sim	Bandwidth(V(Load),3)	150.5788meg	130.3443meg	174.8395meg
		Click here to import a measurement created within PSpice...					

图 6-20　修改电路特性函数时的选中标志

（2）修改已设置的电路特性函数方法二

若单击图 6-20 中标志，屏幕上将出现图 6-21 所示 Edit Measurement 对话框，用户可以修改图中 Measurement 下方文本框中显示的电路特性函数表达式。

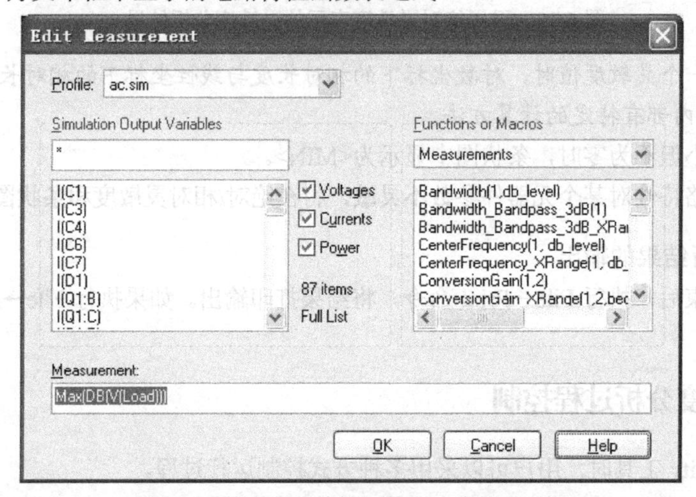

图 6-21　修改电路特性函数表达式的对话框

提示： 若在图 6-18 中单击待修改的电路特性函数所在单元格的最右侧位置，屏幕上将立即出现图 6-21 所示 Edit Measurement 对话框。

注意： 采用上述方法增添或修改电路特性函数以后，必须执行 Run→Start Sensitivity 命令或者单击按钮，才会按照新的设置重新运行 Sensitivity 工具。

6.2.4　灵敏度分析结果的处理

Sensitivity 工具运行后，用户可以通过下述几种方式将运行过程中建立/设置的电路特性函数以及运行结束后生成的灵敏度信息传送至其他工具模块，改进电路设计。

1. 在电路图中修改灵敏元器件的参数

Sensitivity 工具运行后，Specifications 表格中将显示出电路中最灵敏的元器件参数。用户可以采用下述方法将分析结果传送至电路图，使电路图中最灵敏的元器件自动处于选中状态，方便用户改进电路设计。

① 在 Parameter 表中，单击欲选中的元器件名，该行第一列出现选中标志▶，表示该元器件处于选中状态。

② 在选中的元器件上单击右键，并在屏幕上出现的快捷菜单中单击 Find in Design 命令，屏幕即返回到电路图编辑状态，电路图中与 Parameter 表中对应的元器件自动处于选中状态。

如果在第①步中，保持 Ctrl 键处于按下状态，在 Parameter 表中，继续单击欲选中的其他元器件名，使多个元器件名为反白显示，然后执行第②步，就可以使电路图中与这些反白显示名称对应的多个元器件均处于选中状态。

这样用户就可以很方便地在电路图中查找到这些最灵敏的元器件，根据需要修改它们的参数值，然后重新进行 PSpice 仿真和灵敏度分析，检查修改效果。

2. 调用 Optimizer 工具优化最灵敏的元器件参数

改进电路设计的最佳方法是在灵敏度分析以后，调用 Optimizer 工具，优化设计电路中最灵敏的元器件参数。

将需要优化调整元器件传送至 Optimizer 工具的步骤为：

① 采用前面介绍的方法，在 Parameter 表中，选中欲进行优化设计的一个或多个元器件参数名。

② 在选中的元器件上单击右键，从屏幕上出现的快捷菜单中单击 Send to Optimizer 命令，系统即自动将选中的元器件参数传送到 Optimizer 工具中，以便对这些最灵敏的元器件参数进行优化设计（见 6.3 节）。

3. 将新设置的电路特性函数导入到其他工具

Sensitivity 窗口的 Specifications 表格列出了运行过程中用户设置的所有电路特性函数。采用下述步骤可以使其他工具共享这些电路特性函数的设置。

① 在 Specifications 表中，单击欲选中的电路特性函数名，使第一列出现选中标志▶。

② 在选中的电路特性函数名称上单击右键，从屏幕上出现的快捷菜单中单击 Send To→Optimizer 命令，即将选中的电路特性函数传送至 Optimizer 工具，同时屏幕自动切换为 Optimizer 窗口，用户就可以在进行优化设计过程中使用这些电路特性函数。

如果单击快捷菜单中 Send To→Monte Carlo 命令，则将选中的电路特性函数传送至 Monte Carlo 工具，用户就可以在进行 Monte Carlo 分析过程中使用这些电路特性函数。

6.3 Optimizer 工具与电路优化设计

电路模拟只能对电路起到设计验证的作用，即只能证明该电路的功能和特性参数是否满足设计要求，并不能判断这种电路是否为“最优”的设计。电路模拟以后，调用高级分析中的电路优化工具 Optimizer，就可以根据电路特性要求由 PSpice 自动调整元器件参数设计值，使电路的多个特性得到改善，实现电路的优化设计。

在以前版本的 PSpice 中，Optimizer 作为一个独立的模块供用户选择配置。从 PSpice 10 开始，Optimizer 成为高级分析工具包中的 5 项工具之一，不但在运行界面等方面有所变化，而且其功能有了很大扩展。

6.3.1 概述

1. 与“电路优化设计”相关的概念

（1）什么是电路的优化设计

电路的优化设计是指在电路设计已基本满足功能和特性指标的基础上，根据设计人员对电路特性参数的指标要求，使用 Optimizer 优化设计工具，以“自动调整”的方式优化确定电路中一部分关键元器件参数的值，使电路特性指标能完全满足设计要求。

如果由于电路特性指标要求过高，或者用户设置的优化参数不合理等原因，最终达不到预计的要求，Optimizer 给出的也将是这些元器件参数的一组最佳设计值。

（2）待调整的元器件参数

一个电路设计中包括有很多个元器件。但是其中只有部分元器件参数对电路特性影响较大。优化设计过程中需要 Optimizer 工具优化确定的那些元器件参数称为“待调整的元器件参数”，Optimizer 工具将其称为 Optimizable parameters（可优化的参数），又称为可调整的（Editable）参数。这些参数可能为下述 4 种类型。

元器件值：如电阻的阻值；

元器件的其他属性参数：如描述电位器中心抽头位置的参数 Set；

由元器件值或其他属性参数组成的表达式；

器件模型参数：如双极晶体管的正向电流放大系数 BF。

为了加速优化进程，提高优化效率，调用 Optimizer 工具进行优化设计时，用户应该指定电路中哪些是“待调整的元器件参数”，以及这些参数值的允许调整范围。如果用户未指定这些待调整的元器件参数值的调整范围，系统默认的调整范围是从元器件标称值的 0.1～10 倍。

（3）优化指标、目标参数和约束条件

优化过程中，要求达到的电路特性要求称为优化指标（Specifications）。例如要求电路的增益在 15dB±1dB 范围，要求电路的 3dB 带宽大于 100MHz，要求电路的延迟时间必须小于 1ns 等都是可能的优化指标。

根据在优化过程中所起作用程度的不同，优化指标可以进一步分为下述两类：

一是在优化过程中必须达到的优化指标称为约束条件（Constraints）；

二是希望通过优化尽量满足的优化指标称为目标参数（Performance Goal）。

优化过程中，将确保在满足约束条件的情况下，尽量改善目标参数的性能。

为了表示各个优化指标具有不同的重要程度，可以给每个优化指标指定不同的权重。进行优化时，用户可根据实际情况，选定一部分优化指标为约束条件，另一部分作为目标参数。显然，对具体电路进行优化设计时，将哪些优化指标作为目标参数，哪些作为约束条件，是一个需要由用户考虑确定的问题。不同的划分方式将会导致电路优化设计的最终结果不完全相同。

Optimizer 工具对优化指标的个数没有限制，但是其中至少要有一个是目标参数。

（4）电路优化设计过程

电路优化设计，实际上是在约束条件限制下，不断调整电路中元器件参数，进行电路模拟迭代，直到目标参数满足优化要求。因此，进行一次优化将包括多次电路模拟。优化过程中，调整元器件参数（包括确定参数的增减方向和调整幅度大小）以及迭代过程中模拟程序的调用和结果判断，都是由优化程序自动进行的。

（5）优化设计“引擎”

Optimizer 工具采用多种优化算法（又称为“优化引擎”）。下面是三种主要的引擎名称及其主要特点。

改进的最小二乘法引擎（Modified Least Squares Quadratic，MLSQ）：采用该引擎能迅速收敛至最佳解。系统的默认设置是采用改进的最小二乘法引擎。

随机引擎（Random）：如果在优化过程中出现局部极小值点，将会影响优化效果，很难达到全局最小值。选用随机引擎，随机选取优化初值，可以避免出现这一问题。

离散引擎（Discrete）：根据优化结果，选用与优化结果要求最接近的商品化元器件系列标称值，然后再次运行一次模拟仿真。

2. 电路优化设计的步骤

① 在 Capture 中进行电路设计，绘制好电路图。图中必须为相关的元器件设置有可优化的参数（Optimizable parameters）。

② 按照通常的电路模拟方法运行 PSpice 模拟仿真程序，并检查电路功能特性是否满足设计要求。

③ 在 Capture 中选择执行 PSpice→Advanced Analysis→Optimizer 命令，调用 Optimizer 工具。6.3.2 节将介绍调用 Optimizer 工具的方法。

④ 指定在优化过程中可调整的电路元器件参数。6.3.3 节将介绍如何指定可以改变其值的元器件参数。

⑤ 指定代表优化指标的优化指标参数和约束条件。具体方法将在 6.3.4 节详细介绍。

上述④、⑤两步是优化设计的关键。优化参数设置是否合适将决定能否取得满意的优化结果。

⑥ 选择优化引擎。在实际优化过程中，通常可以采用系统的默认选择——改进的最小二乘法引擎。如果对优化结果尚不够满意，可以将前面介绍的三种引擎结合起来使用，先使用随机引擎，然后是改进的最小二乘法引擎，最后是离散引擎（见 6.3.6 节）。

⑦ 在 Optimizer 窗口中选择执行 Run→Start Optimizer 命令，即按照已设置的参数，进行优化。

⑧ 在 Optimizer 窗口中分析优化结果。6.3.5 节将介绍如何分析优化结束后给出的信息，以及在未能得到预期优化结果情况下的处理方法。

⑨ 顺利完成优化设计后，输出优化结果（见 6.3.5 节）。

3. 调用优化工具 Optimizer 的前提条件

为了调用 Optimizer 工具取得优化设计的效果，待优化的电路应满足以下几个条件：

① 电路设计应已通过常规的 PSpice 模拟，实现了要求的功能。这就是说，只能对一个基本满足要求的电路进一步进行优化设计。如果电路设计与要求的功能和特性指标差距很大，调用优化设计模块很难取得预期的效果。

② 通过电路模拟只能给出节点电压和支路电流，优化时，一定要将约束条件（如功耗）和目标参数（如延迟时间）用节点电压和支路电流信号表示。

③ 进行优化设计时，应对电路工作原理有较深入理解，才能确定应调整哪几个元器件参数，使要求的电路特性达到最优。

为了使优化设计更具针对性，提高优化设计效率，最好在优化设计之前先调用 Sensitivity 工具（见 6.2 节），分析电路特性对电路中元器件的灵敏度，从中选定灵敏度最高的元器件作为优化设计中调整元器件值的对象。

④ 对触发器一类电路，即使某些元器件参数值变化不大，也可能使电路状态在 ON 和 OFF 之间突变。PSpice Optimizer 对这种电路难以取得优化设计的效果。

6.3.2 Optimizer 工具窗口和命令系统

1. Optimizer 工具的启动

在调用 Capture 软件完成电路原理图绘制和模拟验证后，在 Capture 窗口中选择 PSpice→Advanced Analysis→Optimizer 子命令，即调用 Optimizer 工具，屏幕上将出现如图 6-22 所示 Optimizer 窗口。

2. Optimizer 窗口结构

如图 6-22 所示，Optimizer 窗口的组成与其他高级分析工具窗口类似。不同高级分析窗口的主要区别就在于分析结果显示区显示的内容互不相同。Optimizer 窗口“分析结果显示区”显示有两个表格和一个“Error Graph”图表显示区。

“Parameters”表格显示的是在优化设计过程中可以改变其值的元器件参数信息。6.3.3 节将介绍该表格的结构与使用方法。

“Specifications”表格用于设置表示优化指标的优化目标参数和约束条件。6.3.4 节将介绍该表格的结构与使用方法。

“Error Graph”（误差变化显示区）的作用是在优化过程中动态显示优化进程，描述电路特性当前值与优化指标值之间的差距（见 6.3.5 节）。

3. Optimizer 命令系统

如图 6-22 所示的 Optimizer 窗口包括 7 条主命令，实际上这也就是高级分析中 5 种分析工具共有的命令栏主命令，它们的基本功能已在 6.1.5 节做了详细介绍。下面简要说明与 Optimizer 优化设计环境设置有关的 Edit→Profile Settings 子命令。

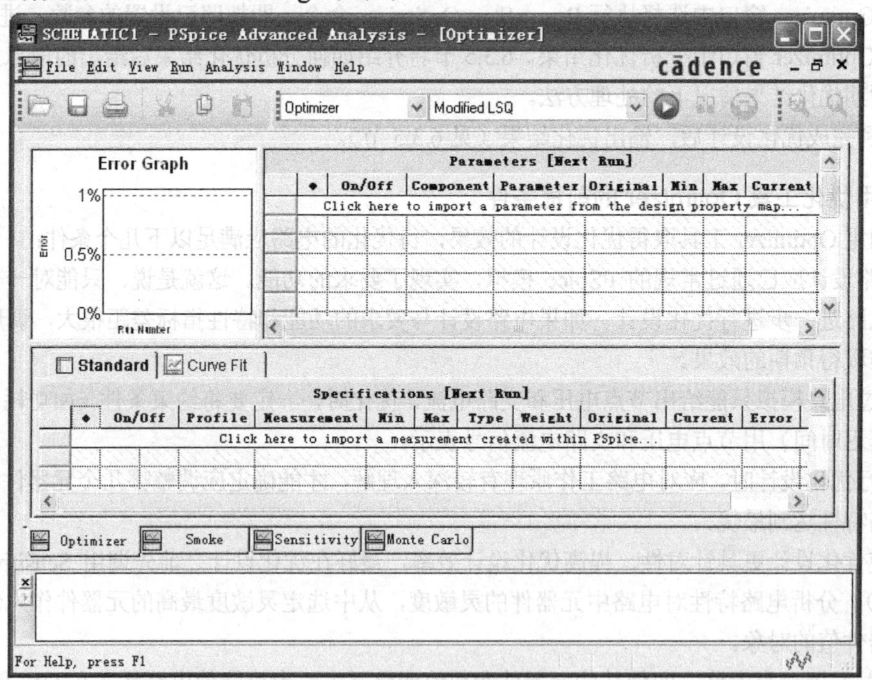

图 6-22　Optimizer 窗口结构

Edit→Profile Settings 子命令的作用是设置与不同高级分析工具运行有关的参数设置。选择执行 Edit→Profile Settings 子命令，将出现图 6-23 所示对话框。其中 Optimizer 标签页用于设置以曲线作为优化指标时的参数以及与优化引擎相关的参数设置。从Engine下方的下拉菜单中选择不同的引擎，标签页中将显示不同的参数及其默认设置值。

提示：如果要修改相关参数的设置，需要理解不同引擎的算法特点以及对应的不同参数的含义，为此需要了解最优化数学的基本理论，有这方面基础的读者可查阅参考资料[4]中第 9 章 Optimization Engines。一般用户可以直接采用默认设置。

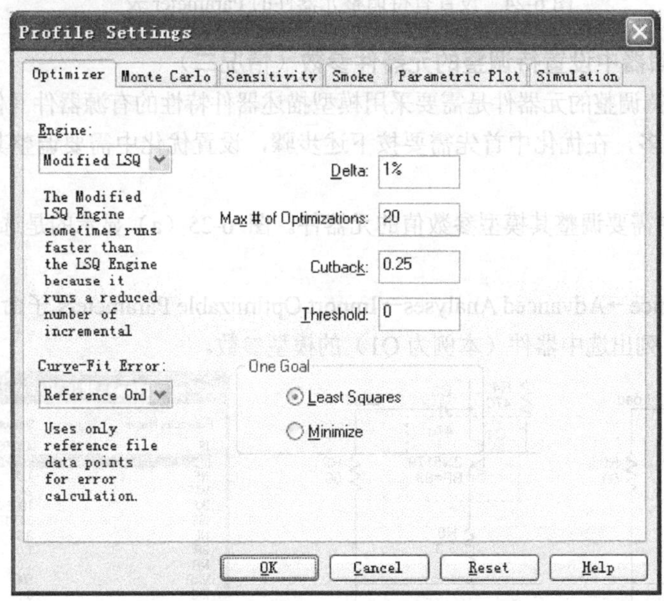

图 6-23　Profile Settings 中的 Optimizer 标签页

4．Optimizer 快捷菜单

为了方便使用，Optimizer 分别将操作 Specifications 表格涉及的最常用的 9 条命令以及操作 Parameter 表格涉及的最常用的 7 条命令组合成快捷菜单。在随后的几小节将结合相关操作介绍这些快捷菜单中主要子命令的功能。

6.3.3　设置待优化调整的元器件参数

调用 Optimizer 进行电路优化设计过程中，用户可以通过电路图编辑器、优化设计工具以及灵敏度分析工具这 3 种方法来指定优化过程中可以由 Optimizer 工具调整哪些元器件参数的值。其中在电路图编辑器中根据元器件类型的不同，又分两种情况。

1. 在电路图编辑器中设置待调整的元器件参数（情况一）

如果优化过程中待调整的元器件是电阻、电容这类直接给出元器件值的简单元件，设置方法比较简单。设置步骤为：

① 在电路图编辑器 Capture 中选中在优化过程中可以调整其值的元器件，例如选中电路中阻值为 10k 的电阻 RC1。

② 选择执行 PSpice→Advanced Analyses→Export Parameters to Optimizer 子命令，选中的元器件（本例中为电阻 RC1）将被添加到参数表中，如图 6-24 所示。参数表中各项参数的含义及其在优化过程中的作用在后面“5.Parameter 表中参数的含义和作用”中介绍。

Parameters [Next Run]								
◆	On/Off		Component	Parameter	Original	Min	Max	Current
	☑		RC1	VALUE	10k	1k	100k	
Click here to import a parameter from the design property map...								

图 6-24　设置有待调整元器件的 Parameter 表

2. 在电路图编辑器中设置待调整的元器件参数（情况二）

如果优化过程中待调整的元器件是需要采用模型描述器件特性的有源器件（例如双极晶体管），由于模型参数个数较多，在优化中首先需要按下述步骤，设置优化中需要调整其中哪些模型参数的值。

① 在电路中选中需要调整其模型参数值的元器件。图 6-25（a）显示的是选中双极晶体管 Q1 的情况。

② 选择执行 PSpice→Advanced Analyses→Import Optimizable Parameters 子命令，屏幕上将出现图 6-26 所示列表框，列出选中器件（本例为 Q1）的模型参数。

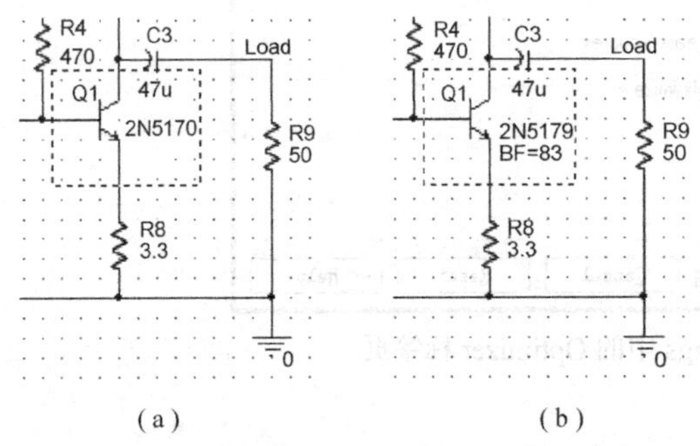

图 6-25　（a）选中晶体管 Q1；（b）选择晶体管的模型参数 BF

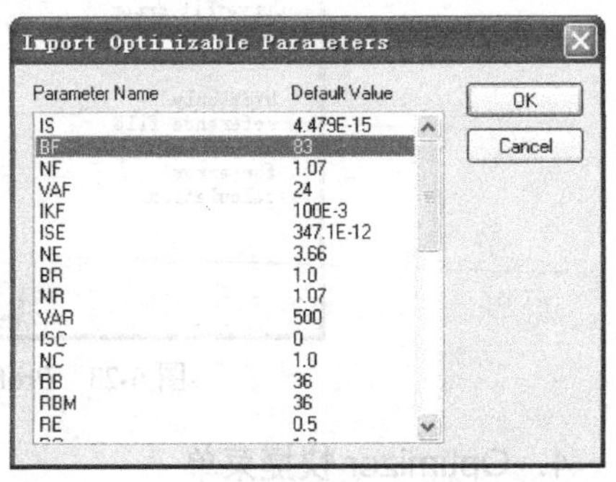

图 6-26　Import Optimizable Parameters 列表

③ 选择在优化过程中可以调整其值的模型参数。图 6-26 显示的是选择正向电流放大系数 BF 的情况。

④ 单击图 6-26 中 OK 按钮，选择的模型参数名将出现在电路图中选中器件的旁边，如图 6-25（b）所示。

⑤ 使器件处于选中状态，选择执行 PSpice→Advanced Analyses→Export Parameters to Optimizer 子命令，该模型参数（本例中为晶体管 Q1 的 BF）将被添加到参数表中，如图 6-27 所示。

Parameters [Next Run]								
◆	On/Off		Component	Parameter	Original	Min	Max	Current
	☑		RC1	VALUE	10k	1k	100k	
	☑		Q1	BF	83	8.3000	830	
Click here to import a parameter from the design property map...								

图 6-27　设置有待调整元器件的 Parameter 表

3. 在 Optimizer 工具中设置待调整的元器件参数

按照下述步骤可以直接在 Optimizer 窗口 Parameters 表中设置待调整的元器件参数。

① 在图 6-27 所示的 Optimizer 窗口 Parameters 表中，单击“Click here to import a parameter from the design property map”文本所在行，将弹出图 6-28 所示的 Parameters Selection 对话框。图中列出了电路中的元器件值以及已采用图 6-26 所示方法选择的器件模型参数名。

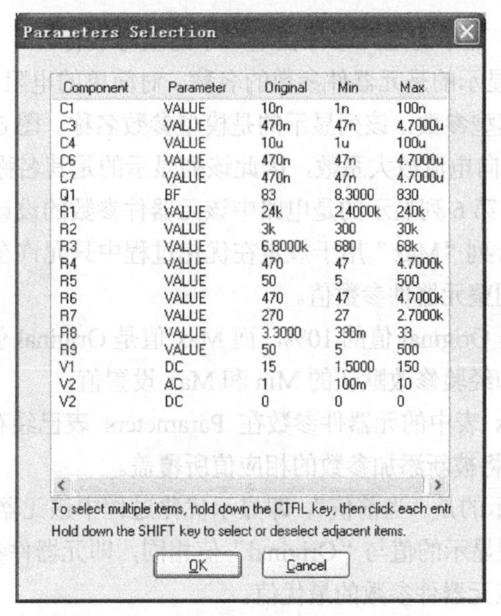

Component	Parameter	Original	Min	Max
C1	VALUE	10n	1n	100n
C3	VALUE	470n	47n	4.7000u
C4	VALUE	10u	1u	100u
C6	VALUE	470n	47n	4.7000u
C7	VALUE	470n	47n	4.7000u
Q1	BF	83	8.3000	830
R1	VALUE	24k	2.4000k	240k
R2	VALUE	3k	300	30k
R3	VALUE	6.8000k	680	68k
R4	VALUE	470	47	4.7000k
R5	VALUE	50	5	500
R6	VALUE	470	47	4.7000k
R7	VALUE	270	27	2.7000k
R8	VALUE	3.3000	330m	33
R9	VALUE	50	5	500
V1	DC	15	1.5000	150
V2	AC	1	100m	10
V2	DC	0	0	0

图 6-28　Parameters Selection 对话框

② 选择需要更改其参数的元器件，使之高亮显示，然后单击 OK 按钮。该元器件参数将添加到 Parameters 列表中。

4. 在 Sensitivity 工具中设置待调整的元器件参数

显然，优化过程中应该重点调整那些对电路特性影响较大的元器件参数值。在 Sensitivity 工具对电路进行灵敏度分析以后，用户可以按照下述步骤设置优化过程中待调整的元器件参数。

① 完成灵敏度分析后，在 Sensitivity 窗口的 Parameters 表中，选中准备在优化设计过程中调整其值的一个或多个元器件参数名。

② 在选中的元器件上单击右键，从快捷菜单中单击 Send to Optimizer 命令，系统即自动将选中的元器件参数传送至 Optimizer 工具并直接添加到图 6-27 所示的 Optimizer 窗口 Parameters 表中。

5. Parameters 表中参数的含义和作用

下面介绍图 6-27 所示 Parameters 表中 9 列标题参数的含义和作用。

① 选中标志列：在表格中单击某一行第 1 列单元格，使该单元格出现选中标志▶，表示该行处于选中状态，用户可以编辑修改该行单元格中的参数设置。

② 出错状态标志：表格中第 2 列显示的是"旗帜"形状的图标。若旗帜为绿色，表示该行所示元器件参数设置正常。若旗帜为红色，则表示该行参数设置出现错误。这时，只要将光标移至红色旗帜图形位置，光标处将显示出描述出错情况的信息。

③ 表格中第 3 列标题为"On/Off"，显示有选中标志图形√和锁形图形🔒，用于确定优化进程中是否调整该元器件参数的数值。

单击选中标志图形√，使该单元格在"出现选中标志√"和"去除选中标志√"两种状态之间变换。只有该单元格有选中标志√，优化过程中才会调整该行元器件参数。否则优化过程中该行参数保持采用 Original 一列所示的标称值。

单击锁形图形，将使其在锁定符号🔒和开锁符号🔓之间变换。只有该单元格有开锁符号🔓，优化过程中才会调整该行元器件参数。如果是锁定符号🔒，则优化过程中该参数只采用"Current"一列所示的"当前值"。

④ 第 4 列“Component”显示的是元器件在电路中的编号名称。

⑤ 第 5 列“Parameter”显示的是元器件参数的名称。对简单的电阻、电容等元件，可调整的参数是 VALUE（元件值）。对模型参数，该列显示的是模型参数名称。图 6-27 中，优化过程中可以调整晶体管 Q1 的模型参数是正向电流放大系数，因此该列显示的是其名称“BF”。

⑥ 标题为“Original”的第 6 列显示的是电路中该元器件参数的设计标称值。

⑦ 第 7 列“Min”和第 8 列“Max”用于规定在优化过程中只允许在“Min”列和“Max”列设定的最小值和最大值范围内调整元器件参数值。

在默认情况下，Min 值是 Original 值的 10%，而 Max 值是 Original 值的 10 倍。

用户可以根据专业知识和经验修改默认的 Min 和 Max 设置值。

如果新添加到 Parameters 表中的元器件参数在 Parameters 表已经存在，则表中该参数原来的 Original、Min 和 Max 栏数值将被新添加参数的相应值所覆盖。

⑧ 第九列“Current”显示的是“当前值”，即显示优化过程中该元器件参数值的调整变化情况。显然，启动优化进程前，该列显示的值与“Original”值相同，即元器件参数的设计标称值。完成优化设计后，该列显示的就是该元器件参数的最优值。

6.3.4 设置优化指标

Optimizer 工具采用“电路特性规范参数”和“波形曲线”两种方式描述优化指标参数要求。本节详细介绍设置优化指标的前一种方法。6.3.8 节和 6.3.9 节再介绍“波形曲线”描述方法。

1. 设置供 Optimizer 分析调用的电路特性函数

电路特性规范参数指定了要优化的电路性能指标。用户需要在 Optimizer 工具窗口（见图 6-22）的 Specifications 表格中，采用 Standard 标签页（见图 6-29）设置电路特性指标要求，包括需要满足的电路特性名称、最大值和最小值范围、权重因子等。因此，为了进行优化，首先要设置供 Optimizer 调用的电路特性函数。设置方法与 6.2.2 节介绍的设置供 Sensitivity 分析调用的电路特性函数的方法相同。

对图 6-12 所示射频放大器电路，增益和带宽是最主要的两个电路特性，将以这两个电路特性为对象对电路进行优化设计，设置结果如图 6-29 所示，供优化设计时选用。

Standard | Curve Fit

Specifications [Next Run]

	◆□	On/Off	Profile	Measurement	Min	Max	Type	Weight	Original	Current	Error
			ac.sim	Max(DB(V(Load)))	5	5.5000	Constraint	20			
			ac.sim	Bandwidth(V(Load),3)	200meg		Goal	1			
	Click here to import a measurement created within PSpice...										

图 6-29　设置有电路特性函数的 Specifications 表格

2. Specifications 表中参数的含义和作用

如图 6-29 所示，Specifications 表中有 12 项参数描述作为优化指标的电路特性。下面介绍表中各列标题参数的含义、作用以及参数设置方法。

① 在表格中单击第 1 列的一个单元格，使该单元格出现选中标志▶，表示该行处于选中状态，用户可以编辑修改该行单元格中已设置的参数。

② 运行状态标志：表格中第 2 列显示的是“旗帜”形状的图标。若旗帜为绿色，表示该行设置的电路特性函数正确。若旗帜为红色，则表示该行优化指标设置出现错误。若旗帜为黄色，表示该行所示优化指标因某种原因未能实现。只要将光标移至旗帜图形位置，光标处将显示出描述相关情

况的信息。

③ 电路特性的选中状态（On/Off）：图 6-29 第 3 列包括两项设置。单击该列左侧方块状图形，使该图形呈现选中标志☑，优化设计中才将该行描述的电路特性函数作为优化指标。若再次单击该单元格，则去除选中标志，优化设计中将不考虑该行描述的电路特性函数。

④ Error Graph 图表的选中状态（On/Off）：位于 Optimizer 窗口左上方的 Error Graph 误差显示区的作用是在优化过程中动态显示优化进程以及电路特性当前值与优化指标值之间的差距（见 6.3.5 节）。如果用户希望在 Error Graph 图表中显示某个电路特性在优化过程中的变化情况，应该使图 6-29 中 On/Off 列包括的第二设置处于 ON 状态，即通过单击坐标状图形，使其呈现形状。若再次单击该单元格，将使该图标呈现形状，只有坐标轴，没有其他图形，则 Error Graph 图表中将不显示该行电路特性在优化过程中的变化情况。

提示：若希望在 Error Graph 图表中显示多个电路特性在优化过程中的变化情况，则 Specifications 表中将有多行的第 3 列均出现表示选中状态的图标。为了在 Error Graph 图表显示区能区分出不同电路特性在优化过程中的变化情况，表示选中状态的图标中将采用不同形状的几何图形以及不同的颜色区分不同的电路特性。

⑤ 第 4 列“Profile”描述该行电路特性对应的模拟分析类型。

⑥ 第 5 列“Measurement”说明该行电路特性的名称和函数表达式。

⑦ 第 6 列“Min”和第 7 列“Max”栏指定该电路特性优化指标的最小值和最大值。

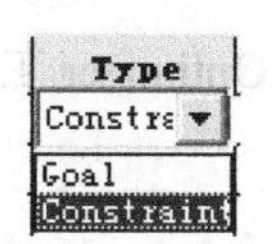

图 6-30 优化指标类型的设置

⑧ 第 8 列“Type”用于设置该行电路特性在优化过程中是作为目标参数（Goal）还是作为约束条件（Constraint）。

只要单击该单元格，即出现图 6-30 所示下拉菜单，由用户选择 Goal 或者 Constraint。

如 6.3.1 节所述，在优化过程中，将在确保满足约束条件的情况下，使目标参数尽可能地接近目标参数要求。

⑨ 第 9 列“Weight”用于给不同的电路特性赋予不同的权重。Weight 设置值应该是大于等于 1 的正整数。如果想要强调某个电路特性比其他电路特性更加重要，可以改变 Weight 栏的权重数值。

提示：选择合适权重的最好方法通常是试探法。选择一个权重，然后在 Error Graph 中查看优化结果（参见 6.3.5 节）。如果与其他电路特性优化结果相比，想要强调其重要性的电路特性优化结果并不理想，可以为该电路特性设置更高的权重值，再重新运行优化设计模块，直至得到期望的结果。

⑩ 第 10 列“Original”显示的是每个元器件均采用标称值时的电路特性值。

⑪ 第 11 列“Current”显示的电路特性的“当前值”。

如果优化过程顺利完成，各项优化指标均满足优化指标值要求，“当前值”就是优化得到的电路特性值。

如果优化指标未能达到优化指标值要求，优化进程已无法使优化指标向优化目标值方向取得新的进展，表明无法实现优化指标，优化未能取得期望的结果。这时，“当前值”就是优化结束时的电路特性值。

⑫ 第 12 列“Error”显示的是优化结束后电路特性“当前值”与优化指标值之间的差距。显然，如果正常完成优化过程，取得优化效果，则 Error 一栏显示值为 0。如果优化未能取得预计结果，Error 一栏将显示出“当前值”与优化指标值之间的差距。

6.3.5 优化设计过程的启动和结果显示分析

完成与优化有关的设置后，即可正式启动优化过程。本节结合射频放大器电路实例，介绍优化设计过程的启动和优化结果的显示、分析。

1. 射频放大器的优化设计步骤

下面结合图 6-12 所示射频放大器电路，说明调用 Optimizer 工具进行优化设计的步骤。

在设计射频放大器时，通常需要协调增益和带宽这两个电路特性的要求。如图 6-13 所示，图 6-12 所示射频放大器电路的增益达 9.4dB，但是带宽只有 150MHz。现在要求通过优化设计，使该射频放大器的带宽不小于 200MHz，增益只要求在 5～5.5dB 即可。

下面是按照前面介绍的方法对射频放大器电路进行优化设计的具体步骤。

（1）电路设计输入

在 Capture 中进行电路设计。绘制好的射频放大器电路如图 6-12 所示。

（2）设计验证

按照通常的电路模拟方法运行 PSpice 模拟仿真程序，并检查电路功能特性是否满足设计要求。对射频放大器的模拟仿真结果如图 6-13 所示，增益达 9.4dB，带宽只有 150MHz，分别高于和低于优化目标要求。

（3）调用 Optimizer 工具

在 Capture 中选择执行 PSpice→Advanced Analysis→Optimizer 命令，调用 Optimizer 工具。屏幕上出现的 Optimizer 窗口如图 6-22 所示。

（4）设置待调整的元器件参数

根据对电路原理的分析，为了满足优化目标要求，首先考虑调整电路中的 R4、R6 和 R8 这三个电阻。按照 6.3.3 节介绍的方法，在 Parameters 表格中设置的这三个可调整的电路元器件参数如图 6-31 所示。其中 Original 一栏是这三个电阻的初始设计标称值（参见图 6-12）。Min 和 Max 栏中分别是在优化过程中允许这三个电阻值的变化范围。按默认设置，它们分别是 Original 值的 10%和 10 倍。为了加速优化进程，可以根据电路工作原理分析，缩小 Min 和 Max 值之间的范围。由于尚未开始优化，因此当前值（Current）一栏显示的值与 Original 一栏设置值相等，如图 6-31 所示。

Parameters [Next Run]

◆□	On/Off		Component	Parameter	Original	Min	Max	Current
	☑		R8	VALUE	3.3000	3	3.6000	3.3000
	☑		R6	VALUE	470	235	705	470
	☑		R4	VALUE	470	235	705	470

图 6-31　将电阻 R4、R6、R8 设置为可调整的元器件参数

（5）设置优化目标

根据对射频放大器优化设计的要求，采用 6.3.4 节介绍的方法设置的增益和带宽优化目标如图 6-29 所示。

其中将增益设置为约束（Constraint），权重为 20。带宽设置为指标参数（Goal），权重为 1，其目的是为了在保证作为约束的增益能满足优化目标的前提下，使得作为指标参数的带宽尽量大。

（6）选择优化引擎

按照默认设置，一般情况下选择 Modified LSQ。

（7）启动优化进程

完成上述几项设置后，在 Optimizer 窗口中选择执行 Run→Start Optimizer 命令，或者单击工具按钮，即按照已设置的参数，进行优化。优化过程中，在 Optimizer 窗口的运行状态信息窗口将

动态显示优化过程的进展情况。优化结束后，结果显示区将显示出优化结果。对图 6-12 所示射频放大器电路，优化过程结束后，Optimizer 窗口中显示的优化结果如图 6-32 所示。

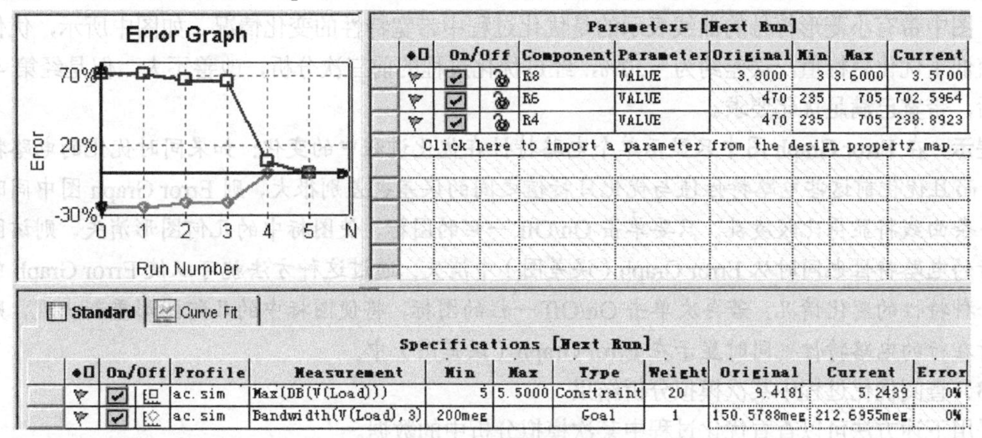

图 6-32　优化结果的显示

（8）分析优化结果

优化结束后，在 Optimizer 窗口中不但直接显示出优化确定的元器件最佳取值和电路特性的最佳结果、优化进程中电路特性的变化情况，而且可以查阅优化过程中每次模拟分析采用的元器件值和电路特性变化情况。在后面“2. 查看分析优化结果”中将详细介绍优化结果信息的分析处理方法。

（9）输出优化结果

优化结束后，执行 File→Print 命令，将结果打印输出。如果执行 File→Save 命令，则将分析结果存入文件。

2. 查看分析优化结果

优化结束后，在 Optimizer 窗口中可以从下述几方面查看、分析处理优化结果。

（1）查看优化结果

优化结束后，Optimizer 窗口的 Parameters 表和 Specifications 表的 Current（当前值）栏分别显示出经优化确定的元器件最佳取值和电路特性的最佳结果。

提示：Parameters 表和 Specifications 表中“Current”是形容词，表示“当前的”，不要理解为名词“电流”。

如图 6-32 所示，对图 6-12 所示射频放大器，只要将电阻 R8、R6 和 R4 的阻值分别改为 3.57Ω、702.5964Ω和 238.8923Ω，就可以满足优化设计的要求，使电路增益为 5.2439dB，带宽可以达到 212.6955MHz。

由于优化目标均得到满足，因此 Specifications 表中 Error 一栏显示的值均为 0%。

（2）查阅 Error Graph 图

优化结束后，Optimizer 窗口左上方的 Error Graph（误差图）自动显示有优化过程的进展情况。横坐标为优化中的模拟次数，纵坐标为每次模拟分析后每个电路特性值与优化目标之间的误差。显示优化进展情况的曲线中用不同符号表示不同的电路特性。符号形状与 Specifications 表中 On/Off 一栏图标对应。

图 6-32 所示 Specifications 表中增益所在行的 On/Off 一栏图标为⊡，带有小方块图标，因此图 6-32 的 Error Graph 图中带有小方块符号的曲线表示的是优化过程中增益特性的变化情况。如图中所示，优化前增益值与优化目标之间误差约为 70%，经过优化过程的前三次分析，改善不大。但

是经第 4 次分析后，与目标值已非常接近。经过第 5 次分析，增益已满足优化要求。

Specifications 表中带宽所在行的 On/Off 一栏图标为，带有小菱形图标，因此图 6-32 的 Error Graph 图中带有小菱形符号的曲线表示的是优化过程中带宽特性的变化情况。如图中所示，优化前带宽值低于优化目标值，误差约为−30%，经过优化过程的前三次分析，改善不大。但是经第 4 次分析后，带宽已满足优化要求。

提示：在 Error Graph 图中只显示单个电路特性在优化过程中的变化：如果同时优化的电路特性较多，而且优化前这些电路特性值与优化目标值之间的误差也差别很大，则 Error Graph 图中同时显示的多条曲线将显得比较凌乱。只要单击 On/Off 一栏的图标，使图标中的几何图形消失，则该图标所在行的电路特性也同时从 Error Graph（误差图）中消失。通过这种方法就可以使 Error Graph 中只显示一种特性的变化情况。若再次单击 On/Off 一栏的图标，将使图标中的几何图形重新出现，则该图标所在行的电路特性也同时显示在 Error Graph（误差图）中。

（3）查阅优化过程中某次模拟分析结果

采用下述方法可以查看优化过程中某次模拟分析中的数据。

单击 Error Graph 图中代表模拟次数的横坐标，使该次模拟处于选中状态，则 Parameters 表和 Specifications 表将显示该次模拟分析中采用的元器件值和相应的电路特性值。

例如，图 6-33 是选中第 4 次的情况，相应的 Parameters 表和 Specifications 表将分别显示出第 4 次模拟分析中采用的元器件值（见图 6-34）和相应的电路特性值（见图 6-35）。

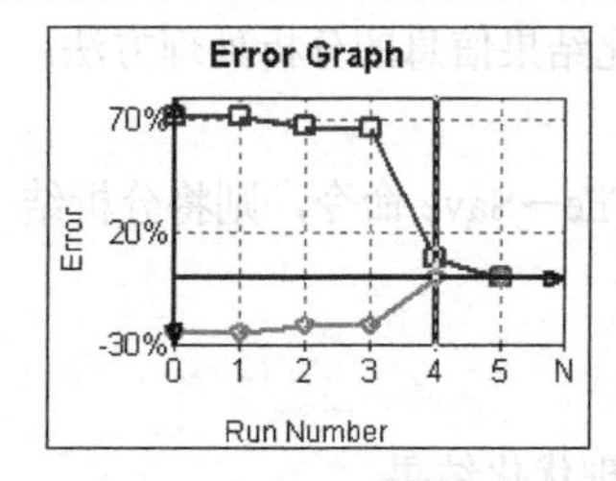

图 6-33　在 Error Graph 图中选中第 4 次模拟分析

Parameters [Run #4]

	◆□	On/Off	Component	Parameter	Original	Min	Max	Current
			R8	VALUE	3.3000	3	3.6000	3.5700
			R6	VALUE	470	235	705	702.5964
			R4	VALUE	470	235	705	273.9233

图 6-34　第 4 次[Run ＃4]模拟分析中采用的元器件值

如图 6-35 所示，优化进程中，经过第 4 次模拟分析，带宽达到 202.1050MHz，已满足优化目标要求，因此 Error 一栏值为 0%。而增益为 5.9358，超出对增益的优化目标范围，但是与优化目标已比较接近，Error 一栏表示的误差值只有 7.9237%。

Specifications [Run #4]

Measurement	Min	Max	Type	Weight	Original	Current	Error
Max(DB(V(Load)))	5	5.5000	Constraint	20	9.4181	5.9358	7.9237%
Bandwidth(V(Load), 3)	200meg		Goal	1	150.5788meg	202.1050meg	0%

图 6-35　第 4 次[Run ＃4]模拟分析计算的电路特性值

提示：由于这时 Parameters 表和 Specifications 表显示的是该次模拟分析中涉及的数据。所有描述运行历史的记录是只读的，不能被编辑。

3. 异常情况下出错信息的显示

优化过程顺利结束后，可以采用前面介绍的方法查阅、分析优化结果。但是在实际使用中，多种原因会导致优化过程不能正常、顺利完成。下面说明异常情况的类型和出错信息的查阅方法。

（1）异常情况的类型

尽管导致优化过程异常的原因各式各样，但是出现的异常情况可分为两类。

"致命性"错误：由于人为操作错误等原因，例如在 Parameters 表中设置了一个电路图中不存在的元器件参数；在 Specifications 表中设置的电路特性函数不正确；或者电路特性优化目标的设置不合理，使 Min 的设置值大于 Max 的设置值……这些因素将导致优化过程无法进行，因此称之为"致命性"错误。在 Parameters 表和 Specifications 表中与错误相关的那一行的第 2 列将出现红颜色的小旗帜图标，表示该行存在致命性错误。

"警告性"错误：如果电路设计不理想，优化目标要求过高，或者设置的元器件参数变化范围不合适等情况，优化过程虽然可以正常进行，但是不能满足优化目标的要求，称之为"警告性"错误，这时标示错误的小旗帜图标成黄颜色。

对于致命性错误或者警告性错误，都可以采用下面的三种方式显示、查阅描述错误情况的出错信息。

（2）出错信息的显示方法一

查看 Optimizer 窗口中运行状态信息子窗口显示的出错信息。例如，如果在 Parameters 表中设置了一个在电路图中并不存在的元器件 R19，运行状态信息子窗口将显示出图 6-36 所示的出错信息。

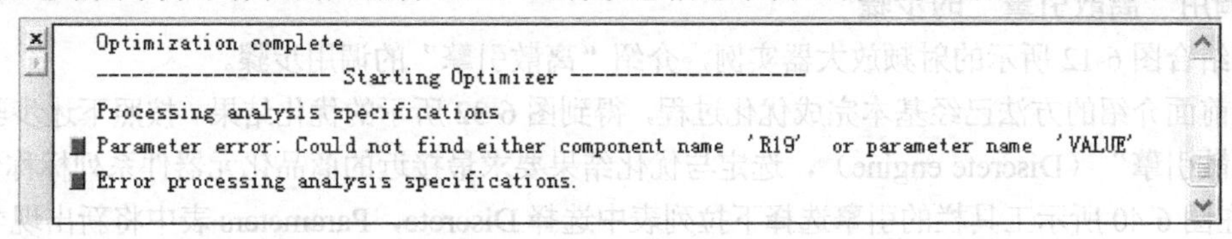

图 6-36　Optimizer 窗口中运行状态信息子窗口显示的出错信息

（3）出错信息的显示方法二

显示带颜色小旗帜图标代表的出错信息。将光标移至带颜色小旗帜图标上，光标处即弹出一行文字，描述错误内容，如图 6-37 实例所示。图中显示的出错信息内容与图 6-36 中显示的内容对应的是同一个出错情况，即 Parameters 表中设置的元器件 R19 在电路图中并不存在。

◆	On/Off	Component	Parameter	Discrete Table	Original	Min	Max	Current
		R19	VALUE	Resistor - 10%	3.3000	3	3.6000	3.6000

Could not find either component name 'R19' or parameter name 'VALUE'

图 6-37　显示红颜色小旗帜图标代表的是致命性出错信息

图 6-38 是优化结果未能取得满足优化目标要求时显示的警告性出错信息内容实例。该实例中将带宽的优化目标设置为大于 500MHz，优化结束时只达到 211.1147MHz，未能满足优化要求，因此该行第 2 列出现黄色旗帜符号，表示出现警告性错误。将光标移至黄色小旗帜图标上，光标处即弹出一行文字，描述错误内容。

Specifications [Next Run]

	◆	On/Off	Profile	Measurement	Min	Max	Original	Current	Error
▶			ac.sim	Bandwidth(V(Load),3)	500meg		150.5788meg	211.1147meg	-57.7771%

Specification goal/constraint not achieved

图 6-38　显示黄颜色小旗帜图标代表的警告性出错信息

（4）出错信息的显示方法三

查看 Log File 文件。在优化过程出现异常时，选择执行 View→Log File→Optimizer 命令，出现的 Log File 文件中同时记录有描述出错的信息。对图 6-37 出错情况，Log File 文件中记录的信息如图 6-39 所示。

```
Could not find either component name  'R19'  or parameter name  'VALUE'
Some of the parameters are invalid. Please correct them and restart the analysis
```

图 6-39　Log File 文件中记录的出错信息

6.3.6　采用离散引擎确定有效值

1. 离散引擎的作用

对于前面介绍的射频放大器电路实例，经过优化设计，所有的电路特性目标要求和约束条件均已得到满足，优化设计取得“满意”的结果。但是，如图 6-32 所示，优化结果要求电阻 R8、R6 和 R4 的阻值分别取 3.57Ω、702.5964Ω和 238.8923Ω，显然，它们都不是商品化的电阻系列标称值。为了将优化结果用于实际生产，必需将它们改为与该优化值最接近的商品化元器件系列标称值。Optimizer 工具中“离散引擎”（Discrete）的作用就是选定与优化结果要求最接近的商品化元器件系列标称值。因此，在优化过程的最后阶段往往都要调用离散引擎。

2. 调用“离散引擎”的步骤

下面结合图 6-12 所示的射频放大器实例，介绍“离散引擎”的调用步骤。

采用前面介绍的方法已经基本完成优化过程，得到图 6-32 所示的优化结果。按照下述步骤可以调用“离散引擎”（Discrete engine），选定与优化结果要求最接近的商品化元器件系列标称值。

① 在图 6-40 所示工具栏的引擎选择下拉列表中选择 Discrete，Parameters 表中将新出现名称为 Discrete Table 的一列，如图 6-41 所示。

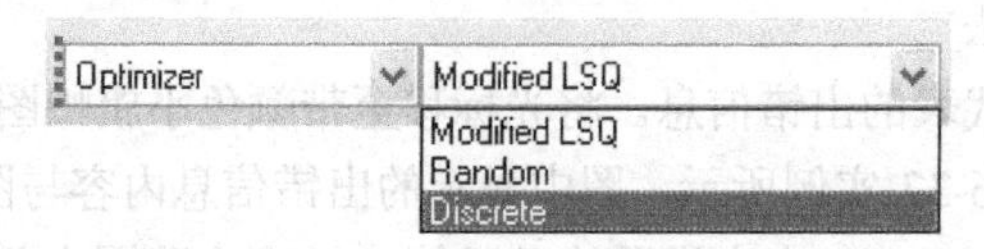

图 6-40　Optimizer 窗口中的引擎选择下拉列表

Parameters [Next Run]

	◆□	On/Off	Component	Parameter	Discrete Table	Original	Min	Max	Current
			R8	VALUE	Resistor - 10%	3.3000	3	3.6000	3.5700
			R6	VALUE	Resistor - 10%	470	235	705	702.5964
			R4	VALUE	Resistor - 10%	470	235	705	238.8923

图 6-41　新增有“Discrete Table”列的 Parameters 表

② 在 Parameters 表中用光标单击 Discrete Table 列的单元，其右侧出现带有下指箭头图形的按钮▼（见图 6-42）。单击▼，将出现图 6-42 所示的离散值表。离散值表是商品化元器件系列标称值，由生产厂家提供。高级分析工具中提供有由多家制造厂提供的离散值表。

③ 从离散值表中选择离散值系列。图 6-42 选择的是 Resistor－10%，表示电阻选择元器件值精度为 10%的离散值系列。

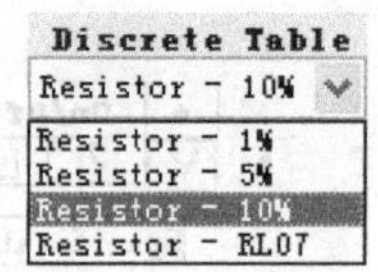

图 6-42　离散值表

④ 单击▶按钮，运行 Discrete（离散）引擎。Discrete 引擎将从离散值表中选择与优化结果参数值最接近的商品化元器件系列标称值。然后使用新的参数值重新进行模拟仿真并显示电路特性结果。运行结束后，Parameters 表中 Current 栏显示的是新参数值。如图 6-43 所示，R8 更改为 3.6Ω，R6 更改为 680Ω，R4 更改为 240Ω。

运行 Discrete（离散）引擎后，Specifications 表中“Current”一栏也同时显示出采用系列标称值计算的电路特性结果，如图 6-44 所示。这时电路增益为 5.3316dB，带宽为 211.1147MHz，都还满足优化目标的要求，因此 Error 一列表示的偏差值均保持为 0%。

Parameters [Next Run]										
	◆□	On/Off		Component	Parameter	Discrete Table	Original	Min	Max	Current
▶		☑		R8	VALUE	Resistor - 10%	3.3000	3	3.6000	3.6000
		☑		R6	VALUE	Resistor - 10%	470	235	705	680
		☑		R4	VALUE	Resistor - 10%	470	235	705	240

图 6-43 “Current”一列已更改为商品化系列标称值

Specifications [Next Run]					
Measurement	Min	Max	Original	Current	Error
Max(DB(V(Load)))	5	5.5000	9.4181	5.3316	0%
Bandwidth(V(Load),3)	200meg		150.5788meg	211.1147meg	0%

图 6-44 采用元器件系列标称值重新计算的电路特性值

⑤ 回到电路图编辑器中，将相应元器件参数更新为系列标称值。对于如图 6-12 所示的射频放大电路实例，R8 更改为 3.6Ω，R6 更改为 680Ω，R4 更改为 240Ω。

按照下述步骤，可以在电路图编辑器中自动定位选中这些元器件：

在 Parameters 表中，选中欲在电路图中改变其参数值的一个或多个元器件，使之以高亮显示。再在所选中的元器件上单击右键，在弹出的快捷菜单中选择 Find in Design 子命令，屏幕显示将返回到电路编辑窗口，并且所选元器件以高亮选中状态显示。

⑥ 对电路重新进行一次模拟分析，检查结果波形和电路特性，并确保它们都是用户所期望得到的结果。

6.3.7 优化过程的控制

1. 暂停、停止和启动优化过程

在优化过程中，用户可以采用工具栏中的按钮、按钮和按钮，暂停、恢复或者中止优化分析进程。使用方法与 6.2.3 节介绍的灵敏度分析过程的暂停、恢复或者中止方法类似。

2. 清除 Error Graph 记录

在 Error Graph 图范围单击右键，从出现的快捷菜单中选择 Clear History 命令，将清除掉 Error Graph 图中显示的曲线和 Specification 表格中 Original、Current、Error 三列的信息，但是 Parameters 表中 Current 一栏的参数值仍然保留，Log File 文件中的内容也不受影响。

3. 采用某次元器件参数数据重新进行优化

在优化过程中，有时需要停止优化进程，以优化过程中已进行过的一次模拟分析中采用的元器件参数值为初值，修改优化设计目标值或者引擎的设置，重新启动优化设计过程，以比较变化某些元器件参数后的优化效果。

例如，在优化过程中，经过几次模拟分析后，优化几乎没有进展，这时用户可以单击工具栏中的按钮，停止优化进程，采用本节介绍的方法，将某次模拟分析中采用的元器件参数值复制过来，作为初值，修改引擎的设置，重新启动优化设计过程。

（1）单击 Error Graph 图中代表模拟次数的横坐标，使该次模拟处于选中状态；

（2）在 Error Graph 图中单击右键，从弹出的快捷菜单中选择执行 Copy History to Next Run 子命令；

（3）根据需要，修改优化设计目标值或者引擎的设置；

（4）单击按钮，则以选中的那次模拟分析中采用的元器件参数值为初值，重新启动优化。

提示：只有单击工具栏中的按钮，停止优化进程，Copy History to Next Run 命令才是有效的。

使用 Copy History to Next Run 命令只能复制所选模拟分析中采用的元器件参数值，而该次模拟分析中采用的优化目标、引擎和引擎设置均不会被复制。

4. 控制元器件参数

优化过程中，为了取得更好的优化效果，可以采用下面三种方法，修改元器件参数的允许调整范围，或者改变优化中可调整的元器件参数。

（1）修改元器件参数的调整范围

优化设计中元器件参数的变化范围由 Parameters 表格（见图 6-24）中的 Min 和 Max 设置值确定。

优化过程中如需更改某个元器件参数的变化范围，只要在 Parameters 表中单击 Min 和 Max 栏，然后输入需要设置的值。

（2）恢复使用元器件标称值

如需在优化过程中从某一次模拟分析开始希望恢复使用某个元器件参数的标称值，只要单击 Parameters 表中 On/Off 一栏的图标☑，将选中标志去除。

（3）固定元器件取值

如果在优化过程中从某一次模拟分析开始要将某个元器件参数的当前值锁定，在以后的模拟分析中不再变化，只要在 Parameters 表中单击 On/Off 一栏的图标，使图标变成锁住的形状。

注意：如果当前正处于优化过程中查阅历史数据状态（见图 6-34），将不能编辑修改 Parameters 表中的参数。只要在 Error Graph 图中单击 X 坐标轴最右边位置，就可以脱离查阅历史数据状态。

6.3.8 曲线拟合优化

进行优化设计时，除了可以采用电路特性作为优化目标外，还可以采用本节介绍的“曲线”作为优化指标，使优化结果尽量与给定的曲线要求相一致，因此这种优化方法又称为“曲线拟合”。

1. “曲线拟合”优化设计的应用场合

在下述情况下，应该采用“曲线”描述作为优化指标，进行优化设计。

① 如果要求电路的响应曲线具有特定的形状，应该使用曲线拟合进行优化。例如，本节在介绍曲线拟合将结合的带通滤波器优化设计实例中，用一组数据描述了对滤波器电路的增益和相位的频率特性要求，采用数据描述的这组波形又称为参考波形。Optimizer 工具的作用是不断调整电路中的相关元器件参数，使模拟仿真得到的电路响应曲线波形与参考波形尽量一致。

② 器件模型参数的优化提取。这是 Optimizer 工具很重要的一种应用。

2. “曲线拟合”优化设计中的“参考波形”和“参考文件”

① 参考波形和参考文件：采用曲线拟合方法优化电路时，是采用一组数据描述的参考波形作为优化目标。因此需要建立一个描述参考波形的数据文件，又称为参考文件。在进行 Curve Fit 优化时将该文件设置为优化指标。

② 参考文件的格式：图 6-45 是一个参考文件实例。其中图 6-45（a）表示的是对一个滤波器电路增益和相位频率特性波形的优化要求，图 6-45（b）是对该特性要求的参考文件描述。

由图 6-45（b）可见，参考文件的第 1 列描述的是变量参数。从第 2 列开始，每一列描述一个参考波形。每一列的第一行为“标题行”，说明每一列的内容。标题行采用的名称由用户确定，只要能尽量反映该列的内容即可。在设置曲线拟合的目标时，将采用标题名称指定曲线拟合时采用的参考波形。

图 6-45 实例中描述的参考文件有三列。第 2 列和第 3 列分别描述对输出相位和增益波形的频率

特性要求。第 1 列描述的是变量参数“频率”，所以第 1 列第 1 行采用的名词为 Frequency。按照 PSpice 规定，从描述参考波形的第 2 列开始，每一列第 1 行的默认名称依次为 Column_1、Column_2 等。如果某一列的第 1 行未采用名词描述，则采用默认名称。

提示：默认名称的编号 Column_1 是指描述参考波形的第 1 列，实际上位于参考文件的第 2 列。

图 6-45 中第 2 列描述的是输出信号相位的参考波形，即不同频率点上的相位值要求，因此第 2 列第 1 行可以采用名词“PHASE”说明该列描述的波形名称。第 3 列是描述增益的参考波形，但是第 3 列第 1 行为空行，未指定一个名称，因此将采用默认名称 Column_2（注意不是 Column_3）。

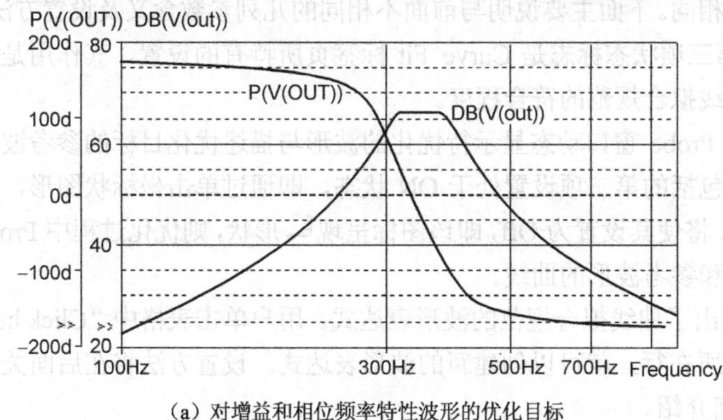

（a）对增益和相位频率特性波形的优化目标

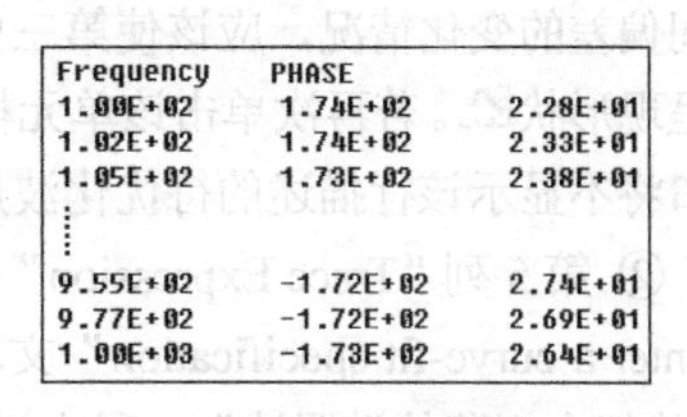

Frequency	PHASE	
1.00E+02	1.74E+02	2.28E+01
1.02E+02	1.74E+02	2.33E+01
1.05E+02	1.73E+02	2.38E+01
⋮		
9.55E+02	-1.72E+02	2.74E+01
9.77E+02	-1.72E+02	2.69E+01
1.00E+03	-1.73E+02	2.64E+01

（b）对应的参考文件描述

图 6-45 优化目标曲线与对应的参考文件

③ 参考文件的建立和存放：如图 6-45（b）实例所示，参考文件实际上是一个文本文件。因此建立参考文件的方法比较简单，只要采用一般的文本编辑工具，例如 Windows 的“记事本”程序，按照上述格式，编写一个文本文件，然后存放在当前的电路设计目录下，供设置曲线拟合优化目标时调用。

3. “曲线拟合”优化设计的步骤

下面是曲线拟合的步骤。在后面 6.3.9 节介绍的曲线拟合实例中将结合一个典型实例具体介绍曲线拟合的具体过程。

① 在 Capture 中建立设计项目、设计电路图、进行模拟仿真，确保电路已正常工作。

② 在 Capture 中选择执行 PSpice→Advanced Analysis→Optimizer 命令，打开高级分析的 Optimizer 窗口。

③ 在 Optimizer 窗口的 Specifications 表格中选择 Curve Fit 标签。

提示：前面介绍的以电路特性参数值为优化目标进行优化时，选择的是 Specifications 表格中的 Standard 标签页，而进行曲线拟合时必须选择 Curve Fit 标签。

④ 在 Curve Fit 标签页创建曲线拟合规范，以波形曲线的形式指定优化目标。

⑤ 在 Optimizer 窗口的 Parameters 表格中设置优化过程中可以调整的元器件参数。

⑥ 指定允许的 Tolerance（误差）的大小。

⑦ 选择一个引擎，开始进行优化设计。一般情况下采用默认的 Modified LSQ 引擎。

⑧ 分析曲线拟合优化结果。

4. Curve Fit 标签页

曲线拟合规范的设置是在 Optimizer 窗口中的 Curve Fit 标签页进行的。图 6-46 是已设置有曲线拟合规范的 Curve Fit 标签页。

Standard | Curve Fit

Curve Fit [Next Run]

	◆□	On/Off			Profile	Trace Expression	Reference File	Ref. Waveform	Tolerance %	Weight	Error
▶		☑			ac.sim	P(V(out))	./reference.txt	PHASE	5	1	0%
		☑			ac.sim	DB(V(out))	./reference.txt	Column_2	3	1	0%
	Click here to enter a curve-fit specification...										

图 6-46　设置曲线拟合规范的 Curve Fit 标签页

Curve Fit 标签页共有 10 栏，涉及 12 项参数的设置。其中前几列参数含义与设置方法和前面介绍的以特性函数作为优化目标的情况相同。下面主要说明与前面不相同的几列参数含义及设置方法。

① 表格第三栏（On/Off）中的第三项状态标志是 Curve Fit 标签页所特有的设置。其作用是动态显示优化过程中实际波形曲线与曲线拟合规范的符合程度。

如果用户希望在优化过程中启动 Probe 窗口动态显示待优化的波形与描述优化目标的参考波形之间偏差的变化情况，应该使第三栏包括的第三项设置处于 ON 状态，即通过单击坐标状图形，使其呈现形状。若再次单击该单元格，将使其设置为 Off，即该图标呈现形状，则优化过程中 Probe 窗口将不显示该行描述的待优化波形和参考波形的曲线。

② 第 5 列“Trace Expression”列出了曲线拟合规范的波形表达式。用户单击表格中“Click here to enter a curve-fit specification”文本所在行，就可以创建新的波形表达式。设置方法将在后面关于“曲线拟合规范的设置法”一段中详细介绍。

③ 第 6 列“Reference File”为参考文件栏，其作用是描述该参考文件的名称和所在的路径名。

④ 第 7 列“Ref. Waveform”用于指定参考波形。如图 6-45 参考文件实例所示，如果有多个曲线拟合指标需要优化，参考文件中每一列的数据描述一个优化目标波形。第 1 行中不同的列分别为每个优化目标波形的名称。“Ref. Waveform”栏的作用是设置该行曲线拟合目标是采用参考文件中哪一列数据描述的。

⑤ 第 8 列“Tolerance”用于设置用户指定的相对容差要求。相对容差是优化过程中模拟仿真得到的实际波形与作为优化目标的参考波形数据之差的均方根与参考波形之比。容差值的大小确定了优化成功的“标准”。

⑥ 第 10 列“Error”用于设置误差值。Error 栏显示的是均方根误差值（E_{rms}）减去“Tolerance”栏指定的相对容差后的差值。如果 E_{rms} 小于相对容差值，则本栏显示的 Error 值为零，表示已满足优化要求。

提示： *Error 一列的值并不是表示优化得到的波形与作为优化目标的参考波形数据之差的均方根与参考波形之比的实际大小，而是表示实际误差是否满足“Tolerance”一栏规定的要求。例如，如果优化分析后的 E_{rms} 为 7%，而指定容差为 3%，则 Error 栏显示的值将会是 4%，而不是 7%。如果某次模拟仿真后 E_{rms} 为 2.6%，小于指定容差值 3%，已满足优化要求，则 Error 栏显示的值将会是 0 而不是 2.6%。*

5. 曲线拟合规范的设置步骤

下面结合图 6-46 中第 1 行实例，说明在 Optimizer 窗口选择 Curve Fit 标签页后设置曲线拟合规范的步骤。该行设置的是对输出信号的相位 P(V(out))频率特性曲线的要求。

① 在 Curve Fit 标签页设置 Trace Expression。

单击 Click here to enter a curve-fit specification 文本所在行，屏幕上出现图 6-47 所示 New Trace Expression 对话框。

从对话框右侧 Analog Operators and Functions 列表中选择计算相位的函数 P( )，然后在左侧 Simulation Output Variables 列表中选择 V(out)。这时 Measurement 文本框中应显示为 P(V(out))，表示

计算输出信号 V(out)的相位。

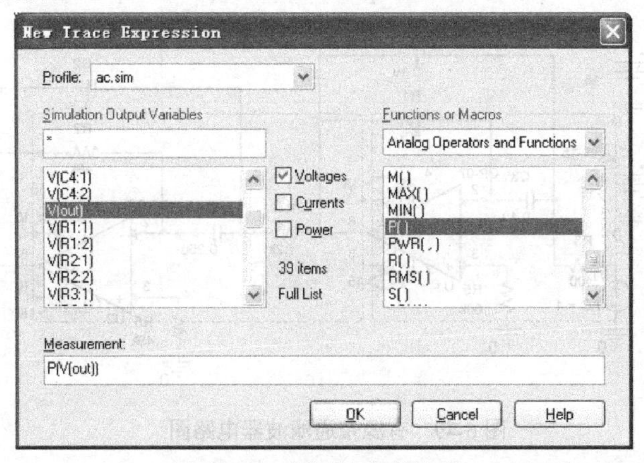

图 6-47　新添波形表达式

单击 OK，则 Trace Expression 一栏显示为 P(V(out))，表示曲线拟合优化的对象是节点 out 处输出电压 V(out)的相位 P(V(out))。

② 在 Curve Fit 标签页 Reference File 栏设置参考文件名称和路径名。

如果业已建立的参考文件内容如图 6-45 所示，该文件名称为“reference.txt”，则 Curve Fit 标签页“Reference File”栏的设置方法如下：

单击 Reference File 一栏单元格，屏幕上出现通常的“打开文件”对话框。按照路径和文件的选择方法，选中参考文件 reference.txt 后，单击对话框中“打开”按钮，Curve Fit 标签页“Reference File”一栏即设置有选中的参考文件名 reference.txt，如图 6-48 所示。

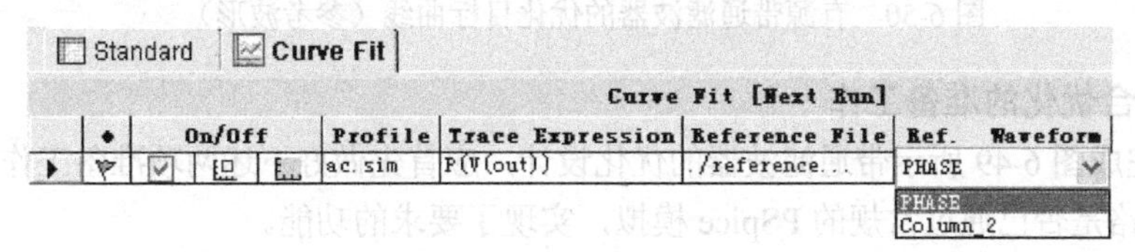

图 6-48　设置有参考文件和参考波形的 Curve Fit 标签页

③ 在 Ref. Waveform 栏设置作为优化目标的参考波形。

单击 Ref. Waveform 栏，出现下拉列表，其中列出了在 Reference File 栏设置的参考文件中的所有波形名称。如图 6-45 所示，参考文件 reference.txt 中包括相位和增益两个参考波形的数据描述。其中第 2 列描述的是相位波形，该列第 1 行名称是“PHASE”。第 3 列描述的是增益波形，其第 1 行未指定名称，采用的是默认名称 Column_2。因此，图 6-48 所示 Ref. Waveform 栏下拉列表中有“PHASE”和“Column_2”两项供选择。由于该行描述的优化对象是 P(V(out))，即“相位”的频率特性，因此 Ref. Waveform 栏的设置应选择“PHASE”。

④ 根据优化要求，在 Tolerance 和 Weight 两栏进行相应设置。

6.3.9 “曲线拟合”应用实例

1. 优化目标

图 6-49 是一个有源带通滤波器电路，要求优化调整电路中的无源元件值，使滤波器的增益和相位具有图 6-50 所示的频率特性。由于优化目标是“波形”，因此需要采用曲线拟合方法优化该滤波器的响应。

提示：此电路实例所在路径为：..\tools\PSpice\tutorial\capture\PSpiceaa\bandpass。

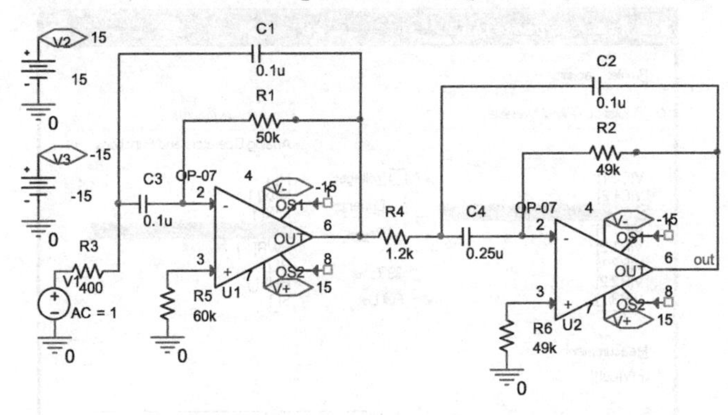

图 6-49　有源带通滤波器电路图

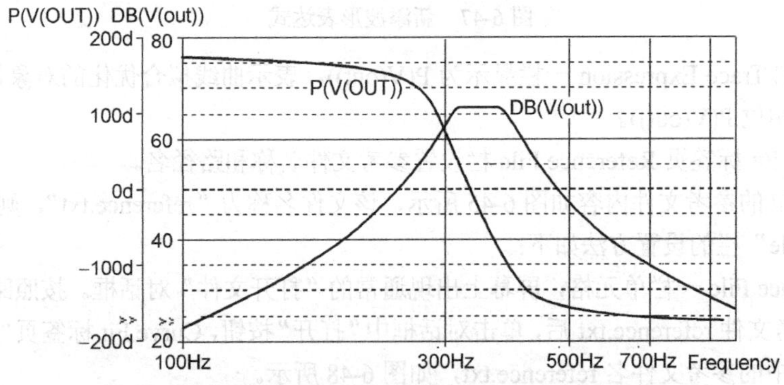

图 6-50　有源带通滤波器的优化目标曲线（参考波形）

2. 曲线拟合优化的准备工作

为了顺利完成图 6-49 所示带通滤波器的优化设计，应首先做好下述两项准备工作。

① 检验电路是否已通过常规的 PSpice 模拟，实现了要求的功能。

对该电路进行的交流小信号模拟仿真，结果如图 6-51 所示。

图 6-51 中采用两条纵坐标分别表示输出电压相位 P(V(OUT))和增益 DB(V(out))随频率变化的关系曲线。虽然这两条频率特性曲线与图 6-50 所示的优化目标差距较大，但是已基本具有带通形状的频率特性，因此将以该电路设计为基础，进行优化设计，优化确定电路中的元器件参数值，使得输出波形与描述优化目标的参考波形相符合。

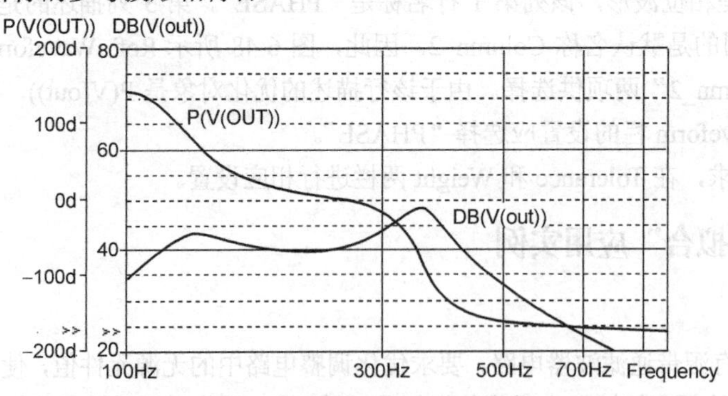

图 6-51　有源带通滤波器的模拟分析结果

② 建立参考波形文件。本例中描述 DB(V(out))和 P(V(out))优化目标参考波形的参考文件内容如图 6-45（b）所示，文件名为“reference.txt”，存放的路径名为：

..\tools\PSpice\tutorial\capture\PSpiceaa\bandpass\bandpass-PSpiceFiles\SCHEMATIC1\

3. 带通滤波器曲线拟合优化步骤

完成上述准备工作后，即可按照下述步骤采用曲线拟合方法对滤波器电路进行优化设计。其中前三步工作与采用电路特性函数作为优化目标时的优化步骤相同。

（1）在高级分析中打开优化模块

在绘制电路图的 Capture 窗口中选择执行 PSpice→Advanced Analysis→Optimizer 命令，调用优化工具，屏幕上出现 Optimizer 窗口。

（2）选择优化中采用的引擎

在优化窗口的右边单击下拉列表按钮。在下拉列表中选择引擎名。本例中选择的引擎为 Modified LSQ。

（3）采用下述方法设置优化过程中可调整的元器件参数

在 Optimizer 窗口，单击 Parameters 表格中的 Click here to import a parameter from the design property map 文本所在行，屏幕上出现 Parameter Selection 对话框，显示所有电路中采用的元器件参数。

本例中，选择对话框中列出的所有无源元件 C1、C2、C3、C4、R1、R2、R3、R4、R5 和 R6，单击 OK 按钮。被选元件的标称值和系统采用默认设置由标称值计算得出的调整范围最大值和最小值将显示在 Parameters 表格中，如图 6-52 所示。例如，电路中 R4 的值为 1.2k，因此在 Original（标称值）栏显示的 R4 是 1.2000k，Min 值是 120（等于标称值的 10%），Max 值是 12k（等于标称值的 10 倍）。

（4）采用 6.3.8 节“5. 曲线拟合规范的设置步骤”介绍的方法设置曲线拟合规范

完成可调整的元器件参数以及曲线拟合优化目标两类设置后的 Optimizer 窗口如图 6-52 所示。

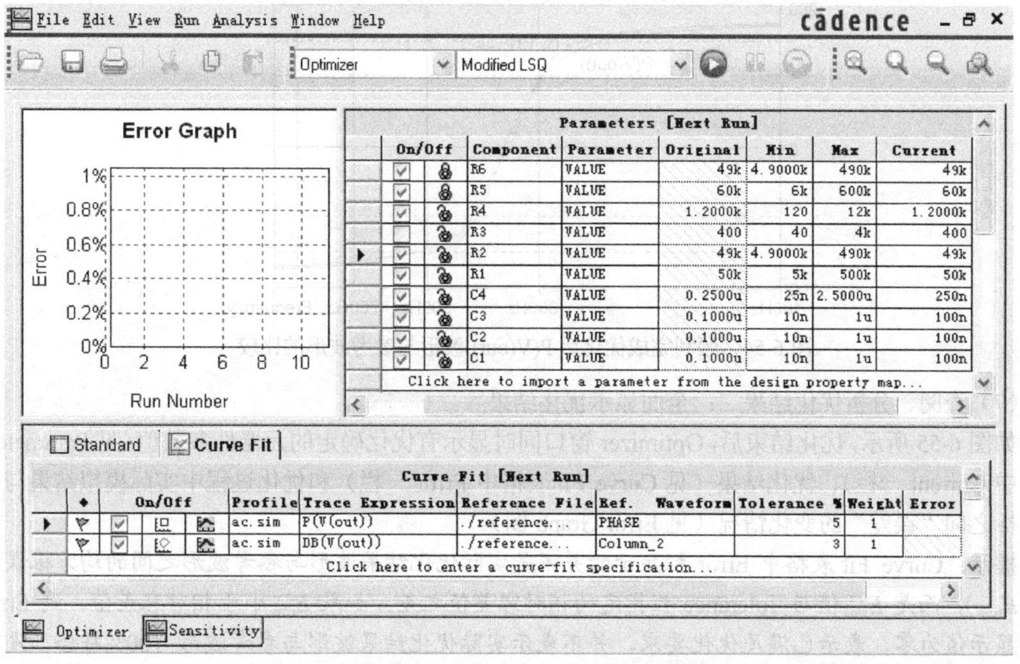

图 6-52　完成元器件参数以及曲线拟合优化目标设置后的 Optimizer 窗口

（5）启动优化进程

在 Optimizer 窗口中选择执行 Run→Start Optimizer 命令，或者单击工具按钮，即启动曲线拟合优化设计的进程。

由于本例中 On/Off 一栏的第二个图标设置呈现形状，Error Graph 图将动态显示优化过程中实际模拟结果与优化目标之间“误差”的变化情况。又由于 On/Off 一栏的第三个图标设置呈现形状，因此在优化过程中屏幕上将自动出现 Probe 窗口，动态显示实际模拟结果波形向参考波形的逼近情况。图 6-53 是一个实例，其中 R(“PHASE”)是对输出相位优化目标要求的参考波形，P(V(out))是在优化过程中某一次模拟分析后输出相位的实际频率特性波形。优化过程中每进行一次模拟分析，Probe 窗口中显示的波形将自动更新，动态显示反映优化过程中实际模拟结果波形向参考波形的逼近情况。

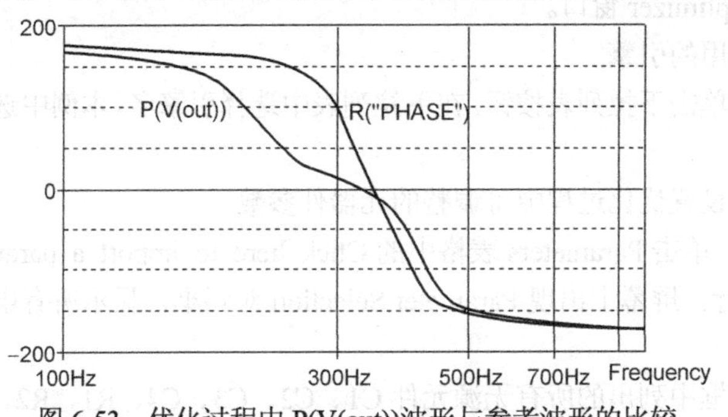

图 6-53　优化过程中 P(V(out))波形与参考波形的比较

（6）查阅、分析优化结果一：对比实际优化结果与作为优化目标的参考波形

如果顺利完成优化过程，取得期望的优化结果，用户可以从三方面查阅、分析优化结果。

由于 On/Off 一栏的第三个图标设置呈现形状，因此在顺利完成优化过程后，Probe 窗口中自动显示有实际优化结果波形与作为优化目标的参考波形。图 6-54 显示的是优化后电路的实际输出相位与参考波形要求，可见，优化结果基本符合参考波形的要求。

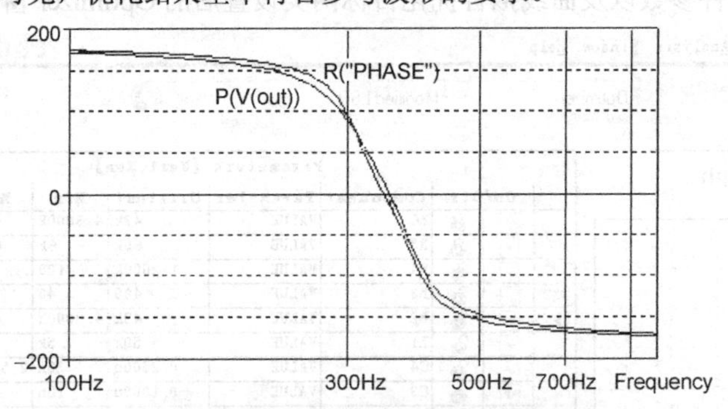

图 6-54　顺利完成优化后 P(V(out))波形与参考波形的比较

（7）查阅、分析优化结果二：全面显示优化结果

如图 6-55 所示，优化结束后，Optimizer 窗口同时显示有优化确定的元器件参数值（见 Parameters 表格中 Current 一栏）、优化结果（见 Curve Fit 表格中 Error 一栏）和优化过程中实际模拟结果与优化目标之间“误差”的变化情况（见 Error Graph 图）。

提示： Curve Fit 表格中 Error 栏显示的并不是实际优化结果波形与参考波形之间的均方根误差值（E_{rms}），而是 E_{rms} 值与 Tolerance 栏指定的相对容差值之差。如果 E_{rms} 小于相对容差值，则 Error 栏的显示值为零，表示已满足优化要求，并不表示实际优化结果波形与参考波形 100%符合，没有任何差别。

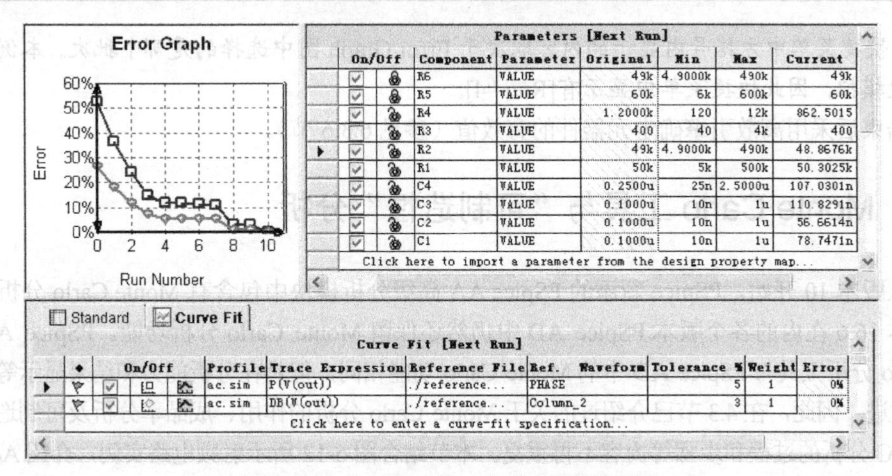

图 6-55　Optimizer 窗口中显示的优化结果

（8）查阅、分析优化结果三：查看优化过程中任何一次模拟仿真结果

在 Error Graph 图中选择欲查看的模拟批次，例如准备查看第 4 次模拟结果，则单击 Error Graph 图中横坐标为 4 的竖线，使其处于选中状态，如图 6-56（a）所示。

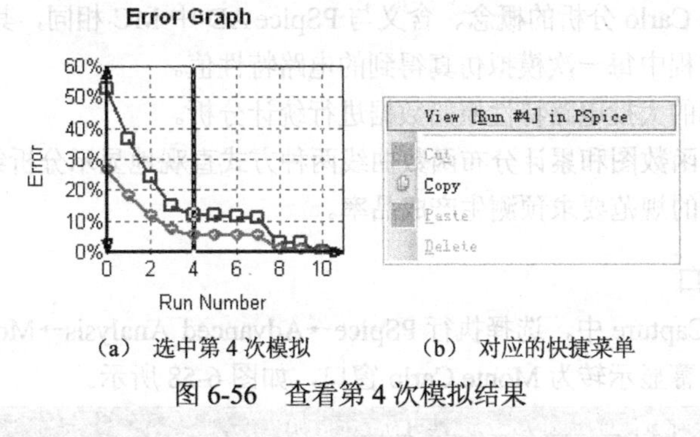

（a）　选中第 4 次模拟　　　　（b）　对应的快捷菜单

图 6-56　查看第 4 次模拟结果

然后在 Curve Fit 表格中选择用户查看该次模拟分析中哪一个曲线拟合规范的结果。例如要查看输出相位的情况，单击 P(V(out))所在行第一列单元格，使其出现选中标志▶。

再在标志▶上单击右键，在弹出的快捷菜单[见图 6-56（b）]中选择 View [Run #4] in PSpice，则 Probe 窗口中将显示出优化过程中第 4 次模拟得到的 P(V(out))波形和相应的参考波形，如图 6-57 所示。图中 R(“PHASE”)是对输出相位优化目标要求的参考波形。

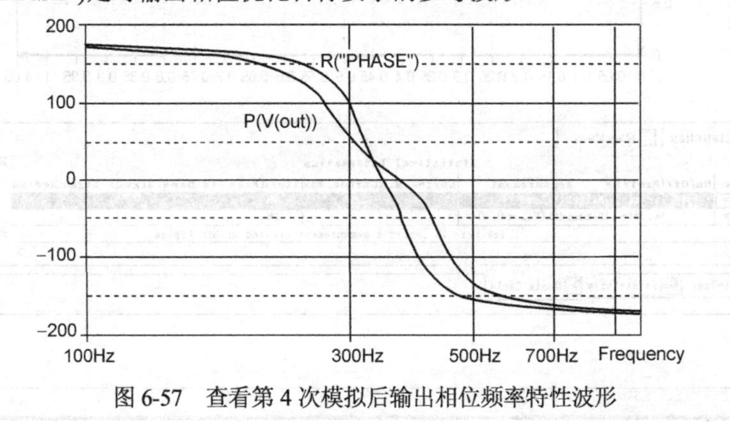

图 6-57　查看第 4 次模拟后输出相位频率特性波形

提示：快捷菜单中方括号内显示的内容取决于 Error Graph 图中选择的是哪个批次。本例中选择的是第 4 次模拟，因此快捷菜单中显示有[Run #4]。

优化结束后采用离散引擎确定元器件的有效值（参见 6.3.6 节）。

6.4 Monte Carlo 工具与“可制造性”分析

尽管从版本 10 开始，PSpice 新添的 PSpice AA 高级分析模块中包含有 Monte Carlo 分析功能，在包括版本 16.6 在内的各个版本 PSpice AD 中仍然还保留 Monte Carlo 分析功能。PSpice AA 中的 Monte Carlo 分析工具与 PSpice AD 中的 Monte Carlo 功能相同，但是在分析能力和结果显示等方面有了明显的改进。因此，在 4.3 节已介绍过的关于 Monte Carlo 分析的作用、成品率分析及可制造性分析的概念、MC 分析的过程和步骤等内容不再重复。本节结合图 6-12 所示射频电路实例，介绍 Advanced Analysis 中 MC 分析工具的使用方法，重点说明对 PSpice AD 中 Monte Carlo 分析功能的改进。

6.4.1 Monte Carlo 分析的步骤

1. PSpice AA 中 Monte Carlo 分析的功能

PSpice AA 中 Monte Carlo 分析的概念、含义与 PSpice AD 中 MC 相同，其功能还包括：

① 显示 MC 分析过程中每一次模拟仿真得到的电路特性值。

② 对 MC 分析得到的大批电路特性原始数据进行统计分析。

③ 以概率分布密度函数图和累计分布函数曲线两种方式直观地显示分析结果。

④ 根据对电路特性的规范要求预测生产成品率。

2. Monte Carlo 窗口

在电路图绘制软件 Capture 中，选择执行 PSpice→Advanced Analysis→Monte Carlo 命令，即调用 Monte Carlo 工具。屏幕显示转为 Monte Carlo 窗口，如图 6-58 所示。

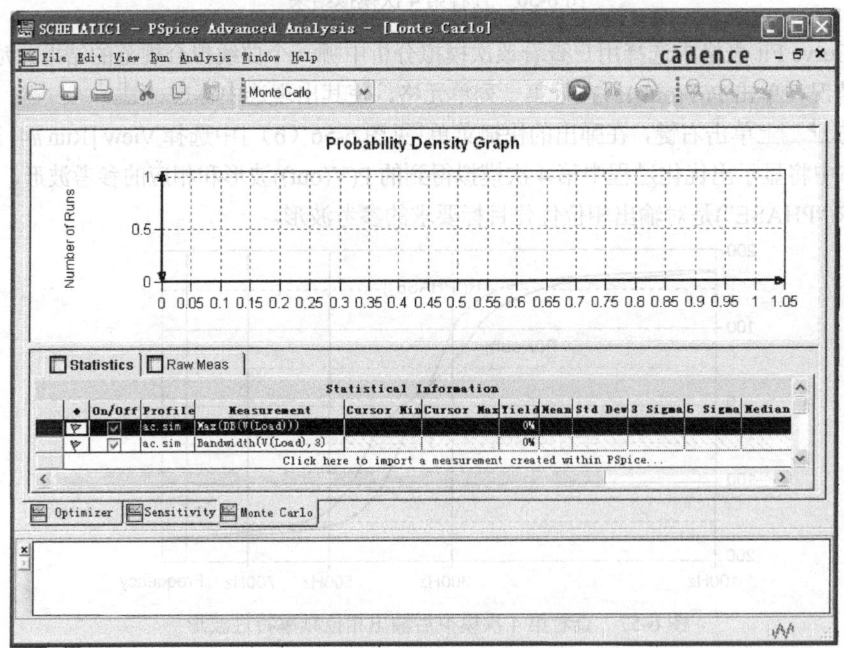

图 6-58 Monte Carlo 分析窗口

Monte Carlo 窗口结构与其他高级分析工具窗口类似。MC 分析窗口的特点是在工具栏下方是表示 MC 分析结果的图形显示区，其功能和具体使用方法将在 6.4.3 节至 6.4.7 节介绍。

3. Monte Carlo 运行参数设置

如图 6-58 所示的 Monte Carlo 窗口的包括 7 条主命令也就是高级分析中 5 种分析工具共有的命令栏主命令，它们的基本功能已在 6.1 节做了详细介绍。下面只简要说明与 Monte Carlo 分析有关的 Edit→Profile Settings 子命令。

Edit→Profile Settings 子命令的作用是设置与 Monte Carlo 分析、结果显示有关的参数。

在 Monte Carlo 窗口中选择执行 Edit→Profile Settings 子命令，将出现图 6-59 所示对话框。Monte Carlo 标签页中包括的是与 Monte Carlo 分析有关的参数。

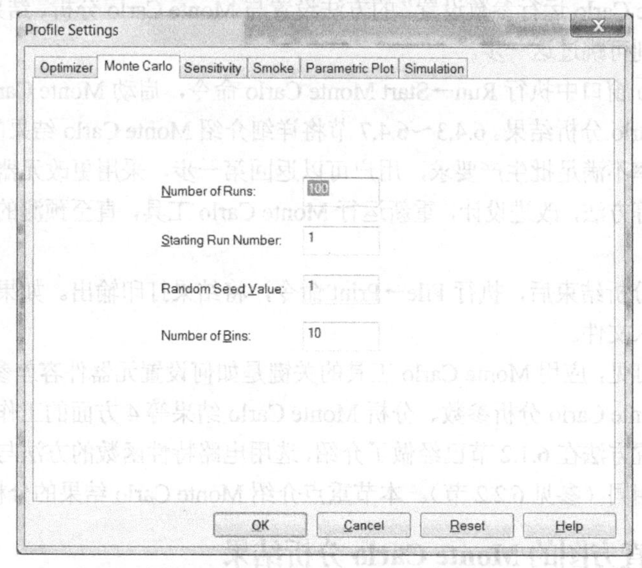

图 6-59　Monte Carlo 分析参数设置

① Number of Runs：用于设置整个 Monte Carlo 分析过程包括的模拟分析次数。

提示：在 Monte Carlo 分析中，特别要注意的是，如果模拟分析次数太少，分析结果将不能反映实际大生产情况。建议选用的模拟次数不要少于 400 次。

② Starting Run Number：默认情况下，本项参数设置为 1，即 Monte Carlo 分析时第一次采用标称值模拟分析，然后按照随机数序列完成整个 Monte Carlo 分析过程。

在完成一次 Monte Carlo 全过程分析后，用户可以根据实际情况，改变本项参数设置，确定从某一次运行设置重新开始 Monte Carlo 分析，达到重现部分 Monte Carlo 模拟仿真结果的目的。通过改变本项设置值还可以提取出某些感兴趣的特定运行次数的随机分析结果，而无须重新进行整个 Monte Carlo 模拟仿真。

③ Random Seed Value：本项设置的数值用于指定 Monte Carlo 分析中产生随机数时所用的“种子数”。随机数序列取决于产生随机数时采用的“种子数”。即使元器件的标称值和容差保持不变，采用不同的种子数将会产生不同系列的随机数。

默认情况下，本项参数设置为 1。

④ Number of Bins：Monte Carlo 分析结束后，采用直方图显示电路特性参数统计分布情况时，将全部数据分成若干个区间进行统计处理。本项参数设置用于确定采用的区间数。系统默认设置是 Number of Runs 设置值的 1/10。

4. Monte Carlo 分析的基本步骤

对电路设计进行 Monte Carlo 分析的过程比较简单，包括下述几步。

① 在 Capture 中绘制好电路图，其关键是采用 6.1.2 节介绍的方法为相关元器件设置 Monte Carlo 分析要求的容差参数和分布函数，并按照通常的电路模拟方法运行 PSpice 模拟仿真程序，检查电路功能特性是否满足设计要求。

② 在 Capture 中选择执行 PSpice→Advanced Analysis→Monte Carlo 命令，调用 Monte Carlo 工具。

③ 在 Monte Carlo 窗口中设置电路特性函数，确定以哪一个或者哪几个电路特性为分析对象，预测生产成品率。

④ 按照“3. Monte Carlo 运行参数设置”的方法设置与 Monte Carlo 分析、结果输出有关的参数。如果采用默认设置，则可跳过这一步。

⑤ 在 Monte Carlo 窗口中执行 Run→Start Monte Carlo 命令，启动 Monte Carlo 分析。

⑥ 查看 Monte Carlo 分析结果。6.4.3～6.4.7 节将详细介绍 Monte Carlo 结果的显示和分析方法。如果预测的生产成品率不满足批生产要求，用户可以返回第一步，采用更改元器件参数值、修改参数分布或者参数容差等方法，改进设计，重新运行 Monte Carlo 工具，直至预测的生产成品率满足批生产要求。

⑦ Monte Carlo 分析结束后，执行 File→Print 命令，将结果打印输出。如果执行 File→Save 命令，则将分析结果存入文件。

由上述分析流程可见，应用 Monte Carlo 工具的关键是如何设置元器件容差参数和分布、选用电路特性函数、设置 Monte Carlo 分析参数、分析 Monte Carlo 结果等 4 方面的工作。其中元器件容差参数和分布函数的设置方法在 6.1.2 节已经做了介绍，选用电路特性函数的方法与灵敏度分析中电路特性函数的选用方法相同（参见 6.2.2 节）。本节重点介绍 Monte Carlo 结果的分析。

6.4.2 显示有直方图的 Monte Carlo 分析结果

在 Monte Carlo 窗口中选择执行 Run→Start Monte Carlo 子命令，完成 Monte Carlo 分析后，Monte Carlo 窗口中将通过曲线和数据表格显示分析结果，如图 6-60 所示。

其中 Statistics 标签页表格同时显示有对每个电路特性函数统计分布情况的总结（Statistical Information）。曲线显示子窗口以曲线形式显示一个电路特性数据的统计分布情况。单击图 6-60 中 Statistical Information 表格某一行的第一列，使该单元格中出现选中标志▶，则该行描述的电路特性统计分布情况将立即显示在曲线显示子窗口中。

对图 6-60 所示实例，“Statistical Information”表格显示的是电路增益 max(db(v(load)))和带宽 bandwidth(v(load),3)两个电路特性统计分布情况总结。其中电路增益所在行第一列有选中标志▶，因此曲线显示子窗口中以曲线形式显示的是电路增益 max(db(v(load)))特性的统计分布。

Monte Carlo 分析结束后，可以采用 4 种方式显示分析结果，包括 Monte Carlo 分析过程中每次模拟分析结果数据、对所有数据的统计处理结果，以及采用 PDF（分布概率密度函数）和 CDF（累计分布函数）两种形式表示的电路特性统计分布曲线。

6.4.3 Monte Carlo 结果分析之一：原始数据表

Monte Carlo 窗口中下半部分是分析结果数据显示区，用户可查阅 Monte Carlo 分析结果产生的原始数据和对原始数据的统计处理结果。下面介绍查阅、分析 Monte Carlo 结果原始数据的方法和步骤。

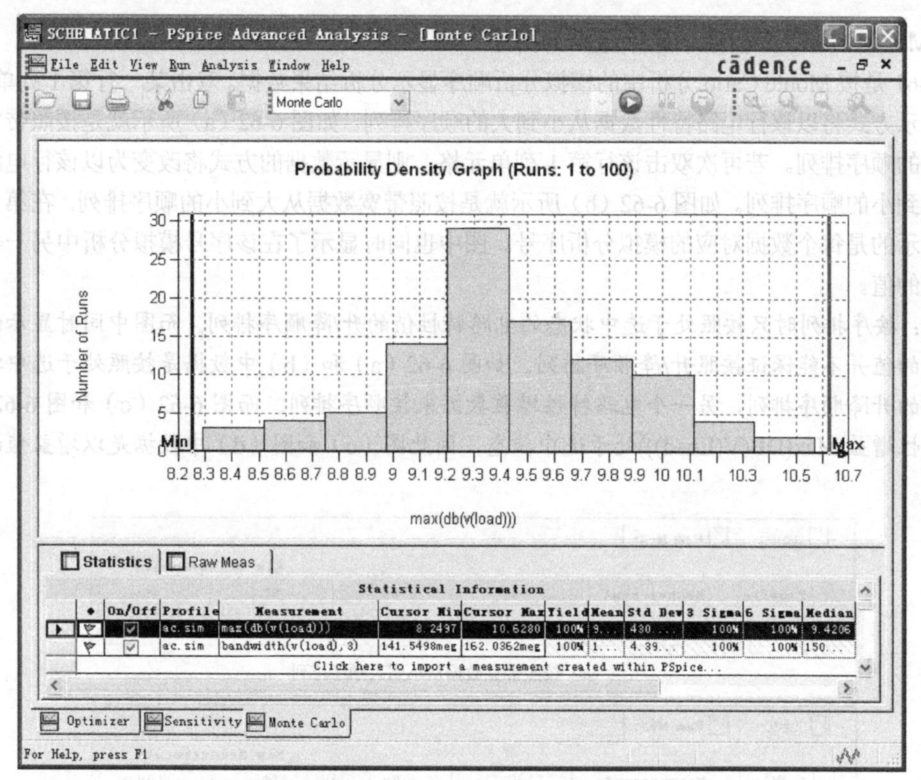

图 6-60　Monte Carlo 分析结果显示

1. 查阅 Monte Carlo 分析结果原始数据

① 单击 Raw Meas 标签，出现电路特性原始数据表，如图 6-61 所示。图中显示的是对图 6-12 所示射频电路进行 Monte Carlo 分析过程中一共 100 次模拟分析（参见图 6-60 中的设置）的结果原始数据。

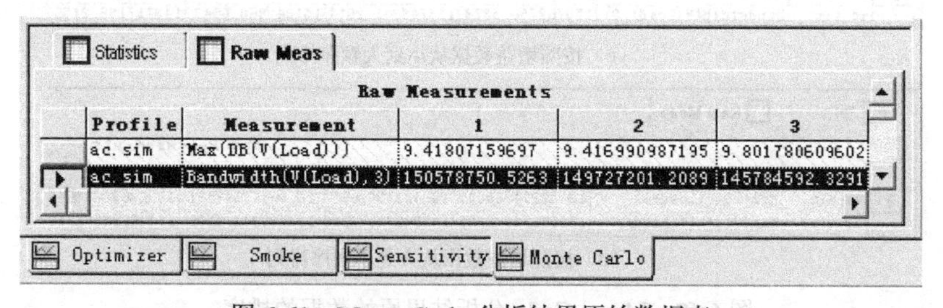

Profile	Measurement	1	2	3
ac.sim	Max(DB(V(Load)))	9.41807159697	9.416990987195	9.801780609602
ac.sim	Bandwidth(V(Load), 3)	150578750.5263	149727201.2089	145784592.3291

图 6-61　Monte Carlo 分析结果原始数据表

② 表中各行含义：原始数据表中不同行给出 Monte Carlo 分析后不同电路特性的模拟分析结果。由于 Monte Carlo 分析中以增益（Max）和带宽（Bandwidth）两个电路特性为对象，因此图 6-61 中分两行分别显示 100 次模拟分析中这两个特性参数的数值。

③ 表中各列含义：每行第 1 列为选中标志列。第 2 列和第 3 列分别是该行电路特性对应的模拟分析类型和电路特性函数名称，这三列在其他高级分析窗口中也都存在。

从第 4 列开始依次给出 Monte Carlo 分析中每次模拟分析结果数据。图中只显示出前三次的数据，操作水平方向滚动条可以查阅其他各次模拟分析结果。按照 Monte Carlo 分析默认设置，第一次模拟分析中各个元器件参数均采用标称值。

2. Monte Carlo 分析结果原始数据的排序

图 6-61 是按 Monte Carlo 分析中的模拟分析顺序显示分析结果数据。双击某一行第 1 列单元格，则数据显示方式将以该行电路特性数据从小到大的顺序排列。如图 6-62（a）所示就是按照带宽数据从小到大的顺序排列。若再次双击该行第 1 列单元格，则显示数据的方式将改变为以该行电路特性数据从大到小的顺序排列。如图 6-62（b）所示就是按照带宽数据从大到小的顺序排列。在第 1 行标题栏中显示的是每个数据对应的模拟分析序号。图中也同时显示了在该序号模拟分析中另一个电路特性增益的值。

提示：按序排列时只按照处于选中状态的电路特性值的升/降顺序排列。而图中同时显示的其他电路特性的值并不能保证按照升/降顺序排列。如图 6-62（a）和（b）中数据是按照处于选中状态的带宽数据的升降顺序排列，另一个电路特性增益数据未按顺序排列。而图 6-62（c）和图 6-62（d）中电路特性增益 Max(DB(V(Load)))处于选中状态，因此图（c）和图（d）中数据是以增益值的大小顺序排列。

Statistics | Raw Meas

Raw Measurements

	Profile	Measurement	44	89	91	46
	ac. sim	Max(DB(V(Load)))	9.164031091746	9.928227224334	9.653746676852	10.42375026653
▶	ac. sim	Bandwidth(V(Load), 3)	142201288.2381	142275635.91	142395407.3123	142898331.3618

（a）按照带宽数据从小到大顺序排列

Statistics | Raw Meas

Raw Measurements

	Profile	Measurement	67	59	74	100
	ac. sim	Max(DB(V(Load)))	9.393254650339	9.368047050048	9.431480395695	9.238457759255
▶	ac. sim	Bandwidth(V(Load), 3)	161831960.0748	160778582.2001	160404026.9315	160044476.1075

（b）按照带宽数据从大到小顺序排列

Statistics | Raw Meas

Raw Measurements

	Profile	Measurement	98	50	66	5
▶	ac. sim	Max(DB(V(Load)))	8.238772649793	8.371370090279	8.447538740738	8.612185330875
	ac. sim	Bandwidth(V(Load), 3)	150762796.5823	153749941.2014	151845860.0643	148717188.2756

（c）按照增益数据从小到大顺序排列

Statistics | Raw Meas

Raw Measurements

	Profile	Measurement	58	46	14	2
▶	ac. sim	Max(DB(V(Load)))	10.52214929835	10.42375026653	10.36672648751	10.23638819648
	ac. sim	Bandwidth(V(Load), 3)	150196989.8295	142898331.3618	152580342.5506	154266655.5712

（d）按照增益数据从大到小顺序排列

图 6-62　Monte Carlo 分析结果原始数据的排序

提示：如 4.4.3 节分析，实际生产中，极端（最坏及最好）情况出现的概率极小。因此，由模拟实际生产情况的 MC 分析结果给出的数据分散范围必然在极端情况分析结果的范围之内。由图 6-62 可见，对于图 6-12 所示射频放大电路，MC 分析结果表明，按照电路中阻容元件的容差设置，导致带宽特性数据的分散范围为 142.20 ~ 161.83MHz[见图 6-62（a）和（b）]，而增益特性数据的分散范围为 8.24～10.52dB[见图 6-62（c）和（d）]。对比图 6-18 所示的灵敏度分析结果，极端情况下的带宽 Min 为 130.34MHz，Max 为 174.84MHz。极端情况下的增益 Min 为 7.31dB，Max 为 11.38dB。这就是说，无论是带宽还是增益，MC 分析给出的数据分散范围确实是在灵敏度分析给出的极端 Min 和 Max 范围内。这就说明高级分析中的 MC 分析已解决了 AD 中的问题。

3. 将分析结果原始数据复制到其他应用程序

如果用户希望进一步利用这些原始数据，可以使用 Edit 菜单或者快捷菜单中的 Copy 子命令，将处于选中状态的那一行的全部电路特性原始数据放置到剪贴板中，然后在其他应用程序（例如 Word）中执行“粘贴”（Paste）命令复制使用这些数据。

4. 查阅 Monte Carlo 分析过程中每次采用的元器件参数值

原始数据表中显示的是 Monte Carlo 分析结果数据。选择执行 View→Log File→Monte Carlo 命令，屏幕上将以文本格式显示出 Monte Carlo 分析过程中每一次模拟仿真采用的元器件参数值。图 6-63 显示的是对图 6-12 所示射频放大器进行 Monte Carlo 分析过程中第二次模拟采用的 14 个元器件值，以及采用这些值计算得到的电路增益和带宽两个电路特性值。计算时射频放大器中其他未设置有容差参数的元器件，均采用标称值。

```
************* MonteCarlo Run 2 *************

Param : C4.VALUE   (C_C4.VALUE) = 9.00250251777703u
Param : C6.VALUE   (C_C6.VALUE) = 475.97701956236443n
Param : R9.VALUE   (R_R9.VALUE) = 46.93304239020966
Param : R4.VALUE   (R_R4.VALUE) = 499.02160710470901
Param : C1.VALUE   (C_C1.VALUE) = 10.17001861629078n
Param : R6.VALUE   (R_R6.VALUE) = 468.10806604205453
Param : R7.VALUE   (R_R7.VALUE) = 261.91573839533680
Param : C3.VALUE   (C_C3.VALUE) = 507.22046571245454n
Param : R8.VALUE   (R_R8.VALUE) = 3.51307443464461
Param : R3.VALUE   (R_R3.VALUE) = 7.13538254951628k
Param : R5.VALUE   (R_R5.VALUE) = 46.74108096560564
Param : R2.VALUE   (R_R2.VALUE) = 3.21536606952116k
Param : R1.VALUE   (R_R1.VALUE) = 25.01040681173132k
Param : C7.VALUE   (C_C7.VALUE) = 471.27228614154473n

Specs : Max(DB(V(Load))) = 9.41699098719502
Specs : Bandwidth(V(Load),3) = 149.72720120892672meg
```

图 6-63　MC 分析中第 2 次模拟采用的元器件参数值

6.4.4　Monte Carlo 结果分析之二：分析结果统计信息

图 6-61 所示 Raw Measurements 表中显示的是 Monte Carlo 分析结果原始数据。本节介绍如何分析查阅对这些原始数据的统计分析结果。

1. 查阅统计分析结果数据

单击 Statistics 标签，Monte Carlo 窗口下半部分出现 Statistical Information 表，如图 6-64 所示。表中每一行代表一个电路特性，分 13 列显示出对该电路特性 Monte Carlo 分析结果原始数据的统计处理信息。其中前 5 列在其他高级分析窗口说明中已有介绍，下面重点说明其他 8 列参数的含义。

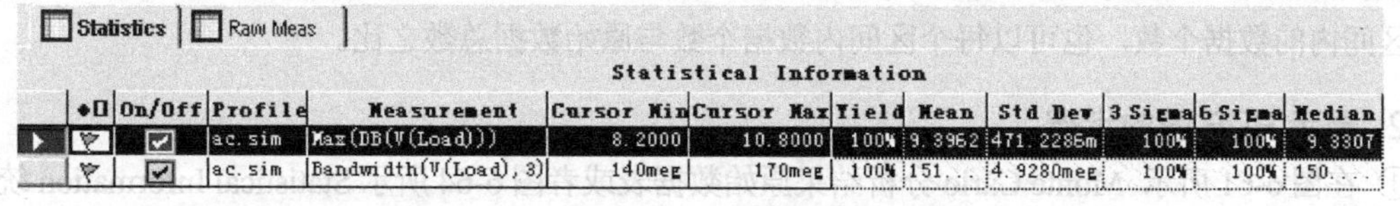

Statistics | Raw Meas

Statistical Information

	◆□	On/Off	Profile	Measurement	Cursor Min	Cursor Max	Yield	Mean	Std Dev	3 Sigma	6 Sigma	Median
▶		✔	ac.sim	Max(DB(V(Load)))	8.2000	10.8000	100%	9.3962	471.2286m	100%	100%	9.3307
		✔	ac.sim	Bandwidth(V(Load), 3)	140meg	170meg	100%	151...	4.9280meg	100%	100%	150...

图 6-64　Statistical Information 统计分析信息表

① 第 6 列“Cursor Min”和第 7 列“Cursor Max”：Monte Carlo 分析结束后，为了以各个电路特性为对象，根据分析结果原始数据预测生产成品率，需要指定对电路特性的规范要求。Cursor Min 和 Cursor Max 两列的作用是分别指定该行电路特性的下规范和上规范值。如果该电路特性值低于下规范或者大于上规范即为不合格。用户可以在单元格中直接键入下规范和上规范的数值。设置的规

范值也同时自动显示在 PDF 曲线（见图 6-65）和 CDF 曲线（见图 6-66）中。

② 第 8 列“Yield”显示的是生产成品率预测结果。Monte Carlo 分析结束后，得到的原始数据中，其值在第 6 列和第 7 列规定的上下规范要求范围内的数据个数与原始数据总数之比即为成品率的预测值。

③ 第 9 列“Mean”给出的是该行电路特性所有原始数据的平均值。

④ 第 10 列“Std Dev”给出的是该行电路特性所有原始数据的标准偏差。

⑤ 第 11 列“3 Sigma”给出的是 Monte Carlo 分析得到的原始数据中，其值在均值加减 3 倍标准偏差范围内的数据个数与原始数据总数之比。

⑥ 第 12 列“6 Sigma”给出的是 Monte Carlo 分析得到的原始数据中，其值在均值加减 6 倍标准偏差范围内的数据个数与原始数据总数之比。

⑦ 第 13 列“Median” 给出的是该行电路特性所有原始数据的中位数。

2. 对统计分析计算范围的控制

图 6-64 中显示的是对全部原始数据进行统计分析的结果。按照下述步骤，可以快速查看针对不同 min/max 范围内的原始数据进行统计分析的结果。

① 根据需要，直接修改图 6-64 所示 Statistical Information 统计分析信息表中 Cursor Min 和 Cursor Max 两栏的最小值和最大值的设置值。

② 在 Monte Carlo 窗口的曲线显示子窗口或者统计信息子窗口中单击右键，从弹出的快捷菜单中选择 Restrict Calculation Range 子命令，Monte Carlo 工具将从原始数据中选用数值在 Cursor Min 和 Cursor Max 两栏设置值范围内的数据，重新计算统计信息。

提示：如果 Restrict Calculation Range 子命令处于选中状态，只要改变 Statistical Information 统计分析信息表表中 Cursor Min 和 Cursor Max 两栏的最小值和最大值的设置值，Monte Carlo 分析将自动从原始数据中选用数值在 Cursor Min 和 Cursor Max 两栏设置值范围内的数据，重新计算统计信息。

如果要恢复采用全部原始数据计算统计信息，必须首先单击快捷菜单中的 Restrict Calculation Range 子命令，使其脱离选中状态。

6.4.5 Monte Carlo 结果分析之三：概率密度函数（PDF）图

Monte Carlo 分析后，为了直观反映电路特性数据的分散性，可以采用 PDF（分布概率密度函数）和 CDF（累计分布函数）两种形式显示电路特性统计分布曲线。

1. PDF 图的含义

PDF 是 Probability Density Function 的缩写，表示概率密度函数。Monte Carlo 分析结束后显示的 PDF 图实际上是一个直方图。X 轴是电路特性值，分成几个区间。Y 轴可以表示电路特性数据值在每个区间内的数据个数，也可以每个区间内数据个数与原始数据总数之比。

2. 显示 PDF 图的步骤

① 在图 6-61 所示 Monte Carlo 分析结果原始数据表或者图 6-64 所示 Statistical Information 统计分析信息表中单击某一行的第 1 列，使该列所在电路特性行处于选中状态，Monte Carlo 窗口上半部分将显示出该行所示电路特性原始数据的统计分布图。

② 如果屏幕上显示的是 CDF 曲线而不是 PDF 图，则快捷菜单中的 CDF Graph 子命令将变换为 PDF Graph。这时单击右键从弹出的快捷菜单中选择执行 PDF Graph 子命令，即出现图 6-65 所示的 PDF 图。

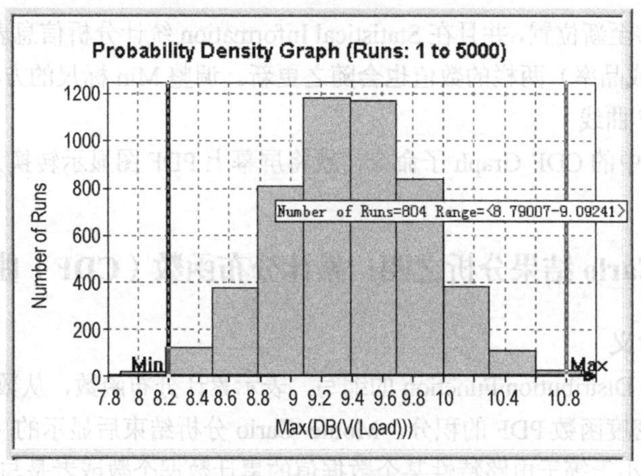

图 6-65　PDF 图

图中显示的是增益特性参数数据分布直方图。如图中标题所示，这次 Monte Carlo 分析一个进行了 5000 次模拟分析（Runs：1 to 5000）。横坐标是以分贝为单位显示 Load 节点处电压信号的分贝数[Max(DB(V(Load)))]，分为 10 个区间。纵坐标是 Monte Carlo 分析后所有原始数据中数值在每个区间内的数据个数（Number of Runs）。

若将光标移至某一个区间图形范围，光标处将出现该区间图形的信息说明。图 6-65 中是将光标放于从左起第 4 个区间范围出现的信息说明：位于该区间中的数据个数为 804 个，该区间范围为 8.79007～9.09241。

图中 Min 和 Max 两条线所在位置分别为图 6-64 中该电路特性规范最小值和最大值的设置值，即图 6-64 中 Cursor Max 和 Cursor Min 两列的设置值。在这两条线范围内的电路特性数据均满足规范要求。

③ 在图中单击右键，从弹出的快捷菜单中选择执行与 Zoom 有关的 4 条子命令可以改变图形显示的大小、设置图形显示的范围。这 4 条子命令的功能以及使用方法与一般应用软件中的同名子命令相同。

3. PDF 图显示方式的处理

（1）改变纵坐标

按默认设置，纵坐标是 Monte Carlo 分析后原始数据中数值在每个区间内的数据个数（Number of Runs）。选择执行快捷菜单中的 Percent Y-axis 子命令，纵坐标将以百分比显示每个区间内的数据个数与原始数据个数总数之比（Percent of Runs）。

（2）更改 X 轴上的数据区间划分个数

从 Edit 菜单中选择 Profile Settings，然后单击 Monte Carlo 标签，在图 6-59 所示 Monte Carlo 分析参数设置对话框的 Number of Bins 文本框中可以设置数据区间划分个数。该项设置的数值越大，显示的越详细，但是需要更多的运行次数。

（3）调整 Max 和 Min 的位置

PDF 图中分别带有 Max 和 Min 字符的两条竖线标尺代表对该电路特性的规范要求范围。在这两条标尺范围内 PDF 图形曲线面积是满足要求的电路特性值所占的比例，即为成品率。这两条标尺的位置取决于图 6-64 所示 Statistical Information 统计分析信息表中 Cursor Max 和 Cursor Min 两个单元格中的设置值，也可以采用下述方式直接调整这两条竖线的位置：

单击 Max 标尺，即将其选中（选中时以红色显示），然后在 X 轴新位置上单击左键，则处于选中状态的 Max 标尺将移至新位置，并且在 Statistical Information 统计分析信息表中“Cursor Max”（规范上限）和“Yield”（成品率）两栏的数值也会随之更新。调整 Min 标尺的方法与之相同。

（4）转换显示 CDF 曲线

选择执行快捷菜单中的 CDF Graph 子命令，就将屏幕上 PDF 图显示转换为 CDF 曲线显示（见 6.4.6 节）。

6.4.6 Monte Carlo 结果分析之四：累计分布函数（CDF）曲线

1. CDF 曲线的含义

CDF 是 Cumulative Distribution Function 的缩写，表示累计分布函数，从数学角度考虑，累计分布函数 CDF 是对概率密度函数 PDF 的积分。Monte Carlo 分析结束后显示的 CDF 曲线横坐标是电路特性值，纵坐标表示小于等于电路特性某个数据值的累计数据个数或者是与原始数据总数之比。

2. 显示 CDF 曲线的步骤

① 在图 6-61 所示 Monte Carlo 分析结果原始数据表或者图 6-64 所示 Statistical Information 统计分析信息表中单击某一行的第 1 列，使该列所在电路特性行处于选中状态，Monte Carlo 窗口上半部分将显示出该行所示电路特性原始数据的统计分布图。

② 如果显示的是 PDF 图而不是 CDF 曲线，单击右键从弹出的快捷菜单中选择执行 CDF Graph 子命令，则 PDF 图即转换为图 6-66 所示的 CDF 曲线。

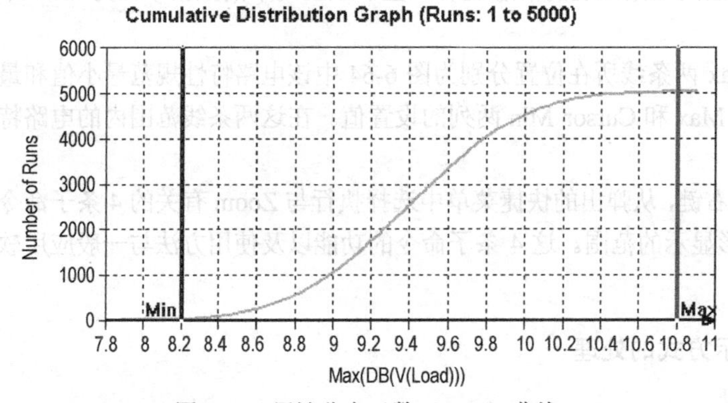

图 6-66　累计分布函数（CDF）曲线

图 6-66 与图 6-65 分别以 CDF 和 PDF 两种方式显示的同一批数据，即对图 6-12 所示射频放大器进行模拟分析 5000 次的 Monte Carlo 分析结果。

对 CDF 曲线也可以改变显示倍数和显示方式，具体方法与 PDF 图相同。

6.4.7 Monte Carlo 分析过程控制

在 Monte Carlo 分析过程中，用户可以采用工具栏中的按钮、按钮和按钮，暂停、恢复或者中止 Monte Carlo 进程。使用方法与 6.2.3 节介绍的灵敏度分析过程的暂停、恢复或者中止方法类似。

说明：单击工具栏中的按钮，程序将在完成当前模拟分析后暂停运行，这时 Monte Carlo 窗口中将显示当前已完成的运行次数和已经产生的数据。

6.5　Smoke 工具与元器件热电应力分析

在电子线路工作过程中，如果电路中某个（某些）元器件承受的热电应力超出其允许范围，可能导致元器件烧毁。即使这些元器件没有立即烧毁，也会降低其可靠性，使电路不能正常工作。因此，在电路设计中，一方面要防止电路中存在有些元器件承受“过应力”作用的情况，同时，对可靠性要求较高的电路和系统，还广泛采用降额设计技术，提高元器件的工作寿命。针对上述情况，PSpice 的 Advanced Analysis 分析工具提供有 Smoke（又称为 Stress）分析功能，用于判断电路中是否存在某些元器件承受的热电应力超出其允许范围，以及电路工作状态是否满足降额设计的要求。本节结合电路实例介绍 Smoke 工具的功能和使用方法。

6.5.1　降额设计与 Smoke 工具

1. 电路可靠性与降额设计

可靠性物理分析以及可靠性试验结果均表明，元器件工作时承受的电应力（如工作电压、工作电流）和热应力（如环境温度）越高，则元器件的失效率也越高，即工作寿命越低。由主要失效机理决定的半导体器件平均寿命（MTTF）可表示为

$$\mathrm{MTTF} \propto F^{-m} \exp(E_a/kT) \tag{6-5}$$

式中，F 为半导体器件承受的电应力强度（如电流密度，电场强度等）；T 为半导体器件的工作温度；m 为常数，E_a 为激活能。m 和 E_a 值的大小反映了元器件固有质量水平的高低，与半导体器件的失效模式有关。

由式（6-5）可见，在 m 值和激活能 E_a 一定的情况下，如果使半导体器件工作时承受的电应力强度和工作温度低于该器件的额定值，就可以提高器件工作的可靠性。

降额设计的目的就是通过设计，使电路工作时，对可靠性影响较大的关键元器件承受的应力适当低于常规水平，以降低基本失效率，使电路设计具有较大的裕量。因此降额设计又称为裕量设计。

在降额设计的过程中，应采用合适的降额幅度。一方面，当降额幅度增大到一定程度后，降额的效果将趋于“饱和”。另外，将元器件降额使用必然增加成本，而且有些情况下降额使用还会影响元器件特性的正常发挥。为此，我国已制定有标准“GJB/Z35 元器件降额准则”，针对不同应用场合下对不同种类元器件应该选用多大的降额幅度提供了一套选用准则，供电路和系统设计人员参考。

2. 与降额设计有关的几个名词术语

在 PSpice AA 运行中，涉及下面几个与降额设计有关的名词术语。

① 元器件最大工作条件（Maximum Operating Condition，MOC）：指元器件工作时允许承受的最大热电应力值。其值可以从元器件生产厂家提供的数据手册上查得。

② 元器件安全工作条件范围（Safe Operating Limits，SOL）：用户从提高可靠性的角度考虑，在设计电路时，要求元器件承受的热电应力值不要超出的数值称为该元器件安全工作条件。

③ 降额因子：按照元器件的最大工作条件（MOC）值，设计人员通过“降额因子”指定元器件安全工作条件（SOL）。它们之间的关系为：

安全工作条件范围（SOL）＝元器件最大工作条件（MOC）×降额因子　　（6-6）

④ 实际工作值：经 PSpice 模拟仿真计算得到的每个元器件承受的电应力称为该元器件的实际工作值。在 PSpice 中称之为“Measured Value”。

3. 热电应力分析工具 Smoke

（1）Smoke 工具的功能

Smoke 工具的作用是检验电路工作时，电路中的元器件是否由于功耗、结温的升高、二次击穿或者电压/电流超出安全工作条件范围而存在应力问题，并及时发出警告。

Smoke 分析首先根据元器件生产厂家提供的最大工作条件额定值（MOC）和设计者给出的“降额因子”，采用式（6-6）计算元器件参数的安全工作条件范围（SOL）。

然后，Smoke 工具将电路模拟仿真结果得到的元器件实际工作值“Measured Value”与安全工作条件范围（SOL）相比较，如果出现了超出安全工作条件范围的情况，Smoke 将指出那些元器件的那些参数出了问题，并且可以在电路图中自动标示出相应的元器件。

Smoke 分析后可以显示出应力参数的平均值、均方根值和峰值，并且将这些值与相应的安全工作范围相比较。

（2）Smoke 参数

进行应力分析时，需要考虑的元器件热电应力参数称为该元器件的 Smoke 参数。第 7 章将详细介绍不同类型元器件的 Smoke 参数。

（3）Smoke 分析的步骤

对电路进行 Smoke 分析的方法比较简单，6.5.2 节将结合 No Derating 模式详细介绍进行 Smoke 分析的步骤。

4. Analysis→Smoke 子命令菜单

运行 Smoke 工具的过程中，将频繁使用图 6-67 所示的 Analysis→Smoke 子命令菜单。建立用户自定义降额因子设置文件、选用不同模式进行 Smoke 分析、查看 Smoke 分析结果等工作都离不开这些子命令。在 Smoke 窗口中单击右键，屏幕上出现的快捷菜单中也包括图 6-67 所示的这些子命令。

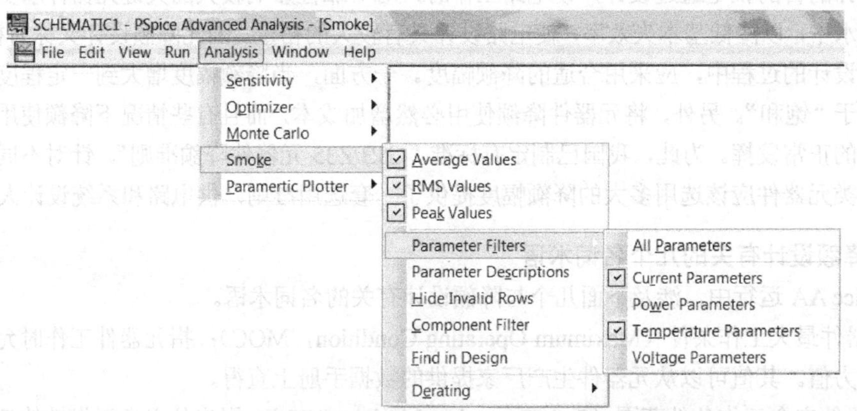

图 6-67　Smoke 窗口中的 Analysis→Smoke 子命令菜单（1）

需要注意的是，Analysis→Smoke 子命令菜单中 Derating 下一层次的子命令（见图 6-68）与快捷菜单中 Derating 下一层次的子命令（见图 6-69）不完全相同，其功能也不一样。

本节将结合不同模式下 Smoke 模块的运行详细介绍这些子命令的功能和使用方法。

5. Smoke 的三种运行模式

运行 Smoke 工具时，在 Derating 下拉子命令菜单中（见图 6-68 和图 6-69）选择相关命令，指定采用哪种降额方式进行 Smoke 分析。

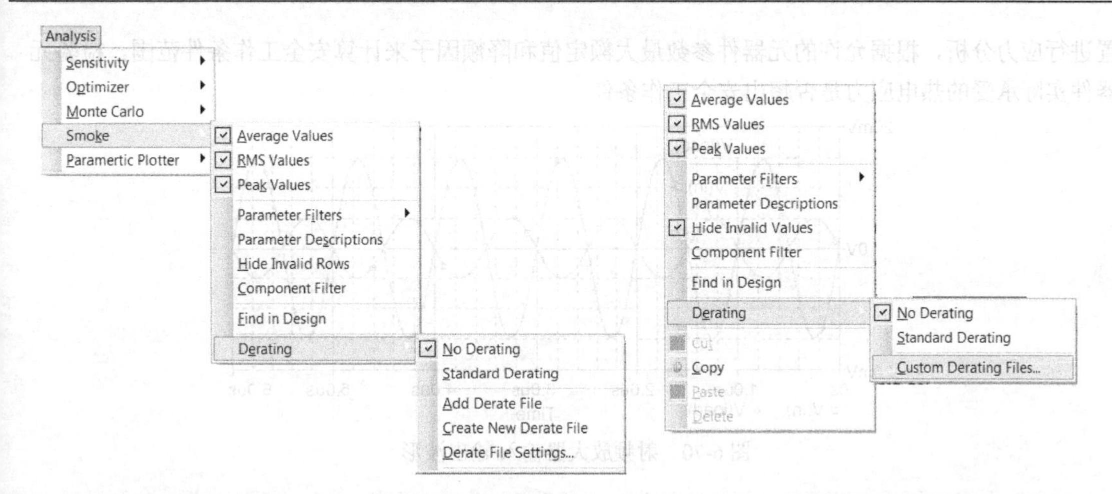

图 6-68　Smoke 窗口中的 Analysis→Smoke 子命令菜单（2）　　　图 6-69　快捷菜单

① 无降额模式：若选择 No Derating，表示不采用降额因子进行 Smoke 分析。6.5.2 节将结合这一模式详细介绍运行 Smoke 的步骤。

② 标准降额模式：若选择 Standard Derating，则采用 PSpice 软件建立的降额因子文件进行 Smoke 分析。6.5.4 节将介绍与 Standard Derating 模式相关的问题。

③ 用户自定义降额文件模式：若选择 Custom Derating Files，则按照用户自定义降额文件的规定进行 Smoke 分析（详见 6.5.5 节）。

6.5.2　"No Derating" 运行模式

本节结合图 6-12 所示射频放大器电路实例，详细说明采用 "No Derating" 模式调用 Smoke 工具进行应力分析的步骤。

1．绘制电路图

运行 Smoke 的第一步是在 Capture 中进行电路设计，绘制好电路图。

需要注意的是，为了进行应力分析，电路中的相应元器件必须具有 Smoke 参数。对半导体器件等有源器件，高级分析库中描述半导体器件特性的模型参数中带有 Smoke 参数。对于电路中电阻、电容和电感等无源元件，设置 Smoke 参数的一种简单方法是在绘制电路图时执行 Place→Part 命令从 PSPICE_ELEM 库中调用名称为 VARIABLES 的符号（详见 6.1.2 节）。

在电路图绘制软件 Capture 中绘制如图 6-12 所示的射频放大器电路图。

2．检验电路特性是否符合要求

绘制好电路图后，应采用通常的模拟方法检验电路设计是否满足 Smoke 分析的要求。

提示： Smoke 分析的目的是检验电路中元器件实际承受的热电应力是否超出安全工作范围，因此只能对时域（瞬态）特性进行，Smoke 不支持其他类型电路特性的应力分析。

对图 6-12 所示射频放大器实例，瞬态分析结果波形如图 6-70 所示。输入信号周期为 1μs（对应频率为 1MegHz），振幅为 5mV，输出信号振幅为 15mV，波形显示正常，基本满足设计要求。

3．运行 Smoke

在电路图绘制软件 Capture 中，选择执行 PSpice→Advanced Analysis→Smoke 命令，即调用 Smoke 工具进行应力分析。Smoke 工具将自动采用当前处于激活状态的 Simulation Profile 瞬态分析剖面设置进行应力分析，根据允许的元器件参数最大额定值和降额因子来计算安全工作条件范围，检验元器件实际承受的热电应力是否超出安全工作条件。

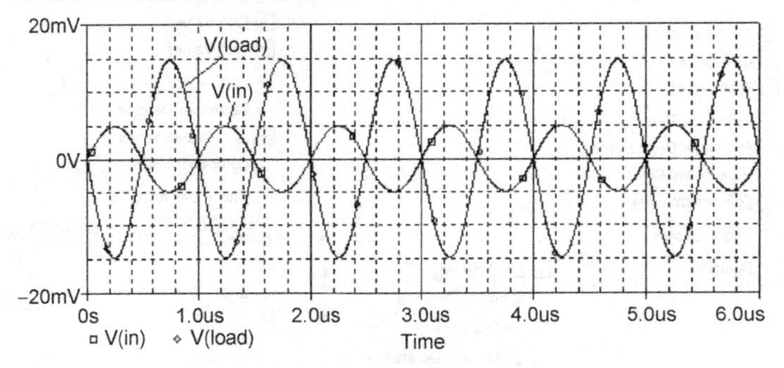

图 6-70 射频放大器输入/输出波形

提示：系统默认设置是图 6-68 所示子命令菜单中 No Derating 处于选中状态。如果不是这种状态，则需要在图 6-68 所示子命令菜单中选择 No Derating，然后再执行 Run→Start Smoke 命令，系统将按照 No Derating 模式重新进行 Smoke 分析。

4. 查看 Smoke 应力分析结果

Smoke 运行结束后，屏幕显示运行结果。对图 6-12 所示射频电路，显示有 Smoke 应力分析结果的 Smoke 窗口如图 6-71 所示。

6.5.3 节将详细说明如何分析理解图 6-71 所示的 Smoke 运行结果。

SCHEMATIC1 - PSpice Advanced Analysis - [Smoke]

File Edit View Run Analysis Window Help

Smoke | tran.sim

Smoke - tran.sim [No Derating] Component Filter = [*]

◆	Component	Parameter	Type	Rated Value	% Derating	Max Derating	Measured Value	% Max
	Q1	VCE	Peak	12	100	12	8.1422	68
	Q1	VCE	Average	12	100	12	8.1262	68
	Q1	VCE	RMS	12	100	12	8.1262	68
	Q1	TJ	Peak	200	100	200	95.0543	48
	Q1	TJ	RMS	200	100	200	92.4152	47
	Q1	TJ	Average	200	100	200	92.3888	47
	Q1	PDM	Peak	197.7143m	100	197.7143m	77.7764m	40
	Q1	PDM	RMS	197.7143m	100	197.7143m	74.7603m	38
	Q1	PDM	Average	197.7143m	100	197.7143m	74.7301m	38
	Q1	VCB	Peak	20	100	20	7.3568	37
	Q1	VCB	RMS	20	100	20	7.3392	37
	Q1	VCB	Average	20	100	20	7.3391	37
	Q1	VEB	RMS	2.5000	100	2.5000	787.0483m	32
	R6	TB	Average	200	100	200	59.3908	30
	R6	TB	Peak	200	100	200	59.3908	30
	R6	TB	RMS	200	100	200	59.3908	30

图 6-71 显示 Smoke 分析结果的窗口

6.5.3 Smoke 运行结果的分析

Smoke 运行结束后，图 6-71 所示 Smoke 窗口中显示出所有设置有 Smoke 参数的元器件的各个 Smoke 参数的分析结果。如果电路规模较大，设置有 Smoke 参数的元器件较多，则 Smoke 窗口中显示的内容将很庞杂。本节结合图 6-71 所示 Smoke 窗口，一方面说明如何解读 Smoke 模块给出的结果，同时详细说明如何采用图 6-67 所示 Analysis→Smoke 命令菜单中的相关子命令，使得 Smoke 窗口中只显示用户最关心的结果信息。

由图 6-71 可见，Smoke 窗口以电子表格的形式显示应力分析的结果。每一行描述一个元器件应力参数。表格分 9 列，因此 Smoke 工具从 9 个方面给出一个应力参数的分析结果。

连击某一列的标题栏，可以按该列中的数据“大小”重新安排每一行应力参数的显示顺序。

下面结合图中第 1～3 行这三行的内容说明每一列信息的含义，理解 Smoke 分析结果。这三行分别描述了在工作时 Q1 晶体管应力参数 VCE（即集电极和发射极之间承受的电压）的“峰值(Peak)”、“平均值（Average）”和“均方根值”（RMS）。

1. 应力参数安全条件要求的标识

图 6-71 中的第一列是标识列，以绿色的旗帜图形表示该行应力参数计算结果有安全工作条件范围的限制。若为黄色旗帜图形，则表示该行应力参数计算结果没有安全工作条件范围的限制。例如，对 Q1 晶体管的应力参数 VCE，只对其峰值有安全工作极限值的要求，因此，虽然第 1 到第 3 行分别计算了 Q1 晶体管应力参数 VCE 的“Peak”（峰值）、“Average”（平均值）、和“RMS”（均方根值），但是只有显示其峰值的那一行，即图 6-71 中第 1 行的第 1 列是绿色标志旗，另两行第 1 列均为黄色标志旗。

2. 元器件名称

第 2 列“Component”表示该行显示的是哪个元器件的应力参数。图 6-71 中第 1 到第 3 行显示的都是晶体管 Q1 的应力参数 VCE，因此这三行的第 2 列均显示 Q1。

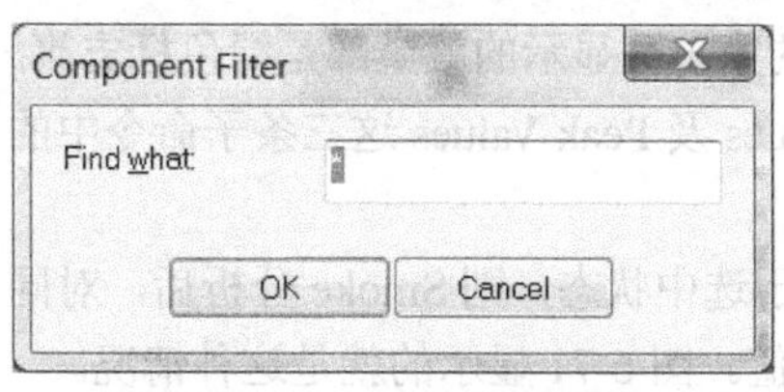

图 6-72　元器件类型选择

用户可以采用下述两种方法，使 Smoke 窗口中只显示用户最关心的那些元器件。

① 执行图 6-67 所示 Analysis→Smoke 命令菜单中的 Component Filter 子命令，屏幕上将弹出图 6-72 所示对话框，用户在 Find what 右侧文本框中键入元器件的编号，其中可以结合采用适配符？或者*，再单击 OK 按钮，则符合要求的元器件才会出现在 Smoke 窗口中。

例如，若键入 R*，则 Smoke 窗口中只显示所有的设置有 Smoke 参数的电阻。若键入*（这是系统的默认设置），则电路中所有设置有 Smoke 参数的元器件都将显示在 Smoke 窗口中。

② 对于具有 Smoke 参数的元器件，如果添加一个名称为 SMOKE_ON_OFF 的参数，并将其参数值设置为 OFF，则 Smoke 分析过程中将不考虑该元器件，Smoke 分析结束后，Smoke 窗口中自然不会显示该元器件。

3. 应力参数名

第 3 列“Parameter”以缩写的格式给出该行显示的应力参数名称。图 6-71 中第 1～3 行这三行显示的都是晶体管 Q1 的应力参数 VCE，因此第 1～3 行这三行的第 3 列均显示 VCE。

用户可以通过执行图 6-67 所示 Analysis→Smoke→Component Filter 命令菜单中的相关子命令，改变该列显示的参数类型以及显示的内容。

① 执行 All Parameters，使得该子命令前面出现勾选标志，则该列将显示所有的 Smoke 参数信息。

② 若通过单击 All Parameters 的方式，使得其前面的勾选标志消失，则图 6-67 中 All Parameters 下方的 4 条子命令就从灰色转变为黑色显示，供用户选择希望显示的参数，使得 Smoke 窗口中只显示与电流有关（若选中 Current Parameters）、与功率有关（若选中 Power Parameters）、与电压有关（若选中 Voltage Parameters），以及与温度有关（若选中 Temperature Parameters）的 Smoke 参数。则四条子命令中可以选中一条或者多条。

③ 如果执行图 6-67 所示 Analysis→Smoke 命令菜单中的的 Parameter Descriptions 子命令，则应力参数名这一列将给出 Smoke 参数名称的详细解释。对图 6-71，第 1～3 行这三行的第 3 列所显示的内容将改变为如图 6-73 所示的情况，即 Smoke 参数 VCE 替换为该参数的详细解释“Max C-E voltage”（集电极和发射极之间的最大电压）。

◆	Component	Parameter
▽	Q1	Max C-E voltage
▽	Q1	Max C-E voltage
▽	Q1	Max C-E voltage

图 6-73　参数 VCE 的详细解释

4. 应力参数值显示类型

在评价某一个 Smoke 参数实际应力值是否超出安全范围时，不同的 Smoke 参数需要采用的计算结果类型并不相同。例如，对双极晶体管，与电压有关的应力参数应该考虑峰值。而对功耗这类应力参数则不需要考虑峰值。为了适应 Smoke 参数的不同需求，Smoke 模块同时计算有每一个 Smoke 参数的均值、均方根值和峰值。第 4 列“Type”就是说明该行显示的应力参数数值是该应力参数的“Average”（平均值）、“RMS”（均方根值）还是“Peak”（峰值）。用户可以根据需要，采用下述方法控制该列信息的显示。

① 选中图 6-67 所示命令菜单中 Hide Invalid Rows，则与判断该行 Smoke 参数实际应力值是否超出安全范围，无关的计算结果将不再显示。例如，对于双极晶体管与电压有关的应力参数 VCE。只显示 Peak（峰值）。

显然，如果选中 Hide Invalid Rows 子命令，则作为标识列的第 1 列显示的就全部是绿色标志旗。

② 选中图 6-67 所示命令菜单中 Average Values、RMS Values 及 Peak Values 这三条子命令中的一条或者多条，则该列只显示相应类型的计算结果。

这三条子命令的选中与否，互不影响。如果三条命令均处于选中状态，则 Smoke 分析后，对同一个应力参数，将分三行分别显示同一个应力参数的这三个数值。图 6-71 显示的就是这种情况。

5. 最大工作条件

第 5 列“Rated Value”表示元器件供货方提供的该参数允许的最大工作条件。

6. 降额因子

第 6 列“% Derating”表示 Smoke 分析过程中对该应力参数采用的降额因子数值。其值应小于等于 100。本例中对图 6-12 所示射频放大器采用“No Derating”，即不降额，因此，第 5 列显示的都是 100，即 100% 。如果采用“Standard Derating”（标准降额）或者采用用户自定义的降额文件，第 6 列显示的降额因子值取决于相应降额文件中的设置（参见 6.5.4 节）。

7. 安全工作条件

第 7 列“Max Derating”显示的是该应力参数的安全工作条件范围（Safe Operating Limits，SOL）。如式（6-6）所示，Max Derating＝Rated Value×% Derating。

图 6-71 显示的是“不降额”情况下的 Smoke 分析结果，降额因子为 100%，因此安全工作条件范围就等于最大工作条件。对 Q1 的 VCE 参数，Max Derating 栏显示的是 12V。此值也就是该参数的最大工作条件值。

8. 实际应力值

第 8 列“Measured Value”显示的是电路工作时该应力参数的实际工作值，是 PSpice 软件模拟计算的结果。

如图 6-71 所示，Q1 晶体管 VCE 参数的平均值和均方根值都等于 8.1262V，而峰值是 8.1422V。

9. 实际应力值与安全工作条件之比

第 9 列“% Max”显示的是第 8 列实际应力值与第 7 列安全工作条件之比，并且以条状图形和颜色共同表示相应应力参数是否超出安全工作条件范围。

“% Max”值由下式计算得到：

“% Max”=(“Measured Value”/“Max Derating”)×100

采用上式计算出% Max 值后，在% Max 栏显示的是大于计算值的最接近的整数值。例如，在图 6-71 中，Q1 晶体管 VCE 参数的峰值是 8.1422V，安全工作条件为 12V，其比值为 0.6785，则% Max 栏的显示值是 68。

“% Max”中用水平方向条状图形的相对长度表示“% Max”值的大小，并且用不同的颜色表示该应力参数值的“状态”。

“红色”表示超出了安全工作极限值，即“% Max”值大于 100%。

“黄色”表示接近安全工作极限值，即实际工作应力值已大于等于安全工作条件范围的 90%。

“绿色”表示实际工作应力值小于安全工作条件范围的 90%。

“灰色”表示对该应力参数没有安全工作条件范围限制。

对采用“No Derating”（即不降额）的射频放大器实例，有安全工作条件范围要求的所有应力参数都处于安全状态，因此所有的条状图均以绿色显示，如图 6-71 所示。

对射频放大器实例，在未采用降额设计的情况下，所有元器件承受的应力均未超出安全工作条件范围。

元器件承受的应力超出安全工作条件情况下的处理方法将结合 6.5.4 节介绍的标准降额情况介绍。

6.5.4 Standard Derating 运行模式

为了方便使用，Smoke 中提供有“标准降额文件”，为不同的元器件规定了一组“标准”降额条件。本节在介绍降额文件格式的基础上，重点说明如何采用系统提供的“Standard Derating”（标准降额）设置进行 Smoke 分析。

1. 降额文件格式与“标准降额文件”

实际上，降额文件（包括标准降额文件和用户自定义的降额文件）是一个按照一定格式编写的 ASCII 码文本文件，包含有各个元器件的 Smoke 参数及指定的降额因子，其扩展名为 drt。

图 6-74 显示的是标准降额文件中的起始部分以及电阻、双极晶体管两种元器件 Smoke 参数降额因子的设置情况。所有降额文件的格式都与图 6-74 所示标准降额文件相同，只是其中降额因子的设置值不完全相同。

提示：PSpice 提供的降额文件及路径名为：

..\Cadence\SPB_16.6\tools\pspice\library\standard.drt

为了方便用户建立符合规定格式要求的自定义降额文件，在上述路径下还提供有名称为 custom_derating_template.drt 的模板文件，用户只有修改该文件中相应的降额因子设置值，就可以建立自定义降额文件。

由图可见，降额文件格式有下面几个特点：

① 文件中包括三个层次的括号。

最外一对括号内是整个降额文件的内容，其中第一行“FILE_TYPE”“Derate File”起说明作用，表示文件类型为“降额文件”。

```
("FILE_TYPE"     "Derate File"
        ("Comment" "This is the standard deration file: no vendor specific")
        ("RES"
                ("Category"       "RES")
                ("PDM"  ".55")
                ("TMAX" "1")
                ("TB"             "1")
                ("RV"             "0.8")
        )
        ......
        ("PNP"
                ("Category"       "PNP")
                ("IB"             "1")
                ("IC"             ".8")
                ("VCB"  "1")
                ("VCE"  ".5")
                ("VEB"  "1")
                ("PDM"  ".75")
                ("TJ"             "1")
                ("SB"             "1")
        )
        ......
)
```

图 6-74 标准降额文件

第 2 行所在的第 2 层次括号内是注释，说明这是一个标准降额文件。

从第 3 行开始，每一对第 2 层次括号内是一个元器件的 Smoke 参数设置。

第 3 层次括号内是一个 Smoke 参数的降额因子设置。

② 在描述一个元器件 Smoke 参数设置的第 2 层次括号内，第 1 行是元器件类型说明。采用的关键词与该元器件模型参数描述中采用的模型类型关键词相同。

③ 第 3 层次括号内是 Smoke 参数名以及相应的降额因子设置值。其中参数值与 Smoke 窗口中采用的参数名相同。降额因子必需用双引号括起来并以小数形式表示。图 6-74 显示的是标准降额文件中的降额因子设置值。用户根据需要建立自己的降额文件时，只要修改相应的降额因子值即可。

④ 每一项内容，包括元器件类型名、Smoke 参数名、降额因子设置值等均分别用一对双引号括起来。

2. 采用“标准降额”条件进行应力分析的步骤

在 Smoke 窗口中（见图 6-71）采用标准降额条件进行 Smoke 分析的方法比较简单。具体步骤如下：

① 在图 6-68 所示命令菜单中选择执行 Standard Derating 命令，系统即自动读入标准降额文件中规定的降额因子值。

② 执行 Run→Start Smoke 命令，重新启动 Smoke 分析。

③ 查看 Smoke 分析结果：Smoke 完成应力分析后即自动显示出分析结果。对射频放大器电路采用标准降额因子的应力分析结果如图 6-75 所示。

显示分析结果的电子表格上方标题部分的方括号中有字符 Standard Derating，表示当前的工作状态是采用“标准降额”设置。“% Derating”一栏显示的是每一个应力参数的标准降额因子设置值。

如图 6-75 所示，Q1 的 VCE 参数对应的条状图是红色的，表示该应力参数实际值已超出了该参数的安全工作条件范围，是过应力参数。

SCHEMATIC1 - PSpice Advanced Analysis - [Smoke]

File Edit View Run Analysis Window Help

Smoke tran.sim

Smoke - tran.sim [Standard Derating] Component Filter = [*]

◆	Component	Parameter	Type	Rated Value	% Derating	Max Derating	Measured Value	% Max
	Q1	VCE	Peak	12	50	6	8.1422	136
	Q1	PDM	Average	197.7143m	75	148.2857m	74.7301m	51
	Q1	PDM	RMS	197.7143m	75	148.2857m	74.7603m	51
	Q1	TJ	Peak	200	100	200	95.0543	48
	Q1	TJ	Average	200	100	200	92.3888	47
	R6	PDM	Average	250m	38.6675	96.6688m	40.4885m	42
	R6	PDM	RMS	250m	38.6675	96.6688m	40.4885m	42
	Q2	VCE	Peak	40	50	20	7.6077	39
	Q1	VCB	Peak	20	100	20	7.3568	37
	R6	TB	Average	200	100	200	59.3908	30
	R6	TB	Peak	200	100	200	59.3908	30
	C4	CV	Average	50	90	45	10.6377	24
	C4	CV	Peak	50	90	45	10.6377	24
	C4	CV	RMS	50	90	45	10.6377	24
	Q1	IC	Peak	50m	80	40m	9.5805m	24
	R7	TB	Average	200	100	200	45.2368	23

图 6-75 采用标准降额因子的应力分析结果

对比图 6-71 显示的“不降额”情况分析结果，对 Q1 的 VCE 参数，Max Derating 栏给出其应力参数的安全工作条件范围等于 12V。此值也就是该参数的最大工作条件值。而这时 Q1 器件 VCE 参数的实际工作条件为 Measured Value 一栏给出的结果，等于 8.1422V，小于安全工作条件范围 12V，因此 Q1 器件的 VCE 参数是安全应力参数。

但是在采用“标准降额”情况下，由图 6-75 可见，对 Q1 的 VCE 参数，“% Derating”一栏给出该应力参数的降额因子值为 50%，由元器件最大工作条件与降额因子之积得到这时 Q1 器件 VCE 参数的安全工作条件范围为 6V，即图 6-75 中 Max Derating 栏给出的结果。而这时 Q1 器件 VCE 参数的实际工作条件并不变，仍为 Measured Value 一栏给出的 8.1422V，大于安全工作条件范围 6V，Measured Value 与 Max Derating 之比高达 136%，如“% Max”一栏所示。因此，在标准降额情况下，Q1 器件的 VCE 参数成为不安全应力参数。

3. “过应力”元器件的处理

如果出现应力参数超出安全工作条件范围的情况，可以选用下述两种方法处理具有“过应力”参数的器件：

① 在过应力参数（本例中是 Q1 的 VCE 参数）上单击右键，从弹出的快捷菜单中选择执行 Find in Design，则系统返回到 Capture 窗口，并且过应力参数所在的器件 Q1 自动处于选中状态。用户可以采取修改电路设计、换用安全工作条件范围高的器件等措施。

② 使用图 6-67 所示 Analysis→Smoke 子命令菜单中的相关子命令，建立/修改用户自定义降额因子设置文件，修改降额因子值。关于自定义降额文件的操作步骤，请参阅第 7 章。

完成上述调整后，重新启动 Smoke 分析，查看结果，直到完全消除应力问题。

6.5.5 Custom Derating 运行模式

在 Smoke 窗口中（见图 6-71）采用自定义降额条件进行 Smoke 分析包括四方面工作：建立自定义降额文件、为 Smoke 工具配置降额文件、指定采用的自定义降额文件以及运行 Smoke 工具。

1. 建立自定义降额文件

采用 Custom Derating 模式进行 Smoke 分析的前提是必须按照用户拟采用的降额因子，建立如

图 6-74 所示的自定义降额文件。建立自定义降额文件方法将在第 7 章介绍。

2. 配置自定义降额文件

采用 Custom Derating 模式进行 Smoke 分析的第二步是通过设置，保证在运行 Smoke 时能从指定的自定义降额文件中正确地引用降额因子。

在 Smoke 窗口中选择执行 Analysis→Smoke→Derating→Derate File Settings 命令（见图 6-68），或者选择执行快捷菜单中 Derating→Custom Derating Files 命令（见图 6-69），屏幕上即出现图 6-76 所示自定义降额文件配置对话框。

说明：在 Smoke 窗口中选择执行 Edit→Profile Settings 命令，在出现的图 6-7 所示的 Profile Settings 对话框中，Smoke 标签页的内容也与图 6-76 相同。

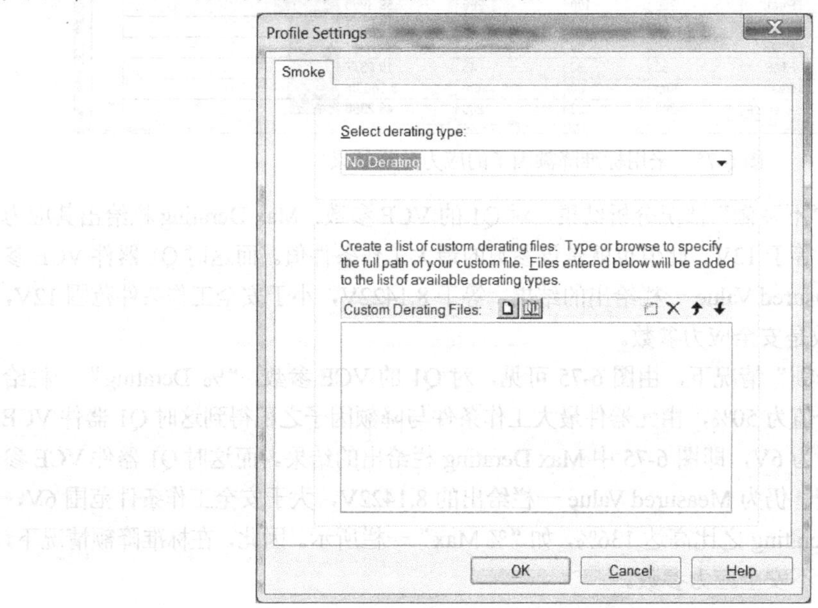

图 6-76　自定义降额文件配置对话框

在对话框中，Select derating type 文本框用于选定 Smoke 分析采用的降额类型。单击 Select derating type 文本框右侧下拉按钮，在出现的下拉列表中将显示出可以选用的降额类型（No Derating 和 Standard Derating），以及已为 Smoke 配置的所有自定义降额文件名称。如果用户尚未为 Smoke 配置用户自定义降额文件，下拉列表中只显示有 No Derating 和 Standard Derating，如图 6-76 所示，即这时 Smoke 只能进行不降额分析，或者采用标准降额进行分析。

对话框中“Custom Derating Files”文本框中显示的是已为 Smoke 配置的所有自定义降额文件名称。如果用户尚未为 Smoke 配置过用户自定义降额文件，则该文本框为空白框。该文本框右上方的 4 个工具按钮用于编辑修改为 Smoke 配置的自定义降额文件。

按照下述步骤可以为 Smoke 增添自定义降额文件配置。

① 单击图 6-76 中 Custom Derating Files 文本框右侧的文件插入图标，Custom Derating Files 文本框中即出现一个扁平的空白框，其右侧显示有文件浏览按钮，如图 6-77 所示。

② 单击文件浏览按钮，屏幕上出现通常的文件打开对话框，用户可以采用常规方法选择所需要的自定义降额文件，单击文件打开对话框中的“打开”按钮，即将选中的自定义降额文件添加到图 6-76 所示的 Custom Derating Files 文本框中，并同时添加到 Select derating type 文本框的下拉列表中。

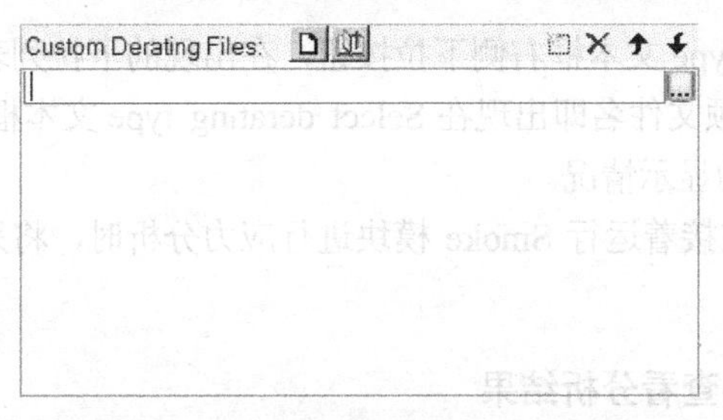

图 6-77　带有文件浏览按钮的对话框

采用上述方法，每次可以添加一个自定义降额文件。

③ 重复上述过程，可以添加多个自定义降额文件。图 6-78 显示的是添加有 My_Derating1.drt 和 My_Derating2.drt 两个自定义降额文件的情况，这两个文件均存放在同一个路径下。

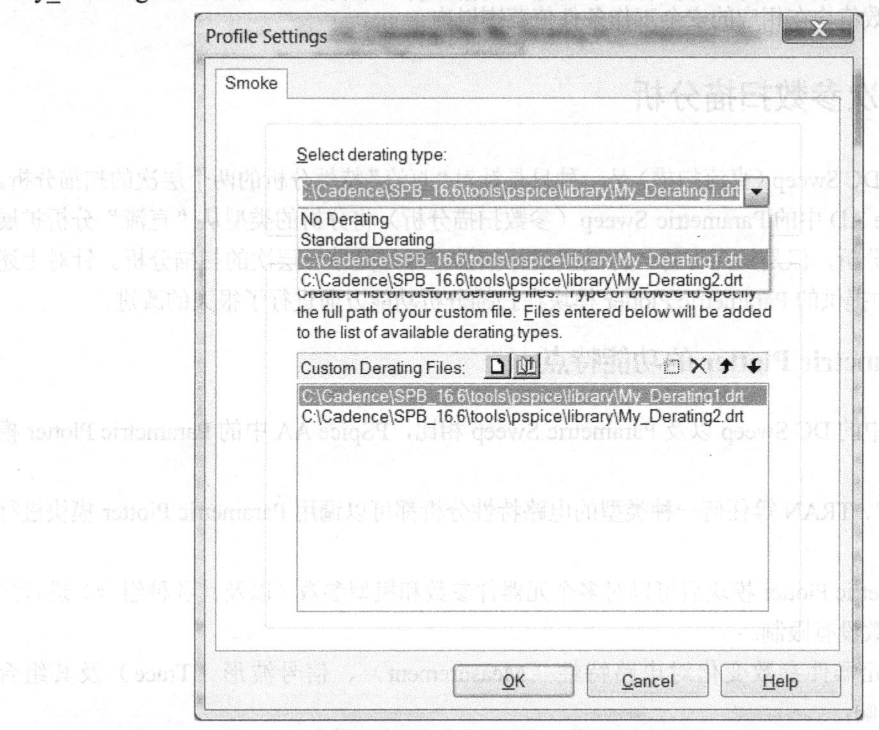

图 6-78　增添有两个自定义降额文件后的 Smoke 设置对话框

提示：、和，以及和按钮的作用：

在 Custom Derating Files 文本框中选中降额文件名，再单击按钮，则该降额文件将同时从 Custom Derating Files 文本框中以及 Select derating type 文本框的下拉列表中删除掉。

和分别为文件上移和下移按钮。在 Custom Derating Files 文本框中存在多个文件名的情况下，选中一个降额文件名后，再单击相应按钮，就使该文件在 Custom Derating Files 文本框中的排列顺序上移或下移一个位置。

和的作用分别是新建、编辑修改降额文件。具体使用方法将在第 7 章介绍。

3. 指定 Smoke 分析中采用的降额文件

① 在 Smoke 窗口中选择执行快捷菜单中的 Derating→Custom Derating Files 命令，屏幕上即出现图 6-78 所示自定义降额文件配置对话框。

② 单击 Select derating type 文本框右侧下拉按钮，在出现的下拉列表中选择欲采用的用户自定义的降额文件。被选中的降额文件名即出现在 Select derating type 文本框中。图 6-78 中显示的是选中 My_Derating1.drt 文件后的显示情况。

③ 单击 OK 按钮，则在接着运行 Smoke 模块进行应力分析时，将采用该降额文件中规定的降额因子值。

4. 运行 Smoke 工具并查看分析结果

执行 Run→Start Smoke 命令，Smoke 即采用刚刚选中的自定义降额文件中的降额规定，重新进行应力分析，并在完成应力分析后自动显示出分析结果。

用户可按前面 6.5.3 节介绍的方法检查分析结果。如果有些应力参数值超出安全工作条件范围，可按前面 6.5.4 节介绍的方法，修改电路设计、更改 Smoke 参数、更换元器件或者改变降额条件，以保证所有应力参数值均在相应的安全工作条件值范围以内。

6.6 多层次参数扫描分析

第 3 章介绍的 DC Sweep（直流扫描）是一种只是针对“直流”特性分析的两个层次的扫描分析。4.2 节介绍的 PSpice AD 中的 Parametric Sweep（参数扫描分析）将分析的类型从“直流”分析扩展到交流分析和瞬态分析，但是只允许对一种变量进行扫描，即只是单一层次的扫描分析。针对上述问题，PSpice AA 中提供的 Parametric Plotter 模块在扫描分析功能方面进行了很大的改进。

6.6.1 Parametric Plotter 的功能特点

与 PSpice AD 中的 DC Sweep 以及 Parametric Sweep 相比，PSpice AA 中的 Parametric Plotter 模块具有下述特点：

① 对 DC、AC、TRAN 等任何一种类型的电路特性分析都可以调用 Parametric Plotter 模块进行参数扫描；

② 调用 Parametric Plotter 模块后可以对多个元器件参数和模型参数（以及其各种组合）进行扫描，扫描变量的个数没有限制；

③ 可以分析元器件参数变化对电路特性（Measurement）、信号波形（Trace）及其组合（Expressions）的影响；

④ 完成扫描分析后，可以采用表格、曲线等多种方式查看并分析 Parametric Plotter 参数扫描的结果。

6.6.2 Parametric Plotter 的操作步骤

Parametric Plotter 参数扫描的作用是分析电路中一个或多个元器件参数发生变化时对电路输出特性的影响。因此，进行参数扫描分析包括下述 5 个步骤的工作。

1. 调用 Parametric Plotter 模块

绘制好电路图，调用 PSpice 模拟分析该电路已基本具有预期的功能，并且选用的电路特性函数 Measurement 也工作正常后，在 Capture 中选择执行下述命令即调用 Parametric Plotter 模块，屏幕上出现如图 6-79 所示 Parametric Plotter 窗口：

PSpice→Advanced Analysis→Parametric Plot

为了进行参数扫描，需要在该窗口中完成 Sweep Parameters 和 Measurements 两个子窗口内相关参数项的设置。

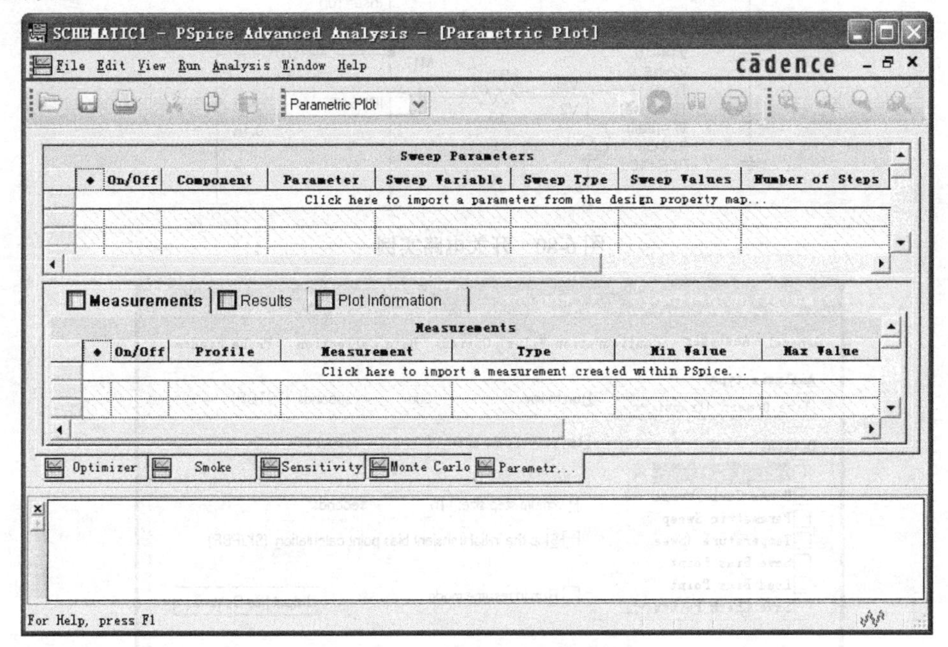

图 6-79　Parametric Plotter 窗口

2. 选择扫描参数和扫描类型

在 Sweep Parameters 子窗口中指定要考虑哪些元器件参数发生变化并确定参数的变化方式。具体操作方法将在 6.6.3 节详细介绍。

3. 指定待分析的电路特性名称

在 Measurements 子窗口中指定要考虑元器件参数变化时对电路中哪些特性参数的影响。具体操作方法将在 6.6.4 节详细介绍。

4. 运行扫描分析

完成上述两项设置后，在 Parametric Plotter 窗口中选择执行 Run→Start Parametric Plot 子命令，即启动参数扫描过程，自动完成参数扫描分析。

5. 查看、分析运行结果

完成参数扫描后，在 Measurements 子窗口名称为 Results 和 Plot Information 的两个表格中可以分别从数据和曲线两方面查看、分析参数扫描的结果。具体操作方法将在 6.6.5 节和 6.6.6 节详细介绍。

6. 电路分析实例

本节后面将结合图 6-80 所示开关电路说明调用 PSpice AA 中 Parametric Plotter 模块进行扫描分析的具体方法以及需要注意的有关问题。

该开关电路是通过输入端脉冲信号 V2 控制输出端信号。按照图 6-81 所示设置，对开关电路进行瞬态分析的结果如图 6-82 所示。

说明：如图 6-80 所示，输入脉冲信号的上升时间 TR 和下降时间 TF 分别采用参数 trise 和 tfall 表示。

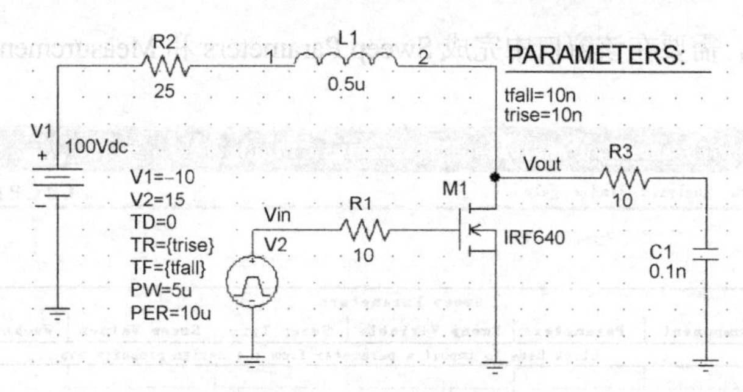

图 6-80　开关电路实例

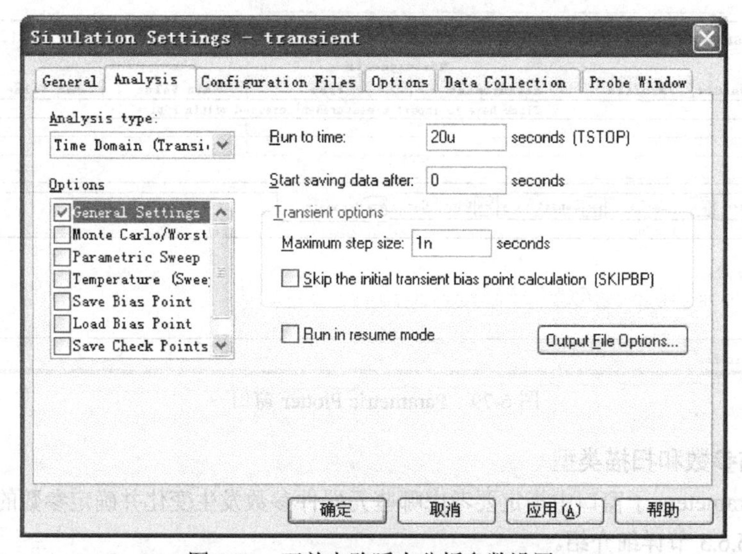

图 6-81　开关电路瞬态分析参数设置

由图 6-82 可见，在输入脉冲信号作用下，输出信号是一个与输入信号反向、幅度达到 100V 的脉冲信号。但是，对应输入信号的下降沿，输出脉冲有太大的“过冲”。

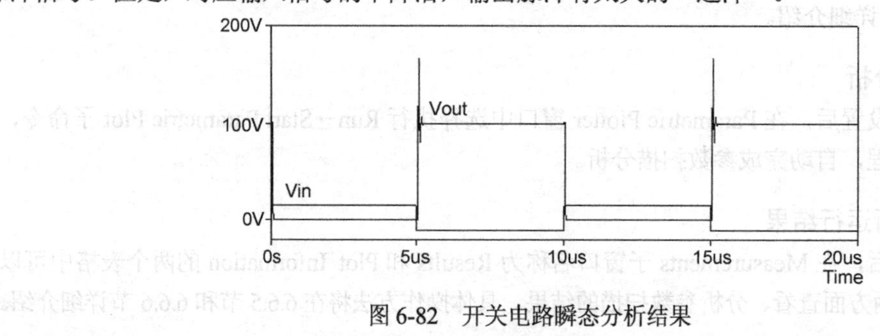

图 6-82　开关电路瞬态分析结果

调用 Measurements 函数计算的电路特性结果如图 6-83 所示。采用 YatLastX(AVG(W(R3)))计算电阻 R3 的功耗约为 16.3mW。调用 Overshoot 函数计算输出脉冲信号 Vout 的过冲幅度则达到 66.5V。为此，应该调整电路中相关元器件的取值，使过冲减小到可以接受的范围。

Measurement Results

	Evaluate	Measurement	Value
	✓	YatLastX(AVG(W(R3)))	16.27418m
▶	✓	Overshoot(V(Vout))	66.50542

图 6-83　“功耗”和“过冲”计算结果

从电路原理分析，增大电阻 R3 和电容 C1 的元器件参数值，可以减小电路的过冲。但是同时将会增大电阻 R3 的功耗。因此，改进该开关电路设计的目标就是如何合理选择电阻 R3 和电容 C1 的元器件参数值，兼顾功耗和过冲的要求。为此可以采用参数扫描方法，定量分析电阻 R3 阻值和电容 C1 容量发生变化时对功耗和过冲的影响。由于输入脉冲信号下降时间是描述输入信号下降沿变化快慢的参数，在参数扫描过程中，还可以同时分析输入脉冲信号下降时间对输出的影响。

6.6.3　选择扫描参数和扫描类型

本节结合图6-80所示电路实例，介绍如何指定参数扫描分析中需要考虑的扫描参数和扫描类型，即指定要考虑哪些元器件参数发生变化并确定这些参数的变化方式。

1．Select Sweep Parameters 对话框

在图 6-79 所示 Sweep Parameters 子窗口中，单击 Click here to import a parameter from the design property map，屏幕上出现图 6-84 所示“Select Sweep Parameters”对话框。该对话框中列有电路图中所有元件参数和用全局参数表示的器件模型参数详细信息。其中 Component 一列显示的是这些元器件在电路中的编号，Parameter 一列显示的是这些元器件参数的名称。

对于电路中用全局参数表示的模型参数，Component 一列显示的是具有这些模型参数的器件在电路中的编号，Parameter 一列显示的是这些模型参数的名称。

为了确定在扫描分析中需要考虑其变化对电路特性影响的那些元器件参数，只要在该参数所在行的 Sweep Type 和 Sweep Values 两列分别设置该参数在扫描分析中的变化方式和取值。

Select Sweep Parameters

Component	Parameter	Sweep Type	Sweep Values
V1	DC		
R3	VALUE	Discrete	
R2	VALUE	Discrete Linear LogarithmicD LogarithmicO	
R1	VALUE		
PARAM	trise		
PARAM	tfall		
M1	MTYPE		
M1	BYPASS_L		
L1	VALUE		
C1	VALUE		

OK　Cancel　Help

图 6-84　“Select Sweep Parameters”对话框

2．设置扫描类型（Sweep Type）

对于需要考虑其变化对电路特性影响的那些元器件参数，单击该参数所在行对应 Sweep Type 的单元格，将弹出扫描类型选择的下拉菜单，列出可供选择的 4 种扫描类型（见图 6-84）。

① Discrete：表示在扫描分析过程中为元器件参数指定几个确定数值；

② Linear：表示在扫描分析过程中元器件参数按线性方式均匀变化；

③ LogarithmicDec：表示参数按以 10 为底数的对数关系变化，即按数量级关系变化；

④ LogarithmicOct：表示参数按以 2 为底数的对数关系变化，即按成倍关系变化。

图中显示的是单击电阻 R3 所在行对应 Sweep Type 的单元格并选择 Discrete 的情况。

提示：“选择扫描类型”这一步也可以与下面关于“设置参数扫描取值”介绍同时进行（参见图 6-85）。

3. 设置参数扫描取值（Sweep Values）

对于需要考虑其变化对电路特性影响的那些元器件参数，选择了扫描类型后，再在图 6-84 所示 Select Sweep Parameters 对话框中单击该参数所在行对应 Sweep Values 的单元格，将弹出 Sweep Settings 对话框，用于设置扫描参数值。对话框的形式和需要设置的项目与上述 Sweep Type 单元格的选择情况密切相关。

① 若 Sweep Type 单元格选择的是 Discrete，对应的 Sweep Settings 对话框如图 6-85（a）所示。

Sweep Type 一栏显示的是业已选择的扫描类型。若单击该栏右侧下拉按钮，将出现可供选择的三类扫描类型列表名称，可以根据需要重新选择扫描类型。如果未按照前面介绍的方法进行“选择扫描类型”的设置，从图 6-85（a）中的 Sweep Type 一栏右侧下拉列表显示的扫描类型名称中选择一种扫描类型，也就完成了“扫描类型”的设置。

Discrete Point 一栏显示的是业已选择的扫描参数取值。Discrete Point 右侧的 4 个按钮用于编辑修改扫描参数取值的设置。

若单击添加数值按钮，Discrete Point 一栏将出现一个空白框，供输入添加的扫描参数取值；

按照图 6-85（a）的设置，在对开关电路进行扫描分析过程中，电阻 R3 的扫描类型为 Discrete，分别取 5、10、15、20 共 4 个阻值。

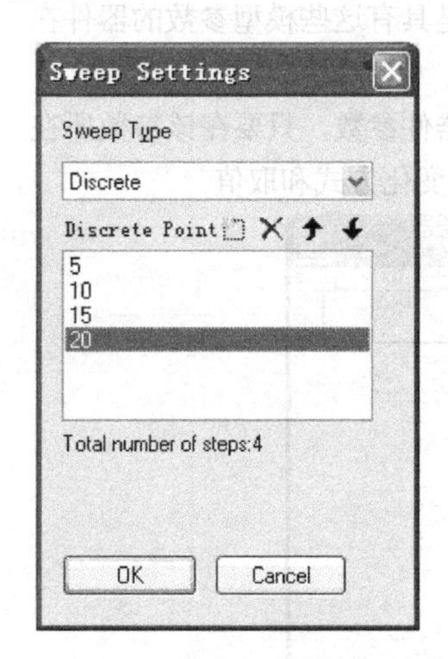

（a） Discrete 类型参数

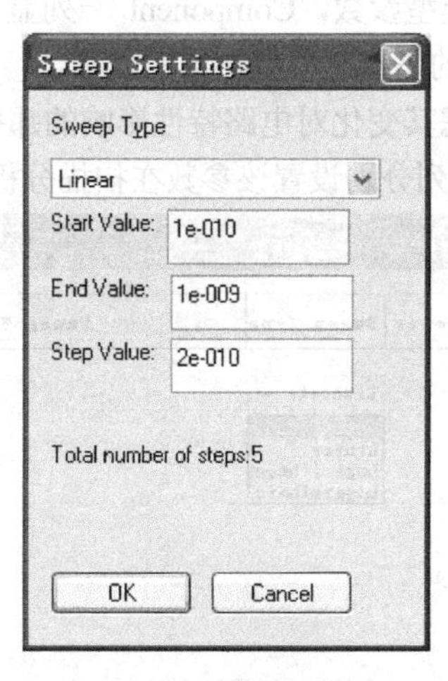

（b）Linear 类型参数

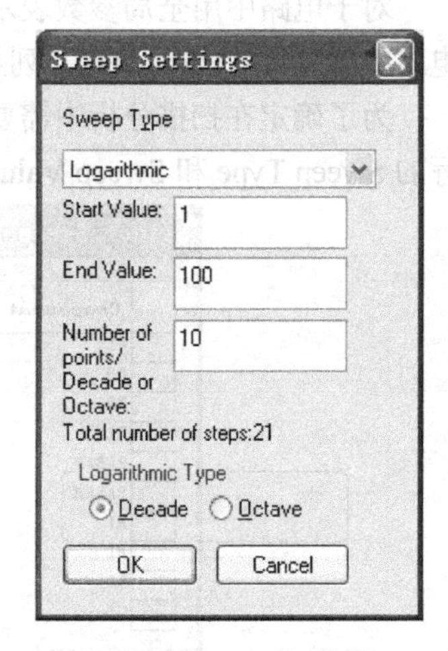

（c）两种 Logarithmic 类型参数

图 6-85　设置扫描参数值的对话框

② 若 Sweep Type 单元格选择的是 Linear，对应的 Sweep Settings 对话框如图 6-85（b）所示。

在 Start Value、End Value，以及 Step Value 栏分别键入参数扫描的起始值、终点值以及扫描步长。对话框下方同时显示出扫描过程中元器件参数取值的个数。

图 6-85（b）显示的是对开关电路中电容 C1 的设置情况。按照图中设置，扫描分析过程中，电容 C1 将从 0.1nF 开始，以 0.2nF 为步长，直到 1nF。扫描过程中电容 C1 取值为 5 个。

③ 若 Sweep Type 单元格选择的是 LogarithmicDec 或者 LogarithmicOct，屏幕上弹出的是都如图 6-85（c）所示的 Sweep Settings 对话框。

首先应该从 Logarithmic Type 一栏选定扫描分析过程中元器件参数是按数量级关系变化（若选中 Decade）还是按成倍关系变化（若选中 Octave）。

然后在 Start Value、End Value 两栏分别键入参数扫描的起始值、终点值，在 Number of points/Decade or Octave 栏中键入元器件值，在每一个数量级变化中的取值点数（若 Logarithmic Type

栏选中 Decade 选项）或者每一倍变化中的取值点数（若 Logarithmic Type 栏选中 Octave 选项）。对话框下方同时显示出扫描过程中元器件参数取值的个数。

4. 指定扫描变量的扫描层次（Sweep Variable）

在图 6-84 所示“Select Sweep Parameters”对话框中选择了扫描分析中需要变化的所有元器件参数并完成了扫描类型“Sweep Type”和扫描取值“Sweep Values”的设置后，单击 OK 按钮，设置的内容即被添加到 Sweep Parameters 子窗口中，如图 6-86 所示。

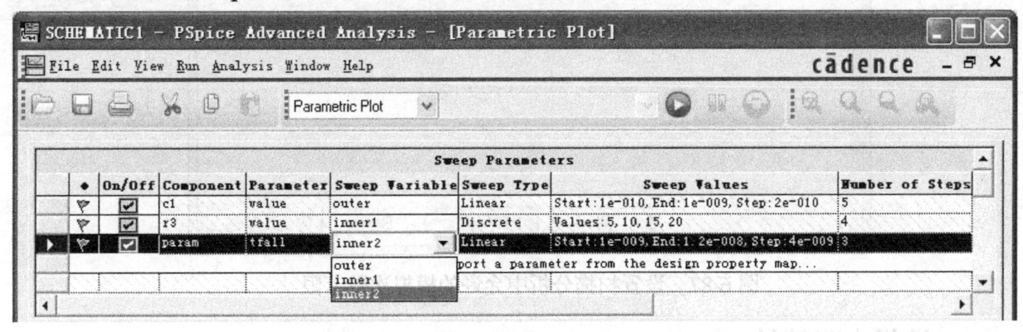

图 6-86　“Sweep Parameters”设置结果

在子窗口中 Sweep Variable 一列用于为每个元器件指定扫描层次，确定扫描分析过程中每个元器件参数的变化顺序。默认的扫描层次安排是按照在图 6-84 中设置扫描元器件参数变量的顺序。图 6-86 显示的是对图 6-80 所示开关电路进行扫描分析时的扫描变量设置结果。图中一共选择了三个扫描变量，分别是电容 c1、电阻 r3，以及描述输入脉冲信号下降时间的参数 tfall。其中电容 c1 的扫描层次是 outer，表示是最外的层次。电阻 r3 以及参数 tfall 的层次分别为 inner1、inner2，表示是内层。选择的扫描变量越多，内层层次也就越多，用 inner 后面的数字大小表示层次的深浅。inner 后面的数字从 1 开始顺序编号，数字越大，表示层次越深。对图 6-86 所示情况，inner2 是最内层。

用户也可以单击“Sweep Variable”列单元格，从显示层次名称的下拉列表（见图 6-86）中选择需要的层次，修改扫描层次的顺序。

扫描分析时，采用类似于多重循环的方式和顺序，对扫描变量取值的每一种组合均进行一次电路特性分析。例如，设扫描变量是 r3、r1 和 c6 这三个元器件的组合，若最外层变量 r3 的两个取值为$(r3)_1$和$(r3)_2$，inner1 层变量 r1 的两个取值为$(r1)_1$和$(r1)_2$，最内层 inner2 变量 c6 的三个取值为$(c6)_1$、$(c6)_2$和$(c6)_3$，扫描分析时，首先将最外层变量 r3 固定取值为$(r3)_1$，inner1 层变量 r1 的取值固定为$(r1)_1$，最内层 inner2 变量 c6 分别取值为$(c6)_1$、$(c6)_2$和$(c6)_3$，构成三个组合，分别进行三次电路特性分析。然后最外层变量 r3 仍然固定取值为$(r3)_1$，将 inner1 层变量 r1 的取值改为$(r1)_2$，再将最内层 inner2 变量 c6 分别取值为$(c6)_1$、$(c6)_2$和$(c6)_3$，又构成三个组合，分别进行三次电路特性分析。在 inner1 层变量 r1 已取完所有取值后，最外层变量 r3 改取下一个可能取值，重复上述过程。因此，整个扫描分析过程中进行电路特性模拟分析的次数等于各个扫描变量可能取值的个数的乘积。例如，对于上述实例，最外层变量 r3 的取值为两个，inner1 层变量 r1 的取值为两个，最内层 inner2 变量 c6 的取值是三个，因此扫描分析过程一个包括 12 次电路特性模拟分析。

提示：系统对多重扫描分析中允许的模拟分析总次数上限有所制约，默认规定是不超过 1000 次。若参数扫描类型和扫描取值的设置结果导致的模拟分析总次数超过允许值，将出现错误信息提示。如果用户需要提升允许的模拟次数上限，可以选择执行 Edit→Profile Settings 命令，屏幕上出现图 6-87 所示设置框。用户直接在 Parametric Plot 标签页的 Set Maximum Number of Parametric Sweeps 文本框中键入代表模拟次数上限的数字即可。若单击 Reset 按钮，则恢复采用默认设置值 1000。

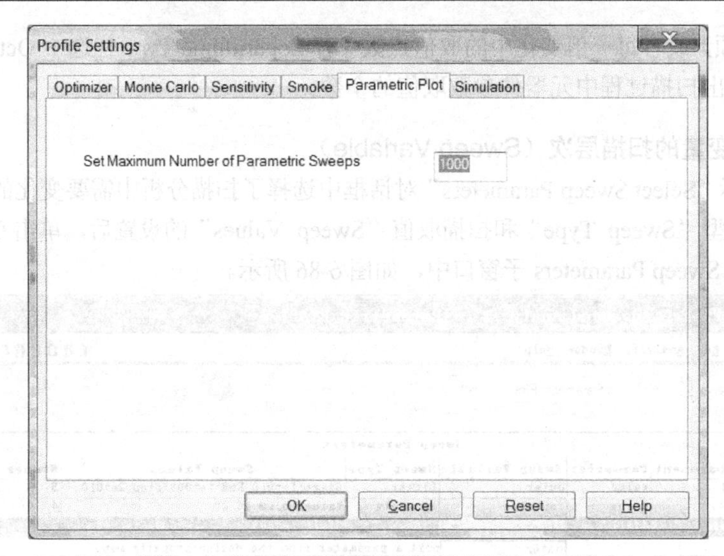

图 6-87　设置扫描分析中允许的模拟次数上限

6.6.4　选择电路特性 Measurement

在 Parametric Plotter 窗口中，进行参数扫描的第二项重要工作是指定要考虑电路中哪些"电路特性参数"受到元器件参数变化的影响。电路特性参数可以是电路模拟得到的信号波形、采用 Measurement 函数计算得到的电路特性值或者是由它们组成的关系式。

1．添加 Measurement 函数

添加 Measurement 函数的方法与前几节介绍的其他高级分析模块中 Measurement 函数的添加方式相同。对图 6-80 电路实例，添加有 Measurement 函数的 Measurements 子窗口如图 6-88 所示。其中第 1 行 yatlastx(avg(w(r3)))的作用是计算电阻 r3 的功耗，第 2 行 overshoot(v(vout))的作用是计算输出信号 vout 的过冲，这两行就是采用上述方法设置的结果。第 3 行 v(vout)是采用下面将要介绍关于"添加 Trace 表达式"的方法添加的输出信号波形。

图中 Min Value 和 Max Value 两项将在扫描分析结束后显示扫描分析过程中该电路特性函数的最小值和最大值。

Measurements | Results | Plot Information

◆	On/Off	Profile	Measurement	Type	Min Value	Max Value
▼	☑	transient.sim	yatlastx(avg(w(r3)))	Measurement		
▼	☑	transient.sim	overshoot(v(vout))	Measurement		
▼	☑	transient.sim	v(vout)	Trace		

图 6-88　添加有电路特性函数的 Measurements 子窗口

2．添加 Trace 表达式

在扫描分析中，如果要分析元器件参数变化对电路中节点电压、支路电流或者由它们组成的表达式的影响，需要采用下述方法在 Measurements 子窗口中添加相关的表达式。

① 在图 6-88 所示 Measurements 子窗口中单击鼠标右键，从弹出的快捷菜单中选择"Create New Trace"子命令，屏幕上出现图 6-89 所示 New Trace Expression 对话框。

打开 New Trace Expression 对话框的另一种方法是在 Parametric Plotter 窗口中，选择执行 Analysis→Parametric Plotter→Create New Trace 命令。

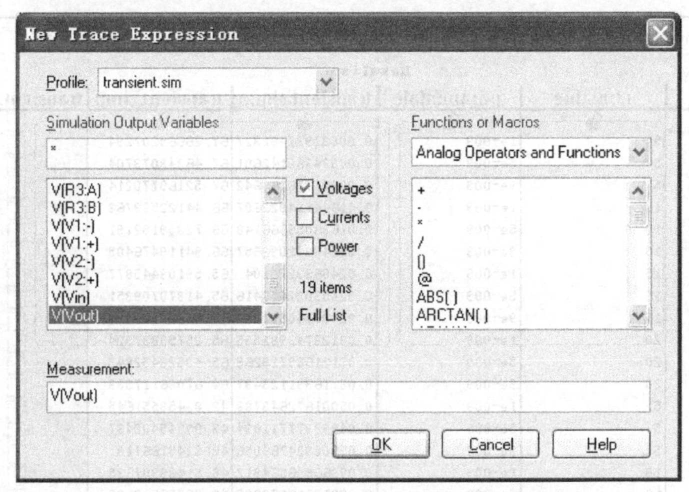

图 6-89　New Trace Expression 对话框

② 单击 Profile 一栏右侧下拉按钮，从下拉列表中选择对应的模拟分析类型。

③ 配合选用对话框左侧 Simulation Output Variables 下拉列表中的变量名称以及对话框右侧 Functions or Macros 下拉列表中的函数或者运算符号，构成需要的表达式。图 6-89 是选择 V(Vout)的情况。

④ 单击 OK 按钮，新建立的表达式即被添加到 Measurements 子窗口中，如图 6-88 中第 3 行所示。其中 Type 项自动设置为 Trace，表示该电路特性是一条曲线。

6.6.5　参数扫描结果分析一：在 Results 子窗口查看参数扫描结果

完成扫描分析的相关参数设置后，选择执行 Run→Start Parametric Plot 命令，按照业已进行的设置，运行参数扫描。然后就可以按照本节和下一节介绍的方法从不同的角度查看并分析参数扫描的结果。

1. Results 子窗口

完成参数扫描分析后，屏幕上 Measurements 子窗口即切换为 Results 子窗口，以数据形式显示扫描分析的结果，如图 6-90 所示。

图中显示的是对图 6-80 所示开关电路进行参数扫描的结果。前三列对应三个扫描变量 c1、r3 和 tfall，其中位于第 1 列的 c1 是最外层扫描变量，位于第 3 列的 tfall 则是最内层的扫描变量。后三列是扫描分析的结果，分别对应电阻 r3 的功耗、输出信号的过冲、输出信号 vout。其顺序对应图 6-88 中 Measurements 函数的设置顺序。

Results 子窗口中每一行描述参数扫描过程中一次模拟分析的结果信息。前面几列按照扫描变量的层次顺序分别描述每次模拟分析时每个扫描变量的取值。随后几列分别显示与每种扫描变量取值组合对应的 Measurement 和 Trace 模拟分析结果。

由图可见，前 3 行只有最内层扫描变量 tfall 发生变化，分别取其设置的三个不同值。然后第 4～6 行是扫描变量 r3 采用为其设置的第 2 个值，第 3 列最内层扫描变量 tfall 再次分别采用为其设置的三个不同值……直到第 12 行，r3 已先后采用了为其设置的 4 个不同值后，第 1 列的最外层扫描变量 c1 才从第 13 行开始采用为其设置的第 2 个值。如此循环进行，直到所有扫描变量的各种取值组合全部采用。对图 6-80 所示开关电路，为三个扫描变量 c1、r3、tfall 设置的取值分别是 5 个、4 个和三个（见图 6-86），因此一个有 60 种不同组合，即整个扫描分析过程共进行 60 次模拟分析。

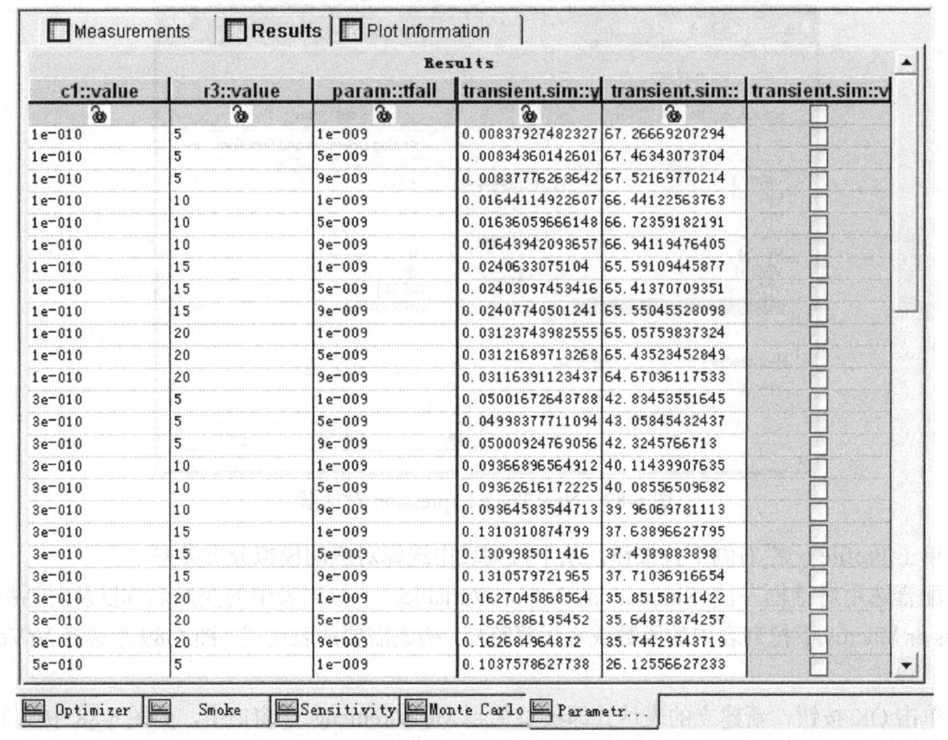

Measurements | Results | Plot Information

Results

c1::value	r3::value	param::tfall	transient.sim::y	transient.sim::	transient.sim::v
1e-010	5	1e-009	0.00837927482327	67.26669207294	
1e-010	5	5e-009	0.00834360142601	67.46343073704	
1e-010	5	9e-009	0.00837776263642	67.52169770214	
1e-010	10	1e-009	0.01644114922607	66.44122563763	
1e-010	10	5e-009	0.01636059666148	66.72359182191	
1e-010	10	9e-009	0.01643942093657	66.94119476405	
1e-010	15	1e-009	0.0240633075104	65.59109445877	
1e-010	15	5e-009	0.02403097453416	65.41370709351	
1e-010	15	9e-009	0.02407740501241	65.55045528098	
1e-010	20	1e-009	0.03123743982555	65.05759837324	
1e-010	20	5e-009	0.03121689713268	65.43523452849	
1e-010	20	9e-009	0.03116391123437	64.67036117533	
3e-010	5	1e-009	0.05001672643788	42.83453551645	
3e-010	5	5e-009	0.04998377711094	43.05845432437	
3e-010	5	9e-009	0.05000924769056	42.3245766713	
3e-010	10	1e-009	0.09366896564912	40.11439907635	
3e-010	10	5e-009	0.09362616172225	40.08556509682	
3e-010	10	9e-009	0.09364583544713	39.96069781113	
3e-010	15	1e-009	0.1310310874799	37.63896627795	
3e-010	15	5e-009	0.1309985011416	37.4989883898	
3e-010	15	9e-009	0.1310579721965	37.71036916654	
3e-010	20	1e-009	0.1627045868564	35.85158711422	
3e-010	20	5e-009	0.1626886195452	35.64873874257	
3e-010	20	9e-009	0.162684964872	35.74429743719	
5e-010	5	1e-009	0.1037578627738	26.12556627233	

Optimizer | Smoke | Sensitivity | Monte Carlo | Parametr...

图 6-90 显示扫描分析结果的 Results 子窗口

2. 扫描分析结果 Trace 的显示

由于 Trace 结果不是一个数值，而是无法在 Results 子窗口中显示的一条曲线，因此在与 Trace 对应的那一列显示的只是一个用方框显示的图标。只要选中该图标后再双击，在 Probe 窗口中即显示出对应的曲线。

3. 扫描分析结果数据的查看

在 Results 子窗口中可以从下述不同角度整理、查看扫描分析的结果数据。

（1）按照数值大小排序

双击某一列标题所在的单元格，即按照该列的数值大小对扫描分析结果进行排序。若再次双击该列标题所在的单元格，则将该列排序的顺序在递增和递减之间切换。

例如，双击图 6-90 第 4 列标题，则按照电阻 r3 的功耗大小顺序排列扫描分析结果的数据，用户可以直接得到功耗的最大值和最小值、与功耗最大值和最小值对应的扫描变量元器件取值以及相应的输出信号“过冲”值。

实际上，扫描分析结束后，Measurements 子窗口中 Min Value 和 Max Value 两列也同时显示出扫描分析中各个电路特性的最小值和最大值，如图 6-91 所示。由图可见，在整个扫描过程中，电阻 r3 功耗的最小值和最大值分别是 0.0083W 和 0.5808W，相差达 70 倍。而输出信号过冲的最小值和最大值分别是 0.7041V 和 67.5217V，相差近 100 倍。因此，通过参数扫描分析，选择最佳的元器件值组合，改进电路特性的余地比较大。

（2）锁定一列的数据大小顺序

单击某列上呈打开状的锁形图标，使其成为锁合形状，则将该列显示的数据顺序“锁定”。再次单击锁合形状，使其成为打开状的锁形图标，就解除对该列数据的“锁定”。

Measurements | Results | Plot Information

Measurements

◆	On/Off	Profile	Measurement	Type	Min Value	Max Value
▽	☑	transient.sim	yatlastx(avg(w(r3)))	Measurement	0.0083	0.5808
▽	☑	transient.sim	overshoot(v(vout))	Measurement	0.7041	67.5217
▽	☑	transient.sim	v(vout)	Trace	99.6027	100.3309

图 6-91　显示有电路特性最小值和最大值的 Measurements 子窗口

6.6.6　参数扫描结果分析二：在 Plot Information 子窗口查看参数扫描结果

1．Plot Information 子窗口

如果希望查看电路特性随扫描变量的变化趋势，需要在完成参数扫描分析后，单击 Parametric Plotter 窗口的 Plot Information 标签，屏幕即切换为如图 6-92 所示 Plot Information 子窗口，用于设置以曲线形式显示扫描分析结果的相关参数，包括 Plot Name（曲线编号）、X Axis（作为 X 轴的扫描变量名称）、Y Axis（作为 Y 轴的电路特性名称）、Parameter（作为参变量的扫描变量名称）、Constant（其他扫描变量的固定取值）。

Measurements | Results | Plot Information

Plot Information

◆	Plot Name	X Axis	Y Axis	Parameter	Constant
	Click here to add plot				

图 6-92　Plot Information 子窗口

2．设置曲线显示相关参数

在 Plot Information 子窗口中单击 “Click here to add plot”，屏幕上弹出如图 6-93 所示的 Plot Wizard 对话框，引导用户完成相关参数设置。

① 选择 Profile：在图 6-93 对话框中单击 Profiles 栏下拉按钮，从下拉列表中选择对应的 Simulation Profile 名称。对图 6-80 所示开关电路，“过冲”是瞬态分析的结果，因此选择 transient.sim，如图 6-93 所示。

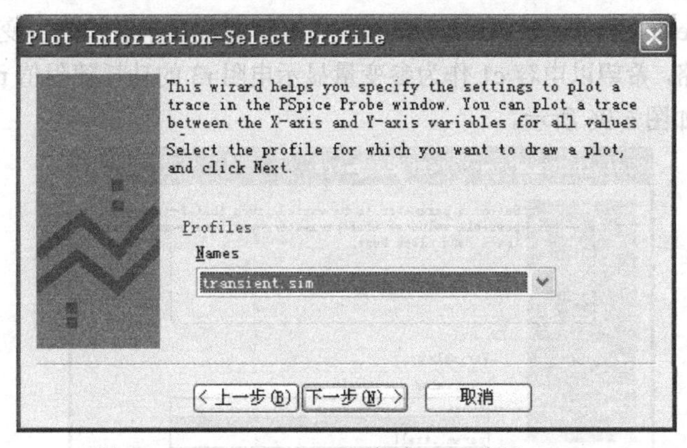

图 6-93　Plot Wizard 对话框之一：选择 Profile

② 选择 X 轴变量：在图 6-93 对话框中选择好 Profiles 后，单击“下一步”按钮，出现图 6-94 所示对话框。单击 X-Axis 栏下拉按钮，从下拉列表中选择作为 X 轴的扫描变量名称。对图 6-80 所

示开关电路，如果希望显示电阻 r3 的功耗随阻值 r3 的变化，则选择 X 轴的扫描变量为 r3，如图 6-94 所示。

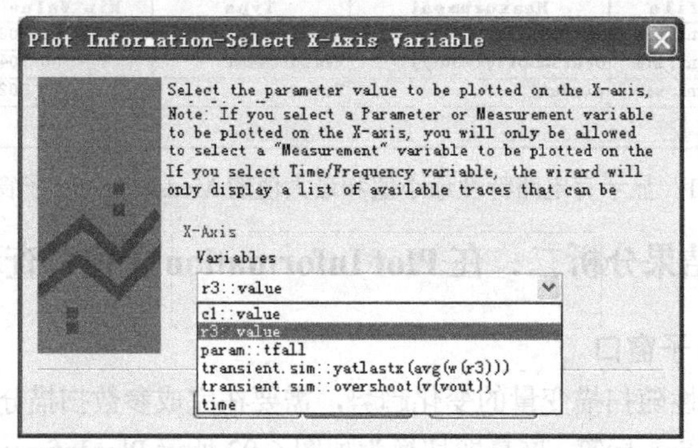

图 6-94　Plot Wizard 对话框之二：选择 X 轴变量

提示：除了扫描变量可以选作为 X 轴变量外，也可以从下拉列表中选择 time（若图 6-93 中选择的 Profiles 为 Transient）或者 frequency（若图 6-93 中选择的 Profiles 为 AC）。

③ 选择 Y 轴变量：在图 6-94 对话框中选择好 X 轴变量后，单击“下一步”按钮，出现图 6-95 所示对话框。单击 Y-Axis 栏下拉按钮，从下拉列表中选择作为 Y 轴的电路特性名称。对图 6-80 所示开关电路，希望显示电阻 r3 的功耗随阻值 r3 的变化，因此选择电阻 r3 的功耗作为 Y 轴，如图 6-95 所示。

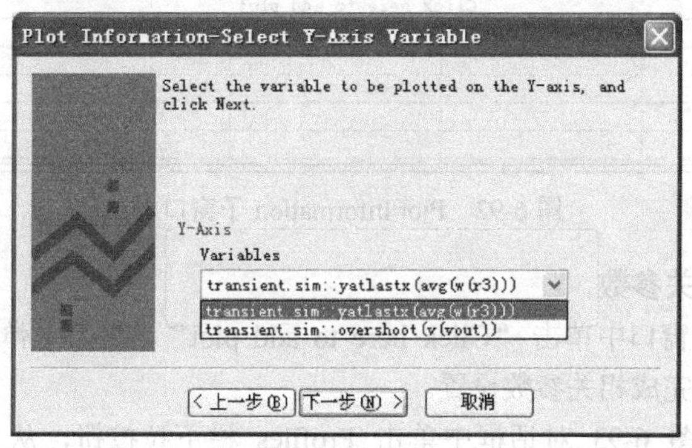

图 6-95　Plot Wizard 对话框之三：选择 Y 轴变量

④ 选择参变量：在图 6-95 对话框中选择好 Y 轴变量后，单击“下一步”按钮，出现图 6-96 所示对话框。单击 Parameter 栏下拉按钮，从下拉列表中选择曲线显示时作为参变量的扫描变量名称。对图 6-80 所示开关电路，希望以电容 c1 作为参变量显示电阻 r3 的功耗随阻值 r3 的变化，因此选择电容 c1 作为参变量，如图 6-96 所示。

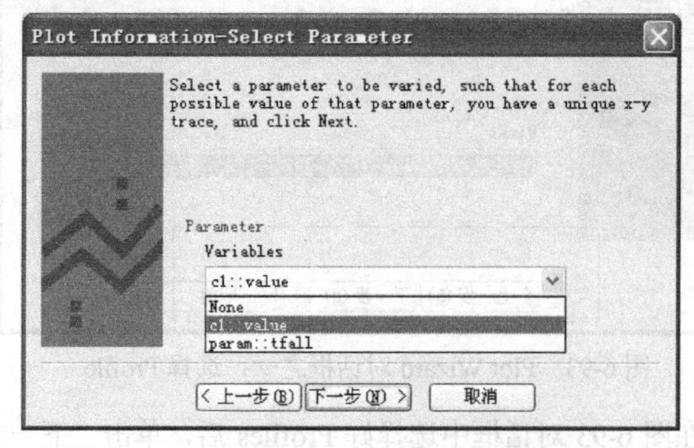

图 6-96　Plot Wizard 对话框之四：选择参变量

⑤ 设置其他扫描变量的取值：通过前面设置，已将一个扫描变量设置为 X 轴，另一个扫描变量设置为参变量。如果扫描变量的个数超过两个，则显示曲线时就需要使其余的扫描变量取固定值。

在图 6-96 对话框中选择好参变量后，单击“下一步”按钮，出现图 6-97 所示对话框。对图 6-80 所示开关电路，有三个扫描变量。其中电阻 r3 和电容 c1 已分别选作为 X 轴自变量以及参变量，因此图 6-97 所示对话框中只显示出第 3 个扫描变量 tfall 及其已设置的三个取值。

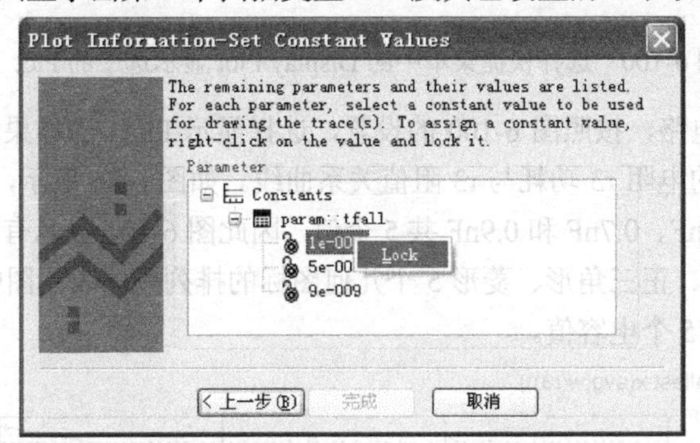

图 6-97　Plot Wizard 对话框之五：选择其他扫描变量的取值

若在显示扫描结果曲线时，准备将变量 tfall 固定为 1ns，则选中该取值，单击鼠标右键，从出现的快捷菜单中选择 Lock，则已选中的取值便被锁定，该数据前面的锁状图标呈锁合状态，如图 6-98 所示。在以曲线显示扫描分析结果时，变量 tfall 即固定取为已锁定的 1ns。

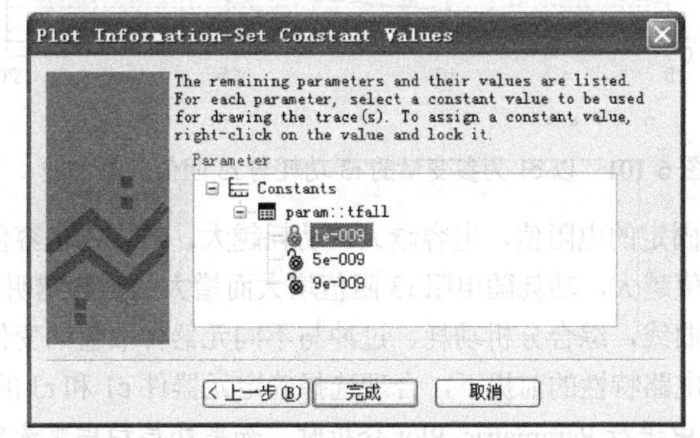

图 6-98　Plot Wizard 对话框之五：锁定其他扫描变量的取值

⑥ 完成参数设置：完成上述各项参数设置后，单击图 6-98 对话框中“完成”按钮，设置的所有参数即添加到 Plot Information 子窗口中，如图 6-99 所示。图中是三条曲线显示参数的设置结果。其中编号为 Plot1 的曲线就是按照前述设置过程的设置，显示电阻 r3 上的功耗与电阻 r3 阻值的关系，以电容 c1 为参变量，tfall 值固定为 1ns。

Measurements　Results　Plot Information

Plot Information

	◆	Plot Name	X Axis	Y Axis	Parameter	Constant
		Plot 1	r3::value	transient.sim::yatlastx(avg(w(r3)))	c1::value	param::tfall=1e-009
		Plot 2	c1::value	transient.sim::overshoot(v(vout))	r3::value	param::tfall=1e-009
▶		Plot 3	param::tfall	transient.sim::overshoot(v(vout))	r3::value	c1::value=1e-010
		Click here to add plot				

图 6-99　完成了参数设置的 Plot Information 子窗口

3．显示曲线

在 Plot Information 子窗口中选中一条 Plot 所在行，单击鼠标右键，从出现的快捷菜单中（参见图 6-100）选择执行 Display Plot 命令，则选中的 Plot 便显示在 Probe 窗口中。

Measurements | Results | Plot Information

Plot Information

◆	Plot Name	X Axis	Y Axis	Parameter	Constant
▶	Plot 1	r3::value	transient.sim::yatlastx(avg(w(r3)))	c1::value	param::tfall=1e-009
		c1::value	transient.sim::overshoot(v(vout))	r3::value	param::tfall=1e-009
		param::tfall	transient.sim::overshoot(v(vout))	r3::value	c1::value=1e-010
			Click here to add plot		

Add Plot
Display Plot
Modify Plot
Delete Plot

图 6-100　选择快捷菜单中的 Display Plot 显示选中的 Plot

对图 6-80 所示开关电路，按照图 6-100 的设置，选择显示 Plot1 的结果如图 6-101 所示。图中显示的是以 c1 为参变量的电阻 r3 功耗与 r3 阻值关系曲线。如图 6-86 所示，作为参变量的 c1 取值依次为 0.1nF、0.3nF、0.5nF、0.7nF 和 0.9nF 共 5 个值，因此图 6-101 显示有 5 条曲线。图中左下方小矩形、菱形、倒三角形、正三角形、菱形 5 个几何图标的排列顺序表示图中采用这 5 个图标标识的 5 条曲线分别对应前述 5 个电容值。

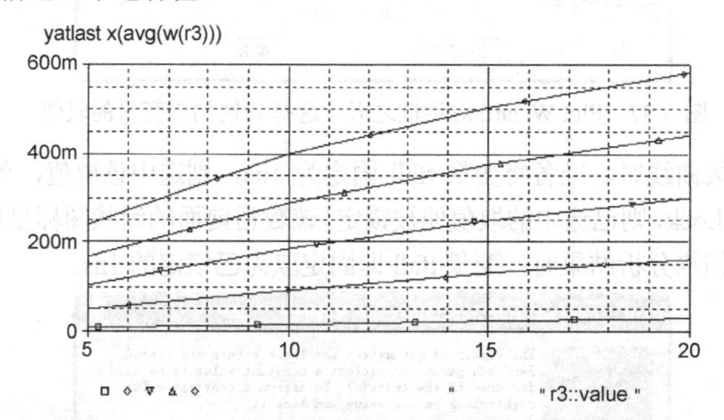

图 6-101　以 c1 为参变量的 r3 功耗与 r3 阻值关系曲线

由图 6-101 可见，对固定的电阻值，电容越大，功耗越大。对固定电容值，增大电阻阻值，功耗也随之增加。而且电容值越大，功耗随电阻 r3 阻值增大而增大的趋势越明显。

用户还可以查看其他曲线，综合分析功耗、过冲与不同元器件取值的变化关系，以便在兼顾功耗和过冲两个相互矛盾的电路特性的前提下，合理选择确定元器件 c1 和 r3 的设计值。

提示：在 PSpice AA 中进行 Parametric Plot 分析时，如果外层扫描变量只取一个值，而且将该变量设置为 X 轴变量，会导致波形曲线显示不正常的情况。为了能够正确地显示，首先在 Probe 窗口中关闭 Performance Analysis 功能，然后执行 Trace→Add Trace 命令，打开 Add Traces 对话框，将定义的外层变量设置为 Y 轴变量，这时再按照常规方法添加波形曲线，就能得到正确的显示结果。

第 7 章　PSpice 的深层次应用

前几章介绍了 PSpice 软件的基本使用方法。本章进一步介绍与 PSpice 应用有关的深层次问题，包括：如何编写自定义 Measurement 函数和自定义降额文件；与 PSpice 运行有关的输出文件以及存放中间结果的数据文件的结构分析；在其他工具软件中如何调用 PSpice 模拟结果波形和引用波形描述数据；如何分析 PSpice 运行过程中的收敛性问题等内容。

7.1　创建自定义 Measurement 函数

第 5 章介绍了如何调用 PSpice 软件提供的 Measurement 函数从模拟结果波形曲线中提取出表征电路特性参数的值。本节进一步分析 Measurement 函数的定义格式和编辑处理方法，重点介绍如何根据应用需要，自行编写新的 Measurement 函数。

7.1.1　Measurement 函数的定义格式

在 Probe 窗口中选择执行 Trace→Measurement 子命令，屏幕上将出现对电路特性值函数进行各种处理的 Measurement 对话框，如图 7-1 所示。

对话框中列出了 Probe 提供的 54 个 Measurement 函数，供用户查阅选用。

其中 Eval 按钮的作用是运行一个选中的 Measurement 函数，从指定的波形中计算电路特性参数的值。图中显示的是 Max_XRange 函数处于选中状态，其作用是在指定的 X 轴范围内计算波形曲线的最大值。5.4 节就是结合该函数说明如何调用 Measurement 函数。

其他按钮的作用是对 Measurement 函数进行查看、修改、新建、调入等各种处理，包括指导用户新建 Measurement 函数，具体使用方法将在本节后面相应部分详细介绍。

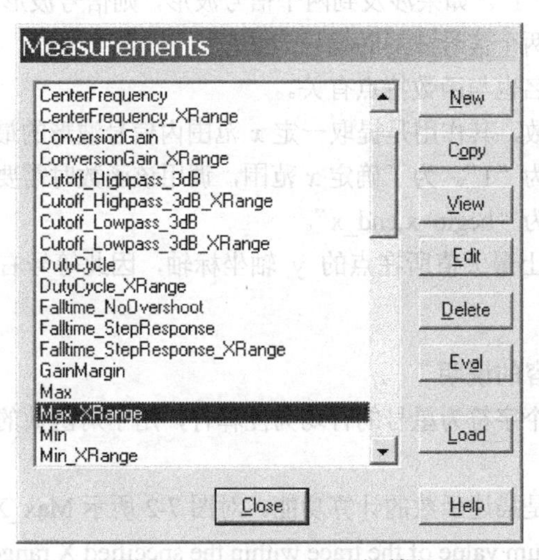

图 7-1　Measurement 对话框

下面结合 Max_XRange 函数实例分析 Measurement 函数的结构格式。

在图 7-1 所示 Measurement 对话框选中 Max_XRange 函数，再点击 View 按钮，Measurement 对

话框将显示出 Max_XRange 函数的结构组成，如图 7-2 所示。

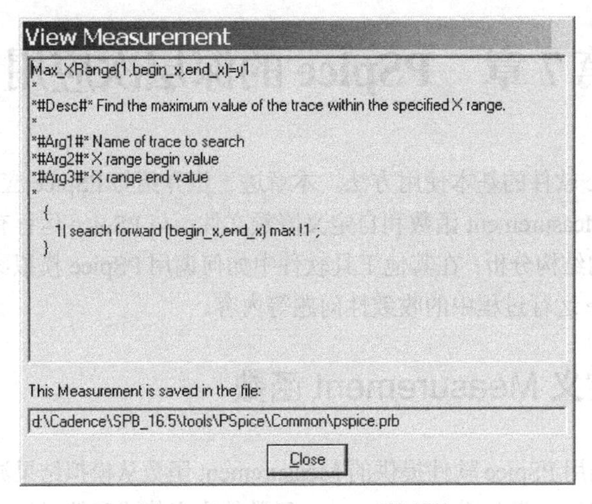

图 7-2　Max_XRange 函数结构

如图 7-2 所示，一个 Measurement 函数包括下述几个部分：

1. 函数名与函数值。

Measurement 函数第一行的一般格式为：

函数名（信号波形序号，替换变量名）=运算式

函数名就是图 7-1 所示 Measurement 对话框中电路特性值函数名列表中显示的函数名称。函数名后面括号中的部分为变量名列表，包括信号波形名称及替换变量名称，类似于一般计算机高级语言编程中函数定义的虚元。在函数运行过程中将采用这些变量。在实际调用 Measurement 函数时用户就需要提供这些变量的实际值，实现虚实结合。在等号右侧的运算式则是计算函数值的表达式，得到的具体数值即为 Measurement 给出的函数值。关于运算式的详细介绍参见 7.1.3 节。

不同函数按照提取的电路特性参数不同，涉及的信号波形个数也不同。如果只涉及一个信号波形，则信号波形序号设置为“1”。如果涉及到两个信号波形，则信号波形序号应设置为“1，2”，作为用户调用该函数时提供的两个信号波形的编号。

是否需要提供替换变量名也与函数特点有关。

对于“Max_XRange 函数，其作用是提取一定 x 范围内信号波形的最大值，只涉及一个信号波形，因此信号波形序号设置为“1”。为了确定 x 范围，调用该函数时需要用户提供 x 范围的起点和终点，因此替换变量名设置为“begin_x,end_x”。

而最大值则是信号波形上最大值所在点的 y 轴坐标轴，因此等号右侧计算函数值的表达式即为“y1”。

2. 关于函数功能等内容的说明

在第一行后面所有第一个字符为星号的行均为注释行，用于对函数的功能、变量含义、调用方式等信息做进一步解释说明。

（1）*#Desc#*表示该行是描述函数的计算功能。对图 7-2 所示 Max_XRange 函数，该行说明函数的作用是“Find the maximum value of the trace within the specified X range.”

（2）*#Arg1#*、*#Arg2#*、*#Arg3#*分别表示该行是关于变量 1、变量 2 和变量 3 含义的说明。对图 7-2 所示 Max_XRange 函数，这三行分别说明：

第一个变量是“Name of trace to search”

第二个变量是“X range begin value”

第一个变量是“X range end value”

说明：变量说明的内容将出现在调用该函数时出现的对话框中，提示用户应该填入什么内容。第5章结合Max_XRange函数介绍Measurement函数调用方法的对话框（见图5-38）中就是采用上述三个变量名提示用户输入相关参数。

（3）* Usage:行：有些函数，为了描述该函数的使用方式，在* Usage:行说明调用该函数时用户应该填入的变量内容及顺序。Max_XRange函数中未采用该行。

3. 函数主体内容

按照规定，采用大括号表示函数的主体，其中的语句实现函数的功能。

大括号中包括有一条或多条搜寻命令以及与执行搜寻命令有关的附加约定。搜寻命令的搜寻对象（即信号波形名）以及搜寻命令中的有关参数都要通过“虚实结合的方式”在调用函数时指定。执行搜寻命令后将确定满足搜寻要求的特征点，在函数名等号右边运算式中所包括的就是特征点的坐标值。各种搜寻命令语句的格式、作用等详细内容将在7.1.2节详细介绍。

大括号内的搜寻命令语句有下面5个特点。

（1）一条搜寻命令占一行。搜寻命令由竖线符号引导。在竖线前面的数字编号表示该条搜寻命令对电路特性值函数名后面括号中给出的第几个波形名实施搜寻功能。如果某条搜寻命令与其前一条搜寻命令是对同一个波形实施搜寻，则该条搜寻命令前面不要加数字（见267页例2）。

（2）电路特性值函数名后面括号中的“替换变量名”将出现在不同的搜寻命令中，确定搜寻命令执行时涉及的参数（见267页例3）。

（3）搜寻命令后面以惊叹号“！”结束。在“！”后面的数字表示由该条搜寻命令得到的特征点的编号。每一行最后应该为分号“；”。如上述(1)所述，若某条搜寻命令与其前面一条搜寻命令是对同一个波形实施搜寻，则该条搜寻命令前面不要加数字，而且前一条搜寻命令后面也不要加分号“；”。

（4）整个搜寻命令组应放在一组大括号中。

（5）大括号内由星号引导的行仍然是只起注释说明作用。

7.1.2　Measurement函数的重要构成元素：搜寻命令

如上节所说，Measurement函数的运行过程实际上是执行一系列的搜寻命令。本节将结合实例详细介绍搜寻命令的格式规定。理解并能熟练应用搜寻命令是用户自行编写Measurement的基础。

1. 关于“搜寻命令”与“特征数据点”

（1）Search Commands（搜寻命令）

搜寻命令由查找指令和有关选项构成，用于从信号波形曲线上搜寻满足要求的数据点。

（2）Marked Point（特征数据点）

由搜寻命令在信号波形曲线上得到的满足搜寻命令中查找指令要求的数据点称为特征数据点。

2. 搜寻命令格式

搜寻命令的一般格式如下：

Search[搜寻方向][起始点][出现次数][搜寻范围][for][重复次数]<搜寻要求>

由上可见，搜寻命令以关键词Search开始，最后为“搜寻要求”指令。这两部分在搜寻命令中是必不可少的。在关键词Search和搜寻要求中间为辅助搜寻的选项。下面具体介绍每一项的含义和设置要求。

（1）搜寻方向

搜寻命令格式中的搜寻方向选项只允许取 Forward（可简写为 F）和 Reverse（可简写为 R）两者之一，分别表示沿 X 轴变量值增加还是减少的方向搜寻。默认值为 Forward。

（2）起始点

起始点用于确定执行搜寻命令的起始点。该选项由两个斜杠号以及斜杠号之间的特定字符组成。确定起始点位置的特定字符可取下面 5 种形式之一。

（a）^：从搜寻范围的起点开始。

（b）Begin：其作用与^符号相同，即从搜寻范围的起点开始。

（c）$：从搜寻范围的终点开始。

（d）End：其作用与 $ 符号相同，即从搜寻范围的终点开始。

（e）采用其他搜寻命令得到的特征数据点或特征数据点表达式作为起始点。

起始点的默认值为当前位置点。例如在执行一次搜寻最大值命令后，当前位置点即为该最大值点。如果在随后的一次搜寻命令中未指定起始点，则以该最大值点为搜寻起点。

（3）出现次数

出现次数是对搜寻过程的一种特殊要求，由两个＃字符号以及这两个＃字符号之间的数字组成。例如，若要搜寻的是极大值（即峰值），按常规考虑，如果搜寻过程中得到了某点 A，在该点左右两侧搜寻点的 Y 轴坐标值均比 A 点的小，则 A 点即为满足搜寻要求的极大值点。如果在搜寻命令中"出现次数"选项为＃2＃，则要求在 A 点左右两侧均连续有两个搜寻点的 Y 轴坐标值均比 A 点的小，则 A 点才算是满足搜寻要求的极大值点。

"出现次数"选项的默认值为＃1＃。

（4）搜寻范围

本选项是由一对圆括号以及圆括号内的 X 轴和/或 Y 轴的坐标范围组成，用于确定搜寻的范围。可以用坐标值、坐标取值范围的百分比、特征数据点或特征数据点表达式表示需搜寻的坐标范围。默认值为整个 X、Y 取值范围。下面为几个具体实例：

(1n,200n,0,1m) 表示 X 轴范围为 10^{-9}～2×10^{-7}，Y 轴的范围为 0～10^{-3}；

(10%,90%) 表示 X 轴从其取值范围的 10%为 90%，Y 轴范围未指定，则取整个范围；

(,,1,10) 表示 X 轴为整个取值范围，Y 轴从 1～10；

(,30n) 表示 X 轴范围为小于等于 3×10^{-8}，Y 轴为整个取值范围。

说明：搜寻范围包括边界值本身。

（5）重复次数

"重复次数"项由数字及跟随该数字的冒号组成，用于确定需要连续经过几次搜寻得到的结果才是所要求的特征数据点。例如，若重复次数项为"5:"，搜寻指令为搜寻极大值，则从搜寻起点开始沿搜寻方向得到的第 5 个峰值才是满足"重复次数"要求的搜寻结果。如果在整个范围内搜寻到的极大值个数小于重复次数的要求，如在上例中，要求重复 5 次，但实际上只搜寻到 3 个极大值，则以第 3 个极大值作为搜寻结果。

（6）搜寻要求

搜寻要求列出了搜寻命令的具体查找要求。下面是 Probe 中允许采用的 8 种搜寻要求的格式及其含义。其中在关键词部分只有前面两个字母有效。为了明显起见，在下述格式表示中将前面两个字母写成大写，在实际使用中，大小写字母均可。

① PEak：搜寻极大值。

② TRough：搜寻极小值。

③ MAx：在规定的 X 轴范围内搜寻信号波形上 Y 值最大的点。如果有几个点的 Y 值均为最大值，则取与搜寻起始点最近的一个最大值点为搜寻结果。

④ MIn：本项搜寻要求是在规定的 X 轴范围内搜寻信号波形上 Y 值最小的点。

⑤ XValue (X 坐标值)：在信号波形上搜寻横坐标满足括号中“X 坐标值”要求且距“起始点”最近的点。其中“X 坐标值”除了可以取坐标刻度值、X 轴取值范围的百分比、特征数据点或特征数据点表达式外，还可以取下述两种形式。

与 X 轴取值范围最大值或最小值之间的距离大小，可以直接用数值表示，也可以用分贝数表示。例如：

(max−3) 指比 X 坐标轴上最大取值处小 3。

(min+5) 指比 X 坐标轴上最小取值处大 5。

(max−3db) 表示比 X 轴上最大取值处小 3dB。

(min+3db) 表示比 X 轴上最小取值处大 3dB。

与搜寻起始点(用.代表)之间的距离大小，可以直接用数值表示，也可以用分贝数表示。例如：

(.−2) 表示 X 轴上比搜寻起始点小 2 的位置。

(.+4) 表示 X 轴上比搜寻起始点大 4 的位置。

(.+3db) 表示 X 轴上比搜寻起始点大 3dB。

(.−3db) 表示 X 轴上比搜寻起始点小 3dB。

⑥ LEvel(Y 坐标值[，斜率正负])：在信号波形上搜寻这样的特征点，该点的纵坐标满足括号中“Y 坐标值”的要求，同时该点处的斜率满足“斜率正负”的规定。

其中，Y 坐标值的表示形式与上述“XValue（X 坐标值）”搜寻要求中的“X 坐标值”取值形式对应。只是在 XValue 中，max 和 min 是 X 坐标轴取值范围的最大值和最小值，而在 LEvel 中 max 和 min 是波形上 Y 坐标的最大值和最小值。

[，斜率正负]代表该点所在位置的斜率正负，可以设置为代表正值的 Positive（简记为 P）、代表负值的 Negative（简记为 N）或代表正负皆可的 Both（简记为 B）。默认值为 Both。

⑦ SLope[(斜率正负)]：以斜率为对象进行搜寻。其中“(斜率正负)”部分用于确定斜率的正负。按正负取值的不同使本搜寻条件有 3 种不同的形式。

SLope(Positive) 或简写为 SL(P)：搜寻正斜率为最大的位置。

SLope(Negative) 或简写为 SL(N)：搜寻斜率为负，且斜率绝对值最大的位置。

SLope(Both) 或简写为 SL(B)：不管斜率为正或为负，搜寻斜率绝对值最大的位置。

在本项搜寻要求中，“(斜率正负)”项的默认值为(Positive)，如 SL(P)也可进一步简写为 SL。

⑧ Point：在给定方向再次执行上一次的搜寻命令，搜寻下一个数据点。

3. 搜寻命令应用实例

（1）例 1：搜寻最大值。

采用搜寻命令 Search Max，可以从给定信号波形上搜寻最大值。

（2）例 2：在给定范围搜寻最大值。

采用搜寻命令 Search (50n,250n) Max，可以在 X 轴上 50n～250n 范围内，从给定信号波形上搜寻最大值。

（3）例 3：计算带宽和中心频率需要的搜寻。

要从带通滤波器 AC 小信号分析的输出电压幅度与频率关系的波形上，得到带宽和中心频率，需要调用两次搜寻命令。

采用搜寻命令 Search Level((max−3db),P)，可以从给定波形上，在斜率为正的一侧，搜寻比波形幅度最大值小 3dB 的位置点的 X 轴坐标值。

采用搜寻命令 Search Level((max−3db),N)，可以从给定波形上，在斜率为负的一侧，搜寻比波形幅度最大值小 3dB 的位置点的 X 轴坐标值。

若记在斜率为正一侧搜寻到的坐标值为 X1，在斜率为负一侧搜寻到的坐标值为 X2，则(X2-X1)即为 3dB 带宽，(X2+X1)/2 为带宽的中心频率。

7.1.3 Measurement 的基本构成元素之二：特征数据点表达式

电路特性值函数的结果是由特征数据点表达式计算得到的。本节在介绍特征数据点表示方式的基础上，介绍 Probe 中允许采用的几种特征数据点表达式形式。

1. Marked Point Expression (特征数据点运算式)

由搜寻命令在信号波形曲线上得到的满足搜寻命令中查找指令要求的数据点称为特征数据点。在同一条波形曲线上用几条不同的搜寻命令可以得到几个具有不同特点的特征数据点。对几个特征数据点进行计算分析的表达式称为特征数据点运算式。理解并能熟练应用特征数据点运算式是用户自行编写 Measurement 的基础。

2. 特征数据点的编号

在实际应用中，通常对一条波形要连续执行几条搜寻命令。每执行一次搜寻命令就得到一个特征数据点。为了区分这些特征数据点，Probe 中将连续执行的几条搜寻命令进行从 1 开始的顺序编号。同时与编号顺序对应，将各次搜寻中得到的特征数据点用坐标值分别记为(X1,Y1)，(X2,Y2)，等等。

3. 特征数据点表达式格式

在连续执行了几条搜寻命令以后，往往要对各次搜寻中得到的特征数据点的 X 和 Y 坐标数据进行运算处理。在 Probe 中，对几个特征数据点进行运算处理的目的是要得到一个确定的数值。5.2.5 节介绍的运算符和函数式中，自变量多于一个的函数，如 MIN( )、d( )等，以及用于对复数进行处理的函数，如 M( )、P( )等，在此处都不能运用。“+”、“−”、“*”、“/”和“( )”这 5 种运算符，以及自变量为单个变量的函数，包括 ABS( )、SGN( )、SIN( )和 SQRT( )等，均可用于特征数据点的运算处理。但在对信号进行运算处理时，作为自变量的是电路输出变量[如 V(4)、IC(Q1)等]，而现在则是特征数据点的坐标(如 X1,Y3 等)。

7.1.4 典型 Measurement 函数剖析

下面详细剖析 PSpice 中几个典型 Measurement 的组成，以帮助对其定义格式的理解。

1．求波形的最大值

这是一个最简单的函数定义。只涉及一个信号波形，一条搜寻命令，没有替换变量。

搜寻命令格式也很简单，只包括搜寻方向 forward 以及搜寻要求 max。

函数定义格式：

```
Max(1)=y1
{
  1|Search forward max!1;
```

```
}
```

也可简写为：

```
Max(1)=y1
{   1|Sma!1;}
```

调用举例：Max(V(Out))将给出 V(Out)波形上的最大值。

2．求阶跃脉冲信号作用下的上升时间

该例中也只涉及一个信号波形，没有替换变量。但包括有 4 条搜寻命令，产生 4 个特征数据点。

函数定义格式：

```
Risetime_StepResponse(1)=x4-x3
{
  1|Search forward xvalue(0%)!1
   Search forward xvalue(100%)!2
   Search forward /Begin/level(y1+0.1*(y2-y1),p)!3
   Search forward level(y1+0.9*(y2-y1),p)!4;
}
```

第 1 条搜寻命令的作用是查找 X 轴坐标范围起点，并将该特征点编号为“1”号点。y1 即为信号波形最小值。

第 2 条搜寻命令的作用是查找 X 轴坐标范围终点，并将该特征点编号为“2”号点。y2 即为信号波形最大稳定值。

第 3 条搜寻命令查找信号波形上达到脉冲信号幅度(y2−y1)的 10%点，并将该特征点编号为“3”号点。

第 4 条搜寻命令查找信号波形上升至脉冲信号幅度(y2−y1)的 90%的点，并将该特征点编号为“4”号点。

在函数定义式等号右边的特征数据点运算式为 x4−x3，即波形从信号幅度 10%上升至 90%所需要的时间，这就是需要计算的上升时间。

调用举例：采用 Risetime_StepResponse (I(L1))可以计算在阶跃输入脉冲作用下，流过电感 L1 的电流 I(L1)波形的上升时间。

3．在用户确定的 X 轴范围内求波形最大值

这时只涉及一个信号，但有两个替换变量，用于确定 X 轴范围。

函数定义格式：

```
Max_XRange(1,begin_x,end_x)=y1
{
  1|Search forward (begin_x,end_x) max!1;
}
```

调用举例：Max_XRange (V(Out),50n,250n)将给出在 X 轴上 5×10^{-8}～2.5×10^{-7} 范围内信号 V(Out)波形的最大值。

4．计算阶跃输入脉冲作用下的输出响应过冲百分比(Overshoot)

过冲指输出响应最大值超出最终稳定值的幅度。

函数定义格式：

```
Overshoot(1)=((y1-y2)/y2)*100
{
  1|search forward max!1
   search forward xva1(100%)!2;
}
```

第 1 条搜寻命令查找信号波形的最大值并将该特征点编号为“1”号点。

第 2 条搜寻命令查找信号波形的“最终稳定值”。这里是将 X 时间轴范围终点(100%)处的纵坐标值看作为稳定值。该特征点编号为“2”号点。

函数定义式等号右边运算式((y1-y2)/y2)*100 的计算结果即为过冲百分比。

调用举例：若在输入阶跃脉冲作用下，流过电感 L1 的电流信号为 I(L1)，则函数式 Overshoot(I(L1)) 将给出电流 I(L1)波形的过冲百分比。

5．交流小信号频率特性(AC)分析中相位裕度的计算

本例是计算输出信号幅度下降至 0dB 时的输出信号相位大小。该函数定义中将涉及输出信号幅度和相位两个信号波形。

函数定义格式：

```
PhaseMargin(1,2)=y2+180
{
  1|Search forward level(0)!1;
  2|Search forward xval(x1)!2;
}
```

其中，1 号信号是输出信号的幅度波形（用 dB 表示），2 号信号是输出信号的相位波形。

第 1 条搜寻命令是从 dB 幅度波形上查找 Y 轴 dB 值为 0 时的 X 轴频率点，并将该特征点编号为“1”号点。

第 2 条搜寻命令是从相位波形上查找 X 轴上坐标为 x1 处的 Y 轴相位值，并将该特征点编号为“2”号点。则 y2+180 即为要求的结果。

7.1.5　用户自建 Measurement 函数

采用图 7-1 所示 Measurement 对话框，可以新建、调入一个 Measurement，也可以对已有的 Measurement 进行编辑、重新定义、拷贝、删除等各种处置。下面介绍如何自行定义新的电路特性值函数。

1．新建 Measurement 的步骤

根据电路分析的需要，用户可以按下述步骤自行定义一个新的 Measurement 函数。

① 设置新建的 Measurement 函数名及存放文件名。

在图 7-1 中按“New”按钮，屏幕上出现如图 7-3 所示对话框。

在图中“New Measurement name”右侧文本框内键入新建电路特性值函数的名称。

在图中“File to Keep Measurement in”子框内选择确定将该新建的电路特性值函数的存放位置：

若选中 use local file，则将新建的电路特性值函数存入本地 PRB 文件。以后只能在本项电路设计分析过程中调用新建的函数；

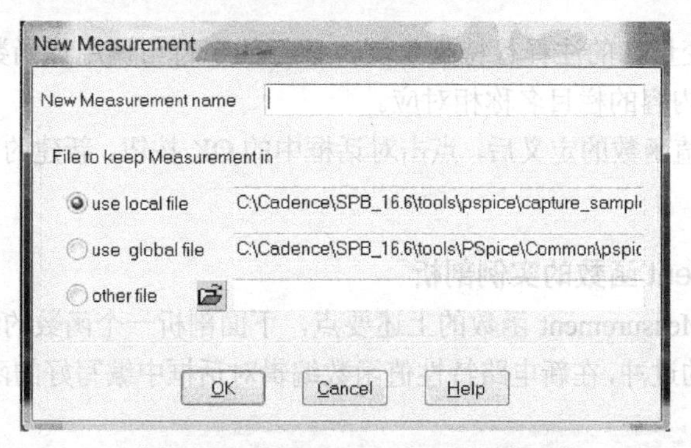

图 7-3　New Measurement 对话框

若选中 use global file，则将新建的电路特性值函数存入全局 PRB 文件；

若选中 other file，还需要用户在该选项右侧子框内键入文件名及其路径名。

② 完成上述设置后，点击图 7-3 中的 OK 按钮，屏幕上将出现图 7-4 所示 New Measurement 对话框，供用户编写欲新建的 Measurement。

第一行开始部分为用户在上述第（1）步键入的新建电路特性值函数名。用户应按前面介绍的 Measurement 函数定义格式的规定，用常规的文本编辑方法键入该电路特性值函数的完整定义（参见 7.1.4 节中的 5 个例子）。

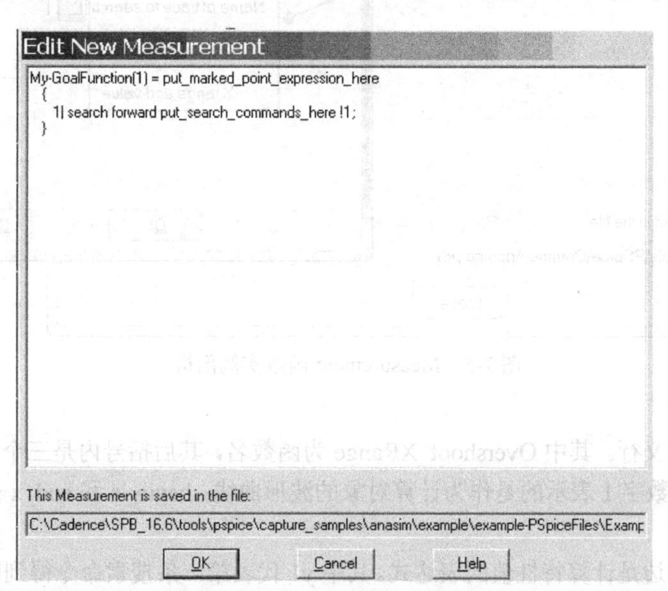

图 7-4　New Measurement 编辑对话框

对话框底部显示的是用户在上述第（1）步设置的存放新建电路特性值函数的文件名。

③ 根据需要，添加注释语句。

从第二行开始，以星号*开始的行均为注释行。在 Measurement 函数定义中，有三种类型的注释行：

以*#Desc#*开始的注释行起描述性的作用。连续几个描述性的注释行内容合在一起用于说明该函数的作用和计算过程。

以*Usage：开始的注释行用于说明该函数的调用方式。

以*#Argn#*开始的注释行说明该函数包括的变量名，涉及几个变量就有几个以*#Argn#*开始的注释行，其中 n 为数字序号。

需要说明的是描述变量名的注释行特别重要，该行的字符与调用该函数时出现的对话框（见图 7-5）中需要用户填入内容的栏目名称相对应。

④ 完成新电路特性值函数的定义后，点击对话框中的 OK 按钮，新建的电路特性值函数定义将存入指定的文件。

2. 新建 Measurement 函数的实例剖析

为了便于理解新建 Measurement 函数的上述要点，下面剖析一个函数的组成。该函数的作用是计算在一定 X 轴范围内的过冲，在新电路特性值函数编辑对话框中编写好的函数组成如图 7-5 所示。

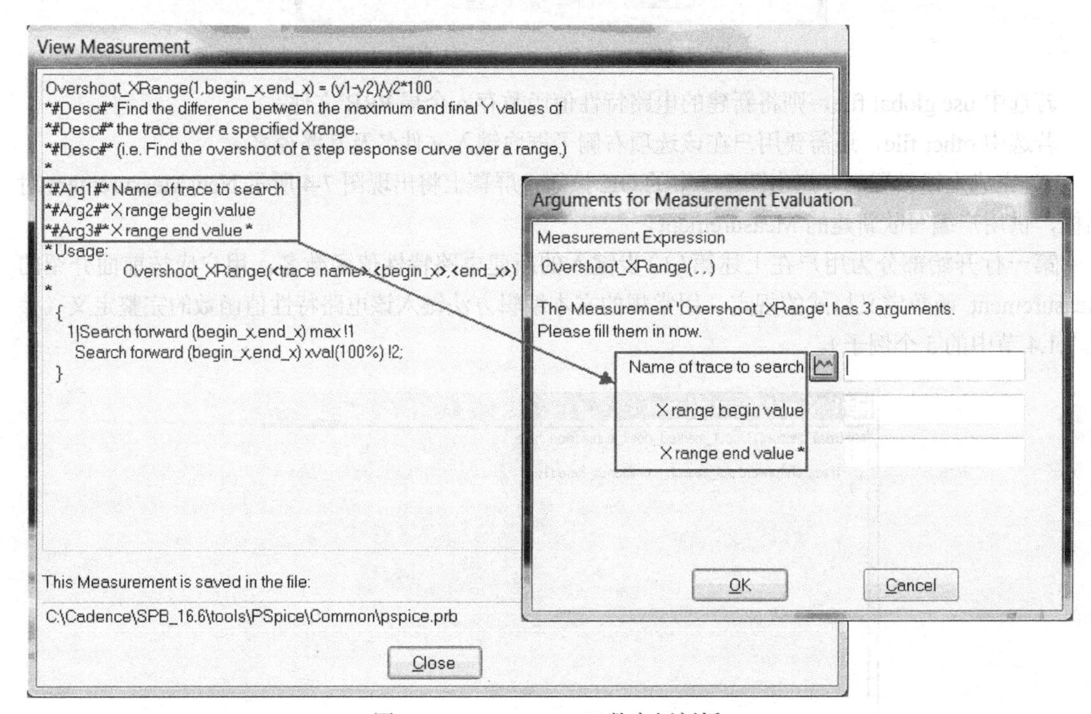

图 7-5　Measurement 函数实例剖析

（1）函数定义行

第一行为函数定义行。其中 Overshoot_XRange 为函数名，其后括号内是三个变量名，相互之间用逗号隔开。其中用数字 1 表示的是作为计算对象的波形曲线；begin_x 和 end_x 分别是代表 x 范围的起点和终点。

第一行中等号右边是计算特性值的表达式。其中 y1 代表第一条搜索命令得到的搜索点的 y 坐标值，y2 代表第二条搜索命令得到的搜索点的 y 坐标值。

（2）注释行

从第 2 行到第 4 行是以*#Desc#*开始的三行注释行，起描述性的作用。将这三行的注释内容组合在一起就描述了该函数的作用是：计算指定 x 范围内曲线最大值和最终稳定值之间差值与稳定值的比值，即在指定 x 范围内阶跃效应曲线的过冲。

说明：在 5.5 节介绍的 Performance Analysis 分析过程中，需要调用 Measurement 函数时，在相应对话框中出现的函数功能描述就是这几句注释行的内容。

（3）变量名描述行

从第 6 行到第 8 行是以*#Arg1#*、*#Arg2#*、*#Arg3#*开始的变量名描述行，说明该函数包括有三个变量名，每一行的文字名称与调用该函数时出现的对话框中需要用户填入内容的栏目名称相对应，如图 7-5 中所示。

（4）调用方式描述行

第 9 行与第 10 行以*Usage 开始，说明调用该函数的方式。对图示实例，需要依次提供 trace name（曲线波形的名称）、begin_x（x 范围的起点）、end_x（x 范围的终点）。

（5）Measurement 函数主体部分描述

Measurement 函数定义中由大括号描述的是 Measurement 函数的主体。对图示实例中包括 4 行。

（6）存放 Measurement 函数的文件名及其路径

在对话框的底部说明了存放该 Measurement 函数的路径及文件名。

7.1.6　Measurement 函数的编辑处理

下面介绍对 Measurement 函数的其他几种编辑处理方法。

1. 电路特性值函数文件的调入

对尚未列入图 7-1 所示 Measurement 对话框的电路特性值函数，对其进行各种操作处理时，需要按下述步骤将该函数所在的文件调入 Measurement 对话框。

① 在图 7-1 所示 Measurement 对话框中点击 Load 按钮，屏幕上出现文件打开对话框。

② 采用通常打开文件的方法，选中存放该电路特性值函数的文件，然后点击“打开”按钮，则图 7-1 列表区中将显示出调入文件中所包含的电路特性值函数名，供用户进一步操作。

2. 电路特性值函数的拷贝

将某一文件中的电路特性值函数拷贝到另一个文件中的步骤如下。

① 将该电路特性值函数所在的文件调入，并使文件中的所有电路特性值函数名显示在图 7-1 的列表区中。

② 在列表区中，选择待复制的电路特性值函数名，然后按 Copy 按钮，屏幕上出现如图 7-6 所示的电路特性值函数复制对话框。

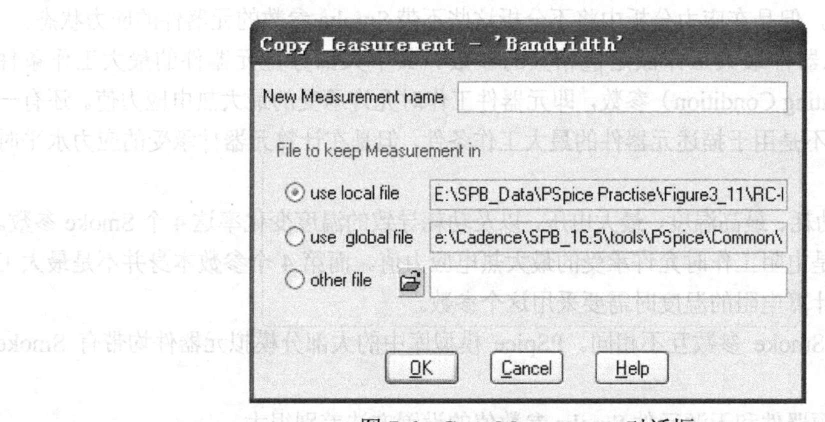

图 7-6　Copy Measurement 对话框

③ 图 7-6 与图 7-3 建立新电路特性值函数对话框基本相同。用户只需采用与图 7-3 类似的方法，确定由拷贝产生的电路特性值函数的名称，并选定将该电路特性值函数存放于哪个文件下，然后点击图 7-6 中 OK 按钮，就将图 7-1 中选择的电路特性值函数以新确定的名称复制到指定的文件中。

3. 电路特性值函数定义内容的查阅

在图 7-1 列表区选中电路特性值函数名，然后点击图中 View 按钮，屏幕上将弹出图 7-2 所示

View Measurement 显示框，列出该电路特性值函数的定义内容，包括以*号开头的注释行。

4. 电路特性值函数定义内容的修改

如果要修改一个电路特性值函数的定义内容，使其更适合于用户的分析需要，可按下述步骤进行。显然，在新建一个电路特性值函数时，采用修改一个类似的电路特性值函数的方法要比从头新建简单得多。

① 调入电路特性值函数所在的文件，使该文件中包含的电路特性值函数名显示在图 7-1 的列表区中。

② 在图 7-1 列表区选中待修改的电路特性值函数，然后点击 Edit 按钮，屏幕上将弹出 Edit Measurement 对话框。该框中列出了所选电路特性值函数的全部定义内容，包括注释行。

③ 用通常的文本编辑修改方法直接修改定义的内容，然后点击 OK 按钮，即将修改后的电路特性值函数存入原来所在的文件并覆盖掉原来的定义内容。

5. 电路特性值函数的删除

在图 7-1 中选择一个电路特性值函数后，点击 Delete 按钮，就将被选中的电路特性值函数删除。

7.2 Smoke 参数与自定义降额文件

调用第六章介绍的 Smoke 高级分析工具进行应力分析时，需要提供相关元器件的 Smoke 参数，以及通过降额设计采用的降额因子。为了更好地发挥 Smoke 的作用，用户应该明确 Smoke 参数的含义及设置方法，同时能够根据降额设计的需要，建立自定义降额文件。

7.2.1 Smoke 参数的设置方法

1. Smoke 参数

为了分析元器件的应力状态，相应的元器件必须定义有 Smoke 参数。在电路设计中可以使用不带 Smoke 参数的元器件，但是在应力分析中将不分析这些不带 Smoke 参数的元器件的应力状态。

Smoke 参数是与元器件最大工作额定值相关的参数。其中大部分是元器件的最大工作条件（MOC：Maximum Operating Condition）参数，即元器件工作时允许承受的最大热电应力值。还有一部分 Smoke 参数本身并不是用于描述元器件的最大工作条件，但是在计算元器件承受的应力水平时需要采用这些参数。

例如，电阻有最大功耗、最高温度、最大电压，以及功耗导致的温度变化率这 4 个 Smoke 参数。其中前三个参数描述的是电阻工作时允许承受的最大热电应力值。而第 4 个参数本身并不是最大工作条件，但是根据功耗计算电阻的温度时需要采用这个参数。

不同类型元器件的 Smoke 参数互不相同。PSpice 模型库中的大部分模拟元器件均带有 Smoke 参数。

需要说明的是，有源器件和无源元件 Smoke 参数值的设置方法差别很大。

2. 无源元件的 Smoke 参数

表 7-2、表 7-3、表 7-4 和表 7-5 分别是电容、电感、电流源和电压源的 Smoke 参数名称明细表。“标准降额值”一栏是在标准降额文件中对相应与 Smoke 参数设置的降额因子值。

表 7-1　电阻的 Smoke 参数

Smoke 参数名	含　义	元件属性参数名	Variable Table 中		标准降额值
			参数名	默认值	
PDM	电阻最大功耗	POWER	RMAX	0.25 W	0.55
RBA* (=1/SLOPE)	温度对功耗变化率的倒数	SLOPE	RSMAX	0.005W/℃	
RV	电压额定值	VOLTAGE	RVMAX		
TB，TMAX	电阻最高温度	MAX_TEMP	RTMAX	200℃	1

表 7-2　电容的 Smoke 参数

Smoke 参数名	含　义	元件属性参数名	Variable Table 中		标准降额值
			参数名	默认值	
CI	最大瞬态电流	CURRENT	CIMAX	1 A	
CV	电压额定值	VOLTAGE	CMAX	50 V	0.9
SLP	温度对电压变化率的倒数	SLOPE	CSMAX	0.005 V/℃	
TBRK	转折点温度	KNEE	CBMAX	125 ℃	
TMAX	最高工作温度	MAX_TEMP	CTMAX	125 ℃	

表 7-3　电感的 Smoke 参数

Smoke 参数名	含　义	元件属性参数名	Variable Table 中		标准降额值
			参数名	默认值	
LI	工作电流额定值	CURRENT	LMAX	5 A	0.9
LV	介质耐压	DIELECTRIC	DSMAX	300 V	

表 7-4　电流源的 Smoke 参数

Smoke 参数名	含　义	元件属性参数名	Variable Table 中		标准降额值
			参数名	默认值	
IV	承受的最大电压	VOLTAGE	VMAX	12 V	

表 7-5　电压源的 Smoke 参数

Smoke 参数名	含　义	元件属性参数名	Variable Table 中		标准降额值
			参数名	默认值	
VI	承受的最大电流	CURRENT	IMAX	1 A	

3. 无源元件 Smoke 参数的设置方法

电阻、电容、电感、恒流源和恒压源等无源元件的 Smoke 参数设置比较简单，可参见 6.1.2 节以电阻为例所介绍的无源元件 Smoke 参数的设置方法。

4. 有源器件的 Smoke 参数

表 7-6～表 7-11 分别是二极管、双极晶体管、JFET/MESFET 器件、MOSFET 晶体管、IGBT 器件，以及运算放大器等主要有源器件的 Smoke 参数明细表。“标准降额值”一栏是在标准降额文件中对相应 Smoke 参数设置的降额因子值。

表 7-6 二极管的 Smoke 参数

Smoke 参数名	含 义	标准降额值
IF	最大正向电流（A）	0.8
PDM	最大功耗（W）	0.75
RCA	管壳到环境之间的热阻（℃/W）	
RJC	结到管壳之间的热阻（℃/W）	
TJ	最高结温（℃）	1
VR	最大反向电压（V）	0.5

表 7-7 双极晶体管的 Smoke 参数

Smoke 参数名	含 义	标准降额值
IB	最大基极电流（A）	1
IC	最大集电极电流（A）	0.8
PDM	最大功耗（W）	0.75
RCA	管壳到环境之间的热阻（℃/W）	
RJC	结到管壳之间的热阻（℃/W）	
SBINT	Secondary breakdown intercept （A）	
SBMIN	Derated percent at TJ (secondary breakdown)	
SBSLP	Secondary breakdown slope	
SBTSLP	Temperature derating slope (secondary breakdown)	
TJ	最高结温（℃）	1
VCB	最大集电极－基极电压（V）	1
VCE	最大集电极－发射极电压（V）	0.5
VEB	最大发射极－基极电压（V）	1

表 7-8 JFET/MESFET 器件的 Smoke 参数

Smoke 参数名	含 义	标准降额值
ID	最大漏极电流（A）	0.8
IG	最大栅电流（A）	1
PDM	最大功耗（W）	0.75
RCA	管壳到环境之间的热阻（℃/W）	
RJC	结到管壳之间的热阻（℃/W）	
TJ	最高结温（℃）	1
VDG	最大漏栅电压（V）	1
VDS	最大漏源电压（V）	1
VGS	最大栅源电压（V）	1

表 7-9 MOSFET 晶体管的 Smoke 参数

Smoke 参数名	含 义	标准降额值
ID	最大漏极电流（A）	0.8
IG	最大栅电流（A）	1

续表

Smoke 参数名	含　义	标准降额值
PDM	最大功耗（W）	0.75
RCA	管壳到环境之间的热阻（℃/W）	
RJC	结到管壳之间的热阻（℃/W）	
TJ	最高结温（℃）	1
VDG	最大漏栅电压（V）	1
VDS	最大漏源电压（V）	0.9
VGSF	最大正向栅源电压（V）	1
VGSR	最大反向栅源电压（V）	1

表 7-10　IGBT 器件的 Smoke 参数

Smoke 参数名	含　义	标准降额值
IC	最大集电极电流（A）	0.8
IG	最大栅电流（A）	1
PDM	最大功耗（W）	0.75
RCA	管壳到环境之间的热阻（℃/W）	
RJC	结到管壳之间的热阻（℃/W）	
TJ	最高结温（℃）	1
VCE	C-E 间最大电压（V）	1
VCG	C-G 间最大电压（V）	1
VGEF	G-E 间最大正向电压（V）	1
VGER	G-E 间最大反向电压（V）	1

表 7-11　运算放大器的 Smoke 参数

Smoke 参数名	含　义	标准降额值
IPLUS	输入电流(non-inverting)	1
IMINUS	输入电流(inverting)	1
IOUT	输出电流	1
VDIFF	差分输入电压	1
VSMAX	电源最大电压	1
VSMIN	电源最小电压	1
VPMAX	最大输入电压 (non-inverting)	1
VPMIN	最小输入电压 (non-inverting)	1
VMMAX	最大输入电压(inverting)	1
VMMIN	最小输入电压(inverting)	1
PDM	最大功耗（W）	

5. 有源器件 Smoke 参数的设置方法

在 PSpice 中，有源器件的 Smoke 参数与器件模型参数一起，都是由 Model Editor 模块进行编辑处理。元器件模型库中每个有源器件都配置有 Smoke 参数标签页，列出有该器件的 Smoke 参数名称及设置值，用户不但可以查阅 Smoke 参数，也可以修改 Smoke 参数的设置值。

例如，如果要修改图 6-12 所示射频放大器中编号为 Q1 的晶体管 2N5179 的 Smoke 参数，只要在电路图中选中该器件，再执行快捷菜单中的 Edit PSpice Model 命令，屏幕上即出现 Model Editor 模块的窗口。在显示 Smoke 参数的标签页中，采用电子表格的形式描述各个 Smoke 参数的设置值，如图 7-7 所示。其中“Device Max Ops”一栏显示的是该器件的 13 个 Smoke 参数名，“Description”一栏是对每个参数含义的说明。“Value”一栏是各个参数的设置值。如果要修改某个 Smoke 参数的设置值，只要直接修改该单元格中的数值即可。

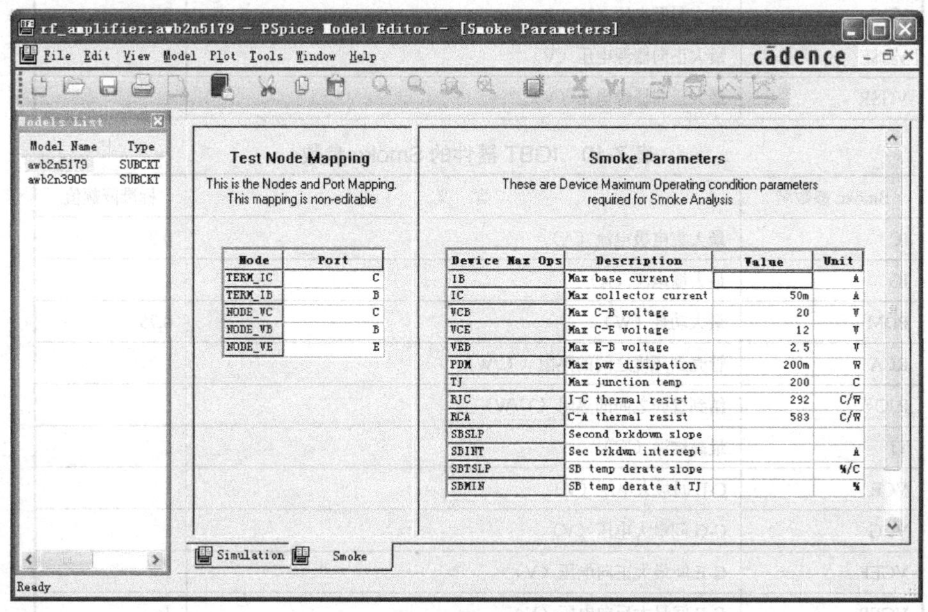

图 7-7 Model Editor 中的 Smoke 参数

提示：对照图 7-7 与图 6-75 可见，应力分析结束后，显示分析结果的 Smoke 窗口中采用的 Smoke 参数名也与图 7-7 中的名称完全相同。但是图 7-7 中的 RCA 和 RJC 分别是管壳到环境以及结到管壳之间的热阻，只用于根据功耗计算参数 TJ（结温），不是器件的最大工作条件，因此不会出现在显示应力分析结果的 Smoke 窗口中。

7.2.2 用户自定义降额文件

1. 自定义降额文件

在 Smoke 中，通过“降额文件”规定不同元器件 Smoke 参数的降额因子。为了方便使用，Smoke 中提供有“标准降额文件”，为不同的元器件规定了一组“标准”降额条件。如果用户有自己的特殊降额要求，就需要自己建立一个降额文件，称为自定义降额文件，为相关的元器件指定降额因子要求。

2. 创建自定义降额文件的步骤

用户只要按照下述步骤，就可以很方便地建立自己的降额文件。

（1）用通常的文本编辑器打开位于…\tools\PSpice\library 目录下的模板文件 custom_derating_template.drt。或者采用文件搜索的方法查找（*.drt）文件，也可以找到该模板文件。模板文件包括所有元器件的 Smoke 参数，每个参数均设置有一定的降额因子值。

（2）将该模板文件中的降额因子替换为用户欲采用的降额因子，然后以（.drt）为扩展名，采用用户确定的文件名将修改后的文件保存在当前工程文件或者 PSpice 用户库中。

需要注意的是，最好不要直接更改系统中的模板文件，操作时可以直接将该模板文件拷贝到所要保存的目录下，然后对之进行更改、保存，这样就避免了因误操作而破坏原有模板的语法格式。

7.3　PSpice 输出文件与数据转换

按 PSpice 的内定设置，电路模拟分析结束以后，与数字有关的计算结果都存放在以.OUT 为扩展名的 ASCII 码文件中，与波形曲线有关的计算结果以二进制形式存放在以.dat 为扩展名的文件中，文件主名与电路设计文件名相同。如果用户需要。也可以将.dat 文件的内容同时存入.OUT 文件。因此本节重点介绍 OUT 输出文件的结构组成，并同时介绍如何将波形曲线结果同时存入 OUT 文件。

7.3.1　文本型输出文件(.OUT 文件)

如前所述，进行某些电路特性分析时，如直流灵敏度分析、TF 分析、噪声分析、MC 分析、WC 分析和傅里叶分析等，分析结束后将结果存入.OUT 输出文件。本节主要介绍.OUT 输出文件的结构组成。对于一般情况下分析结果只存入.DAT 文件的那些电路特性分析类型，例如 DC 扫描、AC 分析和 TRAN 分析，也可以采用本节介绍的方法将波形数据存入.OUT 输出文件。

1. 输出文件(.OUT)中存放的基本内容

电路模拟结束后，自动生成的.OUT 输出文件存放有下述 6 类内容。

（1）电路描述（Circuit Description）。输出文件(.OUT)中开始部分是关于电路分析的描述。这一部分包括的内容有：

① 电路拓扑连接关系描述。电路图中每个元器件都有其编号，每个节点也均有节点号，包括绘制电路图时用户为部分节点设置的节点名称，以及 PSpice 为其余节点编排的节点序号（如$N_0001, $N_0002,…）。电路拓扑关系具体给出了每个元器件在电路中的节点连接关系以及元器件参数值和模型名。为了直接表示每个元器件的类别,在每个元器件编号名前面均加有编号名字母代号和“_”符号。例如，电阻 R3 表示为 R_R3，电压源 VIN 表示为 V_VIN。

② 用户通过 Simulation Profile 设置的电路模拟分析要求和分析参数描述。

③ 每个元器件的引出端与电路中各个节点名或节点编号的对应连接关系列表。这一部分又称为元器件引出端“别名”（Alias）列表。

（2）电路中涉及的元器件模型参数列表。

（3）与不同电路特性有关的结果。包括：

① 直流工作点分析（见 3.2.1 节）产生的偏置解，包括各节点电压、独立信号源的电流和功耗、非线性元器件的工作点线性化参数等。

② 直流传输特性分析（TF 分析，见 3.2.3 节），直流灵敏度分析（见 3.2.2 节）、噪声分析（见 3.4.2 节）和傅里叶分析（见 3.6 节）的分析结果。相应章节已给出了.OUT 文件中这一部分内容实例。

③ 与电路特性模拟分析相关的中间结果（详见 7.4.1 节）。

（4）由用户设置，也可将直流扫描 DC 分析（见 3.3 节)、交流小信号 AC 分析（见 3.4.1 节）和瞬态特性 TRAN 分析（3.5 节）的信号波形分析结果以 ASCII 码形式存入.OUT 文件。详细内容在 7.3.2 节介绍。

（5）模拟分析中产生的出错信息和警告信息。

（6）关于电路中元器件统计清单、模拟分析中采用的任选项设置值、模拟分析耗用的计算机 CPU 时间等统计信息。

需要说明的是，采用下面图 7-8 所示的任选项设置，可以决定是否将上述所有内容全部存入.OUT 文件。

2．决定输出文件存放内容的设置

通过下述两种方法设置相关选项，可以控制输出文件中实际存放的内容。

（1）Options 选项设置：在 Capture 环境下执行 PSpice→Edit Simulation Profile 子命令，在出现的对话框中选择 Options 标签页，再选择 Category 一栏的 Output file 选项，即可根据需要，勾选相关选项，完成相关选项设置，如图 7-8 所示。图中显示的是默认设置。

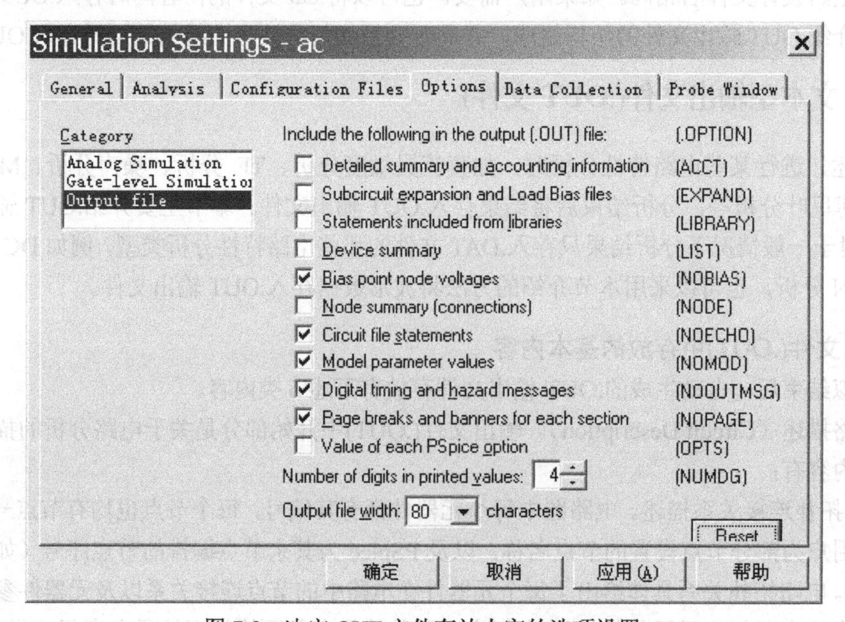

图 7-8 决定 OUT 文件存放内容的选项设置

（2）分析要求参数设置：在 OUT 文件中存放哪些与电路特性模拟分析相关的中间结果，取决于相应特性模拟分析时 Simulation Profile 的参数设置，将在 7.4.1 节介绍。

3. 输出文件的查阅

在 PSpice 模拟过程中，可以采用下述两种方法查阅输出文件：

（1）在图 3-2 所示 PSpice 命令菜单中，选择执行 View Output File 子命令。

（2）在 Probe 窗口（见第 5 章）中，选择执行 View 主命令下的 Output File 子命令。

4. 将 dat 文件中的信号波形曲线存入 out 输出文件

如第 3 章所述，DC 扫描分析、交流小信号 AC 分析和瞬态 TRAN 分析的结果将存入.DAT 文件，供 Probe 调用，显示信号波形曲线。如果在电路图上添加输出标示符，就可以将标示符所指位置的上述三种分析结果以数据列表和字符图形两种形式存入.OUT 文件。

（1）输出标示符的类型

PSpice 中提供有如图 7-9 所示的几种输出标示符图形符号，使 DC、AC 和 TRAN 这三种特性分析结果均可以按数据列表和字符图形两种形式存入.OUT 文件。

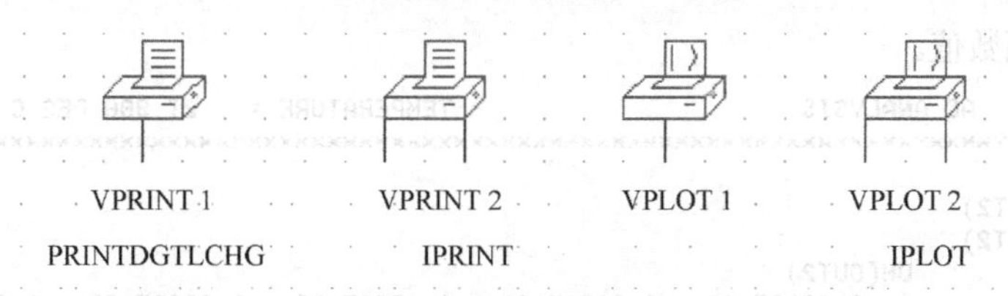

图 7-9　输出标示符（Printpoints）

① IPLOT：该符号应串联到电路图一个支路中，使该支路电流分析结果以字符图形的形式存入.OUT 文件。

② IPRINT：该符号与上述 IPLOT 的区别仅在于现在是将支路电流分析结果以数据列表形式存入.OUT 文件。

③ VPLOT1：将该符号引出端与电路图中某一节点相连，使该节点与地之间的电压分析结果以字符图形的形式存入.OUT 文件。

④ VPLOT2：将该符号两个引出端跨接到电路图中的两个节点上，使这两个节点间的电压分析结果以字符图形的形式存入.OUT 文件。

⑤ VPRINT1：与 VPLOT1 的区别仅在于现在是将分析结果以数据列表的形式存入.OUT 文件。

⑥ VPRINT2：与 VPLOT2 的区别仅在于现在是以数据列表形式将分析结果数据存入.OUT 文件。

⑦ PRINTDGTLCHG：将该符号引出端与电路图中某一节点相连，则瞬态分析中该节点处逻辑电平变化情况将以数据列表形式存入.OUT 文件。

由图 7-9 可见，有些符号对应两种作用。其区别是使用时的连接方式不同。例如具有两个引出端的 VPRINT2 符号，跨接在两个节点上，就起 VPRINT2 的作用。同样形状的符号，串接在某一支路上，就起 IPRINT 的作用。

（2）输出标示符的放置

在 PSpice 中，图 7-9 所示几种输出标示符均按图形符号处理，存放在 SPECIAL.OLB 图形符号库中。在电路图中放置这些符号的方法与第 2 章介绍的放置通常元器件符号(如电阻，晶体管等)的方法完全一样。

（3）输出标示符的分析类型设置

上述①～⑥这 6 种符号用于输出哪几种类型的分析结果，需要由用户设置。

在电路图中用鼠标左键连击输出标示符，屏幕上出现图 7-10 所示设置框。要输出某种分析结果，只需在图 7-10 中该分析类型名那一栏键入非空格字符，如 Y、Yes，即完成对该分析类型的选择设置。用户可以选择设置多种分析类型。若未选择设置任一种分析类型，则按输出 TRAN 分析结果对待。对 AC 分析，还可以在 MAG（振幅），PHASE（相位），REAL（实部），IMAG（虚部）和 DB（振幅分贝数）中选择设置一种或多种。若选择设置了 AC，但未在这几种中选择设置任何一种，则按输出 MAG（振幅）对待。

	DB	IMAG	REAL	PHASE	MAG	TRAN	AC	DC
+ Example : PAGE1 : PLOT2				Yes	Yes		Y	

图 7-10　输出标示符分析类型设置框

（4）应用实例

对图 3-1 所示差分对电路，如果在 OUT2 节点处放置 VPLOT1 符号，并按图 7-10 所示实例进行设置，则 AC 分析结束后，OUT2 节点处交流输出信号振幅和相位随频率变化关系将以字符图形形式存入.OUT 文件。存放内容如图 7-11 所示。由图可见，在图形曲线左侧，还给出了曲线上每一位置的频率和信号振幅数值。

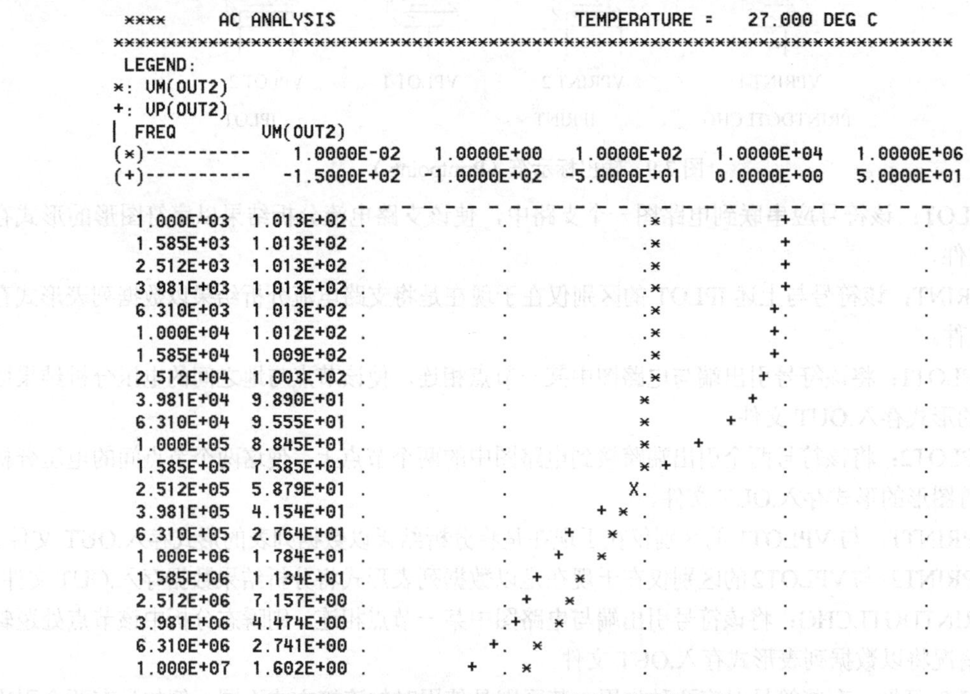

```
****     AC ANALYSIS                      TEMPERATURE =   27.000 DEG C
******************************************************************************
 LEGEND:
*: VM(OUT2)
+: VP(OUT2)
| FREQ       VM(OUT2)
(*)----------    1.0000E-02   1.0000E+00   1.0000E+02   1.0000E+04   1.0000E+06
(+)----------   -1.5000E+02  -1.0000E+02  -5.0000E+01   0.0000E+00   5.0000E+01
 - - - - - - - - - - - - - - - - - - - - - - - - - - - - - - - - - - - - - - - -
  1.000E+03  1.013E+02 .            .            .*           +            .
  1.585E+03  1.013E+02 .            .            .*           +            .
  2.512E+03  1.013E+02 .            .            .*           +            .
  3.981E+03  1.013E+02 .            .            .*           +            .
  6.310E+03  1.013E+02 .            .            .*          +.
  1.000E+04  1.012E+02 .            .            .*          +.
  1.585E+04  1.009E+02 .            .            .*          +.
  2.512E+04  1.003E+02 .            .            .*         +  .
  3.981E+04  9.890E+01 .            .            *        +    .
  6.310E+04  9.555E+01 .            .            *      +      .
  1.000E+05  8.845E+01 .            .            *   +         .
  1.585E+05  7.585E+01 .            .            * +           .
  2.512E+05  5.879E+01 .            .           X.             .
  3.981E+05  4.154E+01 .            .       + *  .             .
  6.310E+05  2.764E+01 .            .    +   *   .             .
  1.000E+06  1.784E+01 .            .   +   *    .             .
  1.585E+06  1.134E+01 .            . +    *     .             .
  2.512E+06  7.157E+00 .            .+   *       .             .
  3.981E+06  4.474E+00 .           .+   *        .             .
  6.310E+06  2.741E+00 .          +.  *          .             .
  1.000E+07  1.602E+00 .        +   . *          .             .
```

图 7-11　存入 OUT 文件的波形曲线和数据

7.3.2　DAT 文件数据格式的转换

一般情况下，PSpice 模拟结果生成的节点电压和支路电流波形是以二进制格式存放在以.dat 为扩展名的输出文件中。如果用户需要调用其他软件工具对模拟结果作进一步处理，可以采用本节介绍的方法将模拟结果波形数据以不同格式存放在文件中。

1. 生成通用格式（CSDF）文件（.CSD)

为了考虑数据文件的通用性，目前有一种 CSDF（Common Simulation Data Format）格式的文件描述。这是一种通用的 ASCII 码文件，不同的 CAD 平台都可以接受这种格式的文件。采用下述步骤可以将 PSpice 模拟仿真生成的数据存入以 CSD 为扩展名的 CSDF 格式文件。

（1）在 Capture 环境下选择 PSpice/Edit Simulation Profile 子命令，在出现的对话框中选择 Data Collection 标签页（见图 5-3）。

（2）勾选图中“Save data in the CSDF format（.CSD）”选项，则模拟结果将以 ASCII 码通用模拟数据格式 CSDF 存放。

说明：大多数情况下，特别是瞬态分析情况下，CSDF 格式文件明显大于 DAT 文件。如对图 3-1 所示差分对电路，存储瞬态分析结果的 DAT 文件为 588KB，而采用 CSDF 格式存储瞬态分析结果的 CSD 文件则为 1280KB，是 DAT 文件的两倍多。

2. 转换为 ASCII 码文本文件（.TXT)

按照下述步骤，可以将 PSpice 模拟的全部结果或者选中的波形转换为 .TXT 文件。

（1）打开 Export Text Data 对话框

在 Probe 窗口中选择 File→Export→Text 命令，屏幕上出现 Export Text Data 对话框，包括 Available

Output Variables、Output Variables to Export 和 Data Compression 共三个子框，如图 7-12 所示。

其中 Available Output Variables 子框列出了模拟仿真结果产生的所有波形名称，与 Probe 窗口中 Add Trace 对话框中的 Simulation Output Variables 子框相同，使用方法也一样。

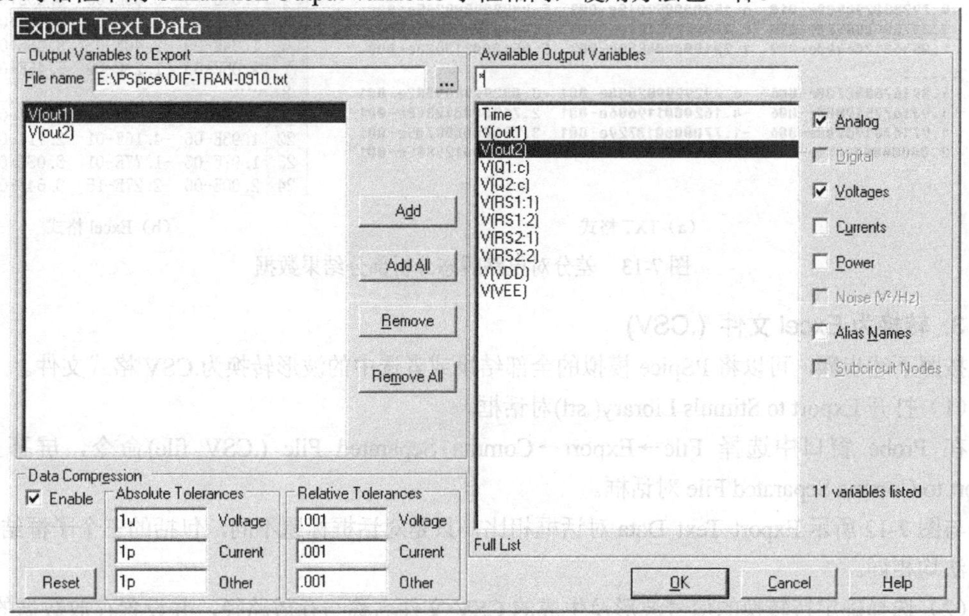

图 7-12　Export Text Data 对话框

（2）选择确定待转换的信号波形及生成的 TXT 文件名称与存放路径

图 7-12 中 Output Variables to Export 子框用于确定将哪些信号波形数据存放在哪个文件中。其中 File Name 文本框用于指定存放信号数据的文件名，包括路径和文件名。

在 File Name 文本框下方列表框列出的波形名称将存入上述指定的文件中。

如果当前 Probe 窗口中已显示有几个信号波形，则列表框中将自动显示有这几个波形名称。通过 Add、Add All 按钮可将 Available Output Variables 子框中的波形添加到列表框中；通过 Remove、Remove All 按钮可以将列表框中的波形从子框中删除。

（3）设置存放数据的容差

需要时，用户可以通过图 7-12 中 Data Compression 子框内参数的设置指定存放波形数据时允许的波形数据描述容差。增大容差可以减小文件中存放的的数据量。

Enable：只有勾选 Enable 才可以设置容差值；

Absolute Tolerances：指定产生波形数据时允许采用的绝对容差；

Relative Tolerances：指定产生波形数据时允许采用的相对容差；

Reset：使容差参数设置采用默认值。

说明：Data Compression 选项框只适用于瞬态分析。在存放 AC 和 DC 模拟分析结果数据时，Data Compression 选项框为灰色显示，不起作用。

（4）完成各项设置后，点击 OK 按钮，就将 Output Variables to Export 子框中列出的所有信号波形数据存放在 File Name 文本框指定的文件中。

例如，对图 3-1 所示差分对电路进行瞬态分析后，采用上述方法可以将 V(V1:+)和 V(out2)信号波形随时间变化的数据存放在 TXT 文件中。图 7-13（a）中列出的是该文件中起始部分和最后部分的实际数据。

```
Time                 V(V1:+)              V(OUT2)
0.000000000000e+000  0.000000000000e+000  5.448999881744e+000
4.000000000000e-010  2.513000043109e-003  5.448999881744e+000
8.000000000000e-010  5.026999861002e-003  5.449999809265e+000
9.792330294800e-010  6.153000053018e-003  5.449999809265e+000
1.337699088500e-009  8.404999971390e-003  5.449999809265e+000
2.054631206400e-009  1.291000004858e-002  5.451000213623e+000
......
1.891676842700e-006  -6.292999982834e-001  3.082999885082e-001
1.931677519800e-006  -4.162000119686e-001  2.712000012398e-001
1.971678196900e-006  -1.770000010729e-001  3.034000098705e-001
2.000000000000e-006  -2.265999904670e-015  3.643000125885e-001
```

（a）TXT 格式

	A	B	C
1	Time	V(V1:+)	V(OUT2)
2	0.00E+00	0.00E+00	5.45E+00
3	4.00E-10	2.51E-03	5.45E+00
4	8.00E-10	5.03E-03	5.45E+00
5	9.79E-10	6.15E-03	5.45E+00
6	1.34E-09	8.40E-03	5.45E+00
7	2.05E-09	1.29E-02	5.45E+00
8	……		
21	1.89E-06	-6.29E-01	3.08E-01
22	1.93E-06	-4.16E-01	2.71E-01
23	1.97E-06	-1.77E-01	3.03E-01
24	2.00E-06	-2.27E-15	3.64E-01

（b）Excel 格式

图 7-13　差分对电路瞬态分析部分结果数据

3. 转换为 Excel 文件 (.CSV)

按照下述步骤，可以将 PSpice 模拟的全部结果或者选中的波形转换为.CSV 格式文件。

（1）打开 Export to Stimuls Library(.stl)对话框。

在 Probe 窗口中选择 File→Export→Comma Separated File (.CSV file)命令，屏幕上出现 Export to Comma Separated File 对话框。

与图 7-12 所示 Export Text Data 对话框相比，只是对话框标题不同，包括的三个子框结构、使用方法均相同。

（2）选择确定待转换的信号波形及生成的 CSV 文件名称与存放路径，并设置存放数据的容差。操作方法与转换为 TXT 格式文件涉及的相应操作方法相同。

（3）完成对话框中各项设置后点击 OK 按钮，就将 Output Variables to Export 子框中列出的所有信号波形数据以.csv 为扩展名，存放在 File Name 文本框指定的文件中。这实际上就是一种 Excel 文件。

例如，对差分对电路进行瞬态分析后，可以采用上述方法将 V(V1:+)和 V(out2)信号波形随时间变化的数据存放在 CSV 文件中，图 7-13（b）中列出的是该文件中起始部分和最后部分的实际数据。

4. 转换为 PSpice 格式激励信号文件 (.STL)

按照下述步骤，可以将 PSpice 模拟结果选中的波形转换为 .STL 文件，作为对电路进行瞬态模拟仿真时采用的信号源。

（1）打开 Export to Stimulus Librarg(.stl)对话框。

在 Probe 窗口中选择 File→Export→Stimulus Library (.stl file)命令，屏幕上出现 Export Stimulus Library 对话框。

与 Export Text Data 对话框相比，只是对话框标题改为 Export Stimulus Library，其他方面，包括对话框中的 3 个子框结构、使用方法均相同。

（2）选择确定待转换的信号波形及生成的 STL 文件名称与存放路径，并设置存放数据的容差。操作方法与转换为 TXT 格式文件涉及的相应操作方法相同。

（3）完成对话框中各项设置后点击 OK 按钮，就将 Output Variables to Export 子框中列出的信号波形数据以.stl 为扩展名，存放在 File Name 文本框指定的文件中，供 PSpice 进行瞬态分析时作为激励信号波形描述文件。

7.3.3　电路图和模拟结果波形的引用

在电子文档中需要引用 Capture 绘制的电路原理图以及代表模拟仿真结果的波形曲线时，许多电路设计人员采用的是全屏拷贝加裁剪的方法，不但麻烦，而且效果不够满意。本节介绍由 PSpice

软件提供的一种方法。

复制电路图的方法比较简单，只需在 Capture 绘制电路图的窗口，采用 2.3.4 节介绍的方法，选中需要复制的电路图，然后执行 Edit→Copy 子命令将被选中的电路图复制到剪贴板上以后，就可以在 Word 文档中粘贴这些电路图，这是一种通用的复制方法。

为了在电子文档中复制代表模拟仿真结果的波形曲线，PSpice 提供了下述简便而适用的方法。

在 Probe 窗口中选择执行 Window→Copy to Clipboard 命令[见图 7-14（a）]，屏幕上出现图 7-14（b）所示 Copy to Clipboard 对话框供设置相关参数，建议用户采用图中所示参数设置，然后点击 OK 按钮，将当前 Probe 窗口中显示的波形曲线复制到剪贴板上，用户就可以在 Word 文档中粘贴这些波形曲线。

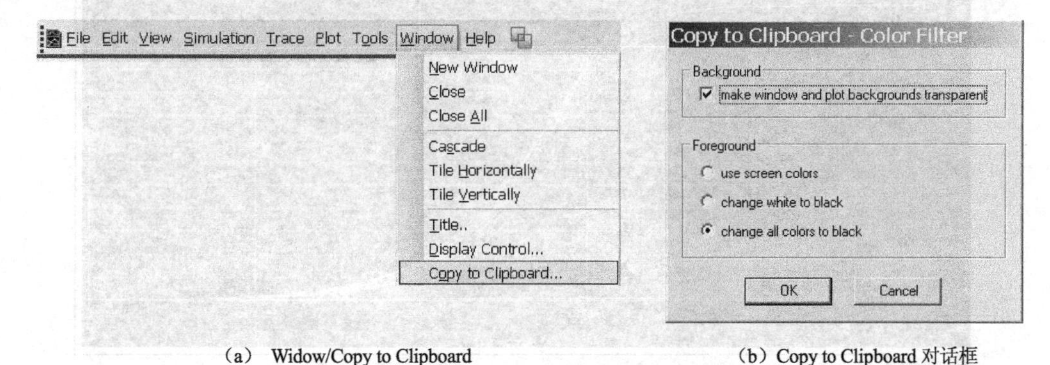

（a） Widow/Copy to Clipboard　　（b）Copy to Clipboard 对话框

图 7-14　在电子文档中复制波形曲线的方法

图 7-15 为采用这一方法在 Word 文档中粘贴的一组模拟仿真结果波形曲线的实例。

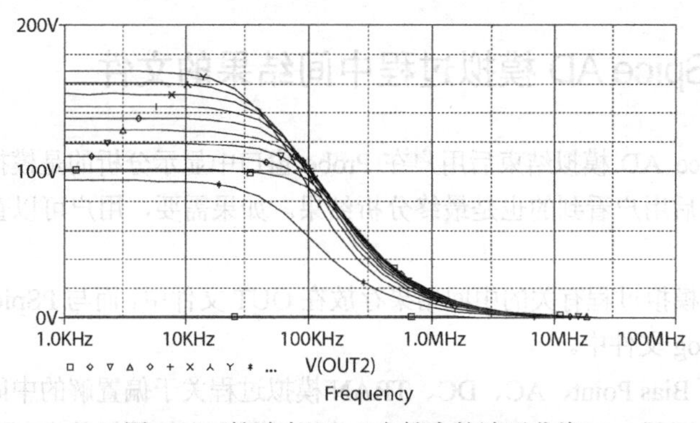

图 7-15　粘贴在 Word 文档中的波形曲线

与通常的全屏拷贝方法相比，采用此方法显示的波形曲线具有下述明显优点。

按照 PSpice 默认设置，为了改善 Probe 窗口波形曲线的屏幕显示效果，屏幕背景为黑色，坐标轴和坐标网格线采用灰色，而不同曲线采用不同的颜色显示。如果采用全屏拷贝方法，得到的同一组波形曲线的复制结果如图 7-16 所示。显然，图 7-16 效果较差，如果再采用截图的方法截取所需要的波形曲线，不但麻烦费事，而且背景为黑色，对于采用黑白两色打印的 Word 文档（如本书），整幅曲线显得黑色一片，不同色彩显示的曲线打印效果不能都得到保证。又由于是全屏拷贝，曲线上数字显得太小，不够清晰。

而采用 PSpice 提供的方法，只复制波形曲线，并不复制窗口其他元素。又按照图 7-14 所示设置，复制的曲线中，背景设置为透明，彩色曲线改用黑色，再采用 Probe 窗口右上方的按钮，将曲线显示窗口调小到合适大小，而曲线上采用的数字并不随着曲线显示窗口的调小而变小，这就使得复制的波形曲线不但显示清晰，而且曲线、字符都大小匀称，如图 7-15 所示，其效果明显优于图 7-16。

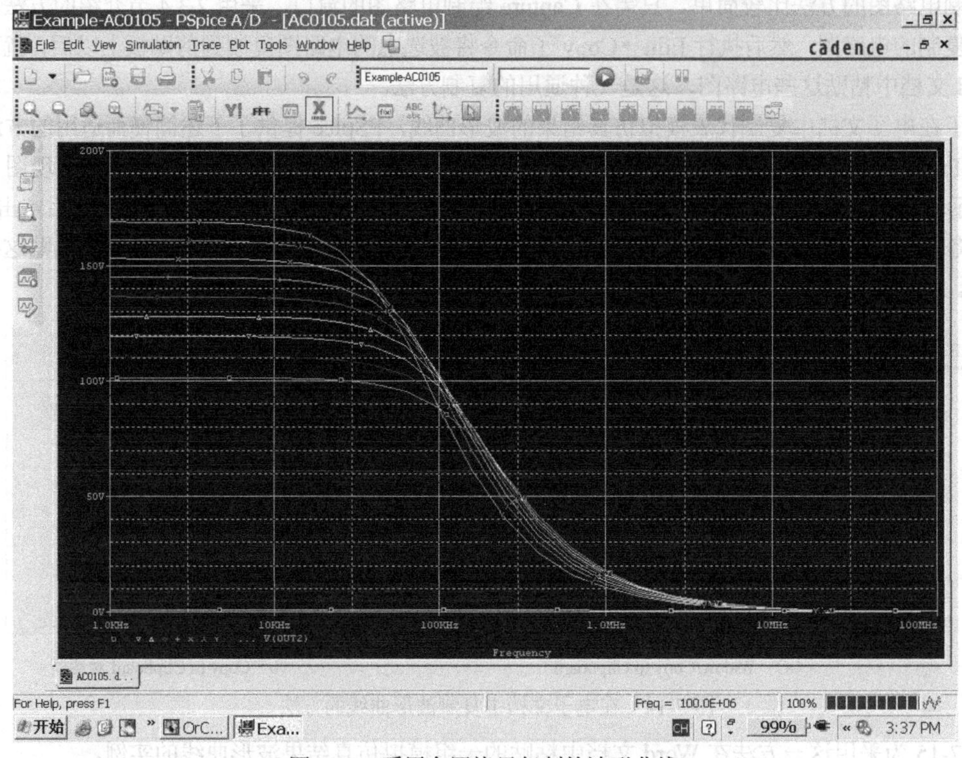

图 7-16 采用全屏拷贝复制的波形曲线

7.4 记录 PSpice AD 模拟过程中间结果的文件

通常情况下，PSpice AD 模拟结束后用户在 Probe 窗口中显示分析的是模拟分析的结果波形。PSpice AA 高级分析以后用户看到的也是最终分析结果。如果需要，用户可以查阅反映分析过程的中间结果。

其中与 PSpice AD 模拟过程有关的中间结果存放在 OUT 文件中，而与 PSpice AA 分析过程有关的中间结果则存放在 Log 文件中。

此外，PSpice 进行 Bias Point、AC、DC、TRAN 模拟过程关于偏置解的中间计算结果也可以存入文件，供随后分析时调用。PSpice AD 进行 MC 分析过程产生的随机数也可以存入文件，供随后分析时调用。

7.4.1 OUT 文件中存放的模拟过程中间结果数据

在 OUT 文件中记录有 PSpice AD 模拟过程的中间结果数据，如果用户能够有效地查看分析这些数据，将有助于深入理解模拟分析过程。

1. OUT 文件中关于温度扫描分析的中间结果

4.1 节曾指出，不同温度下电路特性模拟分析结果是否符合实际情况，主要取决于元器件模型中是否描述了元器件值（包括模型参数值）与温度的关系，以及描述是否符合实际情况。在 OUT 文件中可以查看到不同温度下模拟仿真采用的元器件值（包括模型参数值）以及晶体管的直流偏置点的变化。

（1）不同温度下的模型参数值

对于 4.1 节介绍的温度扫描分析，每个温度下模拟仿真采用的元器件值（包括模型参数值）都存放在 OUT 文件中，供用户参考。

例如，对 4.1.2 节关于差分对电路 AC 特性随温度变化的分析，OUT 文件中存放有 0℃、25℃、50℃、75℃和 100℃共 5 个温度下电路中的晶体管模型参数值。图 7-17 摘引了其中 Q2N2222 晶体管模型参数在 0℃和 50℃温度下的数值。对比可见，随着温度的升高，部分模型参数（如 BF）随之增大，有些参数（如 ISE）增大达到近三个数量级；而部分模型参数（如 VJE）却随着温度的升高而减小。又有一部分模型参数（如 RB）则未考虑随温度的变化。

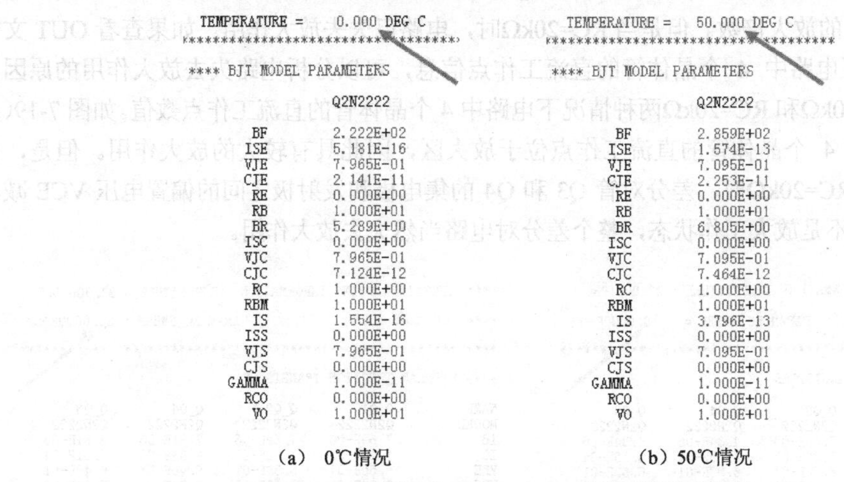
TEMPERATURE = 0.000 DEG C（a）／ TEMPERATURE = 50.000 DEG C（b）

**** BJT MODEL PARAMETERS

	(a) Q2N2222	(b) Q2N2222
BF	2.222E+02	2.859E+02
ISE	5.181E-16	1.574E-13
VJE	7.965E-01	7.095E-01
CJE	2.141E-11	2.253E-11
RE	0.000E+00	0.000E+00
RB	1.000E+01	1.000E+01
BR	5.289E+00	6.805E+00
ISC	0.000E+00	0.000E+00
VJC	7.965E-01	7.095E-01
CJC	7.124E-12	7.464E-12
RC	1.000E+00	1.000E+00
RBM	1.000E+01	1.000E+01
IS	1.554E-16	3.796E-13
ISS	0.000E+00	0.000E+00
VJS	7.965E-01	7.095E-01
CJS	0.000E+00	0.000E+00
GAMMA	1.000E-11	1.000E-11
RCO	0.000E+00	0.000E+00
VO	1.000E+01	1.000E+01

（a） 0℃情况　　（b）50℃情况

图 7-17　不同温度下 Q2N2222 晶体管模型参数值

（2）不同温度下的晶体管的直流偏置点值

对于 4.1 节介绍的温度扫描分析，每个温度下计算得到的电路中每个晶体管的直流工作点信息也都存放在 OUT 文件中，对用户分析电路中不同晶体管的工作状态有较大的参考作用。

例如，对 4.1.2 节关于差分对电路 AC 特性随温度变化的分析，OUT 文件中存放有 0℃、25℃、50℃、75℃和 100℃共 5 个温度下电路中 4 个晶体管的直流工作点信息。图 7-18 摘引了电路中这 4 个晶体管在 0℃和 50℃温度下的直流工作点数值。

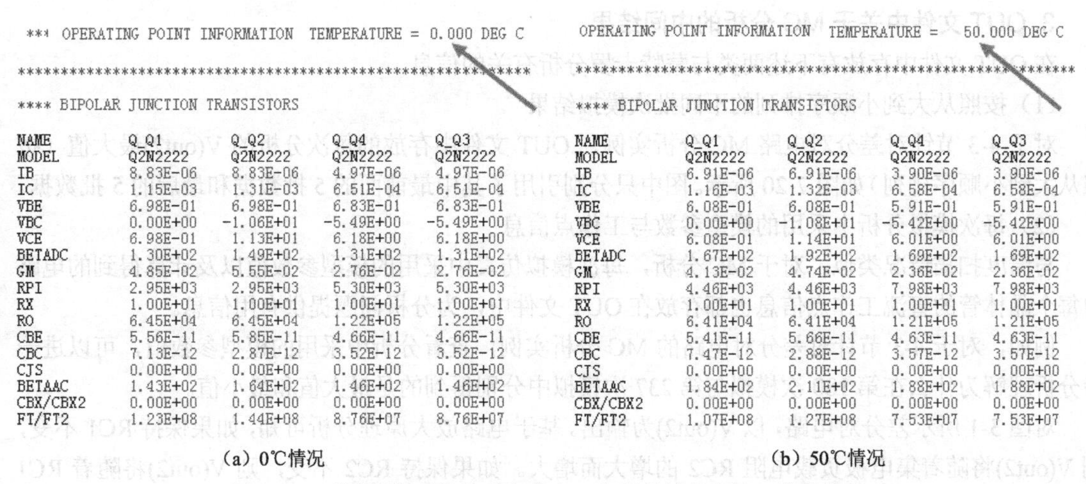
*** OPERATING POINT INFORMATION　TEMPERATURE = 0.000 DEG C

**** BIPOLAR JUNCTION TRANSISTORS

NAME	Q_Q1	Q_Q2	Q_Q4	Q_Q3
MODEL	Q2N2222	Q2N2222	Q2N2222	Q2N2222
IB	8.83E-06	8.83E-06	4.97E-06	4.97E-06
IC	1.15E-03	1.31E-03	6.51E-04	6.51E-04
VBE	6.98E-01	6.98E-01	6.83E-01	6.83E-01
VBC	0.00E+00	-1.06E+01	-5.49E+00	-5.49E+00
VCE	6.98E-01	1.13E+01	6.18E+00	6.18E+00
BETADC	1.30E+02	1.49E+02	1.31E+02	1.31E+02
GM	4.85E-02	5.55E-02	2.76E-02	2.76E-02
RPI	2.95E+03	2.95E+03	5.30E+03	5.30E+03
RX	1.00E+01	1.00E+01	1.00E+01	1.00E+01
RO	6.45E+04	6.45E+04	1.22E+05	1.22E+05
CBE	5.56E-11	5.85E-11	4.66E-11	4.66E-11
CBC	7.13E-12	2.87E-12	3.52E-12	3.52E-12
CJS	0.00E+00	0.00E+00	0.00E+00	0.00E+00
BETAAC	1.43E+02	1.64E+02	1.46E+02	1.46E+02
CBX/CBX2	0.00E+00	0.00E+00	0.00E+00	0.00E+00
FT/FT2	1.23E+08	1.44E+08	8.76E+07	8.76E+07

(a) 0℃情况

OPERATING POINT INFORMATION　TEMPERATURE = 50.000 DEG C

**** BIPOLAR JUNCTION TRANSISTORS

NAME	Q_Q1	Q_Q2	Q_Q4	Q_Q3
MODEL	Q2N2222	Q2N2222	Q2N2222	Q2N2222
IB	6.91E-06	6.91E-06	3.90E-06	3.90E-06
IC	1.16E-03	1.32E-03	6.58E-04	6.58E-04
VBE	6.08E-01	6.08E-01	5.91E-01	5.91E-01
VBC	0.00E+00	-1.08E+01	-5.42E+00	-5.42E+00
VCE	6.08E-01	1.14E+01	6.01E+00	6.01E+00
BETADC	1.67E+02	1.92E+02	1.69E+02	1.69E+02
GM	4.13E-02	4.74E-02	2.36E-02	2.36E-02
RPI	4.46E+03	4.46E+03	7.98E+03	7.98E+03
RX	1.00E+01	1.00E+01	1.00E+01	1.00E+01
RO	6.41E+04	6.41E+04	1.21E+05	1.21E+05
CBE	5.41E-11	5.66E-11	4.63E-11	4.63E-11
CBC	7.47E-12	2.88E-12	3.57E-12	3.57E-12
CJS	0.00E+00	0.00E+00	0.00E+00	0.00E+00
BETAAC	1.84E+02	2.11E+02	1.88E+02	1.88E+02
CBX/CBX2	0.00E+00	0.00E+00	0.00E+00	0.00E+00
FT/FT2	1.07E+08	1.27E+08	7.53E+07	7.53E+07

(b) 50℃情况

图 7-18　不同温度下差分对电路中 4 个晶体管的直流工作点信息

提示：为了在 OUT 输出文件中存放有每个温度下计算得到的电路中每个晶体管的直流工作点信息，必须在相应的 Simulation Profile 参数设置中勾选“Include detailed bias point information for nonlinear controlled sources and semiconductors”选项。在后面介绍的 MC 和 WC 分析中，也存在同样的要求。

2. OUT 文件中关于参数扫描的中间结果

与温度扫描情况类似，对于 4.2 节介绍的参数扫描分析，每个参数下计算得到的电路中每个晶体管的直流工作点信息也都存放在 OUT 文件中，为分析问题提供有用信息。

例如，对 4.2.2 节关于差分对电路 AC 特性的参数扫描分析（见图 4-10），当 RC=10kΩ时，电路工作正常，具有较大的放大倍数。但是当 RC=20kΩ时，电路已失去放大作用。如果查看 OUT 文件中存放的不同参数下电路中 4 个晶体管的直流工作点信息，可以分析电路失去放大作用的原因。图 7-19 摘引了 RC=10kΩ和 RC=20kΩ两种情况下电路中 4 个晶体管的直流工作点数值。如图 7-19（a）所示，RC=10kΩ时，4 个晶体管的直流工作点位于放大区，因此具有较大的放大作用。但是，由图 7-19（b）可见，RC=20kΩ时，差分对管 Q3 和 Q4 的集电极和发射极之间的偏置电压 VCE 减小到只有 0.0461V，已不是放大工作状态，整个差分对电路当然失去放大作用。

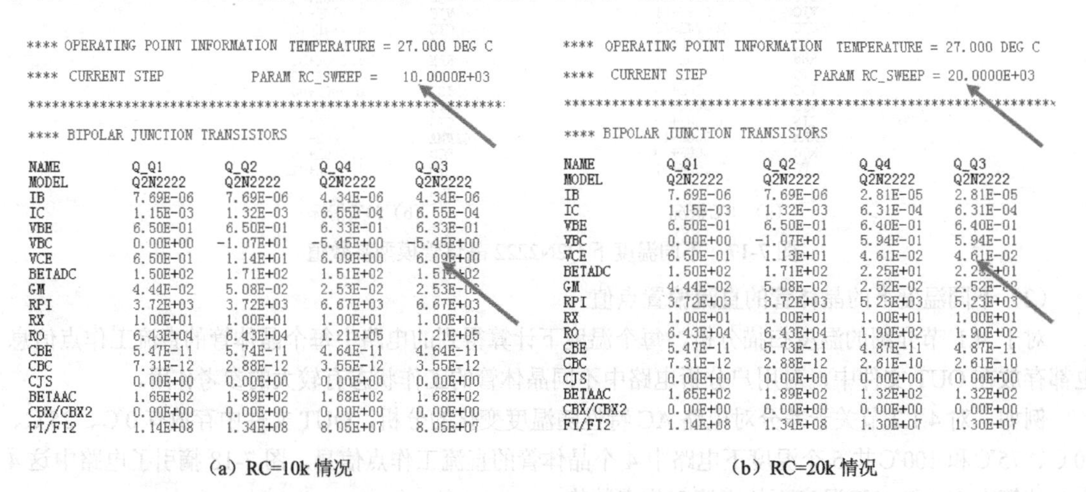

```
**** OPERATING POINT INFORMATION  TEMPERATURE = 27.000 DEG C

****  CURRENT STEP          PARAM RC_SWEEP =   10.0000E+03

*************************************************************

**** BIPOLAR JUNCTION TRANSISTORS

NAME        Q_Q1        Q_Q2        Q_Q4        Q_Q3
MODEL       Q2N2222     Q2N2222     Q2N2222     Q2N2222
IB          7.69E-06    7.69E-06    4.34E-06    4.34E-06
IC          1.15E-03    1.32E-03    6.55E-04    6.55E-04
VBE         6.50E-01    6.50E-01    6.33E-01    6.33E-01
VBC         0.00E+00   -1.07E+01   -5.45E+00   -5.45E+00
VCE         6.50E-01    1.14E+01    6.09E+00    6.09E+00
BETADC      1.50E+02    1.71E+02    1.51E+02    1.51E+02
GM          4.44E-02    5.08E-02    2.53E-02    2.53E-02
RPI         3.72E+03    3.72E+03    6.67E+03    6.67E+03
RX          1.00E+01    1.00E+01    1.00E+01    1.00E+01
RO          6.43E+04    6.43E+04    1.21E+05    1.21E+05
CBE         5.47E-11    5.74E-11    4.64E-11    4.64E-11
CBC         7.31E-12    2.88E-12    3.55E-12    3.55E-12
CJS         0.00E+00    0.00E+00    0.00E+00    0.00E+00
BETAAC      1.65E+02    1.89E+02    1.68E+02    1.68E+02
CBX/CBX2    0.00E+00    0.00E+00    0.00E+00    0.00E+00
FT/FT2      1.14E+08    1.34E+08    8.05E+07    8.05E+07
```

（a）RC=10k 情况

```
****  OPERATING POINT INFORMATION  TEMPERATURE = 27.000 DEG C

****  CURRENT STEP          PARAM RC_SWEEP = 20.0000E+03

*************************************************************

**** BIPOLAR JUNCTION TRANSISTORS

NAME        Q_Q1        Q_Q2        Q_Q4        Q_Q3
MODEL       Q2N2222     Q2N2222     Q2N2222     Q2N2222
IB          7.69E-06    7.69E-06    2.81E-05    2.81E-05
IC          1.15E-03    1.32E-03    6.31E-04    6.31E-04
VBE         6.50E-01    6.50E-01    6.40E-01    6.40E-01
VBC         0.00E+00   -1.07E+01    5.94E-01    5.94E-01
VCE         6.50E-01    1.13E+01    4.61E-02    4.61E-02
BETADC      1.50E+02    1.71E+02    2.25E+01    2.25E+01
GM          4.44E-02    5.08E-02    2.52E-02    2.52E-02
RPI         3.72E+03    3.72E+03    5.23E+03    5.23E+03
RX          1.00E+01    1.00E+01    1.00E+01    1.00E+01
RO          6.43E+04    6.43E+04    1.90E+02    1.90E+02
CBE         5.47E-11    5.73E-11    4.87E-11    4.87E-11
CBC         7.31E-12    2.88E-12    2.61E-10    2.61E-10
CJS         0.00E+00    0.00E+00    0.00E+00    0.00E+00
BETAAC      1.65E+02    1.89E+02    1.32E+02    1.32E+02
CBX/CBX2    0.00E+00    0.00E+00    0.00E+00    0.00E+00
FT/FT2      1.14E+08    1.34E+08    1.30E+07    1.30E+07
```

（b）RC=20k 情况

图 7-19　不同集电极负载电阻下差分对电路中四个晶体管的直流工作点信息

3. OUT 文件中关于 MC 分析的中间结果

在 OUT 文件中存放有下述两类与蒙特卡罗分析有关的信息。

（1）按照从大到小顺序排列的不同批次模拟结果

对于 4-3 节针对差分对电路 MC 分析实例，.OUT 文件中存放的每次分析的 V(out2)最大值（按照从大到小顺序排列）如图 7-20 所示。图中只分别引用了其中最前面的 5 批数据和最后的 5 批数据。

（2）每次模拟分析中采用的模型参数与工作点信息

与温度扫描情况类似，对于 MC 分析，每次模拟仿真中采用的模型参数值以及计算得到的电路中每个晶体管的直流工作点信息也都存放在 OUT 文件中，为分析问题提供有用信息。

例如，对于 4-3 节针对差分对电路的 MC 分析实例，查看分析中采用的模型参数值，可以进一步分析理解为什么在第 180 次模拟与第 237 次模拟中分别得到的是最大值和最小值。

对图 3-1 所示差分对电路，以 V(out2)为输出。基于电路放大原理分析可知，如果保持 RC1 不变，则 V(out2)将随着集电极负载电阻 RC2 的增大而增大。如果保持 RC2 不变，则 V(out2)将随着 RC1 的增大而减小。如果同时考虑两个电阻的容差影响，则 RC1 减小的同时 RC2 增大将使得 V(out2)更

```
****  SORTED DEVIATIONS OF V(OUT2)  TEMPERATURE =  27.000 DEG C
                    MONTE CARLO SUMMARY
****************************************************************
 RUN                    MAXIMUM VALUE

 Pass  180              115.31 at F =     1.0000E+03
                        ( 113.82% of Nominal)

 Pass  348              114.01 at F =     1.0000E+03
                        ( 112.53% of Nominal)

 Pass   16              113.23 at F =     1.0000E+03
                        ( 111.76% of Nominal)

 Pass   18              113.23 at F =     1.0000E+03
                        ( 111.76% of Nominal)

 Pass  380              112.3  at F =     1.0000E+03
                        ( 110.85% of Nominal)
......

 Pass  345              90.125 at F =     1.0000E+03
                        ( 88.956% of Nominal)

 Pass  221              88.403 at F =     1.0000E+03
                        (  87.256% of Nominal)

 Pass  168              88.375 at F =     1.0000E+03
                        (  87.229% of Nominal)

 Pass  223              87.986 at F =     1.0000E+03
                        (  86.845% of Nominal)

 Pass  237              87.747 at F =     1.0000E+03
                        (  86.609% of Nominal)
```

图 7-20　输出文件中存放的 MC 分析结果（按照从大到小顺序排列）

加增大，而 RC1 增大的同时 RC2 减小将使得 V(out2)进一步减小，这与 4-4 节最坏情况分析结论也是一致的。对照图 7-21 可知，第 180 批模拟仿真中，RC1 模型参数值为 0.98129，小于标称值 1，而且同时 RC2 模型参数值为 1.145，大于标称值 1，因此导致该次模拟结果 V(out2)为最大。而第 237 批模拟仿真中，RC1 模型参数值虽然为 0.9667，也小于标称值 1，但 RC2 模型参数值只为 0.8591，明显小于标称值 1，因此导致该次模拟结果 V(out2)为最小。

```
****  UPDATED MODEL PARAMETERS   TEMPERATURE =   27.000 DEG C
                    MONTE CARLO PASS 180
****************************************************************
**** CURRENT MODEL PARAMETERS FOR DEVICES REFERENCING Rbreak
                        R_RC1        R_RC2
         R           9.8129E-01   1.1450E+00
```

（a）第 180 批模拟中采用的模型参数

```
****  UPDATED MODEL PARAMETERS   TEMPERATURE =   27.000 DEG C
                    MONTE CARLO PASS 237
****************************************************************
**** CURRENT MODEL PARAMETERS FOR DEVICES REFERENCING Rbreak
                        R_RC1        R_RC2
         R           9.6670E-01   8.5912E-01
```

（b）第 237 批模拟中采用的模型参数

图 7-21　输出文件中每批 MC 分析采用的模型参数

4. OUT 文件中的 WC 分析中间结果

在 OUT 文件中存放有下述两类与最坏情况分析有关的信息。

（1）计算灵敏度时采用的模型参数值

4.4.1 节曾指出，在最坏情况分析中进行灵敏度分析时，依次将元器件的值增大一定比例进行一次模拟分析，并与标称值情况作对比。在 OUT 文件中存放有每次灵敏度分析采用的模型参数值。如 4.4.1 节对差分对电路进行 WC 分析时在灵敏度计算中采用的模型参数值如图 7-22（a）和（b）所示。由图可见，灵敏度分析是将电阻 RC1 和 RC2 值均分别增大千分之一，使得相应模型参数值从 1.0 改为 1.001。图 7-22（c）给出了灵敏度分析结果与标称值结果的比较。

```
**** OPERATING POINT INFORMATION TEMPERATURE =   27.000 DEG C
                    SENSITIVITY R_RC1 RBREAK R
**********************************************************************
Device      MODEL        PARAMETER    NEW VALUE
R_RC1       Rbreak       R                1.001
```

（a）计算 RC1 灵敏度时采用的模型参数值

```
**** OPERATING POINT INFORMATION TEMPERATURE =  27.000 DEG C
                    SENSITIVITY R_RC2 RBREAK R
**********************************************************************
Device      MODEL        PARAMETER    NEW VALUE
R_RC2       Rbreak       R                1.001
```

（b）计算 RC2 灵敏度时采用的模型参数值

```
**** SORTED DEVIATIONS OF V(OUT2) TEMPERATURE = 27.000 DEG C
                    SENSITIVITY SUMMARY
**********************************************************************
RUN             MAXIMUM VALUE

R_RC2 RBREAK R  101.41 at F =     1.0000E+03
                ( .9534% change per 1% change in Model Parameter)

R_RC1 RBREAK R  101.31 at F =     1.0000E+03
                (-.0456% change per 1% change in Model Parameter)
```

（c）灵敏度分析结果与标称值结果的比较

图 7-22　输出文件中关于 WC 分析采用的模型参数

（2）最坏情况分析采用的模型参数值和分析结果

最坏情况分析采用的模型参数值和分析结果也存放在 OUT 文件中。如 4.4.1 节对差分对电路进行 WC 分析时最坏情况分析中采用的模型参数值和最坏情况结果如图 7-23 所示。如图所示，由于 4.4.1 节中考虑电阻 RC1 和 RC2 的容差均为 5%，因此最坏情况分析时与这两个元件对应的模型参数值的变化幅度均取为 0.05，只是由于灵敏度正负不同，因此 RC1 值取为 1.05，而 RC2 的值取为 0.95，如图 7-23（a）所示。输出文件中同时存放有最坏情况下的 Max(V(out2))结果 96.25，为标称值结果的 95%，如图 7-23（b）所示。

```
**** OPERATING POINT INFORMATION   TEMPERATURE =   27.000 DEG C
                    WORST CASE ALL DEVICES
**********************************************************************
Device      MODEL        PARAMETER    NEW VALUE
R_RC1       Rbreak       R                 .95          (Decreased)
R_RC2       Rbreak       R                1.05          (Increased)
```

（a）最坏情况分析采用的模型参数值

```
**** SORTED DEVIATIONS OF V(OUT2)  TEMPERATURE =   27.000 DEG C
                    WORST CASE SUMMARY
**********************************************************************
RUN                      MAXIMUM VALUE

WORST CASE ALL DEVICES
                         96.25   at F =     1.0000E+03
                         (  95.002% of Nominal)
```

（b）最坏情况分析结果

图 7-23　输出文件中关于最坏情况分析采用的模型参数和最终结果

7.4.2　直流工作点数据的存放与调用

计算电路的直流偏置解是一个叠代计算的过程。计算效率以及是否会出现不收敛的问题与叠代计算的初始解密切相关。如果将电路 Bias Point、DC、AC 和 TRAN 分析已经计算得到的直流偏置解信息存入文件，供下次电路模拟时调用，作为计算直流偏置解的初始条件，将有利于提高计算效率，解决叠代计算过程中可能出现的不收敛问题。

在 Edit Simulation Profile 对话框的 Analysis 标签页，无论选择 Analysis type 栏的 Bias Point、DC Sweep、AC Sweep 或 Time Domain，在其下方的 Options 子框中均包括有“Save Bias Point”和“Load Bias Point”选项，供用户存放或者调用直流偏置解信息。

1. Save Bias Point

若选中 Analysis 标签页 Options 子框中的 Save Bias Point 选项，屏幕上将出现相应的参数设置对话框，用于设置存放直流偏置解信息的文件名以及确定存储哪些信息两类内容。由于不同类型特性分析过程有差别，因此确定存储信息内容对应的参数名称与分析类型有关。

（1）与 Time Domain 分析对应的 Save Bias Point 对话框

与 Time Domain 分析对应的 Save Bias Point 对话框如图 7-24 所示。

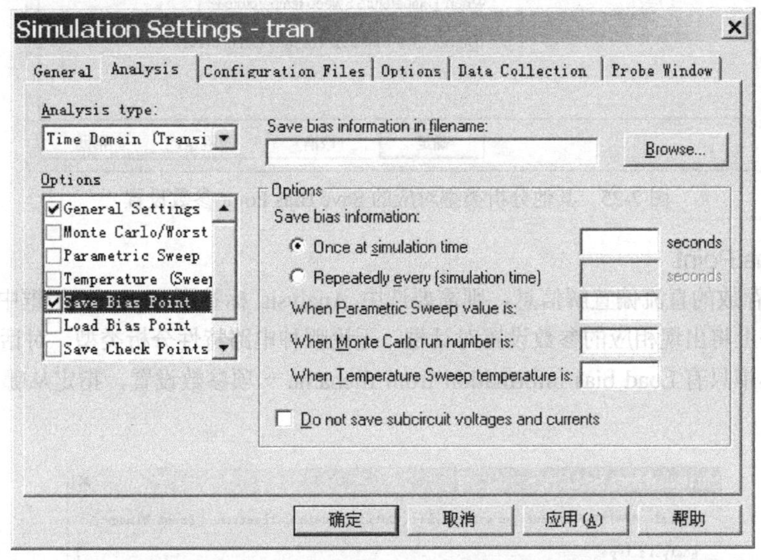

图 7-24　瞬态分析对应的 Save Bias Point 参数设置

Save bias information in filename 一栏用于设置存放直流偏置解信息采用的文件名。

Options 一栏中的 Save bias information 下方的 5 项参数用于设置如何存储什么信息。

“Once at simulation time”选项指定存放哪个时间的偏置解信息，在其右侧文本框中需设置时间值；

若选择的 Repeatedly every (simulation time)选项，则每隔设置的时间值，均存放该时刻的偏置解信息，同时覆盖掉前一次存放的内容；

When Parametric Sweep value is 用于指定参数扫描分析中存放哪一步扫描时的直流偏置解信息；

When Monte Carlo run number is 用于指定存放蒙特卡罗分析中哪一次分析的直流偏置解信息；

When Temperature Sweep temperature is 用于指定存放温度分析中哪一个温度下的直流偏置解信息。

若勾选 Do not save subcircuit voltages and current，则不存储子电路内部的直流偏置解信息。

（2）与其他分析类型对应的 Save Bias Point 对话框

图 7-25 显示的是与 DC Sweep 分析对应的 Save Bias Point 对话框。Bias Point、AC Sweep 分析对应的 Save Bias Point 对话框与该对话框基本相同。

图中 When Primary Sweep valueis 和 When Secondary Sweep Valueis 两项分别指定存放 DC 扫描分析中自变量和参变量取什么值时的直流偏置解结果。其他各项参数的含义与图 7-24 中的同名参数相同。

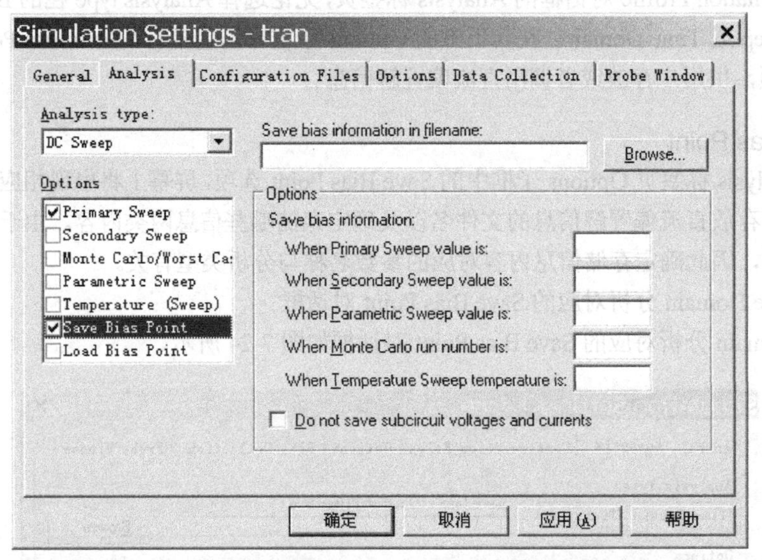

图 7-25 其他分析类型对应的 Save Bias Point 参数设置

2. Load Bias Point

如果要调用存放的直流偏置解信息，则需要选中 Analysis 标签页 Options 子框中的 Load Bias Point 选项，屏幕上将出现相应的参数设置对话框。无论哪种电路特性分析类型，对话框都相同，如图 7-26 所示，其中只有 Load bias information from filename 一项参数设置，指定从哪个文件中读取偏置解信息。

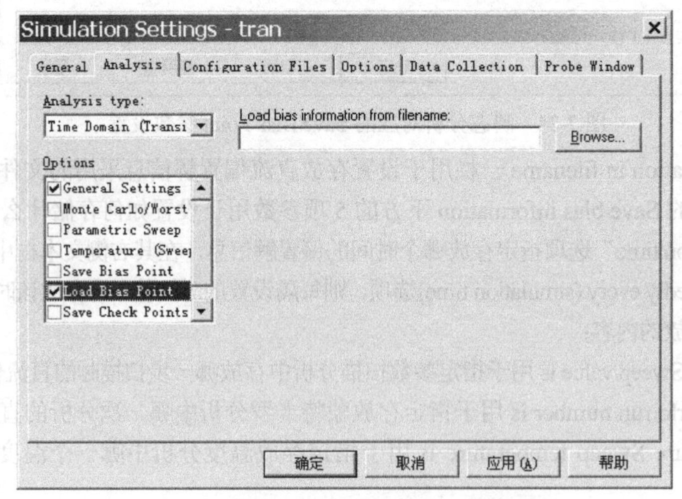

图 7-26 Load Bias Point 参数设置

7.4.3　MC 分析中随机数数据的存放与调用

如果用户需要，可以将蒙特卡罗分析中采用的随机数存入一个文件中，供进一步分析处理，也可以在 MC 分析中调用一个文件中存放的随机数。

1. MC 分析中随机数数据的存放

在蒙特卡罗分析中，采用下述步骤可以将 MC 分析过程采用的随机数存入一个以 MCP 为扩展名的可读文件中。

（1）在 MC 分析参数设置对话框中点击 MC Load/Save 按钮（见图 7-27），屏幕上出现如图 7-28 所示参数设置对话框。

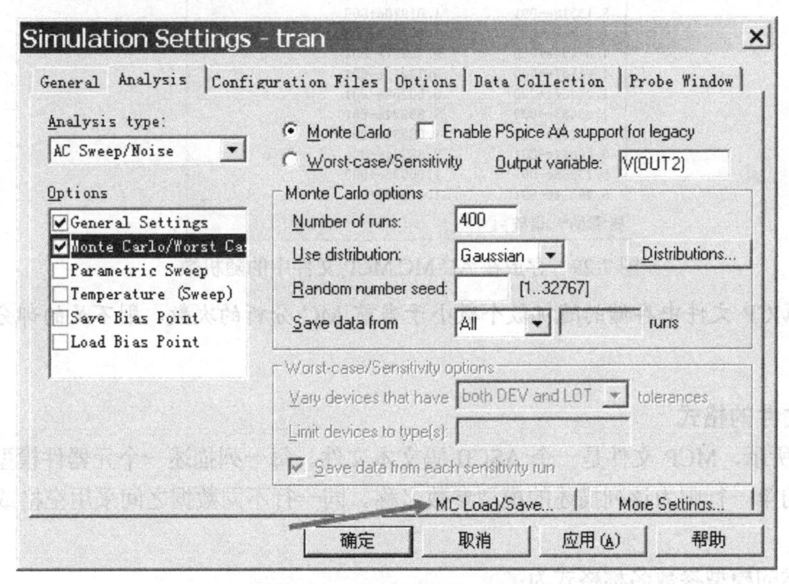

图 7-27　Mc Load/Save 按钮

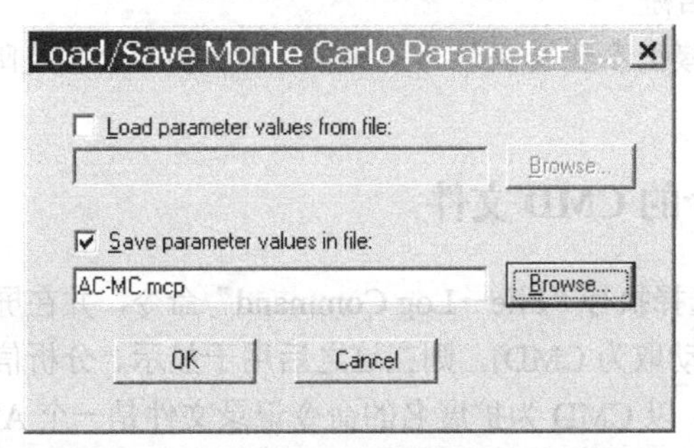

图 7-28　存取 MC 分析随机数的对话框

（2）选中 Save parameter values in file 复选框，再在其下方文本框中键入.mcp 文件名及其路径，或者借助其右侧 Browse 按钮选择，即可将本次 MC 分析中采用的随机数数据存放在指定的文件中。

例如，采用上述方法，将图 3-1 所示差分对电路进行蒙特卡罗分析（见 4.3.3 节）中采用的随机数存放在 AC-MC.MCP 文件中，采用写字板打开的存放的该文件内容如图 7-29 所示。

2. MCP 文件中随机数数据的调用

调用存放在文件中的 MC 分析随机数数据的步骤与上述存放随机数的步骤基本相同，只需要在图 7-28 所示对话框中选择 Load parameter values from file 复选框，再在其下方文本框中键入.mcp 文件名及其路径，或者借助其右侧 Browse 按钮选择，在本次 MC 分析中采用的就是存放在指定文件中的随机数数据。

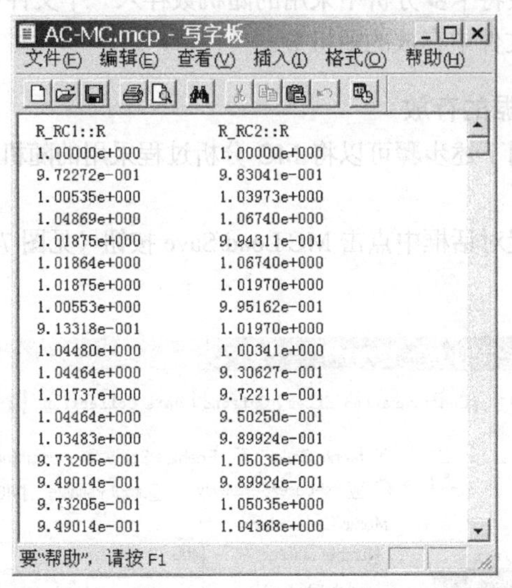

R_RC1::R	R_RC2::R
1.00000e+000	1.00000e+000
9.72272e-001	9.83041e-001
1.00535e+000	1.03973e+000
1.04869e+000	1.06740e+000
1.01875e+000	9.94311e-001
1.01864e+000	1.06740e+000
1.01875e+000	1.01970e+000
1.00553e+000	9.95162e-001
9.13318e-001	1.01970e+000
1.04480e+000	1.00341e+000
1.04464e+000	9.30627e-001
1.01737e+000	9.72211e-001
1.04464e+000	9.50250e-001
1.03483e+000	9.89924e-001
9.73205e-001	1.05036e+000
9.49014e-001	9.89924e-001
9.73205e-001	1.05035e+000
9.49014e-001	1.04368e+000

图 7-29　存放在 AC-MC.MCP 文件中的随机数

提示：若 MCP 文件中存储的随机数个数小于当前 MC 分析的次数，则不足的部分将采用重新产生的随机数。

3. MCP 文件的格式

如图 7-29 所示，MCP 文件是一个 ASCII 码文本文件。每一列描述一个元器件模型参数的随机数，而每一列的第一行则为该列描述的模型参数名称。同一行不同数据之间采用空格或者 Tab 键隔开。

第一行描述的模型参数名称格式为：

元器件编号::模型参数名称

提示：不要将图 7-29 中模型参数 R 误认为是阻值。R 的实际含义是阻值倍增因子，即将电路中相应的电阻阻值扩大多少倍。

7.4.4　记录运行命令的 CMD 文件

在 Probe 运行过程中，选择执行“File→Log Command”命令，并在屏幕上弹出的文件名设置框中键入一个文件名(扩展名自动取为 CMD)，则在这之后用于显示、分析信号波形的所有操作指令均自动存入该命令记录文件中。以 CMD 为扩展名的命令记录文件是一个 ASCII 码可读文件。

在运行 Probe 的过程中，选择执行“File→Run Commands”命令，并在屏幕上弹出的打开文件对话框中选定一个已有的 CMD 文件，则 Probe 程序将依次执行该 CMD 文件中存放的操作指令，分析、显示信号波形，直到命令文件的结束。

7.5　记录 PSpice AA 分析过程的 Log 文件

运行 PSpice AA 进行高级分析后，与分析过程相关的中间结果数据以 ASCII 码存放在 LOG 文件中，供用户分析问题时根据需要查阅相关信息。

7.5.1　Log 文件中的元器件 Sensitivity 计算结果

对于灵敏度分析，LOG 文件中存放的是灵敏度计算过程以及极端情况分析结果。

1. PSpice AA 中灵敏度计算方法

按照默认设置，PSpice AD 中计算灵敏度时是将元器件值增大千分之一（参见 4.4.1 节）。而在 PSpice AA 中，选择执行“Edit→Profile Settings”命令，在出现的 Profile Settings 对话框中，Sensitivity 标签页只有一项“Sensitivity Variation”文本框，供用户设置参数，其默认值为 40（见图 7-30），表示计算灵敏度时取容差范围的 40%作为自变量的变化值。

例如，如果电阻标称值为 50 Ω，其容差为 10%，则按照默认设置，PSpice AA 在计算灵敏度时，电阻的增量取为(50 Ω)(10%)(40%)=2 Ω。

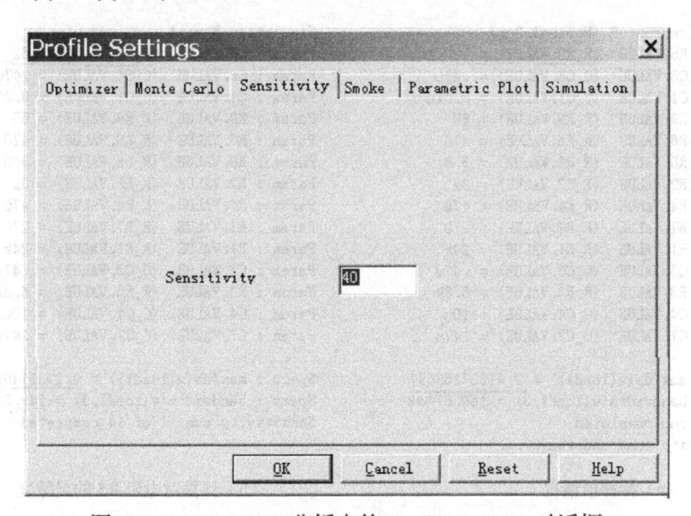

图 7-30　PSpice AA 分析中的 Profile Settings 对话框

2. Log 文件的调用

在 PSpice AA 窗口，选择执行“View→Log File→Sensitivity”命令（见图 7-31），系统即自动采用写字板打开 Sensitivity 分析过程中产生的 Log 文件。选择图 7-31 所示 View→Log File 命令菜单中的其他命令，就打开相应高级分析过程中产生的 Log 文件。

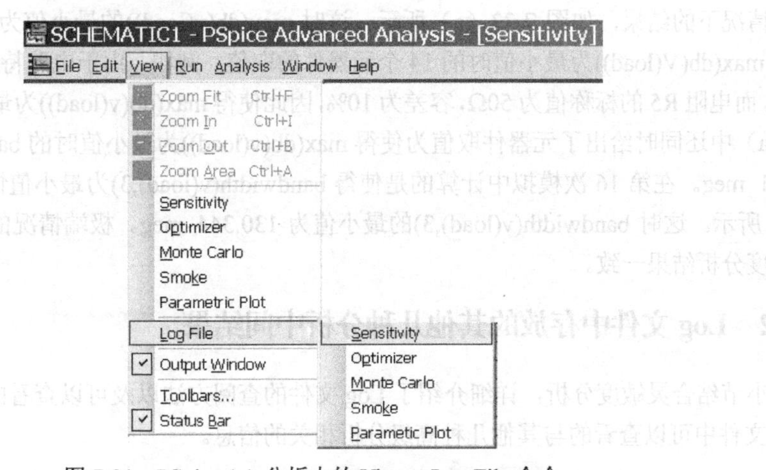

图 7-31　PSpice AA 分析中的 View→Log File 命令

3. Log 文件中存放的灵敏度计算过程

Log 文件开始部分是元器件取标称值情况下的电路特性计算结果。例如，对 6.2 节灵敏度分析中采用的射频放大器电路实例（见图6-12），计算电路AC 特性max(db(V(load))和bandwidth(v(load),3)对电路中 14 个有容差参数的电阻电容元器件的灵敏度以后，Log 文件中记录的标称值情况下电路特性计算结果如图 7-32（a）所示，与图 6-13 所示结果一致。文件中接着详细记录有对每一个元器件参数计算灵敏度的过程。例如，文件中记录的第一个灵敏度计算结果是对电阻 R5 的灵敏度，如图 7-32（b）所示。由于 R5 标称值为 50Ω，按照前面说明的灵敏度计算方法，R5 取值改为 52Ω，其他元器件值仍然采用标称值。这时得到的 max(db(V(load))为 9.2736，小于图 7-32（a）中标称值下的值 9.418。图 7-32（b）中同时还给出这时的 bandwidth(v(load),3)值为 149.569meg，也小于标称值下的值 150.57。因此 max(db(V(load))和 bandwidth(v(load),3)这两个电路特性对电阻 R5 的灵敏度均为负。

```
Simulation Run: 0 (Nominal Run)
Param : R5.VALUE  (R_R5.VALUE) = 50
Param : C6.VALUE  (C_C6.VALUE) = .47u
Param : C1.VALUE  (C_C1.VALUE) = 0.01u
Param : R9.VALUE  (R_R9.VALUE) = 50
Param : R6.VALUE  (R_R6.VALUE) = 470
Param : R8.VALUE  (R_R8.VALUE) = 3.3
Param : R2.VALUE  (R_R2.VALUE) = 3k
Param : R4.VALUE  (R_R4.VALUE) = 470
Param : R7.VALUE  (R_R7.VALUE) = 270
Param : R1.VALUE  (R_R1.VALUE) = 24k
Param : C3.VALUE  (C_C3.VALUE) = .47u
Param : R3.VALUE  (R_R3.VALUE) = 6.8k
Param : C4.VALUE  (C_C4.VALUE) = 10u
Param : C7.VALUE  (C_C7.VALUE) = .47u

Specs : max(db(v(load))) = 9.41807159697
Specs : bandwidth(v(load),3) = 150.57meg
Nominal run completed
Sensitivity runs underway.....
```

（a）标称值情况

```
Simulation Run: 1
Param : R5.VALUE  (R_R5.VALUE) = 52
Param : C6.VALUE  (C_C6.VALUE) = .47u
Param : C1.VALUE  (C_C1.VALUE) = 0.01u
Param : R9.VALUE  (R_R9.VALUE) = 50
Param : R6.VALUE  (R_R6.VALUE) = 470
Param : R8.VALUE  (R_R8.VALUE) = 3.3
Param : R2.VALUE  (R_R2.VALUE) = 3k
Param : R4.VALUE  (R_R4.VALUE) = 470
Param : R7.VALUE  (R_R7.VALUE) = 270
Param : R1.VALUE  (R_R1.VALUE) = 24k
Param : C3.VALUE  (C_C3.VALUE) = .47u
Param : R3.VALUE  (R_R3.VALUE) = 6.8k
Param : C4.VALUE  (C_C4.VALUE) = 10u
Param : C7.VALUE  (C_C7.VALUE) = .47u

Specs : max(db(v(load))) = 9.273614094
Specs : bandwidth(v(load),3) = 149.569meg
Sensitivity run: 1 of 14 completed
```

（b）计算对电阻 R5 的灵敏度

图 7-32　Log 文件中记录的灵敏度分析过程

4. Log 文件中存放的极端情况计算结果

Log 文件中在灵敏度计算结果的后面就是使得电路特性为最大和最小这两种极端情况下的计算结果，包括极端情况下的电路特性值，以及相应每个元器件的取值。例如，对图 6-12 所示射频放大器电路，在完成了对 14 个元器件灵敏度的计算以后，在第 15 次模拟中计算的是使得 max(db(v(load))为最小值情况下的结果，如图 7-33（a）所示。这时 max(db(v(load))的最小值为 7.31416，图中同时给出使得 max(db(V(load))为最小值时的 14 个元器件的取值。例如，由于电路特性对电阻 R5 的灵敏度均为负，而电阻 R5 的标称值为 50Ω，容差为 10%，因此使得 max(db(v(load))为最小值时的 R5=55Ω。图 7-33（a）中还同时给出了元器件取值为使得 max(db(v(load))为最小值时的 bandwidth(v(load),3)值为 161.541 meg。在第 16 次模拟中计算的是使得 bandwidth(v(load),3)为最小值情况下的结果，如图 7-33（b）所示。这时 bandwidth(v(load),3)的最小值为 130.344 meg。极端情况的计算结果与图 6-18 所示灵敏度分析结果一致。

7.5.2　Log 文件中存放的其他几种分析中间结果

上一小节结合灵敏度分析，详细介绍了 Log 文件的查阅方法以及可以查看的信息。下面简要介绍从 Log 文件中可以查看的与其他几种高级分析相关的信息。

```
Simulation Run: 15
Param : R5.VALUE  (R_R5.VALUE) = 55
Param : C6.VALUE  (C_C6.VALUE) = 423n
Param : C1.VALUE  (C_C1.VALUE) = 9n
Param : R9.VALUE  (R_R9.VALUE) = 45
Param : R6.VALUE  (R_R6.VALUE) = 517
Param : R8.VALUE  (R_R8.VALUE) = 3.63
Param : R2.VALUE  (R_R2.VALUE) = 2.7k
Param : R4.VALUE  (R_R4.VALUE) = 423
Param : R7.VALUE  (R_R7.VALUE) = 243
Param : R1.VALUE  (R_R1.VALUE) = 21.6k
Param : C3.VALUE  (C_C3.VALUE) = 423n
Param : R3.VALUE  (R_R3.VALUE) = 7.48k
Param : C4.VALUE  (C_C4.VALUE) = 9u
Param : C7.VALUE  (C_C7.VALUE) = 423n

Specs : max(db(v(load))) = 7.31416
Specs : bandwidth(v(load),3) = 161.541meg
Minimum run: 1 of 2 completed
```

（a）

```
Simulation Run: 16
Param : R5.VALUE  (R_R5.VALUE) = 55
Param : C6.VALUE  (C_C6.VALUE) = 517n
Param : C1.VALUE  (C_C1.VALUE) = 11n
Param : R9.VALUE  (R_R9.VALUE) = 45
Param : R6.VALUE  (R_R6.VALUE) = 423
Param : R8.VALUE  (R_R8.VALUE) = 2.97
Param : R2.VALUE  (R_R2.VALUE) = 3.3k
Param : R4.VALUE  (R_R4.VALUE) = 517
Param : R7.VALUE  (R_R7.VALUE) = 243
Param : R1.VALUE  (R_R1.VALUE) = 26.4k
Param : C3.VALUE  (C_C3.VALUE) = 423n
Param : R3.VALUE  (R_R3.VALUE) = 6.12k
Param : C4.VALUE  (C_C4.VALUE) = 11u
Param : C7.VALUE  (C_C7.VALUE) = 517n

Specs : max(db(v(load))) = 9.5750486
Specs : bandwidth(v(load),3)=130.344meg
Minimum run: 2 of 2 completed
Sensitivity minimum runs completed
```

（b）

图 7-33　Log 文件中记录的极端情况计算结果

1. Log 文件中存放的 MC 分析中间结果数据

在 PSpice AA 中，选择执行 Edit→Profile Settings 命令，在出现的 Profile Settings 对话框中，Monte Carlo 标签页用于设置与 MC 分析有关的 4 项参数：Number of Runs（MC 分析中包含的模拟批次数）、Starting Run Number（从第几批开始模拟分析）、Random Seed Value（用于产生随机数的种子数）和 Number of Bins（直方图上数据区间数），这些参数含义与 PSpice AD 进行 MC 分析中的相同。

完成 MC 分析后，可以在 Log 文件中查看 MC 分析过程中每次模拟分析相关元器件采用的参数值。图 7-34（a）和（b）分别显示的是射频放大器电路 MC 分析中第一批分析（即标称值分析）和第二批分析中采用的元器件值。用户还可以根据需要，查阅与 MC 分析中结果为最大值以及结果为最小值的模拟分析批次中采用的元器件值。这些数据有利于深入分析、理解电路特性的分散性特点。

```
************ MonteCarlo Run 1 ************

Param : R5.VALUE  (R_R5.VALUE) = 50
Param : C6.VALUE  (C_C6.VALUE) = .47u
Param : C1.VALUE  (C_C1.VALUE) = 0.01u
Param : R9.VALUE  (R_R9.VALUE) = 50
Param : R6.VALUE  (R_R6.VALUE) = 470
Param : R8.VALUE  (R_R8.VALUE) = 3.3
Param : R2.VALUE  (R_R2.VALUE) = 3k
Param : R4.VALUE  (R_R4.VALUE) = 470
Param : R7.VALUE  (R_R7.VALUE) = 270
Param : R1.VALUE  (R_R1.VALUE) = 24k
Param : C3.VALUE  (C_C3.VALUE) = .47u
Param : R3.VALUE  (R_R3.VALUE) = 6.8k
Param : C4.VALUE  (C_C4.VALUE) = 10u
Param : C7.VALUE  (C_C7.VALUE) = .47u

Specs : max(db(v(load))) = 9.41807159697003
Specs : Bandwidth_Bandpass_3dB(V(Load)) = 150.578meg
```

（a）标称值分析中元器件取值

```
************ MonteCarlo Run 2 ************

Param : R5.VALUE  (R_R5.VALUE) = 45.01251258888516
Param : C6.VALUE  (C_C6.VALUE) = 475.97701956236443n
Param : C1.VALUE  (C_C1.VALUE) = 9.38660847804193n
Param : R9.VALUE  (R_R9.VALUE) = 53.08740501113925
Param : R6.VALUE  (R_R6.VALUE) = 477.99087496566671
Param : R8.VALUE  (R_R8.VALUE) = 3.28671620838038
Param : R2.VALUE  (R_R2.VALUE) = 2.94257294931698k
Param : R4.VALUE  (R_R4.VALUE) = 507.22046571245465
Param : R7.VALUE  (R_R7.VALUE) = 287.43336283455915
Param : R1.VALUE  (R_R1.VALUE) = 25.18370311593982k
Param : C3.VALUE  (C_C3.VALUE) = 439.36616107669300n
Param : R3.VALUE  (R_R3.VALUE) = 7.28816309091464k
Param : C4.VALUE  (C_C4.VALUE) = 10.42100283822138u
Param : C7.VALUE  (C_C7.VALUE) = 471.27228614154473n

Specs : max(db(v(load))) = 10.23638819647603
Specs : Bandwidth_Bandpass_3dB(V(Load)) = 154.266meg
```

（b）第二批分析中元器件取值

图 7-34　Log 文件中记录的 MC 分析中间结果：分析中采用的元器件值

2. Log 文件中存放的 Optimizer 分析中间结果数据

在 PSpice AA 中，选择执行 Edit→Profile Settings 命令，在出现的 Profile Settings 对话框中，Optimizer 标签页用于设置与优化分析算法有关的参数。

完成优化分析后，Log 文件中记录的也主要是优化过程中与优化算法相关的参数变化情况。如果用户要设置相关参数，查看 Log 文件中记录的数据，需要对优化算法本身有较好的理解。

3. Log 文件中存放的 Smoke 分析中间结果数据

在 PSpice AA 中，选择执行 Edit→Profile Settings 命令，在出现的 Profile Settings 对话框中，Smoke 标签页用于设置在分析中采用的降额文件（参见 6.5.5 节）。

完成 Smoke 分析后，Log 文件中记录的是相关元器件 Smoke 参数的赋值情况，以及出现可靠性问题的元器件参数信息。

7.6 收敛性问题

“收敛性问题”是运行 PSpice 过程中偶尔会出现的问题，也是一个比较棘手的问题。本节在介绍相关概念的基础上简要分析可能导致收敛性问题的因素以及可以采用的对策[2]。

7.6.1 概述

1. 什么是收敛性问题

电路中一般均包含有晶体管等非线性器件，因此进行 Bias point、DC sweep 和瞬态分析时，PSpice 软件内部必须采用叠代算法解一组非线性方程。尽管 PSpice 软件在每次推出新版本时均在非线性方程求解算法方面不断进行改进，在个别情况下，仍然会出现不能给出非线性方程的解的情况，这就是“收敛性问题”。

PSpice 软件运行过程中若发生收敛性问题，就会产生一个输出文件。文件格式如图 7-35 所示。其中起始提示为：ERROR--convergence problem…），最后的记录为（Last node voltages tried were…）。

```
ERROR -- Convergence problem in transient analysis at Time =  7.920E-03
Time step =  47.69E-15, minimum allowable step size =  300.0E-15

     Last node voltages tried were:

NODE       VOLTAGE    NODE       VOLTAGE    NODE       VOLTAGE     NODE        VOLTAGE
(    1)    25.2000    (    3)    4.0000     (    4)    0.0000      (    6)     25.2030
(x2.23)    1230.2000  (X2.24)    9.1441     (x2.25)    -1211.9000  (X2.26)     256.9700
(X2.28)    -206.6100  (X2.29)    75.4870    (X2.30)    -25.0780    (X2.31)     26.2810
(X3.34)    1.771E-06  (X3.35)    1.0881     (X3.36)    .4279       (X2.XU1.6)  1.2636
```

图 7-35　出现收敛性问题时的提示信息

电压特别大的节点，就是与不收敛问题相关的节点。如图 7-35 中的 x2.23 和 x2.25 两个节点的节点电压绝对值均超过 1000V，这就是发生收敛性问题的节点。

在这两部分之间还会给出下面三类附加信息：

① 叠代过程中电压值大幅波动的节点处最后两次计算值，如图 7-36（a）所示；

② 叠代过程中电流值大幅波动的支路电流最后两次计算值，如图 7-36（b）所示；

③ 叠代过程中达不到稳定值的器件名称，如图 7-36（c）所示；

用户可以根据上述提示进一步分析原因，采取相应对策。

2. 可能导致收敛性问题的因素与相应对策

一般情况下，如果存在下述问题将会发生“收敛性问题”。

（1）数值超出允许范围。

PSpice 中数值采用双精度，可以达到 15 位有效数字。同时规定有确定的数值范围。如果计算过程中出现数值超出允许范围的情况，将发生“收敛性问题”。

```
These voltages failed to converge:
    V(x2.23)   =          1230.23 / -68.4137
    V(x2.25)   =         -1211.94 / 86.6888
```

（a）电压值大幅波动的节点处最后两次计算值

```
These supply currents failed to converge:
    I(X2.L1)    =        -36.6259 / 2.25682
    I(X2.L2)    =        -36.5838 / 2.29898
```

（b）电流值大幅波动的支路电流最后两次计算值

```
These devices failed to converge:
    X2.DCR3    X2.DCR4    x2.ktr    X2.Q1    X2.Q2
```

（c）达不到稳定值的器件名称

图 7-36　描述收敛性问题的附加提示信息

例如，PSpice 中电压和电流的数值范围分别为±1e10 volts 和±1e10 amps。如果电路中二极管采用的是理想模型，内部串联电阻为 0，则在外加端电压较大的情况下将可能导致计算的二极管电流超过允许的电流数值范围。

又如，PSpice 中导数的范围为 1e14，PSpice 内部在计算小信号电导、跨导等参数时均涉及到求导计算，如果器件模型方程存在不连续情况，将导致在不连续点处不能正常计算出导数值，导数结果超出允许的数值范围。

因此对半导体器件模型，应保证采用的模型方程不存在突变的转折点，模型参数值应该是现实可能的值，特别是不要随意将串联电阻值设置为 0。

（2）电路的拓扑连接关系存在问题。

如果电路的拓扑连接关系存在某些问题，也会出现“收敛性问题”。

为了保证收敛性，应该注意从下述几方面检查电路拓扑结构以及元器件的赋值：

① 因为粗心导致单位差错。例如将 1Meg 欧姆误写为 1MΩ，软件认为阻值为 1 毫欧姆，将使得电阻阻值相差 10^9。因为 PSpice 中将大小写字母 M 和 m 均视为“毫”，为了表示“兆”，必须采用三个字母“Meg”，这三个字母采用大小写均可。

② 电路中存在浮置节点，不能保证直流通路。

③ 描述受控源的增益值应该是现实可能的值。特别是在表达式中不能出现分母为 0 的情况，也不能出现对 0 进行对数运算的情况。

④ 使用逻辑元件时，应该给相应的节点设置一个与实际值一致的初值（参见 7.6.2 节）。

（3）叠代求解时初值与最终解差距太大很易导致“收敛性问题”。

为此，一种常用的方法是将关键节点初始解设置为与最终解靠近，但是这样做需要对电路原理有较深入的理解。具体设置方法将在 7.6.2 节介绍。

为了使关键节点初始解设置为与最终解靠近，另一种处理方法是在电路分析模拟过程中按照 7.4.2 节“直流工作点数据的存放与调用”介绍的方法，采用以前一次直流偏置计算结果作为本次直流偏置的初始值，或者调用一个类似电路的偏置解结果作为叠代求解的初值。

（4）在 Bias point、DC sweep 和 Time Domain（瞬态分析）分析过程中与叠代求解算法相关的参数设置不合适。

针对这个问题，调整 Options 有关选项的设置，将有助于改善“收敛性”。7.6.3 节将详细介绍 Options 相关参数的含义和设置方法。

7.6.2　关键节点初始偏置条件的设置

1．设置初始偏置条件的必要性

在实际电路中，存在有很多非线性器件以及双稳态或多稳态器件。采用常规方法计算其偏置解时有时会出现不收敛问题，或得不到预定的稳定解。在电路规模较大时，这一问题更加突出。对此，PSpice 中提供了多种方法，供用户根据自己对电路工作原理的分析，设置电路初始偏置条件。采用这种方法可以给电路分析带来如下两个好处：

（1）对一般非线性电路，可以帮助尽快得到直流偏置解。这样不但能够防止可能出现的电路不收敛问题，而且也可以节省大量的计算时间。

（2）对双稳态电路，如触发器，通过设置电路初始偏置条件，可以使电路呈现选定的稳定状态。

2. 绘制电路图过程中设置初始偏置条件的方法

在电路图绘制过程中，用户可采用下述三种不同的方式，在绘制电路图的同时设置好相应的初始条件。

方法一：采用 IC 符号。

方法二：采用 NODESET 符号。

方法三：设置电容和电感元件的 IC 属性参数值。

下面将分别介绍这几种方法的使用步骤。

3. IC 符号

IC 是 Initial Condition 的缩写。在电路符号库 SPECIAL.OLB 中，IC1 和 IC2 两个符号（见图 7-37）用于设置电路中不同节点处的偏置条件。在电路图中放置 IC 符号的方法与放置元器件图形符号的方法相同。其中 IC1 为单引出端符号，用于指定与该引出端相连的节点的偏置条件。在电路中放置了 IC1 符号后，连击该符号，从屏幕上弹出的参数设置框中将该符号的 VALUE 一项设置为该偏置条件值即可。图 7-37 中的实例表示将相应节点处的初始偏置定为 3.4V。IC2 是具有两个引出端的符号，用于指定与这两个引出端相连的两个节点间的偏置条件。在交流小信号 AC 分析和瞬态 TRAN 分析需要求解偏置解的整个过程中，采用 IC 符号的那些节点，其偏置将一直保持在由 IC 符号指定的数值上。这就是说，IC 符号实际上是指定了相应节点处的偏置解。

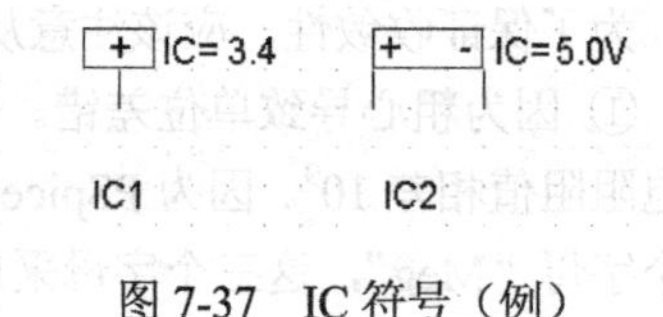

图 7-37　IC 符号（例）

在 PSpice 运行过程中，实际上是在连有 IC 符号的节点处附加有一个内阻为 0.0002Ω的电压源，电压源值即为 IC 符号的设置值。

说明：IC 符号设置的偏置条件在 DC Sweep 分析过程中不起作用。

4. NODESET 符号

电路符号库 SPECIAL.OLB 中的 NODESET1 和 NODESET2 两个符号如图 7-38 所示。其使用方法与图 7-37 中的 IC 符号类似。但这两类符号的作用有根本的区别。不像 IC 符号那样是用于指定节点处的直流偏置解。NODESET 符号的作用只是在叠代求解直流偏置解时，指定单个节点或两个节点之间的初始条件值，即在求解直流偏置解进行初始叠代时，这些节点处的初始条件取为 NODESET 符号的设置值，以帮助收敛。在初步收敛后随之去除该节点的设置值，再重新进行叠代计算，对于被高阻隔离的节点，或者是位于高增益器件输入端的节点，采

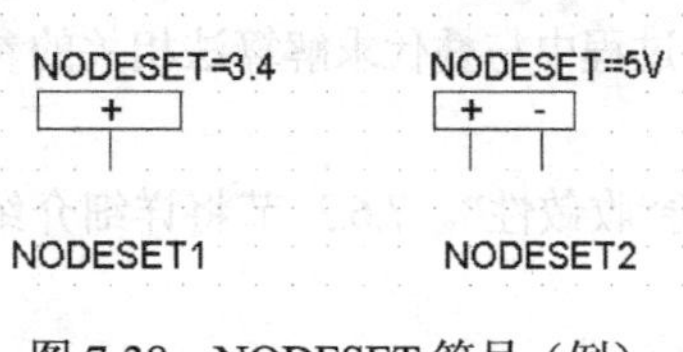

图 7-38　NODESET 符号（例）

用这一方法对于改善收敛性具有明显的效果。

说明： NODESET 符号只用于设置直流叠代求解时的初始条件，而 IC 符号设置的是节点处的直流偏置解，因此当某一节点同时连有这两类符号时，以 IC 符号的设置值为准，NODESET 对该节点的设置不起作用。

3. 电容、电感初始解的设置

电容和电感元件的参数设置中有一项名称为 IC（表示 Initial Condition）的参数，用于设置电容和电感元件两端的初始条件。这些设置在所有的直流偏置求解计算过程中均起作用。但是在 TRAN 瞬态分析中，如果选中了参数“Skip the initial transient bias point calculation”（见第 3 章中图 3-17），则瞬态分析前将不求解直流偏置工作点。设置有 IC 参数值的元器件将以其 IC 设置值作为偏置解，其他元器件的初始电压或电流值取为 0。

对电容，IC 值的设置相当于在求解时与电容并联一个串联电阻为 0.002Ω 的电压源。对电感，相当于与电感串联一个恒流源，而与恒流源又并联一个 1GΩ 的电阻。

7.6.3 PSpice 中的任选项设置(OPTIONS)

为了克服电路模拟中可能出现的不收敛问题，同时兼顾电路分析的精度和耗用的计算机时间，并能控制模拟结果输出的内容和格式，PSpice 软件提供了众多的任选项供用户选择设置。对每个任选项，系统均提供有默认值。要能比较好地设置这类任选项，需要对 PSpice 软件内部采用的模型和算法有较好的了解。对一般用户，可直接采用其默认值。不要盲目修改这些任选项的设置。

1. Options 标签页以及与收敛性相关的参数

（1）Options 标签页

在图 3-4 电路特性分析类型设置窗口中，Options 标签页内容如图 7-39 所示，供用户选择设置有关任选项。

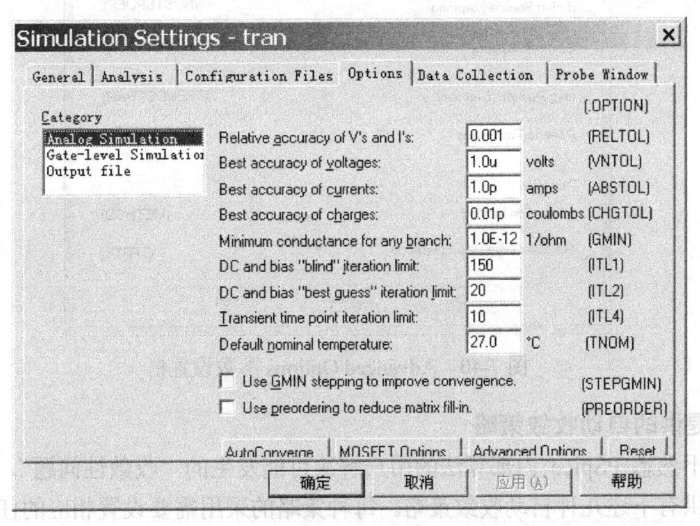

图 7-39 OPTIONS 设置对话框（Analog Simulation）

图中“Category”一栏列出了三类任选项参数的名称。与 Analog Simulation 对应的选项针对模拟电路的仿真，与 Gate-level Simulation 对应的选项针对数字电路的仿真，与 Output file 对应的选项则用于确定模拟仿真结束后生成的 OUT 输出文件中应该包含哪些内容（参见 7.3.1 节）。

其中 Analog Simulation 相当多的选项设置是针对解决收敛性问题。

（2）与收敛性相关的基本任选项参数

图 7-39 列出的是与 Analog Simulation 分析中收敛性有关的 11 项基本任选项，每一行右端括号内是该任选项参数的名称。每项参数的含义及其默认值如本章最后表 7-12 所示。若按图中 Reset 按钮，每一项参数设置值均改为其默认值。

（3）与收敛性相关的 Advanced Options 参数设置

在图 7-39 中按 Advanced Options 按钮，屏幕上出现图 7-40 所示任选项参数设置框。

图 7-40 列出的是与收敛性有关的 19 项高级任选项，每一行右端括号内是该任选项参数的名称。每项高级任选项参数的含义及其默认值如本章最后表 7-12 所示。

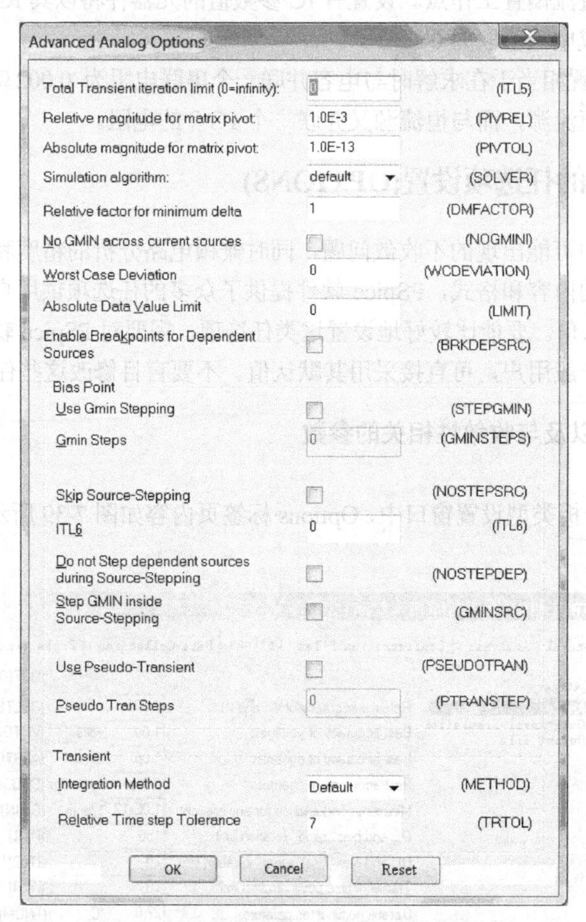

图 7-40　Advanced Options 参数设置框

2. PSpice 提供的自动收敛策略

为了有助于不熟悉 PSpice 内部算法的用户解决可能发生的“收敛性问题”，在发生不收敛的情况下，PSpice 提供有下述几种自动收敛策略。每种策略的采用需要设置相应的任选项参数。

（1）网表文件予排序与 PREORDER 选项

有些情况下，PSpice 发生的收敛性问题与网表文件中元器件排列的顺序有关。如果勾选图 7-39 中的 PREORDER 选项，系统将对网表文件中的元器件自动采用预排序的方法，以减少内部矩阵算法中的填充时间，改善收敛性。勾选 PREORDER 选项可以避免出现这类不收敛的问题。

（2）AutoConvergence 功能

为了改善收敛性，PSpice 采用一种放宽参数设置重新进行模拟的策略。调整相关任选项参数设置是通过 AutoConvergence 对话框完成的。在图 7-39 中点击 AutoConvergence 按钮，将出现图 7-41 所示 AutoConvergence Options 设置框。

勾选 AutoConvergence 选项，确认采用自动收敛功能。

勾选 Restart 选项，则在 PSpice 模拟仿真不能得到收敛结果时，PSpice 软件并不结束运行，而是处于 Pause（暂停）状态，再次恢复模拟时系统将采用放宽了的收敛判据，重新进行模拟仿真。

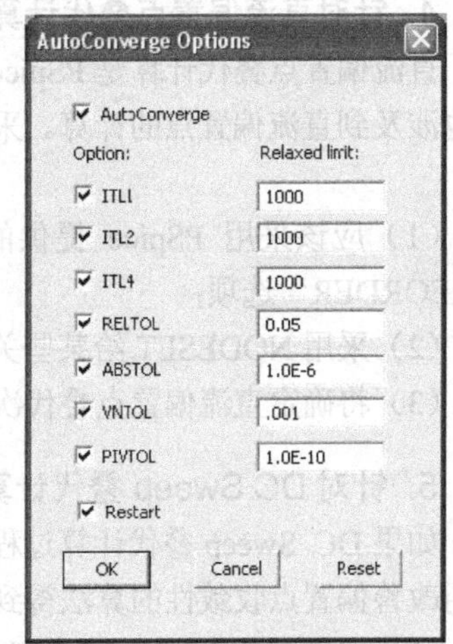

图 7-41　AutoConvergence Options 参数设置框

图 7-41 中其他 7 项用于设置对收敛性影响较大的任选项参数。图中显示的是每项参数的默认值，用户也可以根据需要，修改这些任选项的参数设置。与图 7-39 和图 7-40 中相关参数的默认值比较可见，为了有助于收敛，AutoConvergence 设置框中的参数设置值得到明显放宽。

说明：在出现不收敛情况 PSpice 暂停运行时，屏幕将自动出现 PSpice Runtime Settings 对话框，用户也可以根据需要调整相关参数设置，则恢复模拟时将采用新的设置值。

（3）GMIN 扫描和电源扫描

GMIN 是在叠代计算过程中为了改善收敛性系统自动在电流源上并列的电导。如果在图 7-39 所示设置框中勾选 STEPGMIN 选项，则在出现不收敛的情况下系统将自动启动 GMIN 扫描算法和电源扫描算法。

首先系统从一个较大的 GMIN 值（将 GMIN 默认值值扩大 1.0e10 倍）开始进行初始叠代计算，收敛后再将 GMIN 值按照缩小 10 倍的步长进行扫描叠代计算，直到 GMIN 恢复到正常值，最终取得收敛解。

如果 GMIN 扫描算法也不能得到最终的收敛解，则将 GMIN 恢复到默认值，再重新启动电源扫描算法。首先将电源值几乎降为 0 (实际为.001%)，使所有非线性元器件几乎均处于截止状态，这时叠代求解不会出现问题。然后系统自动采用变步长方式逐步增大电源值（最小步长为电源值的 0.0001%），重复进行叠代求解，直到电源恢复到正常值，最终取得收敛解。

（4）自动减小时间步长重新进行模拟

正常情况下，瞬态分析采用设置的最小步长（见图 3-17）。为了有助于得到收敛解，PSpice 在瞬态分析中发现可能出现不收敛问题时将自动试探性地采用更小的时间步长进行模拟。用户可以修改图 7-40 中任选项参数 DMFACTOR 的设置值，来确定时间步长的减小比例因子。例如，如果图 3-17 中设置的最小步长为 10^{-9}s，若任选项参数 DMFACTOR 的设置值为 0.1，则 PSpice 将自动采用新的时间步长 10^{-10} s 重新进行瞬态分析。

3. 关于任选项参数值的设置考虑

为了改善收敛性，在设置最佳的任选项参数值时需要对 PSpice 内部采用的计算方法有较好地了解，这对一般用户是一个较困难的问题。但是下面列出关于任选项参数的基本设置原则可供用户选用。

（1）根据电路特点，适当放宽收敛判据。

例如，功率电子电路可以允许电压/电流有较大的容差。如果电路中的电流超过几安培，可以将 ABSTOL 值从默认值 1.0 pA 改设置为 1μA。

但是并非将容差设置得越大越好。例如如果将 ABSTOL 值设置得比 1μA 大得多，可能会产生负面效果。同样，如果将 RELTOL 值设置得大于 0.01，反而会影响收敛性。

（2）将 GMIN 值设置为 1n 和 10n 之间通常会解决收敛性问题。

4. 针对直流偏置点叠代计算的参数设置

直流偏置点叠代计算是 PSpice 电路模拟中最基本的功能，在 DC Sweep、AC Sweep 和瞬态分析中也涉及到直流偏置点的计算。采用下述方法可以防止直流偏置点叠代计算过程中出现不收敛的问题：

（1）应该采用 PSpice 提供的自动收敛性策略，即勾选图 7-39 中显示的“STEPGMIN”和“PREORDER”选项；

（2）采用 NODESET 给某些关键节点赋初值；

（3）将确定直流偏置点叠代次数上限的 OPTIONS 参数 ITL1 设置值增加至 400。

5. 针对 DC Sweep 叠代计算的参数设置

如果 DC Sweep 叠代计算过程中在某一扫描点出现不收敛的情况，PSpice 将针对该扫描点自动采用改善偏置点收敛性的算法得到收敛解。此外，采用下述方法也有助于改善收敛性：

（1）将确定 DC Sweep 叠代次数上限的 OPTIONS 参数 ITL2 设置值增大到 100；

（2）调整扫描步长。由于 DC 扫描过程中上一步计算结果将作为下一步计算的初值，因此减小扫描步长，使得叠代计算的初值与结果比较靠近，将有利于收敛。

有时增大步长，使得 DC Sweep 过程中跳过不收敛点，也是解决不收敛问题的一种情况。

6. 针对瞬态分析叠代计算的参数设置

瞬态分析是 PSpice 软件使用较频繁的模拟功能。采用下述方法将有助于改善收敛性：

（1）确保半导体器件模型参数中电容有一定的赋值。如果模型中电容采用的是默认值 0，一般情况下可以按照下述推荐值为相应的电容参数赋值：二极管的 CJ0=3pF，双极晶体管的 CJC 和 CJE=5pF，JFETs 和 GaAsFETs 的 CGS 和 CGD=5pF，MOSFET 的 CGD0 和 CGS0=5pF。

（2）避免采用跳变的激励信号源。对脉冲信号源，适当增加上升和下降边的时间值。

（3）注意电路中不应存在数值特别大的电感、电容。

（4）电路中的电感并列一个电阻也能改善收敛性。并列电阻的阻值可取为使电感 Q 值下降的频率处的电感阻抗值。

（5）调整作为收敛判据的电流、电压计算精度相对容差的 OPTIONS 参数 RELTOL 设置值。开始可以将 RELTOL 放宽到 0.01，收敛后再将其设置值改为默认值 0.001，得到最终收敛解。

（6）调整作为收敛判据的电流、电压、和电荷计算精度绝对容差的 OPTIONS 参数 ABSTOL、VNTOL、和 CHGTOL 的设置。开始可以将这些参数的设置值在默认值的基础上扩大 10^6 倍，收敛后再将其设置值逐步缩小，得到最终收敛解。

（7）将确定瞬态分析每一步叠代次数上限的 OPTIONS 参数 ITL4 设置值适当增加（如从默认值 10 增大到 40），但是不应该大于 100。

（8）基于电路原理分析，设置部分关键节点的初值，使其与最终解接近。有时可以跳过偏置点的计算（参见第 3 章中图 3-17 瞬态特性分析参数设置）。

（9）一般情况下采用收敛性相对较好的 Solver1 算法。如果出现收敛性问题，可以将图 7-40 中 SOLVER 的设置值从 Solver 1 改为 Solver 0 重试一次。

表 7-12　与收敛性相关的任选项参数（按字母顺序排列）

Options 参数名称	含　义	默认值
ABSTOL	设置计算电流时允许的容差	1.0pA
BRKDEPSRC	对受控源等行为级激励源，允许自动设置中断点	
CHGTOL	设置计算电荷时允许的容差	0.01pC
DMFACTOR	确定改变最小时间步长时采用的比例，只能取为 1、0.1、0.01 等	1
GMIN	电路模拟分析中加于每个电流源支路的最小电导	1.0e−12ohm^{-1}
GMINSRC	对激励源进行扫描时，也对 GMIN 扫描	
GMINSTEPS	确定对 GMIN 扫描的次数，只能取正值	与 ITL1 相同
ITL1	在对系统进行第一次 DC 分析和偏置点计算时采用的叠代次数上限	150
ITL2	在 DC 分析和偏置点计算时根据以往情况选择确定的叠代次数上限	20
ITL4	瞬态分析中任一点的叠代次数上限	10
ITL5	设置瞬态分析中所有点的叠代总次数上限	0[注 1]
ITL6	对激励源进行扫描时的扫描次数	与 ITL1 相同
LIMIT	设置电压数值上限。为了防止出现溢出，特别是采用指数源情况下，可将次选项设置为较大值（如 1e12）	0[注 1]
METHOD	采用的积分方法，可以选用 TRAPEZOIDAL 或者 GEAR	
NOGMINI	在电流源上不跨接 GMIN	
NOSTEPDEP	对激励源进行扫描时，对受控源不扫描	
NOSTEPSRC	对激励源进行扫描时，对独立源不扫描	
PIVREL	在电路模拟分析中需要用主元素消去法求解矩阵方程。本任选项确定作为叠代计算主元收敛判据的相对容差	1.0e−3
PIVTOL	确定主元素消去法求解矩阵方程时作为叠代计算主元收敛判据的绝对容差	1.0e−13
PREORDER	采用予排序的方法减少矩阵填充时间，改善收敛性	
PSEUDOTRAN	采用伪瞬态分析方法	
PTRANSTEP	为确定工作点而采用伪瞬态分析方法时扫描的次数	与 ITL1 相同
RELTOL	设置计算电压和电流时允许的相对容差	0.001
SOLVER	本参数的设置值确定选用哪种计算方法。若设置为 Solver = 0，则采用 PSpice 原有算法，若设置为 Solver = 1，则采用改进算法。改进算法速度更快，并且收敛性方面也有改善	1
STEPGMIN	在出现收敛性问题的情况下首先采用 GMIN 扫描改善收敛性。如果还不能解决收敛性问题，再进行激励源扫描	
TNOM	确定电路模拟分析时采用的温度默认值	27℃
TRTOL	设置瞬态分析中计算积分时允许的相对容差。TRTOL 值越大，则时间步长增大，精度降低。设置值不得大于 1/RELTOL	7
VNTOL	设置计算电压时允许的容差	1.0μV
WCDEVIATION	最坏情况偏离。取值在 0～1 之间	与 RELTOL 相同

注 1：此处默认值设置为 0 实际表示无穷大。

第 8 章　PSpice-MATLAB 协同仿真与数据交互

MATLAB 是使用最为广泛的一种科学计算软件，特别是其在系统级设计和仿真方面的强大能力已经获得了广泛认可。而 PSpice 软件则在电路级的模拟仿真与优化设计方面具有强大的功能，模拟结果比较准确地反映出实际电路的特性。为了充分发挥并综合应用这两种软件的优势，PSpice 软件从版本 10 开始推出 PSpice/SLPS 模块，将 Simulink-MATLAB 系统仿真器与 PSpice 电路仿真器集成在一起，提供了一个可用于设计各种电子系统的仿真流程，使得电路和系统设计人员可以执行集成的系统级和电路级仿真。本章在简要介绍 SLPS 模块和 Simulink 建模技术基础上，通过应用实例具体说明调用 SLPS 模块实现 PSpice-MATLAB 协同仿真的方法与步骤。

除了可以采用 SLPS 模块实现 MATLAB 与 PSpice 的协同仿真，用户还可以通过 MATLAB 为 PSpice 仿真生成复杂的激励信号波形，以及利用 MATLAB 强大的计算能力进一步分析 PSpice 仿真结果数据，提取更多的信息。

本章重点介绍如何结合使用 MATLAB 的强大功能，实现与 PSpice 的协同仿真、产生供 PSpice 仿真使用的复杂激励信号波形，以及进一步分析 PSpice 仿真结果数据。

8.1　概述

本节简要介绍 SLPS 模块的特点和安装需求，并以基本锁相环电路为例介绍采用 Simulink 进行系统级建模的方法。

8.1.1　SLPS 简介

1. SLPS 模块的推出

通常系统设计和电路设计分别采用独立的仿真器进行仿真，电路工程师无法将实际电路数据送回到系统设计中，系统设计师不知道实际电路模块对系统有何影响，反之亦然。PSpice 是电路级仿真器，使用元器件模型进行仿真，仿真精度高，能反映出电路的非线性、延时及其他实际因素，但是对于复杂电路存在仿真时间过长的问题。MATLAB 中的 Simulink 系统仿真器主要用于系统级设计，在系统级的设计和仿真方面的强大能力已经获得了业界的广泛认可，并且仿真时间短，但是不能完全反映实际电路的特性细节。

为了综合利用 PSpice 和 Simulink 的优点，取长补短，Cadence 公司与 Cybernet 系统有限公司合作开发了 PSpice SLPS 模块，其中 SL 代表 SimuLink，PS 代表 PSpice。

利用 SLPS，可以在 Simulink 模型中，将系统的关键单元用实际电路表示，并且在 Simulink 中进行模拟时，调用 PSpice 对该单元的实际电路进行模拟。这样就可以将以前分开独立操作的系统模型和电路模型结合起来，综合两种模拟器的优点。

2. SLPS 模块的功能特点

SLPS 能够综合利用 PSpice 大量的元器件模型库和 Simulink 的模块库，通过 PSpice 和 Simulink 模拟数据的相互反馈，实现 Simulink 和 PSpice 的协同仿真，方便设计师在设计过程早期时识别和修改电子系统集成事项。

进行协同仿真时，在 Simulink 环境下对整个电路系统进行仿真，对于系统中的关键模块，即对电路的非线性、延时及其他重要特性影响明显的模块，则通过 SLPS，调用 PSpice 软件对该模块对应的实际电路进行电路级的模拟，并将模拟结果反馈到 Simulink，继续完成对整个电路系统的模拟仿真。因此，采用协同仿真的结果是，其仿真精度接近 PSpice 电路级模拟结果，而仿真耗费的时间则大大低于 PSpice 电路级模拟需要花费的时间，仅略高于 Simulink 进行系统级仿真所需的时间，可以在保证模拟精度的前提下明显节约电路系统的开发时间和成本。

3. SLPS 模块安装需求

为了使用 SLPS 模块，需要首先在电脑上安装 MathWorks MATLAB7.4～7.14、Cadence OrCAD 16.3 或 Cadence Allegro R16.3 以上版本的工具软件，然后从 Cadence 公司获取使用 SLPS 模块的授权许可。

注意：SLPS 暂不支持 64bit MATLAB 软件。

为了在 Simulink 中调用 SLPS 模块，还需要进行下面的操作：

（1）在 MATLAB 窗口中，选择 File→Set Path 命令，设置下述 SLPS 路径：

<Cadence_Installation>\tools\pspice\slps

<Cadence_installation>\tools\pspice\capture_samples\SLPSdemos

或者在 MATLAB 中运行<Cadence_installation>\tools\pspice\slps\slpssetup.p 文件加载 SLPS 路径。

（2）在 MATLAB 的命令窗口中输入命令 slpslib 就可以调出 SLPS 模块，如图 8-1 所示。

执行完上述操作后，用户就可以在下述目录中找到 SLPS 应用实例文件，包括 RC 电路、非线性负载、锁相环、开关磁阻电动机控制、开关电源和直流电动机控制系统等：

<Cadence_installation>\tools\pspice\capture_samples\SLPSdemos

<Cadence_installation>\tools\pspice\concept_samples\SLPSdemos

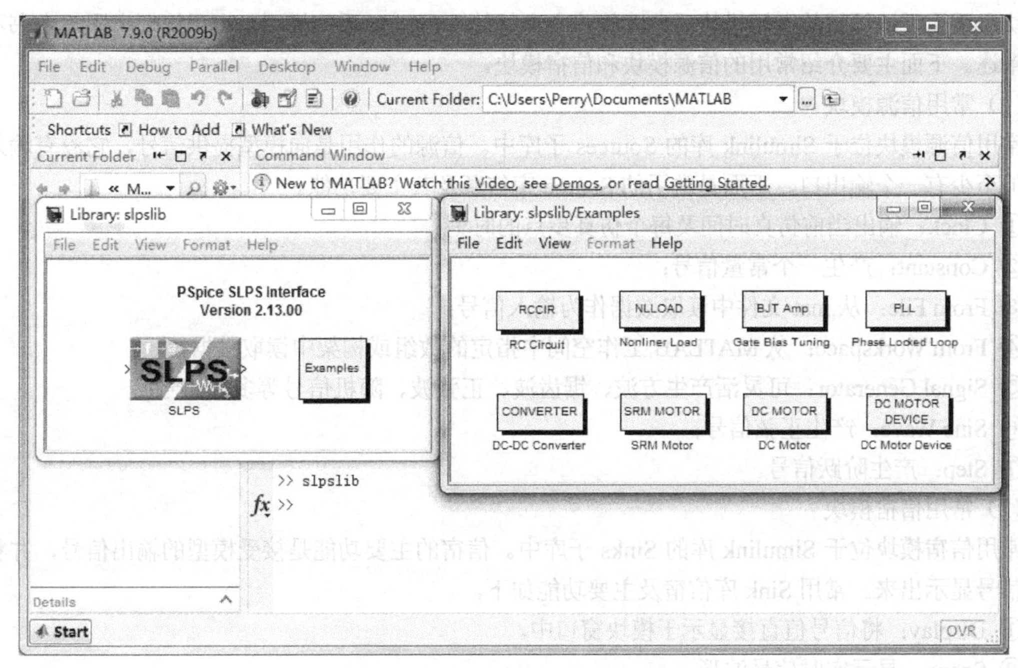

图 8-1　SLPS 模块调用及 slpslib 界面

8.1.2 Simulink 简介

SLPS 的协同仿真是在 Simulink 环境下对整个电路系统进行仿真，因此需要对 Simulink 有一定的了解。

1. Simulink 的推出

在工程实际中，系统的结构往往很复杂，为了验证系统级设计方案是否满足对系统的设计要求，就需要借助专用的系统建模软件，较准确地把一个系统的复杂模型输入计算机，对其进行进一步的分析与仿真。为此，Mathworks 公司于 1990 年为 MATLAB 提供了新的系统模型图输入与仿真工具 Simulink，该工具很快就获得了广泛的认可，使得系统仿真软件进入了模型化图形组态阶段。Simulink 提供的图形用户界面上，只要进行鼠标的简单拖拉操作就可以构造出复杂的系统仿真模型，然后利用 Simulink 提供的功能对系统进行仿真和分析。

Simulink 是 MATLAB 软件的扩展，它是实现动态系统建模和仿真的一个软件包，它与 MATLAB 语言的主要区别在于：其与用户交互接口是基于 Windows 的模型化图形输入，使得用户可以把更多的精力投入到系统模型的构建，而非语言的编程上。所谓模型化图形输入是指 Simulink 提供了一些按照功能分类的基本的系统模块，用户只需知道这些模块的输入输出及模块的功能，而不必考察模块内部是如何实现的，通过对这些基本模块的调用，再将它们连接起来就可以构成所需要的系统模型，进而进行仿真与分析。

2. Simulink 常用模块

Simulink 模型通常包含三种组件：信源、系统和信宿。信源提供系统的输入信号，如常量、正弦波、方波等；系统是对仿真对象的数学抽象；信宿是接收信号的部分，如示波器，图形记录仪等。MATLAB 的应用很广泛，Simulink 模块库中包含适用于众多领域的各种标准模块，只有熟悉众多常用模块和适用于该领域的专用模块后，才能建立良好的 Simulink 系统模型，由于篇幅有限，本书不一一阐述。下面主要介绍常用的信源模块和信宿模块。

（1）常用信源模块

常用信源模块位于 Simulink 库的 Sources 子库中。信源的作用是向模型提供信号，它没有输入口，但至少有一个输出口。下面是常用的 Source 库信源及其主要功能。

① Clock：输出当前仿真时间及每个仿真步点的时刻；

② Constant：产生一个常量信号；

③ From File：从.mat 文件中读取数据作为输入信号；

④ From Workspace：从 MATLAB 工作空间中指定的数组或构架中读取数据；

⑤ Signal Generator：可灵活产生方波、锯齿波、正弦波、随机信号等多种信号；

⑥ Sine Wave：产生正弦信号；

⑦ Step：产生阶跃信号。

（2）常用信宿模块

常用信宿模块位于 Simulink 库的 Sinks 子库中。信宿的主要功能是接受模型的输出信号，并将输出信号显示出来。常用 Sink 库信宿及主要功能如下。

① Display：将信号值直接显示于模块窗口中。

② Scope：显示实时信号波形。

③ To File：将仿真结果保存为.mat 文件。

④ To Workspace：将仿真结果保存在 MATLAB 工作空间中。

⑤ XY Graph：绘制两个输入信号关系曲线。

3. 建立 Simulink 系统模型的方法

下面以基本锁相环为例来具体介绍采用 Simulink 进行系统模型设计与分析的方法。

（1）基本锁相环原理及结构

锁相环是一个使得输出信号与输入信号在频率和相位上同步的电路。在同步状态，输出信号和输入信号之间的相位差为零，或者保持常数。如果输出信号和输入信号间出现相位误差，通过对输出相位和输入相位进行比较的反馈系统的作用，使得相位差再次减小到最小，输出信号的相位锁定到输入信号的相位。当输出信号和输入信号的相位差不随时间改变时，环路锁定。

基本锁相环电路是由鉴相器（Phase Detector，PD）、低通滤波器（Loop Filter）和压控振荡器（Voltage-Controlled Oscillator，VCO）三部分组成的反馈系统，如图 8-2 所示。

鉴相器（PD）完成输出相位和输入相位的比较，用来检测锁相环输入信号 V_{in} 和输出反馈信号 V_{out} 的相位差$\varphi_o=\varphi_{out}-\varphi_{in}$。鉴相器的输出 V_{PD} 与其两个输入的相位差φ_o成线性比例，当两个输入的相位差变化时，输出端的脉冲宽度也相应变化，如图 8-3 所示。鉴相器的输出 V_{PD} 不仅包含后续压控振荡器所需直流分量，还包含不希望有的高频分量。由于压控振荡器的控制电压在稳态时需要保持恒定，必须经过低通滤波去除鉴相器输出中的高频分量，仅把直流分量送到压控振荡器。理想的压控振荡器是一种输出频率与控制电压成线性关系的电路。通过低通滤波器后的鉴相器输出信号的直流分量 V_{cont} 可以改变压控振荡器的振荡频率，直到相位对齐，即环路锁定。

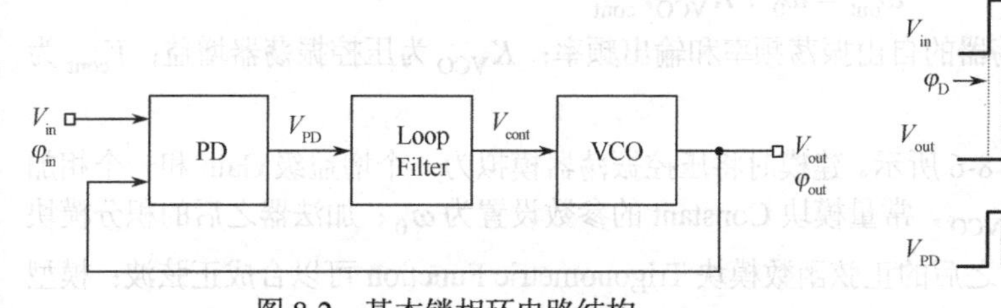

图 8-2　基本锁相环电路结构

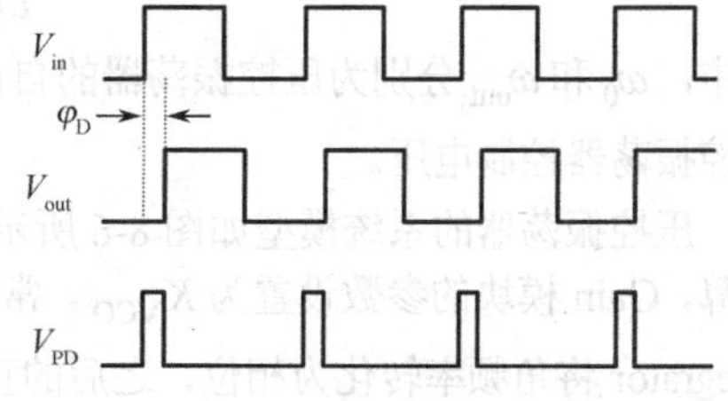

图 8-3　鉴相器工作波形

下面分别介绍基本锁相环三个模块的模型构建方法和步骤。

（2）基本锁相环的 Simulink 系统模型及分析之一：鉴相器模型

鉴相器模块用来检测锁相环的输入参考信号和反馈输出信号间的相位差，可以按照下述步骤采用简单的减法操作进行建模。

第一步，在 Simulink 库浏览器中单击 Create a new model 按钮建立空白模型窗口。

第二步，将模型所需功能模块由模块库窗口复制到模型窗口。

各模块来源、功能与参数设置描述如下。

Sum 模块：位于 Simulink 库的 Math Operations 子库下，实现多个信号的求和。为了执行减法操作，进而检测出锁相环输入参考信号和反馈输出信号间的相位差，应将 Sum 模块的参数设置为：

Icon shape＝rectangular，List of signs＝＋－＋；

M 模块：可以采用位于 Simulink 库中 Sources 子库里的 Constant 常量模块。实际模型中根据使用的环路滤波器和 VCO 的特性，需要通过增加修正因子 M 来调节鉴相器的输出值。

In1、In2、Out 模块：输入端口 In1 和 In2 采用 In1 模块实现，输出端口 Out 采用 Out1 模块实现，这两个模块均位于 Simulink 库的 Ports & Subsystems 子库中。

第三步，连接模块构成需要的系统模型，如图 8-4 所示。

（3）基本锁相环的 Simulink 系统模型及分析之二：低通滤波器模型

低通滤波器用来去除鉴相器输出信号中的交流分量，保留直流分量作为 VCO 的控制信号。低通滤波器模型通过采用 Transfer Fcn 传递函数模块来构建。Transfer Fcn 模块位于 Simulink 库的 Continuous 子库中，其参数设置如图 8-5 所示，其中 fc 为低通滤波器的截止频率。

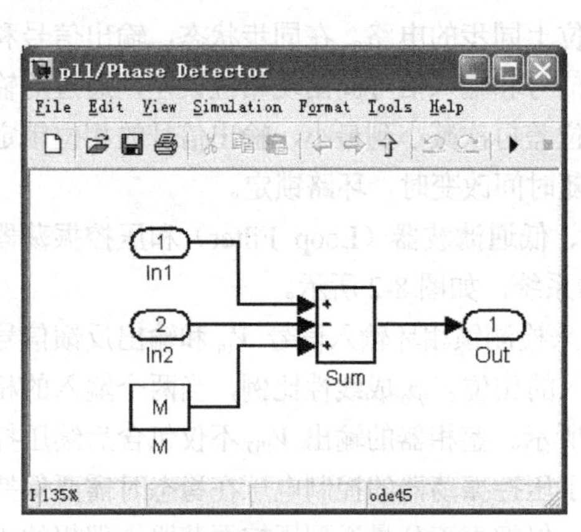

图 8-4 鉴相器 Simulink 模型

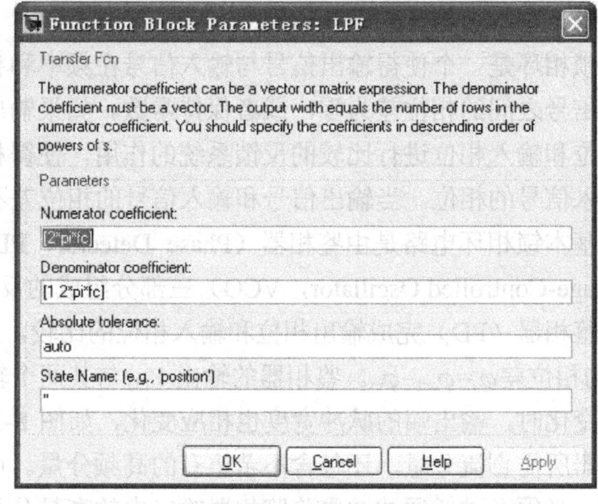

图 8-5 采用传递函数模块实现的 LPF 设置

（4）基本锁相环的 Simulink 系统模型及分析之三：压控振荡器模型

理想的压控振荡器是一种输出频率与控制电压成线性关系的电路，其输出频率满足关系式：

$$\omega_{\text{out}} = \omega_0 + K_{\text{VCO}} V_{\text{cont}}$$

其中，ω_0 和 ω_{out} 分别为压控振荡器的自由振荡频率和输出频率；K_{VCO} 为压控振荡器增益；V_{cont} 为压控振荡器控制电压。

压控振荡器的系统模型如图 8-6 所示。建模时将压控振荡器模拟为一个增益级 Gain 和一个相加运算，Gain 模块的参数设置为 K_{VCO}，常量模块 Constant 的参数设置为 ω_0；加法器之后的积分模块 Integrator 将角频率转化为相位，之后的正弦函数模块 Trigonometric Function 可以合成正弦波；模型最后的关系运算符模块 Relational Operator 将产生的正弦波幅值的正值设置为 1，负值设置为 0，产生了最终的二进制脉冲输出信号。

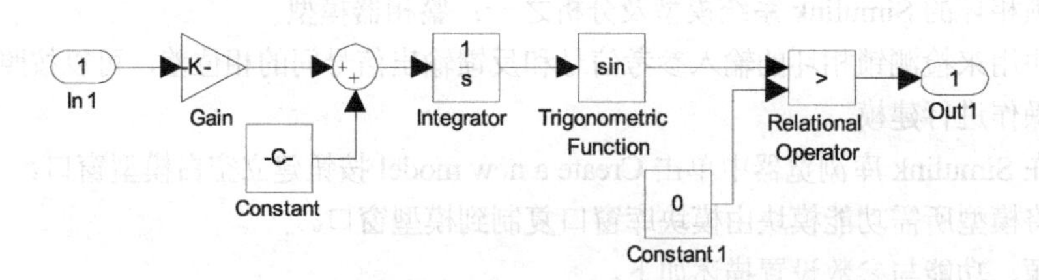

图 8-6 压控振荡器系统模型

压控振荡器系统模型所需各模块来源描述如下：Gain、Sum、Trigonometric Function 位于 Simulink 库的 Math Operations 子库下；Constant 模块位于 Simulink 库的 Sources 子库中；Integrator 模块位于 Simulink 库的 Continuous 子库中；Relational Operator 模块位于 Simulink 库的 Logic and Bit Operations 子库下。

（5）基本锁相环总体模型

基本锁相环的总体 Simulink 系统模型如图 8-7 所示，包含上述鉴相器(PD) 模块、低通滤波器(LPF) 模块和压控振荡器(VCO) 模块。为了完成模型仿真，模型中还包含了输入参考信号模块、参考信号和合成信号波形显示模块。输入参考信号模块采用 Simulink 库的 Sources 子库中的 Pulse Generator

模块实现，其周期设置为 $1/f_r$ 秒，脉宽 50%，其中 f_r 为参考信号频率。波形显示模块采用 Simulink 库的 Sinks 子库中的 Scope 模块实现。

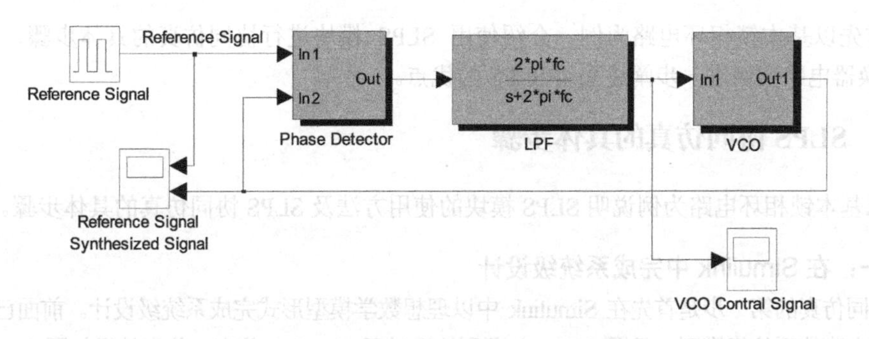

图 8-7　基本锁相环的 Simulink 系统模型

（6）基本锁相环系统模型仿真分析

完成系统模型构建及参数设置后，在模型窗口中选择执行 File\Model Properties 命令，在打开的窗口中选择 Callbacks 标签页，在 Model pre-load function 列表中设置参考信号频率 f_r=2000Hz，压控振荡器增益 K_{VCO}=1800×2π，压控振荡器的自由振荡频率 ω_0=150×2π，LPF 的截止频率 f_c=10Hz。此后，在 Simulink 模型窗口选择执行 Simulation/Configuration parameters 命令，在打开的配置参数对话框中设置仿真参数：Start time = 0.0s，Stop time = 1.5e–2s，max step size = auto。仿真参数设置完毕后，在模型窗口中执行 Simulation→Start 命令启动仿真过程，仿真结束后双击 Scope 模块可以看到如图 8-8 所示 VCO 控制信号、参考信号和合成信号波形，根据 VCO 控制信号可以发现 9ms 后锁相环的频率锁定，但是 VCO 控制信号波形有较大波动，合成信号频率有短暂的漂移。

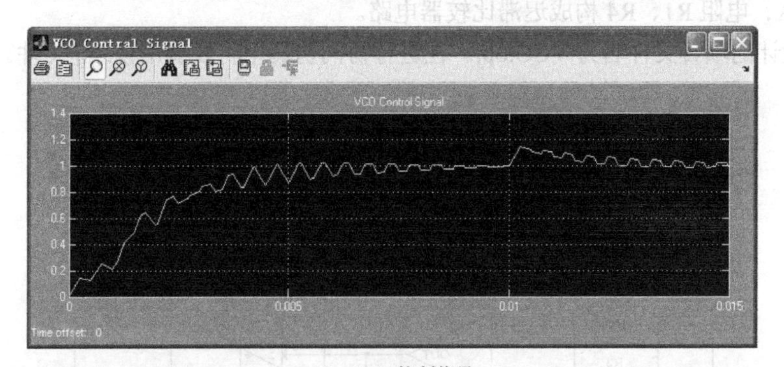

(a)　VCO 控制信号

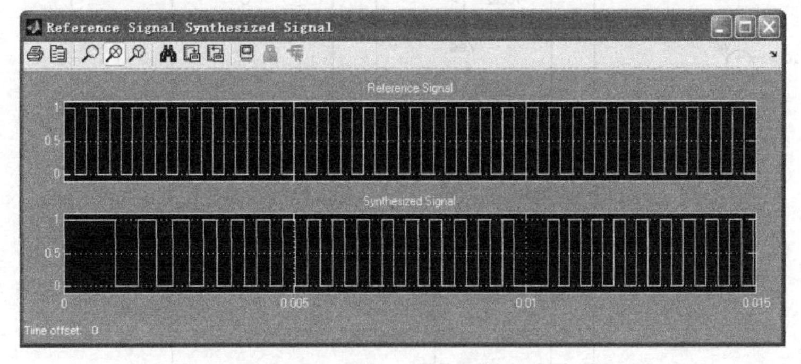

(b)　参考信号和合成信号

图 8-8　基本锁相环系统模型仿真结果

8.2 SLPS 协同仿真技术

本节首先以基本锁相环电路为例，介绍使用 SLPS 模块进行协同仿真的具体步骤，然后通过 DC/DC 变换器电路实例进一步阐述采用 SLPS 的优点。

8.2.1 SLPS 协同仿真的具体步骤

下面以基本锁相环电路为例说明 SLPS 模块的使用方法及 SLPS 协同仿真的具体步骤。

步骤一：在 Simulink 中完成系统级设计

进行协同仿真的第一步是首先在 Simulink 中以理想数学模型形式完成系统级设计。前面已经建立了基本锁相环电路的系统级模型（见图 8-7），并顺利地通过了 Simulink 仿真，仿真结果如图 8-8 所示。

步骤二：决定系统模型中需要调用 PSpice 模拟仿真的模块

为了有效地进行协同仿真，需要通过原理分析，确定系统模型中需要被 SLPS 代替的关键模块，以便采用 Caputre 设计该模块的电路结构，并使用 PSpice 进行电路级仿真分析。

考虑到压控振荡器是锁相环的核心模块，因此确定在后续系统模型中通过 SLPS 实现该关键模块的电路级设计和仿真。

步骤三：在 PSpice 中设计代替系统模型中关键模块的电路

基于运算放大器 TL082 设计的压控振荡器电路原理图如图 8-9 所示。该电路由可控开关、积分器和迟滞比较器电路构成。运算放大器 U1B、电阻 R2、R3、R5、R7、R8，电容 C1 构成积分器；运算放大器 U1A、电阻 R1、R4 构成迟滞比较器电路。

记存放该设计的项目文件名为 VCO.opj。在进行协同仿真中将要调用该.opj 文件。

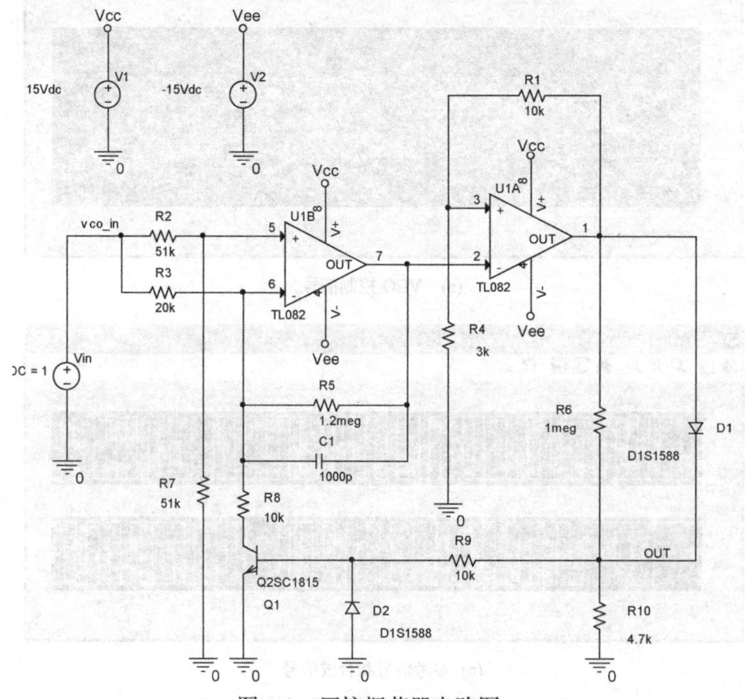

图 8-9 压控振荡器电路图

为了验证设计的电路是否满足压控振荡器的功能和特性要求，采用 PSpice 对该压控振荡器电路执行瞬态特性仿真，在 PSpice 中瞬态分析参数设置为：

Run to time = 10ms，step size = 1ns

瞬态分析后可以得到如图 8-10 所示的输出波形 V(OUT)。另外，Pspice 软件自动将 PSpice 瞬态分析设置和 VCO 电路网表文件信息保存为 PSpice 电路文件 tran.cir，协同仿真中将调用该 cir 文件。

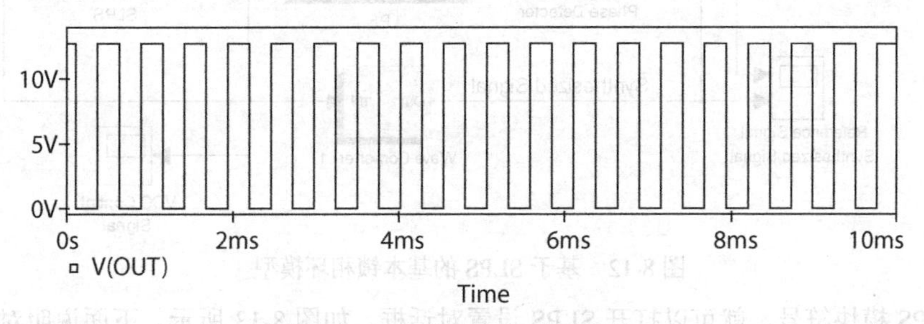

图 8-10　V_{in}=1V 时瞬态分析结果

瞬态特性分析同时，对 VCO 输入电压源 V_{in} 以线性方式进行参数扫描，V_{in} 的取值范围设置为：

Start value = 0.25，End value = 5，Increment = 0.25

模拟得到的输出频率与输入电压的关系为线性关系，如图 8-11 所示。计算可得，其斜率为 1800 Hz/V，截距为 150Hz。

由于压控振荡器的输出频率满足关系式：$\omega_{out} = \omega_0 + K_{VCO}V_{cont}$，图 8-11 中斜率和截距分别乘以 2π即可得到该压控振荡器的增益 K_{VCO}=1800×2π，自由振荡频率 ω_0=150×2π，上述系统模型中 K_{VCO} 和 ω_0 两个参数正是基于这两个数值进行设置的。

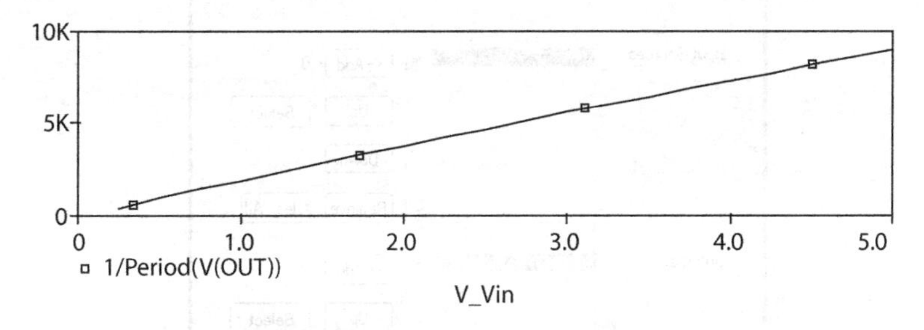

图 8-11　输出信号 V(OUT)的频率与输入电压 Vin 的关系

步骤四：用 SLPS 代替系统模型中的关键模块

通过 PSpice 模拟仿真，表明设计的电路能实现系统中关键模块的功能和特性要求后，为了用设计的电路代替系统模型中的关键模块，首先在 MATLAB 的命令窗口中输入命令 slpslib，调出 SLPS 模块，用来代替系统模型中的关键模块。

采用 SLPS 取代压控振荡器模块后，构建的基本锁相环 Simulink 系统模型如图 8-12 所示。图中的 Phase Detector 模块和 LPF 模块仍保留采用图 8-7 中的模型，只是将图 8-7 中的 VCO 模块采用 SLPS 模块代替，并采用由关系运算符 Relational Operator 构成的 Wave Converter 模块将 SLPS 的输出波形转变为二进制脉冲波形。由于 SLPS(VCO 电路) 输出波形的幅值为 12V，Wave Converter 模块中的关系运算符 Relational Operator 将 SLPS 输出信号幅值与 6 进行比较，产生最终的脉冲输出信号。

步骤五：SLPS 模块的参数设置

为了用设计的压控振荡器电路代替系统模型中的压控振荡器关键模块，在 Simulink 环境中采用

SLPS 代替系统模型中的压控振荡器模块以后，必须设置好 SLPS 的相关参数，这是实现协同仿真的关键一步。

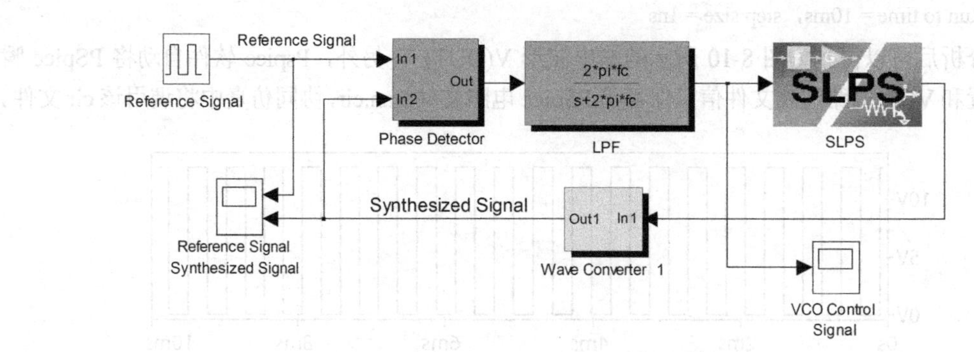

图 8-12　基于 SLPS 的基本锁相环模型

双击 SLPS 模块符号，就可以打开 SLPS 设置对话框，如图 8-13 所示。下面说明对话框中各项参数的含义及设置方法。

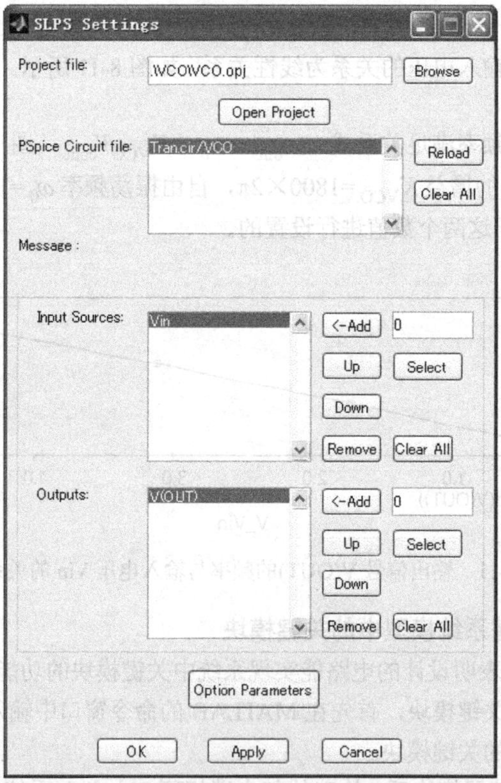

图 8-13　锁相环模型中 SLPS 参数设置对话框

① Project file：该文本框的设置用于确定通过 SLPS 取代系统中关键模块的 PSpice 电路所在的 Capture 项目文件名(Capture Project file(*.opj)) 。

首先点击 Browse 按钮，指定 SLPS 所代表的 VCO 电路设计所在的 Capture 项目文件 VCO.opj。然后点击 Open Project 键，就可以在 Capture 中打开所指定的 VCO.opj 项目文件。

② PSpice Circuit file：其右侧列表框中列出当前项目文件中的所有 CIR 文件，用户从中选择包含 PSpice 分析设置和该电路网表文件信息的 PSpice 电路文件（PSpice Circuit file(*.cir)）。对于压控

振荡器电路，保存电路网表文件信息以及模拟分析参数的.cir 文件为 Tran.cir/VCO。

用户可以根据需要使用该栏右侧的两个按钮：

点击 Reload 按钮，可以更新对原理图所做的改变；

点击 Clear All 按钮，则可清除 PSpice Circuit file 列表框中的信息。

说明：. cir 文件是在 PSpice 进行模拟仿真的同时自动建立的，因此，使用 slps 调用电路前，需要先调用 PSpice 分析关键模块对应的实际电路。

③ Message：显示设置过程状态信息以及出现的错误信息。

④ Input Sources：指定从 Simulink 通过 SLPS 模块进入 PSpice 电路的输入电压源(*V**) 或电流源(*I**)信号将传递给 SLPS 模块所代表的电路中的哪个激励信号源。在调用 PSpice 对 SLPS 所代表的电路进行模拟仿真时，电路中的这个信号源将采用由 Simulink 传递过来的激励信号源。如果选择电压源，通过 SLPS 进入 PSpice 电路的输入数据是电压值，如果选择电流源，通过 SLPS 进入 PSpice 电路的输入数据是电流值。如果电路中有多个输入激励信号源，他们在 Input Sources 列表框中的上下排列顺序应该与 SLPS 模块输入端的信号顺序相同。如图 8-9 所示，压控振荡器电路中的输入激励信号源为 V_{in}，因此图 8-13 中 Input Sources 项的设置值为 V_{in}。

设置过程中，用户可以根据需要选用该栏右侧的几个按钮：

点击 Select 按钮，列出 PSpice Circuit File 选项中设置的.cir 文件所对应的电路中的所有激励源名称。点击选用的激励源，使其出现在 Select 按钮上方的文本框中，再点击 Add 按钮，就将其添加到 Input Sources 列表框中；

点击 Up 和 Down 按钮，可以调整 Input Sources 列表框中激励源的排列顺序；

点击 Remove 按钮，即删除 Input Sources 列表框中选中的激励源；

若点击 Clear All 按钮，将删除掉 Input Sources 列表框中的所有激励源。

⑤ Outputs：指定将 PSpice 电路中的哪个节点电压、支路电流或者功耗等作为输出信号通过 SLPS 模块输出端馈送到 Simulink。

与 input Sources 的设置情况类似，在设置 Outputs 时用户可以根据需要选用该栏右侧的几个按钮。

若点击 Output Select 按钮，列出 PSpice Circuit File 选项中设置的.cir 文件所对应的电路中经过 PSpice 模拟仿真产生的所有输出信号。点击选用的信号名，使其出现在 Select 按钮上方的文本框中，再点击 Add 按钮，就将其添加到 Outputs 列表框中。如图 8-9 所示，压控振荡器电路的输出信号是节点 OUT 的电压，因此图 8-13 中 Ouputs 项的设置值为 V(OUT)。

Up、Down、Remove 和 Clear All 这几个按钮的作用与 input Sources 列表框右侧同名按钮的作用相同。

如果有多个输出信号，他们在 Outputs 列表框中的顺序应该与 SLPS 模块输出端的信号顺序相同。

⑥ Option Parameters：点击此按钮将打开选项参数设置对话框，通过设置此对话框可以防止不收敛情况的发生，如果没有特殊的要求，一般采用默认设置。

步骤六：协同仿真

完成上述 5 个步骤后，在 Simulink 模型窗口选择执行 Simulation→Configuration parameters 命令，在打开的配置参数对话框中设置仿真参数：Start time = 0.0s，Stop time = 100e−3s，max step size = 1e−4。仿真参数设置完毕后，选择执行 Simulation→Start 命令开始协同仿真。

步骤七：验证初始系统设计

基于 SLPS 的锁相环系统协同仿真结果如图 8-14 所示，根据 VCO 控制信号可以看出锁相环的振荡频率在 70ms 后锁定。与单独使用 Simulink 的系统级模型仿真结果相比，基于 SLPS 的系统所需锁定时间增加，但是 VCO 控制信号的波动大大减小，合成信号波形更加理想。

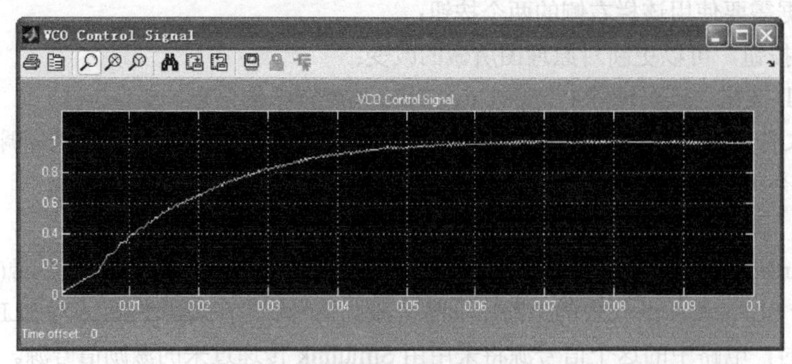

（a） VCO 控制信号

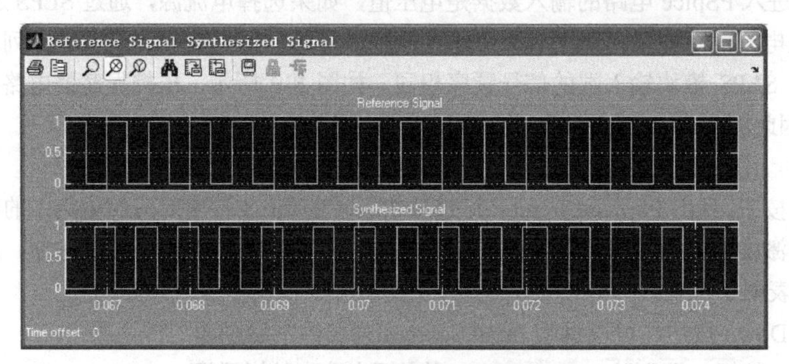

（b）参考信号和合成信号对照

图 8-14　基于 SLPS 的基本锁相环系统模型仿真结果

8.2.2　DC/DC 转换器应用实例

下面以 DC/DC 变换器为例，对该电路采用 PSpice、Simulink 和基于 SLPS 的三种不同模拟方法，通过对三种方法的仿真结果进一步展示并验证 SLPS 的优势。

1．DC/DC 变换器的 PSpice 仿真

基于 UC2843 芯片的非隔离型单管反激式 DC/DC 变换器的电路原理图如图 8-15 所示，该电路包括 UC2843 芯片和外围电路。UC2843 芯片能够产生频率固定而脉冲宽度可调的驱动信号，通过控制功率开关管的通断来调节输出电压的高低，进而达到稳压的目的。

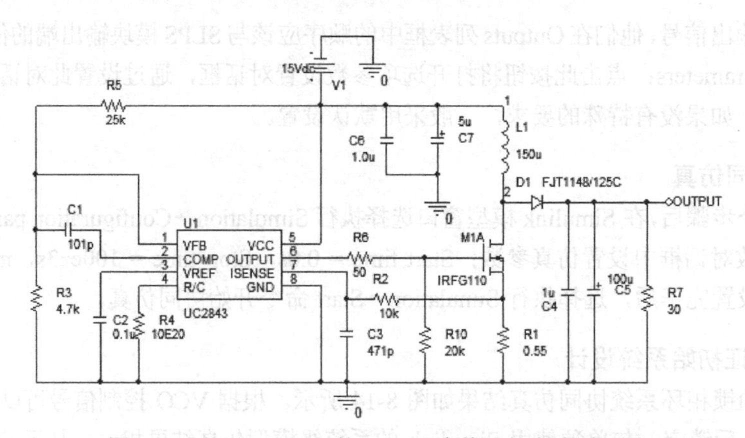

图 8-15　基于 UC2843 的 DC/DC 变换器的电路原理图

Capture 中完成电路原理图设计后进行瞬态分析，仿真的终止时间为 20ms，最大步长为 1×10^{-8}s，输出波形如图 8-16 所示。由于要考虑 PSpice 中复杂的器件模型，这个基于 UC2843 的 DC/DC 变换器的 PSpice 运行时间长达 5215.83s。

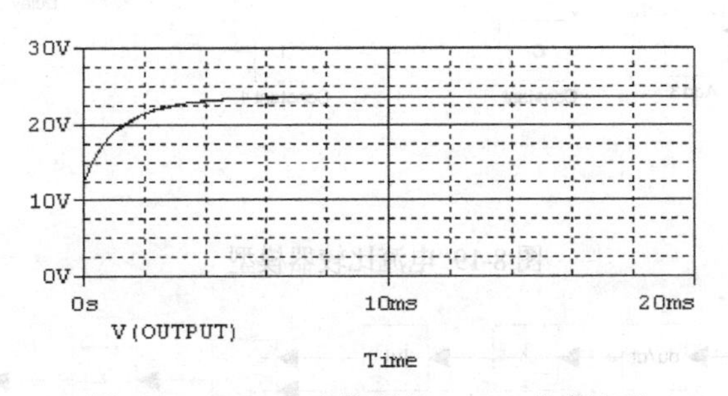

图 8-16　DC/DC 变换器的 PSpice 仿真波形

2．DC/DC 变换器的 Simulink 仿真

整个 DC/DC 变换器的 Simulink 系统模型如图 8-17 所示，其中 UC2843 根据功能主要分成以下几个部分：误差放大器（Error Amplifier）、电流比较器（Current Comparator）、平衡振荡器（Balanced Oscillator）、PWM 和输出电路 Output，每部分的 Simulink 模型分别如图 8-18～图 8-22 所示。外围电路 Simulink 模型中器件模型的值与 PSpice 中相同。

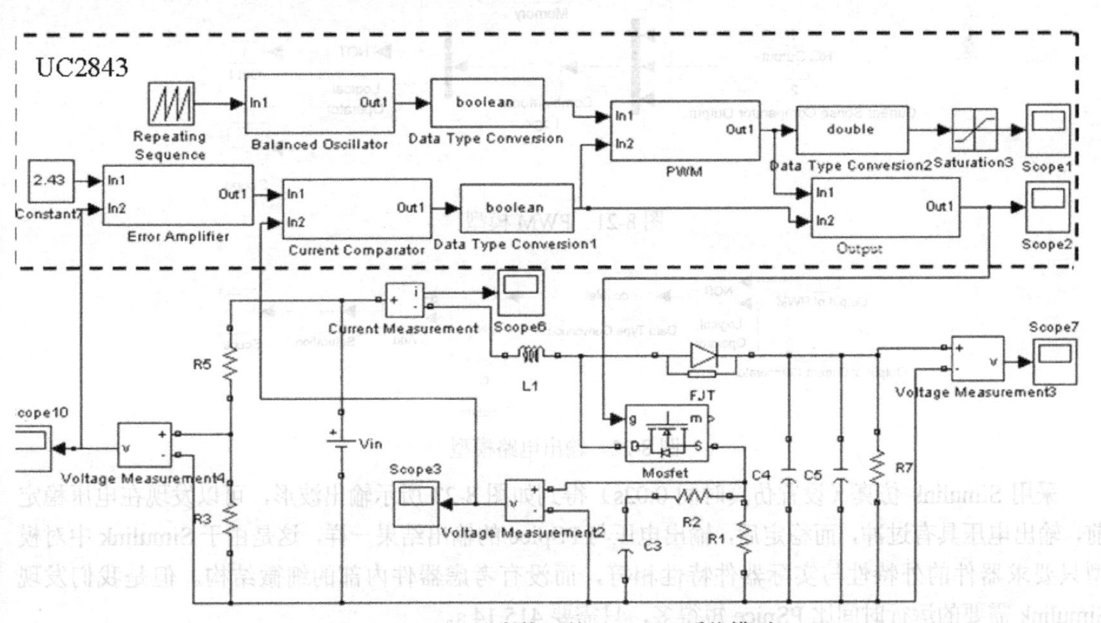

图 8-17　DC/DC 变换器的 Simulink 系统模型

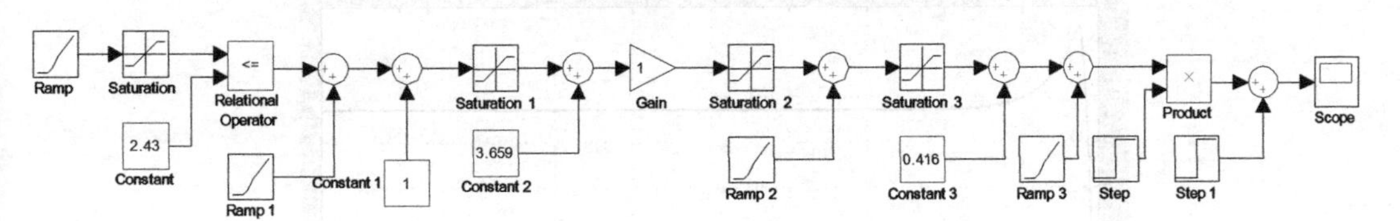

图 8-18　误差放大器模型

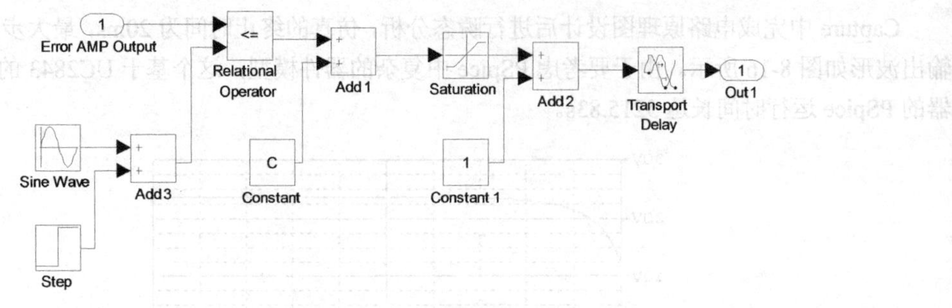

图 8-19 电流比较器模型

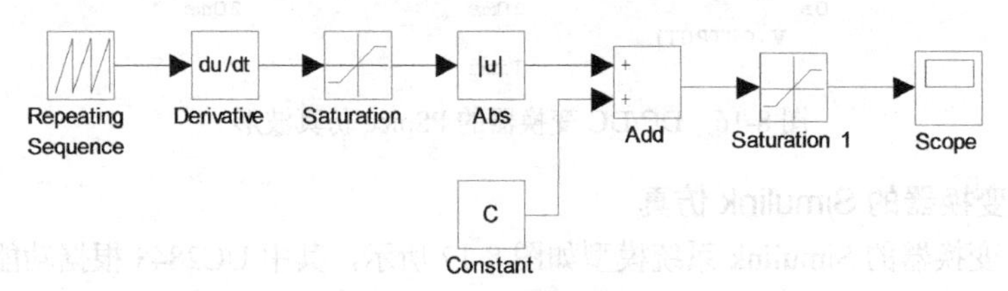

图 8-20 平衡振荡器模型

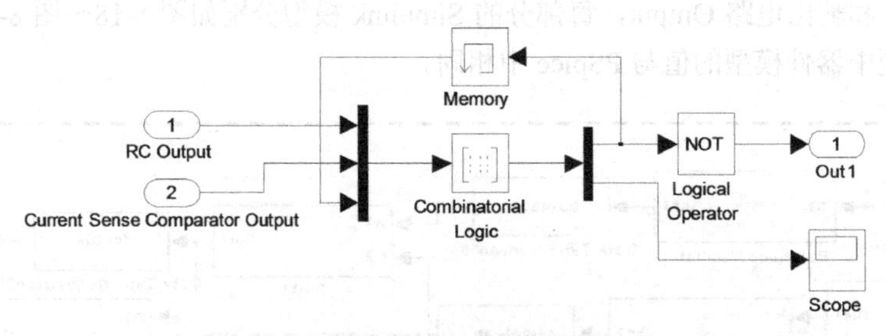

图 8-21 PWM 模型

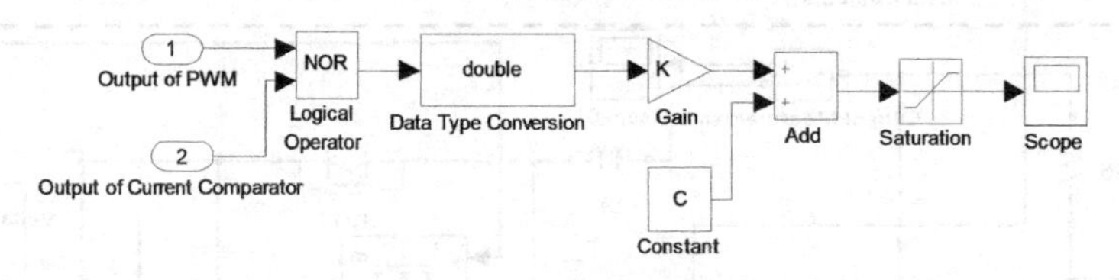

图 8-22 输出电路模型

采用 Simulink 仿真（设置仿真时间 0.02s）得到如图 8-23 所示输出波形，可以发现在电压稳定前，输出电压具有过冲，而稳定后，输出电压与 PSpice 的输出结果一样，这是由于 Simulink 中对模型只要求器件的外特性与实际器件特性相符，而没有考虑器件内部的细微结构。但是我们发现 Simulink 需要的运行时间比 PSpice 短得多，只需要 415.14 s。

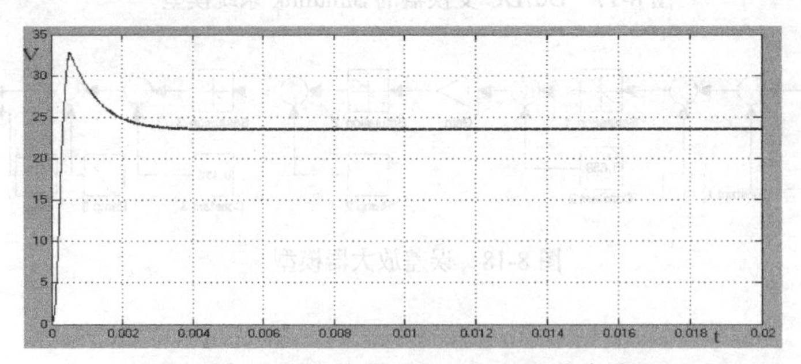

图 8-23 DC/DC 变换器的 Simulink 仿真波形

3．DC/DC 变换器的 SLPS 仿真

在建立了 DC/DC 变换器的 Simulink 模型后，为了进行组合仿真，我们要决定其中哪一个部分需要用 SLPS 代替。对于控制单元来说，只需要实现它的功能，不需要考虑它的内部结构，而 Simulink 正适合于建立控制单元模型。对于需要详细模拟物理过程的电路，如 DC/DC 变换器中起开关作用的外围电路，就需要采用 PSpice 来实现。

外围电路的 Capture 原理图如图 8-24 所示，这个电路将图 8-15 中与 R/C 端口相连接的电阻省略，与 COMP 和 Vref 端口相连接的电容也忽略，这是由于在 DC/DC 变换器的 Simulink 模型中，repeating sequence block 不需要外接的电阻和电容来确定 UC2843 的时钟频率。该电路需要两个电压源，一个是 15V 的直流电压源，另一个是模拟 UC2843 输出的脉冲信号源，在基于 SLPS 的系统模型中，这两个电压源被指定为 SLPS 的输入电源，在仿真过程中，SLPS 的输入会取代这两个电压源，将输入 SLPS 的数据传入所调用的电路中去。Output1，output2 和 output3 这三个输出端口的作用是指定电路中这三个端口处的数据作为 SLPS 的输出，其中 V(output1) 代表 DC/DC 变换器的输出，V(output2) 代表反馈电压，I(output3) 代表反馈电流。

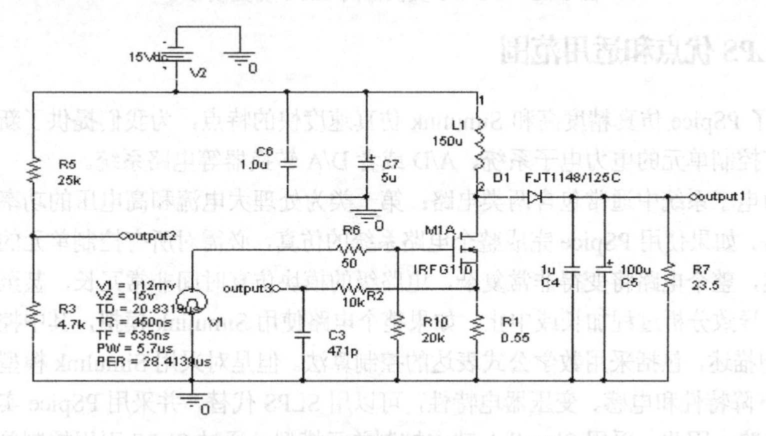

图 8-24　外围电路的 Capture 原理图

基于 SLPS 的 DC/DC 变换器的 Simulink 模型如图 8-25 所示，UC2843 的 Simulink 模型保持不变，SLPS 代表图 8-24 所示实际外围电路，用来代替 Simulink 中的外围电路单元模块。SLPS 模块的参数设置如下：

① Project file：DC-DC converter.opj
② PSpice Circuit file：tran.cir
③ Input Source：V1，V2
④ Outputs：V(output1) /V(output2) /I(output3)

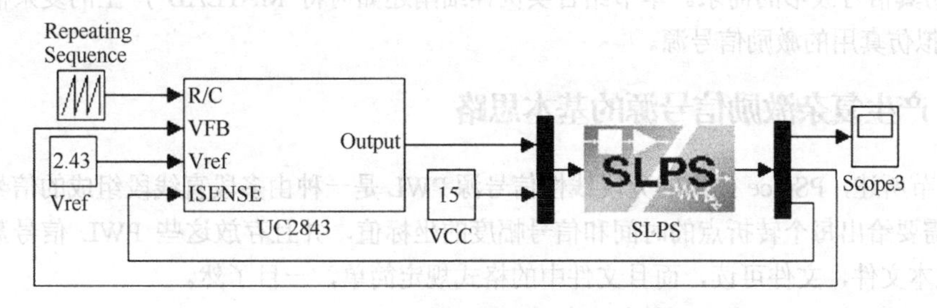

图 8-25　基于 SLPS 的 DC/DC 变换器的 Simulink 模型

DC/DC 变换器的 SLPS 仿真结果如图 8-26 所示，可以发现输出波形和只采用 PSpice 的仿真结果一样，但是使用 SLPS 所需要的时间为 546.58s，仅是使用 PSpice 仿真时间的十分之一。虽然单独使用 Simulink 所需要的时间要比使用 SLPS 要略快一些，但是采用 Simulink 仿真的结果出现了过冲，仿真效果比使用 SLPS 的差。

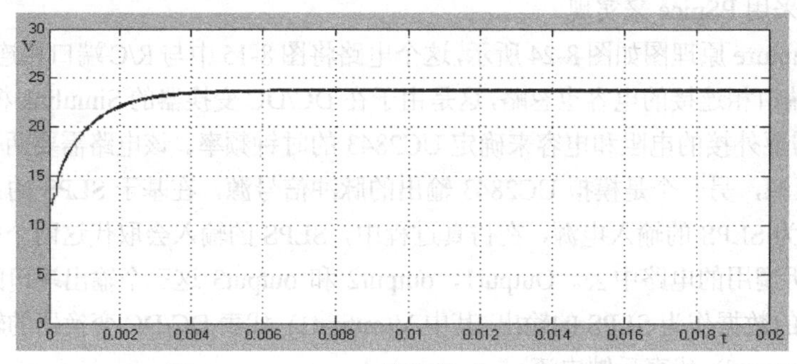

图 8-26　DC/DC 变换器的 SLPS 仿真波形

8.2.3　SLPS 优点和适用范围

SLPS 结合了 PSpice 仿真精度高和 Simulink 仿真速度快的特点，为我们提供了新的仿真思路，特别适用于含有控制单元的电力电子系统、A/D 或者 D/A 转换器等电路系统。

例如，电力电子系统中通常包含两类电路：第一类为处理大电流和高电压的功率器件电路，第二类为控制电路。如果使用 PSpice 完成整个电路系统的仿真，必需对所有控制单元的实际电路结构进行器件级描述，整个电路将变得非常复杂，电路级的模块仿真时间非常冗长，甚至很可能会发生不收敛的问题，导致分析过程加长或中止。如果整个电路使用 Simulink 模拟，其中控制单元直接采用 Simulink 模型描述，包括采用数学公式表达的控制算法。但是对采用 Simulink 模型很难描述的开关器件的上升/下降特性和电感、变压器电特性，可以用 SLPS 代替，并采用 PSpice 实现需要详细模拟物理过程的电路。因此，采用 Simulink 建立控制单元模型，通过 SLPS 引用控制单元以外的实际电路，然后在 Simulink 下进行协同仿真，就可以在保证仿真精度前提下兼顾仿真速度。

8.3　复杂激励信号的 MATLAB 产生法

电路设计时，为了对所设计的电路或模块进行功能和时序验证，一个有效并且切合实际的测试激励信号是必不可少的。如果所需测试激励信号复杂程度很高，例如要求激励信号源是一个噪声信号，采用 PSpice 自带的信号源将难以实现。而 MATLAB 能够生成各种类型的复杂信号和噪声信号，可以满足对仿真信号波形的需求。本节结合实例详细阐述如何将 MATLAB 产生的复杂信号转化为供 PSpice 模拟仿真用的激励信号源。

8.3.1　产生复杂激励信号源的基本思路

如 3.5.4 节所述，PSpice 提供的分段线性信号源 PWL 是一种由多段直线段组成的信号源，描述这类信号只需要给出每个转折点的时间和信号幅度的坐标值，并且存放这些 PWL 信号数据的文件是一个.txt 文本文件，文件可读，而且文件中的格式规定简单，一目了然。

而由 MATLAB 可以产生不同的复杂信号，并且可以用一系列数据点描述信号的变化，同时可以将这些数据点坐标值以文本格式输出存放在一个.txt 文本中。

基于上述特点，用户就可以首先利用 MATLAB 的功能特点，产生需要的复杂信号，如噪声信号，并输出为一个文本文件。然后再在 PSpice 中生成一个 PWL 信号文件，并将 MATLAB 输出文件中的信号描述数据拷贝到 PSpice 中生成的 PWL 信号描述文件中，这样生成的 PWL 信号既是一种需要的复杂信号描述，而且也可以直接供 PSpice 进行瞬态分析时调用。

下一小节将结合一个简单实例，说明产生复杂激励信号源的具体步骤。

8.3.2　基于 MATLAB 生成 PSpice 复杂信号源的基本步骤

本节以一个简单的电阻分压电路模拟为例，直观显示在电路模拟过程中是否采用了一个噪声信号。采用的电路如图 8-27 所示。

对该电路进行瞬态分析时，要求在输入端施加两个激励信号源，其中一个激励信号是振幅为 1V、频率为 5MHz 的正弦信号，另一个激励信号是一个高斯白噪声信号。显然，采用 SOURCE 库中的正弦信号源 VSIN 就可以产生正弦激励信号，而采用 Capture 元器件符号库中的已有信号源很难满足高斯白噪声信号的要求。

下面结合该实例，说明如何利用 MATLAB 生成高斯白噪声信号，再将其转化为 PSpice 模拟仿真中可以采用的激励信号源的基本步骤。

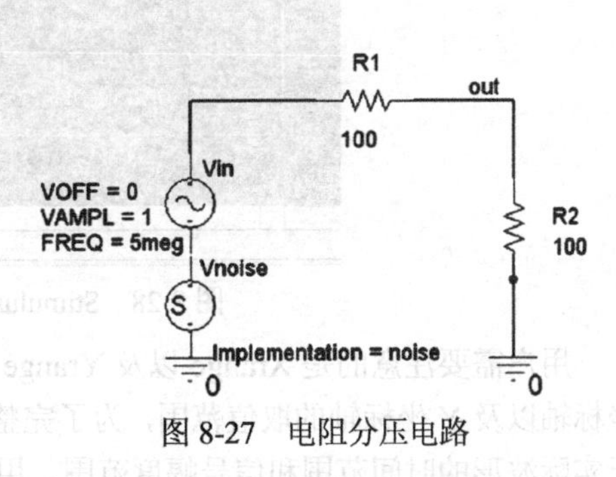

图 8-27　电阻分压电路

步骤一：在 PSpice 中绘制包括 VSTIM 信号源的电路

按照模拟仿真要求，在 Capture 中绘制的具有两个激励信号源的差分对电路如图 8-27 所示。其中 Vin 采用的是 SOURCE 库中的正弦信号源 VSIN，按照图中所示参数设置，使得该信号源产生一个振幅为 1V、频率为 5MHz 的正弦信号。为了提供高斯白噪声激励信号，图 8-27 中 Vnoise 是从 SOURCSTM 库中调用的 VSTIM 信号源，该信号源经后续步骤可以产生高斯白噪声激励信号。

步骤二：为 VSTIM 信号源建立激励信号文件

（1）建立激励信号文件的方法

在图 8-27 所示电阻分压电路中选中激励电源 Vnoise，点击鼠标右键，执行 Edit PSpice Stimulus 命令，将打开激励信号编辑器 Stimulus Editor，并同时出现激励信号参数设置对话框，如图 8-28 所示。

用户需设置下述两项参数。

在 Name 右侧文本框设置 PSpice 模拟仿真时需调用的激励信号文件名称。对图 8-27 所示电路要求采用高斯白噪声信号源的实例，可以设置为 noise；

在 Analog 一栏必须选择 PWL(piecewise linear) 一项。

完成设置后点击 OK 按钮，完成激励电源名称和类型的设置。

说明： *采用上述方法打开 Stimulus Editor 时，系统自动采用当前 Simulation Profile 名称为激励信号文件主名，扩展名为.stl。用户也可以在 Stimulus Editor 窗口中执行 Save as 命令，修改文件主名。本例中将其保存为 noise.stl 激励文件。该文件是一个文本文件。*

（2）激励信号文件编辑

采用写字板打开的 noise.stl 文件内容如图 8-29 所示。包括 5 部分内容：

① 注释行：以星号*开头的为注释行。

② Stimulus Editor 运行参数设置：以分号和惊叹号开头的几行描述的是 Stimulus Editor 运行参

数设置内容。

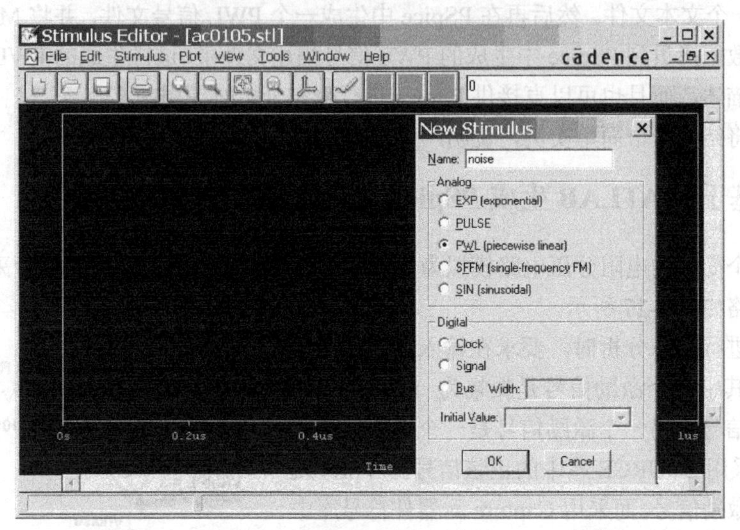

图 8-28　Stimulus Editor 窗口与 New Stimulus 对话框

用户需要注意的是 Xrange 以及 Yrange 两行设置的是 Stimulus Editor 窗口中显示信号波形时 X 坐标轴以及 Y 坐标轴的取值范围，为了完整地显示信号波形，两个坐标轴范围设置值一定要分别大于实际波形的时间范围和信号幅度范围。用户可以直接修改文本文件，也可以在 Stimulus Editor 窗口中修改这两个参数的设置值。

③ 信号波形描述起始行：激励信号文件中从关键词 STIMULUS 所在行开始，连同随后以加号开头的所有续行，用于描述波形形态。在关键词 STIMULUS 后面的 Noise 是信号名称。PWL 也是关键词，说明该信号波形的类型为分段线性源（参见 3.5.4 节），信号波形由多条线段组成，为了描述这种信号，只需给出每个线段转折点的时间和信号值的坐标数据。

④ 数据值比例因子设置：信号波形描述起始行下面两行续行分别是时间值比例因子和信号值比例因子设置。

+ TIME_SCALE_FACTOR = 1 表明时间比例因子设置值为 1，时间比例因子乘以文件中列出的时间值就是实际激励信号的时间值；

+ VALUE_SCALE_FACTOR = 1 表明数值比例因子设置值为 1，数值比例因子乘以文件中的数值就是实际激励信号的数值。

⑤ 信号波形时间和信号值的坐标数据描述：数据值比例因子设置行后面的续行中，每一行在括号中的一组数据分别描述了信号波形上一个数据点的时间和信号坐标值。由于 noise.stl 文件中尚未设置信号波形，因此图 8-29 中的波形数据描述只有一组，描述的是信号波形起始点的默认值(0, 0)。

步骤三：利用 MATLAB 标准函数生成信号源波形数据

MATLAB 具有强大的波形生成功能，能够生成多种复杂的波形。其中产生随机序列的函数有：rand、randn、sprand, sprandn, randperm 等，在 MATLAB 命令窗中使用“help 函数名”命令可以查询各函数的具体使用方法。

rand 函数产生的是[0，1]上均匀分布的随机序列，而 randn 函数产生均值为 0、方差为 1 的高斯随机序列，也就是白噪声序列。此外，产生高斯白噪声的函数还有 wgn 和 awgn。wgn 产生高斯白噪声，awgn 在某一信号中加入高斯白噪声。实际上，无论是 wgn 还是 awgn 函数，实质都是由 randn 函数产生的噪声，wgn 函数中调用了 randn 函数，而 awgn 函数中则调用了 wgn 函数。

为了生成供 PSpice 模拟仿真中使用的高斯白噪声信号，需要按照下述方法在 MATLAB 中产生白噪声信号，并将描述白噪声信号的数据存储在一个文件中。

```
* D:\project\slps\noise.stl written on Fri Nov 29 10:16:06 2013
* by Stimulus Editor -- Serial Number: 1920073728 -- Version 16.3.0
;!Stimulus Get
;! noise Analog
;!Ok
;!Plot Axis_Settings
;!Xrange 0s 1us
;!Yrange 0 1
;!AutoUniverse
;!XminRes 1ns
;!YminRes 1n
;!Ok
.STIMULUS noise PWL
+ TIME_SCALE_FACTOR = 1
+ VALUE_SCALE_FACTOR = 1
+   ( 0, 0 )
```

图 8-29　noise.stl 文件内容

（1）在 MATLAB 中输入下述语句，调用 randn 函数产生白噪声信号，并将噪声信号序列存储为一个激励文件。每行语句中“%”及后面的文字起注释作用。

```
openfile=fopen('mystl.txt','w') ;   %以写模式打开并创建激励文件 mystl.txt
t=[1:1:4000]; %噪声序列中产生 4000 个数据点
y=0.1*randn(size(t) ) ; %调用 randn 函数产生白噪声序列
for i=1:length(t)
fprintf(openfile,'+(%de-10   %f) \r\n',i,y(i) ) ; %将数据写到 mystl.txt 文件中
end
fclose(openfile)
```

（2）在 MATLAB 命令窗中运行上述语句后，产生描述白噪声信号的数据文件 mystl.txt。

该文件中前 10 组数据如下：

```
+(1e-10   -0.102491)
+(2e-10   -0.011376)
+(3e-10   -0.167544)
+(4e-10   -0.055026)
+(5e-10   -0.068639)
+(6e-10   0.103039)
+(7e-10   -0.117071)
+(8e-10   -0.126143)
+(9e-10   -0.065016)
+(10e-10   0.106448)
```

步骤四：将 MATLAB 产生的信号数据复制到步骤二生成的激励信号文件中

打开 noise.stl 文件，将步骤三中产生的 mystl.txt 文件中描述波形的数据添加到 noise.stl 文件中，作为图 8-29 中描述信号波形时间和信号值的坐标数据。为了便于比较添加噪声后的仿真结果，本例中将默认的（0，0）作为噪声信号的初始值。添加了 MATLAB 中产生数据之后的 noise.stl 文件如图 8-30 所示，其中只列出了前 11 个数据坐标。

步骤五：设置信号源的属性

为了在模拟仿真中能够使用 noise.stl 文件中描述的波形，需要设置电压源 Vnoise 的相关属性参数。

```
* by Stimulus Editor -- Serial Number: 1920073728 -- Version 16.3.0
;!Stimulus Get
;! noise Analog
;!Ok
;!Plot Axis_Settings
;!Xrange 0s 1us
;!Yrange 0 1
;!AutoUniverse
;!XminRes 1ns
;!YminRes 1n
;!Ok
.STIMULUS noise PWL
+ TIME_SCALE_FACTOR = 1
+ VALUE_SCALE_FACTOR = 1
+   ( 0, 0 )
+(1e-10  -0.102491)
+(2e-10  -0.011376)
+(3e-10  -0.167544)
+(4e-10  -0.055026)
+(5e-10  -0.068639)
+(6e-10  0.103039)
+(7e-10  -0.117071)
+(8e-10  -0.126143)
+(9e-10  -0.065016)
+(10e-10  0.106448)
```

图 8-30　添加了 Matlab 中产生数据之后的 noise.stl 文件内容

用鼠标左键点击电路图中信号源 Vnoise，打开属性编辑器窗口，如图 8-31 所示。其中 Implementation 一栏中，系统已经自动设置为图 8-28 中确定的激励信号名称 noise。用户只需在 Implementation Path 栏设置描述信号波形的激励信号文件名及其所在路径，即完成激励源的属性设置，在电路模拟中信号源 Vnoise 就可以使用该波形描述了。

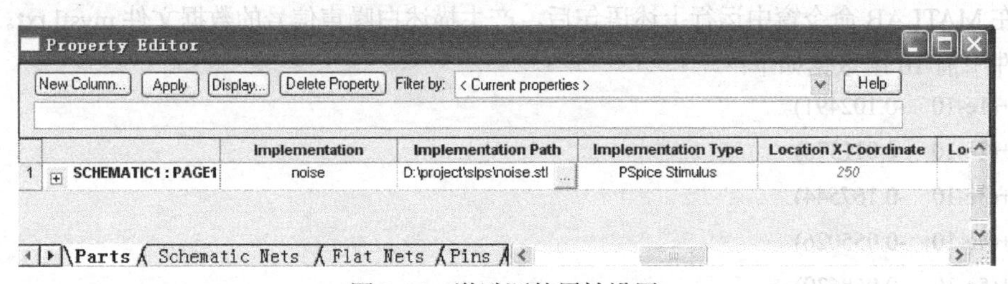

图 8-31　激励源的属性设置

在设置 Implementation Path 属性参数值时，用户可以点击该栏右侧按钮，打开文件对话框，方便激励信号文件名及其所在路径的查找。

高斯白噪声信号源应用实例

对图 8-27 所示电阻分压电路，未加噪声信号源 Vnoise 之前的输入信号和瞬态分析结果 V(out) 的波形如图 8-32 所示，是一个标准的正弦信号，由于电阻的分压作用，输出信号是输入信号的一半。

加噪声信号源 Vnoise 后的输入信号和瞬态分析结果 V(out)波形如图 8-33 所示，输出信号明显受到噪声扰动。而且输出信号与输入信号相比，幅度减小一半，说明电路模拟中确实已采用了噪声信号。

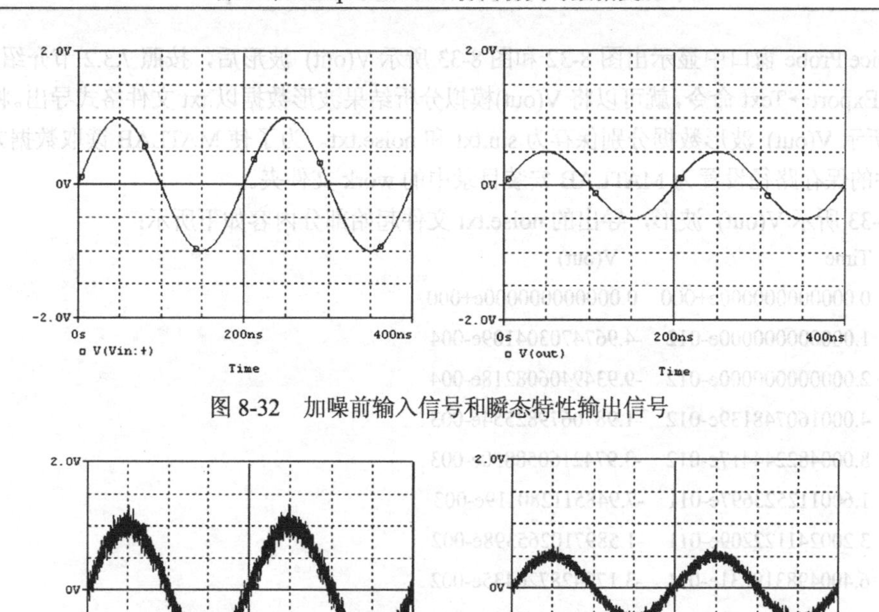

图 8-32　加噪前输入信号和瞬态特性输出信号

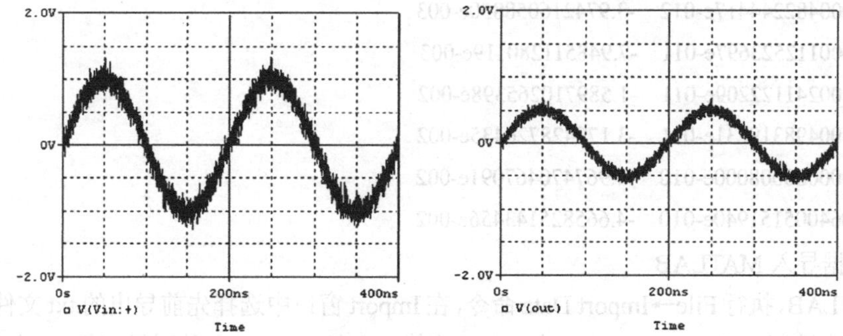

图 8-33　加噪后输入信号和瞬态特性输出信号

8.4　PSpice 仿真结果的 MATLAB 分析法

PSpice 有很强大的电路仿真能力，能完成多项电路基本特性分析和高级分析。其仿真结果以文本形式的文件或二进制形式的波形数据文件存储，并可以结合使用 Probe 模块完成信号波形的显示和电路特征参数的提取（见第五章）。但如果想对数据做进一步的处理，如小波分析、归一化等，则 PSpice 显得无能为力。但 MATLAB 是一个工程和科学计算方面的数值计算软件，有很强的数据处理及绘图功能。如果将 PSpice 仿真所得到的数据传递到 MATLAB 中，就可以对仿真结果提取更有效的特征信息。

本节结合实例阐述在 PSpice 中完成电路仿真后，将其仿真结果送到 MATLAB 中进行数据分析的方法。

由于 PSpice 和 MATLAB 中的数据格式非常类似，因此数据转换过程相对比较简单。本节以图 8-33 所示瞬态输出正弦信号的消噪处理为例，说明在 MATLAB 中进一步深入分析 PSpice 仿真结果的基本步骤。

步骤一：将 PSpice 仿真结果导入 MATLAB 工作空间

第七章详细分析了描述 PSpice 模拟仿真中间过程以及最终结果的各种文件形式以及将其转换为其他格式数据文件的方法。为了调用 MATLAB 进一步深入分析 PSpice 仿真结果，首先必须将数据文件转换为 MATLAB 可以读入的格式。由于 PSpice 模拟仿真结果数据都可以很方便地以.txt 文本格式存放（见 7.3.2 节），因此下面以.txt 文件导出为例进行说明将 PSpice 仿真结果导入到 MATLAB 工作空间的方法。

（1）将 PSpice 仿真结果数据以.txt 文本格式存放

在 PSpice Probe 窗口中显示出图 8-32 和图 8-33 所示 V(out) 波形后，按照 7.3.2 节介绍的方法，执行 File→Export→Text 命令，就可以将 V(out)模拟分析结果波形数据以.txt 文件格式导出。将图 8-32 和图 8-33 所示 V(out) 波形数据分别保存为 sin.txt 和 noise.txt。为了使 MATLAB 读取数据方便，建议将该文件的保存路径设置为 MATLAB 安装目录中的 work 文件夹。

对图 8-33 所示 V(out) 波形，导出的 noise.txt 文件起始部分内容如下所示：

Time	V(out)
0.000000000000e+000	0.000000000000e+000
1.000000000000e-012	-4.967470304109e-004
2.000000000000e-012	-9.934940608218e-004
4.000160748139e-012	-1.987067982554e-003
8.000482244417e-012	-3.974216058850e-003
1.600112523697e-011	-7.948511280119e-003
3.200241122209e-011	-1.589710265398e-002
6.400498319231e-011	-3.179428726435e-002
1.000000008000e-010	-4.967470467091e-002
1.064005151940e-010	-4.665825143456e-002

（2）将数据导入 MATLAB

启动 MATLAB，执行 File→Import Data 命令，在 Import 窗口中选择先前导出的.txt 文件，在 Import Wizard 对话框中选择 Column separator 为 Space(空格)，在 MATLAB 的引导下将.txt 文件的数据导入 MATLAB 工作空间的 data 矩阵中。分别将 sin.txt 和 noise.txt 导入所产生的 data 矩阵命名为 sin 和 noise，其中 noise 矩阵部分内容如图 8-34 所示。

Array Editor - noise

File Edit View Graphics Debug Desktop Window Help

	1	2	3	4	5
1	0	0			
2	1.0000e-12	-4.9675e-04			
3	2.0000e-12	-9.9349e-04			
4	4.0002e-12	-0.0020			
5	8.0005e-12	-0.0040			
6	1.6001e-11	-0.0079			
7	3.2002e-11	-0.0159			
8	6.4005e-11	-0.0318			
9	1.0000e-10	-0.0497			
10	1.0640e-10	-0.0467			

图 8-34 导入到 MATLAB 工作空间的 data 矩阵

步骤二：调用 MATLAB 分析数据

在 MATLAB 工作空间中产生 data 矩阵后就可以使用 MATLAB 对 PSpice 的波形数据进行深入分析处理。MATLAB 有很强的数据分析和处理能力，为了适应众多应用领域，MATLAB 内置有大量进行数据处理和分析的标准函数。

如果需要对 V(out) 波形进行消噪处理，可以执行如下语句调用 wpdencmp 函数来完成，其中%后为注释内容。wpdencmp 函数是 MATLAB 中使用小波包对信号进行消噪的函数。

```
t1=sin(:,1)' ; % 以列的方式读取 sin 矩阵中的第一列作为时间变量 t1；
vsin=sin(:,2)' ; % 以列的方式读取 sin 矩阵中的第二列作为标准正弦信号 vsin；
t2=noise(:,1)' ; % 以列的方式读取 noise 矩阵中的第一列作为时间变量 t2；
vnoise=noise(:,2)' ; % 以列的方式读取 noise 矩阵中的第二列作为待消噪信号 vnoise；
[thr,sorh,keepapp]=ddencmp('den','wp',vnoise); %产生消噪函数 wpdencmp 所需参数；
[vout,treed,perf0,perfl2]=wpdencmp(vnoise,sorh,5,'haar','sure',thr,keepapp) ; % 产生消噪输出信号 vout;
plot(t2,vnoise,'k',t1,vsin,'r') ; %绘制 vnoise 和 vsin 信号曲线；
plot(t2,vout,'k',t1,vsin,'r') ; %绘制 vout 和 vsin 信号曲线。
```

执行上述语句后得到的消噪前后信号波形对比如图 8-35 所示，可以看出，消噪后得到的信号基本接近标准输出信号。

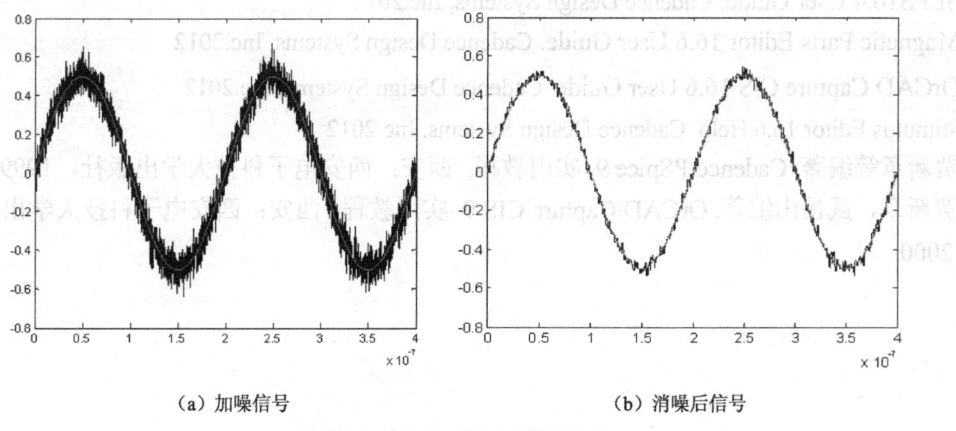

（a）加噪信号　　　　（b）消噪后信号

图 8-35　加噪、消噪后信号对比

参考资料

[1] OrCAD Capture16.6 User Guide. Cadence Design Systems, Inc.2012
[2] PSpice16.6 User's Guide . Cadence Design Systems, Inc.2012
[3] PSpice16.6 A/D Reference Guide . Cadence Design Systems, Inc.2012
[4] PSpice16.6 Advanced Analysis User's Guide . Cadence Design Systems, Inc.2012
[5] Model Editor16.6 Help. Cadence Design Systems, Inc.2012
[6] SLPS16.4 User Guide. Cadence Design Systems, Inc.2012
[7] Magnetic Parts Editor 16.6 User Guide. Cadence Design Systems, Inc.2012
[8] OrCAD Capture CIS 16.6 User Guide. Cadence Design Systems, Inc.2012
[9] Stimulus Editor 16.6 Help. Cadence Design Systems, Inc.2012
[10] 贾新章等编著. Cadence/PSpice 9 实用教程. 西安：西安电子科技大学出版社，1999.
[11] 贾新章，武岳山编著. OrCAD/Capture CIS 9 实用教程. 西安：西安电子科技大学出版社，2000.